CAD der Mikroelektronik

Simulation, Layout und Testdatenerstellung

von
Dipl.-Ing. (FH) Hans Spiro,
Chefberater i. R.
IBM Entwicklung und Forschung, Böblingen
und Lehrbeauftragter an der Fachhochschule
Esslingen Hochschule für Technik

Mit 284 Bildern und 52 Tabellen

R. Oldenbourg Verlag München Wien 1997

Die Deutsche Bibliothek - CIP-Einheitsaufnahme

Spiro, Hans:
CAD der Mikroelektronik : Simulation, Layout und
Testdatenerstellung / Hans Spiro. - 1. Aufl. - München :
Oldenbourg, 1997
  ISBN 3-486-24114-1

© 1997 R. Oldenbourg Verlag
Rosenheimer Straße 145, D-81671 München
Telefon: (089) 45051-0, Internet: http://www.oldenbourg.de

Lektorat: Elmar Krammer
Herstellung: Rainer Hartl
Umschlagkonzeption: Kraxenberger, Kommunikationshaus, München
Gedruckt auf säure- und chlorfreiem Papier
Gesamtherstellung: R. Oldenbourg Graphische Betriebe GmbH, München

Inhaltsverzeichnis

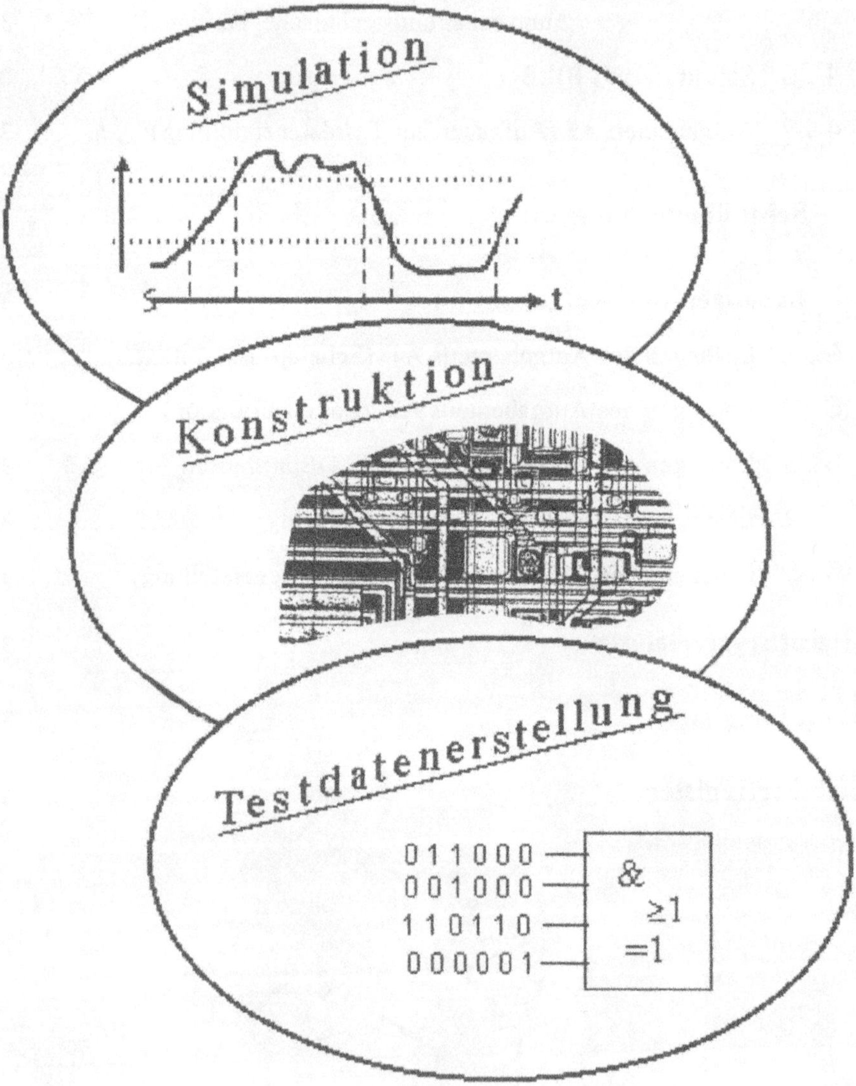
Simulation
t
Konstruktion
Testdatenerstellung
011000
001000
110110
000001
&
≥1
=1

Vorwort

Unter dem Begriff **C**omputer **A**ided **D**esign faßt man
heute alle Programmentwicklungen und Programmanwendungen zusammen, die
dazu dienen, die Hardware-Entwicklung (den *Entwurf* oder *Design*) durch
Computer-Einsatz zu unterstützen. Im Falle von CAD in der *Mikroelektronik*
sind dies vor allem die rechnergestützte *Simulation*, die *Konstruktion*, d.h. das
Layout, sowie die *Testdatenerstellung*.

Keines der dafür notwendigen CAD-Programme kann heute isoliert gesehen
werden, es muß Teil eines Gesamtsystems sein, denn: Testdatenerstellung ist
ohne sehr umfangreiche Logiksimulation, z.B. zur Fehlersimulation, undenkbar;
der Entwurf einer aus sogenannten Standardzellen aufgebauten Schaltung auf
einem Chip erfordert nicht nur computergestützte Plazierungs- und Ver-
drahtungshilfen, sondern setzt auch voraus, daß die einzelnen Zellen selbst
optimal ausgelegt sind, wozu die in den Zellen zu realisierenden Schaltungen
u.a. mit Hilfe der Schaltkreissimulation verifiziert oder gar optimiert werden
sollten usw. Deshalb läßt sich der Begriff *CAD der Elektronik* (und ganz besonders der *Mikroelektronik*) auch zusammenfassend verhältnismäßig frei als
"Rechnergestützte Schaltungsentwicklung" übersetzen und beschränkt sich eben
nicht nur auf den konstruktiven Teil, z.B. die Konstruktion am Computer-
Bildschirm, dem sogenannten Layout, sondern beinhaltet Simulation und Testdatenerstellung, die man manchmal auch unter dem Begriff CAE (= Computer
Aided Engineering) findet, als essentielle Teile des gesamten Entwicklungsprozesses.

CAD stellt folglich das Gebäude dar, unter dessen Dach all die vielen
verschiedenen Programme und Aktivitäten der Simualtion, des Layouts und der
Testdatenerstellung zusammengefaßt sind, ohne die eine Entwicklung moderner
Elektronik-Hardware heute nicht mehr denkbar ist. Die Entwicklung einzelner
CAD-Programme oder CAD-Teilsysteme sollte stets auf das Ziel ausgerichtet
sein, diese Programme oder Teilsysteme auch in ein CAD-Gesamtsystem
integrieren zu können. Und die Anwendung eines einzelnen CAD-Programms
ist dementsprechend als ein Schritt im Gesamtablauf des Hardware-Ent-
wicklungsprozesses zu sehen.

Ein Gefühl für dieses "Systemdenken" und eine Vorstellung darüber zu
vermitteln, warum CAD für den modernen Schaltungsentwurf unumgänglich

notwendig ist, und was CAD der Mikroelektronik für die Arbeit des Ingenieurs bedeutet, ist das Hauptanliegen dieses Buchs. Zwangsläufig muß dabei, wegen des enormen Umfangs dieses Fachgebiets, die reine Wissensvermittlung in allgemeinen Fragen auf Grundsätzliches und im Detail auf einige exemplarische Beispiele beschränkt bleiben. Im wesentlichen entspricht der Inhalt des Buchs den immer wieder aktualisierten Vorlesungen *"CAD der Mikroelektronik"*, die ich als Lehrbeauftragter an der *Fachhochschule Esslingen - Hochschule für Technik* seit Sommersemester 1985 für Studenten im 7. und 8. Semester der beiden Studiengänge *Nachrichtentechnik* (NT) und *Technische Informatik* (TI) halte. Dabei wird versucht, einen einigermaßen abgerundeten Einblick in dieses außerordentlich umfangreiche Fachgebiet "CAD der Mikroelektronik" zu vermitteln, wobei allerdings erhebliche Einschränkungen in Kauf genommen werden müssen. Denn hätte ein *umfassender* Überblick über dieses Fachgebiet gegeben werden sollen, so hätte in der 1 Semester langen 4-Stunden-Vorlesung, bzw. in diesem Buch, auf jegliche Details verzichtet werden müssen, womit der Stoff zu sehr an der "fachlichen Oberfläche" geblieben wäre. Würde man andererseits tiefer in die theoretischen Grundlagen und in die daraus entwickelten und in den CAD-Programmen eingesetzten Algorithmen eingehen oder wäre gar auf programmspezifische Einzelheiten der Implementierung eingegangen, dann hätte die Vorlesungszeit, bzw. ein vernünftiger Umfang dieses Buchs, noch nicht einmal ausgereicht, auch nur ein einziges der drei Teilgebiete Simulation, Konstruktion und Testdatenerstellung erschöpfend zu behandeln. Daher wurde der hier vorliegende Kompromiß gewählt, einerseits auf einen Teil der Breite und damit auf einen umfassenden und vollständigen Gesamtüberblick, andererseits auf einen Teil der Tiefe und damit auf viele Details der Theorie und der Algorithmen zu verzichten. Mit Hilfe exemplarischer Beispiele wird versucht, beiden Extremen (Breite und Tiefe) im Rahmen der zur Verfügung stehenden Vorlesungszeit, bzw. des Buchumfangs, wenigstens soweit gerecht zu werden, daß eine gute Grundlage geschaffen ist, von der aus bei weitergehenden Studien und/oder der Ingenieurpraxis je nach Bedarf eine verbreiternde oder vertiefende Spezialisierung möglich ist.

Anwendung und Entwicklung von CAD-Programmen erfordert eine enge Zusammenarbeit von Elektronik und Informatik: Der Elektroniker, z.B. der Nachrichtentechniker, kommt nicht mehr ohne ein gehöriges Maß an Informatik-Kenntnissen und der Technische Informatiker nicht mehr ohne fundiertes Elektronikwissen aus. Deshalb erscheint es besonders sinnvoll, die Vorlesung den Studenten des Fachbereichs *Informationstechnik* (IT) sowohl im Studiengang Nachrichtentechnik als auch im Studiengang Technische Informatik in identischer Form anzubieten und dadurch u.a. auch die unbedingt notwendige interdisziplinäre Zusammenarbeit zu fördern.

Dementsprechend wendet sich dieses Buch an Ingenieure und Informatiker, die auf dem Gebiet der Entwicklung mikroelektronischer Schaltungen oder Systeme tätig sind oder sich mit diesem Fachgebiet vertraut machen wollen. Die Vorlesung und das Buch behandeln jedoch nicht vorrangig die Anwendung der CAD-Programme, sondern mehr die Methoden und Verfahren, auf denen diese Programme basieren sowie einige wichtige in den Programmen verwendete Algorithmen. Denn nur wer wenigstens die Grundprinzipien der programmintern verwendeten Methoden und Verfahren kennt, kann in der Praxis die CAD-Programme nicht nur effektiv als "Werkzeuge" zum Schaltungsentwurf einsetzen, sondern sich auch an der ständigen Weiterentwicklung und Verbesserung dieser Werkzeuge kompetent beteiligen.

Nach einem der Motivation und dem Überblick dienenden Einleitungskapitel ist das Buch in drei Hauptkapitel unterteilt, die sich mit der *Simulation*, dem *Layout* und der *Testdatenerstellung* befassen. Die Einarbeitung in den in diesem Buch behandelten Stoff wird durch eine Anzahl ausgewählter Aufgaben-Beispiele, deren Lösungen am Ende des Buchs abgedruckt sind, unterstützt.

Die erste Fassung des Vorlesungs-Skriptums entstand als Lose-Blatt-Sammlung während der Vorlesung im Sommersemester 1985 und bestand im wesentlichen aus Kopien der in der Vorlesung gezeigten und erläuterten Folien. Herrn Prof. Dr.-Ing. *G. Kampe*, FHT Esslingen, sowie meinen Kollegen, den Herren *J. Appel*, *B. Dittus*, *G. Hahn* und *M. Kessler*, alle IBM Entwicklungslabor Böblingen, danke ich für Hilfen und Anregungen, die beim Aufbau der Vorlesung außerordentlich nützlich waren. Das Vorlesungs-Skriptum wurde in den ersten 14 "gebundenen" Auflagen immer wieder korrigiert und/oder durch unterschiedlich große "Updates" auf den neusten Stand gebracht. Mit der 15. Auflage wurde jedoch eine vollständige Neubearbeitung begonnen und mit der 16. Auflage komplettiert. Die Neubearbeitung erreichte durch den gegenüber früheren Auflagen erheblich ausführlicher gehaltenen Text durchaus den Umfang und fast die Form eines Lehrbuchs. Die 22. Auflage des Vorlesungs-Skriptums diente schließlich als Grundlage für die 1. Auflage dieses Buchs, wozu allerdings erneut eine vollständige Bearbeitung von Text und Abbildungen vorgenommen wurde. Meiner Frau danke ich für die Geduld und die Mühe, der sie sich mit dem Korrekturlesen der Vorlesungs-Skripten und des Manuskripts dieses Buchs unterzogen hat.

Böblingen   Hans Spiro

Der Zweck von Berechnungen
ist Einsicht,
nicht Zahlen

Richard W. Hamming

SIMPLEX SIGILLUM VERI

1 CAD-Motivation
durch Einblick in den Schaltungsentwurf

Die *Anwendung* der Mikroelektronik-CAD-Programme zum Zwecke des Schaltungsentwurfs, z.B. die Schaltkreissimulation mit SPICE, das Arbeiten mit einem Logiksimulator, Chip-Layout auf Workstations, beispielsweise mit Programmen von Mentor Graphics u.a.m., wird "im Prinzip" als bekannt vorausgesetzt. Dementsprechend liegen die Schwerpunkte dieses Buchs nicht so sehr auf der Anwendungsseite, obwohl auch sie nicht ganz vernachlässigt wird, als vielmehr auf den *Methoden*, *Algorithmen*, *Verfahren* usw., die den verschiedenen CAD-Programmen für *Simulation*, *Layout* und *Testdatenerstellung* zugrunde liegen.

Mit Hilfe der folgenden Kapitel **1.1** bis **1.3** soll durch Einblick in den "an sich bekannten" Aufbau mikroelektronischer Schaltungen und den grundsätzlichen Ablauf ihres Entwurfs auf die Probleme der modernen Schaltungsentwicklung hingewiesen werden, um dadurch eine gewisse Einstimmung auf die Hauptabschnitte **2** bis **4** dieses Buchs zu erreichen.

1.1 Packungshierarchien

Mit Gebrauch des Schlagworts *Mikroelektronik* wird i.a. vorausgesetzt, daß die einzelnen elektronischen Bauelemente (Transistoren, Dioden, Widerstände, Kondensatoren usw.) zum überwiegenden Teil auf Chips integriert sind.

Besteht die Gesamtschaltung eines Geräts "nur" aus einigen hundert bis einigen tausend Transistoren, wie beispielsweise die Schaltung für eine Quarzuhr, so läßt sich diese Schaltung heute leicht auf einem einzigen Chip unterbringen. Sehr viel umfangreichere Schaltungen, wie z.B. die Gesamt-Elektronik eines Großcomputers, müssen dagegen auf viele Chips verteilt werden. Diese Chips müssen auf Träger, auch "Module" genannt, gesetzt ("gepackt") werden, die ihrerseits z.B. auf Platinen aufgesteckt oder aufgelötet sind, die dann mechanisch in einem Rahmen oder Gestell sitzen.

Das auf Seite 2 gezeigte *Bild 1.1* gibt ein *Beispiel* für einen solchen modularen und damit hierarchischen Aufbau in mehreren Packungsebenen (Packaging Levels) wieder. Gezeigt ist eine der verbreiteten IBM Packungstechnologien. Eine etwas detailliertere Zusammenfassung aus *Bild 1.1* ist im ebenfalls auf Seite 2 gezeigten *Bild 1.2* dargestellt: Auf einer sogenannten Grundkarte (die auch "Board" genannt wird) sind mehrere als Schaltkarten (oder auch kurz als

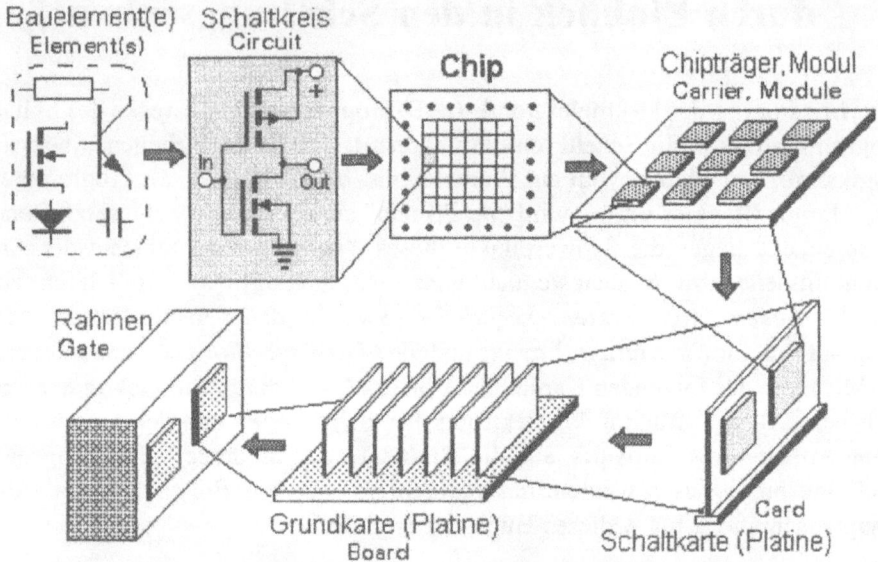

Bild 1.1 *Schematische Darstellung einer der IBM Packungstechnologien*
die zum Aufbau einer umfangreichen Elektronik geeignet ist

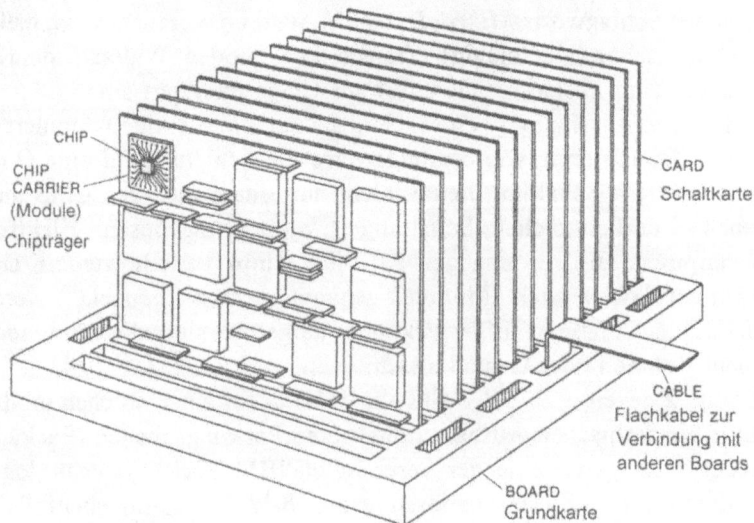

Bild 1.2 *Grundkarte mit aufgesteckten Schaltkarten*

"Cards") bezeichnete Platinen aufgesteckt. Man sieht, daß u.a. auch Module verwendet werden können, die nur ein einziges Chip tragen.

Bereits dieses Übersichtsbeispiel zeigt recht gut, welch große Bedeutung einer möglichst sinnvollen Partitionierung (d.h. Aufteilung der Gesamtschaltung auf die Elemente der einzelnen Packungsebenen), der Plazierung der Einzelobjekte innerhalb jeder Packungsebene sowie der Verdrahtung auf den einzelnen Ebenen zukommt.

Die Schaltkarten sind mitunter auch zweiseitig mit Steckeranschlüssen versehen, um sie nicht nur auf eine Grundkarte aufstecken zu können, sondern zusätzlich über aufsteckbare Flachkabel weitere Verbindungen der Karten untereinander zu ermöglichen. Das nebenstehende *Bild 1.3* zeigt eine solche Karte, die als *8-MByte-Speicherkarte* in verschiedenen IBM Computern erfolgreich eingesetzt wurde. Zu sehen sind 10 Logik-Module (für Steuerlogik, Adressdecoder, Fehlerkorrektur usw.) sowie 80 Speicher-Module (je ca. 12×12 mm^2 groß), je bestückt mit einem 1-Mbit-Chip. 1 Byte besteht folglich bei dieser Beispielskarte nicht aus 8 sondern aus 10 Bits, um mit Hilfe von 2 Redundanzbits pro Byte (Hammingdistanz = 3) Doppelfehler erkennen und Einzelfehler sogar korrigieren zu können.

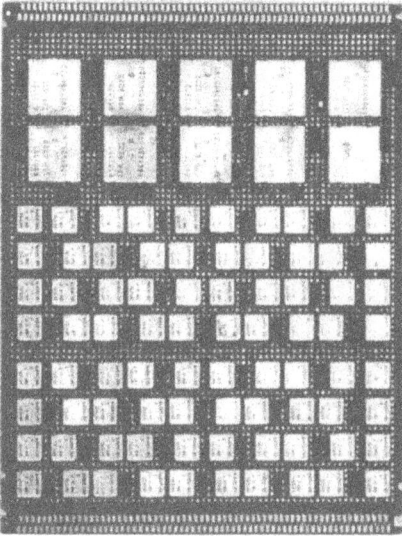

Bild 1.3   *Speicherkarte*

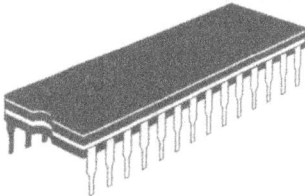

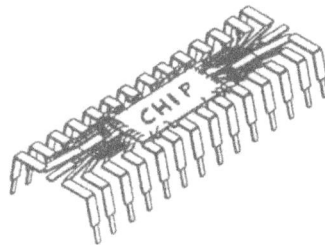

Bild 1.4   *Dual-Inline-IC mit 28 Anschlüssen*

Weltweit verbreitet sind Packungstechnologien, bei denen in aller Regel ein einzelnes Chip in ein *Dual-Inline-Package* oder *Dual-Inline-IC* genanntes Modul gepackt ist, (selten auch einmal 2 oder gar 3 Chips). Obiges *Bild 1.4* zeigt ein solches Modul mit z.B. 28 Anschlüssen (28 Pins) in der allen Elektronikern wohlbekannten Form sowie die innere Verdrahtung, welche die Verbindungen zwischen den Chip-Anschlüssen (i.a. als Pads bezeichnet) und den Modul-Anschlüssen (Pins) herstellt.

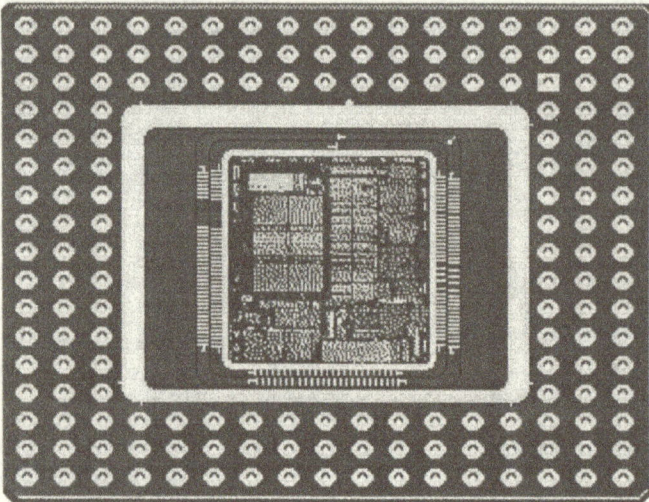

Bild 1.5

*Geöffnetes Modul
mit einem
Intel i486 DX Chip*

*(Hinweis:
Abbildung eines
Intel Pentium-Chip
siehe Seite 218)*

Schließlich zeigt *Bild 1.5* stark vergrößert das geöffnete Modul des Intel 486DX-Prozessors. Auf dem Chip befindet sich die durchaus beachtliche Anzahl von 1.200.000 Transistoren. Die Module-Pins sind in 3 Reihen außen um das Chip herum angeordnet. Dieses Modul (IC) wird zusammen mit vielen anderen Komponenten (z.B. Dual-Inline-IC's und auch einzelnen diskreten Komponenten) auf eine Platine gesetzt, wie auf Seite 5 mit *Bild 1.6* gezeigt ist. Einige Komponenten sind in die Platine gesteckt und eingelötet, andere sind auf der Platinenoberfläche mit Hilfe der sogenannten **SMT** (Surface Mounting Technology) aufgelötet.

Auch die Nachfolgeprodukte des hier gezeigten 486DX, z.B. das inzwischen viel verwendete Intel Pentium-Chip oder das IBM Power-Chip werden üblicherweise auf Platinen ähnlich der in *Bild 1.6* gezeigten gesetzt. *Bild 1.7* zeigt einen Ausschnitt aus einer PC-Hauptplatine für einen Pentium-Prozessor, der in den mit 4 Anschlußreihen versehenen Sockel gesteckt wird. Die *Bilder 1.5* bis *1.7* stellen nur einige Beispiele aus der Vielzahl der Möglichkeiten dar.

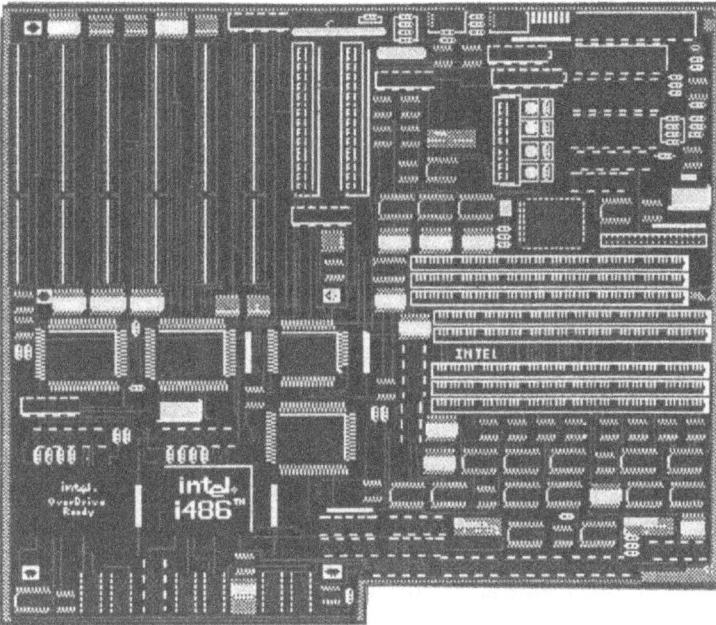

Bild 1.6

Hauptplatine eines 486-er PC

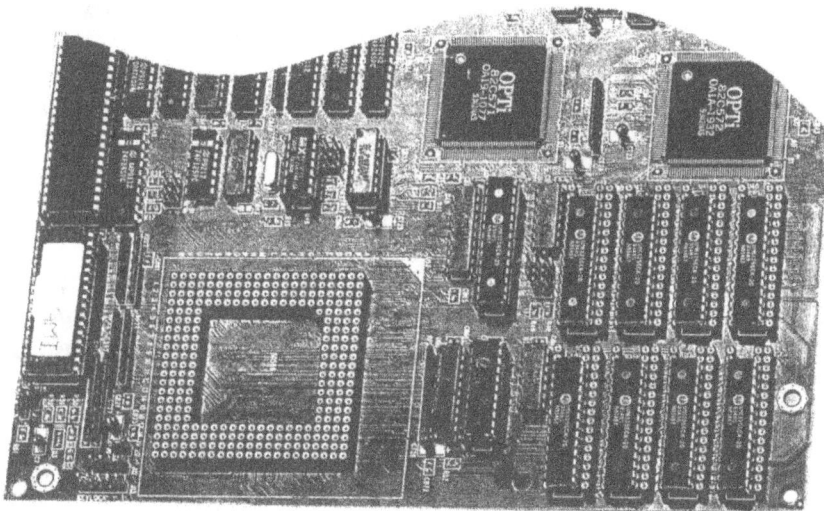

Bild 1.7 *Ausschnitt aus der Hauptplatine eines Pentium-PC*

Packungstechnologien dieser Art sind in der Literatur vielfach auch unter der Bezeichnung **AVT** (**Aufbau**- und **Verbindungstechnik**) beschrieben (siehe u.a. [42]). Sie werden selbstverständlich nicht nur von den verschiedensten Herstellern in Computern aller Größen eingesetzt, sondern auch in tausenden anderer elektronischer Systeme und Geräte.

Bei sehr schnellen Großcomputern reicht es in aller Regel nicht aus, nur die einzelnen Chips (insbesondere die Schaltungen auf den Chips) immer schneller zu machen, da die Signalverzögerungen auf den Verbindungsleitungen eine relativ immer größere Rolle mit zunehmender Geschwindigkeit spielen. Folglich muß man die Verbindungsleitungen verkürzen, was aber nur möglich ist, wenn man entweder immer mehr Schaltungen auf einem einzelnen Chip unterbringt, was die Zahl der Chips und damit die Verbindungen zwischen den Chips reduziert, oder indem man die Chips enger nebeneinander setzt. Letzteres führte dazu, auf ein Keramik-Modul nicht nur 1 bis 9 Chips zu setzen (wie in den *Bildern 1.1* und *1.2* auf Seite 2 gezeigt), sondern Module zu entwickeln, in die, je nach Chipgröße, bis zu ca. 120 Chips gepackt und untereinander verdrahtet werden können. Das folgende *Bild 1.8* zeigt ein solches Keramik-Modul mit 118 Chip-Plätzen, auf denen 116 Chips aufgelötet sind.

Bild 1.8

*Keramik-Modul
mit 116 Chips
auf 118 Plätzen*

Wenn man aus elektrotechnischen Gründen die Chips auf einem Modul so eng nebeneinander anordnen möchte wie auf *Bild 1.8* gezeigt ist, dann wird man mit Sicherheit thermische Schwierigkeiten bekommen, wenn man nicht besondere Maßnahmen zur Kühlung ergreift, denn die aufgrund der Chip-Verlustleistungen erzeugte Wärme muß abgeführt werden, um die Chiptemperatur auch im ungünstigsten Betriebsfall mit Sicherheit nicht höher als höchstens 100°C werden zu lassen. *Bild 1.9* zeigt ein sogenanntes **TCM** (**T**hermal **C**onduction **M**odule), das an einer Ecke aufgeschnitten ist, um die Innereien sichtbar zu machen. Noch anschaulicher wird der innere Aufbau eines TCM's durch das folgende *Bild 1.10* und die Detailzeichnung *Bild 1.11* auf Seite 8.

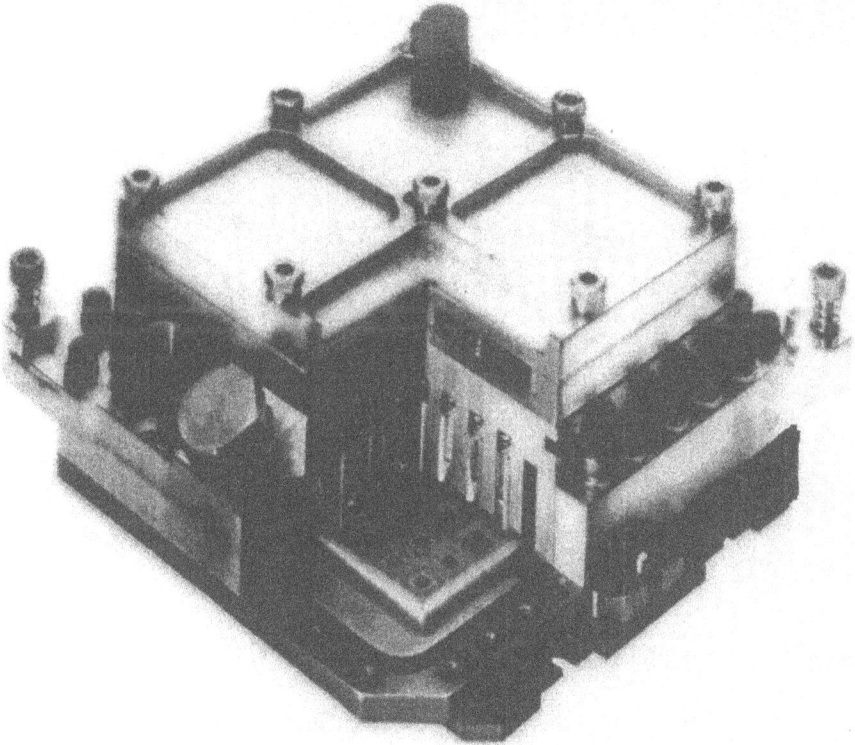

Bild 1.9 *Ein TCM an einer Ecke aufgeschnitten*

Laut *Bilder 1.8* bis *1.11* sitzen ≥ 100 Chips auf einem Keramik-Modul das auch als Substrat bezeichnet wird. Um die Wärme, die durch eine zulässige Gesamtverlustleistung von bis zu 300 W erzeugt wird, abführen zu können, drücken kolbenförmige Metallstifte mit Federkraft auf die Chips. Sie übertragen die Wärme in einen Kühlkopf. Um den Wärmeübergang zwischen den Chips und den Metallkolben zu verbessern, ist der Raum zwischen Substrat und Kühlkopf mit Helium gefüllt. Auf dem Kühlkopf sitzt die sogenannte "Kalte Platte" (Cold Plate), durch die Kühlwasser gepumpt wird. Der totale Wärmewiderstand dieser Packungsanordnung beträgt etwa 11°C pro Watt pro Chip. Ein Chip, in dem die Verlustleistung von 4 W umgesetzt wird (was übrigens die maximal zulässige Verlustleistung pro Chip in dieser Anordnung ist), wird daher eine Temperatur annehmen, die etwa 44°C über der Temperatur des Kühlwassers liegt.

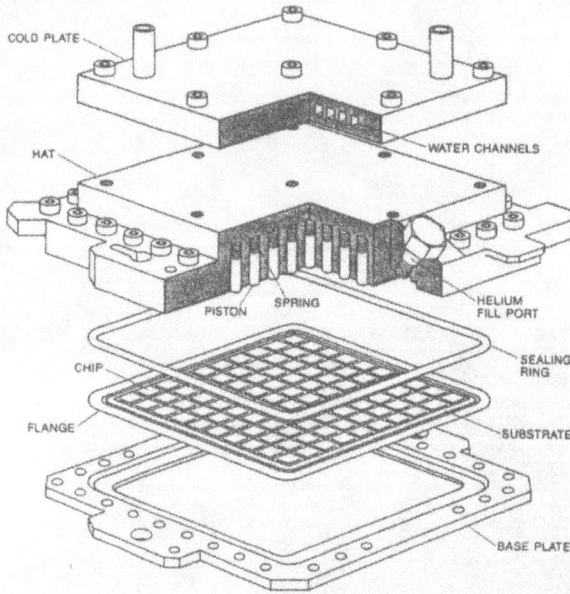

Bild 1.10 *In Einzelteile zerlegtes TCM*   **Bild 1.11** *Details aus einem TCM*

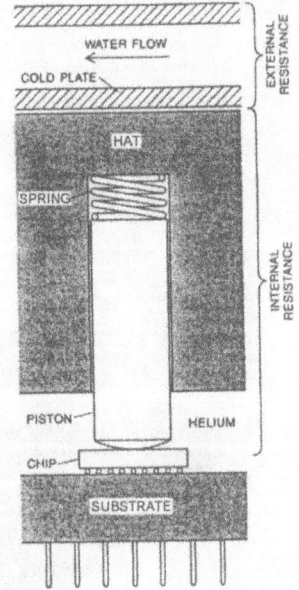

Diese aufwendige Technologie verkürzt die Gesamtlänge der Verdrahtung um etwa den Faktor 8 gegenüber der Verdrahtungslänge bei Einsatz einer "Module-Card-Board-Packungstechnologie" entsprechend den *Bildern 1.1* und *1.2* (s.S. 2). Jedoch lohnt sich dieser gewaltige Aufwand wirklich nur für den Bau stationärer Großcomputer oder Supercomputer. Trotzdem wurde auch für Computer der sogenannten mittleren Leistungsklasse ein TCM entwickelt, das jedoch wegen seines größeren Kühlkopfs und der geringeren in den Chips umgesetzten Verlustleistung mit einer Luftkühlung auskommt. Auf Seite 9 zeigt *Bild 1.12* ein solches TCM mit seinem Luft-Kühlkopf und einem speziellen Board, auf das das TCM aufgesteckt wird.

Die *Bilder 1.1* bis *1.3* und *1.8* bis *1.11* zeigen Chips, die auf Keramik-Moduln, auch **MLC** genannt, sitzen (**M**ulti **L**evel **C**eramic, wegen der Verdrahtung in mehreren Ebenen im Innern des Keramik-Moduls). Die teils sehr enge Packung vieler Chips auf einem einzelnen MLC, z.B. 9 Chips im *Bild 1.1* oder gar mehr als 100 Chips, verlangt, daß kein zusätzlicher Platz für die Chip-Modul-Verdrahtung zwischen den Chips benötigt wird. Dies wird u.a. durch die im *Bild 1.13* gezeigte Technik der sogenannten "**C4**-Verbindungen" ermöglicht.

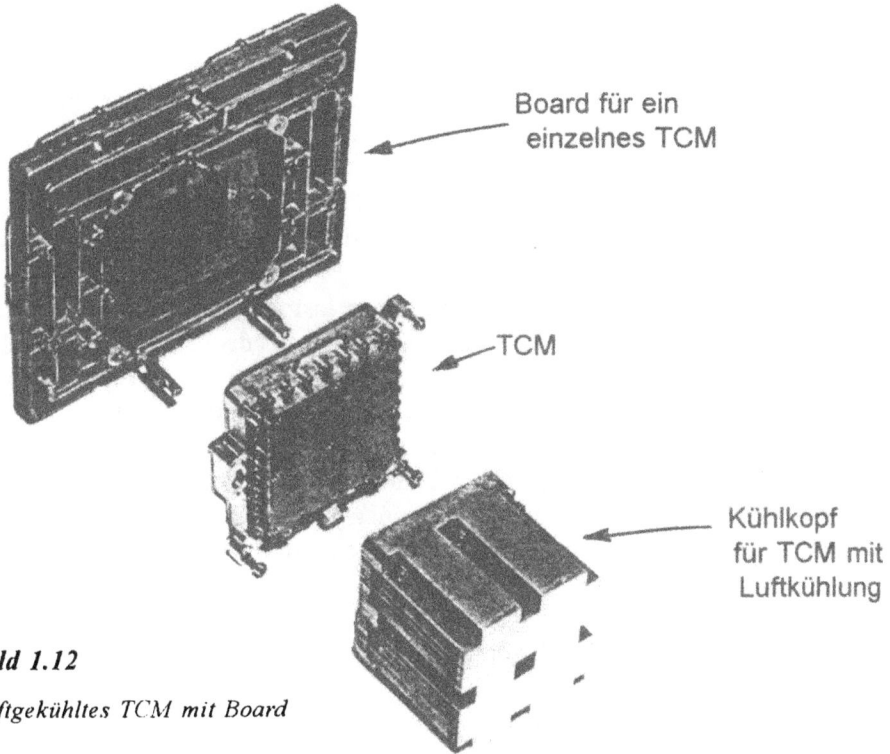

Board für ein
einzelnes TCM

TCM

Kühlkopf
für TCM mit
Luftkühlung

Bild 1.12

Luftgekühltes TCM mit Board

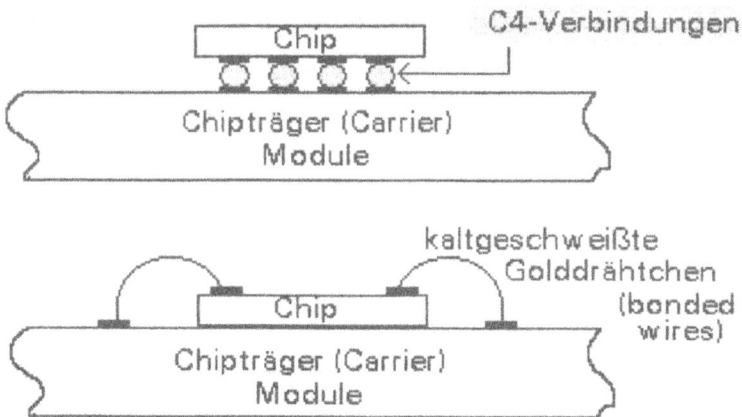

Chip

C4-Verbindungen

Chipträger (Carrier)
Module

kaltgeschweißte
Golddrähtchen
(bonded
wires)

Chip

Chipträger (Carrier)
Module

Die Bezeichnung **C4** wurde als Abkürzung von "Controlled Collapse Chip Connection" gewählt, da das Chip aufgrund seines Eigengewichts genügend Druck auf die Unterlage (Keramik-Modul) ausübt, um bei Erhitzung sicher über kleine "Lötbällchen" auf den Träger aufgelötet zu werden. Auch im *Bild 1.11* (S. 8) sind die C4-Lötbällchen deutlich zu sehen.

Neuerdings wird eine ähnlich aufgebaute "Flip-Chip-Technik" auch dazu verwendet, um die Silizium-Chips auf einen Silizium-Träger zu setzen. Siehe dazu auch die Bemerkungen auf Seite 374.

Sehr weit verbreitet ist außerdem die schon fast als internationaler Standard anzusehende "konventionelle Verbindungstechnik", bei der das Chip auf den Träger aufgeklebt und die Chip-Modul-Verbindungen mit Hilfe von kaltgeschweißten feinen Golddrähtchen (d.h. per "Wire bonding") realisiert werden, wie auf Seite 9 im *Bild 1.13* schematisiert gezeigt ist. Der *Nachteil* dieser konventionellen Technik besteht u.a. darin, daß die Chip-Pads (im wesentlichen) nur ringsum am Rand des Chips angeordnet sein können und das Chip deshalb mit viel weniger Anschlüssen versehen werden kann, abgesehen vom größeren Platzbedarf auf dem Chipträger. Der *Vorteil* dieser Verbindungstechnik besteht allerdings in den gegenüber der C4-Technik wesentlich geringeren Fertigungskosten, was nicht unerheblich zur weltweiten Verbreitung beigetragen hat. Insbesondere die in Dual-Inline-Moduln (vgl. *Bild 1.4*, S. 3) gepackten Chips sind fast ausschließlich in dieser Technik mit dem Träger verdrahtet.

Die *Bilder 1.1* bis *1.13* zeigen (hoffentlich) genügend eindringlich, welch große Bedeutung einerseits einer sinnvollen Partitionierung der Gesamtschaltung, der Plazierung der Einzelobjekte auf den einzelnen Packungsebenen sowie auch der Verdrahtung zukommt und andererseits, daß eine Elektronik derartiger Komplexität auf gar keinen Fall mehr ohne massive Computer-Unterstützung entwickelt werden kann. Daher sollten obige Bilder und der zugehörige Text eigentlich hinreichend für die unumgänglich notwendige CAD-Arbeitsweise bei der Elektronik-Entwicklung motivieren. Dennoch wollen wir uns nun noch mit einigen wenigen Beispielen den einzelnen Packungsebenen des hierarchischen Aufbaus getrennt zuwenden. Dazu beginnen wir zweckmäßig mit den Chips:

Die Chipgrößen lagen um 1960 bei etwa 1×1 bis 2×2 mm^2 und enthielten nur ganz wenige Transistoren. Heute sind Chips mit 10×10 mm^2 bis ca. 15×15 mm^2 "Stand der Technik" und sind weltweit in der Massenproduktion. Solche Chips enthalten zwischen 10^5 und fast 10^8 Transistoren, so daß damit einige zehntausend bis über 10^5 Gatter (bzw. Schaltungen im Umfang eines "Gatter-Äquivalents") oder Speicher mit einer Kapazität von bis zu 64 Mbits realisiert werden können. Die folgenden *Bilder 1.14* und *1.15* auf Seite 11 zeigen als *Beispiel*

zwei Chips mit 12,7 mm Kantenlänge, die bereits seit einigen Jahren in mehreren IBM/370-Computern verwendet werden:

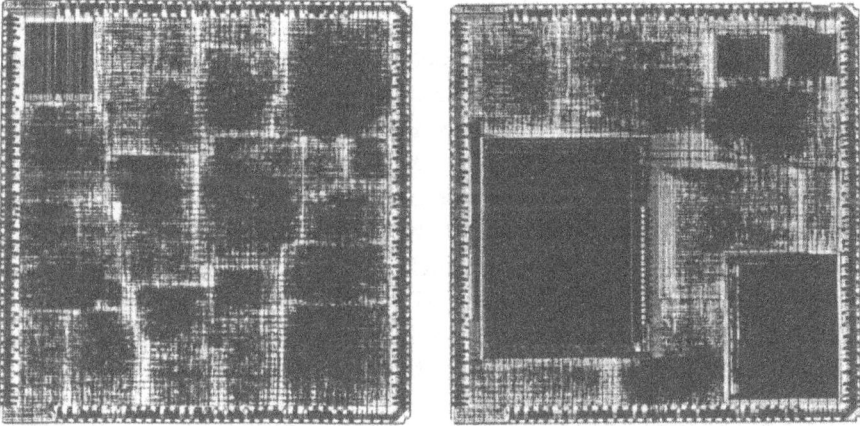

Bild 1.14   *Die in 2 Ebenen ausgeführte Signalverdrahtung der beiden Chips*

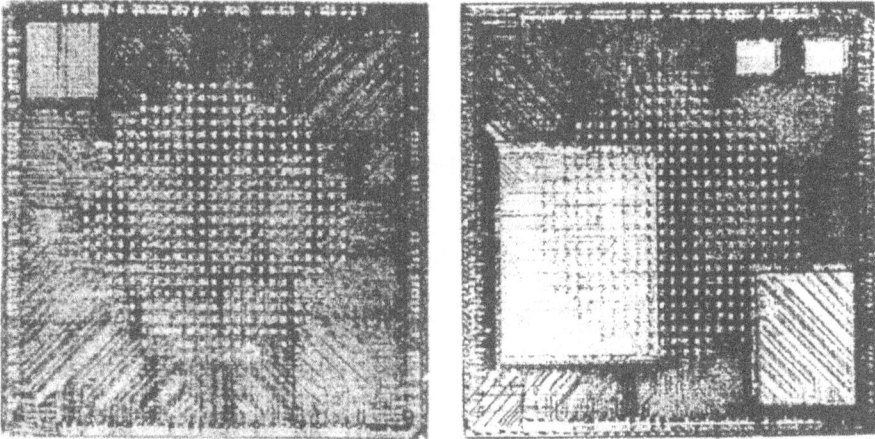

Bild 1.15   *Stromzuführung und Signalanschlüsse über C4-Pads bei den Chips*

Das linke der in den *Bildern 1.14* und *1.15* gezeigten Beispiel-Chips ist ein
Prozessor-Chip. Es enthält 200.000 Transistoren, und die in 3 Metall-Ebenen
ausgeführte Verdrahtung ist insgesamt 35 m lang. Etwa 283.000 sogenannte

"Layer Connections" sorgen für die elektrischen Durchverbindungen zwischen den 3 Verdrahtungsebenen. Das Chip enthält im wesentlichen logische Gatter, nur in der linken oberen Ecke ist die regelmäßige Struktur eines kleinen für Zwischenspeicherungen verwendeten Speicher-Arrays zu erkennen.

Im rechten der beiden gezeigten Chips sind 4 unterschiedlich große Speicher-Arrays zu sehen, der Rest besteht auch bei diesem Chip aus Logik-Gattern. Dieses Chip enthält ca. 800.000 Transistoren, 18 m Verdrahtung auf 3 Metall-Ebenen und ca. 500.000 Layer-Connections.

Beide Chips sind in einer 1,0 mm CMOS-Technologie ausgeführt. Das *Bild 1.14* zeigt bei beiden Chips recht anschaulich die Aufteilung der gesamten auf dem Chip vorhandenen Schaltung in einzelne Partitionen. Die Verdrahtung innerhalb einer jeden Partition ist sehr dicht, da (selbstverständlich) auch die einzelnen Gatter eng beieinander liegen. Alle innerhalb einer Partition zusammenhängenden Schaltungen sind mit den Schaltungen der benachbarten Partitionen durch erheblich weniger Leitungen verbunden. Obwohl *Bild 1.14* bereits eine 4,5-fache Vergrößerung der Chips zeigt (die Original-Kantenlänge der Chips beträgt ja nur 12,7 mm), kann man bei der Dichte der Verdrahtung kaum je einzelne Leitungen erkennen. Die Verdrahtung erschient vielfach nur noch als verwaschener schwarzer Fleck. Schließlich zeigt *Bild 1.15* auch noch die in der Chipmitte auf einer fast kreisförmigen Fläche angeordneten C4-Lötbällchen und macht damit deutlich, daß mit der C4-Technik erheblich mehr Chip-Anschlüsse zu realisieren sind als dies mit der konventionellen Verbindungstechnik möglich ist.

Die nächste Packungsebene ist der Chipträger, das Modul, auf das, wie bereits in den *Bildern 1.1* bis *1.10* gezeigt, von einem einzelnen bis zu

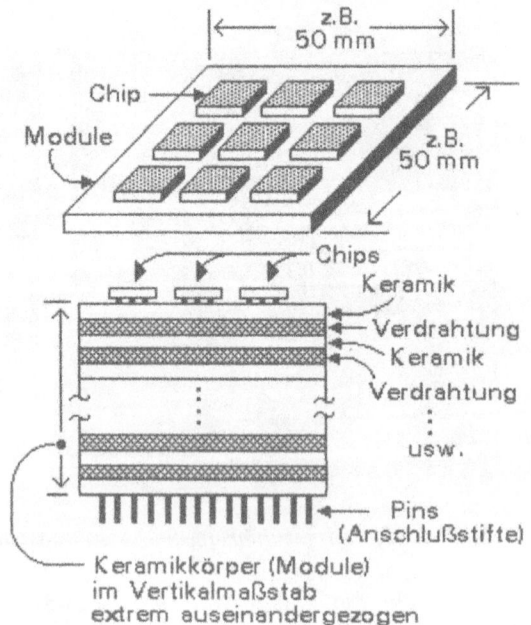

Bild 1.16   *Keramik-Modul mit 9 Chips*

etwa 120 Chips aufgesetzt sein können. Das *Bild 1.16* auf Seite 12 zeigt in schematischer Form eines der mehrfach erwähnten Keramik-Moduln mit 9 Chips.
Das Modul ist intern "sandwich-artig" mit bis zu maximal ca. 35 inneren Verdrahtungslagen aufgebaut. Die Verdrahtung wird mit einer elektrisch leitenden
Paste auf Keramik-Rohmaterial-Blätter aufgetragen. Durch feine Löcher in den
Blättern kann die Paste von einer zur nächsten Ebene durchgedrückt werden, um
elektrische Verbindungen zwischen den Verdrahtungsebenen herzustellen. Die
übereinandergelegten Schichten werden anschließend in einem Sinterofen zu einem kompakten Keramik-Modul "zusammengebacken".

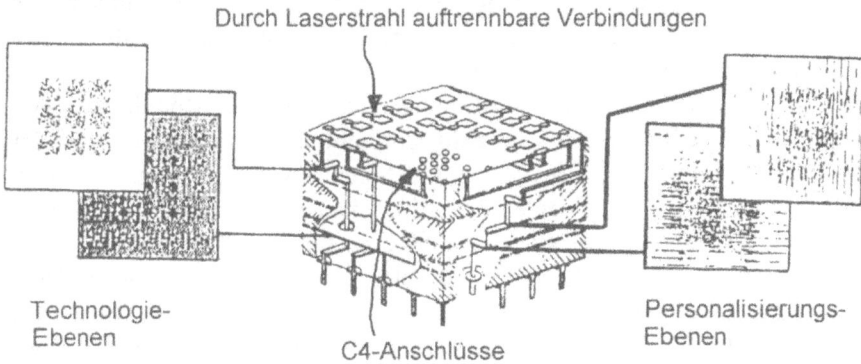

Bild 1.17 *Ausschnitt aus einem Keramik-Modul-Substrat*

Die Zeichnung *Bild 1.17*, die ein aufgeschnittenes Keramik-Modul zeigt, dient
der Erläuterung des inneren Aufbaus: Auf der Oberfläche sind einige substrat-
seitige C4-Anschlüsse zu sehen. Die Signalverdrahtung ist in den einzelnen Ebenen mit einer abwechselnd orthogonal zueinander verlaufenden Vorzugsrichtung
verlegt. Die Ebenen der Signalverdrahtung werden auch "Personalisierungsebe-
nen" genannt, weil sie für jede Modul-Teilnummer individuell ausgelegt (d.h.
personalisiert) werden müssen. Da es aber für alle zu einer gemeinsamen Schal-
tungsfamilie gehörenden Moduln sinnvoll erscheint, immer die gleichen C4-Pads
und die gleichen Modul-Pins für Spannungsversorgung(en) und Masseanschlüsse
zu verwenden, dienen einige für die ganze Familie fest vorgegebene sogenannte
Technologie-Ebenen den dafür vorgesehenen Pad-Pin-Verbindungen. Ein paar
der vielen verschiedenen Modul-Typen (die nur für wenige Chips vorgesehen
sind, z.B. 4 oder 9 Chips) werden groß genug gewählt, um zwischen den Chips
genügend Platz zu lassen, um auf der Oberfläche des Substrats einige elektrische

Verbindungen von außen zugänglich zu machen. Diese äußerlich zugänglichen Verbindungen werden ihrer Form wegen im Labor-Jargon auch "Hundeknochen" genannt. *Bild 1.17* (Seite 13) zeigt, wie die Leitungsführung zwischen einem C4-Pad und einem Modul-Pin über mehrere Verdrahtungsebenen und über einen Hundeknochen verlaufen kann. Mit Hilfe eines Laserstrahls kann man die Hundeknochen gezielt auftrennen, um so eine bestehende Pad-Pin-Verbindung zu unterbrechen. Durch kaltgeschweißte Golddrähtchen (d.h. per Wire bonding) können andere und/oder zusätzliche Verbindungen von Hundeknochen zu Hundeknochen geschaffen werden. Dadurch ist es möglich, in begrenztem Umfang spätere Änderungen ausführen zu können, ohne ein neues Keramik-Modul entwickeln zu müssen. Und/oder aus einer einzigen intern fertig verdrahteten Substrat-Type können mitunter auch mehrere verschiedene Moduln entstehen, was die Fertigung erheblich verbilligen kann.

Alles in allem aber sind die MLC genannten Keramik-Moduln mit ihrer komplexen inneren Mehrlagen-Verdrahtung erheblich teurer als die weit verbreiteten Dual-Inline-Moduln des *Bildes 1.4* (Seite 3) mit ihrer relativ einfachen Pad-Pin-Verdrahtung. Daher werden die MLC's heute nur noch in den teureren kommerziellen Anlagen des mittleren und oberen Leistungsbereichs eingesetzt, während man in PC's (vom Haupt-Prozessor abgesehen) fast ausschließlich Dual-Inline-Moduln findet. Abgesehen vom TCM (s. *Bilder 1.9* bis *1.12*, Seiten 7 bis 9) werden sowohl die Keramik- als auch die Dual-Inline-Moduln in aller Regel auf Platinen (Cards, Boards u. dergl.) gesetzt. Häufig müssen außer den Moduln noch weitere Komponenten, sog. diskrete Bauteile, z.B: einzelne Transistoren, Widerstände usw. auf die Platinen gesetzt werden, heute oft unter Verwendung der SMT (Surface Mounting Technology, vgl. *Bild 1.6*, Seite 5).

Die Platinen-Fertigungstechnik wird heute bei "sandwich-artigem" Platinen-aufbau mit bis zu etwa 30 Verdrahtungsebenen in der Massenfertigung beherrscht. Dabei ist, wie bei den Keramik-Moduln, die Signalverdrahtung in den einzelnen Ebenen mit einer abwechselnd orthogonal zueinander verlaufenden Vorzugsrichtung verlegt. Jedoch sind die Leitungen aus Kupferplatierungen herausgeätzt und nicht mit Hilfe leitender Paste aufgebracht. Auch bei den Platinen ist es üblich, einige Lagen für Spannungsversorgung(en) und Masse fest vorzugeben. Neben den Platinen mit vielen Verdratungsebenen sind solche mit nur 2 Ebenen (d.h. Verdrahtung nur auf den beiden Außenseiten der Platine) weit verbreitet.

1.2 Zusammenspiel von CAD/CAM/CIM in Entwicklung und Fertigung

Um eine Elektronik, wie sie beispielsweise im einleitenden Abschnitt 1.1 dargestellt wurde, nach heutigem Stande der Technik überhaupt entwickeln und fertigen zu können (und das auch noch mit tragbarem Aufwand an Personal, Material und Zeit), ist der durchgängige Einsatz von

CAD *(= Computer Aided Design)* in der Entwicklung **und**

CAM *(= Computer Aided Manufacturing)* in der Fertigung
unumgänglich notwendig.

CIM *(= Computer Integrated Manufacturing)*
geht noch über CAM hinaus, da hierbei, falls der Fachausdruck nicht nur als Schlagwort benutzt wird, die Fertigung durch Computer nicht nur *unterstützt* (aided) wird, sondern Computer als wesentliche steuernde, regelnde und überwachende Elemente in den sehr weitgehend automatisierten Fertigungsprozeß *integriert* (integrated) sind. CAM und CIM sind *nicht* Gegenstand der Vorlesung und daher auch *nicht* Gegenstand dieses Buchs.

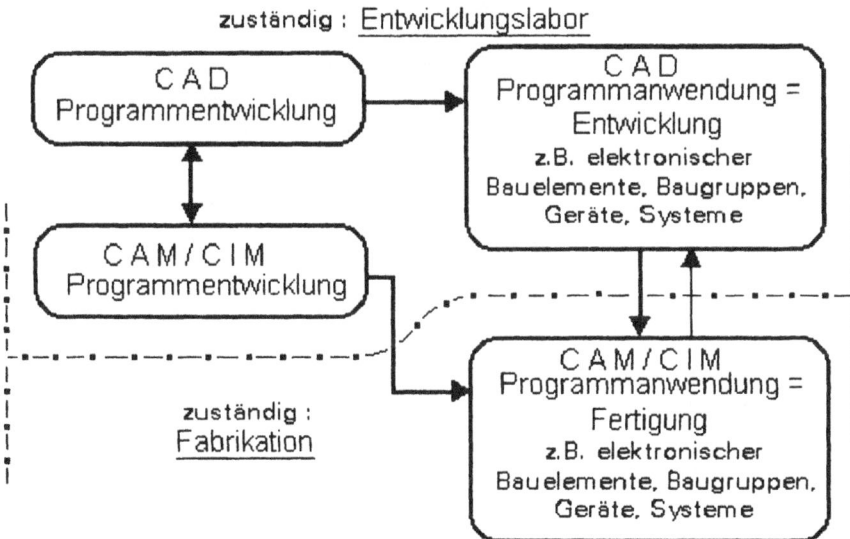

Bild 1.18 *Entwicklung und Anwendung von CAD/CAM/CIM-Programmen*

Jedoch arbeiten die CAM- bzw. CIM-Systeme eng mit den dazu passenden CAD-Systemen zusammen, da ein CAD-System am Ende des Entwicklungsvorgangs komplett alle Daten liefern *muß*, die vom CAM- oder CIM-System in der nachfolgenden Fertigung benötigt werden.

Das obige *Bild 1.18* (Seite 15) zeigt in Form eines Übersichtsdiagramms das Zusammenspiel, die gegenseitigen Abhängigkeiten und die Zuständigkeiten von Entwicklungs- und Fertigungsabteilung(en) für Entwicklung und Anwendung dieser Programmsysteme.

Zum Zwecke der systematischen Einteilung der Programme kann man auch diagrammartig zusammenstellen, welche Arten von Computer-Unterstützung in Forschung, Entwicklung und Fertigung überhaupt geboten bzw. notwendig sind. Beschränkt man sich (entsprechend dem Titel der Vorlesung und dieses Buchs) auf CAD in der Elektronik, dann mündet eine solche Zusammenstellung in Programme zur *Simulation*, für das *Layout* (d.h. den konstruktiven Teil) und zur *Testdatenerstellung* ein, wie das folgende *Bild 1.19* zeigt.

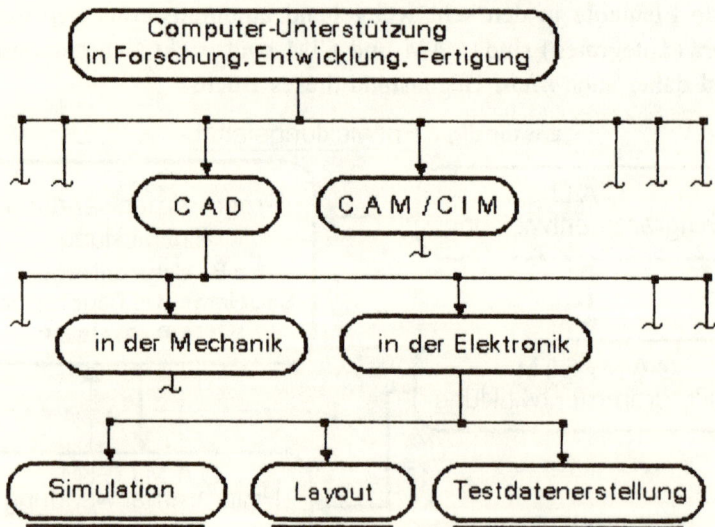

Bild 1.19 *Einteilung der Elektronik-CAD-Programme*

Eine erfolgreiche (Mikro-)Elektronik-Entwicklung, die von den technologischen Grundlagen bis zum fertigen marktgerechten Gerät durchgehend CAD-gestützt ist, kann nur betrieben werden, wenn die auf einem Teilgebiet tätigen

Spezialisten stets auch den Gesamtzusammenhang überblicken und sich der Bedeutung der Schnittstellen zu den jeweiligen Nachbargebieten voll bewußt sind. Man betrachte dazu das folgende *Bild 1.20*, in dem durch die verbindenden Pfeile angedeutet ist, welche Funktionen bzw. Abteilungen mit welchen anderen in Entwicklung und Fertigung eng zusammenarbeiten müssen.

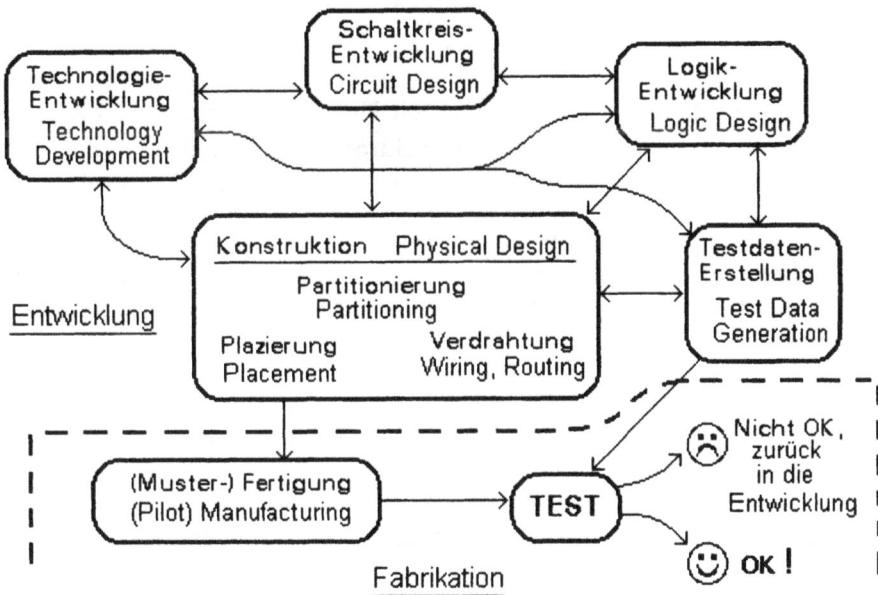

Bild 1.20 *Zusammenspiel verschiedener Entwicklungsfunktionen bzw. Gruppen*

Es wäre z.B. sinnlos, Schaltkreise entwickeln zu wollen, die Transistoren benötigen, die vielleicht erst in einigen Jahren von der Halbleiter-Technologicentwicklung zur Verfügung gestellt werden können. Oder andererseits Schaltkreise entwickeln zu wollen, welche die Logikentwickler gar nicht brauchen. Außerdem muß jede elektronische Schaltung auch testbar sein, was nur dann gewährleistet ist, wenn bei der Logikentwicklung und Konstruktion die für die Testbarkeit notwendigen Maßnahmen ergriffen werden, was eine sehr enge Zusammenarbeit zwischen der die Testdaten erstellenden Entwicklungsgruppe, der Konstruktion, der Logikentwicklung und einigen anderen Entwicklungsgruppen erfordert. Ziel der Zusammenarbeit muß es sein, die Entwicklungsaktivitäten so gut aufeinander abzustimmen, daß das an die Fertigung übergebene Produkt keine Entwicklungsfehler mehr enthält.

1.3 Die CAD-gestützte Mikroelektronik-Entwicklung

Alle auf dem *Bild 1.20* (Seite 17) angegebenen Entwicklungsfunktionen arbeiten heute voll mit CAD. Folglich müssen eine Vorlesung und ein Buch mit dem Titel *"CAD der Mikroelektronik"* wenigstens die beiden folgenden Fragenkomplexe behandeln:

* Wie entwickelt man eine Elektronik mit Hilfe des "Werkzeugs" CAD. Welche Forderungen sind dabei an die Elektronik (insbesondere an die Mikroelektronik) zu stellen, damit sie überhaupt mit CAD entwickelt werden kann.

* Welche Verfahren, Methoden, Algorithmen werden in CAD-Programmen der Simulation, des Layouts und der Testdatenerstellung angewendet, um sie in die Lage zu versetzen, als Werkzeuge zur Erfüllung der Entwicklungsaufgaben einsetzbar zu sein.

Als Beispiel für eine komplett mit Hilfe von CAD durchgeführte Entwicklung sei der Ablauf eines Chipentwurfs im folgenden *Bild 1.21* auf Seite 19 schematisch angegeben:

Die gesamte Schaltung und ihre Dimensionierung werden vollständig mit Hilfe der Simulation verifiziert und in einem iterativen Prozeß, der auch als *"Logische Schleife"* bezeichnet wird, bis zur gewünschten Funktionalität durchentwickelt. Die Simulation erfolgt, wie im Kapitel **2** dargelegt, in mehreren unterschiedlich stark detaillierten Ebenen.

Das Layout wird ebenfalls in einem iterativen Prozeß, den man auch als *"Physikalische Schleife"* bezeichnet, entwickelt.

Parallel zum konstruktiven Teil des Entwicklungsvorgangs, dem Layout, erfolgt die Erstellung der Testdaten. In sie gehen sowohl konstruktive Gegebenheiten als auch Daten aus der Simulation ein. Auch für die Erstellung der Testdaten ist häufig ein iterativer Ablauf notwendig, was im *Bild 1.21* durch die *"Testdaten-Schleife"* angedeutet sei.

Erst nach vollständigem Abschluß der Entwicklung erfolgt die erste Musterfertigung (Pilotfertigung) des Chips. D.h. die gesamte Chipentwicklung wird durchgeführt, ohne daß die Entwickler auch nur ein einziges Stück ihrer zu entwickelnden Hardware in Händen haben. Somit ist während der eigentlichen Entwicklungsphase auch keinerlei meßtechnische Überprüfung des Schaltungsentwurfs möglich.

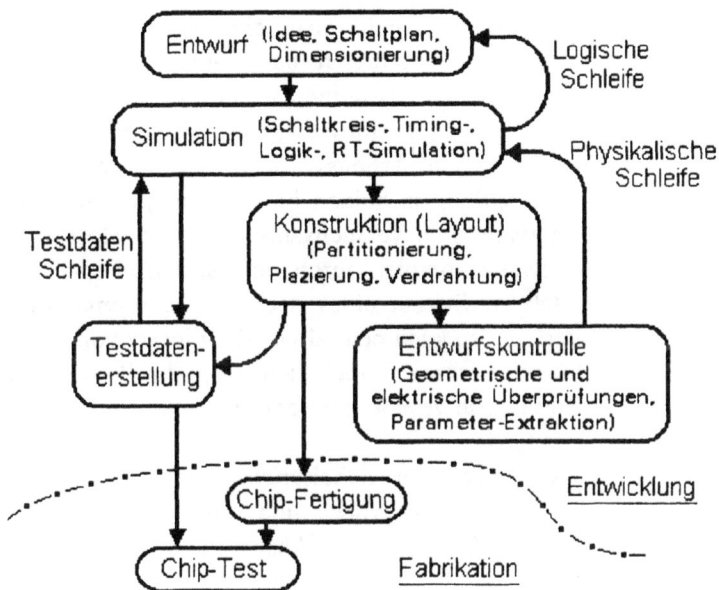

Bild 1.21   *Ablauf einer Chipentwicklung*

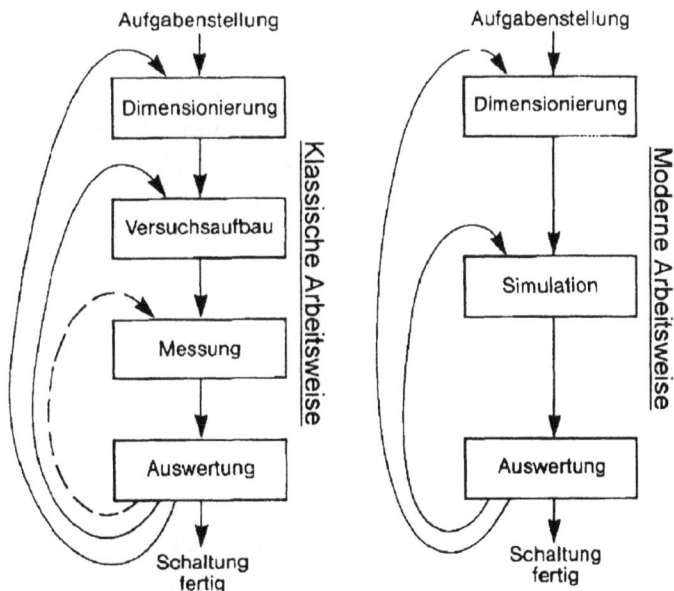

Bild 1.22

*Vergleich der
Arbeitsweisen
bei der
Schaltungs-
Entwicklung*

Das Verhalten eines einzelnen Schaltkreises, einer Schaltung auf einem Chip oder gar eines ganzen Systems zu erfassen, bevor auch nur ein einziges Stück Hardware gebaut wurde, ist nur möglich, wenn man sich der modernen Arbeitsweise der *Simulation* bedient. Im *Bild 1.22* auf Seite 19 ist die moderne Arbeitsweise mit der "klassischen" Arbeitsweise verglichen. Man sieht, daß der iterative Ablauf der Entwicklung in beiden Fällen prinzipiell identisch ist. Jedoch sind die früher notwendigen Versuchsaufbauten und Messungen bei der CAD-gestützten Arbeitsweise komplett durch die *Simulation* ersetzt. Zeigt eine Ergebnisauswertung, daß zu Beginn eines nächsten Iterationsschritts die Dimensionierung zu ändern ist, so kann neuerdings der Einsatz von Optimierungsprogrammen den Entwicklungsprozeß noch sicherer in die Richtung einer optimal an die Aufgabenstellung angepaßte Dimensionierung der Schaltung führen (vgl. z.B. [29] u. [53]).

Auch der konstruktive Teil der Schaltungsentwicklung, das sogenannte *Layout*, und ferner die *Testdatenerstellung* sind keineswegs triviale Probleme.

Wie bereits aus den Ausführungen des Abschnitts **1.1** und aus *Bild 1.20* (Seite 17) ersichtlich, ist für ein Layout, das heutigen Anforderungen gerecht wird, zunächst eine zweckmäßige Aufteilung des Gesamtsystems in mehrere voneinander trennbare Teile notwendig, was *Partitionierung (Partitioning)* genannt wird. Innerhalb jeder einzelnen Partition sind die dieser Partition zugehörigen Einzelobjekte überlappungsfrei so anzuordnen (= *Plazierung*, *Placement)*, daß sie anschließend untereinander verdrahtet werden können. Erst nach der Plazierung kann die *Verdrahtung (Wiring* oder *Routing)* erfolgen. Da die Verdrahtbarkeit von einer zweckmäßigen Plazierung und diese wiederum von einer brauchbaren Partitionierung abhängig ist, läuft der gesamte konstruktive Teil des Entwicklungsvorgangs in aller Regel iterativ ab.

Die Problematik der *Testdatenerstellung* sei schließlich durch das folgende Beispiel verdeutlicht: Das Testen einer digitalen Schaltung (an deren Eingänge ja nur die Signale 0 und 1 angelegt werden können) würde etwa 365,3 Jahre dauern, wenn diese Logik "nur" 60 Eingänge hätte und alle 2^{60} möglichen 0-1-Testmuster ohne Unterbrechung in Zeitschritten von 10 ns an die Eingänge angelegt würden. Da insbesondere hochintegrierte Logikchips häufig weit mehr als 60 Eingänge haben und außerdem das Durchtakten aller 2^n Testmuster (bei n Eingängen) mit einer Schrittfolge von weit mehr als 10 ns erfolgt, könnte das Testen einer Logik, wenn man es auf diese Weise durchführen wollte, leicht einige tausend Jahre dauern. Aber bei Anwendung geeigneter Verfahren zur Erstellung der Testdaten, die im Kapitel **4** erläutert werden, läßt sich die Zahl der notwendigen 0-1-Muster so stark reduzieren, daß die Testzeit nur noch wenige

Minuten oder gar Sekunden beträgt.

Um gemäß obigen Ausführungen in den verschiedenen Entwicklungsfunktionen effektiv arbeiten zu können, ist Spezialisierung gut und notwendig. Aber der Spezialist muß die Fähigkeit erworben haben, über seine Disziplin hinauszudenken und ständig das Gesamtsystem zu überschauen. Besonders wenn CAD-Programme nicht nur als Werkzeuge zur Hardware-Entwicklung **angewendet** sondern selbst neu entwickelt, verbessert oder erweitert werden sollen, ist eine "multidisziplinäre" Ausrichtung unbedingt notwendig. Das folgende *Bild 1.23* soll darauf aufmerksam machen, daß der Entwickler von CAD-Programmen für die (Mikro-)Elektronik eine gewisse "Mischung" aus Halbleiter-Physiker, Mathematiker, Elektroniker und Informatiker sein muß, ohne daß er dabei das tiefgehende (jedoch gewöhnlich auf ein einziges Fachgebiet eingeengte) Wissen eines jeden Fachspezialisten zu besitzen braucht. Jedoch muß er eine für die CAD-Programmentwicklung hinreichende Kompetenz in allen vier Fachgebieten besitzen.

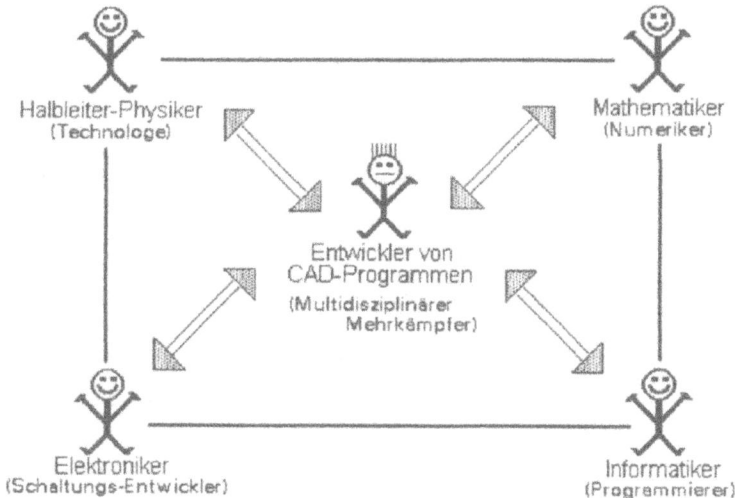

Bild 1.23 *Der Entwickler von CAD-Programmen*
im Spannungsfeld der Spezialisten

Nach diesem einleitenden Kapitel **1** beschäftigen sich die folgenden Kapitel **2 Simulation   3 Konstruktion, Layout   4 Testdatenerstellung** nun etwas eingehender mit den genannten drei Hauptproblemen der Computergestützten (Mikro-)Elektronikentwicklung.

2 Simulation

Simulation bedeutet ganz allgemein und natürlich als Teil des Gesamtgebiets "CAD der Elektronik" im besonderen:

*Untersuchen des **Verhaltens** eines **Modells**, welches das **Verhalten** eines **realen physikalischen Systems hinreichend genau** nachbildet.*

Es wird hier nochmals ausdrücklich auf die an sich bekannte Tatsache hingewiesen, daß das mathematische Modell selbstverständlich keineswegs mit der realen Welt identisch ist. Es führt lediglich mit einer hinreichenden Genauigkeit zu den gleichen Ergebnissen, d.h. es **verhält** sich "hinreichend" gleich, was durch das folgende *Bild 2.1* angedeutet sei.

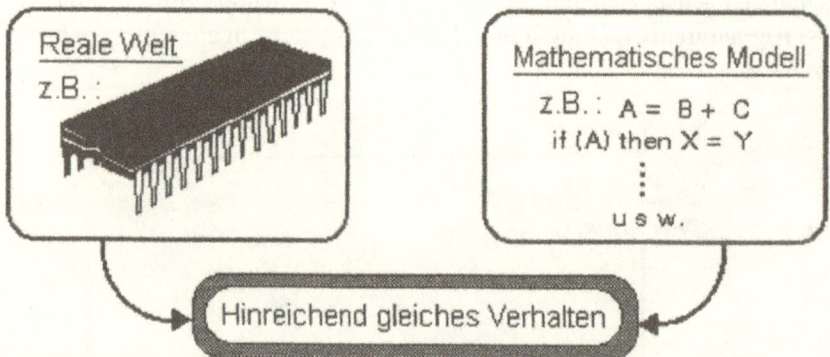

Bild 2.1 *Vergleich von realer Welt und mathematischem Modell*

Über Simulationsmodelle wurde schon vor über 30 Jahren in der Fachwelt diskutiert, und der Einsatz erster Schaltungs-Simulationsprogramme geht auf Anfang bis Mitte der sechziger Jahre zurück. Diese Programme waren damals noch außerordentlich eingeschränkt in ihrer Einsatzfähigkeit und liefen ausschließlich mit Lochkarten-Eingabe auf Großrechnern (sog. Mainframes). Mittlerweile sind Programme zur Schaltungssimulation zu Standardwerkzeugen der Entwickler von elektronischen Bauelementen, Schaltungen, Baugruppen, Systemen und Geräten geworden (vgl. hierzu u.a. [14], [22], [29], [53] und [56]). Viele der Simulationsprogramme laufen heute nicht nur auf Großrechnern, sondern auch auf Workstations und/oder PC's und verfügen über ausgefeilte Eingabesprachen sowie teils über graphische Eingabe- und/oder Ausgabemöglichkeiten.

2.1 Simulationsebenen

Die **Werkzeuge** (= Programme) zur Schaltungssimulation sind gewöhnlich für bestimmte **"Simulationsebenen"** optimiert. Das folgende *Bild 2.2* gibt eine schematische Übersicht wieder. Beim Übergang von einer Simulationsebene auf die nächst höhere steigt im allgemeinen die Größe des zu simulierenden Gesamtobjekts und damit auch seine Komplexität, was man im Falle einer Elektronik z.B. recht anschaulich durch die Anzahl der Transistoren ausdrücken kann, die in der zu simulierenden Hardware und damit auch im Simulationsmodell enthalten sind. Jedoch nimmt dafür mit steigenden Simulationsebenen die Betrachtungs- bzw. Abbildungsschärfe immer mehr ab, weil die Einzelobjekte (die Elemente), aus denen sich das Gesamtobjekt zusammensetzt, immer weniger Details enthalten.

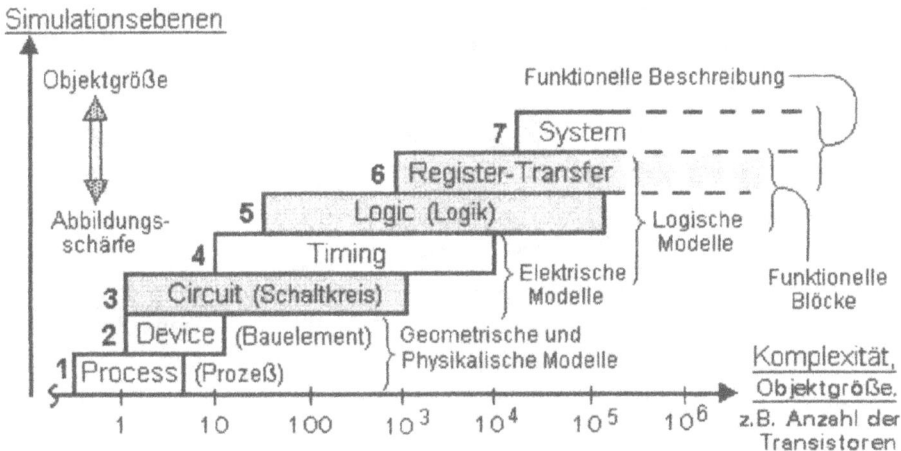

Bild 2.2 *Einteilung der Simulation in verschiedene Simulationsebenen*

Zur Beschreibung des zu simulierenden Gesamtobjekts (d.h. eines einzelnen Bauelements, eines Schaltkreises, ... eines ganzen Systems oder Geräts) wählt man im allgemeinen eine **deskriptive** oder **strukturelle** Modellierung, wenn man auf einer der unteren Simulationsebenen arbeitet, da man sich dann *"nahe an der Hardware"* befindet, weil die Elemente (d.h. die Einzelkomponenten) dabei diskret im Modell auffindbar sind. Auf den höheren Simulationsebenen wird dagegen eine **prozedurale** oder **verhaltensmäßige** Modellierung verwendet, die nicht mehr den Aufbau aus lauter Einzelkomponenten betrachtet, sondern den wesentlichen Wert auf das *funktionelle Verhalten* des zu simulierenden Systems legt. Die zur Modellbeschreibung verwendeten Sprachen weisen bei dieser Art der Modellierung starke Ähnlichkeiten mit den sogenannten höheren Programmiersprachen (FORTRAN, PASCAL, C usw.) auf.

Von der untersten bis zur obersten Simulationsebene läßt sich ein fließender Übergang von struktureller zu prozeduraler Modellierung feststellen. Auch die Ebenen gehen "fließend" ineinander über, bzw. überlappen sich gegenseitig. Daher läßt sich die Einteilung der Simulation in einzelne Ebenen auch in der im folgenden *Bild 2.3* gezeigten Weise darstellen (vgl. auch S. 65 von [29]).

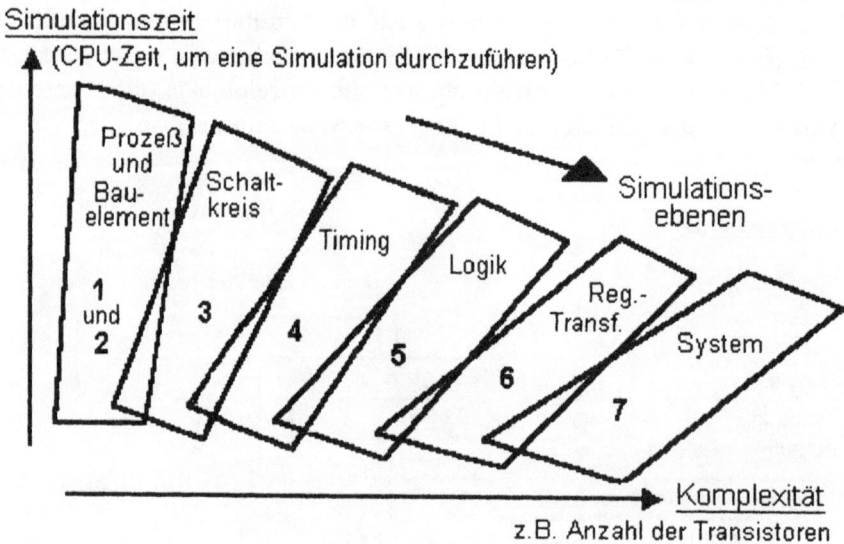

Simulationszeit

(CPU-Zeit, um eine Simulation durchzuführen)

Prozeß und Bauelement

1 und 2

Schaltkreis

3

Timing

4

Logik

5

Simulationsebenen

Reg.-Transf.

6

System

7

Komplexität

z.B. Anzahl der Transistoren

Bild 2.3   *Abhängigkeit des Simulations-Zeitbedarfs von der Komplexität des Simulationsmodells*

Um die *Bilder 2.2* und *2.3* besser miteinander vergleichen zu können, sind die Simulationsebenen auf beiden Bildern in derselben Weise von 1 bis 7 numeriert.

Durch die Einteilung in Ebenen und die Durchführung der Simulation mit verschiedenen auf die jeweilige Ebene optimal angepaßten Simulatoren (Simulationsprogrammen) ergeben sich zwei wesentliche Vorteile:

1.)   In die Simulation werden immer nur so viele Details einbezogen wie gerade notwendig sind, um das Verhalten des auf dieser Ebene zu untersuchenden Objekts "hinreichend genau" wiederzugeben. Dadurch entfällt für den Programmanwender (i.a. den Entwicklungsingenieur) die Notwendigkeit

Details modellieren zu müssen, die er noch gar nicht kennt und/oder die auf dieser Ebene bzw. für diesen Stand der Entwicklung völlig uninteressant sind. (Typisches Beispiel: Wenn ein Entwicklungsingenieur das Zusammenspiel von CPU, Hauptspeicher, Ein-Ausgabeeinheiten usw. eines Rechnersystems per Simulation untersuchen will, dann ist es dafür mit Sicherheit uninteressant, zu wissen oder etwa gar zu berücksichtigen, aus welchen Transistoren, Widerständen usw. die einzelnen Teile dieses Systems intern bestehen.)

2.) Durch den Wegfall aller Details tieferer Ebenen können die Simulationsalgorithmen so stark vereinfacht werden, daß Größenordnungen an Rechenzeit und Speicherplatzbedarf bei der Simulation eingespart werden. Nur so ist es überhaupt möglich, Systeme mit z.B. 10^9 Transistoren mit etwa demselben Rechenzeit- und Speicherplatzaufwand zu simulieren, wie auch für die Simulation eines einzelnen Transistors oder sogar nur eines einzelnen PN-Übergangs benötigt werden, was u.a. durch *Bild 2.3* zum Ausdruck gebracht wird.

Das Übereinanderschichten der Simulationsebenen laut *Bild 2.2* (S. 23) kann auch den sequentiellen Ablauf eines Schaltungsentwurfs wiedergeben. Denn das Ziel, eine Schaltung mit einem möglichst guten Preis/Leistungs-Verhältnis zu entwickeln, erreicht man am ehesten, wenn man sich einer strukturierten Entwurfsmethodik bedient. In praxi bedeutet dies, daß man zunächst das Gesamtsystem auf der höchsten Ebene simuliert und danach schrittweise von Ebene zu Ebene abwärts immer stärker detailliert. Diese Form des Entwurfs, wenn in strenger Abwärts-Reihenfolge durchgeführt, wird auch als *"Top-Down-Entwurf"* bezeichnet, wie mit nebenstehendem *Bild 2.4* angedeutet sei. Obwohl [21] bereits vor Jahren veröffentlicht wurde, gilt

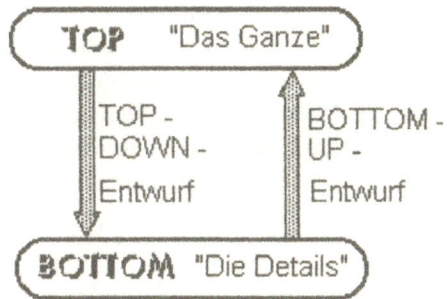

Bild 2.4 *Entwurfsmethodik*

die darin gemachte Aussage auch heute noch uneingeschränkt: (Zitat): *"Ein Entwurfsschritt besteht im korrekten Umsetzen der Beschreibung einer höheren Ebene in eine Darstellung auf einer niedrigeren Ebene"* (Zitat Ende). Von Theoretikern wird der reine Top-Down-Entwurf als die beste und daher auf jeden Fall anzustrebende Entwurfsmethodik bezeichnet.

Im Gegensatz zum Top-Down-Entwurf steht der *"Bottom-Up-Entwurf"*, bei dem zunächst auf der untersten Ebene Details festgelegt werden. Unter Verwendung der solchermaßen entwickelten Elemente werden dann die Teile der nächsthöheren Ebene "zusammengebaut", die dann ihrerseits als Elemente für die wiederum nächsthöhere Ebene dienen.

In der Praxis kann man meist weder mit dem reinen Top-Down- noch mit dem reinen Bottom-Up-Entwurf eine komplette Entwicklung durchführen. Vielmehr wird im allgemeinen gemischt und parallel gearbeitet: Die Systementwickler arbeiten normalerweise mit der Systemarchitektur beginnend "top-down". Die Halbleiterphysiker und Schaltkreisentwickler arbeiten dagegen zweckmäßigerweise "bottom-up". Bei guter Koordination dieser parallel ablaufenden Entwicklungsphasen trifft man sich auf einer geeigneten mittleren Ebene, z.B. der Timing-Ebene.

Nachfolgend sollen nun die einzelnen Simulationsebenen kurz beschrieben werden. Die Numerierung ist dabei mit der in den *Bildern 2.2* und *2.3* (Seiten 23 und 24) verwendeten identisch.

1.)   *Prozeßsimulation (Process Simulation)* **und**

2.)   *Bauelementesimulation (Device Simulation)*

Hiermit wird ein einzelnes Bauelement (z.B. ein Transistor) oder auch nur ein Teil eines Bauelements (z.B. ein einzelner PN-Übergang) oder auch die Zusammenfassung ganz weniger Bauelemente unter Berücksichtigung von Technologie- und Prozeßparametern sowie der Bauelemente-Geometrie analysiert und/oder optimiert. Z.B. kann der Einfluß von Basisbreite, Dotierung usw. auf die Stromverstärkung eines Transistors untersucht werden u.a.m.

Die in diesen Simulationsprogrammen verwendeten Algorithmen basieren auf mathematisch so anspruchsvollen Verfahren, daß zu ihrer Herleitung und eingehenden Besprechung eine eigene Vorlesung bzw. ein eigenes Buch erforderlich wäre. Deshalb werden diese beiden Simulationsebenen im Kapitel **2.3** nur "relativ oberflächlich gestreift", um auf diese Weise wenigstens einen Einblick in die Methodik dieser Simulationen und ein Gefühl für den mathematischen Hintergrund zu vermitteln. Für eingehendere Studien muß auf die einschlägige Literatur, u.a. z.B. auf [14], [24] und/oder [49] verwiesen werden.

3.)   *Schaltkreissimulation (Circuit Simulation)*

(Einige Programme: SPICE, ASTAP, AS/X, DOMOS, TOGGLE, ...)

Hiermit wird das Verhalten eines aus Bauelementen (= R, C, L, ... , Halbleitern, Signalquellen usw.) zusammengesetzten und durch Spannungs- und/oder Stromquellen angeregten Schaltkreises simuliert. Diese Simulationsebene wird auch als *Transistorebene* oder ganz allgemein als Ebene der *Analog-simulation* bezeichnet, was aber nicht bedeutet, daß etwa nur Analogschaltungen zu simulieren sind. Vielmehr wird die Schaltkreissimulation sogar sehr weitgehend bei der Entwicklung digitaler Schaltungen aller Art eingesetzt. Die Bezeichnung "Analogsimulation" leitet sich vielmehr von der Art der Simulationsergebnisse ab, die der physikalischen Wirklichkeit analog sind, d.h. Spannungen, Ströme, Leistungen, Schaltzeiten usw.

Das Schwergewicht des die Schaltkreissimulation behandelnden Vorlesungsabschnitts sowie des Kapitels **2.2** dieses Buchs liegt in der Darstellung der wichtigsten in diesen Programmen verwendeten Verfahren und Algorithmen. (Vgl. [08], [09], [22], [53].)

4.) **Simulation des Zeitverhaltens** *(Timing Simulation)*
(Einige Programme: DIANA, MOTIS C, ...)
Die Timing-Simulation arbeitet entweder mit Spannungspegeln (wie die Schaltkreissimulation), jedoch mehr oder minder grob genähert durch tabellarische Modellierungen, die das Verhalten bestimmter digitaler Standardeinheiten (z.B. UND- und ODER-Gatter, XOR's, Inverter, Flipflops usw.) als Ganzes beschreiben. Oder sie arbeitet mit logischen Pegeln (wie die Logiksimulation), aber mit sog. "mehrwertiger Logik" (vgl. Abschnitt **2.4.1.3**) und in Verbindung gebracht mit echten lastabhängigen Anstiegs-, Abfall- und Verzögerundzeiten der logischen Bausteine.

In der industriellen Tagespraxis werden häufig keine besonderen (dafür extra geschriebenen) Programme eingesetzt, sondern die Timing-Simulation wird mit Hilfe von Schaltkreissimulatoren oder geeigneten Logiksimulatoren als eine spezielle Form der vereinfachten Schaltkreissimulation oder der zeitlich genaueren Logiksimulation durchgeführt. Wegen dieser "Zwischenstellung" kann auf eine gesonderte Behandlung der Timing-Simulation in der Vorlesung und in diesem Buch verzichtet werden. Mit der Darbietung einerseits der Schaltkreis- und andererseits der Logiksimulation ist die Timing-Simulation implizit mit abgehandelt.

5.) **Schaltwerk- oder Logiksimulation** *(Logic Simulation)*
(Einige Programme: DISIM, VERDIPUS, TEGAS, LOG/iC, ...)
Die Logiksimulation arbeitet auf der Gatterebene, d.h. das Verhalten einer aus *digitalen* Standardschaltkreisen (= logischen Grundbausteinen oder auch "Blöcken" wie UND, NAND, Flipflop usw.) zusammengesetzten Schaltung wird simuliert. Die Simulationsergebnisse werden dabei jedoch nicht als Spannungen und Ströme, sondern als logische Pegel 0 und 1 ausgegeben, und

zwar unabhängig davon, welche aktuellen Spannungen (technologieabhängig) die 0 und die 1 repräsentieren. Häufig wird neben 0 und 1 noch der "Pegel" X (= unbekannt) berücksichtigt. Man spricht dann von einer sogenannten 3-wertigen Logik. Simulatoren zur Bearbeitung von 4- bis 12-wertiger Logik sind ebenfalls gebräuchlich, wobei aber die "Wertigkeit" keineswegs bedeutet, daß es etwa zusätzliche Pegelwerte außer 0 und 1 gibt. Denn alle "Werte" außer 0 und 1 beziehen sich auf undefinierte oder unbekannte Zustände (wie z.B. X) oder auf verschiedene Treiber- und/oder Lastverhältnisse.

6.)   ***Register-Transfer-Simulation*** *(RT-Simulation)*
        (Einige Prog.: CAP, ERES, DISIM, ABL, CHARLES, BDL, DDL, ...)
Die Register-Transfer-Simulation, auch kurz RT-Simulation genannt, ist eine höhere Ebene der Logiksimulation, bei der die Elemente (= Einzelkomponenten) nicht nur aus einzelnen Gattern, wie UND, ODER etc., bestehen, sondern im allgemeinen aus größeren Einheiten, im wesentlichen Speicher, Register, Bus, Addierer usw. Die Signale bestehen konsequenterweise nicht nur aus einzelnen Bits (0 oder 1), sondern aus ganzen Worten, die mehrere Bits oder sogar viele Bytes breit sein können.

    In der Vorlesung und in diesem Buch wird ERES [15] als Beispiel für eine RT-Simulationssprache benutzt, vor allem, weil ERES (im Gegensatz zu VHDL, siehe S. 32ff) recht einfach und schnell zu erlernen ist. Da bei der großen Zahl vorhandener RT-Simulatoren unmöglich auf alle Sprachen eingegangen werden kann, müssen sich Vorlesung und Buch auf ein Beispiel beschränken, zumal es hier hauptsächlich darauf ankommt, das Wesentliche der RT-Simulation unter Verwendung eines möglichst einfachen "Beispiels-Simulators" zu zeigen. Dafür scheint ERES besonders gut geeignet zu sein, obwohl ERES laut [15] und [05] schon einige Jahre alt ist.

7.)   ***Systemsimulation*** *(System* oder *High-Level Simulation)*
        (Einige Programme: LALD, HILO, ...)
Die Systemsimulation kann als eine noch über die RT-Simulation hinausgehende (noch höhere) Ebene der Logiksimulation verstanden werden. Die Einzelelemente, aus denen sich das Gesamtsysten zusammensetzt, können sehr komplexe IC's sein, ganze Mikroprozessoren, Kanalsteuerungen, Ein-Ausgabegeräte usw. Die Konstrukte der Eingabesprachen der zur Systemsimulation eingesetzten Programme ähneln sehr stark den Konstrukten der bekannten höheren Programmiersprachen (PASCAL, C, usw.) und erlauben die funktionelle Beschreibung ganzer Systeme.

    In der Vorlesung und im Kapitel **2.6** dieses Buchs wird die Systemsimulation aber nur "gestreift" und nicht detailliert darauf eingegangen.

Etwas eingehender werden in der Vorlesung und in diesem Buch lediglich die im *Bild 2.2* auf Seite 23 grau unterlegten Simulationsebenen behandelt, d.h. die Schaltkreissimulation im Kapitel **2.2**, die Logiksimulation im Kapitel **2.4** und die RT-Simulation im Kapitel **2.5**.

Mischsimulation auf mehreren Ebenen (Mixed-Mode Simulation)
Wie bereits in der Einleitung dieses Kapitels **2.1** gesagt, gibt es für die hier mit der Numerierung 1 bis 7 kurz beschriebenen Simulationsebenen dedizierte (i.a. optimierte) Simulationsprogramme. Darüber hinaus gibt es jedoch auch Simulatoren (Simulationsprogramme), die eine Beschreibung (= Eingabe) der zu simulierenden Schaltung in der Weise erlauben, daß gleichzeitig verschiedene Teile der Schaltung auf unterschiedlichen Ebenen simuliert werden können, was auch als *"Mixed-Mode-Simulation"* bezeichnet wird. Damit ist es für den Programmbenutzer möglich, Teile der Schaltung "gröber" (möglicherweise "global") und andere Teile derselben Gesamtschaltung in ihren strukturellen Einzelheiten fein detailliert zu beschreiben und zu simulieren. Dies erlaubt nicht nur für verschiedene Teile der Gesamtschaltung einen verhältnismäßig guten Kompromiß zwischen der Größe der Einzelobjekte und der entsprechenden Abbildungsschärfe zu finden (vgl. *Bild 2.2*, S. 23), sondern führt auch, sozusagen als erwünschten Nebeneffekt, zu einem guten Kompromiß zwischen hinreichender Simulationsgenauigkeit und einem tragbaren Rechenzeitbedarf.
Die folgende Tabelle zeigt (**ohne** jeden Anspruch auf Vollständigkeit), welche Simulationsebenen durch einige Mixed-Mode-Simulationsprogramme überdeckt werden können:

Progr. ==> Ebene ˥ V	MEDUSA	DIANA SANDRA SAMSON	SPLICE	MOTIS	SABLE DISIM (ERES)	KOSIM	DACAPO (VHDL)
System							x
Reg.-Transf.			x	x	x	x	x
Logik		x	x	x	x	x	x
Timing		x	x	x	(x)	x	(x)
Schaltkreis	x	x	x			x	(x)
Bauelement	x						

Der Übergang zwischen der Logiksimulation, der RT-Simulation und der Systemsimulation ist fließend, d.h. im wesentlichen eine Frage der Definition und der "Namensgebung". Häufig werden die Ebenen von der Timing-Simulation bis hinauf zur Systemsimulation auch zusammenfassend als *"Digitalsimulation"* bezeichnet, wobei allenfalls noch zwischen *"Low-Level-Digitalsimulation"* (Timing- und Logikebene) und *"High-Level-Digitalsimulation"* (RT- und Systemebene) unterschieden wird. Innerhalb der Ebenen der Digitalsimulation ist die Mixed-Mode-Simulation nicht allzu problemreich, da die Problematik fast ausschließlich in der Definition zweckmäßiger Sprachkonstrukte liegt, die die eindeutige Unterscheidung zwischen Bits, Bytes und ganzen Worten ermöglichen sowie den Übergang zwischen struktureller und prozeduraler Beschreibung bei den sehr unterschiedlich großen Objekten gestatten.

In obige Tabelle (auf Seite 29) wurde ERES in Klammern mit aufgenommen, da ERES, obwohl eigentlich ein RT-Simulator, auch für die Logiksimulation und in eingeschränktem Maße sogar für die Timing-Simulation verwendet werden kann.

Erheblich problemreicher ist die Mixed-Mode-Simulation, wenn digital zu simulierende Teile (z.B. in der Logikebene) und analog zu simulierende Teile (z.B. in der Schaltkreisebene) gemeinsam in den Simulator eingegeben und auch gemeinsam simuliert werden sollen. Man betrachte dazu das folgende *Bild 2.5*:

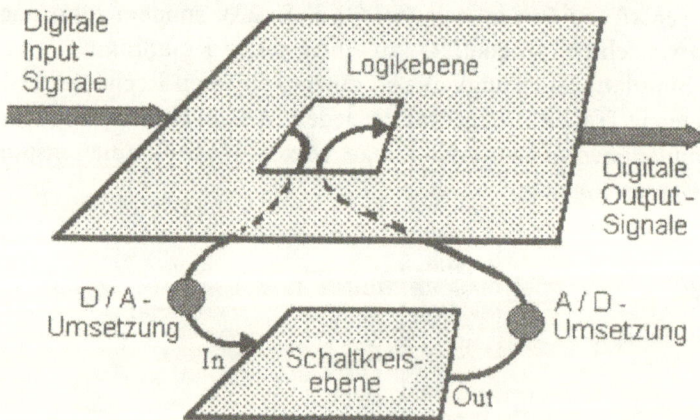

Bild 2.5 *Schematische Darstellung einer digital-analogen Mixed-Mode-Simulation*

Das *Bild 2.5* zeigt in einer abstrahierten Darstellung die Analogsimulation eines Teilstücks einer im Gesamten digital zu simulierenden Schaltung sowie den dazu passenden Datenfluß mit seinen Schnittstellen für die Digital-Analog- und die Analog-Digital-Umwandlung (vgl. u.a. Kapitel 3 in [29]). Die Hauptprobleme liegen in diesem Fall in der Pegelkonversion zwischen der analogen und

der digitalen Ebene sowie in der zeitlichen Synchronisation der beiden völlig
verschiedene Simulationsmodi. Mit dem folgenden *Bild 2.6* wird exemplarisch
gezeigt, daß für die D/A- und die A/D-Umsetzung technologieabhängig bestimmte Schaltpegel (i.a. Spannungspegel) zu definieren sind, die der logischen
0 bzw. der logischen 1 zugeordnet werden. Der Bereich X (= logisch unbekannt)
legt die Anstiegs- bzw. Abfallflanken der analogen Eingangssignale fest. Und
umgekehrt bestimmt der Signalverlauf zwischen dem 0- und dem 1-Definitions-
pegel die Breite des X-Bereichs beim Wiedereintritt der Signale in die Logikebene. Zu beachten ist noch, daß die Zeitachse der Analogebene ein Raster in
echten Zeiten, z.B. in ns, aufweist, während die Zeitachse der Digitalebene üblicherweise (d.h. meist) ein Raster in sogenannten ZE (= **Z**eiteinheiten) hat. Da
eine ZE, je nach Geschwindigkeit der für die zu simulierende Logik zu verwendenden Technologie, von Bruchteilen einer ns bis zu mehreren μs reichen kann,
wird wohl verständlich, daß die zeitliche Synchronisation der Simulation zwischen der A- und der D-Ebene kein triviales Problem ist.

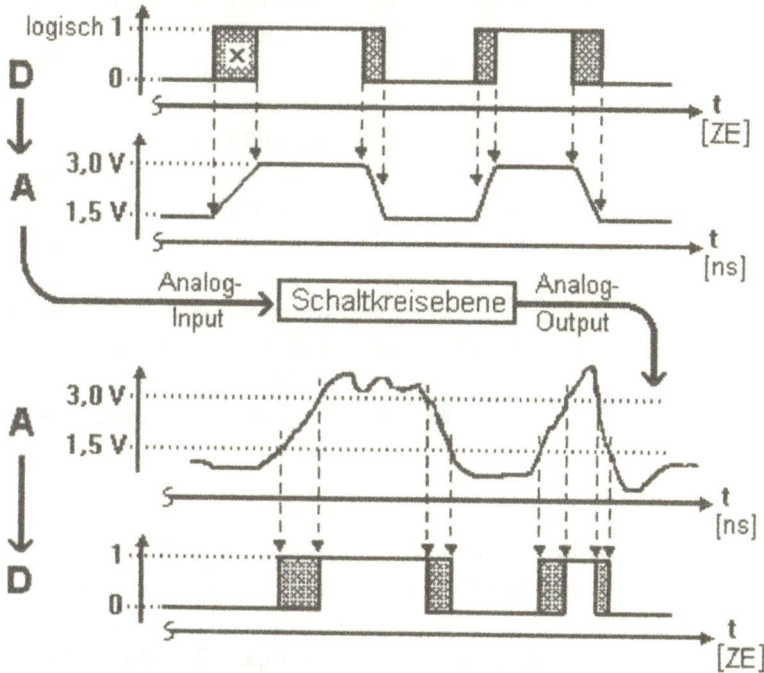

Bild 2.6 *Beispiel für die Pegel und das Zeitraster
der Signale bei der D/A- und der A/D-Umsetzung*

Vielfach faßt man die Simulationsebenen auch als *"Ebenen der Hardware-Beschreibung"* auf. In diesem Fall wird häufig auch die *"Ebene des Layouts"* mit hinzugenommen, obwohl sie im engeren Sinne keine Simulationsebene ist. Jedoch ist die Ebene des Layouts letztendlich die detaillierteste und auch konkreteste Form der Hardware-Beschreibung. Es ist deshalb nur folgerichtig, wenn versucht wird, eine einheitliche Hardware-Beschreibungssprache zu schaffen, die möglichst **alle** Beschreibungsebenen (einschließlich der Ebene des Layouts) abdeckt. Eine solche einheitliche Beschreibungssprache wurde (ursprünglich im Auftrag des amerikanischen Verteidigungsministeriums) von verschiedenen Institutionen entwickelt und ist inzwischen längst auch im zivilen kommerziellen Breich weltweit verbreitet.

Diese Sprache wird **VHDL** (= **V**ery **H**igh **D**esign **L**anguage oder auch **V**ery **h**igh **H**ardware **D**escription **L**anguage) genannt. Sie umfaßte allerdings bis Ende 1994 außer der Layout-Ebene nur die digitalen Simulationebenen von der Logiksimulation an (eventuell sogar von der Timing-Simulation an) bis hinauf zur Systemsimulation. Derzeit sind die Normungsgremien dabei, die Sprachkonstrukte zu definieren, die für eine Erweiterung von VHDL in Richtung der analogen Simulationebenen, besonders der Schaltkreissimulation, erforderlich sind. Dieser **VHDL-A** genannte Teil der Sprache wird voraussichtlich (zumindest in einer ersten Version) gegen Ende 1996 oder Anfang 1997 allgemein verfügbar sein. Es scheint sich abzuzeichnen, daß in eine Beschreibung mit VHDL-A auch Konstrukte der SPICE-Eingabesprache eingefügt werden können, was außerordentlich zu begrüßen wäre, da die SPICE-Sprache sich mehr und mehr als weltweiter Standard für die Schaltkreissimulation, d.h. für die sogenannte "Transistorebene" durchsetzt.

In der auf Seite 29 gezeigten Tabelle der Mixed-Mode-Simulatoren ist VHDL in Klammern angegeben, weil VHDL eigentlich kein Simulator (= Simulationsprogramm), sondern "nur" eine *Sprache* ist, die zur Eingabe in Mixed-Mode-Simulationsprogramme geeignet ist. Die Timing- und die Schaltkreisebene sind in der Tabelle auf Seite 29 nur eingeklammert angekreuzt, da sich VHDL-A derzeit noch in der Entwicklung befindet.

Eines der wesentlichen Merkmale von VHDL ist, daß man in dieser Sprache sowohl **verhaltensmäßig** *(prozedural,* **behavioral***)* als auch *abstrahiert* **strukturell** *(structural)* als auch *konkret strukturell* oder **geometrisch** *(geometric)* beschreiben kann, wobei die Geometriebeschreibung selbstverständlich vorwiegend eine Beschreibung des Layouts ist (s. u.a. Abs. 2.2.4 von [29]). Das *Bild 2.7* auf nebenstehender Seite 33 zeigt das sogenannte *Gajsky-Kuhn-Y-Diagramm* (auch einfach Y-Diagramm genannt), das angibt, welche Art von Beschreibung für die unterschiedlichen Hardware-Teile zweckmäßigerweise anzuwenden ist.

(Structural Representation)
Struktur-Beschreibung

(Behavioral Representation)
Verhaltens-beschreibung

(Geometric Representation)
Geometrie-Beschreibung

System-Ebene

Register-Transfer-Ebene

Gatter-Ebene

Transistor-E.

Layout-E.

Prozessoren, Speicher, I/O-Einheiten

ALU, Schaltnetze, Schaltwerke, Busse, Register

Gatter, Flipflops...

Transistoren, Widerstände

Leiter- und Halbleitergebiet

Polygone

Symbole

Zellstrukturen

Floorpläne

Cluster

Leistungsmerkmale, Datenmanipulationen

Operationen, Registertransfer

Boole'sche Gleichungen

Differentialgleichungen mit Strömen und Spannungen als Variablen

DGLn mit elektrischen Feldstärken als Parameter

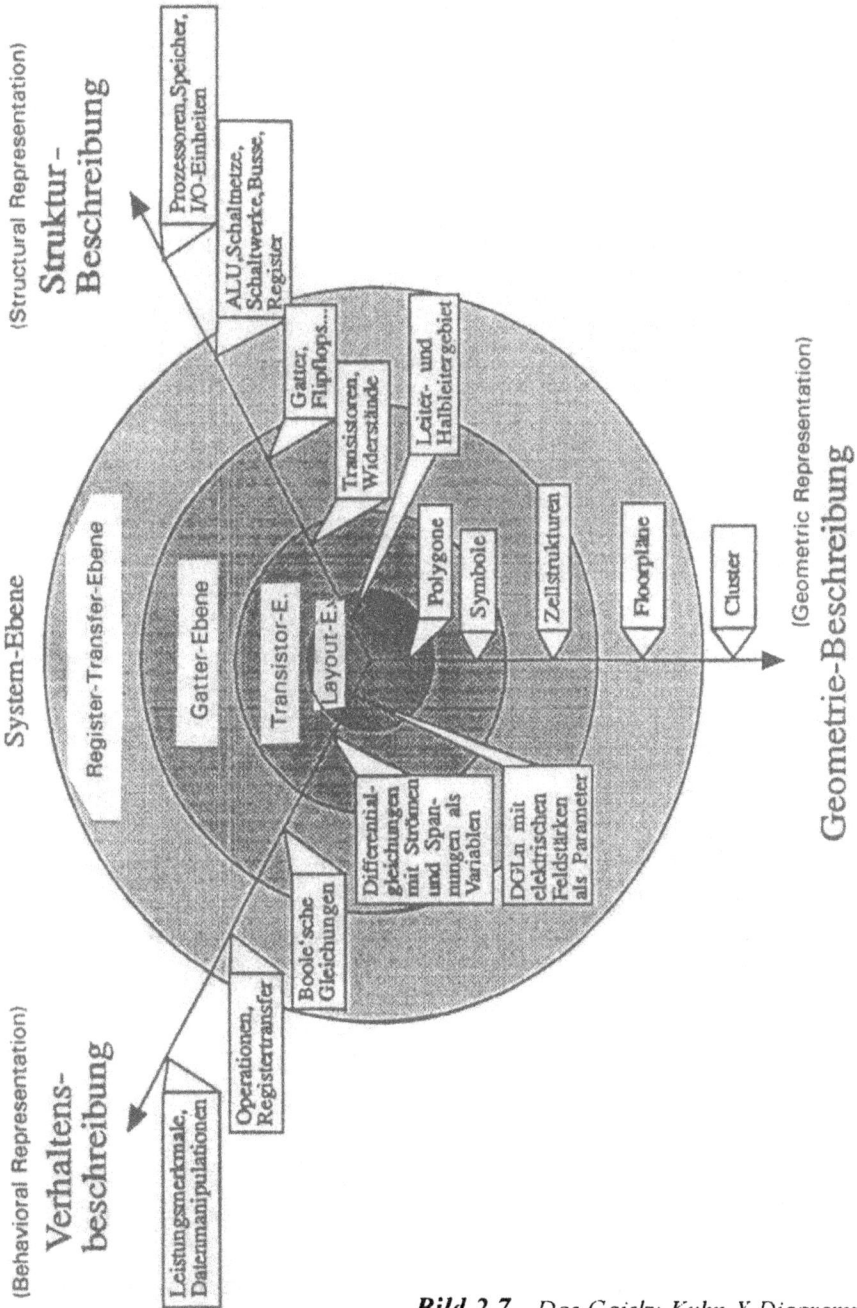

Bild 2.7 *Das Gajsky-Kuhn-Y-Diagramm*

Das Y-Diagramm in der Darstellungsweise des auf Seite 33 gezeigten *Bildes 2.7* liefert wichtige Hinweise für den Einsatz von VHDL. Das folgende, an eine IEEE-Veröffentlichung anlehnende *Bild 2.8* gibt in symbolischer Form den soge-nannten *VHDL-Sprach-raum* wieder. Hiermit soll angezeigt werden, daß sich die einzelnen Sprachkonstrukte sehr wohl gemischt aus struk-turellen und prozedu-ralen Teilen zusammen-setzen lassen.

Da die Mixed-Mode-Simulation einerseits in zunehmendem Maße an Bedeutung zu gewinnen scheint, andererseits bis heute fast jedes für eine *einzelne* Ebene der Si-

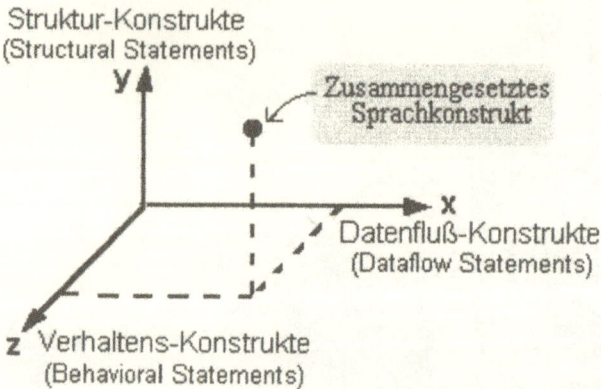

Bild 2.8   *Der VHDL-Sprachraum*

mulation geschriebene Programm seine eigene Eingabesprache besitzt, bietet sich, zumindest für die Zukunft, VHDL u.a. auch als ein "software-neutraler Zwischencode" zur Kopplung verschiedener Simulatoren an. ([07], [27]).

Um den Umfang der Vorlesung und den Umfang dieses Buchs im vor-gesehenen Rahmen zu halten, soll jedoch nun nicht weiter auf die Mixed-Mode-Simulation (und damit auch auf VHDL) eingegangen werden. Die wichtigsten Methoden, Verfahren, Algorithmen, die den Simulationsprogrammen zugrunde liegen, lassen sich erheblich einfacher erläutern, wenn man (entsprechend dem Vorwort und Inhaltsverzeichnis dieses Buchs) auf die Simulation in den einzel-nen Ebenen getrennt eingeht.

Grundsätzlich läßt sich die Simulation noch einteilen in

- *2 Hardware-Klassen*, je nachdem, auf welcher Computer-Hardware ein Si-mulator lauffähig ist:
    1.) *Unversal*-Computer vom kleinen PC bis zum Super-Großrechner-System.
    2.) *Spezial*-Computer, z.B. Parallelrechner oder Hardware-Simulatoren.
- *2 Software-Klassen*, je nachdem ob ein Programm die Simulation
    A.) technologie*unabhängig* durchführen kann.
    B.) nur technologie*abhängig* für bestimmte Technologien durchführen kann.

Vorlesung und Buch konzentrieren sich im wesentlichen auf die Klassen **1A**.

2.2 Schaltkreissimulation

Die Schaltkreis-Simulationsprogramme lassen sich seit langem recht gut in die unten auf Seite 34 angegebenen zwei Software-Klassen einteilen. Von einer Einteilung in zwei Hardware-Klassen kann man (im Gegensatz zur Logiksimulation) erst in neuster Zeit sprechen, da es für die Schaltkreissimulation keine sogenannten Hardware-Simulatoren gibt und erst jetzt einige Experimentierprogramme auf Transputersystemen und/oder großen Parallelrechnern lauffähig sind, während die weltweit verbreiteten Standardprogramme alle für Universal-Computer geschrieben und nur auf diesen lauffähig sind. In der Vorlesung und in diesem Buch wird für die Schaltkreissimulation nur auf die obige Einteilung "**1A**" eingegangen und (u.a. aus Zeit- und Platzgründen) auf "**1B**" verzichtet.

2.2.1 Überblick, sowie Rückblick auf die Programmanwendung

Die Anwendung der zur Schaltkreissimulation benutzten Programme, vor allem von SPICE [20], [30], [39], [41] oder ASTAP [53], [55] und seiner Weiterentwicklung AS/X (= AStap eXtended), ist meist bekannter als die in solchen Programmen verwendeten Algorithmen. Z.B. ist SPICE nicht nur weltweit in zahlreichen Industrieunternehmen, sondern auch an fast allen Hochschulen und technischen Universitäten installiert und sollte dort im Zusammenhang mit Vorlesungen, Seminaren und/oder Laborübungen angewendet worden sein.

Die Programmanwendung kann daher als "einigermaßen" bekannt vorausgesetzt werden und soll in diesem Buch nur verhältnismäßig kurz (sozusagen als Wiederholung) mit Hilfe einiger sehr einfacher Beispiele behandelt werden. Für eingehendere Studien der Programmanwendung sei auf die einschlägige Literatur verwiesen, z.B. auf [20], [22], [30], [41], [53] und [55]. Die nachfolgenden Beispiele sind jedoch von Input, Output und der verwendeten Syntax her nicht auf SPICE, sondern auf ASTAP (bzw. AS/X) abgestimmt. Denn SPICE als das weltweit verbreitetste Schaltkreis-Simulationsprogramm ist, wie bemerkt, ohnehin weitgehend bekannt. ASTAP (und besonders AS/X) ist dagegen das universellste Programm in dieser Klasse von Programmen und verfügt zudem über eine gegenüber SPICE klarere Syntax. Deshalb scheint ASTAP (bzw. das syntaktisch identische AS/X) für eine kurze Wiederholung der Anwendung von Schaltkreis-Simulationsprogrammen besonders geeignet zu sein.

```
1965    ASAP, MINMAX
  ||    ECAP I, SCEPTRE
  ||    ASTAP I
  ||    ASTAP II, STAEN
  ||    ECAP II
  V     SPICE, ASTAP(Rel.3)
1975    und viele andere!
  ||    SPICE2, ASTAP(Rel.10)
  ||    SPICE-Erweiterungen
  ||    und Variationen, z.B.
  ||    PSPICE, I-G SPICE,
  V     HSPICE, MSPICE u.a.m.
1986    ASTAP(Rel.12)
  ||    SPICE3, TOGGLE, AS/X
  ||    Waveform-Relaxation,
  ||    Multi-Level-Macro-
  ||                  Simulation,
  V     Optimierung, etc.
????    ..........
```

Die historische Entwicklung von SPICE und ASTAP, ergänzt durch ihre wichtigsten Vorläuferprogramme und durch jene, die ihre Entwicklung wesentlich beeinflußt haben, ist nebenstehend aufgelistet. Diese fragmentarische Zusammenstellung zeigt auch die Richtung künftiger Weiterentwicklungen auf. Die Waveform-Relaxation ist z.B. bereits in TOGGLE realisiert. In ASTAP und selbst in AS/X sowie in SPICE sind Multi-Level-Macro-Simulation und die Waveform-Relaxation immer noch nicht eingebaut (Stand 1995, 1996) und es ist fraglich, ob sich die Programmentwickler entschließen können, diese modernen Methoden, welche die Rechenzeit drastisch verkürzen, in künftige SPICE- oder auch AS/X-Versionen einzubauen, oder ob sie dafür lieber ganz neue Programme schreiben wollen. Dagegen gibt es seit Jahren ein von der Universität Stuttgart (Institut für Netzwerk- und Systemtheorie, Prof. Lüder und Mitarbeiter) entwickeltes Programm zur Schaltkreisoptimierung, das SPICE (Version 2G6) als Simulator benutzt. Durch das IBM Entwicklungslabor wurde (unter Federführung von H.Spiro) ein Umbau des Stuttgarter Optimierungsprogramms und eine Anpassung an ASTAP (Rel.12) vorgenommen.

Zu Beginn der Entwicklung, Mitte bis Ende der 60-er Jahre, liefen die Schaltkreis-Simulationsprogramme streng "batch-orientiert" (d.h. nur im Stapelbetrieb) und zwar nur auf Zentralrechnern, sogenannten Mainframes. Inzwischen hat sich die Einsatzfähigkeit längst zusätzlich auf Workstations bis herunter auf PC's (z.B. bei PSPICE) verlagert. Graphische Ausgabe der Simulationsergebnisse über Bildschirm, Plotter und graphikfähige Drucker ist für ASTAP seit 1985 selbstverständlicher "Stand der Technik" und für SPICE seit einigen Jahren ebenfalls selbstverständlich. In z.T. noch eingeschränktem Maße existieren auch bereits graphische Eingabeprozessoren zur ASTAP- und/oder SPICE-kompatiblen Schaltungsbeschreibung. An ihrer Verbesserung und Weiterentwicklung wird gearbeitet. Für Einzelheiten sowohl zu obiger Zusammenstellung als auch zu den diversen Problemen der Weiterentwicklung (Waveform-Relaxation, Multi-Level-Macro-Simulation, Optimierung usw.) muß auf die Literatur, u.a. auf [53], verwiesen werden.

Die Programmnamen ASTAP und SPICE sind, wie bei fast allen international eingesetzten Programmen üblich, aus dem Englischen abgeleitete Abkürzungen:

Advanced	**S**imulation
STatistical	**P**rogram with
Analysis	**I**ntegrated
Program	**C**ircuit
AS/X = **AS**TAP e**X**tended	**E**mphasis

Für den Benutzer wird die Anwendbarkeit eines Programms vor allem durch drei Begriffe charakterisiert, die man in einer Prioritätsliste anordnen kann:

ASTAP (und **AS/X**)	**SPICE**
1. Universalität	1. Computer-Ressourcen
2. Benutzerfreundlichkeit	2. Benutzerfreundlichkeit
3. Computer-Ressourcen	3. Universalität

Unter "Computer-Ressourcen" sind sowohl die für den Programmablauf notwendige Rechenzeit als auch der Speicherplatzbedarf zusammengefaßt zu verstehen. Mit diesen Prioritätslisten soll jedoch keinerlei Werturteil gefällt, sondern lediglich festgestellt werden, daß bei der Entwicklung der ersten Programmversionen die Autoren von ASTAP und SPICE unterschiedliche Zielvorstellungen hatten, vor allem, ob die höchste Priorität auf die Universalität (auf Kosten der notwendigen Ressourcen) oder auf einen möglichst geringen Ressourcen-Bedarf (auf Kosten der Universalität) zu verlegen ist. Die Universalität *und* die Rechengeschwindigkeit gleichzeitig auf Platz 1 der Liste zu legen, war bis vor wenigen Jahren nicht möglich. Heute ist dies unter gewissen Bedingungen möglich geworden, oder zumindest ist eine eindeutige Tendenz in diese Richtung bei allen Neu- und Weiterentwicklungen erkennbar, wie durch nebenstehende Liste angedeutet sei: Da der Speicherplatz im Laufe der Jahre immer

1. Universalität *und*
   Rechengeschwindigkeit
2. Benutzerfreundlichkeit
3. Speicherplatzbedarf

billiger wurde und in immer größerem Umfang zur Verfügung stand (und diese Tendenz auch weiterhin anhält), kann man z.T. mit Hilfe spezieller Techniken die Rechengeschwindigkeit auf Kosten des Speicherplatzbedarfs so weit

steigern, daß man einen Teil der Ressourcen, nämlich die notwendige Rechenzeit, mit der Universalität zusammen auf Platz 1 der Prioritätsliste setzen kann,
während der Speicherplatzbedarf dadurch zwangsläufig auf den 3. Platz verwiesen wird.

Die verschiedenen Simulationsarten und Zielrichtungen der Schaltkreissimulation lassen sich alle auf 3 Simulationsmodi (oder auch Kombinationen und/oder
Ableitungen aus diesen 3 Modi) zurückführen, und zwar auf:

DC = Simulation des Gleichstromverhaltens
             (Arbeitspunkte, DC-Transfercharakteristiken etc.),

TR = Simulation des transienten Verhaltens
             (Einschwingen etc., Simulation im Zeitbereich),

AC = Simulation des Frequenzverhaltens
             (Verstärkung etc., Simulation im Frequenzbereich).

Das folgende *Bild 2.9* stellt die 3 Simulationsmodi mit Nominalanlyse und
Toleranzanalysen diagrammartig zusammen und zeigt, zu welchen Simulationsergebnissen die 3 Modi führen.

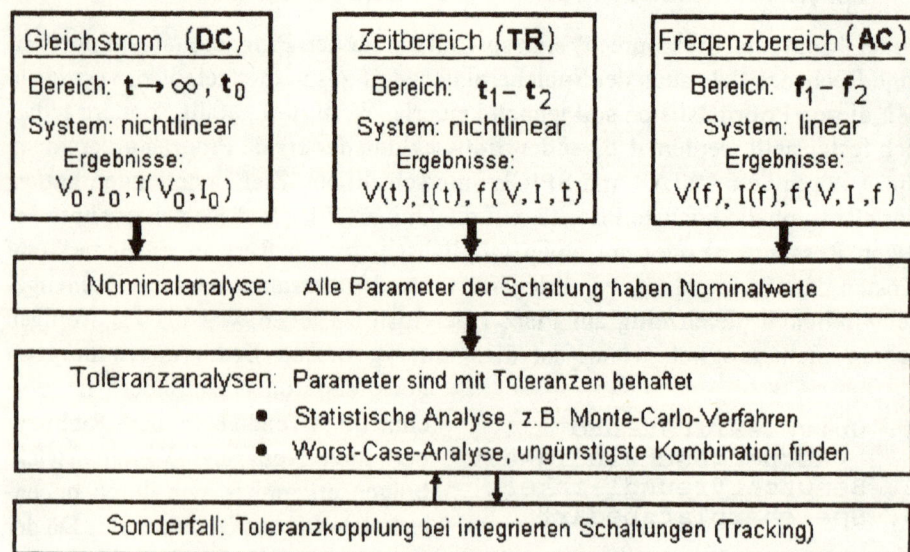

Gleichstrom (**DC**)	Zeitbereich (**TR**)	Freqenzbereich (**AC**)
Bereich: $t \rightarrow \infty$, t_0	Bereich: $t_1 - t_2$	Bereich: $f_1 - f_2$
System: nichtlinear	System: nichtlinear	System: linear
Ergebnisse:	Ergebnisse:	Ergebnisse:
$V_0, I_0, f(V_0, I_0)$	$V(t), I(t), f(V, I, t)$	$V(f), I(f), f(V, I, f)$

Nominalanalyse: Alle Parameter der Schaltung haben Nominalwerte

Toleranzanalysen: Parameter sind mit Toleranzen behaftet
   • Statistische Analyse, z.B. Monte-Carlo-Verfahren
   • Worst-Case-Analyse, ungünstigste Kombination finden

Sonderfall: Toleranzkopplung bei integrierten Schaltungen (Tracking)

Bild 2.9 *Rechenbereich, Systemform und Ergebnisse der 3 Simulationsmodi*

Merke: Im *Bild 2.9* und im gesamten weiteren Buch wird die Spannung nicht entprechend der deutschen Norm mit **U** bezeichnet, sondern es wird der Buchstabe **V** verwendet, wie in der internationalen (i.a. englischsprachigen) Literatur und in Computer-Programmen allgemein üblich. **Siehe dazu auch Seite 48**.

Das *Bild 2.9* soll zeigen, daß in allen 3 Simulationsmodi auf jeden Fall zuerst sogenannte *Nominalanalysen* durchgeführt werden. Das sind Simulationen, bei denen alle Parameter der Schaltung (R's, C's, Spannungsquellen usw.) ihre nominellen Werte annehmen. Dementsprechend erhält man nominelle Simulationsergebnisse. Mit einigen Programmen, so beispielsweise mit ASTAP (und AS/X), können zusätzlich auch *Toleranzanalysen* durchgeführt werden, bei denen man die Schaltungsparameter innerhalb ihrer fertigungsbedingten Toleranzgrenzen verändert, um festzustellen, wie sich abhängig davon die Simulationsergebnisse ändern. Bei der Integration vieler Bauelemente auf einem Chip sind die Toleranzen der einzelnen Parameter nicht grundsätzlich unabhängig voneinander. Z.B. gehen die Toleranzen der sogenannten Basis-Diffusion auf alle mit dieser eindiffundierten Schicht realisierten Widerstände in gleicher Weise ein. Darüber hinaus hat selbstverständlich jeder Widerstand noch kleine individuelle (von allen anderen Parametern unabhängige) Toleranzen. Ähnliches gilt für fast alle übrigen Parameter, insbesondere auch für die Transistor-Parameter. Deshalb sind Toleranzuntersuchungen in der Mikroelektronik nur dann sinnvoll und stellen nur dann eine hinreichend gute Approximation an die Realität dar, wenn das Simulationsprogramm die *beliebig* vorgebbare Kopplung *beliebig geformter* Verteilungsfunktionen innerhalb der Toleranzgrenzen der Parameter zuläßt. Solche Toleranz-Kopplungen werden auch *"Tracking"* genannt.

In ASTAP (und AS/X) sind beliebige Verteilungsfunktionen und beliebiges Tracking möglich. Neuere SPICE-Versionen lassen zwar ebenfalls gewisse Toleranzanalysen zu, erlauben aber kein allgemeines (beliebiges) Tracking und sind daher bis heute, Stand 1996, für Toleranzuntersuchungen in der Mikroelektronik weitgehend ungeeignet.

Die auf Seite 38 mit *Bild 2.9* zusammengestellten Simulationsmodi und Analysearten sollen nun mit Hilfe einiger simpler Beispiele etwas näher erläutert werden.

Ein sehr einfaches nichtlineares DC-Problem (d.h. Problem der Gleichstromanalyse) vergegenwärtige man sich mit Hilfe des folgenden auf Seite 40 gezeigten *Bildes 2.10*: Die Problematik besteht darin, das aus einer linearen und einer nichtlinearen Gleichung bestehende System zu lösen, um für die vorgegebenen Parameter *Batteriespannung* E_B, *Widerstand* R und *Diodenparameter* I_S und k die *Teilerspannung* V_T und den *Teilerstrom* I_T zu berechnen.

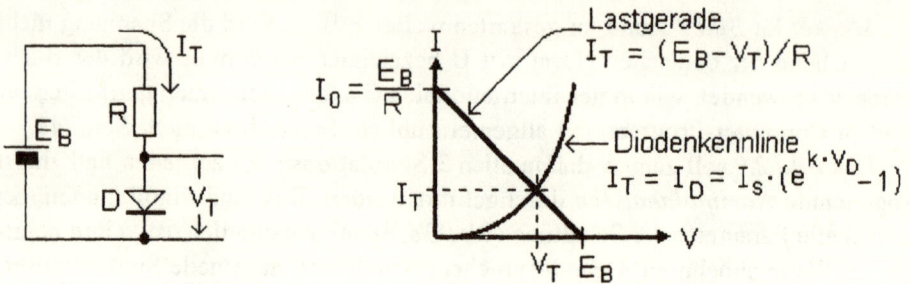

Bild 2.10 *Ein einfaches nichtlineares DC-Problem*

Die Simulation dieser aus lediglich drei Bauelementen bestehenden Schaltung des *Bildes 2.10*, deren Verhalten (d.h. Simulationsergebnis) von wenigsten vier Parametern abhängig ist, wird ganz erheblich umfangreicher, wenn man das Einschwingverhalten untersuchen will und zusätzlich voraussetzt, daß alle das Verhalten dieser Schaltung beeinflussenden Parameter mit Toleranzen behaftet sind, wie das folgende auf Seite 41 gezeigte *Bild 2.11* andeutet:

Die Schaltung enthält nun zusätzlich mindestens die (parasitäre) *Kapazität* C_1 und die *Zuleitungsinduktivität* L sowie die *Kapazität* C_2, die aus der Kapazität des Knotens (bzw. der Leitung) V_T und der spannungs- und stromabhängigen Sperrschicht- und Diffusionskapazität der Diode besteht.

Wie *Bild 2.11* andeutet, werde die Batterie E_B zu einer bestimmten Zeit über einen Schalter an den Spannungsteiler angelegt, wodurch die Eingangsspannung zeitlos auf den Wert V_{ein} hochspringt, da der Schalter als ideal angenommen wird und die Batterie per definitionem den Innenwiderstand 0 hat. Die Teilerspannung V_T folgt jedoch einem in der Zeit ablaufenden Einschwingvorgang.

In der Praxis sind alle Parameter (einschließlich der Batteriespannung E_B) mit Toleranzen behaftet. D.h. jeder Parameter besitzt einen *Nominalwert* (NOM) sowie eine *minimale* (MIN) und eine *maximale* (MAX) Begrenzung des zulässigen Toleranzbereichs. Die Häufigkeit der Werte ist oft innerhalb des Toleranzbereichs gleichverteilt, wie im *Bild 2.11* angedeutet, oder wird mangels genauerem Wissen einfach als gleichverteilt angenommen. Die Form der Verteilung kann aber auch jeder beliebigen anderen Häufigkeitsfunktion folgen, z.B. der Gaußverteilung. Auch unsymmetrische schiefe Verteilungen sind möglich.

Würde man in der Praxis die im *Bild 2.11* dargestellte Schaltung in Serie bauen, z.B. 1000-mal, so würde man 1000 durch zufällig unterschiedliche Toleranzkombinationen verschiedene Schaltungen besitzen. Würde man alle durchmessen, so erhielte man außer 1000 unterschiedlich hohen Eingangsspannungen V_{ein} vor allem auch 1000 verschiedene Einschwingvorgänge der Teilerspannung

V_T, die, alle übereinander aufgezeichnet, als Band erscheinen, das durch eine obere und eine untere Hüllkurve begrenzt wird. Schneidet man das Band an einer beliebigen Stelle t an, so erhält man die Verteilung von V_T zu diesem Zeitpunkt. Man kann außerdem, wie hier im *Bild 2.11* angedeutet, das Band bei einem bestimmten Spannungspegel V anschneiden, um z.B. die Verteilung der Verzögerungszeit t_d zwischen V_{ein} und V_T beim Durchlaufen dieses Pegels zu ermitteln. Umso mehr statistisch voneinander unabhängige Parameter das Verhalten einer Schaltung bestimmen, desto eher werden die Verteilungen der Pegel- und/oder der Zeitschnitte sich der Form einer Gaußverteilung nähern, auch wenn die unabhängigen Parameter andere Verteilungsfunktionen aufweisen.

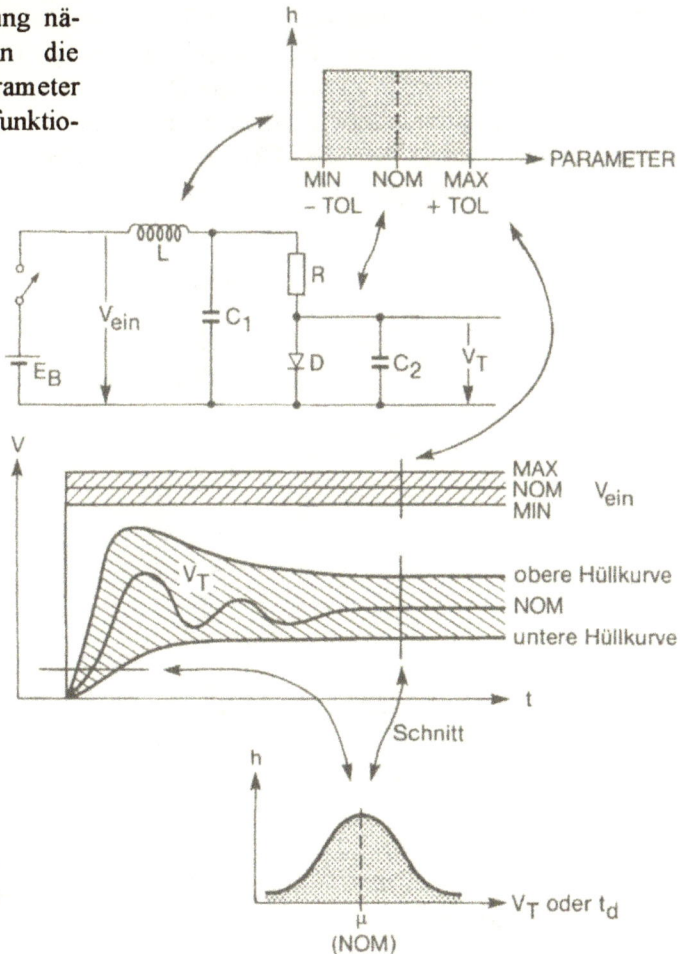

Bild 2.11

Einschwingen des toleranzbehafteten Spannungsteilers

Der zeitliche Einschwingvorgang ist uninteressant, wenn nur der eingeschwungene Zustand der Teilerspannung V_T berechnet werden soll. In diesem
Fall handelt es sich um eine DC-Simulation, die aber durchaus in Form einer
TR-Simulation ablaufen kann, wobei man aber bei der Ergebnisausgabe den Einschwingvorgang unterdrückt und nur sein Endergebnis, die auf einen stabilen
Endwert eingeschwungene Spannung V_T, ausgibt. Will man dagegen den gesamten zeitlichen Verlauf ermitteln, so muß eine "echte" TR-Simulation (einschließlich Ergebnisausgabe) durchgeführt werden.

Häufig ist eine TR-Simulation nur dann interessant, wenn die zu untersu-
chende Schaltung **vorher** auf ihren stabilen DC-Arbeitspunkt eingeschwungen
ist. (Bekanntlich ist die Funktion z.B. einer Transistorschaltung von der Versorgungsspannung und damit vom Arbeitspunkt abhängig.) Die Simulation setzt
sich folglich aus zwei Teilen zusammen, der DC-Simulation zur Errechnung des
Arbeitspunkts, gefolgt von der eigentlichen TR-Simulation, die von diesem Arbeitspunkt ausgeht. Eine solche DC-TR-Simulation sei laut folgendem *Bild 2.12*
mit Hilfe des einfachen Spannungsteilers erläutert:

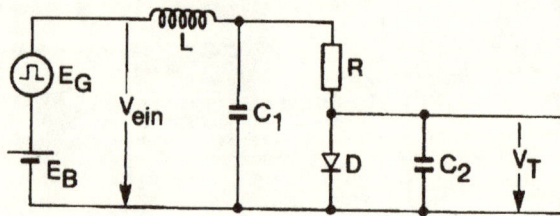

Bild 2.12

*TR-Analyse
des auf seinen
Arbeitspunkt
eingeschwungenen
Spannungsteilers*

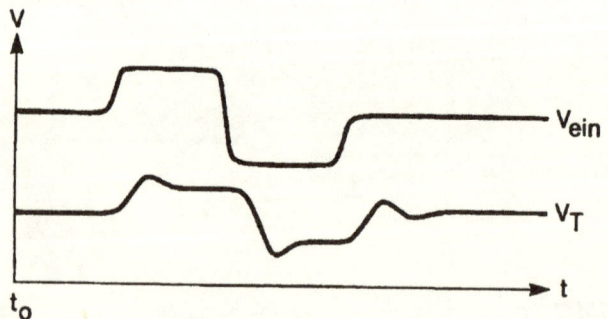

Der Einfachheit halber wurden bei der DC-TR-Simulation des *Bildes 2.12* die
Toleranzen der Parameter wieder weggelassen, um die Toleranzabhängigkeiten
nicht noch ein weiteres Mal erläutern zu müssen. Man kann sich vorstellen, der

den Arbeitspunkt bestimmenden Gleichspannung E_B sei noch die Impulsanregung (der Impulsgenerator) E_G überlagert. Der Impulsgenerator gebe aber seine Impulse erst dann ab, wenn V_T auf den durch E_B hervorgerufenen Arbeitspunkt eingeschwungen ist. Daher besteht die Gesamtsimulation aus zwei Teilen wie gefordert. Da der Einschwingvorgang selbst nicht interessant ist (sondern nur sein Endergebnis = Arbeitspunkt), wird er bei der Ergebnisausgabe unterdrückt und das den zeitlichen Ablauf zeigende Diagramm im *Bild 2.12* beginnt erst mit dem Zeitpunkt $t_0 = t_{eingeschwungen}$.

Will man laut *Bild 2.9* (Seite 38) eine AC-Simulation durchführen, so muß meist ebenfalls zunächst eine DC-Simulation zur Berechnung des Arbeitspunkts ablaufen. Alle Nichtlinearitäten sind dann in diesem Arbeitspunkt zu linearisieren, da die komplexe Rechnung, die ja für das Rechnen im Frequenzbereich erforderlich ist, nur im Linearen definiert ist. (Außerdem: Nichtlinearitäten erzeugen Oberwellen. Der Frequenzbereich wird jedoch von f_1 bis f_2 schrittweise durchlaufen. Da aber in jedem Schritt nur mit *einer* Frequenz gerechnet wird, nämlich mit der zu diesem Punkt auf der Frequenzskala gehörenden, wäre die Berücksichtigung von Oberwellen ein Widerspruch.)

Die in nebenstehendem *Bild 2.13* gezeigte sehr einfache Verstärkerschaltung diene als Beispiel für die Erläuterung der DC- mit unmittelbar nachfolgender AC-Simulation: Das einzige nichtlineare Element in der Schaltung des *Bildes 2.13* ist der Transistor. Um das Beispiel besonders einfach zu machen, setzen wir voraus, die Schaltung sei so dimensioniert, daß der Transistor mit Sicherheit außerhalb der Sättigung betrieben wird. Wir können deshalb (ebenfalls für unser Beispiel stark vereinfacht) für den Transistor eine aus lediglich einer Diode und einer gesteuerten Stromquelle bestehende Ersatzschaltung verwenden. Die Berechnung des Arbeitspunkts ist, wie mehrfach erwähnt, eine reine DC-Rechnung. Folglich können dafür der innenwiderstandsbehaftete Eingangsgenerator und die Ausgangslast weggelassen werden, da beide über Kapazitäten angekoppelt sind.

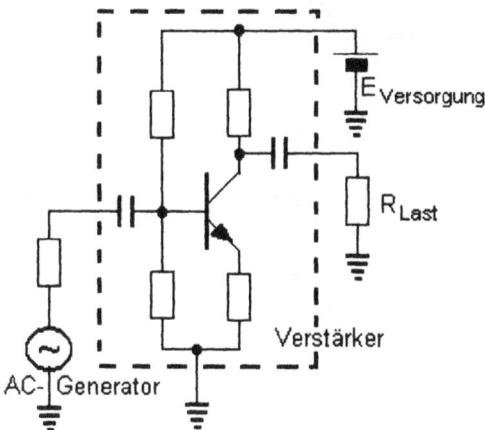

Bild 2.13 *Einfacher Verstärker*

Mit diesen Überlegungen wird verständlich, daß von der ganzen Verstärker-schaltung für die DC-Simulation nur noch die im folgenden *Bild 2.14* gezeigte DC-Ersatzschaltung übrig bleibt. D_{BE} ist der Ersatz für die Basis-Emitter-Diode des Transistors. Die Kollektorstrecke wird durch die gesteuerte Stromquelle mit A-mal dem Emitterstrom modelliert. Die ohmschen Bahnwiderstände und die Ersatzelemente für den internen inversen Transistor sind (der Einfachheit halber) weggelassen.

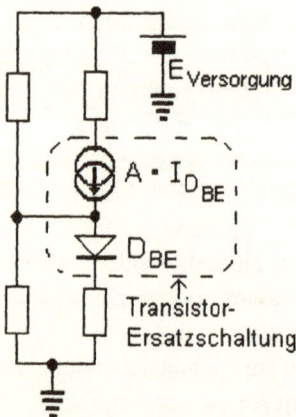

Bild 2.14   *DC-Ersatzschaltung*   **Bild 2.15**   *Dioden-Linearisierung*

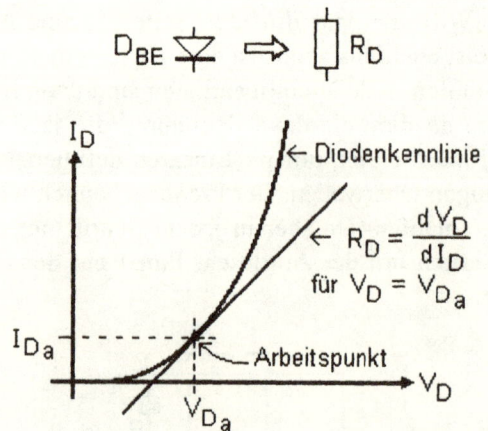

Gute Programme, wie z.B. SPICE, ASTAP, AS/X usw., leiten selbstverständlich die DC-Ersatzschaltung des *Bildes 2.14* (oder auch allgemeinere, weniger stark vereinfachte, vgl. z.B. *Bilder 2.56* u. *2.57*, S. 121 u. 122) selbständig aus der vom Programmanwender eingegebenen Schaltung des *Bildes 2.13* ab. Dabei ist es gleichgültig, ob die Transistor-Ersatzschaltung tatsächlich aus Einzelelementen zusammengebaut oder programmintern nur durch Gleichungen repräsentiert wird, die dieser Ersatzschaltung entsprechen.

Mit der DC-Analyse der Schaltung *Bild 2.14* erhält man den Arbeitspunkt, d.h. u.a. die Diodengleichspannung V_{Da}, den Diodengleichstrom I_{Da} und, als wichtigstes Ergebnis dieser DC-Simulation, die Ableitung dV_{Da}/dI_{Da}. *Bild 2.15* zeigt, daß diese Ableitung (= Steigung der Diodenkennlinie im Arbeitspunkt) wertmäßig gleich einem ohmschen Widerstand R_D ist. Ersetzt man folglich die Basis-Emitter-Diode durch den Widerstand R_D, so hat man damit die Nichtlinea-rität linearisiert und gewinnt eine für die AC-Simulation brauchbare Transistor-Ersatzschaltung. Sie muß aber noch durch mindestens 2 Kondensatoren, die die spannungs- und stromabhängige Basis-Emitter- und Basis-Kollektor-Kapazität im Arbeitspunkt modellieren, ergänzt werden.

Das nebenstehende *Bild 2.16* zeigt die auf diese Weise entstandene Gesamt-AC-Ersatzschaltung, d.h. ein mit komplexer Rechnung zu bearbeitendes, jedoch lineares Netzwerk. Da die Batterie mit der Spannung $E_{Versorgung}$ eine innenwiderstandsfreie Quelle ist (siehe *Bilder 2.13* und *2.14*), liegt auch ihr Pluspol wechselstrommäßig auf Masse, weshalb die beiden nach Plus gehenden Widerstände in der AC-Ersatzschaltung zu Recht mit ihren "kalten Enden" direkt an Masse liegen.

Mit den *Bildern 2.9* (Seite 38), *2.15* und *2.16* sowie dem zugehörigen Text wurde gezeigt, daß die AC-Simulation die Lösung eines

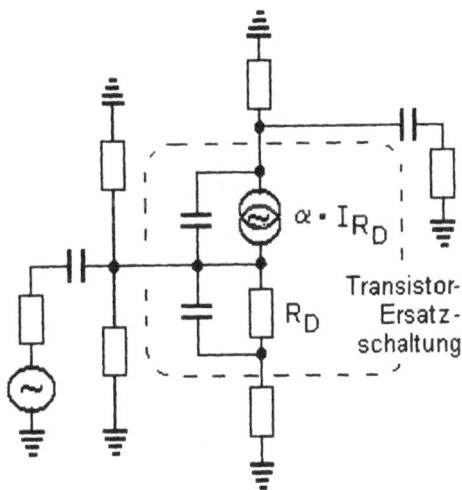

Bild 2.16   *AC-Ersatzschaltung*

linearen algebraischen Systems erfordert, wenn auch im Komplexen. Die **TR**-Simulation erfordert dagegen die Lösung eines *nichtlinearen Algebro-Differentialgleichungs*-Systems. Auch die DC-Simulation ist im allgemeinen nichtlinear. Sie kann daher als Sonderfall der TR-Simulation aufgefaßt werden (vgl. dazu z.B. *Bild 2.11*, Seite 41). Um den Umfang von Vorlesung und Buch in einem vertretbaren Rahmen zu halten, werden wir uns des weiteren ausschließlich mit der TR-Simulation befassen, zumal die dafür verwendeten Methoden "im Prinzip" die DC- und die AC-Simulation mit einschließen. Zudem ist zu bedenken, daß eine Simulation im Zeitbereich den allgemeineren Fall darstellt und aus dem Zeitverhalten einer Schaltung häufig auf ihr Verhalten im Frequenzbereich rückgeschlossen werden kann, beispielsweise mit Hilfe der Fourier-Analyse.

Um Simulationen (fast) beliebig umfangreicher Schaltungen in der oben angegebenen Weise durchführen zu können, ergeben sich einige Forderungen an ein universelles Schaltkreis-Simulationsprogramm, die auf der folgenden Seite 46 zusammengestellt sind:

Forderungen *an ein* **universelles Schaltkreis-Simulationsprogramm:**

- *Einfache Handhabung.*
- *Klare Eingabesprache in der Terminologie des Elektronikers.*
- *Übersichtliche Programmeingabe,*
  auf die Bedürfnisse des Schaltkreisentwicklers zugeschnitten.
- *Modellierbarkeit beliebiger elektronischer Bauelemente.*
- *Die Möglichkeit,*
  sehr große, beliebig vermaschte Strukturen analysieren zu können.
- *Einfache Möglichkeiten, Toleranzuntersuchungen durchführen zu können,*
  (z.B. mit Hilfe statistischer Analysen) einschließlich Tracking.

Diese Forderungen werden von ASTAP (und selbstverständlich von AS/X) bestens erfüllt, von SPICE dagegen leider nur mit einigen Abstrichen (s. z.B. die Bemerkungen zum allgemeinen Tracking auf Seite 39). Insbesondere eröffnet die ASTAP-Eingabesprache von vornherein größere Möglichkeiten der Schaltungsbeschreibung. Als Beispiel sei in nebenstehendem *Bild 2.17* ein Schaltungsausschnitt gezeigt, der durch die nachfolgend aufgelisteten Sprachkonstrukte beschrieben werden könnte.

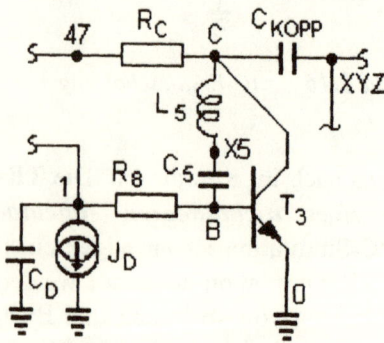

Bild 2.17

Beispiels-Schaltungsausschnitt

```
R8,  1 - B = .02
RC,  47 - C = D(1.6, 5%)
L5,  C - X5 = 2.E4
C5,  X5 - B = 250
T3 = MODEL QT643 (B - C - 0)
JD,  1 - 0 = (DIODEQ(1E-12, 35.6, VJD)
CD,  1 - 0 = (2*JD + .8/((1 - DMIN1(.9, VCD))**.333))
CKOPP,  C - XYZ = D(200, 300)
```

Auf Einzelheiten der ASTAP-Eigabesprache kann hier nicht näher eingegangen werden. Dafür sei auf [53] und/oder [55] verwiesen (bzw. für die SPICE-Eingabe auf [20] oder [30]). Es werden lediglich noch folgende kurze

Hinweise gegeben:

Nichtlinearitäten können auf sehr unterschiedliche Art und Weise modelliert werden. Z.B. wird eine Diode zweckmäßig durch eine spannungsgesteuerte Stromquelle modelliert, deren Strom entsprechend der Diodenkennlinie von ihrer eigenen Spannung abhängig ist. Die Abhängigkeit kann beispielsweise einschließlich der Toleranzen punktweise durch Tabellentriplets beschrieben werden, womit sich ein funktioneller Zusammenhang ergibt, wie er sich etwa im nebenstehenden *Bild 2.18* graphisch darstellt. Durch die angedeutete Gaußkurve soll darauf hingewiesen werden, daß bei statistischen Simulationsläufen eine Kennlinie ausgewählt wird, die gemäß der vom Programmanwender gegebenen Verteilungsfunktion zwischen der MIN- und der MAX-Kennlinie liegt. Für häufig gebrauchte Bauelemente-Typen, wie Dioden, MOSFET's u.a., gibt es auch in ASTAP (ähnlich wie in SPICE) ins Programm eingebaute Funktionen, wie die als Beispiel in den Sprachkonstrukten auf Seite 46 gezeigte Funktion DIODEQ (= DIODE eQuation) zur Eingabe der nichtlinearen Diodenkennlinie in der Form

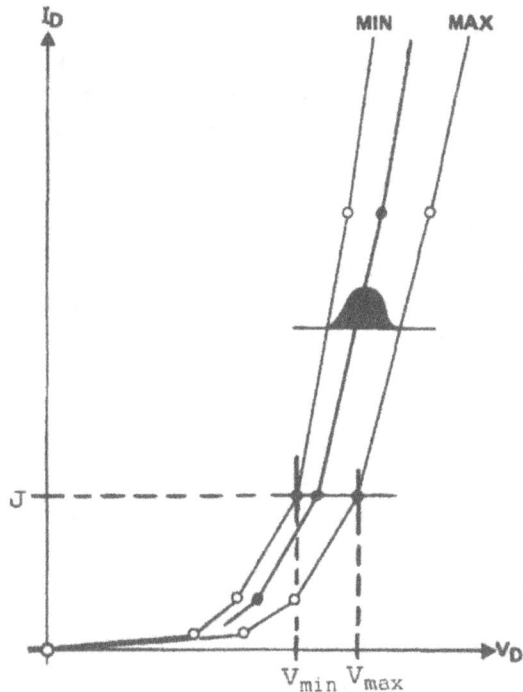

Bild 2.18 *Punktweise Beschreibung einer Diodenkennlinie*

$$I_D = I_S \cdot (e^{k \cdot V_D} - 1) = J_D = 10^{-12} \cdot (e^{35,6 \cdot VJD} - 1)$$

Außerdem können mit Hilfe der arithmethischen Operatoren und Funktionen der FORTRAN-Sprache beliebige nichtlineare Abhängigkeiten konstruiert werden, wie im obigen Beispiel (Seite 46) für den Kondensator C_D gezeigt. Seine Kapazität ist vom Strom J_D und von der Spannung V_{CD} über ihm selbst abhängig. Beliebige, meist mehrfach wiederkehrende Teile der Schaltung können zum Modell erklärt werden (siehe z.B. T_3 auf Seite 46), was den Subcircuits (. SUBCKT) in SPICE entspricht, allerdings mit erheblich erweiterten Möglichkeiten. Modelle können in beliebiger Tiefe ineinander genestet werden. Der numerische Wert eines jeden Parameters kann auf verschiedenste Weise mit Toleranzen versehen werden. Auf Seite 46 sind lediglich zwei einfache Beispiele gezeigt: Der Widerstand R_C hat einen Nominalwert von 1,6 kΩ mit ±5% Toleranz symmetrisch um den Nominalwert. Der Wert der Kapazität C_{KOPP} überspannt den Toleranzbereich von 200 pF bis 300 pF. Der Nominalwert ist gleich dem Medianwert, der in diesem Falle einer symmetrischen Verteilung bei 250 pF liegt. Wenn zwischen dem Buchstaben D (als Abkürzung für "Distribution") und der geöffneten Klammer kein Name steht, dann handelt es sich ("per default") um eine symmetrische Gleichverteilung. Unter einem zwischen dem D und der geöffneten Klammer zu setzenden beliebigen Namen kann aber jedwede beliebig anders geformte Verteilungsfunktion beschrieben und aufgerufen werden.

In ASTAP, AS/X und allen ihren Derivaten werden Strom*quellen immer* durch den Buchstaben J gekennzeichnet, unabhängig davon, ob eine Stromquelle konstant oder auf irgend eine Weise gesteuert ist. Der für Ströme üblicherweise eingesetzte (genormte) Buchstabe I ist dagegen für (simulationsabhängige) Ströme durch Schaltelemente vorgesehen. Entsprechend bezeichnet E *immer* eine Spannungs*quelle* (konstant oder auch gesteuert), während V die (simulationsabhängige) Spannung über einem Schaltelement angibt.

Grundsätzlich läßt sich jede beliebige Schaltung durch eine Kombination von 5 verschiedenen Typen zweipoliger Grundelemente vollständig modellieren, und zwar durch

R = Ohmsche Widerstände und/oder G = $1/R$ = Leitwerte,
C = Kapazitäten,
L = Induktivitäten,
E = Spannungsquellen und
J = Stromquellen,

sofern alle diese Schaltelemente sowohl konstant, unabhängig oder auch abhängig gesteuert sein dürfen, und wenn die Schaltungsbeschreibung zusätzlich zu diesen 5 Elementetypen noch beliebige elektrische und/oder nichtelektrische Parameter P enthalten darf.

Das folgende *Bild 2.19* gibt ein Beispiel zur Namensgebung wieder. Man sieht, daß der an *V* bzw. *I* angehängte Elementname die Spannung über diesem Element bzw. den Strom durch dieses Element bedeutet. Auch die im *Bild 2.19* nicht angegebenen Bezeichnungen *VE3 = E3*, und *IJXYZ = JXYZ* sind formal richtig und zulässig, aber redundant und daher unsinnig, weil die Spannung über einer Urspannungsquelle gleich der Urspannung und entsprechend der Strom durch eine Urstromquelle gleich dem Urstrom ist.

Bild 2.19

Beispiel zur Nomenklatur

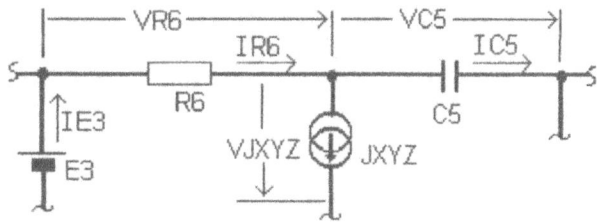

Die folgenden *Bilder 2.20* bis *2.25* zeigen (als typische Beispiele) einige Ergebnisse von ASTAP-Simulationen:

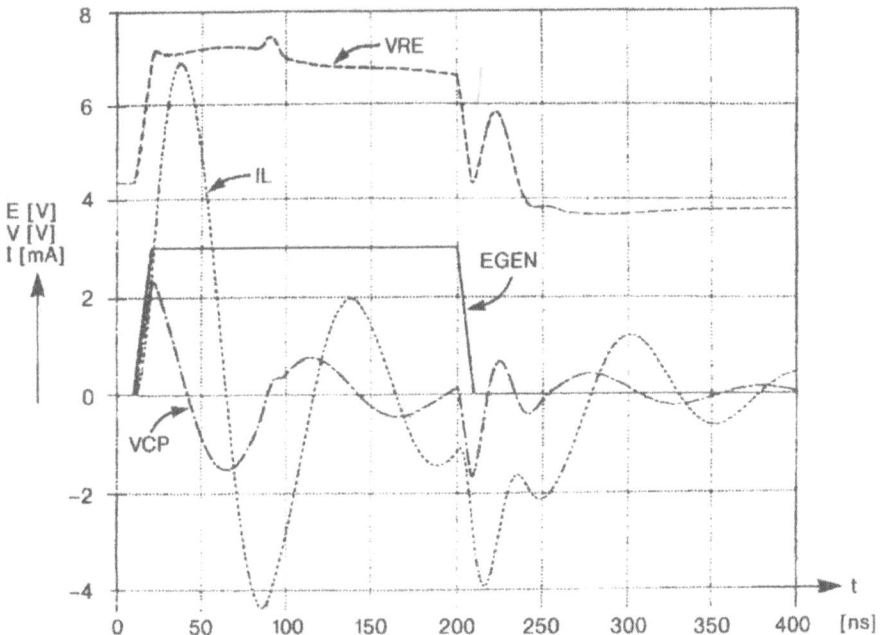

Bild 2.20 *Plot der Ergebnisse einer TR-Nominalanalyse*

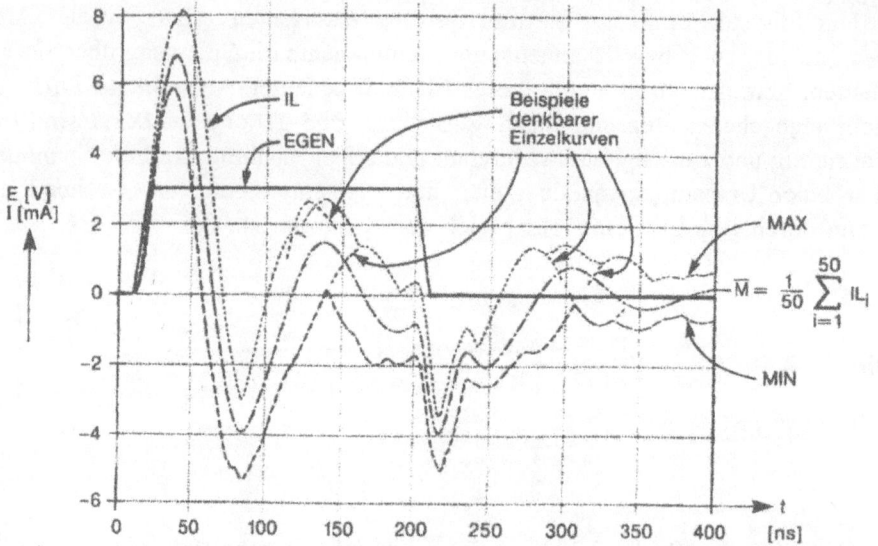

Bild 2.21 *Hüllkurven für 50 statistische Fälle und Mittelwertskurve des Stroms IL*

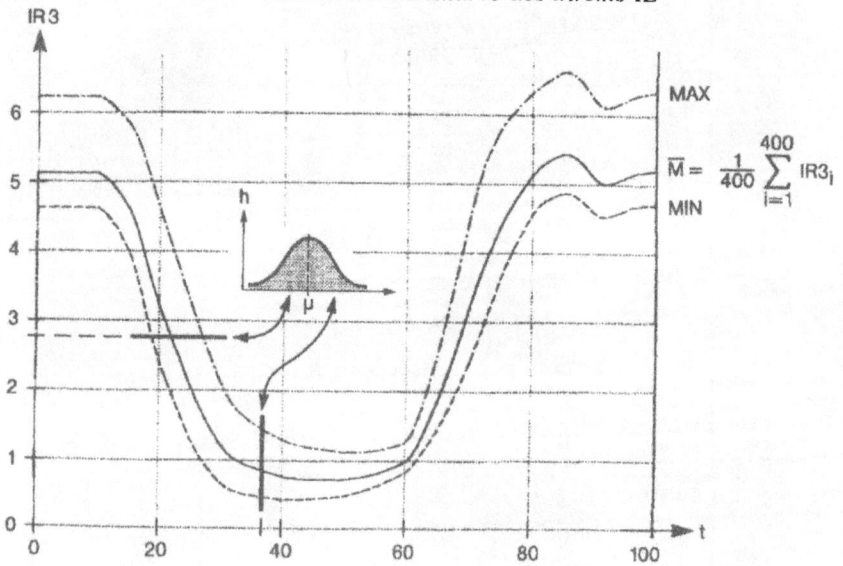

Bild 2.22 *Envelope Plot für 400 Fälle mit angedeutetem Zeit- und Pegelschnitt*

Zunächst ist im *Bild 2.20* auf Seite 49 eine Kopie des Graphik-Outputs einer TR-Nominalanalyse (vgl. *Bild 2.9*, Seite 38) wiedergegeben. Gemäß der oben erläuterten Namensgebung zeigt die mit *EGEN* bezeichnete Trapezkurve den zeitlichen Verlauf einer Eingangsspannung (Generatorspannung). *VRE* und *VCP* sind die Spannungen über einem Widerstand *RE* und über einem Kondensator *CP*. Und *IL* ist selbstverständlich der Strom durch eine Induktivität *L*.

Die Ergebnisse statistischer TR-Analysen sind in den beiden *Bildern 2.21* und *2.22* auf nebenstehender Seite 50 wiedergegeben: Wie alle anderen Analyseergebnisse, so schwankt auch der Strom *IL* aufgrund der Toleranzen der Werte der elektrischen Elemente, aus denen die Schaltung zusammengesetzt ist. Simuliert man z.B. 50 voneinander unabhängige statistische Fälle, so erhält man 50 verschiedene *IL*-Ergebniskurven; (vgl. dazu auch *Bild 2.11*, Seite 41). Trägt man sie alle übereinander auf, so erhält man ein Band, das durch eine obere (MAX) und eine untere (MIN) Hüllkurve begrenzt ist. Im *Bild 2.21* sind diese beiden Hüllkurven gezeigt. Eine solche Darstellung wird auch *"Envelope Plot"* genannt. (Envelope, engl. = Hülle, Kuvert, Briefumschlag.) Da das zwischen den beiden Einhüllenden für jeden einzelnen Zeitpunkt im Bereich von $t_{Start} = 0$ bis $t_{Stopp} = 400$ [ns] sich befindende Band aus 50 *IL*-Einzelwerten (in unserem Beispiel) zusammengesetzt ist, wird im allgemeinen weder die obere noch die untere Hüllkurve mit irgend einer der 50 Einzelkurven identisch sein. Im *Bild 2.21* sieht man dies recht deutlich, da zusätzlich zu den durch ASTAP errechneten Hüllkurven auch noch Fragmente denkbarer Einzelkurven von Hand eingezeichnet sind, was die zunächst unerklärlich erscheinenden Spitzen und Einbrüche der Hüllkurven verständlich werden läßt. *Bild 2.21* zeigt außerdem die aus allen 50 Einzelkurven errechnete *Mittelwertskurve*, die erwartungsgemäß nur sehr gering von der im *Bild 2.20* gezeigte *IL*-Nominalkurve abweicht.

Im darauffolgenden *Bild 2.22* (Seite 50) ist ein weiterer (anderer) Envelope Plot gezeigt, dessen Kurven allerdings aus 400 statistischen Fällen (und nicht nur aus 50) errechnet wurden. Die Spitzen und Einbrüche in den Hüllkurven verschwinden umso eher, mit je mehr statistischen Fällen man rechnet und selbstverständlich, desto "glatter" auch die Einzelkurven "von sich aus" bereits sind. Im *Bild 2.22* ist auch angedeutet (vgl. *Bild 2.11*, Seite 41), daß man die Ergebnisbänder mit sogenannten *"Zeitschnitten"* und/oder *"Pegelschnitten"* anschneiden kann, um die Verteilungsfunktion längs der Schnittstelle zu erhalten.

Die Ergebnisse statistischer DC-Analysen sowie die Zeit- oder Pegelschnitte laut *Bilder 2.11* und *2.22* (bzw. Frequenz- oder Pegelschnitte bei AC-Analysen) läßt man sich zweckmäßigerweise als *Histogramme* ausgeben. Das folgende *Bild 2.23* auf Seite 52 zeigt ein solches Histogramm als Bildschirmgraphik bzw. Plot.

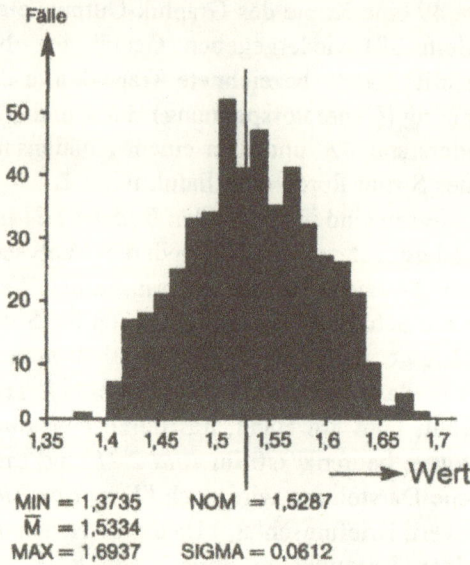

Fälle

MIN = 1,3735   NOM = 1,5287
M̄ = 1,5334
MAX = 1,6937   SIGMA = 0,0612

Bild 2.23   *Histogramm-Plot*

Im Gegensatz zu dem als Plot ausgegebenen Histogramm des *Bildes 2.23* zeigt das folgende *Bild 2.24* ein über einen Zeilendrucker ausgegebenes Histogramm.

Unter allen Ergebniswerten der statistischen Fälle gibt es einen kleinsten und einen größten Wert, womit die Grenzen des Histogramms festgelegt sind. Zwischen diesen Grenzen erfolgt eine Einteilung in Klassen, denen die Einzelwerte zugeordnet werden. Außerdem sollten noch der absolut kleinste (MIN) und größte (MAX) Ergebniswert, der Nominalwert (NOM), der Mittelwert (MEAN oder μ) und die Standardabweichung (σ) als Zahlenwerte ausgedruckt werden.

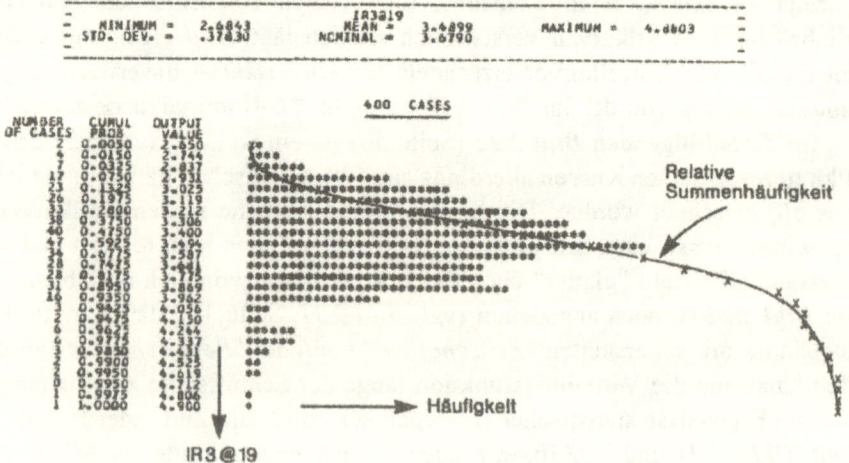

Bild 2.24   *Histogramm über einen Zeilendrucker ausgegeben*

Abschließend (und ohne Anspruch auf Vollständigkeit) sei mit Hilfe von folgendem *Bild 2.25* noch gezeigt, daß man eine zeitlich und/oder statistisch sich ändernde Größe in Abhängigkeit einer anderen sich ebenfalls ändernden Größe ausgeben lassen kann, um Korrelationsuntersuchungen zu ermöglichen.

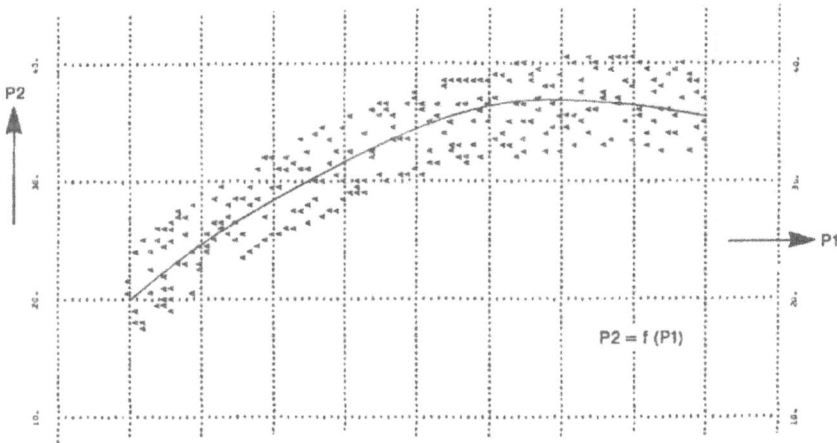

Bild 2.25 *Ein sogenanntes "Scattergram" P2 = f(P1)*
über einen Zeilendrucker ausgegeben

2.2.2 Ablauf der Schaltkreissimulation

Unterteilt man die mit Hilfe eines Simulationsprogramms (z.B mit ASTAP, AS/X oder SPICE) in der Übersicht des obigen Abschnitts **2.2.1** gezeigte Schaltkreissimulation in ihre wichtigsten Phasen, so ergibt sich das auf Seite 54 im *Bild 2.26* gezeigte Flußdiagramm.

(Zu den *Bildern 2.26* bis *2.28* (Seiten 54 bis 57) vergleiche man bei einem über die Vorlesung und das Buch hinausgehenden Interesse auch die Seiten 153 - 155 von [29] und/oder die Seiten 97 - 103 von [53].)

Der Gesamtablauf der Simulation erfolgt laut *Bild 2.26* in 3 Hauptteilen, die man auch als *Eingabeprozessor, Simulator* und *Ausgabeprozessor* bezeichnen kann.

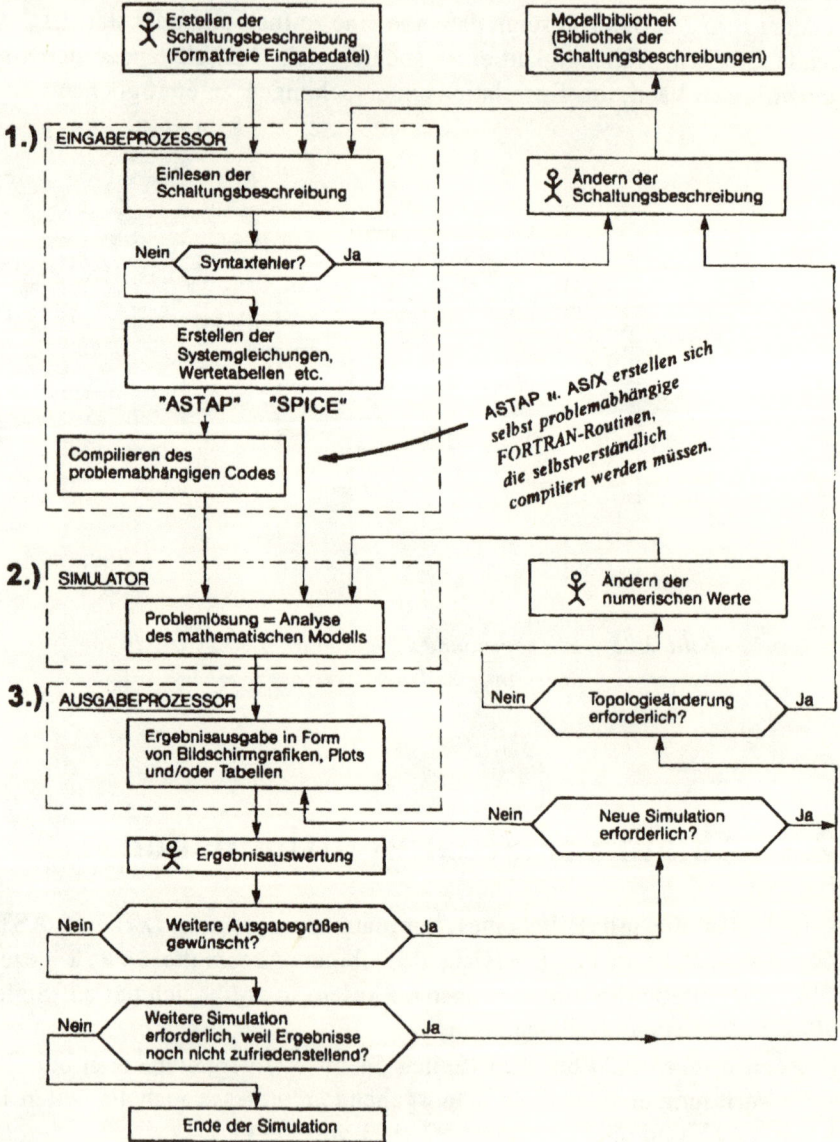

Bild 2.26   *Unterteilung der Schaltkreissimulation in ihre wichtigsten Einzelschritte*

1.) Der *Eingabeprozessor* interpretiert die formatfrei eingegebene Beschreibung der Schaltung, überprüft sie auf mögliche Eingabefehler, löst die (eventuell ineinander genesteten) Modelle auf und erstellt ein die Gesamtschaltung beschreibendes Gleichungssystem, d.h. ein mathematisches Modell der zu simulierenden Schaltung. Dieses mathematische System besteht für DC- und TR-Simulationen i.a. gemischt aus nichtlinearen algebraischen Gleichungen und Differentialgleichungen, wie bereits im Abschnitt **2.2.1** in Zusammenhang mit den *Bildern 2.9* bis *2.12* (S. 38 - 42) erläutert wurde. Bei ASTAP, AS/X und anderen ähnlich strukturierten Programmen besteht ein Teil dieses Systems aus FORTRAN-Routinen, die das Programm (d.h. der Eingabeprozessor) simulationsproblem-abhängig selber schreibt. Folglich muß dieser Code compiliert werden, was man als zur Arbeit des Eingabeprozessors gehörig betrachten kann. Die Erstellung problemabhängigen FORTRAN-Codes ist übrigens einer der Hauptgründe für die außerordentliche Universalität von ASTAP.

2.) Der *Simulator*, der Hauptteil des Simulationsprogramms, führt die eigentliche Schaltkreissimulation durch, indem er das durch den Eingabeprozessor erstellte (u.U. sehr umfangreiche) Gleichungssystem mehrfach löst, was im Zusammenhang mit den folgenden *Bildern 2.27* und *2.28* erläutert wird.

3.) Der *Ausgabeprozessor* setzt die während der Simulation anfallenden Ausgabedaten (= Simulationsergebnisse) in geeignete Ausgabeformen um, z.B. in Bildschirmgraphiken, Tabellen, Listen und/oder Plots.

Universalität, Benutzerfreundlichkeit, Rechengeschwindigkeit und noch andere Qualitätsmerkmale des Simulationsprogramms hängen in starkem Maße von der Eingabesprache, der Art der im Eingabeprozessor vorgenommenen Formulierung der Systemgleichungen und selbstverständlich von den im Simulatorteil verwendeten Algorithmen ab. Die Eingabesprache ist *nicht* Gegenstand der Behandlung in der Vorlesung und in diesem Buch (für sie wird auf [20], [30], [41], [53] und/oder [55] verwiesen), wohl aber werden im nachfolgenden Abschnitt **2.2.3** die beiden wichtigsten Möglichkeiten der aus der Eingabesprache sich ableitenden Formulierungen vorgestellt.

Der bei einer einmaligen TR-Simulation innerhalb des Simulators zu durchlaufende Rechenprozeß ist im Flußdiagramm *Bild 2.27* auf der folgenden Seite 56 dargestellt:

Nichtlinearitäten werden iterativ behandelt, indem sie schrittweise linearisiert werden, wodurch das nichtlineare System in ein mehrfach zu lösendes lineares System überführt wird. Differentialgleichungen werden schrittweise integriert, was der Überführung der Differentialgleichungen in gewöhnliche algebraische Differenzengleichungen (= Algebraisierung) entspricht.

```
                    ┌─────────────────────────────┐
                    │                             │
        │       ┌───▼──┐                          │
        ▼       │      ▼                          │
┌──────────────────┐ (STEPS)          ┌──────────────────────┐
│   Berechne       │ Integrations-    │                      │
│   Funktionen     │ oder Zeit-       │  tₙ = tₙ₋₁ + Δt      │
│   der Zeit       │ schritte         │                      │
└──────────────────┘                  └──────────────────────┘
        │                                         ▲
        │       ┌─────────────────────────────┐   │
        ▼       │                             │   │
┌──────────────────┐                          │   │
│   Ersetze        │                          │   │
│ Nichtlinearitäten│                          │   │
│ durch lineare    │                          │   │
│ Gleichungsstücke │ (PASSES)                 │   │
└──────────────────┘ Iterations-             │   │
        │            schritte                 │   │
        ▼                                      │   │
┌──────────────────┐                          │   │
│   Löse lineares  │                          │   │
│ Gleichungssystem │                          │   │
└──────────────────┘                          │   │
        │              Iterationsschleife      │   │
        ▼                                      │   │
┌──────────────────┐                              │
│ Speichere Ergebnisse                             │
│ eines Zeitschritts ab                            │
└──────────────────┘                              │
        │              Zeitschrittschleife         │
        ▼ ─────────────────────────────────────────┘
```

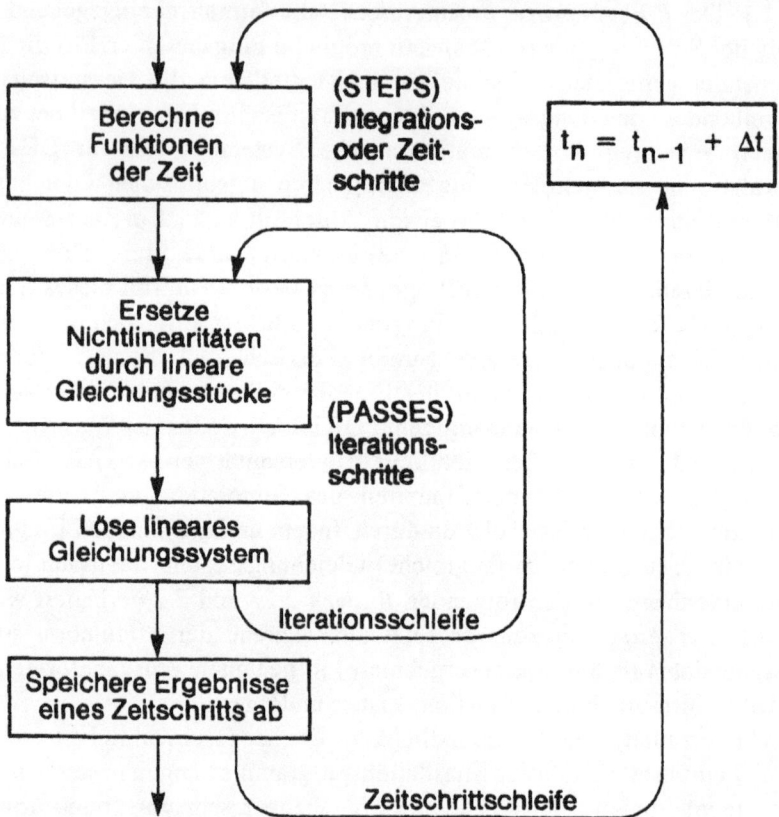

Bild 2.27   *Rechenprozeß einer einmaligen TR-Simulation*

Muß man Worst-Case-Analysen oder statistische Analysen durchführen und/ oder Empfindlichkeiten (Sensitivitäten) berechnen oder gar eine Schaltkreisoptimierung betreiben, dann muß der im *Bild 2.27* dargestellte Prozeß des Lösens eines nichtlinearen Algebro-Differentialgleichungssystems mehrfach durchlaufen werden, wie das folgende Flußdiagramm *Bild 2.28* zeigt:

Die mit Hilfe von *Iterationsschleife* und *Zeitschrittschleife* errechnete Lösung eines einzelnen Falls (des Nominalfalls oder eines statistischen Falls), wie im *Bild 2.27* gezeigt, ist in die *Fallschleife* laut folgendem Diagramm *Bild 2.28* eingebettet. Schließlich kann dieser in 3 ineinander genesteten Schleifen durchzuführende Rechenprozeß noch mehrfach hintereinander ablaufen, wenn mehrere Simulationen aneinander gekettet werden sollen (oder müssen).

START

Parameter-
Kombination

Parameter-
schleife

Parameteränderungs-
schleife

*zur gezielten Änderung
eines oder mehrerer Parameter
des vorgegebenen Parametersatzes*

(Vgl. auch
S.153 - 155
von [29]
und/oder
S. 97 - 103
von [53])

Funktionen
der Zeit

Zeitschritt-
schleife

Nichtlinearitäten

Iterationsschleife

Parameter-
Änderung

Beispiel:
$3 \cdot 200 \cdot 51 \cdot 4 = 122\,400$
Durchgänge
durch die
Nichtlin.
und die
Systemlösung

Systemlösung

Fallschleife

*für statistische
Fälle innerhalb eines
vorgegebenen Parametersatzes*

Ergebnisse
abspeichern

STOPP

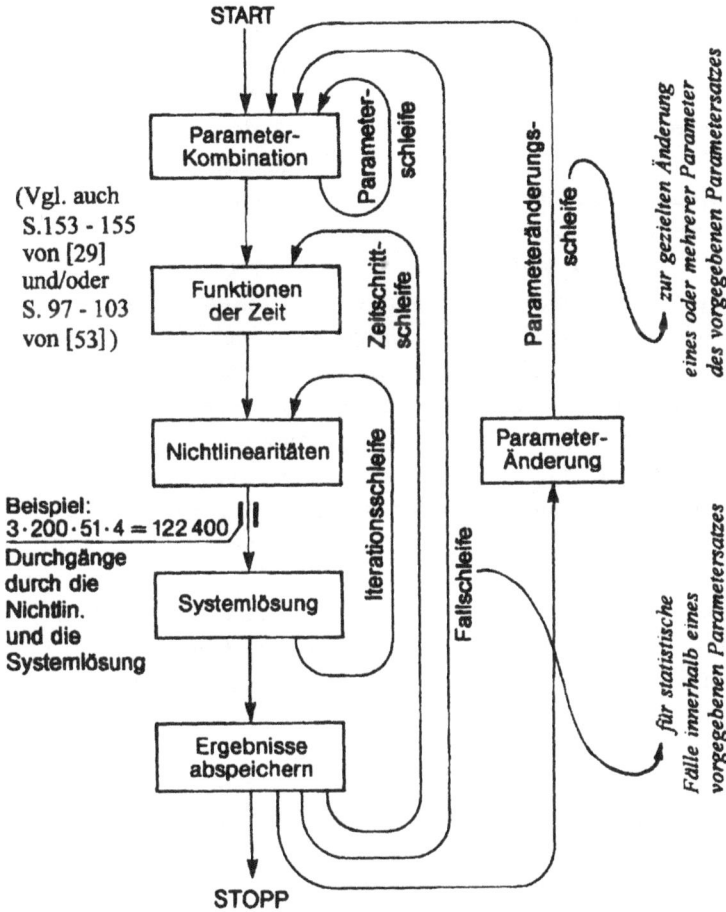

Bild 2.28   *Rechenprozeß der TR-Simulation*

Wenn ein Programmbenutzer mehrere nur durch geänderte numerische Werte der Eingabeparameter (nicht jedoch der topologischen Struktur) verschiedene Schaltungen per Simulation untersuchen will, dann ist es zweckmäßig, diese Simulationen laut *Bild 2.28* zu einem einzigen Simulationslauf aneinander zu ketten. Bei Empfindlichkeitsuntersuchungen und bei der Schaltkreisoptimierung sorgen geeignete Algorithmen für automatische Parameteränderungen und das Aneinanderketten der Simulationen. Der gesamte im Simulatorteil ablaufende Rechenprozeß kann folglich laut *Bild 2.28* bei einer TR-Simulation aus 4 ineinander genesteten Schleifen bestehen.

Bei einer durchschnittlichen Schaltung mittlerer Komplexität kann mit etwa 3 Iterationsschritten (dreimalige Systemlösung) pro Zeitschritt gerechnet werden. Der gesamte Zeitbereich werde (im Beispiel) in 200 Zeitschritten durchlaufen. Will man, ebenso als typisches Beispiel, 51 Fälle durchrechnen, und zwar *einen* Nominalfall und 50 statistische Fälle für Toleranzuntersuchungen, und will man diese Simulation außerdem mit jeweils 4 verschiedenen Parametermodifikationen machen, dann ergibt sich, daß

$$3 \cdot 200 \cdot 51 \cdot 4 \quad = \quad 122\,400$$

Systemlösungen errechnet werden müssen. Besitzt die Schaltung mehrere tausend Schaltelemente, so hat das Gleichungssystem mehrere tausend Gleichungen, d.h. mehrere tausend Unbekannte. Simulationen eines solchen Umfangs sind nur auf großen Zentralrechnern durchführbar und erfordern selbst dort ganz erhebliche Rechenzeiten. Kleinere bis mittlere Simulationen, bei denen die innerste Schleife nur einige hundert- bis höchstens einige tausendmal zu durchlaufen ist und bei denen das System höchstens aus wenigen hundert Gleichungen besteht, können sehr wohl auf gut ausgestatteten PC's oder auf Workstations durchgeführt werden.

Zu erwähnen ist noch, daß der im *Bild 2.28* gezeigte Prozeßteil *Parameterkombination* in Zusammenhang mit der *Parameterschleife* wie folgt zu verstehen ist: Für den Nominalfall werden alle Parameter (Widerstände, Kapazitäten usw.) auf ihre Nominalwerte gesetzt. Hat die Schaltung jedoch n mit Toleranzen behaftete Parameter, so wird die Parameterschleife für jeden einzelnen statistischen Fall n-mal durchlaufen, um für jeden der n Parameter einen zufälligen Wert innerhalb seines zulässigen Toleranzbereichs unter Berücksichtigung seiner Verteilungsfunktion festzulegen.

Aus den Ausführungen dieses Abschnitts **2.2.2** zusammen mit den *Bildern 2.26* bis *2.28* geht hervor, daß die Simulation in der geschilderten Weise überhaupt nur dann durchführbar ist, wenn sich die Simulationsprogramme der denkbar schnellsten und effektivsten Algorithmen bedienen.

Daraus ergeben sich zwangsläufig

die 4 wichtigsten Probleme der Schaltkreissimulation:

- *Formulierung der Systemgleichungen.*
  Dem Programm steht eingangsseitig nichts als die topologische und wertmäßige Beschreibung der Schaltung zur Verfügung. Aus der formatfreien Beschreibung muß der Eingabeprozessor die Formulierung ableiten.
- *Lösungsverfahren, Behandlung großer linearer Gleichungssysteme.*
  Techniken, mit deren Hilfe auch Gleichungssysteme mit tausenden von

Unbekannten gespeichert und mit vertretbarem Aufwand gelöst werden können.

- **Integration der Differentialgleichungen.**
  Numerische Integrationsverfahren, die bei absoluter Stabilität und genügender Genauigkeit auch bei sogenannten steifstabilen Systemen einsetzbar sind.
- **Behandlung von Nichtlinearitäten und Abhängigkeiten.**
  Zur Behandlung von Nichtlinearitäten geeigneter Iterationsalgorithmus, der mit geringstem Rechenaufwand schnell konvergiert.

In den folgenden Abschnitten **2.2.3** bis **2.2.6** werden aus diesen vier Problemkreisen die Methoden und Algorithmen vorgestellt, die in den modernen Simulationsprogrammen SPICE, ASTAP usw. eingesetzt werden. Auf alles, was über diese 4 grundlegenden Problemkreise hinausgeht (wie z.B. Fehler-, Schrittbreiten- und Konvergenzkontrolle, spezielle DC-Verfahren, Optimierung usw.), muß aus Zeit- und Platzgründen verzichtet werden. Dafür sei auf die einschlägige Literatur verwiesen, u.a. auf [08], [09], [22] und/oder [53].

2.2.3 Formulierung der Systemgleichungen

Gemäß den Flußdiagrammen der *Bilder 2.27* und *2.28* (S. 56 u. 57) ist im Zentrum des Rechenprozesses ein lineares algebraisches Gleichungssystem zu lösen. Folglich muß zunächst durch den Eingabeprozessor, abhängig von der Topologie der zu simulierenden Schaltung, ein solches Gleichungssystem formuliert und erstellt werden.

Von allen bekannten (bzw. theoretisch denkbaren) Formulierungen haben sich im praktischen Einsatz bis heute in den weltweit verbreiteten Programmen nur

- die *Modifizierte Knotenformulierung*, **MNA** (= Modified Nodal Approach oder Modified Nodal Analysis) genannt oder mitunter auch als *Modifiziertes Knotenpotentialverfahren* bezeichnet, und
- die *Tableau-Formulierung*, TAB oder **STA** (= Sparse Tableau Approach oder Sparse Tableau Analysis) genannt,

durchgesetzt. Beide Formulierungen weisen verfahrensbedingte Vor- und Nachteile auf, und die Experten (einschließlich dem Autor dieses Buchs) diskutieren seit über 25 Jahren erfolglos darüber, welche der beiden Formulierungen die bessere, d.h. die für die Schaltkreissimulation geeignetere, sei. MNA wird in

SPICE und STA wird in ASTAP verwendet. Da der "Expertenstreit" voraussicht-
lich nie entschieden wird, schon deshalb, weil für manche Simulationsprobleme
MNA und für andere STA objektiv besser ist, hat man sich entschlossen, in
AS/X beide Formulierungen einzubauen und so dem Programmanwender die
Möglichkeit zu eröffnen, die für sein Simulationsproblem jeweils geeignetere
Formulierung zu wählen. Die Vorteile einer solchen Wahlmöglichkeit sind je-
doch fragwürdig, da es für den "Normalanwender" meist nicht einsichtig ist,
welche Formulierung für sein spezielles Problem gerade am günstigsten ist.

Mit Hilfe sehr einfacher Beispiele werden nachfolgend beide Formulierungen
vorgestellt.

2.2.3.1 Die Modifizierte Knotenformulierung (MNA)

MNA ist eine Erweiterung der sogenannten *reinen* Knotenformulierung, bei der
als Unbekannte, und damit als Ergebnisse einer Systemlösung, ausschließlich
alle Knotenpotentiale V_{kn} (= Kotenspannungen gegen einen Bezugsknoten 0,
Masse, Erde, Ground usw.) auftreten. Besteht eine Schaltung nur aus Ohmschen
Widerständen R (und/oder Leitwerten $G = 1/R$) und aus Stromquellen J, dann
erhält man mit nachfolgendem *Bild 2.29* sofort den Ansatz zur Formulierung des
Knotenpotentials V_{kn}, da bekanntlich für jeden Knoten das Kirchhoffsche
Stromgesetz $\Sigma I_{kn} = 0$ gilt.

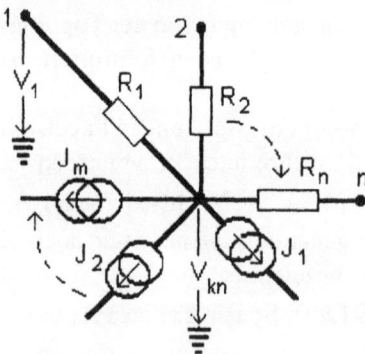

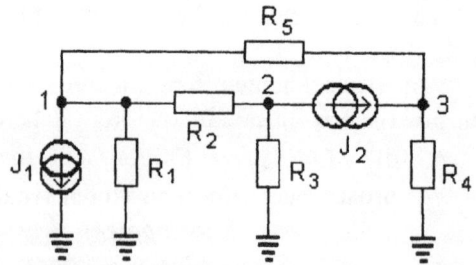

Bild 2.29 *R - J - Knoten*   **Bild 2.30** *Einfache Beispielsschaltung*

Für den Knoten mit dem Potential V_{kn} läßt sich folglich laut *Bild 2.29* die
Stromgleichung

$$\frac{V_{kn} - V_1}{R_1} + \frac{V_{kn} - V_2}{R_2} + \cdots + \frac{V_{kn} - V_n}{R_n} + J_1 + J_2 + \cdots + J_m = 0 \qquad (1)$$

anschreiben. Mit $G_i = 1/R_i$, $i = 1, 2, \dots n$ läßt sich (1) in die Form

$$V_{kn} \cdot \sum_{i=1}^{n} G_i - \sum_{i=1}^{n} V_i \cdot G_i = - \sum_{j=1}^{m} J_j \qquad (2)$$

bringen. Wendet man (2) auf die 3 Knoten der im obigen *Bild 2.30* (S. 60) gezeigten einfachen Beispielsschaltung an, dann erhält man das Gleichungssystem

$$\begin{pmatrix} G_1 + G_2 + G_5 & -G_2 & -G_5 \\ -G_2 & G_2 + G_3 & \cdot \\ -G_5 & \cdot & G_4 + G_5 \end{pmatrix} \cdot \begin{pmatrix} V_1 \\ V_2 \\ V_3 \end{pmatrix} = \begin{pmatrix} -J_1 \\ -J_2 \\ J_2 \end{pmatrix} \qquad (3)$$

das man laut *Bild 2.30* auch direkt aus der Schaltungsbeschreibung herleiten
kann: Laut (2) und (3) liegen auf den Hauptdiagonalplätzen die Leitwertsum-
men der mit den jeweiligen Knoten verbundenen Ohmschen Komponenten. Auf
den übrigen Matrixplätzen liegen die Leitwerte mit negativen Vorzeichen, die
die Verbindungen zu den Nachbarknoten repräsentieren. Die Stromquellen liegen
alle im rechtsseitigen Quellenvektor und zwar mit positivem Vorzeichen, wenn
der Strom auf den Knoten zufließt und mit negativem, wenn er vom Knoten
wegfließt.

Auf diese Weise kann für jede nur aus R's (und/oder G's) und J's beste-
hende Schaltung beliebiger Größe direkt aus den Konstrukten der topologischen
Schaltungsbeschreibung das lineare Gleichungssystem erstellt werden, das das
mathematische Modell der Schaltung darstellt. Entsprechend dem für die kleine
Schaltung *Bild 2.30* geltenden System (3) kann man für Schaltungen beliebiger
Größe verallgemeinert immer anschreiben:

$$\underline{G} \cdot \underline{V}_{kn} = \underline{J} \qquad (4)$$

wobei $\quad \underline{G} \quad = \quad$ *Leitwertsmatrix*
$\quad\quad\quad \underline{V}_{kn} = \quad$ *Vektor der unbekannten Knotenspannungen = Lösungsvektor*
$\quad\quad\quad \underline{J} \quad = \quad$ *Vektor der unabhängigen Stromquellen*

Die mit (1) bzw. (2) aufgrund des *Bildes 2.29* angesetzte reine Knotenformulierung, die mit dem Beispiel *Bild 2.30* zu (3) und allgemein zu (4) führte,
läßt keine ungeerdeten Spannungsquellen in der Schaltung zu, da die Ströme
durch innenwiderstandsfreie Spannungsquellen zunächst unbekannt sind und
daher nicht zur Bildung der Null-Stromsummen (laut Kirchhoff) in den Knoten

herangezogen werden können. Dieser Hauptnachteil der *reinen* Knotenformulierung läßt sich durch die nachfolgend beschriebene Modifikation beseitigen, die
damit zur sogenannten *Modifizierten Knotenformulierung* (MNA) führt. Sie sei
mit Hilfe der nebenstehenden einfachen
Beispielsschaltung *Bild 2.31* erläutert:

Erweitert man nämlich den Lösungsvektor um die Ströme I_E, die durch die
in der Schaltung vorhandenen Spannungsquellen fließen (bzw. die von diesen
Spannungsquellen der übrigen Schaltung
"aufgedrückt" werden), dann läßt sich das
Kirchhoffsche Stromgesetz mit Hilfe der
I_E auch für jene Knoten leicht erfüllen,
an denen Spannungsquellen angeschlossen sind. Die Quellenspannungen E werden als Differenzen zweier Knotenspan-

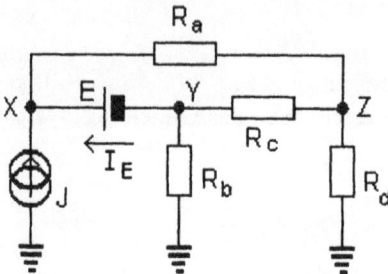

Bild 2.31 *Beispielsschaltung
mit Spannungsquelle*

nungen (bzw. Knotenpotentiale) in das Gleichungssystem aufgenommen. In der
Beispielsschaltung *Bild 2.31* handelt es sich nur um eine einzige Spannungsquelle E. Nimmt man für sie die zusätzliche Gleichung $E = V_X - V_Y$ in das
System und I_E in den Lösungsvektor auf, dann ergibt sich als Formulierung für
diese Schaltung das folgende Gleichungssystem (5):

$$
\begin{pmatrix}
1 & -1 & \cdot & \cdot \\
\cdot & G_b+G_c & -G_c & 1 \\
-G_a & -G_c & G_a+G_c+G_d & \cdot \\
G_a & \cdot & -G_a & -1
\end{pmatrix}
\cdot
\begin{pmatrix}
V_X \\ V_Y \\ V_Z \\ I_E
\end{pmatrix}
=
\begin{pmatrix}
E \\ 0 \\ 0 \\ J
\end{pmatrix}
\tag{5}
$$

Die Quellen E und J liegen im rechtsseitigen Quellenvektor (Source Vector),
solange sie unabhängig sind. Unabhängige Quellen $S_u = (E_{unabh}, J_{unabh})$ sind
solche, die entweder konstant ($\pm$ Toleranzen) oder nur von der Zeit abhängig
sind. Im Gegensatz dazu sind abhängige Quellen $S_a = (E_{abh}, J_{abh})$ alle jene, die
von Komponenten des Lösungsvektors V_{kn} und/oder I_E abhängig gesteuert werden. Da die Form der Steuerung beliebigen Funktionen folgen kann, werden die
S_a auch ganz allgemein *Nichtlinearitäten* (Nlin) genannt. Die S_a's = *Nlin*'s
müssen aus dem rechtsseitigen Quellenvektor entfernt und dem Lösungsvektor
(= Vektor der Unbekannten) zugeschlagen werden, wodurch das System *pro
Nlin eine* zusätzliche Gleichung erhält, was detailliert im Abschnitt **2.2.6**
erläutert wird.

Die Systemmatrix kann außer Leitwerten G und den dimensionslosen ± 1 wegen der *Nlin*'s noch weitere dimensionslose Größen sowie auch noch Größen mit der Dimension eines Widerstands R enthalten. Man kann daher ganz allgemein von einer "Hybridmatrix" $\underline{\underline{H}}$ sprechen und das mit Hilfe der Modifizierten Knotenformulierung erstellte System als

$$\underline{\underline{H}} \cdot \begin{pmatrix} \underline{V}_{kn} \\ \underline{I}_E \\ \underline{S}_a \end{pmatrix} = \underline{S}_u \qquad \text{oder} \qquad \underline{\underline{H}} \cdot \begin{pmatrix} \underline{V}_{kn} \\ \underline{I}_E \\ \underline{Nlin} \end{pmatrix} = \underline{S}_u \qquad (6)$$

anschreiben. MNA erlaubt demnach die Formulierung (= mathematische Modellierung) von allen Schaltungen, die aus Widerständen R, Leitwerten $G = 1/R$, Spannungsquellen E und Stromquellen J bestehen. Kapazitäten C und Induktivitäten L lassen sich auf R, G, E und J zurückführen, wie im Abschnitt **2.2.5** gezeigt wird.

2.2.3.2 Die Tableau-Formulierung (STA)

Bei der Tableau-Formulierung (Sparse Tableau Approach) enthält der Lösungsvektor nicht die Knotenspannungen, die Batterieströme und die Nlin's, sondern *sämtliche Zweigspannungen* (= Spannungen über den Schaltelementen) und *sämtliche Zweigströme* (= Ströme durch die Schaltelemente), und zwar ohne Rücksicht darauf, ob ein Schaltelement ein R, G, C, L, E oder J ist, ferner gleichgültig, ob es sich um ein unabhängiges oder ein abhängig gesteuertes Element handelt.

Zunächst faßt man dazu alle Schaltelemente als Kanten eines *geschlossenen gerichteten Graphen* auf, wie es in nebenstehendem *Bild 2.32* für eine Schaltung mit 6 Knoten und 11 Schaltelementen dargestellt ist. *Geschlossen* ist der Graph deshalb, weil keines der zweipoligen Schaltelemente in der Beschreibung der Schaltung einseitig freihängend (unangeschlossen) sein darf.

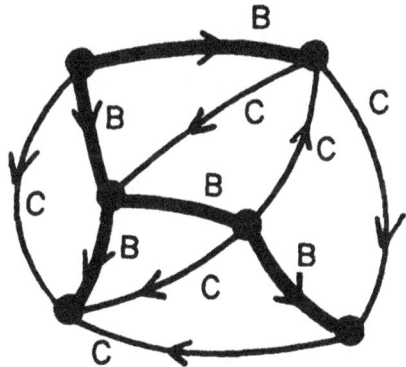

Bild 2.32 *Geschlossener gerichteter Graph*

Und *gerichtet* sind die Kanten des Graphen, weil in den Sprachkonstrukten zur Schaltungsbeschreibung individuell für jedes Schaltelement eine positive Zähl-richtung festgelegt wird, die vom *"Vonknoten"* zum *"Nachknoten"* führt (vgl. die Eingabe-Sprachkonstrukte zur Beispielsschaltung *Bild 2.17* auf Seite 46).

Für jeden geschlossenen Graphen läßt sich ein *Baum* derart festlegen, daß alle $n_{kn}-1$ *Baumzweige*, auch englisch *Branches* genannt, alle n_{kn} Knoten be-rühren, ohne irgendwo eine geschlossene Schleife zu bilden. Die dann noch ver-bleibenden Kanten heißen *Sehnen* oder auf englisch *Chords*. Im Graphen des *Bildes 2.32* (S. 63) sind die dick hervorgehobenen Branches mit **B** und die dün-ner gezeichneten Chords mit **C** gekennzeichnet.

Die Erstellung eines STA-Gleichungssystems soll nun mit Hilfe eines sehr einfachen Schaltungsbeispiels erläutert werden:

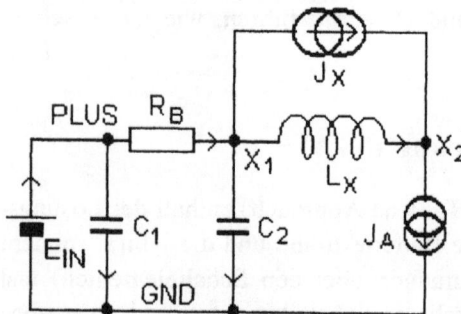

Bild 2.33 *STA-Beispielsschaltung*   **Bild 2.34** *Graph der Beispielsschaltung*

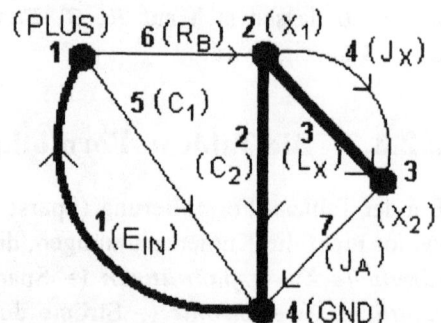

Das *Bild 2.33* zeigt ein Schaltbild, in das bereits die Zählpfeile für die positi-ve Stromrichtung eingezeichnet sind. Das daneben gezeichnete *Bild 2.34* zeigt einen möglichen Graphen der Beispielsschaltung, bei dem der Baum so gewählt wurde, daß die Elemente E_{IN}, C_2 und L_X Branches sind. Folglich sind die ver-bleibenden J_X, C_1, R_B und J_A Chords. Es wird noch darauf hingewiesen, daß von allen prinzipiell möglichen Bäumen diejenigen am günstigsten sind, bei denen alle Spannungsquellen Branches und alle Stromquellen Chords sind (vgl. z.B. S. 123f von [53]).

Man numeriert nun, wie im *Bild 2.34* gezeigt, alle Kanten durch, beginnend mit den Branches 1, 2 und 3, dann den Chords 4, 5, 6 und 7. Außerdem wer-den alle Knoten durchnumeriert, im Beispiel 1, 2, 3 und 4. (Dadurch, daß hier die in der Schaltung verwendeten Namen im Graphen in Klammern mit angege-ben wurden, wird die Nummern-Namens-Zuordnung deutlich sichtbar.) Man hat

nun mit Hilfe der Numerierung die Möglichkeit, eine formale numerische Be-
schreibung der Schaltungstopologie in Form einer *Ereignismatrix (Incidence
Matrix)* zu erstellen. Setzt man in die aus n_{kn} Zeilen und $n_{Elemente} = n_{Kanten}$
Spalten bestehende Matrix den Wert 1 für jeden *Vonknoten* und den Wert -1
für jeden *Nachknoten* ein, und multipliziert diese Ereignismatrix mit dem nach
Branches und Chords geordneten Vektor der Zweigströme, dann erhält man das
Kirchhoffsche Stromgesetz, wie das folgende Gleichungssystem (7) für den
Beispielsgraphen *Bild 2.34* zeigt.

Knoten
⇓

$$
\begin{array}{c}
1 \\
2 \\
3 \\
\\
4
\end{array}
\left(
\begin{array}{ccc:cccc}
-1 & 0 & 0 & 0 & 1 & 1 & 0 \\
0 & 1 & 1 & 1 & 0 & -1 & 0 \\
0 & 0 & -1 & -1 & 0 & 0 & 1 \\
\hdashline
1 & -1 & 0 & 0 & -1 & 0 & -1
\end{array}
\right)
\cdot
\left(
\begin{array}{c}
I_1 \\
I_2 \\
I_3 \\
I_4 \\
I_5 \\
I_6 \\
I_7
\end{array}
\right)
= \underline{0} \qquad (7)
$$

Elemente ⇒ 1 2 3 4 5 6 7

Betrachten wir z.B. die 2. Gleichung des Systems (7), so ergibt sich erwartungsgemäß $I_2 + I_3 + I_4 - I_6 = 0$, was am Graphen *Bild 2.34* leicht als
richtig zu erkennen ist. (Dies ist zwar kein mathematischer Beweis, demonstriert
aber immerhin glaubhaft, daß man beim Aufbau einer Ereignismatrix in der
geschilderten Weise das Kirchhoffsche Stromgesetz für Netzwerke beliebiger
Größe und Struktur erhält.)

Wenn bei einer Schaltung (d.h. bei einem geschlossenen Graphen) das Kirchhoffsche Stromgesetz für n-1 Knoten erfüllt ist, dann ist es grundsätzlich auch
für den n-ten Knoten erfüllt. Folglich ist das System (7) um eine Gleichung
überbestimmt. Ein Knoten kann daher zum Bezugsknoten erklärt und seine Gleichung entfernt werden. (Wenn der Bezugsknoten nicht vom Anwender vorgegeben wird, sucht sich ASTAP selbst einen Bezugsknoten aus, worauf aber hier
nicht näher eingegangen wird, und entfernt die zu diesem Knoten gehörende
Gleichung.) In unserem Beispiel erklären wir den Knoten GND zum Bezugsknoten und entfernen dementsprechend Gleichung Nr. 4. Das dann verbleibende
System kann man, unabhängig von seiner Größe und Struktur, *immer* so umformen, daß in jeder Gleichung genau ein einziger positiver Branchstrom enthalten
ist, so daß man für das Beispielsystem (7) zu

$$
\begin{pmatrix} 1 & 0 & 0 & \vdots & 0 & -1 & -1 & 0 \\ 0 & 1 & 0 & \vdots & 0 & 0 & -1 & 1 \\ 0 & 0 & 1 & \vdots & 1 & 0 & 0 & -1 \end{pmatrix} \cdot \begin{pmatrix} I_1 \\ I_2 \\ I_3 \\ I_4 \\ I_5 \\ I_6 \\ I_7 \end{pmatrix} = \underline{0} \qquad (8)
$$

gelangt, was sich u.a. leicht aus der aus *Bild 2.34* (S. 64) ablesbaren Beziehung $I_3 + I_4 = I_7$ ergibt. Für Schaltungen beliebiger Größe würde das System (8), in allgemeiner Form angeschrieben,

$$
(\underline{U}_B \quad \underline{Q}) \cdot \begin{pmatrix} I_B \\ I_C \end{pmatrix} = \underline{0} \qquad (9)
$$

lauten, wobei die Matrix aus 2 Teilmatrizen, der quadratischen Einheitmatrix $\underline{U}_B$ (Unity Matrix for the **B**ranches) und der verbleibenden Restmatrix Q besteht. Der Lösungsvektor enthält zuerst den Vektor der Branchströme, dann den der Chordströme. Negiert und transponiert man die Teilmatrix Q, so erhält man $-Q^T$. Setzt man hinter diese Matrix $-Q^T$ eine $n_{Chords} \cdot n_{Chords}$ große Einheitsmatrix $\underline{U}_C$ (Unity Matrix for the **C**hords) und multipliziert diese Gesamtmatrix mit dem Vektor der Zweigspannungen, so erhält man das System

$$
(-Q^T \quad \underline{U}_C) \cdot \begin{pmatrix} V_B \\ V_C \end{pmatrix} = \underline{0} \qquad (10)
$$

welches das Kirchhoffsche Spannungsgesetz in allgemeiner Form für beliebige Schaltungen (bzw. entsprechende Graphen) darstellt. Für unser Beispiel *Bild 2.34* erhält man in voll ausgeschriebener Form statt (10) das Gleichungssystem

$$
\begin{pmatrix} 0 & 0 & -1 & \vdots & 1 & 0 & 0 & 0 \\ 1 & 0 & 0 & \vdots & 0 & 1 & 0 & 0 \\ 1 & 1 & 0 & \vdots & 0 & 0 & 1 & 0 \\ 0 & -1 & 1 & \vdots & 0 & 0 & 0 & 1 \end{pmatrix} \cdot \begin{pmatrix} V_1 \\ V_2 \\ V_3 \\ V_4 \\ V_5 \\ V_6 \\ V_7 \end{pmatrix} = \underline{0} \qquad (11)
$$

das man direkt aus (8) ableiten kann, indem man einfach die hintere Teilmatrix

Q negiert und transponiert und eine 4×4-Einheitsmatrix dahinter setzt. Betrachten wir als Beispiel die 3. Gleichung in (11), so erfüllt $V_1 + V_2 + V_6 = 0$ genau das Kirchhoffsche Spannungsgesetz für eine Masche des Beispielsgraphen *Bild 2.34* (S. 64).

Die 3 Knotengleichungen (8) und die 4 Maschengleichungen (11) bilden zusammen ein System von 7 Gleichungen, das die Topologie des Graphen *Bild 2.34* vollständig beschreibt, da dieser Graph genau 7 Kanten besitzt. In der STA-Formulierung der Schaltung *Bild 2.33* (S. 64) treten jedoch 14 Unbekannte auf, nämlich 7 Zweigspannungen und 7 Zweigströme. Folglich werden für die komplette Tableau-Formulierung noch weitere 7 Gleichungen benötigt, die man durch die Beschreibung der Spannungs-Strom-Charakteristiken der 7 Schaltelemente erhält. Zusammengefaßt lassen sich die 7 V-I-Charakteristiken durch das folgende Gleichungssystem (12) beschreiben:

$$
\begin{pmatrix}
1 & \cdot & \cdot & \cdot & \cdot & \cdot & \cdot & \cdot & \cdot & \cdot & \cdot & \cdot & \cdot & \cdot \\
\cdot & 1 & \cdot & \cdot & \cdot & \cdot & \cdot & -R_{C2} & \cdot & \cdot & \cdot & \cdot & \cdot \\
\cdot & \cdot & -G_{LX} & \cdot & \cdot & \cdot & \cdot & \cdot & 1 & \cdot & \cdot & \cdot & \cdot \\
\cdot & \cdot & \cdot & \cdot & \cdot & \cdot & \cdot & \cdot & \cdot & 1 & \cdot & \cdot & \cdot \\
\cdot & \cdot & \cdot & \cdot & 1 & \cdot & \cdot & \cdot & \cdot & \cdot & -R_{C1} & \cdot \\
\cdot & \cdot & \cdot & \cdot & \cdot & 1 & \cdot & \cdot & \cdot & \cdot & \cdot & -R_B & \cdot \\
\cdot & \cdot & \cdot & \cdot & \cdot & \cdot & \cdot & \cdot & \cdot & \cdot & \cdot & \cdot & 1
\end{pmatrix}
\cdot
\begin{pmatrix}
V_{EIN} \\ V_{C2} \\ V_{LX} \\ V_{JX} \\ V_{C1} \\ V_{RB} \\ V_{JA} \\ I_{EIN} \\ I_{C2} \\ I_{LX} \\ I_{JX} \\ I_{C1} \\ I_{RB} \\ I_{JA}
\end{pmatrix}
=
\begin{pmatrix}
E_{IN} \\ E_{C2} \\ J_{LX} \\ J_X \\ E_{C1} \\ 0 \\ J_A
\end{pmatrix}
\quad (12)
$$

Das System (12) ist wie folgt zu verstehen: Für Widerstände und Leitwerte ist die V-I-Charakteristik durch das Ohmsche Gesetz gegeben. Bei Spannungs-(bzw. Strom-)quellen ist die Spannung V über der (bzw. der Strom I durch die) Quelle gleich der Quellenspannung E (bzw. dem Quellenstrom J). Kapazitäten C lassen sich durch eine E-R-Reihenschaltung und Induktivitäten L durch eine J-G-Parallelschaltung modellieren, wie im Abschnitt **2.2.5** gezeigt wird. Daher erscheinen in den Gleichungen für C und L die Ersatzwiderstände

R_C, die Ersatzleitwerte G_L und die Ersatzquellen E_C und J_L. Aus Gründen der Übersichtlichkeit (und damit der besseren Leserlichkeit) sind in der Matrix von (12) alle unbesetzten, bzw. mit dem Wert 0 besetzten Plätze durch Punkte gekennzeichnet.

Statt des für die Beispielsschaltung *Bild 2.33* (S. 64) geltenden Systems (12) lassen sich die V-I-Charakteristiken allgemein für beliebige Schaltungen als

$$\underline{H} \cdot \begin{pmatrix} \underline{V}_Z \\ \underline{I}_Z \end{pmatrix} \;=\; \underline{H} \cdot \begin{pmatrix} \underline{V}_B \\ \underline{V}_C \\ \underline{I}_B \\ \underline{I}_C \end{pmatrix} \;=\; \underline{S} \tag{13}$$

anschreiben, wobei die Indizes Z für Zweig-, B für Branch- und C für Chord-Spannungen und Ströme stehen. Mit $\underline{S}$ ist der Vektor aller Quellen (Sources) bezeichnet.

Faßt man nun (9), (10) und (13) zu einem Gesamtsystem zusammen und sortiert die Gleichungen so, daß die Unbekannten in der Reihenfolge $\underline{I}_B$, $\underline{V}_C$, $\underline{V}_B$, $\underline{I}_C$ auftreten, dann erhält man schließlich das komplette Tableau

$$\begin{pmatrix} \underline{U}_B & & & Q \\ & \underline{U}_C & -Q^T & \\ \hline & & \underline{H} & \end{pmatrix} \cdot \begin{pmatrix} \underline{I}_B \\ \underline{V}_C \\ \underline{V}_B \\ \underline{I}_C \end{pmatrix} \;=\; \begin{pmatrix} \underline{0} \\ \underline{S} \end{pmatrix} \tag{14}$$

Für das Beispiel der *Bilder 2.33* und *2.34* (S. 64) ergab sich

$$\begin{pmatrix} \underline{V}_B \\ \underline{V}_C \end{pmatrix} = \begin{pmatrix} V_{EIN} \\ V_{C2} \\ V_{LX} \\ \hline V_{JX} \\ V_{C1} \\ V_{RB} \\ V_{JA} \end{pmatrix} = \begin{pmatrix} V_1 \\ V_2 \\ V_3 \\ \hline V_4 \\ V_5 \\ V_6 \\ V_7 \end{pmatrix} \quad \text{und} \quad \begin{pmatrix} \underline{I}_B \\ \underline{I}_C \end{pmatrix} = \begin{pmatrix} I_{EIN} \\ I_{C2} \\ I_{LX} \\ \hline I_{JX} \\ I_{C1} \\ I_{RB} \\ I_{JA} \end{pmatrix} = \begin{pmatrix} I_1 \\ I_2 \\ I_3 \\ \hline I_4 \\ I_5 \\ I_6 \\ I_7 \end{pmatrix} \tag{15}$$

Folglich erhält man, formal entsprechend (14), für unser Beispiel laut (8),

(11) und (12) die komplette Tableau-Formulierung für die Beispielsschaltung *Bild 2.33* (S. 64) zu

$$
\left(\begin{array}{ccccccc:ccccccc}
1 & . & . & . & . & . & . & . & . & . & . & -1 & -1 & . \\
. & 1 & . & . & . & . & . & . & . & . & . & -1 & 1 \\
. & . & 1 & . & . & . & . & . & . & 1 & . & . & -1 \\
. & . & . & 1 & . & . & . & . & . & -1 & . & . & . & . \\
. & . & . & . & 1 & . & . & 1 & . & . & . & . & . & . \\
. & . & . & . & . & 1 & . & 1 & 1 & . & . & . & . & . \\
. & . & . & . & . & . & 1 & . & -1 & 1 & . & . & . & . \\ \hdashline
. & . & . & . & . & . & . & 1 & . & . & . & . & . & . \\
. & -R_{C2} & . & . & . & . & . & . & 1 & . & . & . & . & . \\
. & . & 1 & . & . & . & . & . & . & -G_{LX} & . & . & . & . \\
. & . & . & . & . & . & . & . & . & . & 1 & . & . & . \\
. & . & . & . & 1 & . & . & . & . & . & . & -R_{C1} & . & . \\
. & . & . & . & . & 1 & . & . & . & . & . & . & -R_{B} & . \\
. & . & . & . & . & . & . & . & . & . & . & . & . & 1
\end{array}\right)
\cdot
\left(\begin{array}{c}
I_{EIN} \\ I_{C2} \\ I_{LX} \\ V_{JX} \\ V_{C1} \\ V_{RB} \\ V_{JA} \\ \hline V_{EIN} \\ V_{C2} \\ V_{LX} \\ I_{JX} \\ I_{C1} \\ I_{RB} \\ I_{JA}
\end{array}\right)
=
\left(\begin{array}{c}
0 \\ 0 \\ 0 \\ 0 \\ 0 \\ 0 \\ 0 \\ \hline E_{IN} \\ E_{C2} \\ J_{LX} \\ J_{X} \\ E_{C1} \\ 0 \\ J_{A}
\end{array}\right)
\quad (16)
$$

Bei STA ist es gleichgültig, ob die E und J unabhängige Quellen oder abhängig gesteuerte Quellen sind. Die bei allen unabhängigen Quellen prinzipiell überflüssigen Gleichungen $V_E = E$ bzw. $I_J = J$ sehen für gesteuerte Quellen (= Nichtlinearitäten) lediglich in der Form anders aus, wie im Abschnitt **2.2.6** beschrieben wird. Die Gesamtzahl der Gleichungen ändert sich jedoch nicht; sie ist laut (14) zunächst immer gleich der doppelten Anzahl der in der Schaltung vorhandenen zweipoligen Elemente.

2.2.3.3 Abschließender MNA-STA-Vergleich

Hätte man zur Formulierung der Beispielsschaltung *Bild 2.33* (S.64) MNA statt STA benutzt, so hätte man das folgende Gleichungssystem (17) erhalten:

$$
\left(\begin{array}{cccc}
-1 & G_B + G_{C1} & . & -G_B \\
. & 1 & . & . \\
. & . & -G_{LX} & G_{LX} \\
. & -G_B & -G_{LX} & G_B + G_{C2} + G_{LX}
\end{array}\right)
\cdot
\left(\begin{array}{c}
I_{EIN} \\ V_{PLUS} \\ V_{X2} \\ V_{X1}
\end{array}\right)
=
\left(\begin{array}{c}
G_{C1} \cdot E_{C1} \\ E_{IN} \\ J_{LX} + J_X - J_A \\ G_{C2} \cdot E_{C2} - J_{LX} - J_X
\end{array}\right)
\quad (17)
$$

Zusätzlich ist meist die Berechnung aller kapazitiven und induktiven Ströme und Spannungen (I_C, V_C, I_L und V_L) nötig. Für das System (17) erhält man

$$V_{C1} = V_{PLUS} \quad , \quad I_{C1} = (V_{PLUS} - E_{C1}) / R_{C1}$$

$$V_{C2} = V_{X1} \quad , \quad I_{C1} = (V_{X1} - E_{C2}) / R_{C2} \qquad (18)$$

$$I_{LX} = J_A - J_X \quad , \quad V_{LX} = V_{X1} - V_{X2}$$

Vergleicht man (16) mit (17), die ja beide dieselbe Beispielsschaltung *Bild 2.33* formulieren, so fällt auf, daß das STA-System mit seinen 14 Gleichungen sehr viel größer als das MNA-System mit lediglich 4 Gleichungen ist (was übrigens grundsätzlich für beliebige Schaltungen zutrifft). Dafür sind aber alle STA-Matrizen nur sehr spärlich mit Nichtnullelementen besetzt, und es treten auch keine Summenterme in der Matrix und im rechtsseitigen Quellenvektor auf. Schließlich erweist es sich noch als vorteilhaft, daß immer mindestens die Hälfte aller besetzten Plätze lediglich mit 1 (oder -1) besetzt ist und daß das linke obere Matrixviertel eine Einheitsmatrix ist. Bei MNA sind dagegen nicht nur Additionen und Multiplikationen bei der Besetzung der Matrix und des Quellenvektors vorzunehmen, sondern in aller Regel sind auch noch zusätzlich die Berechnungen von V_C, I_C, V_L und/oder I_L erforderlich, wie im Beispiel (18) gezeigt wurde.

Man kann daher nicht behaupten, der Rechenaufwand zur Lösung eines STA-formulierten Systems sei grundsätzlich größer als der zur Lösung eines MNA-formulierten. In praxi hängt der Unterschied im Aufwand sehr stark von der Struktur der Schaltung, von der Zahl der Nichtlinearitäten sowie der Zahl der *C*'s und *L*'s ab. Auf jeden Fall läßt sich für die Systemgröße, d.h. für die Zahl der *zunächst* zu erstellenden Systemgleichungen, grundsätzlich angeben:

- Für **MNA**: $n_{Gleichungen} = n_{Knoten} + n_{E-Quellen} + n_{Nlin's}$
- Für **STA** : $n_{Gleichungen} = 2 \cdot n_{Schaltelemente}$

Daß danach, nachdem das System in der geschilderten Weise erstellt wurde, eventuell einige Gleichungen wieder entfernt werden können, weil überflüssig, soll hier nicht weiter erörtert werden.

Beide Formulierungen sind in sich vollständig, denn die MNA-Ergebnisse Knotenspannungen V_{kn} und Batterieströme I_E können bei Bedarf leicht in die STA-Ergebnisse Zweigspannungen V_z und Zweigströme I_z mit $V_z = E$ oder $V_z = V_{kn1} - V_{kn2}$ und $I_z = V_z / R$ oder $I_z = V_z \cdot G$ umgerechnet werden, bzw. umgekehrt durch $V_{kn} = V_{z1} + V_{z2} + \ldots$ und $I_E = I_z$.

2.2.4 Lösungsverfahren, Behandlung (sehr) großer linearer Gleichungssysteme

Mit Hilfe der im Abschnitt **2.2.3** beschriebenen MNA- oder STA-Formulierung wird, in allgemeiner Form angeschrieben, ein *lineares* Gleichungssystem

$$
\begin{pmatrix}
a_{11} & a_{12} & a_{13} & \cdots & a_{1n} \\
a_{21} & a_{22} & a_{23} & \cdots & a_{2n} \\
a_{31} & a_{32} & a_{33} & \cdots & a_{3n} \\
\cdot & \cdot & \cdot & \cdots & \cdot \\
\cdot & \cdot & \cdot & \cdots & \cdot \\
a_{n1} & a_{n2} & a_{n3} & \cdots & a_{nn}
\end{pmatrix}
\cdot
\begin{pmatrix}
x_1 \\ x_2 \\ x_3 \\ \cdot \\ \cdot \\ x_n
\end{pmatrix}
=
\begin{pmatrix}
b_1 \\ b_2 \\ b_3 \\ \cdot \\ \cdot \\ b_n
\end{pmatrix}
\tag{1}
$$

erstellt, das man auch in komprimierter Form als

$$
\underline{\underline{A}} \cdot \underline{x} = \underline{b} \tag{2}
$$

anschreiben kann. Um das System (1) bzw. (2) nach dem Vektor $\underline{x}$ der Unbekannten aufzulösen, werden im wesentlichen 2 direkte Verfahren eingesetzt,

- der *klassische Gaußsche Algorithmus* (s. Abschnitt **2.2.4.1**) und
- die *LU-Faktorisierung* (s. Abschnitt **2.2.4.2**), auch als *verketteter Gaußscher Algorithmus* bekannt.

Der Gaußsche Algorithmus in seiner klassischen Form, oder auch als verketteter Algorithmus (LU-Faktorisierung), sollte aus Grundlagenvorlesungen wohlbekannt sein. Die folgenden Abschnitte **2.2.4.1** und **2.2.4.2** können daher als vertiefende Wiederholungen bzw. "Wissensauffrischung" aufgefaßt werden.

Andere direkte Lösungsverfahren, die z.B. die Berechnung der inversen Matrix $\underline{\underline{A}}^{-1}$ erfordern oder z.B. die Cramersche Lösung, die auf der Berechnung von Determinanten aufbaut, werden bei der Schaltkreissimulation nicht eingesetzt, da sie erheblich mehr arithmetische Operationen benötigen und daher viel zu langsam sind. Es läßt sich übrigens nachweisen, daß es kein direktes Lösungsverfahren gibt, das weniger arithmetische Operationen als der (verkettete) Gaußsche Algorithmus benötigt. Dagegen kann es unter gewissen (meist einschränkenden) Voraussetzungen manchmal von Vorteil sein, ein iteratives Lösungsverfahren, z.B. die Gauß-Seidel-Iteration einzusetzen, worauf aber hier nicht weiter eingegangen wird. (Bei Interesse wird dazu u.a. auf [53] verwiesen.)

Ist die zu simulierende Schaltung sehr groß, dann wird auch das zu lösende System (1) bzw. (2) sehr groß, wie im Abschnitt **2.2.3** (siehe besonders Seite 70) dargelegt wurde. Das System kann bei heute üblichen Schaltungen leicht aus mehreren tausend Gleichungen bestehen. Systeme mit z.B. 5000 bis 10000 Unbekannten (= 5000 bis 10000 Gleichungen) kann man heute durchaus als "zur normalen Tagespraxis gehörend" bezeichnen. Da die Matrizen solcher Systeme aber nur sehr spärlich mit Werten ungleich Null besetzt sind, trägt der Einsatz sogenannter *Sparse-Matrix-Techniken* (= Algorithmen für spärlich besetzte Matrizen) ganz erheblich zur Speicherplatz- und Rechenzeitersparnis bei. Auch hiervon kann im Abschnitt **2.2.4.4** nur das Grundprinzip erklärt werden; für weitergehende Studien muß auf die einschlägige Literatur (u.a. auf [53]) verwiesen werden. Gleiches gilt auch für die verschiedenen Macro-Verfahren, mit deren Hilfe ein großes Gesamtsystem in mehrere kleinere Teilsysteme zerlegt wird, um weitere Speicherplatz- und Rechenzeitersparnisse zu erreichen.

2.2.4.1   Der klassische Gaußsche Algorithmus

Das Gleichungssystem (1) bzw. (2) wird mit Hilfe des Gaußschen Algorithmus wie folgt gelöst: Man multipliziert zunächst die 1. Zeile (einschließlich ihrer rechten Seite) mit $-a_{21}/a_{11}$ und addiert die 2. Zeile:

$$
\begin{array}{ccccc}
-a_{11}\cdot\dfrac{a_{21}}{a_{11}} & -a_{12}\cdot\dfrac{a_{21}}{a_{11}} & \cdots & -a_{1n}\cdot\dfrac{a_{21}}{a_{11}} & -b_{1}\cdot\dfrac{a_{21}}{a_{11}} \\[2mm]
a_{21} & a_{22} & \cdots & a_{2n} & b_{2} \\[1mm]
\hline
0 & a_{22}-a_{12}\cdot\dfrac{a_{21}}{a_{11}} & \cdots & a_{2n}-a_{1n}\cdot\dfrac{a_{21}}{a_{11}} & b_{2}-b_{1}\cdot\dfrac{a_{21}}{a_{11}} \\[2mm]
\downarrow & \downarrow & \cdots & \downarrow & \downarrow \\[1mm]
0 & a_{22} & \cdots & a_{2n} & b_{2}
\end{array}
$$

Man erhält, wie hier gezeigt, zunächst eine neue Zeile mit 0 in der ersten Spalte und den Summen $a_{2j}-a_{1j}\cdot a_{21}/a_{11}$ in allen weiteren Spalten bzw. die entsprechende Summe für die rechte Seite. Damit überschreibt man die alte 2. Zeile, d.h. die neuen Werte werden auf denselben Speicherplätzen abgelegt, auf denen vorher die alten Werte der 2. Zeile standen. Man erhält damit, wie ebenfalls hier angedeutet, eine komplett neue 2. Zeile mit dem Wert 0 in der 1. Spalte. Der Vorgang wird danach in gleicher Weise für die 3., 4. bis n-te Zeile (d.h. für alle weiteren Zeilen) durchgeführt, so daß man schließlich das neue System

$$
\begin{pmatrix}
a_{11} & a_{12} & a_{13} & \cdots & a_{1n} \\
\hline
0 & a_{22} & a_{23} & \cdots & a_{2n} \\
0 & a_{32} & a_{33} & \cdots & a_{3n} \\
\cdot & \cdot & \cdots & & \cdots \\
\cdot & \cdot & \cdots & & \cdots \\
0 & a_{n2} & a_{n3} & \cdots & a_{nn}
\end{pmatrix}
\cdot
\begin{pmatrix}
x_1 \\
-- \\
x_2 \\
x_3 \\
\cdot \\
\cdot \\
x_n
\end{pmatrix}
=
\begin{pmatrix}
b_1 \\
-- \\
b_2 \\
b_3 \\
\cdot \\
\cdot \\
b_n
\end{pmatrix}
\qquad (3)
$$

mit 0 in der gesamten 1. Spalte ab der 2. Zeile erhält. Das in (3) enthaltene um
eine Zeile und eine Spalte kleinere Teilsystem wird nun genauso weiterbehan-
delt, um ab der 3. Zeile alle Elemente der 2. Spalte zu 0 zu machen, indem man
die 2. Zeile mit $-a_{32}/a_{22}$ multipliziert und die 3. Zeile addiert. Die Elimination
der links unterhalb der Hauptdiagonalen stehenden Werte wird in derselben Weise systematisch so lange fortgesetzt, bis schließlich das System

$$
\begin{pmatrix}
a_{11} & a_{12} & a_{13} & \cdots & a_{1n} \\
 & a_{22} & a_{23} & \cdots & a_{2n} \\
 & & a_{33} & \cdots & a_{3n} \\
 & & & \cdots & \\
\underline{0} & & & \cdots & \\
 & & & & a_{nn}
\end{pmatrix}
\cdot
\begin{pmatrix}
x_1 \\
x_2 \\
x_3 \\
\cdot \\
\cdot \\
x_n
\end{pmatrix}
=
\begin{pmatrix}
b_1 \\
b_2 \\
b_3 \\
\cdot \\
\cdot \\
b_n
\end{pmatrix}
\qquad (4)
$$

mit einer Dreiecksmatrix entsteht. Diesem auch *Triangularisation* genannten
Eliminationsprozeß folgt die als *Rückwärtsauflösung* oder *Rücksubstitution*
bekannte endgültige Berechnung (5) aller n Unbekannten:

$$
\begin{aligned}
x_n &= b_n \,/\, a_{nn} \\
x_{n-1} &= (b_{n-1} - a_{n-1,\,n} \cdot x_n) \,/\, a_{n-1,\,n-1} \\
&\vdots \qquad\qquad\qquad\qquad\qquad \ddots \\
x_2 &= (b_2 - a_{23} \cdot x_3 - \cdots - a_{2n} \cdot x_n) \,/\, a_{22} \\
x_1 &= (b_1 - a_{12} \cdot x_2 - a_{13} \cdot x_3 - \cdots - a_{1n} \cdot x_n) \,/\, a_{11}
\end{aligned}
\qquad (5)
$$

Die n-te Unbekannte ergibt sich laut (5) durch eine einfache Division. Für alle
weiteren n-1 Unbekannten kann (5) zusammengefaßt auch in der Form

$$x_i = (b_i - \sum_{j=i+1}^{n} a_{ij} \cdot x_j) / a_{ii}$$
$$i = n-1, \ n-2, \ \dots \ 2, \ 1 \tag{6}$$

angeschrieben werden. Wegen der Divisionen durch die Elemente a_{11}, a_{22} bis a_{nn} der Hauptdiagonalen (vgl. auch Seite 72) müssen die Hauptdiagonalelemente grundsätzlich ungleich Null sein. Ein nichtsinguläres System kann jedoch immer so umsortiert werden, daß eine nullfreie Hauptdiagonale gewährleistet ist. Die in den Abschnitten **2.2.3.1** und **2.2.3.2** (S. 60 - 69) beschriebenen Formulierungen MNA und STA führen, sofern richtig angewendet, mit Sicherheit zu nullfreien Hauptdiagonalen (vgl. z.B. S. 62 u. S. 69).

2.2.4.2 Die LU-Faktorisierung
(Verketteter Gaußscher Algorithmus)

Beim klassischen Gaußschen Algorithmus (wie er z.B. in obigem Abschnitt **2.2.4.1** beschrieben wurde) entsteht bei der Elimination der j-ten Spalte ab der $(j+1)$-ten Zeile ein um eine Spalte und eine Zeile kleineres Subsystem, wie mit (3) gezeigt. Dieses Subsystem wird zunächst abgespeichert, wenn auch auf denselben Plätzen, auf denen vorher das Originalsystem stand. Bei der darauffolgenden Elimination der Nichtnullelemente in der $(j+1)$-ten Spalte entsteht ein neues, nochmals um eine Spalte und Zeile kleineres Subsystem, mit dem das gerade vorher abgespeicherte ab der $(j+2)$-ten Zeile und Spalte überschrieben wird. Diese mehrmaligen Speicherzugriffe (durch ständig wiederholtes Lesen und danach wieder Abspeichern) können vermieden werden, wenn man durch eine andere Reihenfolge der Rechenoperationen die bei der Triangularisation entstehenden endgültigen Werte der Matrixelemente in einem einzigen Rechengang ermitteln kann. Dadurch werden zwar insgesamt keine arithmetischen Rechenoperationen eingespart (es gibt *keinen* Algorithmus, der mit weniger *arithmetischen* Operationen als der Gaußsche Algorithmus auskommt), aber es wird die Computerzeit für viele Speicherzugriffe gespart.

Wegen der (mitunter erheblich) geringeren Zahl der Speicherzugriffe haben sich solche Verfahren mit anderer Reihenfolge der Operationen allgemein eingebürgert. Sie werden unter der Bezeichnung *Verketteter Gaußscher Algorithmus* oder *LU-Decomposition* oder *LU-Faktorisierung* zusammengefaßt, da sie alle bei der Triangularisation die Originalmatrix **A** in 2 Faktoren, **L** und **U** genannt, zerlegen, d.h. (2) geht in

$$\underline{A} \cdot \underline{x} \ = \ \underline{L} \cdot \underline{U} \cdot \underline{x} \ = \ \underline{b} \tag{7}$$

über. Dabei ist $\underline{L}$ eine linke untere (*Lower*) und $\underline{U}$ eine rechte obere (*Upper*) Dreiecksmatrix. Oft findet man in der Literatur statt $\underline{L}$ und $\underline{U}$ auch die Bezeichnungen $\underline{L}$ (*Links* oder *Left*) für die linke untere und $\underline{R}$ (*Rechts* oder *Right*) für die rechte obere Dreiecksmatrix.

Von den vielen möglichen Verfahren der Zerlegung der Originalmatrix $\underline{A}$ in die beiden Faktoren $\underline{L}$ und $\underline{U}$ sind für die Schaltkreissimulation im wesentlichen die Algorithmen von *Doolittle* und von *Crout* interessant. Z.B. wird in SPICE der Doolittle-Algorithmus und in ASTAP der Crout-Algorithmus verwendet.

Für das Beispiel einer 4×4-Matrix erhält man nach *Doolittle* folgende LU-Faktorisierung:

$$\begin{pmatrix} a_{11} & a_{12} & a_{13} & a_{14} \\ a_{21} & a_{22} & a_{23} & a_{24} \\ a_{31} & a_{32} & a_{33} & a_{34} \\ a_{41} & a_{42} & a_{43} & a_{44} \end{pmatrix} = \begin{pmatrix} 1 & & & 0 \\ l_{21} & 1 & & \\ l_{31} & l_{32} & 1 & \\ l_{41} & l_{42} & l_{43} & 1 \end{pmatrix} \cdot \begin{pmatrix} u_{11} & u_{12} & u_{13} & u_{14} \\ & u_{22} & u_{23} & u_{24} \\ & & u_{33} & u_{34} \\ 0 & & & u_{44} \end{pmatrix} \tag{8}$$

Und nach *Crout* erhält man die folgende LU-Faktorisierung:

$$\begin{pmatrix} a_{11} & a_{12} & a_{13} & a_{14} \\ a_{21} & a_{22} & a_{23} & a_{24} \\ a_{31} & a_{32} & a_{33} & a_{34} \\ a_{41} & a_{42} & a_{43} & a_{44} \end{pmatrix} = \begin{pmatrix} l_{11} & & & 0 \\ l_{21} & l_{22} & & \\ l_{31} & l_{32} & l_{33} & \\ l_{41} & l_{42} & l_{43} & l_{44} \end{pmatrix} \cdot \begin{pmatrix} 1 & u_{12} & u_{13} & u_{14} \\ & 1 & u_{23} & u_{24} \\ & & 1 & u_{34} \\ 0 & & & 1 \end{pmatrix} \tag{9}$$

Aus (8) und (9) geht hervor, daß der Unterschied zwischen dem Doolittleschen und dem Croutschen Verfahren nur darin besteht, daß im einen Verfahren die Hauptdiagonale von $\underline{L}$ und im anderen Verfahren die von $\underline{U}$ durchgehend mit dem Wert 1 besetzt ist. Die Berechnung der l- und u-Komponenten wird bei beiden Verfahren in derselben Art und Weise vorgenommen, weshalb es für die Vorlesung und für dieses Buch völlig ausreichend ist, nur den Algorithmus für eines der beiden Verfahren zu zeigen. Andere Verfahren, z.B. die LU-Faktorisierung nach *Cholesky*, belegen beide Hauptdiagonalen mit den gleichen Werten, nämlich $l_{ii} = u_{ii} = a_{ii}^{1/2}$, was unter gewissen Voraussetzungen numerische Vorteile erbringen kann, in der Schaltkreissimulation aber wegen des zusätzlichen Rechenaufwands n-maligen Wurzelziehens nicht eingesetzt wird.

Konzentriert man sich (als ein für dieses Buch ausreichendes Beispiel) auf den Croutschen Algorithmus und setzt voraus, daß die in der Matrix-Arithmetik definierten Operationen, z.B. die Matrix-Multiplikation , wohlbekannt sind, dann kann man die Multiplikation $\underline{L} \cdot \underline{U}$ laut (9) vornehmen, womit man zu der Matrix (10) gelangt:

$$\begin{pmatrix} l_{11} & l_{11}u_{12} & l_{11}u_{13} & l_{11}u_{14} \\ l_{21} & l_{21}u_{12}+l_{22} & l_{21}u_{13}+l_{22}u_{23} & l_{21}u_{14}+l_{22}u_{24} \\ l_{31} & l_{31}u_{12}+l_{32} & l_{31}u_{13}+l_{32}u_{23}+l_{33} & l_{31}u_{14}+l_{32}u_{24}+l_{33}u_{34} \\ l_{41} & l_{41}u_{12}+l_{42} & l_{41}u_{13}+l_{42}u_{23}+l_{43} & l_{41}u_{14}+l_{42}u_{24}+l_{43}u_{34}+l_{44} \end{pmatrix} \quad (10)$$

Durch Gleichsetzen entsprechender Elemente von (10) und der Originalmatrix $\underline{A}$ in (9) erhält man Gleichungen, aus denen die Elemente von $\underline{L}$ und $\underline{U}$ berechnet werden können. Es ist dabei sehr wichtig, eine festgelegte Reihenfolge bei der Berechnung der Matrixkomponenten einzuhalten, weil man dann zur Bestimmung eines jeden neuen Matrixelements nur solche Größen braucht, die bereits bekannt sind, weil sie schon vorher berechnet wurden. Dazu sind verschiedene mögliche Berechnungsreihenfolgen bekannt, u.a. in [18] für eine besonders zweckmäßige Programmierung und Anordnung der Matrixelemente im Speicher nachzulesen.

Recht übersichtlich, und daher sowohl für die Vorlesung als auch für dieses Buch gut geeignet, ist die durchgehend spaltenweise Berechnung der l- und u-Matrixelemente, so daß der Croutsche Algorithmus damit wie folgt abläuft (vgl. auch [53]):

Die Elemente der 1. Spalte brauchen nicht berechnet zu werden, da sie sich laut Beispielsmatrix (10) für beliebig große Matrizen sofort angeben lassen:

$$l_{i1} = a_{i1} \quad \text{für} \quad i = 1, 2, \dots . n \quad (11)$$

d.h. die 1. Spalte wird einfach "umbenannt". Die Elemente der folgenden j-ten Spalten ($j = 2, 3, \dots . n$) ergeben sich nacheinander zu

$$u_{ij} = (a_{ij} - \sum_{k=1}^{i-1} l_{ik} \cdot u_{kj}) / l_{ii} \quad \text{für} \quad i < j$$

$$\text{für} \quad i \geq 2 \text{ , sonst 0}$$

und

$$l_{ij} = a_{ij} - \sum_{k=1}^{j-1} l_{ik} \cdot u_{kj} \quad \text{für} \quad i \geq j$$

$$(12)$$

Da alle Hauptdiagonalelemente von $\underline{U}$ gleich 1 sind, siehe Beispiel (9), brauchen diese weder berechnet noch gespeichert zu werden. Zur Speicherung der beiden Dreiecksmatrizen $\underline{L}$ und $\underline{U}$ lassen sich dieselben Plätze verwenden, auf denen vor der Faktorisierung die Werte der Originalmatrix $\underline{A}$ gespeichert waren. Zusätzliche Plätze für Zwischenspeicherungen werden nicht benötigt, da jede Größe a_{ij}, nachdem sie einmal laut (12) zur Berechnung von u_{ij} oder l_{ij} herangezogen wurde, überschrieben werden kann. Für das einfache 4×4-Beispiel (9) würde die Platzbelegung daher wie folgt aussehen:

$$
\begin{pmatrix}
a_{11} & a_{12} & a_{13} & a_{14} \\
a_{21} & a_{22} & a_{23} & a_{24} \\
a_{31} & a_{32} & a_{33} & a_{34} \\
a_{41} & a_{42} & a_{43} & a_{44}
\end{pmatrix}
\implies
\begin{pmatrix}
l_{11} & u_{12} & u_{13} & u_{14} \\
l_{21} & l_{22} & u_{23} & u_{24} \\
l_{31} & l_{32} & l_{33} & u_{34} \\
l_{41} & l_{42} & l_{43} & l_{44}
\end{pmatrix}
$$

Nachdem die Faktorisierung durchgeführt ist, ergibt sich schließlich die Lösung des Gleichungssystems durch eine *Vorwärtssubstitution* und eine anschließende *Rücksubstitution*. Da laut (7) $\underline{L} \cdot \underline{U} \cdot \underline{x} = \underline{b}$ ist, erhält man bei Einführung eines neuen Vektors $\underline{y}$ mit

$$\underline{L} \cdot \underline{y} = \underline{b} \qquad (13)$$

die Lösung aus

$$\underline{U} \cdot \underline{x} = \underline{y} \qquad (14)$$

Aus (13) ergibt sich die Vorwärtssubstitution ganz allgemein für ein aus n Gleichungen bestehendes System zu

$$
\begin{aligned}
y_1 &= b_1 / l_{11} \\
y_i &= \left(b_i - \sum_{j=1}^{i-1} l_{ij} \cdot y_j \right) / l_{ii} \,, \quad i = 2, 3, \ldots n
\end{aligned}
\qquad (15)
$$

und damit entsprechend (14) die Rücksubstitution zu

$$
\begin{aligned}
x_n &= y_n \\
x_i &= y_i - \sum_{j=i+1}^{n} u_{ij} \cdot x_j \,, \quad i = n-1, n-2, \ldots 2, 1
\end{aligned}
\qquad (16)
$$

womit endlich die gesuchte Lösung des Gleichungssystems gefunden ist.

Die ganzen mit (8) bis (11) sowie (13) und (14) der Erläuterung des Verfahrens dienenden Zwischenschritte brauchen in der praktischen Anwendung nicht berücksichtigt zu werden. Zusammengefaßt erscheint die Lösung nach Crout einfach als ein in 3 Schritten ablaufender Algorithmus:

Schritt 1 :   LU-Faktorisierung entsprechend (12) für $j = 2, 3, \ldots n$,

Schritt 2 :   Vorwärtssubstitution (Vorwärtsauflösung) laut (15) ,

Schritt 3 :   Endgültige Lösung durch Rücksubstitution
(Rückwärtsauflösung) laut (16).

2.2.4.3 Überlegungen zu
Rechenzeit und Speicherplatzbedarf

Für den in obigen Abschnitten **2.2.4.1** und **2.2.4.2** gezeigten Lösungsablauf werden nur die vier Grundrechnungsarten gebraucht, die jedoch unterschiedlich viel Computerzeit benötigen. Üblicherweise ist der Zeitaufwand für eine Addition oder Subtraktion kleiner als für eine Multiplikation und für eine Multiplikation kleiner als für eine Division. Für die Praxis der Rechenzeitabschätzung stellen die Relationen

1 ZE (Zeiteinheit) *für eine Addition oder Subtraktion*

2 ZE *für eine Multiplikation*   (17)

3 ZE *für eine Division*

eine äußerst brauchbare Näherung dar, die sich eingebürgert hat, besonders beim Einsatz moderner, für schnelle arithmetische Operationen ausgerüsteter Computer. (Mit (17) werden für die sowohl beim klassischen als auch beim verketteten Gaußschen Algorithmus laufend benötigten Divisionen a / b genau so viele ZE benötigt wie für die Operationen $a - b \cdot c$, weshalb man mitunter in der Literatur hierfür auch je 1 ZE angegeben findet.)

Der totale Speicherplatzbedarf und die Gesamtzahl der für eine einmalige Systemlösung nötigen arithmetischen Operationen ist für den klassischen Gaußschen Algorithmus und für die verketteten Algorithmen nach Doolittle und nach Crout gleich. Die Überlegungen über Speicherplatzbedarf und Rechenzeiten können daher ohne Einschränkung der Allgemeinheit auf den klassischen Algorithmus beschränkt bleiben, sofern man, wie allgemein üblich, die beim klassischen Algorithmus benötigten zusätzlichen Speicherzugriffszeiten nicht mit in die Rechenzeitüberlegungen einbezieht.

Hat man eine voll besetzte Matrix, wie beispielsweise bei (1) auf Seite 71, und vollzieht den Gaußschen Algorithmus Schritt für Schritt nach, so ergibt sich die für die arithmetischen Operationen benötigte Rechenzeit t_G unter Berücksichtigung von (17) zu

$$t_G = n^3 + 3 \cdot n^2 - n \quad \text{[ZE]} \tag{18}$$

wenn n, wie im gesamten Abschnitt **2.2.4**, die Systemgröße ist. Der zur Speicherung des Systems nötige Platzbedarf ist offensichtlich

$$n_P = n^2 + n \quad \text{[Plätze]} \tag{19}$$

wobei der Lösungsvektor unberücksichtigt bleibt, da für die Vektoren $\underline{b}$ und $\underline{x}$ (oder beim verketteten Algorithmus für $\underline{b}$, $\underline{y}$ und $\underline{x}$) per Überschreiben nacheinander dieselben Plätze benutzt werden können.

Die Beziehungen (18) und (19) geben aber nur dann den notwendigen Zeit- und Platzbedarf an, wenn entweder alle n^2 Plätze der Matrix mit Nichtnullelementen besetzt sind, wie beispielsweise in (1), oder wenn man bei der Speicherung des Systems und der Abarbeitung des (verketteten) Gaußschen Algorithmus keine Rücksicht darauf nimmt, ob auf den Plätzen 0 oder ein von 0 abweichender Wert steht. Die Beispielssysteme auf Seite 69 zeigen jedoch, daß die Matrizen bereits bei sehr kleinen Schaltungen freie Plätze aufweisen (was bei STA in noch größerem Prozentsatz als bei MNA der Fall ist). Denkt man sich im Extremfall ein System, dessen Matrix nur auf der Hauptdiagonalen besetzt ist (alle anderen Matrixplätze sind leer), dann wäre zur Lösung des Gleichungssystems keine Triangularisation erforderlich und es würden sich statt (18) und (19) gemäß den Relationen (17) lediglich

$$t_G = 3 \cdot n \quad \text{[ZE]} \qquad \text{und} \qquad n_P = 2 \cdot n \quad \text{[Plätze]} \tag{20}$$

ergeben. Das setzt natürlich voraus, daß die Nullen (auf den leeren Plätzen) gar nicht erst gespeichert werden und auch alle Additionen und Multiplikationen mit 0 bei der (verketteten) Gaußschen Lösungsprozedur unterbleiben.

Bei der mathematischen Formulierung praktischer elektronischer Schaltungen ist die Matrix außerhalb ihrer Hauptdiagonalen zwar nie völlig leer, aber auch nie ganz voll besetzt. Man kann *im Durchschnitt*, unabhängig von der Größe der Schaltung, sowohl bei MNA als auch bei STA zunächst mit etwa

3 bis höchstens 6 besetzten Plätzen pro Matrixzeile

rechnen. Demnach würde der Platzbedarf nur linear mit wachsender Schaltungsgröße ansteigen, d.h. die Matrix wäre mit wachsender Schaltungsgröße immer spärlicher besetzt. Man stelle sich *als Beispiel* eine "nur" aus 500 Elementen

bestehende Schaltung vor (was nach heutiger Tagespraxis lediglich eine Schaltung "mittlerer Größe" ist), deren Gleichungssystem mit STA formuliert werde.
Das System besteht dann aus 1000 Gleichungen. Sind durchschnittlich einschließlich dem Hauptdiagonalplatz 4 Plätze pro Matrixzeile besetzt, dann weist
die Matrix zunächst nur insgesamt ≈4000 besetzte aber ≈996000 freie Plätze auf.
Es wäre eine glatte Platzverschwendung ≈996000 Nullen zu speichern und eine
glatte Zeitverschwendung ≈996000/2 = 498000 Nullen unterhalb der Hauptdiagonalen bei der Triangularisation entfernen, d.h. erneut zu 0 machen zu wollen.
Man spart daher ganz erheblich Speicherplatz und Rechenzeit, wenn man mit
Hilfe einer sogenannten

SPARSE-MATRIX-TECHNIK

(Technik für spärlich besetzte Matrizen) nur die von 0 abweichenden Größen
speichert und auch nur diese bei der Lösung den notwendigen arithmetischen
Operationen unterzieht. Auf die verschiedenen Sparse-Matrix-Techniken kann
hier nicht im Detail eingegangen werden, bei Interesse s. u.a. [53]. Allen gemeinsam ist jedoch eine sogenannte *Kompaktspeicherung*, bei der statt der
Matrix nur ein Vektor mit den Werten der besetzten Plätze abgespeichert wird.
Da man aber wissen muß, in welcher Spalte und Zeile der in voller Ausdehnung
gar nicht vorhandenen Matrix man sich diese Nichtnullelemente eingeordnet
denken muß, braucht man zusätzlich noch einen sogenannten Indexvektor, in
dem die Indizes der besetzten Matrixplätze abgespeichert sind.

Für eine 4×4-Beispielsmatrix

$$\begin{pmatrix} 1,6 & -3 & 7 & . \\ . & 4 & . & 0,5 \\ 1 & 3,6 & -0,8 & . \\ -2,7 & . & . & 10 \end{pmatrix}$$

könnte die Speicherung zunächst wie folgt aussehen:

```
Wertevektor: (1,6  -3   7    4   0,5  1   3,6  -0,8  -2,7  10)
Indexvektor: ( 1    2   3    6    8   9   10    11    13   16)
```

Dabei werden die Matrixplätze einfach zeilenweise durchgezählt. Selbstverständlich ergibt sich bei einer so kleinen Matrix weder ein Speicherplatzgewinn,
noch erhält man eine Rechenzeitersparnis. Hier sollte ja auch nur eines der
möglichen Prinzipien der Konpaktspeicherung gezeigt werden. Bei obigem Beispiel der 1000×1000-Matrix hätte man dagegen nur ≈8000 Plätze bei einer
Kompaktspeicherung (≈4000 Werte- und ≈4000 Indexplätze) gegenüber 10^6
Plätzen bei voller Speicherung gebraucht. Da der Einsatz einer Sparse-Matrix-
Technik sich bei MNA-formulierten Systemen bereits ab 20×20-Matrizen und

bei STA-formulierten Systemen ab ca. 10×10-Matrizen lohnt (vgl. z.B. Seite 69), kommen Sparse-Matrix-Techniken heute bei allen modernen Schaltkreis-Simulationsprogrammen zur Anwendung, so selbstverständlich auch in SPICE, ASTAP, AS/X usw.

Wegen der Besetzung mit zunächst nur ca. 3 bis 6 Plätzen pro Matrixzeile sollten Rechenzeit- und Speicherplatzbedarf laut (20) linear mit der Größe der Schaltung anwachsen. Bei der Systemlösung zeigt sich jedoch, daß einige der ursprünglich freien Plätze (d.h. der mit 0 besetzten Plätze) während der Triangularisation mit Werten ungleich 0 besetzt und somit "aufgefüllt" werden, und zwar unabhängig davon, ob der klassische oder ein verketteter Algorithmus benutzt wurde. Solche zunächst unbesetzten und später während der Triangularisation zu besetzenden Plätze werden *Füllplätze* oder *Fill-ins* genannt. Vgl. die Systeme auf den Seiten 62 und 69, die bei MNA einige und bei STA sehr viele unbesetzte Plätze aufweisen. Ein Teil dieser freien Plätze wird bei der Triangularisation aufgefüllt werden. Für das STA-formulierte System auf Seite 69 sind $a_{09,13}$, $a_{09,14}$, $a_{10,11}$, $a_{10,14}$, $a_{12,08}$, $a_{13,08}$, $a_{13,09}$ und $a_{13,14}$ diese Füllplätze.

Für die Füllplätze muß zusätzlich Platz bereitgestellt und Rechenzeit aufgewendet werden. Daher ist der Anstieg des Platzbedarfs und der Rechenzeit mit der Schaltungsgröße nicht mehr linear, sondern überproportional und kann für "übliche" elektronische Schaltungen mit etwa der 1,5-ten Potenz angesetzt werden. Laut (18) und (19) würde ohne Einsatz einer Sparse-Matrix-Technik der Speicherplatzbedarf mit der 2. und die Rechenzeit mit der 3. Potenz der Zunahme der Schaltungsgröße anwachsen, da man ab ca. $n > 20$ sicherlich n gegenüber n^2 und $3n^2 - n$ gegenüber n^3 vernachlässigen darf. Die Rechenzeit und der Speicherplatzbedarf liegen folglich in praxi bei Einsatz der Sparse-Matrix-Technik zwischen den einerseits durch (18), (19) und andererseits durch (20) ausgedrückten Extremen. Da die Zahl der Schaltelemente, der Nichtlinearitäten usw. in der Praxis etwa linear mit der Zahl der Knoten in der Schaltung anwächst, kann man davon ausgehen, daß die Systemgröße n sowohl bei MNA als auch bei STA ebenfalls etwa linear mit der Knotenzahl n_{kn} anwächst. Folglich kann man sich als gute Näherung merken:

$$t_G \sim n_{kn}^3 \quad , \quad n_P \sim n_{kn}^2 \qquad \underline{\text{ohne}} \text{ Sparse-Matrix-Technik}$$
$$t_G \sim n_{kn}^{1,5} \quad , \quad n_P \sim n_{kn}^{1,5} \qquad \underline{\text{mit}} \text{ Sparse-Matrix-Technik}$$

(21)

Bei der Abschätzung der Steigerung des Platzbedarfs laut (21) wird bei Einsatz einer Sparse-Matrix-Technik vorausgesetzt, daß das System nach seiner

originalen Erstellung so umsortiert wird, daß die Zahl der Füllplätze möglichst
gering wird. Jede während der Triangularisation auf einen Füllplatz gesetzte
Größe muß bei allen nachfolgenden Triangularisationsschritten wie eine Origi-
nalgröße mitbehandelt werden und vermehrt dadurch die Gesamtzahl der notwendigen Operationen, wobei aber ein erst kurz vor dem Ende zu besetzender
Füllplatz im allgemeinen weniger zusätzliche Operationen auslöst als ein schon
sehr frühzeitig besetzter Füllplatz. Außerdem trägt jeder Füllplatz (wegen seiner
nachfolgenden Mitbehandlung) zur Besetzung weiterer Füllplätze bei, die ihrerseits wieder weitere Füllplätze zur Folge haben können.

Dieses Umsortieren zur Füllplatzminimierung wird *Pivoting* oder *Pivotisierung* genannt und geschieht durch systematisches Vertauschen von Zeilen und
Spalten in der Matrix. Dafür sind verschiedene Strategien und Algorithmen
bekannt. Die in SPICE, ASTAP und AS/X (aber auch in den meisten anderen
modernen Schaltkreis-Simulationsprogrammen) verwendeten Pivotalgorithmen
bauen alle, mit unterschiedlichen Varianten und Zusätzen, auf den Kriterien von
Markowitz auf, worauf aber hier nicht weiter eingegangen wird (bei näherem
Interesse s. u.a. [53]).

Kompaktspeicherung, Pivotisierung und Füllplatzbelegung (= Feststellen
welche Füllplätze gebraucht werden und Bereitstellen dieser Plätze) findet nur
ein einziges Mal statt und sind Aufgaben, die der Eingabeprozessor zu erfüllen
hat (vgl. im *Bild 2.26*, Seite 54). Dies kann nach 3 verschiedene Methoden geschehen, so daß das Gleichungssystem auf 3 unterschiedliche Weisen gelöst
werden kann:

Methode 1 = Lösung durch *normales Unterprogramm* :

Der verkettete Gaußsche Algorithmus ist "ganz normal" als Unterprogramm in einer höheren Programmiersprache (z.B. FORTRAN, PL/1,
PASCAL, C etc.) oder aus Geschwindigkeitsgründen im Assembler programmiert. Die einzige speziell auf die Sparse-Matrix-Technik abgestimmte
Besonderheit besteht darin, wegen der Kompaktspeicherung den Indexvektor
(bzw. bei anderen Speicherkonzepten *die* Indexvektor*en*) zu interpretieren
und alle Nulloperationen auszulassen.

Methode 2 = Lösung mit Hilfe von *Pseudo-Code* :

Die Lösungsalgorithmen setzen sich aus einigen immer wiederkehrenden
Sequenzen der 4 Grundrechnungsarten zusammen, vor allem $a = b / c$ und
$a = b - c \cdot d$, worauf bereits auf Seite 78 hingewiesen wurde. Man kann
daher schon im Eingabeprozessor nach Abschluß der Pivotisierung und
Füllplatzbelegung den Indexvektor (die Indexvektoren) interpretieren und

davon abhängig festlegen, welche Größen nacheinander welchen arithmetischen Operationen zu unterziehen sind. Die Abfolge dieser immer wiederkehrenden Operationen, einschließlich der Indizes aller beteiligten Größen, wird in einer Liste festgehalten, die man als *Pseudo-Code* bezeichnet. Die eigentliche Lösungsroutine im Simulatorteil muß dann pro ablaufende Systemlösung nur dem Pseudo-Code folgen und braucht keinerlei Indexrechnungen mehr durchzuführen, weshalb jede einzelne Lösung erheblich schneller als bei Einsatz der Methode 1 errechnet werden kann.

Methode 3 = Lösung mit Hilfe von *Codegenerierung* :

Im Eingabeprozessor wird abhängig von der durch den Indexvektor (die Indexvektoren) festgelegten Datenstruktur der gesamte für die Systemlösung nötige Code generiert (und nicht nur ein die Reihenfolge bestimmender Pseudo-Code). Dieser Code ist völlig frei von Schleifen und Sprüngen, da er in streng sequentieller Folge jede einzelne für die Systemlösung erforderliche Operation enthält. Der Code wird üblicherweise im Assembler oder sogar in Maschinensprache geschrieben. Für jede Systenlösung ist lediglich dieser schnelle Code abzuarbeiten, was die Methode 3 zum schnellsten überhaupt denkbaren Lösungsverfahren macht.

Aus numerischen Gründen, um nämlich auch bei großen Systemen noch genügend genaue Lösungen zu erhalten, sollte man mit der sogenannten *Double Precision (doppelte Genauigkeit)* von 8 Bytes pro Gleitkommazahl rechnen (was übrigens bei ASTAP und AS/X streng befolgt wird). Für den Indexvektor (die Indexvektoren) reichen meist 4 Bytes pro Platz aus, so daß man insgesamt mit 12 Bytes pro zu besetzendem Matrixplatz, bzw. mit ca. der 1,5-fachen Länge des Wertevektors rechnen kann.

Die für die Methode 1 nötige Lösungsroutine beansprucht nur einen Platz von wenigen KBytes, unabhängig von der Größe des zu lösenden Gleichungssystems. Bei großen Systemen kann man daher diese wenigen KBytes gegenüber dem Platzbedarf der Daten (Wertevektor und Indexvektor(en)) vernachlässigen. Bei der Methode 3 wächst dagegen der zu generierende Code mit der Systemgröße an und beansprucht im allgemeinen etwa den 3- bis 5-fachen Speicherplatz des Wertevektors. Die Methode 2 liegt in ihrem Platzbedarf ungefähr in der Mitte zwischen den Methoden 1 und 3.

Als *Beispiel* stellen wir uns eine Schaltung vor, bei deren Formulierung ein Wertevektor von "nur" 1 MByte und Indexvektor(en) von 500 KByte (einschließlich Füllplätze) entstehen. Man kann dann den "Preis" an Speicherplatz, den man für die höhere Rechengeschwindigkeit (oder umgekehrt den Preis an

Rechenzeit, den man für den geringeren Speicherplatzbedarf) "bezahlen" muß, in folgender Tabelle zusammenstellen, die man als brauchbare Näherung für eine Durchschnittsschaltung dieser Größe betrachten darf:

Methode	1	2	3
Rechenzeit (normiert)	100 %	70 %	50 %
Speicherplatzbedarf	1,5 MB	3 MB	5 MB

Unabhängig davon gelten aber die Beziehungen (21), wonach für alle Sparse-Matrix-Techniken Rechenzeit und Speicherplatzbedarf (bei Einsatz derselben Methode und für Schaltungen ab ca. 20 bis 30 Knoten) mit ungefähr der 1,5-ten Potenz der Schaltungsgröße anwachsen.

In SPICE, zumindest in Versionen für Mainframes und größere Workstations, z.B. in SPICE 2G6, werden die Methoden 1 und 3 benutzt, in ASTAP und in AS/X sind alle drei Methoden eingebaut. Der Programmbenutzer kann nach seiner freien Wahl eine der Methoden vorschreiben. Tut er dies nicht, dann versucht ASTAP (bzw. AS/X) die Methode 3 zu verwenden, da sie die schnellste ist. Wird jedoch bei der Erstellung des Gleichungssystems bereits im Eingabeprozessor festgestellt, daß der zur Verfügung stehende Speicherplatz nicht ausreicht, dann wird auf die Methode 2 umgeschaltet. Reicht auch dafür der Platz nicht aus, dann wird die Methode 1 verwendet. Erst wenn die Schaltung, gemessen am vorhandenen Speicherplatz, selbst für die Methode 1 noch zu groß ist, wird der Computerlauf im Eingabeprozessor abgebrochen und eine Fehlermeldung ausgegeben.

Diese Strategie war ca. 20 Jahre lang außerordentlich erfolgreich. Da heute der zur Verfügung stehende Speicherplatz i.a. das kleinere Problem darstellt (vgl. die Bemerkungen zu den Prioritätslisten auf Seite 37), wird, zumindest bei ASTAP- oder AS/X-Anwendungen auf Mainframes, fast nur noch die Methode 3 benutzt.

Sehr große Systeme benötigen selbst bei Anwendung ausgereifter Sparse-Matrix-Techniken manchmal zu viel Speicherplatz, vor allem aber *viel zu lange Rechenzeiten* zu ihrer Lösung. Diese schon vor Jahren gemachte Aussage gilt nach wie vor, da Komplexität und Größe der zu simulierenden Schaltungen im Laufe der Jahre in etwa dem gleichen Maße wie die Rechengeschwindigkeit der Computer zugenommen haben. Abhilfe erreicht man durch verschiedene *Macro-Konzepte*, zu denen auch die *Waveform Relaxation Method* gehört. Bei diesen

Verfahren wird die Gesamtschaltung in Teilschaltungen zerlegt, die *Macros* genannt werden. Man löst die Gleichungssysteme, welche die einzelnen Macros beschreiben, nacheinander, muß aber, da die einzelnen Macros ja nicht unabhängig voneinander sind (s. Anpassung, Rückkopplungen usw.), den gesamten Lösungsprozeß in Form einer zusätzlichen Iterationsschleife mehrfach hintereinander ablaufen lassen. Bei den urprünglich alleinig als "Macro-Simulation" bezeichneten Verfahren ist die zusätzlich nötige Iterationsschleife *innerhalb* der Zeitschrittschleife des *Bildes 2.27* auf Seite 56 angeordnet, d.h. sie läuft bei jedem Zeitschritt ab. Der gesamte Zeitbereich wird dagegen nur einmal durchlaufen. Die zusätzliche Iterationsschleife ist bei der *Waveform Relaxation Method* (Kurven-Relaxationsmethode) dagegen *außerhalb* der Zeitschrittschleife des *Bildes 2.27* angeordnet, d.h. die gesamte Zeitschrittschleife wird mehrmals durchlaufen, je für ein einzelnes Macro.

Da die einzelnen Macros nacheinander denselben Speicherplatz belegen, ergibt sich eine beachtliche Platzersparnis. Bei größeren Schaltungen sind i.a. viele Macros untereinander gleich, wodurch viele Systemlösungen eingespart werden können. Außerdem können die Iterations- und/oder Zeitschrittschleifen (vgl. *Bilder 2.27* u. *2.28*, S. 56 u. 57) für die einzelnen Macros je nach Grad und Umfang ihrer Nichtlinearität individuell verschieden oft durchlaufen werden, wodurch die *Rechenzeit ganz erheblich abgekürzt* werden kann.

Diese Methoden werden erfolgreich in verschiedenen Versuchs- und Entwicklungsprogrammen sowie in dem auf Seite 36 erwähnten Programm TOGGLE angewendet. Sie haben aber immer noch keinen Einzug in die weltweit verbreiteten Standardprogramme wie SPICE, ASTAP u.a. gefunden. Selbst in AS/X wurde bis heute (Stand 1995, 1996) noch kein Macro-Simulationsalgorithmus eingebaut, was daran liegen mag, daß man bisher vor kompletten Neuprogrammierungen der Standardprogramme zurückschreckte. In der Vorlesung und im Buch kann auf Macro-Algorithmen nicht weiter eingegangen werden; es muß bei Interesse u.a. auf [22] und/oder [53] und/oder auf die kurze Zusammenfassung auf den Seiten 163 bis 166 von [29] verwiesen werden.

Schätzt man den Speicherplatzbedarf n_P in KBytes und die benötigte Rechenzeit t_G in Zeiteinheiten [ZE] als Funktion der Schaltungs-Knotenzahl n_{kn} ab, so ergeben sich als Verallgemeinerung von (18) bis (20), wenn man t_G normiert, die Proportionalitätsbeziehungen

$$(t_G \ , \ n_P) \ \sim \ n_{kn}^r \tag{22}$$

die im nachfolgend auf Seite 86 gezeigten *Bild 2.35* für mittlere und größere Schaltungen mit $n_{kn} \geq 100$ Knoten graphisch aufgetragen sind.

Es bedeuten:

r = Exponenten
entsprechend den
Beziehungen (22).

V =
Voller verketteter
Gaußscher
Algorithmus, ohne
Rücksicht darauf,
ob (und welche)
Matrixplätze leer
oder besetzt sind.
Dies kann heute für
die Schalt-
kreissimulation
als historisch
betrachtet werden.

S =
Sparse-Matrix-
Techniken
nach heutigem
Entwicklungsstand
und heutiger
Anwendungspraxis.

M =
Macro-Konzepte
einschließlich der
Waveform Relaxa-
tion Method. Die

Bild 2.35 *Abschätzung der Rechenzeit*
und des Speicherplatzbedarfs

Exponenten r < 1 erscheinen, "vorsichtig geschätzt", nach heutigem Wissen bei
optimaler Programmierung geeigneter Macro-Algorithmen erreichbar.

Zum Zwecke der Rechenzeitnormierung des Diagramms *Bild 2.35* wurden für
eine mit Sparse-Matrix-Technik zu lösende 100-Knoten-Schaltung 100 ZE
festgelegt, was im Diagramm durch einen Punkt verdeutlicht ist.

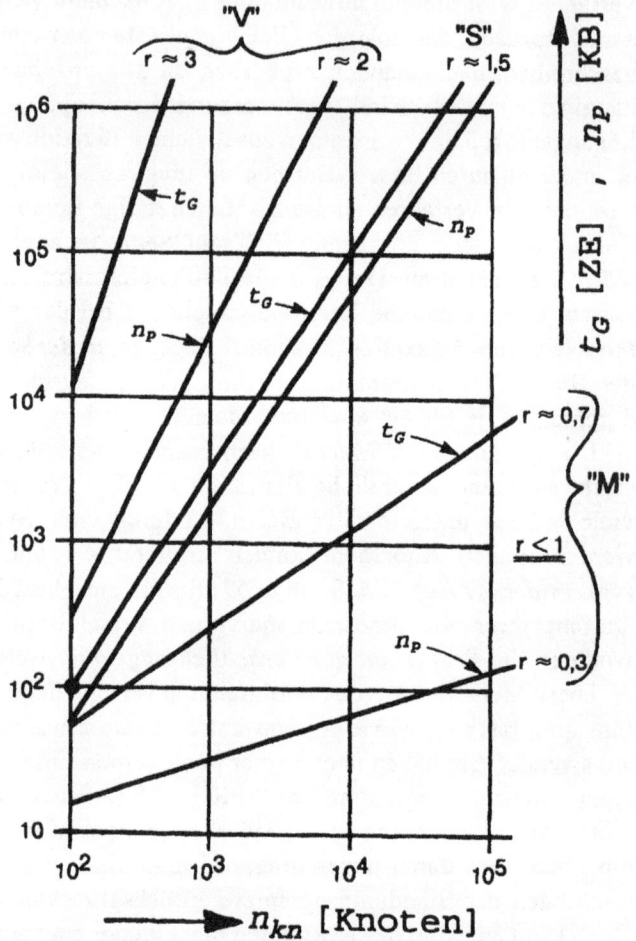

2.2.5 Integration der Differentialgleichungen

In SPICE, ASTAP, AS/X und auch in allen anderen Schaltkreis-Simulationsprogrammen werden die Differentialgleichungen, welche die Kapazitäten und die
Induktivitäten modellieren, nicht geschlossen analytisch, sondern schrittweise
numerisch, d.h. durch numerische Integration, gelöst, was bereits aus den zwei
Flußdiagrammen *Bild 2.27* (S. 56) und *Bild 2.28* (S. 57) hervorgeht.

Alle numerischen Integrationsverfahren sind Näherungsverfahren, weil die
infiniten Differentiale durch finite Differenzen ersetzt werden, was je nach Verfahren eine bessere oder auch weniger gute Näherung ergibt.

Merke: Es ist streng zu unterscheiden zwischen der *Qualität der Näherung*,
d.h. der *Genauigkeit*, und der *numerischen Stabilität* des Verfahrens. Es gibt
Verfahren, die zwar sehr genau, aber nur in äußerst eingeschränktem Bereich
stabil sind und daher für die Schaltkreissimulation nicht eingesetzt werden
können. Aus Gründen der numerischen Stabilität, des Überschwingens, der
Kompensation des globalen Integrationsfehlers und der sehr unterschiedlichen
Zeitkonstanten in den Systemen (sog. steife Systeme) kommen für *universelle*
Simulationsprogramme (SPICE, ASTAP usw.) nur *implizite* Integrationsverfahren
in Frage. *Explizite* Integrationsverfahren, wie z.B. das bekannte *Runge-Kutta*-
Verfahren der 4. Ordnung, können wegen ihrer für steife System inadäquaten
Eigenschaften ausgeschlossen werden.

Ein numerisches Integrationsverfahren ermittelt die Lösung $x(t)$ der Differentialgleichung

$$\frac{dx}{dt} = f(x, t) \tag{1}$$

schrittweise, indem von einer Anfangslösung $x_0 = x(t_0)$ ausgehend nacheinander $x_1 = x(t_1)$, $x_2 = x(t_2)$ usw. berechnet werden. Die Schrittbreite Δt
mit $\Delta t = t_n - t_{n-1}$ ist dabei im allgemeinen variabel und kann sich von Schritt
zu Schritt ändern.

2.2.5.1 Die Integration der 1. Ordnung

Die einfachsten Integrationsverfahren sind die der 1. Ordnung, bei denen der
Differentialquotient dx/dt einfach durch einen Differenzenquotienten

$$\frac{\Delta x}{\Delta t} = \frac{x_n - x_{n-1}}{t_n - t_{n-1}} \approx \frac{dx}{dt} \tag{2}$$

ersetzt wird. Damit ergeben sich allerdings zwei grundlegend verschiedene

Verfahren, nämlich

- die *Explizite Euler-Methode*, auch *Forward Euler* genannt, mit

$$\frac{x_n - x_{n-1}}{t_n - t_{n-1}} \approx \left. \frac{dx}{dt} \right|_{t = t_{n-1}} \tag{3}$$

bei der der Differenzenquotient als Ableitung im bereits berechneten (d.h. bekannten) Lösungspunkt (t_{n-1}, x_{n-1}) aufgefaßt wird,

- die *Implizite Euler-Methode*, auch *Backward Euler* genannt, mit

$$\frac{x_n - x_{n-1}}{t_n - t_{n-1}} \approx \left. \frac{dx}{dt} \right|_{t = t_n} \tag{4}$$

bei der der Differenzenquotient als Ableitung in jenem Lösungspunkt (t_n, x_n) aufgefaßt wird, der erst das Ergebnis der Berechnung des gerade ablaufenden Integrationsschritts ist.

Der grundsätzliche Unterschied zwischen dem *expliziten* und dem *impliziten* Integrationsverfahren der 1. Ordnung sei mit folgendem *Bild 2.36* verdeutlicht:

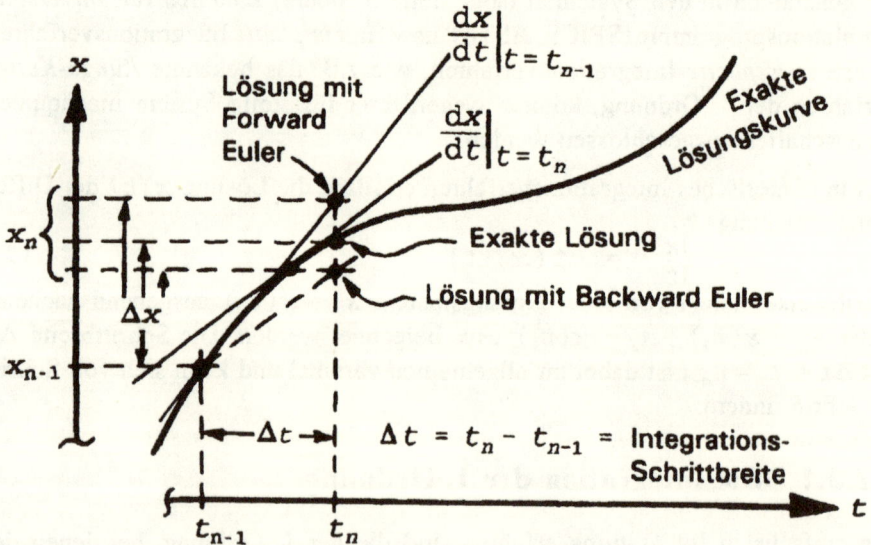

Bild 2.36 *Erläuterung des Unterschieds zwischen expliziter und impliziter Integration*

Zunächst erscheint es kompliziert, bei der Integration mit einem genäherten Differentialquotienten zu rechnen, den man noch gar nicht kennt, weil er die

Steigung *am Ende* des Schritts angibt. In praxi erweist sich jedoch die implizite Integration sogar als die einfachere der beiden Methoden. Außerdem ist sie *absolut stabil* (abgekürzt als *A-stabil* bezeichnet) und kompensiert den globalen Integrationsfehler "automatisch" aus. Auf Fragen der Stabilität eines numerischen Integrationsverfahrens kann hier nicht eingegangen werden, das würde den Rahmen der Vorlesung und dieses Buchs sprengen. Dafür muß auf die einschlägige Literatur verwiesen werden, z.B. auf [08] oder [22]. Jedoch sei zur Definition des Begriffs aus dem klassischen Werk [08] zitiert:

> *Ein numerisches Integrationsverfahren wird A-stabil, d.h. absolut stabil, genannt, wenn bei der Anwendung auf eine* **stabile** *Differentialgleichung* **stets** *eine* **stabile** *Differenzengleichung entsteht (unabhängig von der Schrittbreite).*

Wie man vorgeht, um bei der impliziten Integration (der 1. Ordnung) die Ableitungen im erst zu berechnenden nächsten Lösungspunkt verwenden zu können, läßt sich am einfachsten herleiten und auch erläutern, wenn man sich statt an der auf Seite 87 angegebenen allgemeinen Gleichung (1) lieber am praktischen Beispiel des Kondensators laut (5) orientiert, wie im nachfolgenden *Bild 2.37* auf Seite 90 für einen einzelnen Integrationsschritt dargestellt. Selbstverständlich läßt sich die implizite Euler-Methode (wie auch jedes andere numerische Integrationsverfahren) mathematisch herleiten, z.B. durch Entwicklung einer Taylor-Reihe (vgl. z.B. [08], [09], [22] oder auch S. 170 von [53]), worauf aber hier verzichtet wird.

Auf die Strom-Spannungs-Charakteristiken der in den zu simulierenden Schaltungen enthaltenen Kapazitäten C und Induktivitäten L wurde bereits im Abschnitt **2.2.3**, S. 67ff, hingewiesen. Sie werden durch die Differentialgleichungen

$$I \;=\; C \cdot \frac{dV}{dt} \qquad\text{und}\qquad V \;=\; L \cdot \frac{dI}{dt} \tag{5}$$

beschrieben, sofern $C = const$ und $L = const$, was hier der Einfachheit halber vorausgesetzt werden soll. (Im übrigen ändert sich die nachfolgende Herleitung der impliziten Euler-Integration nur geringfügig, wenn man von variablen Kapazitäten und/oder Induktivitäten ausgeht. Für den Kondensator würde sich dann statt (5)

$$I \;=\; \frac{d(C \cdot V)}{dt} \;=\; \frac{dQ}{dt}$$

ergeben, und für die Induktivität entsprechend, was aber hier nicht weiter verfolgt wird.) Wegen der in (5) gezeigten wohlbekannten Analogie zwischen Kapazität und Induktivität ist es völlig ausreichend, sich auf eine der beiden Reaktanzen (in unserem Fall die Kapazität) zu beschränken. Mit *Bild 2.37* sei ein einzelner Integrationsschritt beim Aufladen (oder Entladen) einesKondensators erläutert:

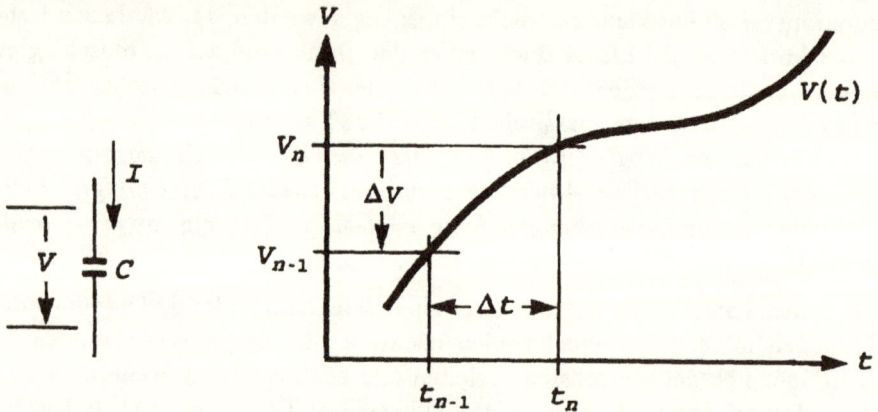

Bild 2.37 *Ein einzelner Integrationsschritt bei der Kondensatoraufladung*

Ersetzt man für den n-ten Integrationsschritt den Differentialquotienten in (5) durch einen Differenzenquotienten entsprechend dem hier gezeigten *Bild 2.37*, dann erhält man

$$I_n \;=\; C \cdot \frac{\Delta V}{\Delta t} \;=\; C \cdot \frac{V_n - V_{n-1}}{\Delta t} \tag{6}$$

wobei zu beachten ist, daß der dem Differentialquotienten dV/dt proportionale Strom laut (4) der Strom I_n *am Ende* des n-ten Integrationsschritts ist, da es sich ja um die implizite Integration handelt. Aus (6) ergibt sich durch simple Umformung

$$V_n \;=\; V_{n-1} \;+\; \frac{\Delta t}{C} \cdot I_n \tag{7}$$

Der Quotient $\Delta t / C$ in (7) hat die Dimension eines Widerstands, was mit dem Quotienten der Dimensionen Sekunden/Farad

$$\frac{s}{F} \;=\; \frac{s}{A \cdot s / V} \;=\; \frac{V \cdot s}{A \cdot s} \;=\; \frac{V}{A} \;=\; \Omega$$

leicht gezeigt werden kann. Die Spannung V_n am Ende des n-ten Integrationsschritts stellt sich folglich zwanglos als Spannung V_{n-1} am Ende des vorhergehenden Schritts plus einem Spannungszuwachs ΔV dar, der gleich dem durch

den Umladestrom I_n am Ersatzwiderstand $\Delta t / C$ hervorgerufenen Spannungsabfall ist. Aus (7) läßt sich daher unmittelbar die Kondensator-Ersatzschaltung
Bild 2.38 ableiten.

Vertauscht man Serien- mit Parallelschaltung, C mit L, E mit J, V
mit I und R mit G, dann erhält
man ohne weitere Erklärungen die
Ersatzschaltung für die implizite
Euler-Integration mit Induktivitäten,
wie im folgenden *Bild 2.39* gezeigt.

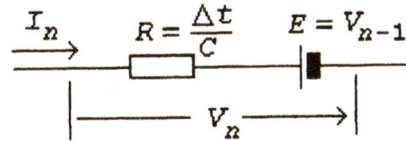

Bild 2.38 *Kondensator-Ersatzschaltung*

Außerdem kann jede E-R-Serienschaltung in eine J-G-Parallelschaltung (und
umgekehrt) mit Hilfe der Beziehungen $R = 1/G$, $E = J \cdot R$ bzw. $J = E \cdot G$
umgerechnet werden. Für Kapazitäten und Induktivitäten lassen sich folglich die
4 möglichen Ersatzschaltungen laut *Bild 2.39* angeben:

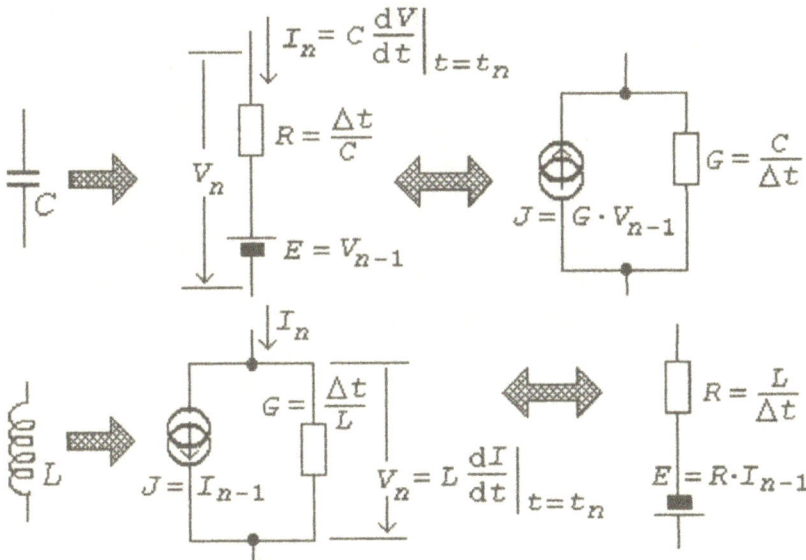

Bild 2.39 *E-R- und J-G-Ersatzschaltungen für Kapazität und Induktivität*

Mit den hier wiedergegebenen Ersatzschaltungen des *Bildes 2.39* reduziert
sich jedes aus R, G, C, L, E und J bestehende Netzwerk auf R, G, E und J.
Mit den Ersatzgrößen $E = V_{n-1}$, $R = \Delta t / C$ usw. werden die entsprechenden

Terme in den Gleichungen der Seiten 67 bis 69 erklärt. Außerdem wird verständlich, warum MNA (vgl. Abschnitt **2.2.3.1**, S. 60 - 63) auf Schaltungen mit R, G, E und J beschränkt bleiben konnte.

Vergleicht man jetzt die hier erläuterte implizite Integration der 1. Ordnung mit der exakten (analytischen) Lösung einer Differentialgleichung, so gelangt man zu Darstellungen wie im folgenden *Bild 2.40* gezeigt:

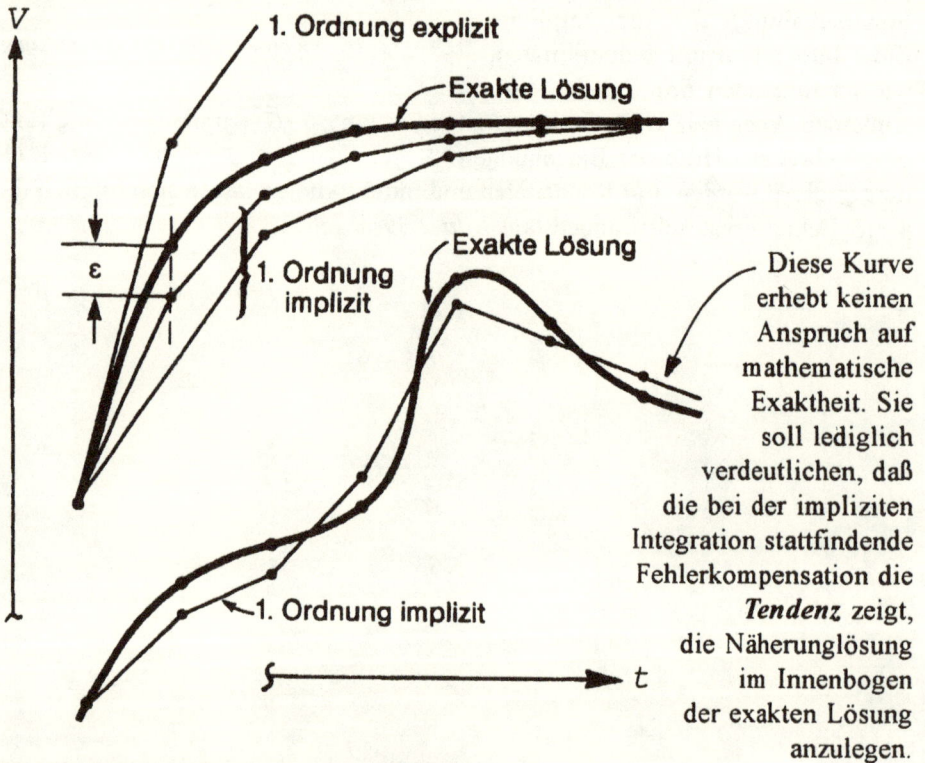

Bild 2.40 Fehler und Fehlerfortpflanzung bei der Euler-Integration

Der im Bild 2.40 angegebene Fehler ε ist, wenn man von einem bekannten fehlerfreien Punkt ausgeht, für den ersten Integrationsschritt sowohl der *lokale Schrittfehler* (auch *Abbruchfehler* oder *Truncation Error* genannt) als auch der *Globalfehler*. Für alle weiteren Integrationsschritte unterscheidet sich der Schrittfehler vom Globalfehler. Die implizite Integration besitzt die hervorragende Eigenschaft der *Fehlerkompensation*. D.h. wenn die exakte Lösung gegen einen stabilen Endwert strebt, dann wird der Globalfehler

$$\varepsilon \;=\; \big|\, x_{\text{exakt}} \,-\, x_{1.\text{Ordnung}} \,\big| \qquad (\text{mit } x = V \text{ für } C\text{'s und } x = I \text{ für } L\text{'s})$$

immer kleiner, um schließlich den Wert

$$\varepsilon \;\Rightarrow\; 0 \qquad\qquad \text{für} \qquad\qquad t \;\Rightarrow\; \infty$$

anzunehmen, obwohl jeder einzelne Integrationsschritt durchaus mit einem lokalen Schrittfehler behaftet sein kann. Diese zunächst erstaunlich anmutende Tatsache wird u.a. durch folgende Überlegung verständlich: Wenn ein Kondensator aufgeladen wird, dann geht sein Ladestrom am Ende des Ladevorgangs gegen 0 und die Kondensatorspannung erreicht ihren sich nicht mehr ändernden Endwert, der gleich der Spannung der ladenden Quelle ist. Wenn aber der Ladestrom gegen 0 geht, dann geht zwangsläufig auch der Spannungsabfall am Ersatzwiderstand $\Delta t / C$ gegen 0, so daß die Spannung der Kondensator-Ersatzbatterie E gleich der Spannung der ladenden Quelle sein *muß* (vgl. dazu *Bilder 2.38* u. *2.39*, S. 91). Damit ist der Fehler der Lösungskurve "automatisch" zu 0 geworden. Die obere Kurvenschar des *Bildes 2.40* (S. 92) zeigt, daß diese Fehlerkompensation aufgrund der *"mathematischen Rückkopplung"* unabhängig von der Schrittbreite Δt erfolgt, obwohl der Schrittfehler selbstverständlich mit steigender Schrittbreite zunimmt. *Bild 2.40* zeigt auch, daß die *explizite* Euler-Integration für größere Schrittbreiten ungeeignet ist, da wegen fehlender mathematischer Rückkopplung keine Fehlerkompensation erfolgt und außerdem beachtliche Überschwinger auftreten können.

2.2.5.2 Integrationsverfahren höherer Ordnung

Außer der impliziten Integration der 1. Ordnung (Backward Euler = **BE**) werden in den Schaltkreis-Simulationsprogrammen implizite Integrationsverfahren höherer Ordnung eingesetzt, vor allem die *Trapezintegration* (**TRAP**) als ein Verfahren der 2. Ordnung, sowie das *Integrationverfahren von Gear* mit der r-ten Ordnung (**GEARr**, $r = 1, 2, \ldots 6$), wobei allerdings in praxi nur ein Einsatz bis zur 2. und ganz gelegentlich bis zur 3. Ordnung sinnvoll ist. Es läßt sich nämlich nachweisen, daß A-Stabilität (vgl. S. 89) nur für implizite Integrationsverfahren bis zur 2. Ordnung gewährleistet ist, also für BE, TRAP und GEAR2. Verfahren mit Ordnungen $r > 2$ können durchaus stabil sein, z.B. GEAR3, aber eben nicht mehr A-stabil. Ihr Stabilitätsbereich ist mit steigender Ordnung mehr und mehr eingeschränkt (s. u.a. [08], [09], [22]). Explizite Verfahren sind, unabhängig von ihrer Ordnung, *nie* A-stabil.

Es läßt sich zeigen, daß man für die impliziten Integrationsverfahren TRAP und GEARr grundsätzlich die Ersatzschaltungen der *Bilder 2.38* und *2.39* (S. 91) beibehalten kann, wenn man nur die Ersatzquellen E oder J und die Ersatz-widerstände R oder Ersatzleitwerte G anders berechnet. Für die Vorlesung und für dieses Buch ist es ausreichend, die Integrationsverfahren höherer Ordnung am Kondensator mit der Ersatzschaltung des *Bildes 2.38* zu zeigen (da die In-duktivität sich analog verhält und daher genau so behandelt wird). Die Verfahren werden allerdings nur "gestreift" und ohne längere Herleitung vorgestellt, um wenigstens einmal das Prinzip der impliziten Integration höherer Ordnung gezeigt zu haben. Für eingehendere Studien muß auf [08], [09], [22], [53] u.a. verwiesen werden.

Für die *Trapezintegration* (**TRAP**) am Kondensator gilt

$$V_n = V_{n-1} + \frac{\Delta t}{C} \cdot \frac{I_{n-1} + I_n}{2}$$

$$V_n = \underbrace{V_{n-1} + \frac{\Delta t}{2 \cdot C} \cdot I_{n-1}} + \underbrace{\frac{\Delta t}{2 \cdot C} \cdot I_n} \tag{8}$$

$$V_n = E + R \cdot I_n$$

Man sieht, daß die Ersatzschaltung *Bild 2.38* nach wie vor gilt, daß lediglich die Ersatzgrößen E und R anders zu berechnen sind. Das Verfahren ist *nicht "selbstanlaufend"*, weil man beim ersten Integrationsschritt den Strom $I_{n-1} = I_0$ noch gar nicht kennt. Der erste Schritt muß daher mit der 1. Ordnung (BE) durchgeführt werden. Außerdem ist der Integrations-Schrittfehler bei gleicher Schrittbreite Δt bei einem Integrationsverfahren der 2. Ordnung keinesfalls grundsätzlich kleiner als bei der 1. Ordnung, wie mit *Bild 2.41* im nachfol-genden Abschnitt **2.2.5.3** gezeigt wird. Folglich wird im allgemeinen zwischen der 1. und der 2. Ordnung (d.h. zwischen BE und TRAP) je nach Krümmung der Lösungskurven hin und her geschaltet.

Es läßt sich jedoch zeigen, daß vielfach der Schrittfehler bei einer Ordnung $1 < r < 2$, die "irgendwo zwischen" der 1. und der 2. Ordnung liegt, absolut kleiner als bei $r = 1$ oder bei $r = 2$ ist. Bei dauernd kleineren Schrittfehlern wird selbstverständlich auch die Kompensation des Globalfehlers schneller (d.h. schon früher im Zeitbereich) wirksam werden. Ein solches A-stabiles Verfahren, bei dem die Ordnung kontinuierlich zwischen 1 und 2 "gleiten" kann, wurde vom Autor entwickelt und als sogenannte *Trapezintegration mit gleitender Ordnung* (*Gliding Order Trapezoidal Rule* = **GOT**) veröffentlicht [51].

Für **GOT** mit $1 \leq r \leq 2$ gilt am Kondensator

$$V_n \;=\; \underbrace{V_{n-1} \;+\; \frac{r-1}{2} \cdot \frac{\Delta t}{C} \cdot I_{n-1}} \;+\; \underbrace{\frac{3-r}{2} \cdot \frac{\Delta t}{C} \cdot I_n} \tag{9}$$

$$V_n \;=\; E \;+\; R \cdot I_n$$

Man sieht, daß GOT (9) für $r = 1$ mit BE (7) und für $r = 2$ mit TRAP (8) identisch ist.

Die *Gearsche Integration* kann vom Aufbau des Verfahrens her im Prinzip bis zu "beliebig" hoher Ordnung angewendet werden. In der Literatur, u.a. in [08], [22] und [53], sind die Gearschen Formeln gewöhnlich bis zu 6. Ordnung angegeben, entsprechend den Originalveröffentlichungen [16] und [17]. Ein wirklich sinnvoller Einsatz ist aber meist nur bis zur 2. und ganz gelegentlich bis zur 3. Ordnung gegeben, worauf bereits auf Seite 93 hingewiesen wurde. Jahrelange Praxis hat gezeigt, daß das als Standardverfahren in ASTAP eingesetzte Gearsche Integrationsverfahren in über 99% aller Fälle nur bis zur 2. Ordnung benutzt wird. In SPICE ist das Gearsche Verfahren von vorn herein auf die 2. Ordnung beschränkt. Der Programmanwender hat die Wahl zwischen dem Einsatz von TRAP oder GEAR2.

Gear leitet sein Verfahren nicht aus einer Taylorschen Reihenentwicklung ab, sondern benutzt dazu die Lagrangesche Interpolationsformel. Wir verzichten auch hier wieder auf die Herleitung des Verfahrens und beschränken uns darauf die *Gearsche Integration* für $1 \le r \le 6$ am Kondensator anzugeben.

Man berechnet

$$a \;=\; \sum_{j=1}^{r} \frac{1}{t_n - t_{n-j}}$$

$$p_k \begin{cases} = \; p_1 \;=\; 1 & \text{für } r = 1 \\[2ex] = \; \displaystyle\prod_{j=1, j \neq k}^{r} \frac{t_n - t_{n-j}}{t_{n-k} - t_{n-j}} & \text{für } r > 1 \end{cases} \Biggr\} \quad k = 1,\, 2,\, \ldots\, r \tag{10}$$

$$b_k \;=\; \frac{p_k}{a \cdot (t_n - t_{n-k})}$$

d.h. die Koeffizienten a und b_k ergeben sich aus r zurückliegenden Lösungs-Zeitpunkten. So ist $1/a$ entsprechend den darin aufsummierten t-Differenzen eine "Pseudo-Schrittbreite" Δt^*, in der zusätzlich zu der aktuellen Schrittbreite $\Delta t = t_n - t_{n-1}$ auch noch zurückliegende Schrittbreiten enthalten sind. Mit (10) ergibt sich dann endgültig die Gear-Integration am Kondensator zu

$$V_n = \sum_{k=1}^{r} b_k \cdot V_{n-k} + \frac{1}{a \cdot C} \cdot I_n \qquad (11)$$

Da man aber, gestützt auf zurückliegende Lösungspunkte,

$$\sum_{k=1}^{r} b_k \cdot V_{n-k} = P(V_{n-1}, V_{n-2}, \ldots V_{n-r}) = E$$

$$\frac{1}{a \cdot C} = \frac{\Delta t*}{C} = f(C, t_n, t_{n-1}, \ldots t_{n-r}) = R \qquad (12)$$

anschreiben kann, erhält man letztendlich auch für die Gearsche Integration (11) wieder

$$V_n = E + R \cdot I_n$$

was bereits für (7), (8) und (9) galt und der Ersatzschaltung des *Bildes 2.38* (S. 91) entspricht. Ob in der Praxis für Kapazitäten und/oder Induktivitäten die E-R-Reihenschaltung oder die J-G-Parallelschaltung laut *Bild 2.39* (S. 91) verwendet wird, hängt nur davon ab, welche Ersatzschaltung für die jeweils eingesetzte Formulierung programmiertechnisch günstiger erscheint.

Rechnet man (10) und (11) für $r = 1$ nach, dann sieht man, daß die Gearsche Integration der 1.Ordnung (GEAR1) mit BE laut (7) identisch ist. Auch das Gearsche Verfahren ist, genau wie TRAP, nicht selbstanlaufend, da in (11) und (12) r zurückliegende Lösungen enthalten sind. Folglich muß immer mit der 1. Ordnung begonnen und frühestens ab dem r-ten Schritt kann mit der r-ten Ordnung gerechnet werden.

Man kann nun zusammenfassend angeben: Alle impliziten Integrationsverfahren berechnen jeden einzelnen Integrationsschritt durch

$$V_n = E + R \cdot I_n \qquad \text{für Kapazitäten}$$

$$I_n = J + G \cdot V_n \qquad \text{für Induktivitäten} \qquad (13)$$

oder ganz allgemein durch

$$x_n = S + K \cdot q_n \qquad \text{mit } q_n = \frac{dx}{dt} \quad \text{für } t = t_n \qquad (14)$$

Bei der Schaltkreissimulation erhält man den implizit in den Integrationsformeln (13) bzw. (14) steckenden Differentialquotienten q_n (der proportional I_n oder V_n ist) aufgrund der Ersatzschaltungen der *Bilder 2.38* und *2.39* (S. 91) sozusagen "automatisch" mitgeliefert (vgl. die Formulierungen (16) bis (18) auf den Seiten 69 und 70, wo alle kapazitiven und induktiven Spannungen und Ströme V_C, I_C, I_L und V_L als Lösungen der Systemgleichungen enthalten waren.) Im allgemeinen Fall, d.h. bei anderen Anwendungen, müßte man q_n aber zunächst vorschätzen und dann durch iterative Lösung von (14) schrittweise verbessern. Das läuft darauf hinaus, daß jeder einzelne Integrationsschritt (= Zeitschritt) intern in mehreren Iterationsschritten ablaufen müßte, wie auch in den Flußdiagrammen der *Bilder 2.27* und *2.28* (S. 56 u. 57) gezeigt. Daher werden die impliziten Integrationsverfahren in der Literatur meistens, so auch in [08] und [22], als *implizite* **Mehrschrittverfahren** bezeichnet. Es wird jedoch ausdrücklich darauf aufmerksam gemacht, daß bei der Schaltkreissimulation, weil ja q_n "mitgeliefert" wird, eine in die Integration *eingebettete* **Iterationsschleife** ausschließlich zur Berechnung der **Nichtlinearitäten** erforderlich ist, während bei rein linearen Schaltungen jeder Integrationsschritt laut (7) bis (13) tatsächlich in nur einem einzigen Schritt durchgeführt werden kann. Wir wollen daher, um unnötige Verwirrung zu vermeiden, den in der Literatur so häufig verwendeten Begriff *Mehrschrittverfahren* nicht weiter benutzen. (Vgl. auch [53], wo der Begriff des Mehrschrittverfahrens ebenfalls vermieden wurde.)

2.2.5.3 Integrationsfehler und Schrittbreite

Alle impliziten Integrationsverfahren basieren auf Reihenentwicklungen (nach Taylor oder Lagrange). Ist das Verfahren von der r-ten Ordnung, dann wird die Reihe nach dem Glied mit der r-ten Ableitung abgebrochen. Der dadurch entstehende **Schrittfehler** wird deshalb in der Literatur auch **Abbruchfehler** (oder **Truncation Error**) genannt. Zur *Abschätzung* dieses Fehlers kann das Restglied, das von der $(r+1)$-ten Ordnung und ungefähr gleich dem ersten abgebrochenen Glied der Reihe (d.h. dem Glied mit der $(r+1)$-ten Ableitung) ist, herangezogen werden. Folglich kann man für kleine Schrittbreiten, mit denen man bei der Schaltkreissimulation generell rechnen darf, eine Proportionalität des Integrations-Schrittfehlers ε mit der $(r+1)$-ten Potenz der Schrittbreite Δt feststellen:

$$\varepsilon \quad \sim \quad \Delta t^{r+1} \tag{15}$$

Da die Schrittbreiten aus Genauigkeitsgründen immer als "mehr oder minder klein", je nach Krümmung der Lösungskurven, zu betrachten sind, kann (15) als hinreichend gute Näherung angesehen werden. Wegen (15) kann sich z.B. für eine gegebene Schaltung das folgende auf Seite 98 gezeigte *Bild 2.41* ergeben, aus dem eindeutig hervorgeht, daß eine höhere Ordnung keineswegs immer zu kleineren Schrittfehlern führen muß. Vielmehr gibt es für jeden maximal zulässigen Schrittfehler eine optimale Ordnung. Man will nämlich einerseits mit

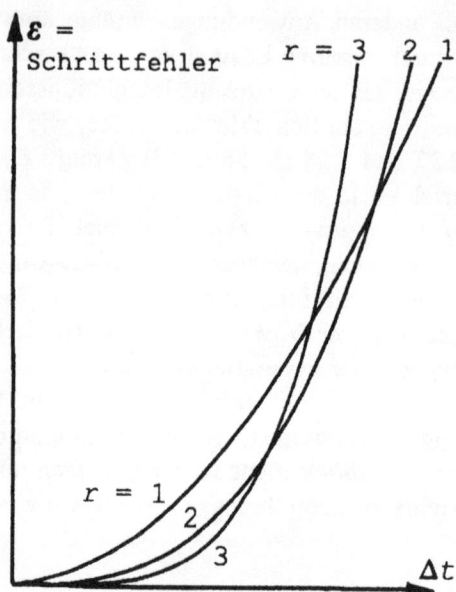

Bild 2.41   *Abhängigkeit des Schrittfehlers*
von Schrittbreite und Ordnung

einer möglichst großen Schrittbreite Δt arbeiten, um den Zeitbereich zwecks Rechenzeitersparnis in möglichst wenigen Schritten zu durchlaufen, jedoch andererseits eine vorgegebene Fehlergrenze pro Schritt nicht überschreiten. Folglich werden Schrittbreite *und* Ordnung gemäß dem Beispiel des folgenden *Bildes 2.42* von Schritt zu Schritt so festgelegt, daß ständig ein optimaler Kompromiß zwischen aufzuwendender Rechenzeit und einer guten Genauigkeit angestrebt wird.

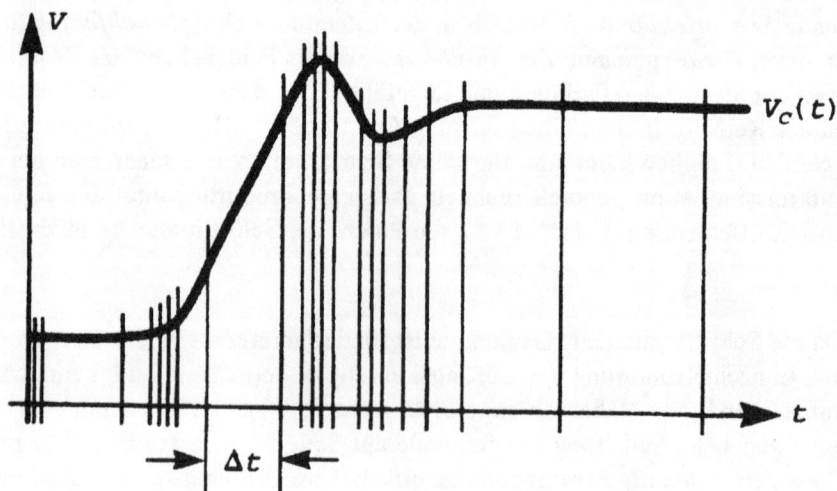

Bild 2.42   *Zusammenhang zwischen Schrittbreite und Form der Lösungskurve*

Für die Auswahl von Schrittbreite und Ordnung für den jeweils nächsten Integrationsschritt kann ganz allgemein

$$(\Delta t_{n+1}, \; r_{n+1}) \; = \; f(\varepsilon_{\text{limit}}, \; \Delta t_n, \; r_n, \; \textit{Iteration}) \tag{16}$$

angegeben werden. Nach obigen Ausführungen auf den Seiten 97 und 98 sowie den *Bildern 2.41* und *2.42* ist sicher verständlich, daß laut (16) Schrittbreite und Ordnung eines jeden neuen Schritts nicht nur vom zulässigen Schrittfehler, sondern auch individuell von Schrittbreite und Ordnung des gerade beendeten vorhergehenden Schritts abhängig sein müssen. Die Abhängigkeit von der Iteration, die ja ausschließlich zur Lösung von Nichtlinearitäten notwendig ist, wird im nachfolgenden Abschnitt **2.2.6** erklärt. Auf die Algorithmen, nach denen die neue Schrittbreite und die neue Ordnung entsprechend (16) jeweils festgelegt werden, kann hier nicht weiter eingegangen werden. Es sei lediglich im Zusammenhang mit *Bild 2.42* erwähnt, daß beispielsweise die Schrittbreite umso kleiner gewählt werden muß, desto stärker die Lösungskurven gekrümmt sind. Im übrigen wird auf die Literatur verwiesen, z.B. auf [08], [09], [22] oder [53]. Wer sich für eine auf die Praxis der Schrittbreiten- und Ordnungskontrolle für BE, TRAP, GOT und GEAR konzentrierte Darstellung interessiert, dem sei [53] nahegelegt.

2.2.6 Iterative Behandlung von Nichtlinearitäten und Abhängigkeiten

Ist eine Spannungsquelle E oder Stromquelle J, d.h. ein Element b des rechtsseitigen Quellenvektors, von mindestens einem Element V oder I bzw. x des Lösungsvektors abhängig (vgl. S. 69 u. 71), so enthält das die zu simulierende Schaltung beschreibende System mindestens eine nichtlineare Gleichung. Alle Abhängigkeiten dieser Art werden *Nichtlinearitäten* (*Nlin's*) genannt. Typisches (und sehr einfaches) Beispiel einer solchen Nichtlinearität ist die Diode, bei der bekanntlich der Diodenstrom I_D nichtlinear von der Diodenspannung V_D abhängt. Modelliert man beispielsweise die Diode durch eine spannungsgesteuerte Stromquelle $J_D = f(V_D)$, dann ist V_D entweder bei STA als Zweigspannung ein einzelnes Mitglied des Lösungsvektors oder bei MNA als Knotenspannungsdifferenz $V_D = V_A - V_K$ eine Funktion von 2 Mitgliedern des Lösungsvektors. Folglich ist die gesteuerte Quelle J_D eine Nichtlinearität (oder Nlin) im oben genannten Sinne.

Nichtlineare Gleichungen (Gleichungen, in denen Nlin's enthalten sind) werden laut *Bilder 2.27* und *2.28* (S. 56 u. 57) iterativ gelöst. Als Algorithmus zur iterativen Lösung hat sich allgemein die *Newton-Raphson-Iteration*, mitunter auch einfach *Newton-Iteration* oder *Newtonsches Verfahren* genannt, durchgesetzt. Wegen ihrer Wichtigkeit wird die Newton-Raphson-Iteration nachfolgend kurz vorgestellt, obwohl sie, z.B. aus Grundlagenvorlesungen, wohlbekannt sein sollte. Die *Fixpunkt-Iteration* und andere Verfahren zur iterativen Lösung der Nlin's haben schlechtere Konvergenzeigenschaften und werden deshalb in den Schaltkreis-Simulationsprogrammen i.a. nicht eingesetzt.

2.2.6.1   Die Newton-Raphson-Iteration

Im Extremfall können sämtliche Gleichungen des Systems nichtlinear sein. Die Newton-Raphson-Iteration (auch kurz *NR-Iteration* genannt) läuft dann in folgender Weise ab:

Zunächst wird ein Anfangs-Lösungsvektor $\underline{x}^{(i)} = \underline{x}^{(0)}$ vorgeschätzt und die Nichtlinearitäten für diese Anfangslösung linearisiert, wodurch ein lineares System entsteht. Man löst dieses lineare System und erhält dadurch die nächste verbesserte Lösung $\underline{x}^{(i+1)}$. Dieser Vorgang wird mit $i = 1, 2, 3, \ldots$ solange wiederholt, bis zwei aufeinanderfolgende Lösungen $\underline{x}^{(i)}$ und $\underline{x}^{(i+1)}$ sich um nicht mehr als eine kleine Differenz (d.h. vorgegebene akzeptierbare Fehlerschwelle) $\underline{\varepsilon}$ unterscheiden. Die Rekursionsformel, mit der man von der i-ten zur $(i+1)$-ten Lösung gelangt, lautet

$$\underline{x}^{(i+1)} \quad = \quad \underline{x}^{(i)} \quad - \quad [\,\underline{J}(\underline{x}^{(i)})\,]^{-1} \cdot \underline{f}(\underline{x}^{(i)}) \tag{1}$$

In (1) ist der in Klammern gesetzte hochgestellte Index der Iterationsindex (= Iterationszähler), der dadurch von den Indizes der Komponenten eines Vektors unterschieden werden kann. Der Lösungsvektor

$$\underline{x} \quad = \quad (x_1 \ x_2 \ldots x_n)^{\mathrm{T}} \tag{2}$$

besteht, entsprechend der Systemgröße, aus n Elementen. Die Matrix $\underline{J}(\underline{x})$ ist die als *Jacobimatrix* (3) bezeichnete auf Seite 101 gezeigte Matrix der partiellen Ableitungen, welche die Steigungen aller Funktionen im i-ten Lösungspunkt bezogen auf jeweils alle anderen Funktionen angibt.

Auf die in der Literatur übliche Herleitung des Verfahrens, z.B. mit Hilfe von Taylor-Reihenentwicklungen, wird hier verzichtet. Statt dessen wird nachfolgend eine einfache Erläuterung gegeben, die zudem den Vorteil bietet, sehr gut zur Praxis der Schaltkreissimulation zu passen.

$$
\boldsymbol{J}(\underline{x}) = \begin{pmatrix}
\dfrac{\partial f_1(\underline{x})}{\partial x_1} & \dfrac{\partial f_1(\underline{x})}{\partial x_2} & \cdots & \dfrac{\partial f_1(\underline{x})}{\partial x_n} \\[2mm]
\dfrac{\partial f_2(\underline{x})}{\partial x_1} & \dfrac{\partial f_2(\underline{x})}{\partial x_2} & \cdots & \dfrac{\partial f_2(\underline{x})}{\partial x_n} \\[2mm]
\cdots & \cdots & \cdots & \cdots \\[1mm]
\cdots & \cdots & \cdots & \cdots \\[1mm]
\dfrac{\partial f_n(\underline{x})}{\partial x_1} & \dfrac{\partial f_n(\underline{x})}{\partial x_2} & \cdots & \dfrac{\partial f_n(\underline{x})}{\partial x_n}
\end{pmatrix}
\tag{3}
$$

Im einfachsten Fall besteht das nichtlineare System nicht aus n Gleichungen wie in (1) bis (3), sondern nur aus 2 Gleichungen mit dem Lösungsvektor

$$
\underline{x} = (x_1 \quad x_2)^T = (x \quad y)^T \tag{4}
$$

so daß man keine Komponentenindizes braucht und den Iterationszähler durch einen "normalen" tiefgestellten Index angeben kann. Ist eine der beiden Gleichungen auch noch linear, so läßt sich das System ganz allgemein als

$$
\begin{aligned}
y &= a \cdot x + b && \text{(linearer Teil)} \\
y &= f(x) && \text{(Nichtlinearität)}
\end{aligned}
\tag{5}
$$

anschreiben. Dies entspricht durchaus der Praxis, denn auch sehr viel größere

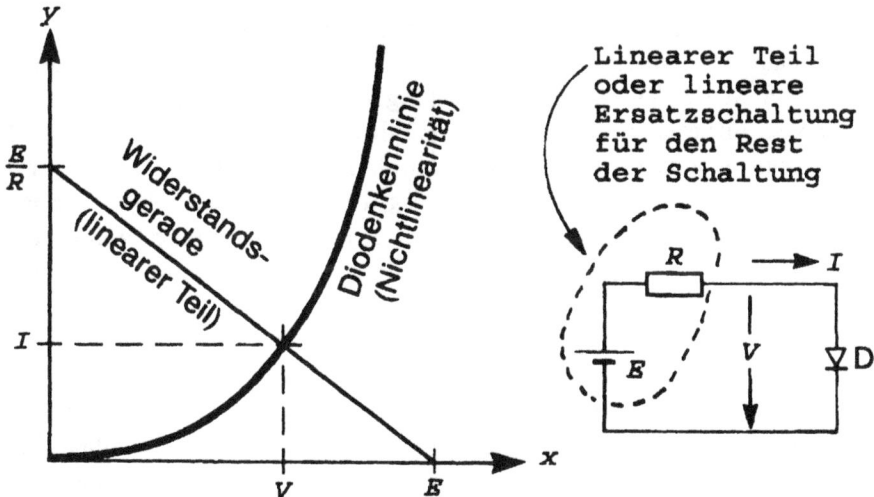

Bild 2.43 *Einfache nichtlineare Schaltung*

Systeme haben häufig einzelne Nichtlinearitäten, die von einer einzigen Komponente des Lösungsvektors abhängig sind, beispielsweise $J_D = f(V_D)$ bei der Diode, so auch im Beispiel der einfachen Schaltung *Bild 2.43* auf Seite 101, das übrigens mit dem auf Seite 40 gezeigten *Bild 2.10* übereinstimmt. Der lineare Teil, der im *Bild 2.43* nur aus E und R besteht, kann sehr wohl ein *lineares Äquivalent* (= lineare Ersatzschaltung in Form einer innenwiderstandsbehafteten Quelle) für den linearen oder linearisierten Rest der möglicherweise sehr großen Schaltung sein.

Stellt man für die Schaltung des *Bildes 2.43* (S. 101) ein Gleichungsystem auf, dann ergibt sich

$$I \;=\; \frac{E-V}{R} \;=\; \frac{E}{R} - \frac{1}{R} \cdot V \qquad\qquad \text{(linearer Teil)}$$

$$\text{(6)}$$

$$I \;=\; J_D \;=\; f(V_D) \;=\; f(V) \qquad \text{(Nichtlinearität)}$$

Der Vergleich des allgemeinen "mathematischen" Systems (5) mit dem elektrischen System (6) läßt mit

$$I \;=\; -\frac{1}{R} \cdot V + \frac{E}{R} \qquad\longleftrightarrow\qquad y \;=\; a \cdot x + b$$

$$I \;=\; f(V) \qquad\qquad\longleftrightarrow\qquad y \;=\; f(x)$$

eindeutig die Äquivalenzen $V \leftrightarrow x$, $I \leftrightarrow y$, $a \leftrightarrow -1/R$ und $b \leftrightarrow E/R$ erkennen. Mit $a = dy/dx = \text{const}$ und $q = df(x)/dx = \text{variabel}$ können die beiden Ableitungen bezeichnet werden, die Mitglieder der Jacobimatrix des Systems (5) sind. Man kann hier ohne weiteres die totale Ableitung dy/dx an Stelle der partiellen Ableitung $\partial y/\partial x$ verwenden, da nur eine einzige Nichtlinearität y von der einzig möglichen weiteren Komponente x des Lösungsvektors abhängt. Entsprechend würde für das System (6) wegen des Diodenstroms $J_D = f(V_D)$ u.a. die Ableitung $dJ_D/dV_D = \partial J_D/\partial V_D$ in der Jacobimatrix erscheinen. Im Falle eines FET, bei dem bekanntlich der Drain-Source-Strom $I_{DS} = J_{DS} = f(V_{GS}, V_{DS}, V_{SB})$ nichtlinear von 3 Spannungen abhängt, erscheinen jedoch die drei partiellen Ableitungen $\partial J_{DS}/\partial V_{GS}$, $\partial J_{DS}/\partial V_{DS}$ und $\partial J_{DS}/\partial V_{SB}$, die keinesfalls durch totale Ableitungen ersetzt werden können, in der Matrix.

Um den Ablauf der Newton-Raphson-Iteration zu erläutern, dürfen wir uns nun auf das sehr einfache allgemeine System (5) beschränken, ohne damit generelle Einschränkungen in Kauf nehmen zu müssen, da umfangreichere Systeme immer auf (5) zurückgeführt werden können. Für den Iterationszähler kann man normale tiefgestellte Indizes verwenden, so daß die Lösungsvektoren

$(x_0 , y_0), (x_1 , y_1), (x_2 , y_2), \ldots$ heißen.

Um in einem einzelnen Iterationsschritt von der i-ten zur $(i+1)$-ten Lösung zu gelangen, linearisiert man die Nichtlinearität im Punkt (x_i , y_i), wie im folgenden *Bild 2.44* gezeigt, d.h. man bildet die Ableitung $q_i = dy/dx$ für die Abszisse $x = x_i$.

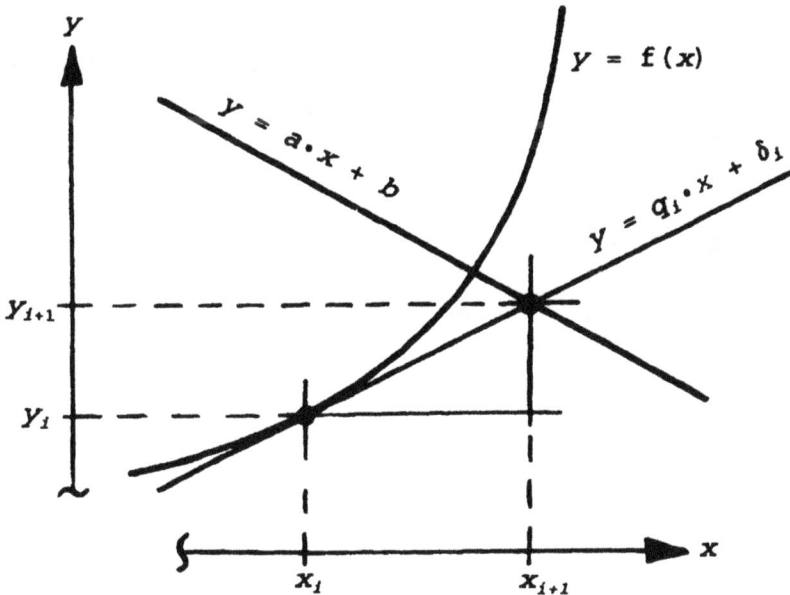

Bild 2.44 *Graphische Darstellung eines einzelnen NR-Iterationsschritts*

Laut *Bild 2.44* hat man die nichtlineare Gleichung $y = f(x)$ durch die lineare Gleichung $y = q_i \cdot x + \delta_i$ ersetzt und damit ein aus 2 **linearen** Gleichungen bestehendes System geschaffen.

Bei der Abszisse x_i erhält man für die Nichtlinearität

$$y_i = f(x_i) = q_i \cdot x_i + \delta_i \tag{7}$$

Die Steigung $q_i = dy/dx$ im Punkt x_i kann man aber laut *Bild 2.44* exakt auch als Differenzenquotient

$$q_i = \frac{y_{i+1} - y_i}{x_{i+1} - x_i} \tag{8}$$

anschreiben, woraus sich dann durch simple Umformung

$$y_{i+1} = y_i + q_i \cdot x_{i+1} - q_i \cdot x_i \tag{9}$$

ergibt. Formt man (7) zu $\delta_i = y_i - q_i \cdot x_i$ um und setzt dies in (9) ein, dann erhält man

$$y_{i+1} = q_i \cdot x_{i+1} + \delta_i \tag{10}$$

was zusammen mit der für den $(i+1)$-ten Lösungspunkt gültigen Gleichung

$$y_{i+1} = a \cdot x_{i+1} + b \tag{11}$$

das System zweier linearer Gleichungen bildet, das i.a. in der Matrixform

$$\begin{pmatrix} a & -1 \\ -q_i & 1 \end{pmatrix} \cdot \begin{pmatrix} x_{i+1} \\ y_{i+1} \end{pmatrix} = \begin{pmatrix} -b \\ \delta_i \end{pmatrix} = \begin{pmatrix} -b \\ y_i - q_i \cdot x_i \end{pmatrix} \tag{12}$$

angeschrieben wird. Die Matrix enthält alle Steigungen (= Ableitungen der Funktionen im i-ten Lösungspunkt) und ist daher die Jacobimatrix des Systems.

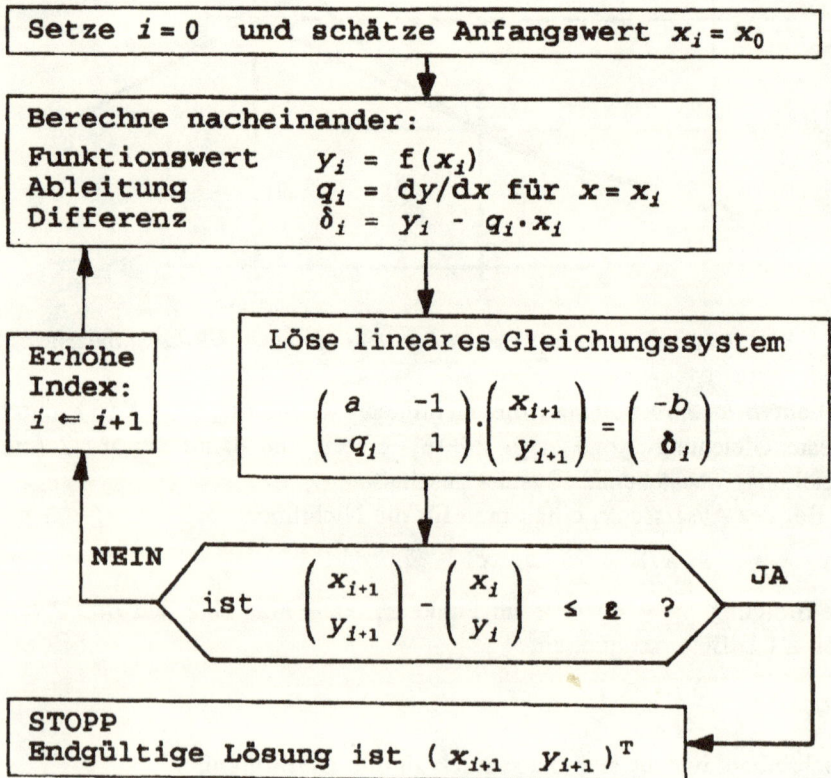

Bild 2.45 *Flußdiagramm der NR-Iteration des einfachen Beispielsystems*

Das auf Seite 104 gezeigte Flußdiagramm *Bild 2.45* gibt den gesamten Iterationsprozeß für das einfache Beispielsystem (5) wieder: Bei jedem Schritt der iterativ zu errechnenden Lösung werden zunächst für $x = x_i$ der Funktionswert y_i, die Ableitung q_i und mit Hilfe dieser beiden Größen die Differenz δ_i berechnet. Danach wird das lineare System gelöst, was i.a. zum verbesserten Lösungsvektor (x_{i+1}, y_{i+1}) führt. Der Schleifendurchgang wird so lange fortgesetzt, bis die Abweichung zweier aufeinanderfolgender Lösungen eine vorgegebene Fehlerschwelle ε unterschreitet, womit auch der Iterationsfehler (= die Abweichung der iterativ errechneten gegenüber der theoretisch exakten Lösung) höchstens noch den vorgegebenen erlaubten Maximalfehler ε aufweist.

Man beachte, daß der Differentialquotient $q_i = dy/dx = df(x)/dx$ in praxi bei Funktionen, deren Ableitungen nicht in explizit analytischer Form vorliegen, auch durch einen Differenzenquotienten $\Delta y/\Delta x$ der Form

$$q_i = \frac{f(x_i + \Delta x) - f(x_i - \Delta x)}{2 \cdot \Delta x} \tag{13}$$

oder sogar

$$q_i = \frac{f(x_i + \Delta x) - f(x_i)}{\Delta x} \tag{14}$$

ersetzt werden kann, sofern man Δx genügend klein hält. Vergrößert man dagegen Δx bis auf $\Delta x = x_i - x_{i-1}$, so daß man

$$q_i = \frac{f(x_i) - f(x_{i-1})}{x_i - x_{i-1}} \tag{15}$$

erhält, dann geht die Newton-Raphson-Iteration in ein Sekantenverfahren (z.B. die Regula falsi) über, was aber in der Schaltkreissimulation wegen der gegenüber der NR-Iteration langsameren Konvergenz nicht verwendet wird.

Das folgende auf Seite 106 gezeigte *Bild 2.46* gibt den Ablauf der NR-Iteration in graphischer Form wieder (identisch mit dem Flußdiagramm *Bild 2.45* auf Seite 104): Die pro Iterationsschritt errechnete Lösung (x_i, y_i) wird senkrecht auf die nichtlineare Kennlinie projiziert, um mit (x_i, y_i^*) den Punkt für die nächste Linearisierung zu erhalten.

Man sieht, daß der endgültige Lösungspunkt (final solution) (x_s, y_s) in wenigen Schritten mit hinreichender Genauigkeit, d.h. nur noch mit der Abweichung ε, erreicht wird. Man kann, wie bereits auf Seite 58 angegeben, bei durchschnittlichen elektronischen Schaltungen im Zusammenhang mit einer TR-Simulation (vgl. S. 38) mit typisch etwa 3 Schritten bis zum Erreichen der Lösung (x_s, y_s) rechnen.

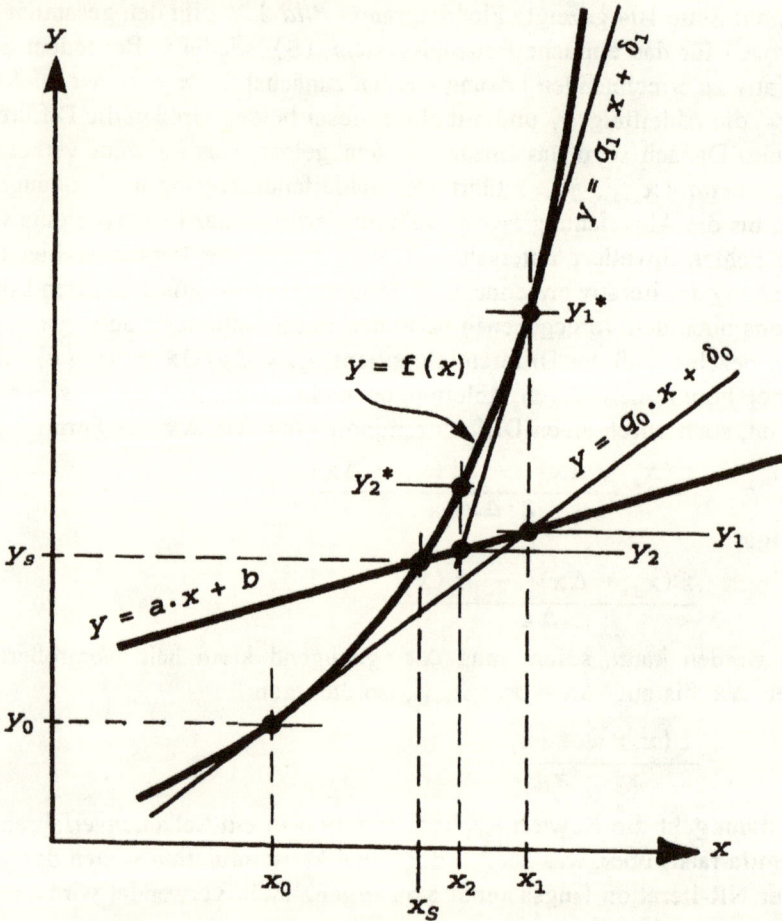

Bild 2.46 *Graphische Darstellung der NR-Iteration*

2.2.6.2 Konvergenz und Schrittbreite

Die Newton-Raphson-Iteration konvergiert sehr schnell, nämlich quadratisch

$$e_{i+1} \quad = \quad k \cdot e_i^2 \tag{16}$$

was rein qualitativ recht gut am Beispiel des obigen *Bildes 2.46* zu sehen ist. Bei einem Startwert x_0 im oberen Teil des folgenden *Bildes 2.47* konvergiert auch dieses System sehr rasch, obwohl die nichtlineare Funktion eine s-förmige

Charakteristik aufweist. Denkt man an das Sättigungsverhalten von Transistoren, den Zenerdurchbruch von Dioden u.a., dann wird sofort klar, daß s-förmige Charakteristiken in dieser Form ⇒ ∫ und in jener Form ⇒ ⌒ nichts außergewöhnliches sind.

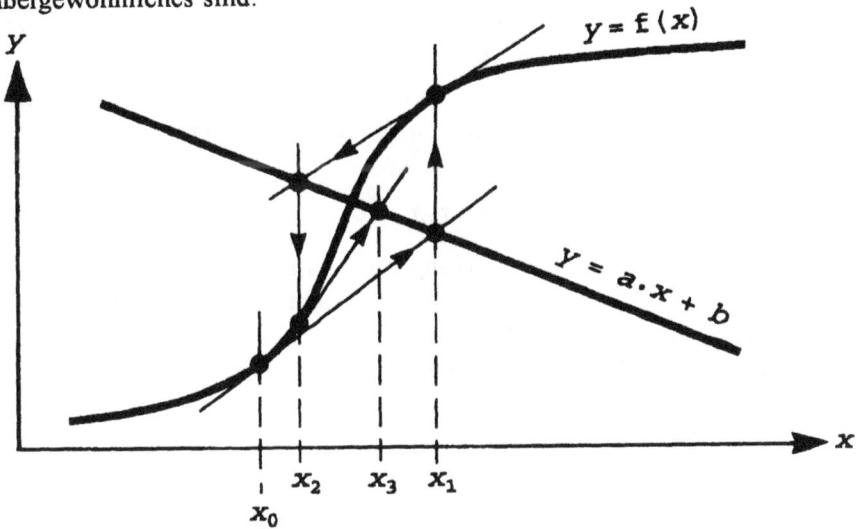

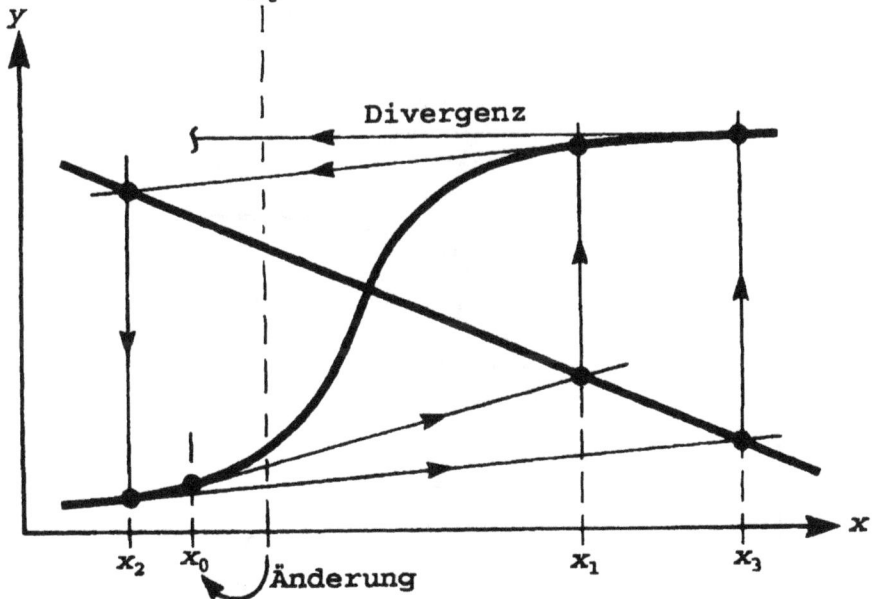

Bild 2.47 *Konvergenz und Divergenz bei s-förmiger nichtlinearer Kennlinie*

Der untere Teil des *Bildes 2.47* auf der vorhergehenden Seite 107 zeigt, daß
bereits bei einer geringen Verschiebung des Startwerts x_0 in Richtung des Koor-
dinatenursprungs (bei einem ansonsten identischen System) der Iterationsprozeß
divergiert. Verallgemeinert läßt sich angeben: Die NR-Iteration konvergiert entsprechend (16) entweder sehr schnell oder gar nicht. Für beliebige Startpunkte
bei beliebigen Nichtlinearitäten ist die *Konvergenz **nicht** gesichert*. Sie kann aber
erzwungen werden, wenn man Nichtlinearitäten ***grundsätzlich*** von Spannungen
über Kapazitäten (V_C) und/oder Strömen durch Induktivitäten (I_L) abhängig
macht. Es muß sein:

$$NLIN \;\; = \;\; f(V_C \;\; und/oder \;\; I_L) \tag{17}$$

Merke: Die in (17) erhobene Forderung bedeutet nur, daß eine Nichtlinearität
eine Funktion von V_C und/oder I_L sein muß, nicht jedoch, daß spannungsab-
hängigen *NLIN*'s unbedingt ein Kondensator parallel liegen oder daß stromabhängigen *NLIN*'s unbedingt eine Spule in Reihe geschaltet sein muß. Die nötige

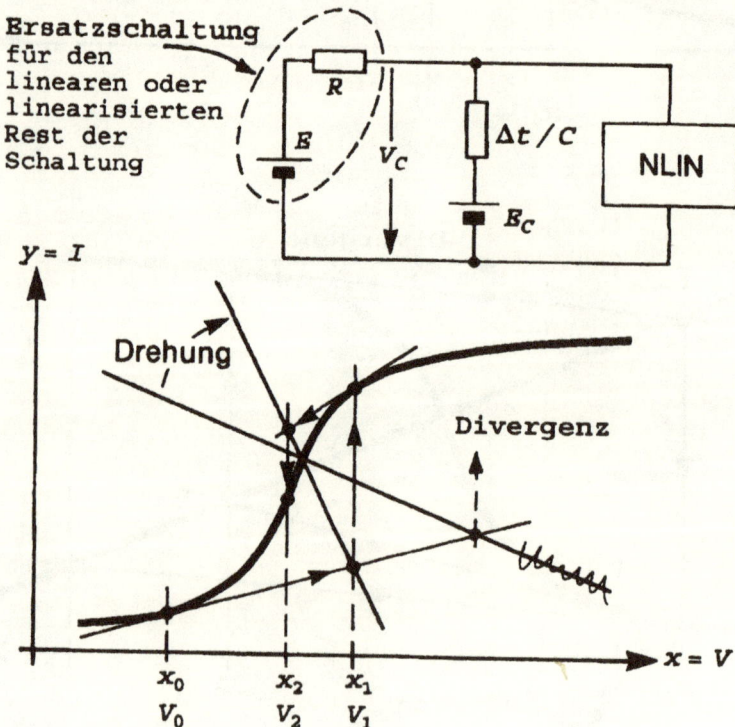

Bild 2.48   *Erzwungene Konvergenz durch V_C-Abhängigkeit der Nichtlinearität*

Abhängigkeit kann durchaus in einer Kette über mehrere Stufen erfolgen. Es kann z.B. ohne weiteres $NLIN = f(P_1)$, $P_1 = f(P_2)$ und $P_2 = f(P_3)$ sein. In diesem Fall muß schließlich $P_3 = f(V_C)$ und/oder $P_3 = f(I_L)$ sein, auf welche Weise diese Abhängigkeit auch immer realisiert sein mag.

Der Iterationsprozeß des auf Seite 107 im *Bild 2.47* gezeigten Systems verläuft bei dem im unteren Teil des Bildes angegebenen Startwert divergent. Das exakt gleiche System mit demselben zur Divergenz führenden Startwert x_0 ist auf Seite 108 im *Bild 2.48* wiederholt. Da aber $I_{NLIN} = f(V_{NLIN})$ ist, kann man die Forderung (17) leicht dadurch erfüllen, daß man der Nichtlinearität einen Kondensator parallel legt, weil sich dann $V_{NLIN} = V_C$ und damit selbstverständlich $I_{NLIN} = f(V_C)$ ergibt.

Wie im *Bild 2.48* gezeigt, sei der Kondensator (der Einfachheit halber) durch die Ersatzschaltung *Bild 2.38* (S. 91) modelliert. Dadurch ergibt sich bezüglich des Innenwiderstands der die Nichtlinearität treibenden Quelle eine Parallelschaltung von R und dem Kondensator-Ersatzwiderstand $\Delta t/C$, was einer Drehung der Geraden in der Graphik des *Bildes 2.48* entspricht. Wählt man die Integrationsschrittbreite Δt klein genug, dann wird die Gerade so stark gedreht, daß die Iteration mit Sicherheit konvergiert, wie das einfache Beispiel des *Bildes 2.48* eindrucksvoll zeigt.

Ursächlich hat die Integration der Differentialgleichungen (Abschnitt **2.2.5**) *nichts* mit der iterativen Behandlung der Nichtlinearitäten zu tun. Da jedoch mit der Forderung (17) die Konvergenz, wenn nötig, über eine Δt-Reduktion erzwungen wird, ist das Konvergenzverhalten bei der Δt-Wahl mit zu berücksichtigen: Konvergiert die Iteration innerhalb eines Integrationsschritts (vgl. Flußdiagramme *Bilder 2.27* u. *2.28*, S. 56 u. 57), dann kann dieser Integrationsschritt ordnungsgemäß beendet werden. Wird dagegen Divergenz festgestellt, dann wird der Rechengang abgebrochen und der Integrationsschritt komplett mit reduzierter Schrittbreite wiederholt, z.B. mit $\Delta t/2$. Wird auch dann Divergenz festgestellt, so wird erneut abgebrochen und die Schrittbreite reduziert usw., so lange bis endlich Konvergenz gefunden wird. Man bedenke aber, daß aus numerischen Gründen immer $0 < \Delta t_{min} \leq \Delta t \leq \Delta t_{max}$ gewährleistet sein muß. Gute Programme (SPICE, ASTAP, AS/X usw.) passen die Integrationsschrittbreite ständig den aktuellen Gegebenheiten an, wie dies z.B. mit *Bild 2.42* auf Seite 98 angedeutet ist. Mit diesen Ausführungen wird verständlich, warum in der Beziehung (16) oben auf Seite 99 angegeben wurde, daß Schrittbreite und Integrationsordnung u.a. auch von der Iteration abhängig sind.

Selbstverständlich kann die Iteration nur bei einer Transient-Simulation über die Schrittbreitenreduktion zur Konvergenz gezwungen werden, oder auch bei einer DC-Simulation, die programmintern als "Quasi-TR-Simulation" abläuft, wie auf Seite 42 oben beschrieben. Bei einer reinen DC-Simulation, bei der es keine Kondensatoren und Spulen gibt (C's sind offene Verbindungen, L's sind Kurzschlüsse), kann (17) nicht gefordert werden. Man bedient sich dann anderer Methoden, z.B. wird das Treppenverfahren und/oder das Dämpfungsverfahren eingesetzt und/oder auch die Projektionsmethode [28] u. S. 183-188 von [07]. Da jedoch auf diese Verfahren hier nicht näher eingegangen werden kann, muß auf [53] oder die kurze Zusammenfassung in [29] verwiesen werden.

2.2.7 Aufgabenteil A1
(Aufgaben zur Schaltkreissimulation)

Die Einarbeitung in den in der Vorlesung und in diesem Buch behandelten Stoff soll durch eine Anzahl ausgewählter Aufgaben-Beispiele unterstützt werden. In diesem 1. Aufgabenteil (**A1**) sind einige Aufgaben zur Schaltkreissimulation zusammengestellt.

Die Lösungen sämtlicher Aufgaben sind einschließlich gegebenenfalls notwendiger Erläuterungen im Kapitel **6** ab Seite 378 wiedergegeben.

A1.1

Die Schaltung *Bild 2.49* (Seite 111) zeigt einen Impedanzwandler in Bipolartechnik mit einem extrem hohen Eingangs- und einem extrem niedrigen Ausgangswiderstand. Das Einschwingverhalten dieser Schaltung werde durch eine Transient-Analyse mit Hilfe eines Schaltkreis-Simulationsprogramms (z.B. mit SPICE, ASTAP oder AS/X) untersucht. Alle in dieser Schaltung verwendeten Transistoren seien intern so modelliert, wie auf der rechten Seite des *Bildes 2.49* wiedergegeben.

Wieviele Gleichungen sind nötig (d.h. wieviele Gleichungen wird sich das Simulationsprogramm aufgrund der eingegebenen Schaltungsbeschreibung selbst erstellen), um dieses System mit Hilfe der Formulierung

a)   **MNA** zu beschreiben ?

b)   **STA** zu beschreiben ?

Der Einfachheit halber sei angenommen, daß die Schaltung nur die im *Bild 2.49* angegebenen Nichtlinearitäten enthalte, während alle anderen Bauelemente-Parameter konstant seien.

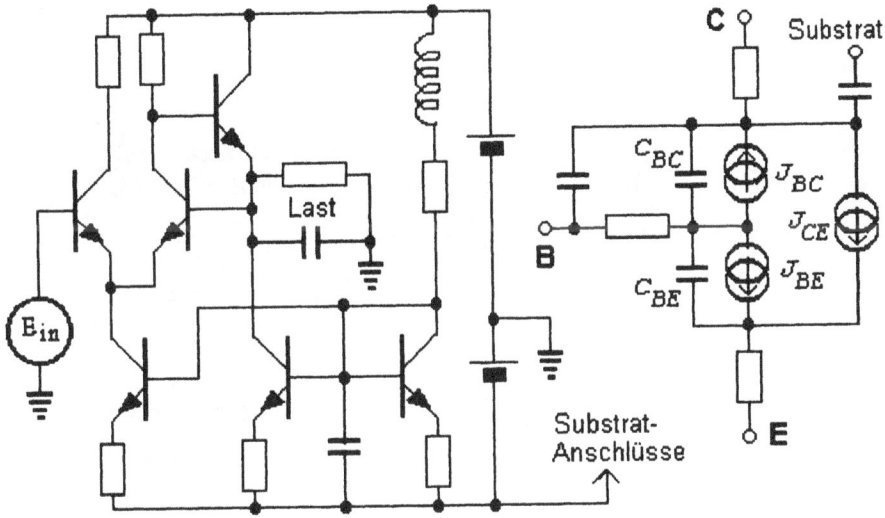

Bild 2.49 *Impedanzwandler-Schaltung*
der Aufgabe A1.1

$$J_{BC} = f(V_{CBC})$$
$$J_{CE} = f(J_{BE}, J_{BC})$$
$$J_{BE} = f(V_{CBE})$$

c) Wieviele *p*artielle *D*ifferential*q*uotienten (n_{PDQ}) sind unter obigen Voraussetzungen in den Gleichungen enthalten ? Und weshalb ?

d) Wieviele Gleichungen des Systems sind *g*ewöhnliche *D*ifferential*g*leichungen (n_{GDG}) ? Und weshalb ?

e) Wieviele Bytes (n_{voll} = ?) benötigt man bei Anwendung von STA, wenn das System einschließlich seines rechtsseitigen Quellenvektors *voll* abgespeichert werden soll und wenn mit 8 Bytes pro Platz gerechnet wird ?

f) Wir nehmen jedoch an, daß bei Anwendung von STA mit einer Sparse-Matrix-Technik nur durchschnittlich 4 Plätze pro Matrixzeile original belegt werden, plus zusätzlich durchschnittlich 2 Füllplätze pro Zeile. Für jeden Matrixplatz benötige man 12 Bytes, für jeden Platz des Quellenvektors jedoch nur 8 Bytes. Wieviele Bytes an Speicherplatz muß man dann bereitstellen ? (n_{Sparse} = ?)

g)   Wenn ein ähnlich strukturiertes System *viermal* soviele Gleichungen wie
das im *Bild 2.49* gezeigte hätte, wieviele Bytes müßten dann aufgrund
einer *Abschätzung etwa* abgespeichert werden ? ($n_{4\ Sparse}$ ≈ ?)

A1.2

Das *Bild 2.50* zeigt ein mögliches Operationsverstärker-Modell, d.h. eine
Ersatzschaltung, die folgende Spannungs- und Stromquellen aufweist:

$$J_{B1} = J_{B2} = \text{const} , \qquad J_{Amp} = f(V_{Cin}) ,$$

$$E_F = 5 \cdot V_{CSlew} , \qquad E_{Out} = V_{CF} , \qquad J_{Clamp} = f(V_{Cout})$$

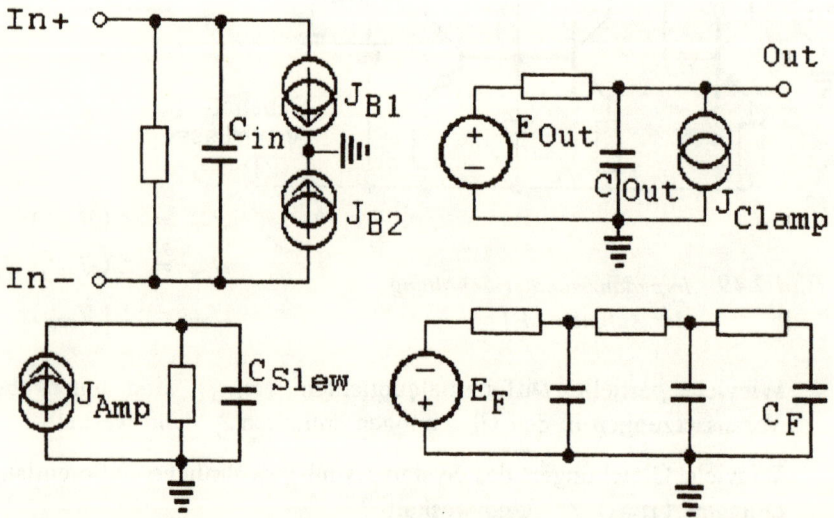

Bild 2.50   *Operationsverstärker-Ersatzschaltung der Aufgabe A1.2*

a)   Wieviele *p*artielle *D*ifferential*q*uotienten (n_{PDQ}) sind in den diesen
Operationsverstärker beschreibenden Gleichungen enthalten ?

b)   Einige PDQ's sind konstant. Welche ? Und von welchem Wert ?

c)   Wieviele innere Knoten weist das Operationsverstärker-Modell *Bild 2.50*
auf ? ($n_{kn\ intern} = $?)

Anmerkung: *Bild 2.50* ist ein typisches Beispiel für eine in Schaltkreis-Simulationsprogrammen häufig eingesetzte *funktionelle Bauelemente-Modellierung*.

A1.3

	1	2	3	4	5	6	7	8	9
1	X			X				X	
2		X			X				
3				X					
4						X		X	
5	X			X					
6		X	X		X				
7	X	X				X			
8				X					
9					X			X	

In der nebenstehenden nur symbolisch angegebenen 9×9 - Matrix sollen die X die mit Werten ungleich 0 besetzten Plätze anzeigen. Alle anderen Plätze seien leer, d.h. mit dem Wert 0 besetzt.

a) Sofern ein Umsortieren der Matrix nicht gestattet ist (aus was für Gründen auch immer), ist das Gleichungssystem, das diese Systemmatrix aufweist, auf keinen Fall lösbar. Warum?

b) Ergänzen Sie die Matrix so, daß das System lösbar wird, indem Sie auf allen Plätzen, die ohne Umsortieren dazu unbedingt noch *zusätzlich* besetzt sein müssen, ein **Z** eintragen.

c) Kennzeichnen Sie danach durch Eintragen des Buchstabens **F** alle sogenannten *Füllplätze*, die bei der Abarbeitung des klassischen oder eines verketteten Gaußschen Algorithmus noch (dauernd oder temporär) zusätzlich besetzt werden.

A1.4

Jede der nachfolgenden 26 die Schaltkreissimulation betreffenden Aussagen ist entweder *wahr* oder *falsch*. Markieren Sie jede Aussage entsprechend mit **W** oder mit **F**.

Wenn Nichtlinearitäten von V_C und/oder I_L abhängig sind, dann wird

a)   - damit die Genauigkeit der Newton-Raphson-Iteration erhöht.

b)   - dadurch die Konvergenz der NR-Iteration gesichert.

c)   - dadurch die Integration beschleunigt.

Die Integrationsschrittbreite beeinflußt

d)   - die Genauigkeit der NR-Iteration.

e)   - die Genauigkeit der Integration.

f)   - die Lösungsgenauigkeit des Croutschen Algorithmus.

g)   - das Konvergenzverhalten der NR-Iteration.

h)   - den Rechenzeitbedarf.

Die Hauptdiagonaldominanz der Systemmatrix beeinflußt

i)   - die Lösungsgenauigkeit des Croutschen Algorithmus.

j)   - die Genauigkeit der NR-Iteration.

k)   - die Geschwindigkeit der Systemlösung.

Mit Integrationsverfahren höherer Ordnung

l)   - erreicht man immer eine höhere Genauigkeit.

m)   - benötigt man grundsätzlich weniger Integrationsschritte.

n)   - schränkt man den Bereich der A-Stabilität mehr und mehr ein.

Der Anstieg des Bedarfs an Speicherplatz und Rechenzeit mit etwa der 1,5-
ten Potenz der Schaltungsgröße

o)   - ist eine Folge des Belegens von Füllplätzen.

p)   - ist nur für die Tableau-Formulierung typisch.

q)   - kann nur bei Sparse-Matrix-Techniken angenommen werden.

Implizite Integrationsverfahren

r)   - wirken fehlerkompensierend bezüglich des globalen Integrationsfehlers.

s)   - sind grundsätzlich A-stabil.

t)   - sind nur bis zur 2. Ordnung A-stabil.

Der Integrationsschrittfehler

u)   - tritt auf, weil die infiniten Differentiale durch finite Differenzen ersetzt
           werden.

v)   - ist vom Iterationsfehler abhängig.

w)   - ist von der Integrationsschrittbreite abhängig.

x)   - ist von der Integrationsordnung abhängig.

Der NR-Iterationsfehler

y)   - ändert sich quadratisch mit jedem Iterationsschritt.

z)   - ist von der Integrationsordnung abhängig.

2.3 Prozeß- und Bauelemente- (Device-) Simulation

Die beiden untersten Simulationsebenen in den *Bildern 2.2* und *2.3* auf den Seiten 23 und 24 (Ebenen Nr. 1 und 2 = Prozeß- und Device-Simulation) werden in der Vorlesung und in diesem Buch nur "gestreift", worauf bereits auf Seite 26 hingewiesen wurde. Da die in diesen Simulationsprogrammen verwendeten Algorithmen auf recht anspruchsvollen mathematischen Verfahren basieren, wäre zu ihrer Herleitung und eingehenden Besprechung eine eigene Vorlesung bzw. ein eigenes Buch erforderlich. Die mathematischen Grundlagen haben sich jedoch in den vergangenen 15 Jahren nicht geändert, so daß nach wie vor auf [24] und [50] sowie auf das ausgezeichnete und sehr umfassende Werk [49] verwiesen werden kann. Die nachfolgenden sich an [24], [49] und [50] anlehnenden Ausführungen dieses Kapitels **2.3** sollen aber wenigstens einen Einblick in die Methodik dieser Simulationen und ein Gefühl für den mathematischen Hintergrund vermitteln.

Geht man nicht von einem bestimmten Bauelement aus, sondern vom grundsätzlichen Stromtransport in Halbleitern, so kann man ein aus partiellen Differentialgleichungen bestehendes Modell, z.B. das von Van Roosbroeck, dazu heranziehen ([49], [50]). Es besteht aus der Poisson-Gleichung (1), den Stromkontinuitätsgleichungen für Elektronen (2) und für Löcher (3) sowie den Stromrelationen für Elektronen (4) und für Löcher (5) mit dem elektrostatischen Potential ψ, der Elektronenkonzentration n und der Löcherkonzentration p :

$$\text{div grad } \psi = \frac{q}{\varepsilon} \cdot (n - p - c) \tag{1}$$

$$\text{div } J_n - q \cdot \frac{\partial n}{\partial t} = q \cdot R \tag{2}$$

$$\text{div } J_p + q \cdot \frac{\partial p}{\partial t} = -q \cdot R \tag{3}$$

$$J_n = -q \cdot (\mu_n \cdot n \cdot \text{grad } \psi - D_n \cdot \text{grad } n) \tag{4}$$

$$J_p = -q \cdot (\mu_p \cdot p \cdot \text{grad } \psi + D_p \cdot \text{grad } p) \tag{5}$$

Das durch (1) bis (5) gegebene System gekoppelter partieller Differentialgleichungen in 3 Ortsdimensionen ist zusammen mit den für ein Bauelement charakteristischen Randbedingungen im Bauelementevolumen zu lösen.

Häufig können Symmetrieeigenschaften und "a-priori-Kenntnisse" eines Bauelements benutzt werden, um bei akzeptabler Einbuße an Genauigkeit die Anzahl der Ortsdimensionen auf 2 oder gar auf 1 zu reduzieren, wodurch eine
erhebliche Rechenzeitersparnis erzielt werden kann. Konzentrieren wir uns auf
eine Darstellung in 2 Ortsdimensionen x und y und ersetzen die Differential-
operatoren "div" und "grad" durch partielle Ableitungen $\partial.../\partial x$ bzw. $\partial.../\partial y$,
so kann man laut [49] beispielsweise von folgenden 3 Gleichungen ausgehen:

$$\lambda^2 \cdot \left(\frac{\partial^2 \psi}{\partial x^2} + \frac{\partial^2 \psi}{\partial y^2} \right) - n + p + C = 0 \tag{6}$$

$$\frac{\partial}{\partial x}\left(D_n \cdot \frac{\partial n}{\partial x} - \mu_n \cdot n \cdot \frac{\partial \psi}{\partial x} \right) + \frac{\partial}{\partial y}\left(D_n \cdot \frac{\partial n}{\partial y} - \mu_n \cdot n \cdot \frac{\partial \psi}{\partial y} \right) -$$
$$R(\psi, n, p) = 0 \tag{7}$$

$$\frac{\partial}{\partial x}\left(D_p \cdot \frac{\partial p}{\partial x} - \mu_p \cdot p \cdot \frac{\partial \psi}{\partial x} \right) + \frac{\partial}{\partial y}\left(D_p \cdot \frac{\partial p}{\partial y} - \mu_p \cdot p \cdot \frac{\partial \psi}{\partial y} \right) -$$
$$R(\psi, n, p) = 0 \tag{8}$$

Die partiellen *Differential*gleichungen (6), (7) und (8) können diskreti-
siert und damit in algebraische (partielle) *Differenzen*gleichungen umgewandelt
werden. Als Beispiel sei ein erster möglicher Schritt, entnommen aus [49], hier
dargestellt: Schreibt man (8), die Kontinuitätsgleichung für Löcher, in "voll ex-
pandierter Form" an, wählt den Index i für die örtliche x- bzw. j für die y-
Richtung und vereinfacht die Schreibweise mit

$$u_{i,j} = u(x_i, y_j)$$

$$u_{i\pm1/2,j} = u\left(\frac{x_i + x_{i\pm1}}{2}, y_i \right) \tag{9}$$

$$u_{i,j\pm1/2} = u\left(x_i, \frac{y_j + y_{j\pm1}}{2} \right)$$

dann führt dies zu der auf der folgenden Seite 117 wiedergegebenen aus-
gesprochen umfangreichen Form (10).

In gleicher Weise lassen sich selbstverständlich (6) und (7) in algebraische
Differenzengleichungen umwandeln. Jedoch zeigt die Umwandlung von (8)
hinreichend deutlich den mathematischen Aufwand und mag daher in diesem
Buch als Beispiel genügen.

$$D_p|_{i+1/2,j} \cdot \frac{\dfrac{\psi_{i+1,j}-\psi_{i,j}}{Ut}}{\exp\left(\dfrac{\psi_{i+1,j}-\psi_{i,j}}{2\cdot Ut}\right)-\exp\left(\dfrac{\psi_{i,j}-\psi_{i+1,j}}{2\cdot Ut}\right)} \cdot \frac{p_{i+1,j}-p_{i,j}}{h_i}\cdot\frac{k_{j-1}+k_j}{2}+$$

$$+D_p|_{i,j+1/2}\cdot\frac{\dfrac{\psi_{i,j+1}-\psi_{i,j}}{Ut}}{\exp\left(\dfrac{\psi_{i,j+1}-\psi_{i,j}}{2\cdot Ut}\right)-\exp\left(\dfrac{\psi_{i,j}-\psi_{i,j+1}}{2\cdot Ut}\right)}\cdot\frac{p_{i,j+1}-p_{i,j}}{k_j}\cdot\frac{h_{i-1}+h_i}{2}+$$

$$+D_p|_{i-1/2,j}\cdot\frac{\dfrac{\psi_{i-1,j}-\psi_{i,j}}{Ut}}{\exp\left(\dfrac{\psi_{i-1,j}-\psi_{i,j}}{2\cdot Ut}\right)-\exp\left(\dfrac{\psi_{i,j}-\psi_{i-1,j}}{2\cdot Ut}\right)}\cdot\frac{p_{i-1,j}-p_{i,j}}{h_{i-1}}\cdot\frac{k_{j-1}+k_j}{2}+$$

$$+D_p|_{i,j-1/2}\cdot\frac{\dfrac{\psi_{i,j-1}-\psi_{i,j}}{Ut}}{\exp\left(\dfrac{\psi_{i,j-1}-\psi_{i,j}}{2\cdot Ut}\right)-\exp\left(\dfrac{\psi_{i,j}-\psi_{i,j-1}}{2\cdot Ut}\right)}\cdot\frac{p_{i,j-1}-p_{i,j}}{k_{j-1}}\cdot\frac{h_{i-1}+h_i}{2}+$$

$$+\mu_p|_{i+1/2,j}\cdot\left(\frac{p_{i+1,j}}{1+\exp\left(\dfrac{\psi_{i,j}-\psi_{i+1,j}}{2\cdot Ut}\right)}+\frac{p_{i,j}}{1+\exp\left(\dfrac{\psi_{i+1,j}-\psi_{i,j}}{2\cdot Ut}\right)}\right)\cdot$$
$$\cdot\frac{\psi_{i+1,j}-\psi_{i,j}}{h_i}\cdot\frac{k_{j-1}+k_j}{2}+$$

$$+\mu_p|_{i,j+1/2}\cdot\left(\frac{p_{i,j+1}}{1+\exp\left(\dfrac{\psi_{i,j}-\psi_{i,j+1}}{2\cdot Ut}\right)}+\frac{p_{i,j}}{1+\exp\left(\dfrac{\psi_{i,j+1}-\psi_{i,j}}{2\cdot Ut}\right)}\right)\cdot$$
$$\cdot\frac{\psi_{i,j+1}-\psi_{i,j}}{k_j}\cdot\frac{h_i+h_{i-1}}{2}+$$

$$+\mu_p|_{i-1/2,j}\cdot\left(\frac{p_{i-1,j}}{1+\exp\left(\dfrac{\psi_{i,j}-\psi_{i-1,j}}{2\cdot Ut}\right)}+\frac{p_{i,j}}{1+\exp\left(\dfrac{\psi_{i-1,j}-\psi_{i,j}}{2\cdot Ut}\right)}\right)\cdot$$
$$\cdot\frac{\psi_{i-1,j}-\psi_{i,j}}{h_{i-1}}\cdot\frac{k_j+k_{j-1}}{2}+$$

$$+\mu_p|_{i,j-1/2}\cdot\left(\frac{p_{i,j-1}}{1+\exp\left(\dfrac{\psi_{i,j}-\psi_{i,j-1}}{2\cdot Ut}\right)}+\frac{p_{i,j}}{1+\exp\left(\dfrac{\psi_{i,j-1}-\psi_{i,j}}{2\cdot Ut}\right)}\right)\cdot$$
$$\cdot\frac{\psi_{i,j-1}-\psi_{i,j}}{k_{j-1}}\cdot\frac{h_i+h_{i-1}}{2}-$$

$$-R_{i,j}\cdot\frac{h_i+h_{i-1}}{2}\cdot\frac{k_j+k_{j-1}}{2}\quad=\quad 0 \tag{10}$$

Die auf Seite 117 in der voll expandierten Gleichung (10) verwendete Nomenklatur für finite Differenzen ist im folgenden *Bild 2.51* für die Ortsdiskretisierungsschritte in Richtung zweier unabhängiger Variabler erklärt, d.h. man sieht, daß in voneinander unabhängigen Schritten von x_{i-1} über x_i nach x_{i+1} in x-Richtung und von y_{j-1} über y_j nach y_{j+1} in y-Richtung integriert wird. Jedoch wird die Herleitung des Differenzen-Gleichungssystems in der Vorlesung und in diesem Buch nicht weiter verfolgt. Aus Gründen der zur Verfügung stehenden Vorlesungszeit (und um den Umfang dieses Buchs in einem an die Vorlesung angepaßten angemessenen Rahmen zu halten) mag es genügen, durch die Seiten 115 bis 117 einen Einblick in die Komplexität derartiger Verfahren erhalten zu haben.

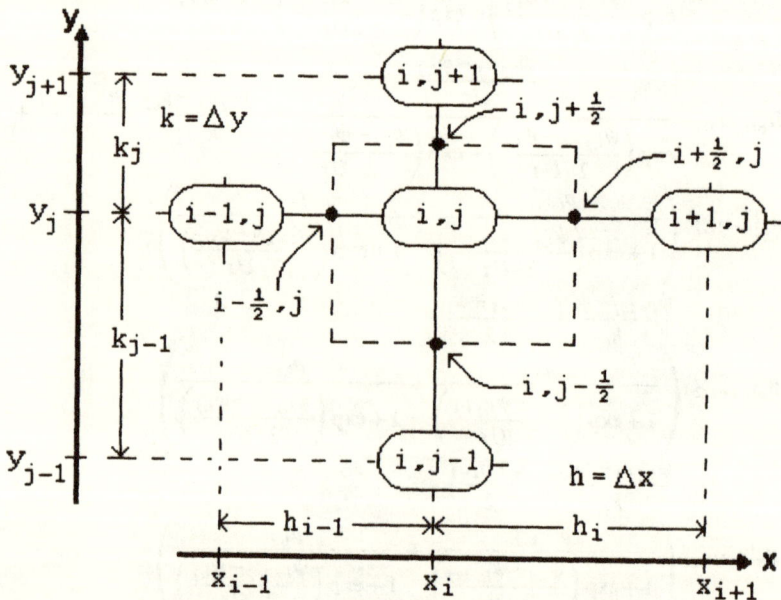

Bild 2.51 *Verwendete Nomenklatur bei der Berechnung finiter Differenzen*

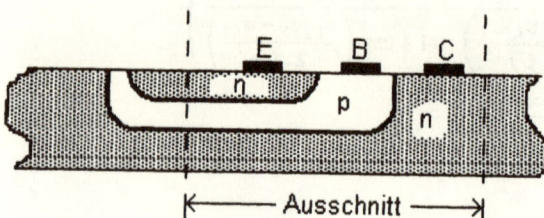

Bild 2.52

Zweidimensionale stark vereinfachte Darstellung eines NPN-Transisors

Betrachtet man laut obigem *Bild 2.52* einen sehr stark vereinfachten zwei-
dimensionalen Ausschnitt aus einem bipolaren Transistor und setzt auf diesen
Ausschnitt die partiellen Differentialgleichungen an, so gelangt man zu den Verfahren der *"Finiten Elemente"* oder der *"Finiten Boxen"* [49], sofern die dafür
relevanten Prozeßparameter (z.B. die Art der Dotierungen, Störstellendichten
usw.) bekannt sind. Im folgenden *Bild 2.53* ist der im *Bild 2.52* angedeutete
Ausschnitt in einzelne Elemente bzw. Boxen aufgeteilt:

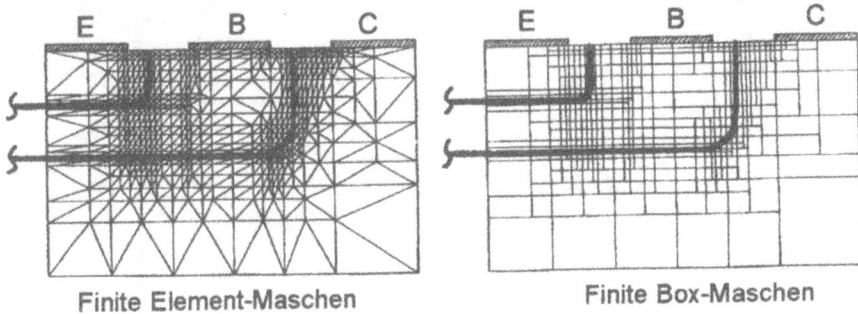

Finite Element-Maschen   Finite Box-Maschen

Bild 2.53 *Veränderliche Schrittbreiten in x- und y-Richtung*

Im *Bild 2.53* sieht man sehr schön, daß mit veränderlichen Integrations-
schrittbreiten Δx und Δy gearbeitet wird, vergleichbar mit der veränderlichen
Schrittbreite Δt bei der Schaltkreissimulation (vgl. *Bild 2.42*, Seite 98): In
Bereichen starker Änderungen muß mit kleiner Schrittbreite gearbeitet werden,
während bei weniger stark gekrümmten Kurvenstücken, bzw. bei der hier dis-
kutierten Bauelementesimulation in Bereichen homogeneren Materials, die
Schrittbreite entsprechend vergrößert werden kann.

Mit dem folgenden auf Seite 120 wiedergegebenen Flußdiagramm *Bild 2.54*
soll gezeigt werden, wie mit Hilfe von Finiten-Element-Programmen (oder auch
Finiten-Box-Programmen) sowie den Prozeßdaten und der Geometrie eines
Halbleiters zunächst die elektrischen Charakteristika und daraus schließlich mit
Hilfe eines Modellgeneratorprogramm (MGP) Halbleitermodelle errechnet und
erstellt werden können, die bei SPICE-, ASTAP- und/oder AS/X-Simulationen
einzusetzen sind.

Die zunächst mit dem Modellgeneratorprogramm erstellten umfangreichen
dreidimensionalen Modelle werden anschließend vereinfacht, indem die modell-
internen elektrischen Elemente soweit wie irgend möglich zusammengefaßt
werden, um sogenannte *"Lumped Models"* zu erhalten., die das in Frage
kommende Bauelement mit hinreichender Wirklichkeitstreue und Genauigkeit

zum Einsatz in einem Schaltkreis-Simulationsprogramm modellieren. Bei Transistoren hat das auf diese Weise erstellte Modell 3 oder auch 4 äußere Anschlüsse. Einige bei der Prozeß- und Device-Simulation eingesetzte Programme: SUPREM, SAFEPRO, 2D- und 3D-FIELDAY, 2DP, FEDSS, OX2D und MGP in der Form von DMG-A und DMG-B.

Der Vorgang der CAD-gestützten Modellerstellung soll nun mit den folgenden Bildern 2.55 bis 2.59

```
                        ( Prozeßparameter )
                                 │
                                 ▼
                        ┌──────────────────────────┐
      ┌──────────────┐  │ Prozeßmodellierung, z.B. │
      │ Bauelemente- │  │ 1-dimensional: SUPREM    │
      │ Geometrie    │  │ 2-dimensional: SAFEPRO   │
      └──────────────┘  └──────────────────────────┘
                                 │
                                 ▼
                 ┌──────────────────────────────────┐
                 │ Bauelementemodellierung, z.B.    │
                 │ mit 2DP, einem 2-dimensionalen   │
                 │ Finiten Differenzen Programm     │
                 └──────────────────────────────────┘

                        Elektrische │ Charakteristiken
 ┌────────────────────────────────────────────┐   wie z.B.
 │ Bauelemente-Modell Generatorprogramm        │   f(V_BE),
 │ (Device Model Generator Program)  MGP        │   f(β)
 │ • Aufbau komplexer                           │   usw.
 │   3-dimensionaler verteilter Modelle         │
 │ • Erstellen von sog. "Lumped Models"         │
 │   durch Zusammenfassen von Elementen         │
 └────────────────────────────────────────────┘

 ( Modelle geeignet für SPICE-, ASTAP-, AS/X-Simulationen )
```

Bild 2.54   *Ein möglicher Ablauf der Halbleiter-Modellerstellung*

noch etwas verdeutlicht werden: *Bild 2.55* auf Seite 121 zeigt schematisiert eine mögliche Geometrie eines NPN-Transistors (die hier deutlich weniger stark vereinfacht als in den *Bildern 2.52* und *2.53* dargestellt ist). Unterhalb der Geometriedarstellung sind Ausschnitte des in obigem Flußdiagramm *Bild 2.54* erwähnten dreidimensionalen verteilten Modells gezeigt, um zu erklären, wie die Geometrie und das verteilte Modell einander entsprechen. Aus dem dreidimensionalen verteilten Modell entsteht dann im nächsten Schritt, wie bereits erwähnt, ein sogenanntes *"Lumped Model"* (*Lump* engl. = Klumpen, Knollen), das so genannt wird, weil die an sich räumlich verteilten Widerstände, Kapazitäten usw. in einzelnen Bauelementen konzentriert ("als Klumpen") zusammengefaßt sind.

Das Flußdiagramm *Bild 2.54* lehnt sich an [24] an, während *Bild 2.55* direkt aus [24] entnommen wurde. [24] wurde zwar bereits 1985 veröffentlicht, der grundsätzliche Ablauf hat sich aber bis heute nicht geändert. Lediglich von

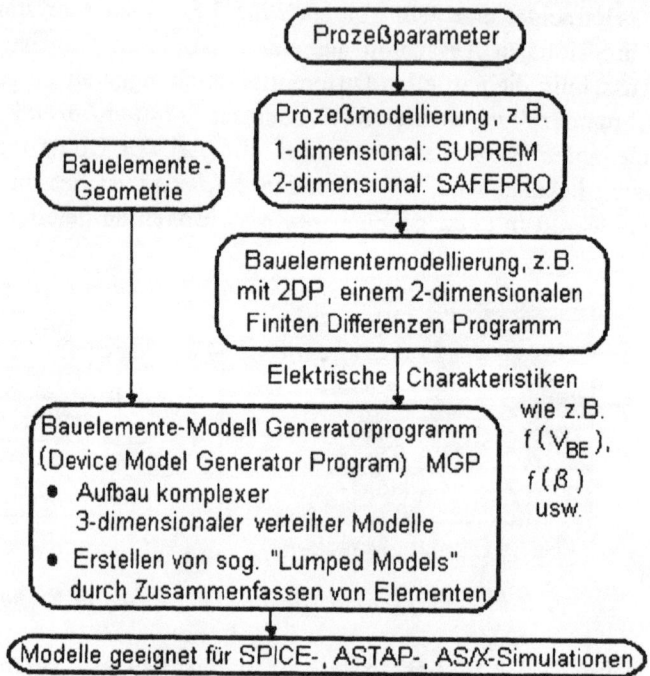

den Programmen gibt es inzwischen stark verbesserte Versionen..

Das Lumped Model sollte einerseits so einfach wie möglich sein, andererseits aber eine der jeweiligen Anwendung in einem Schaltkreis-Simulationsprogramm entsprechende Realitätstreue und Genauigkeit aufweisen.

Bild 2.56 zeigt ein relativ komplexes Lumped Model das durchaus aus dem verteilten Modell *Bild 2.55* abgeleitet sein könnte. Die Dioden sind modellintern als gesteuerte Stromquellen modelliert, weshalb sie im *Bild 2.56* Namen haben, die mit J beginnen. S ist der Anschluß an das im *Bild 2.55* nicht gezeigte p-Substrat, in das der NPN-Transistor eingebettet ist.

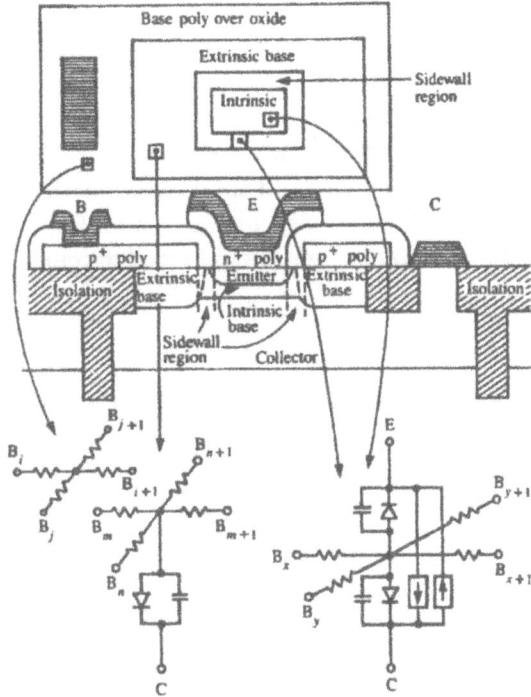

Bild 2.55   *Geometrie und Teile des verteilten Modells*

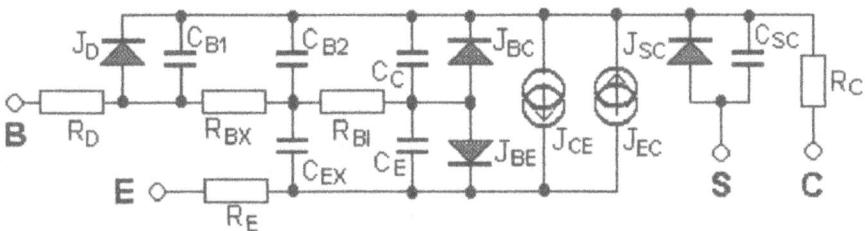

Bild 2.56   *Umfangreiches Lumped Model eines NPN-Transistors*

Im Zuge weiterer Vereinfachung werden meist die ständig gesperrte Substrat-Diode weggelassen und mitunter die 3 Basis-Bahnwiderstände zu einem einzigen zusammengefaßt. Manchmal läßt man den Substratanschluß auch ganz weg. Auch lassen sich bei akzeptabler Genauigkeitseinbuße zwei als Stromquellen modellierte Dioden sowie einige Kapazitäten zusammenfassen. Die Basis-Emitter- und die Basis-Kollektor-Strecke können wahlweise durch 3 oder auch 4 gesteuerte Stromquellen modelliert werden. Bei manchen Anwendungen ist die Realitätstreue sogar ausreichend, wenn man den Kollektor-Bahnwiderstand wegläßt und/oder die Eingangskapazität mit der internen Basis-Kollektor-Kapazität zusammenfaßt. So gelangt man zu den im folgenden *Bild 2.57* gezeigten relativ einfachen Ersatzschaltungen (= Modellen) eines NPN-Transistors.

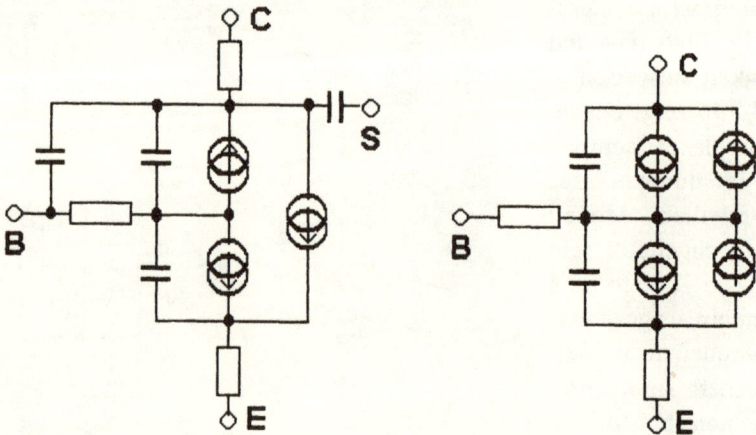

Bild 2.57   *Einfache, hinreichend gute Modelle eines NPN-Transistors*

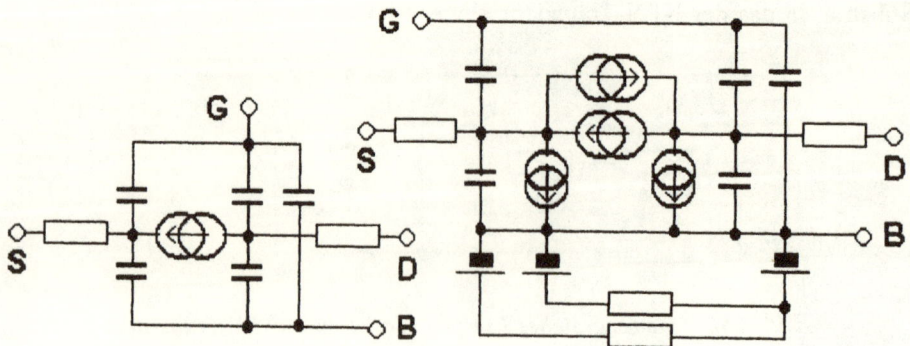

Bild 2.58   *Zwei mögliche Modelle eines N-Kanal-MOSFET*

Selbstverständlich lassen sich in gleicher Weise auch PNP-Transistoren, Thyristoren, FET's usw. modellieren. Als Beispiel sind mit obigem *Bild 2.58* zwei Modelle eines N-Kanal-MOSFET mit den Anschlüssen **G**ate, **S**ource, **D**rain und Substrat (= **B**ody) gezeigt. Das rechte etwas umfangreichere Modell (s. [52]) des *Bildes 2.58* mit 7 gesteuerten Quellen eignet sich besonders für den Einsatz in Zusammenhang mit der die Newton-Raphson-Iteration verbessernden Projektionsmethode [28].

Trotz der immer weiter verbesserten Simulations- und MGP-Programme ist die Modellbildung auch heute noch stark auf die Unterstützung durch Messungen angewiesen. Das Modell muß letztendlich, wie bereits auf Seite 22 angegeben, in seinem Verhalten das reale physikalische System (z.B. einen Transistor) *hinreichend genau* nachbilden. Dazu sei in Anlehnung an [34] das folgende Flußdiagramm *Bild 2.59* wiedergegeben, das auch heute noch uneingeschränkte Gültigkeit besitzt.

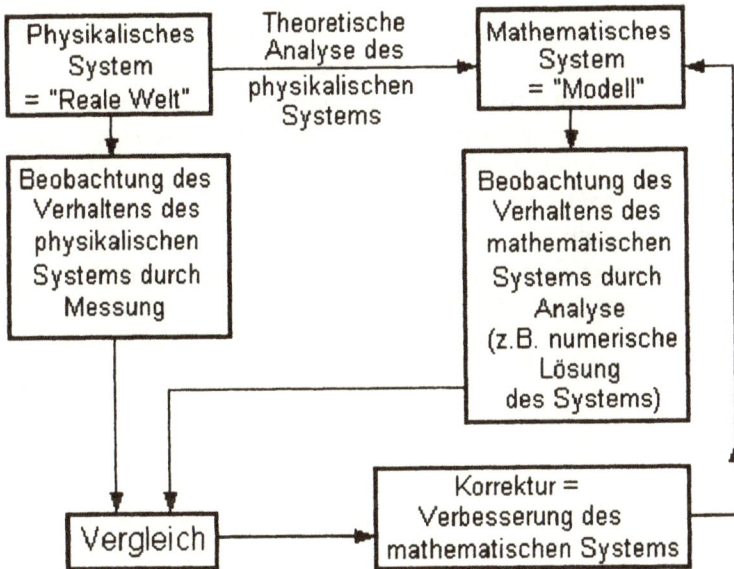

Bild 2.59 *Verbesserung des mathematischen Modells durch vergleichende Messungen*

Gerade bei der Erstellung der in SPICE, ASTAP, AS/X u.a. verwendeten Halbleitermodelle und deren Parameter wird die Prozeß- und Device-Simulation massiv durch Messungen an Musterhalbleitern unterstützt. Im Sinne des obigen *Bildes 2.59* wird das mit Hilfe der Simulation erstellte Halbleitermodell durch

Vergleich mit realen Meßergebnissen solange verbessert, bis eine für die Praxis hinreichend gute Übereinstimmung des Verhaltens erzielt wird. (Vgl. auch [10] und [26], wo die Meßstation ICCAP zur Messung der Halbleiter-Kennlinien eingesetzt wird.)

Auch für Kapazitäten und Induktivitäten in den Modellen für Verbindungs-leitungen und ganzen Leitungsnetzen auf Chips und/oder Platinen werden die Methoden der Finiten Elemente (oder Finiten Boxen) eingesetzt, z.B. in den Programmen C3D, C3D*, L3D und L3D* der IBM. Mit den ständig zunehmen-den Schaltgeschwindigkeiten (abnehmenden Verzögerungszeiten) der Transistor-schaltungen und den damit einhergehenden höheren Taktfrequenzen gehen die Eigenschaften der Verbindungsleitungen (Impedanzen, Laufzeiten, Übersprechen, etc.) immer mehr in das Verhalten eines Gesamtsystems ein und müssen deshalb immer genauer der Realität entsprechend modelliert werden. (Man bedenke, daß heute bereits PC's, ausgerüstet z.B. mit dem Pentium-Prozessor, mit $\geq 200\,MHz$ getaktet werden.)

Die auf den Seiten 120 bis 123 verkürzt und vereinfacht wiedergegebene Mo-dellbildung mit Hilfe der Device-Simulation setzt jedoch voraus, daß der Prozeß feststeht und damit die Prozeßdaten "eingefroren" und bekannt sind. Bei der während der vorausgehenden Entwicklung des Prozesses eingesetzten eigent-lichen Prozeßsimulation werden ebenfalls Finite-Element- oder Finite-Box-Programme verwendet: erstens, um den Halbleiter-Fertigungsprozeß per Simu-lation so gut es geht zu optimieren, und zweitens, um die solchermaßen simulierten Halbleiter-Geometrien mit in der Fertigung tatsächlich erzielten und unter dem Mikroskop vermessenen Geometrien zu vergleichen.

Entnommen aus [24], gibt das folgende *Bild 2.60* einen mit dem SEM (Scanning Electron Microscope = Raster-Elektronenmikroskop) aufgenommenen Ausschnitt aus einer 1.-Metall-Lage mit der dazugehörigen schematisch darge-stellten idealisierten Vermaßung wieder. Man sieht, daß bereits vor einem Jahr-zehnt Dimensionen von unter 1 μm fertigungstechnisch beherrscht wurden. Der untere Teil des *Bildes 2.60* zeigt einen Ausschnitt aus den dazu passenden Finite-Element-Maschen zur Simulation der Kapazität des 1.-Metalls.

Das auf Seite 126 wiedergegebene *Bild 2.61* (s. auch [24]) zeigt im oberen Teil die Finite-Element-Maschen der Anfangsstruktur einer OX2D Oxidations-Simulation. Darunter ist die simulierte Veränderung nach einer 5-37-5 Minuten Trocken-naß-trocken-Oxidation bei 950°C dargestellt. Die tatsächlich erzielte Struktur nach dieser Oxidation zeigt die SEM-Aufnahme unten im *Bild 2.61*. Der Vergleich macht deutlich, daß das Simulationsmodell durchaus brauchbar, jedoch noch etwas verbesserungwürdig ist (vgl. *Bild 2.59*, S. 123).

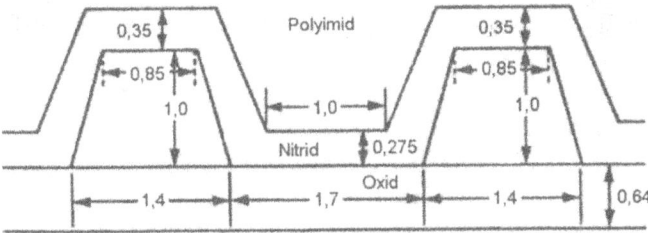

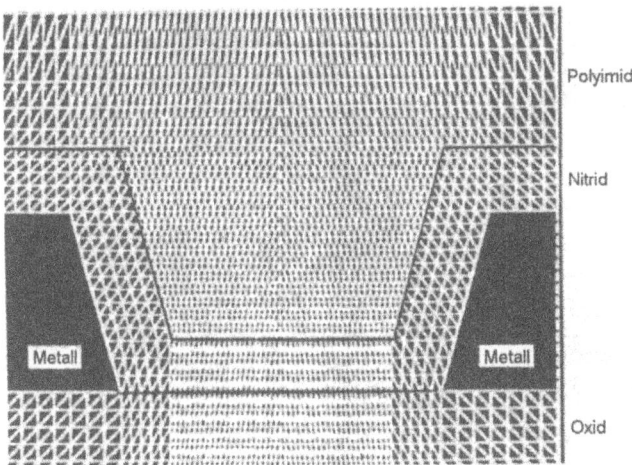

Bild 2.60

SEM-Aufnahme (oben) und Vermaßung (Mitte) einer 1.Metallisierung. Finite-Element-Maschen zur Simulation der Kapazität des 1. Metalls (unten). Dimensionen alle in µm

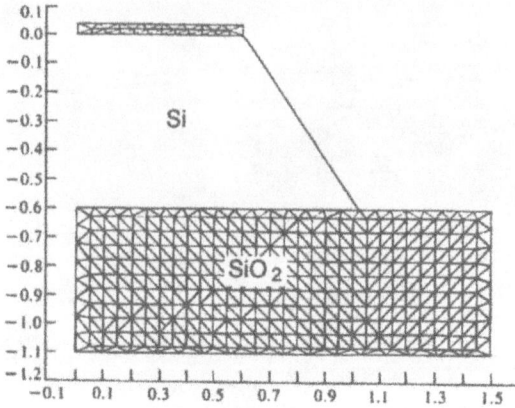

Mit den Beispielen
der *Bilder 2.60* und
2.61 wird der kurze
Einblick in die Bau-
elemente- und Prozeß-
Simulation beendet.
Für eingehendere
Studien wird u.a.
auf [49] und
[50] verwiesen.

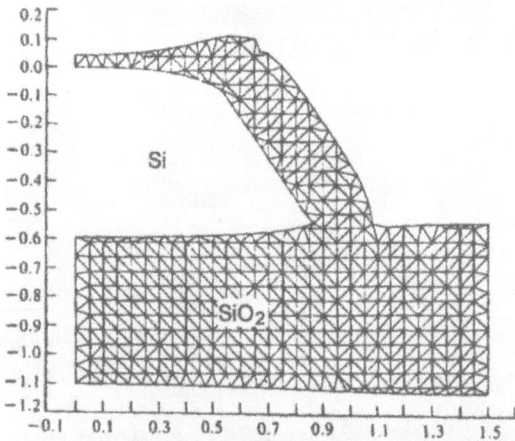

Bild 2.61

*Anfangsstruktur einer
Oxidations-Simulation
(oben) und
Veränderung nach einer
5-37-5 Minuten
Trocken-naß-trocken-
Oxidation bei 950°C
(Mitte) sowie
SEM-Aufnahme der
Oxidation nach der
Fertigung
(unten).
Dimensionen
alle in µm*

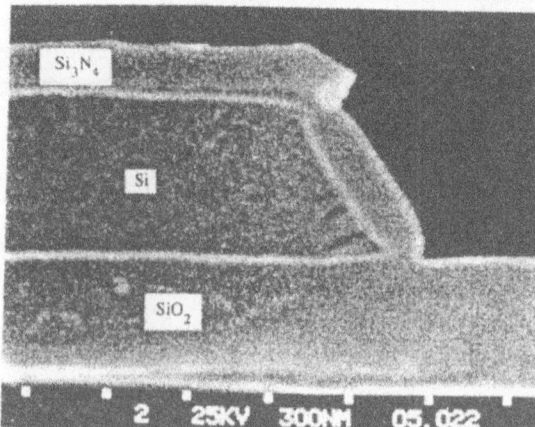

2.4 Logiksimulation

Die 3 untersten Simulationsebenen des *Bildes 2.2* auf Seite 23, die Prozeß-, Bau-elemente- und Schaltkreissimulation, werden häufig auch zusammenfassend als *Analogsimulation* bezeichnet, worauf bereits auf Seite 27 hingewiesen wurde. Mit der Ebene der Logiksimulation (oder auch bereits ab der Ebene der Timing-Simulation), und von da ab aufwärts, beginnt die *Digitalsimulation*, da von dieser Ebene ab nicht mehr nach kontinuierlich sich ändernden physikalischen Größen (Spannungen, Ströme, Dotierungsprofile usw.) gefragt wird, sondern nur noch nach diskreten logischen Signalpegeln, i.a. 0 oder 1.

Aus Seite 1 von [29] sei zur Einführung zitiert:

"Die Logiksimulation wird zur architektonischen Entwicklung einer digitalen Schaltung, die als Elementarobjekte Logikgatter, Speicher und Verbindungsleitungen beinhaltet, eingesetzt. . . . . .

Die beobachtbaren Werte bzw. Signale einer Schaltung werden durch 'Bits' repräsentiert, die in zwei- oder mehrwertiger Logik beschrieben werden. Sie stellen die Ein- und Ausgangszustände und/oder die Elementarobjekte (Logikelemente) der Schaltung dar."

Wir brauchen uns folglich nicht mehr um Widerstände, Kapazitäten, Transistoren usw. zu kümmern, sondern benutzen Gatter wie UND, ODER, NAND, NOR usw. als Elemente der Simulation.

2.4.1 Elemente der Logiksimulation und Definitionen

Da die Elemente der Logiksimulation im wesentlichen Gatter sind, sollte hierfür eine genormte Symbolik verwendet werden. Leider sind mehrere verschiedene Normen auch heute noch nebeneinander in Gebrauch. Das auf Seite 128 wieder-gegebene *Bild 2.62* stellt einige Gatter-Schaltsymbole einander gegenüber. Die Darstellungen im *Bild 2.62* beziehen sich auf folgende Normen:

1.) *Alte deutsche Norm*, z.B. in [01] verwendet.

2.) *Amerikanische Norm*, weitgehend in der *internationalen*, vorwiegend englischsprachigen Literatur verwendet, z.B. in [44]. Mitunter findet man diese Norm aber auch in deutschsprachiger Literatur, z.B. an einigen

Stellen in [21], ferner in [27], auf Seite 35 von [29] sowie auf Seite 315 von [53].

3.) *Firmeninterne "Hausnorm"* mit A = AND, O = OR und I = Invert. Je nach firmeninternen Gepflogenheiten werden mitunter auch AND, OR usw. ausgeschrieben oder Abkürzungen verwendet, wie beispielsweise AI = And-Invert für das NAND-Gatter. Auch in Veröffentlichungen findet man diese Bezeichnungsweisen manchmal, z.B. in Kapitel 4 und 8 von [29].

4.) *Norm nach DIN 44700 Teil 14 und DIN 40900 Teil 12*, heute sehr weitgehend in der deutschsprachigen Literatur verwendet, z.B. durchgehend in [19] und [22], größtenteils in [21], sowie in Kapitel 1 und 3 von [29].

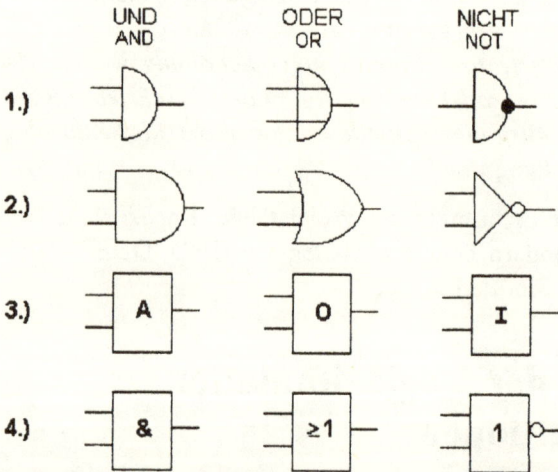

Bild 2.62

Verschiedene Normdarstellungen der Gatter logischer Grundfunktionen

Aus UND, ODER, NICHT leiten sich bekanntlich alle anderen Funktionen und deren Gattersymbolik ab, wie z.B NAND, NOR, XOR, Flipflops usw. In der Vorlesung und in diesem Buch wird überwiegend die Normdarstellung 4 nach DIN benutzt. Lediglich bei größeren zusammengesetzten logischen Blöcken (wie beispielsweise Flipflops, ganzen Registern usw.) werden der Einfachheit halber der Hausnorm 3 entsprechende abgekürzte Bezeichnungen verwendet.

"Normung besteht in der Praxis leider häufig darin, daß trotzdem jeder macht, was er gerade will ! "

2.4.1.1 Zeitverhalten der Gatter

Das Schalten der Gatter erfolgt nicht zeitlos. Zieht man als Beispiel ein UND-Gatter heran und nimmt (unendlich) steile Eingangssignale A und B an, dann ergibt sich in idealisierter Form ein Gatter-Ausgangssignal C wie es im folgenden *Bild 2.63* dargestellt ist.

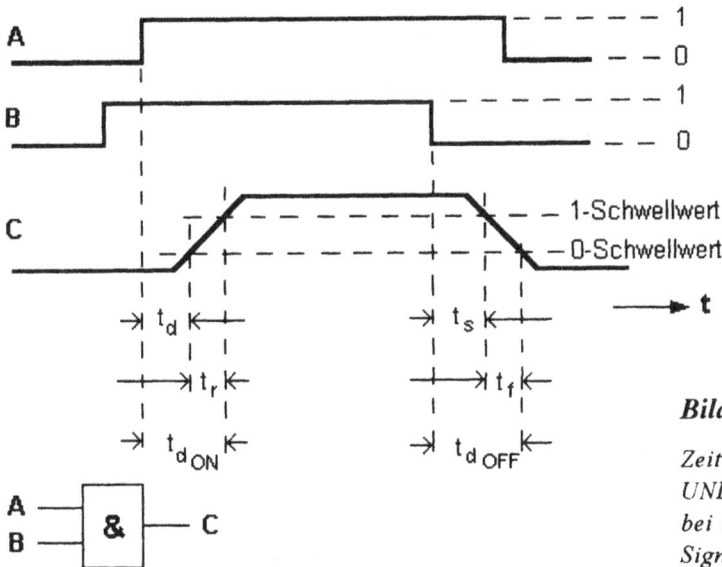

Bild 2.63

Zeitverhalten eines
UND-Gatters
bei idealisierten
Signalen

Im *Bild 2.63* bedeuten:

$$t_d \ = \quad 0\text{-}1\text{-Verzögerungszeit} \ (0\text{-}1\text{-Delay time})$$
$$t_s \ = \quad 1\text{-}0\text{-Verzögerungszeit} = \text{Speicherzeit (Storage time)}$$
$$t_r \ = \quad \text{Anstiegszeit (Rise time)} \quad , \qquad t_f = \quad \text{Abfallzeit (Fall time)}$$
$$t_{d\ ON} \ = t_d + t_r = \text{Einschaltverzögerung (ON-delay)}$$
$$t_{d\ OFF} \ = t_s + t_f = \text{Ausschaltverzögerung (OFF-delay)}$$

Im stilisiert gezeichneten Ausgangssignal C des *Bildes 2.63* sind ein sogenannter 1-Schwellwert und ein 0-Schwellwert angegeben. Damit soll angedeutet sein, daß das Signal in praxi die Schwellen mehr oder minder über- bzw. unterschreiten kann, ohne daß dies gesondert berücksichtigt werden muß. D.h. alle Signalwerte $\geq$ 1-Schwelle sind als 1 und Signalwerte $\leq$ 0-Schwelle sind als 0 zu werten, so daß man für das Signal auch einfach die im oberen Teil des folgenden *Bildes 2.64* gezeigte Form angeben kann.

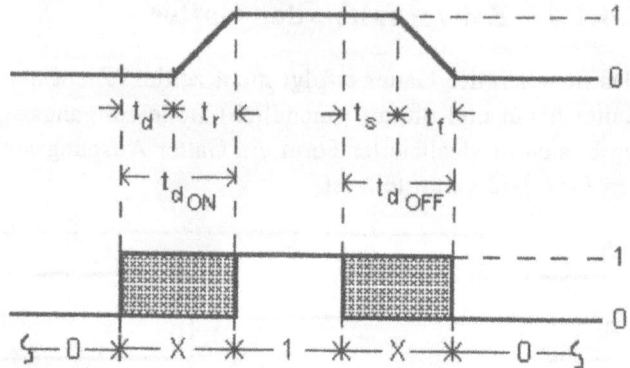

Bild 2.64

*Extrem
idealisierte Signale
mit schrägen
Flanken und
mit X-Bereichen*

Bild 2.64 wird der Tatsache gerecht, daß die Logiksimulation nur die beiden diskreten logischen Pegel 0 und 1 kennt, jedoch keinerlei Signalverläufe mit Überschwingern über 1 oder unter 0 hinaus.

Die Anstiegs-, Abfall- und Verzögerungszeiten können für jeden Gattertyp getrennt angegeben werden, mitunter noch zusätzlich in Abhängigkeit von der Belastung des Gatters. Meist faßt man jedoch die Verzögerungszeiten und die Flankenzeiten zum ON-delay $t_{d\,ON}$ bzw. OFF-delay $t_{d\,OFF}$ zusammen, wie auch in obigem *Bild 2.64* angedeutet, da nur die gesamte Schaltverzögerung zwischen Eingang und Ausgang eines Gatters von Interesse ist. Wie sie sich ihrerseits in die eigentliche Verzögerungs- bzw. Speicherzeit und die Anstiegs- bzw. Abfallzeit aufteilt, ist meist für die Logiksimulation ohne Belang. In der Praxis sind selbstverständlich alle genannten Zeiten mit Toleranzen behaftet, die i.a. von der Temperatur, den Versorgungsspannungen usw. abhängen. Man gibt daher zweckmäßigerweise ein Signalschema an, wie es im unteren Teil des *Bildes 2.64* gezeigt ist:

Der "Pegel" X ist keineswegs irgend ein Signalwert zwischen 0 und 1, sondern bedeutet *"unbekannt"*, d.h. es wird gerade geschaltet. In der "X-Zeit" ist das mit Toleranzen behaftete ON-delay oder OFF-delay zusammengefaßt. Folglich kann, eben wegen der Toleranzen, der "wahre" Pegel während der X-Zeit beim 0-1-Schalten **noch 0** oder auch **schon 1** und beim 1-0-Schalten **noch 1** oder auch **schon 0** sein. Oder der Pegel ist weder 0 noch 1, da das Signal gerade die Anstiegs- oder die Abfallflanke durchläuft. Manchmal wird statt X auch die Bezeichnung U (= unknown, unbekannt) benutzt, um keine Verwechslungen mit den häufig mit x bezeichneten Eingangssignalen zu provozieren.

Man kann nun die Logiksimulation, zeitlich gesehen, mehr oder minder genau durchführen, indem man wie folgt spezifiziert und damit unterscheidet:

- Alle Zeiten sind in ns, d.h. in "echten" meßbaren Zeiten, angegeben.
  - Die X-Zeiten für das 0-1- und das 1-0-Schalten sind getrennt angebbar, d.h. auch unterschiedlich lang, und das gegebenenfalls auch noch lastabhängig. Diese Art der Zeitangabe wird vor allem dann benutzt, wenn man mit Hilfe eines Logiksimulators Timing-Simulation betreiben will; vgl. dazu die Angaben zur Timing-Simulation auf Seite 27.
  - Die X-Zeiten sind einheitlich für das 0-1- und das 1-0-Schalten und außerdem lastunabhängig festgelegt. Sie sind nur unterschiedlich für die verschiedenen Gattertypen.
- Alle Zeiten werden nicht in ns sondern in *Einheiten* (*"Units"*), auch *Zeiteinheiten* (ZE) genannt, angegeben. Welche Realzeit eine einzelne ZE repräsentiert, ist nicht gefragt. Man kann damit eine Logik unabhängig von ihrer hardware-mäßigen Realisation simulieren und muß beim 1:1-Übergang auf eine neuere, z.B. schnellere Hardware-Technologie lediglich neu festlegen, wieviele ns nunmehr wievielen ZE entsprechen.
  - Für jede Gattertype wird individuell angegeben, wieviele ZE die X-Zeiten für das 0-1- und das 1-0-Schalten lang sein sollen, und das eventuell auch noch lastabhängig.
  - Die X-Zeiten werden lastunabhängig und gleich lang für das 0-1- und das 1-0-Schalten angegeben.
  - Man rechnet mit einer einheitlichen X-Zeit von beispielsweise 1 ZE pro Gatter für alle Gattertypen und für das 0-1- und das 1-0-Schalten gleichermaßen, was als *Unit Delay* bezeichnet wird.
- Die Gatter werden als ideal angenommen, d.h. es gibt nur noch 0 und 1, während X (und damit auch die X-Zeit) enfallen. Damit sind natürlich keinerlei Zeituntersuchungen mehr möglich und die Simulation beschränkt sich quasistatisch auf das rein logische Verhalten der Schaltung.

Der zeitliche Ablauf der Simulation ist nicht nur von obigen Definitionen der X-Zeiten abhängig, sondern auch von der Art der Verschiebung (Delay) der X-Zustände von den Gattereingängen zu den Gatterausgängen, d.h. von der Art und Weise wie sich die X-Zeiten fortpflanzen.

Das folgende auf Seite 132 wiedergegebene *Bild 2.65* zeigt am Beispiel eines UND-Gatters mit den Eingängen A und B und dem Ausgang C einige Möglichkeiten auf. Dabei ist zu beachten, daß auch die Gatter-Eingangssignale A und B X-Zustände aufweisen, da sie die Ausgangssignale mit Toleranzen behafteter vorgeschalteter Gatter sind und/oder die primären Eingangssignale selbst toleranzbehaftet sein können.

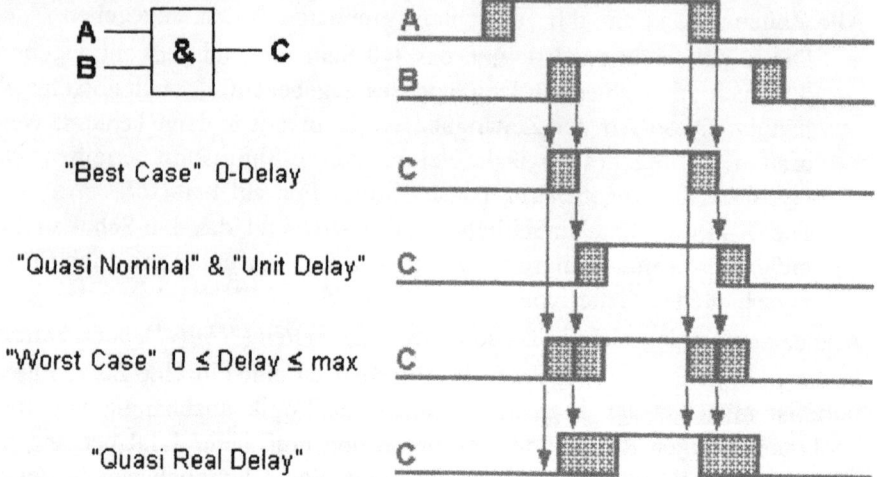

Bild 2.65 *Vier Arten der Verschiebung der X-Zustände zwischen Ein- und Ausgang*

Die 4 in diesem *Bild 2.65* gezeigten möglichen Gatter-Ausgangssignale sind wie folgt zu interpretieren:

- **"Best Case"**
  bedeutet, das Gatter wird als verzögerungsfrei angenommen, weshalb die an den Eingängen anliegenden X-Zustände ohne Verzögerung an den Ausgang weitergegeben werden.

- **"Quasi Nominal"**
  bedeutet, daß im "gedanklich einfachsten" nominellen Fall das Gatter gerade soviel Verzögerung hat, wie die zeitliche Breite der X-Zustände an den Gattereingängen beträgt. Damit beginnt die X-Zeit am Ausgang immer genau dann, wenn die X-Zeit des für das Schalten relevanten Eingangs gerade beendet ist. Diese Betrachtungsweise wird häufig mit dem
  "Unit Delay"
  kombiniert, womit pro Gatter eine Verschiebung des 1 ZE (= 1 Unit) langen Schaltvorgangs (d.h. der 1 ZE langen X-Zeit) um ebenfalls genau 1 ZE stattfindet. Genau genommen sind "Quasi Nominal Delay" und "Unit Delay" ganz verschiedene Begriffe und Betrachtungsweisen. Sie werden aber, wie gesagt, häufig kombiniert und dann unter der einfachen Bezeichnung *"Unit Delay"* zusammengefaßt. Man kann sich mit einer Simulation, die mit einem auf diese Weise definierten Unit Delay durchgeführt wird, i.a. ohne allzuviel

Aufwand schon einen recht guten Überblick über das Verhalten einer Logik verschaffen. Auch in der Vorlesung und in diesem Buch soll die im *Bild 2.65* dargestellte kombinierte Betrachtungsweise gemeint sein, wenn einfach von Unit Delay die Rede ist.

- *"Worst Case"*
  bedeutet, daß die X-Zeit am Ausgang gleich der Summe der Eingangs-X-Zeit plus der maximal durch das interne Gatter-Delay hervorgerufenen X-Zeit ist. Es findet also eine Akkumulation der X-Zeiten statt, so daß das Ausgangs-signal bereits zu Beginn der Eingangs-X-Zeit unbestimmt ist und erst am Ende der aufsummierten X-Zeiten wieder mit Sicherheit einen wohldefinier-ten 0- oder 1-Pegel einnimmt.

- *"Quasi Real Delay"*
  liegt irgendwo zwischen "Quasi Nominal" und "Worst Case". Dies ist realisti-scher als die Worst-Case-Betrachtungsweise, da Worst Case ja die äußerst unrealistische Best-Case-Betrachtungsweise beinhaltet, obwohl in der Praxis ein Gatter niemals mit der Verzögerungszeit 0 schalten kann.

2.4.1.2 Blockdefinitionen

Die Elemente der Logiksimulation sind logische Blöcke, die aus einem einzigen Gatter oder auch aus mehreren Gattern bestehen. Die Eigenschaften eines jeden Blocktyps müssen einmalig festgelegt (definiert) und dann als Beschreibung dieses Typs abgespeichert werden. Vergleichbar ist dies mit der einmaligen Fest-legung und Abspeicherung der internen Ersatzschaltung und der Parameterwerte (d.h. der topologischen und wertemäßigen Modellierung) einer bei der Schalt-kreissimulation einzusetzenden Transistortype.

Für jede Blocktype, auch *"Book"* genannt (vgl. Kapitel **3**, Seite 227), müssen wenigstens folgende Vereinbarungen, auch Regeln (Rules) genannt, festgelegt und abgespeichert werden:

- *Typ-Bezeichnungen (Namensgebung)*
  Jeder Blocktype ist ein Typenname zuzuordnen, der eine eindeutige Identi-fikation erlaubt und sich von den Namen aller anderen Typen unterscheidet. Unter diesem Namen kann der Block bei der Simulation aufgerufen werden.

- *Stift-Bezeichnungen (Signal-Ein/Ausgänge)*
  Jeder Signaleingang und jeder Signalausgang (Ein- und Ausgangsanschluß oder -stift) erhält entweder einen Namen, um für die Simulation festlegen

zu können, welcher Signalanschluß des Blocks an welchem Netz, d.h. an welchen Verbindungsleitungen zu anderen Blöcken, liegt. Oder es wird bei mehreren gleichartigen, untereinander vertauschbaren, Ein- bzw. Ausgängen nur die Anzahl der Ein- bzw. Ausgänge festgelegt.

- *Pegelvereinbarungen (Was ist 0 und 1)*

Die Spannungs- und/oder Strompegel sind festzulegen, die die logische 0 und die logische 1 repräsentieren, z.B. so wie bei der im folgenden *Bild 2.66* idealisiert gezeichneten Signalflanke gezeigt. Die 4 im *Bild 2.66* angegebenen Spannungswerte legen die Toleranzgrenzen für die die logische 0 und die 1 repräsentierenden Spannungen fest. Im hier gezeigten Beispiel wird der logische Block mit einer Versorgungsspannung von 5 V ±5% betrieben, womit der maximale 1-Pegel von 5,25 V festgelegt ist.

Bild 2.66   *Pegelschema*

Solche Pegelvereinbarungen sind zwar für die eigentliche Logiksimulation nicht notwendig, da ja die Simulation nur mit 0 und 1 ohne Rücksicht auf elektrische Spannungen arbeitet, aber durch diese Festlegungen wird der Eingabeprozessor des Logik-Simulationsprogramms in die Lage versetzt, zu prüfen, ob miteinander verbundene treibende und getriebene Blöcke zusammenpassen. Sie passen übrigens häufig nur dann zusammen, wenn sie derselben "Typenfamilie" angehören. Des weiteren sind die Pegelvereinbarungen wegen der D/A- und A/D-Umwandlung immer dann wichtig, wenn der Block im Rahmen einer Mixed-Mode-Simulation eingesetzt werden soll, vgl. z.B. *Bild 2.5*, Seite 30 und *Bild 2.6*, Seite 31.

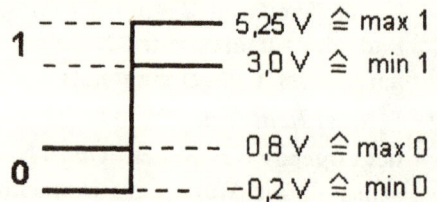

- *Lastangaben (Fan-in und erlaubtes Fan-out)*

Entweder wird angegeben, wieviele Eingänge der gleichen Blocktype durch einen Ausgang getrieben werden können (= Fan-out). Oder man ordnet allen Ein- und Ausgängen sogenannte *"Lastzahlen"* zu. Die Summe der Eingangs-Lastzahlen der getriebenen Blockeingänge darf dann die Ausgangs-Lastzahl des treibenden Blocks nicht überschreiten.

- *Zusammenschaltbarkeit (Dot-Verbindungen und 0-1-Dominanz)*

Es muß festgelegt werden, ob der Ausgang eines Blocks mit dem gleichartigen Ausgang eines anderen Blocks verbunden werden darf oder nicht. Besteht die Ausgangsstufe eines Blocks, wie beispielsweise im nachfolgenden

Bild 2.67 angedeutet, aus 2 bipolaren Transistoren, von denen immer einer leitend ist, oder ist der Block etwa ein CMOS-Gatter, dann darf ein solcher Ausgang auf keinen Fall mit einem anderen Ausgang (gleicher oder ähnlicher Art) verbunden werden. Denn sobald einer der beiden Ausgänge eine 1 und der andere eine 0 abzugeben versucht, würde ein Kurzschluß entstehen, der unweigerlich mindestens einen der Transistoren zerstören würde. Eine Anordnung mit Gatterausgängen wie im folgenden *Bild 2.68* gezeigt, ist dagegen durchaus zulässig, sofern die bis in die Sättigung durchgeschalteten Transistoren im Stande sind, den aufgrund zweier paralleler Lastwiderstände verdoppelten Strom I_C zu ziehen. Wenn der Lastwiderstand im Kollektorkreis nur einmal verwendet wird, dann können sogar noch mehr als zwei Gatterausgänge miteinander verbunden werden.

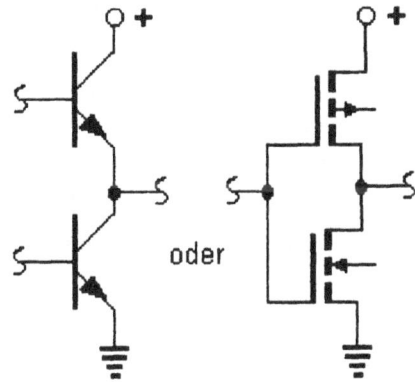

Bild 2.67 *Zwei mögliche niederohmige Gatterausgänge*

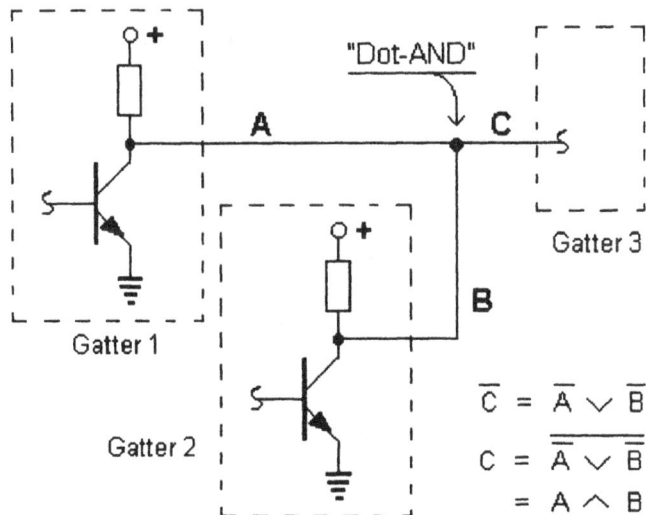

Bild 2.68

Dot-AND-Verknüpfung bei zwei verbundenen Gatterausgängen

$$\overline{C} = \overline{A} \vee \overline{B}$$
$$C = \overline{\overline{A} \vee \overline{B}}$$
$$= A \wedge B$$

Der Verbindungspunkt in obigem *Bild 2.68*, auch *"Punktverknüpfung"* oder *"Dot-Verknüpfung"* genannt, erfüllt i.a. eine logische Funktion, die davon abhängig ist, ob die logische 0 oder die logische 1 dominant ist. Im Beispiel des *Bildes 2.68* ist die 0 dominant, denn ein einziger durchgeschalteter Transistor erzwingt die 0 auf dem Verbindungsnetz und damit am Eingang des Gatters 3, sofern mit sogenannter positiver Logik gerechnet wird (d.h. der positivere Spannungspegel stellt die logische 1 dar, wie es z.B. auch auf Seite 134 im *Bild 2.66* angegeben ist). Um dagegen am Gattereingang 3 (*Bild 2.68*, S. 135) eine 1 zu erreichen, müssen beide Transistoren gesperrt sein. Folglich stellt die Verbindung der beiden Gatterausgänge eine UND-Verknüpfung dar, die als

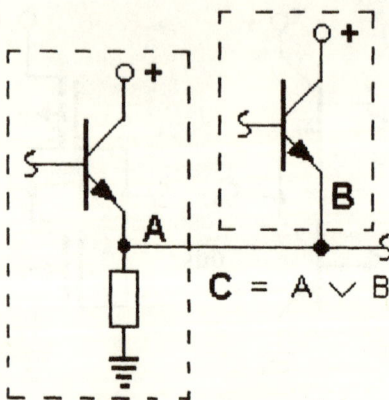

Bild 2.69   *Dot-OR-*
Verknüpfung

"Dot-AND" oder auch *"Wired AND"* bezeichnet wird. Bei der Logiksimulation ist diese Verknüpfung wie ein UND-Gatter mit 0-Delay zu behandeln. Haben die ausgangsseitig punktverknüpften Gatter Emitterfolger-Ausgänge, wie hier im *Bild 2.69* gezeigt, dann ist 1-Dominanz vorhanden und die Punktverknüpfung führt zu einem *"Dot-OR"* oder *"Wired OR"*. Selbstverständlich darf ein 1-dominanter Ausgang niemals mit einem 0-dominanten Ausgang zusammengeschaltet werden.

- *Verzögerungszeiten   (X-Zeiten für ON und OFF)*
  Für jede Blocktype müssen Verzögerungszeiten, eventuell einschließlich ihrer Lastabhängigkeit, nach mindestens einer der im Abschnitt **2.4.1.1** auf den Seiten 131 bis 133 erläuterten Möglichkeiten festgelegt werden.

- *Logisches Verhalten   (Ausgang = f(Eingänge))*
  Das zweifellos wichtigste Charakteristikum eines Blocks ist sein logisches Verhalten, d.h. der funktionelle Zusammenhang zwischen Ausgangssignal(en) und Eingangssignal(en). Grundsätzlich kann man das logische Verhalten entweder durch Boolesche Gleichungen oder auch durch eine auf verschiedene Weise darstellbare Wahrheitstabelle beschreiben. Ein NAND-Gatter mit 2 Eingängen sei als simples Beispiel herangezogen:

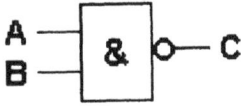

Beschreibung durch Boolésche Gleichung:

$$\overline{C} = A \wedge B$$
oder
$$C = \overline{A} \vee \overline{B}$$

Beschreibung durch eine Wahrheitstabelle mit neun Tabellen-Eingängen, da für dieses Beispiel nicht nur 0 und 1, sondern auch X in die Tabelle aufgenommen wurde, was einer Beschreibung in sogenannter *"3-wertiger Logik"* entspricht. Die Darstellung der Tabelle erfolgt zweckmäßigerweise entweder in

A	B	C
0	0	1
0	X	1
0	1	1
X	0	1
X	X	X
X	1	X
1	0	1
1	X	X
1	1	0

Form der links gezeigten "langen" Tabelle oder in der rechts gezeigten "quadratischen" Tabelle. Die lange Tabelle eignet sich zweifellos besonders gut, wenn das Gatter (oder ganz allgemein der logische Block) mehr als 2 Eingänge und/oder mehr als einen Ausgang hat. Die quadratische Tabelle ist dagegen besonders für Blöcke mit nur 2 Eingängen und 1 Ausgang, jedoch mehrwertiger Logik (vgl. Abschnitt 2.4.1.3 ab Seite 139) geeignet. Die in den beiden Tabellen gezeigte lesbare Darstellung ist selbstverständlich unabhängig davon, in welcher Form die Tabelle zum Zwecke der Festlegung des logischen Verhaltens des Blocks im Speicher eines Rechners abgelegt ist.

Als weiteres Beispiel sei der auf Seite 138 im *Bild 2.70* gezeigte logische Block herangezogen, der zwar intern aus mehreren Gattern besteht, für die Logiksimulation aber als eine Einheit betrachtet und daher auch einheitlich ohne Rücksicht auf seine interne Implementation beschrieben wird. Im *Bild 2.70* sind zwei mögliche interne Gatter-Implementationen des Blocks gezeigt, die logisch identisch sind. Die Beschreibung des Blocks durch eine Boolesche Gleichung kann z.B. als

$$D = A\overline{B}C \vee B\overline{C} \vee \overline{A}\overline{C} \tag{1}$$

oder auch als

$$D = \overline{A\,\overline{B}} \; \leftrightarrow\!\!\!\!/ \; A \; \leftrightarrow\!\!\!\!/ \; C \tag{2}$$

angeschrieben werden, was wiederum identisch ist, da durch Anwendung der Regeln der Booleschen Algebra leicht (1) in (2) oder (2) in (1) umgerechnet werden kann.

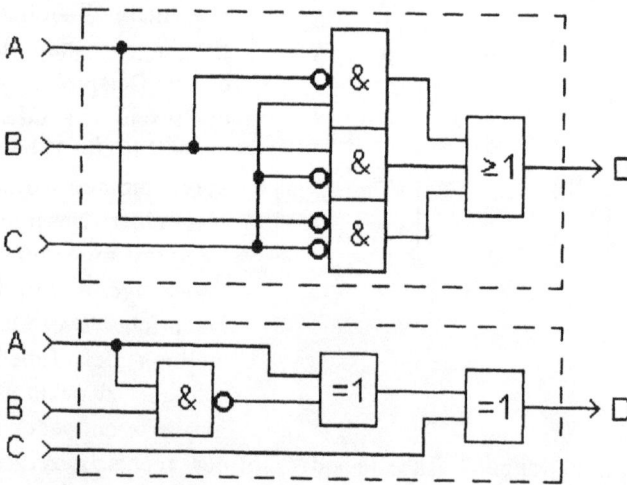

Bild 2.70

Zwei Beispiele möglicher interner Gatter-Implementation eines logischen Blocks

A	B	C	D
0	0	0	1
0	0	1	0
0	1	0	1
0	1	1	0
1	0	0	0
1	0	1	1
1	1	0	1
1	1	1	0

Nebenstehend ist für das Beispiel des Blocks *Bild 2.70* die Beschreibung des logischen Verhaltens mit Hilfe einer Wahrheitstabelle angegeben. Die Tabelle wurde allerdings in konventioneller Weise nur für 2-wertige Logik angegeben und hat daher lediglich $2^3 = 8$ Tabellen-Entries. Die Eingabeprozessoren guter Simulationsprogramme sind jedoch in der Lage, sowohl aus der Booleschen als auch aus der tabellarischen 2-wertigen Beschreibung eine Beschreibung für 3-wertige Logik (mit 0, X, 1) abzuleiten.

Abschließend sollte noch erwähnt werden, daß man die Definition des logischen Verhaltens eines Blocks auch mit Hilfe eines Graphik-Editors vornehmen kann. Dabei gibt man z.B. eines der beiden im *Bild 2.70* gezeigten Schaltbilder ein und läßt das Programm daraus selbständig die logische Funktion erstellen.

2.4.1.3 Mehrwertige Logiken

Um etwas genauere Logiksimulationen zu ermöglichen, werden häufig außer den Zuständen 0, X und 1 noch weitere Zustände definiert (vgl. z.B. Seite 27f von [29]). Man kann beispielsweise die Signalanstiegs- und Signalabfallzeit (Rise and Fall Time) durch unterschiedliche Zustände R und F berücksichtigen. Um Konflikte beim Zusammentreffen von R und F zu erfassen, und/oder um zwischen dem eigentlichen R-Zustand (bzw. F-Zustand) während der Zeiten t_r (bzw. t_f) und den Delay-Zeiten t_d oder t_s zu unterscheiden (vgl. S. 129 und 130), wird außerdem der X-Zustand benötigt. Man erhält damit eine sogenannte *5-wertige Logik*, für die nachfolgend, in Anlehnung an [29], die Wahrheitstabellen für UND, ODER und NICHT wiedergegeben sind:

UND	0	R	X	F	1
0	0	0	0	0	0
R	0	R	X	X	R
X	0	X	X	X	X
F	0	X	X	F	F
1	0	R	X	F	1

ODER	0	R	X	F	1
0	0	R	X	F	1
R	R	R	X	X	1
X	X	X	X	X	1
F	F	X	X	F	1
1	1	1	1	1	1

NICHT	
0	1
R	F
X	X
F	R
1	0

Außerdem (statt dessen oder auch zusätzlich) kann man die einzelnen Zustände noch mit Indizes versehen, beispielsweise um die Ausgangsimpedanz eines treibenden Blocks zustandsabhängig festzulegen, d.h. den Signal*zuständen* sogenannte *Signalstärken* zuzuordnen. Man unterscheidet u.a. zwischen:

F = *Forced*
= niederohmig
   "hart" aufgeschaltet.

R = *Resistive*
= über einen Widerstand
   eingespeist.

H = *High Impedance*
= hochohmig bzw.
   abgeschaltet.

U = *Unknown*
= unbekannte Impedanz.

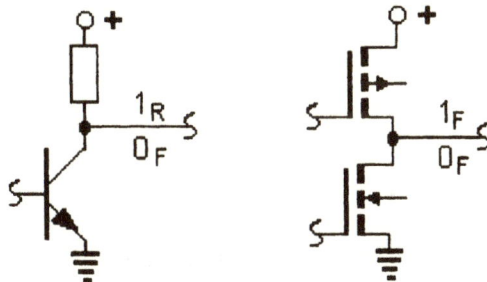

Bild 2.71 Beispiele von Signalstärken an Gatterausgängen

Man beachte, daß die Signal*stärken* F (forced) und R (resistive) nichts mit den Signal*zuständen* F (falling) und R (rising) zu tun haben.

Im *Bild 2.71* auf Seite 139 sind zwei Beispiele möglicher Gatterausgänge gezeigt: Bei der bipolaren Schaltung wird die 0 über den bis in die Sättigung durchgeschalteten Transistor auf die Ausgangsleitung gegeben. Folglich ist das Signal mit 0_F zu bezeichnen, wogegen der 1-Pegel über den Kollektorwiderstand eingespeist wird und daher mit 1_R zu bezeichnen ist. Bei der CMOS-Schaltung werden sowohl der 0- als auch der 1-Pegel niederohmig aufgeschaltet und sind daher mit 0_F und 1_F zu bezeichnen.

Beschränken wir uns (als Beispiel) auf die 3 Signalzustände 0, X und 1 und auf die 2 Signalstärken F und R, so erhalten wir eine sogenannte 6-wertige Logik, die folgende Zustände kennt:

$$0_F \qquad X_F \qquad 1_F$$

Vergleicht man dies mit
den Ausführungen über die

$$0_R \qquad X_R \qquad 1_R$$

Zusammenschaltbarkeit, die Dot-Verknüpfungen und die 0-1-Dominanz im Abschnitt **2.4.1.2** auf den Seiten 135f, so ist leicht zu erkennen, daß mindestens diejenigen verschiedenen Zustände eines logischen Blocks definiert sein müssen, die bei der Simulation mit mehrwertiger Logik auftreten können.

Bild 2.72

zwei mögliche
Tri-State-Driver-
Ausgänge mit
Kapazität der
Busleitung

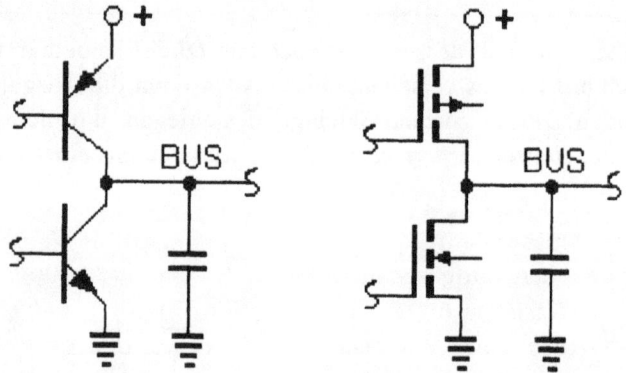

Im *Bild 2.72* sind zwei mögliche Ausgangsschaltungen sogenannter *Tri-State-Driver* aufgezeichnet, die ihre 0-1-Signale niederohmig in Busleitungen einspeisen. Da aber die Busleitungen bidirektional betrieben werden, müssen die Treiber abschaltbar sein, d.h. einen 3. stabilen Zustand annehmen können, der weder 0 noch 1 ist. Ist keiner der beiden Ausgangstransistoren leitend, dann ist dieser 3. Zustand hergestellt und der Treiberausgang hochohmig. Da die Busleitung aber, i.a. schon allein wegen ihrer Länge, eine nicht zu vernachlässigende

Kapazität gegen Masse aufweist, wird eine auf den Bus eingespeiste 0 oder 1 auch bei hochohmigem Treiberausgang noch eine gewisse Zeit bestehen bleiben und sich nur langsam (mit der Zeitkonstanten $\tau = R \cdot C$) auf den Zustand X hinbewegen. Folglich sollte man beim Einsatz von Tri-State-Treibern die Simulation mindestens mit einer 6-wertigen Logik durchführen. Benötigt man zusätzlich auch noch die Signalstärke R, dann muß man mit 9-wertiger Logik arbeiten. Und wenn auch noch Gatterausgänge mit offenem Kollektor in der Schaltung vorhanden sind, dann muß sogar noch die Signalstärke U berücksichtigt werden, so daß man schließlich zu einer 12-wertigen Logik gelangt.

Nachfolgend sind die beim Einsatz von Tri-State-Treibern auftretenden Zustände für 6-, 9- und 12-wertige Logik zusammengestellt:

$$0_H \quad X_H \quad 1_H$$
$$0_F \quad X_F \quad 1_F$$

$$0_H \quad X_H \quad 1_H$$
$$0_R \quad X_R \quad 1_R$$
$$0_F \quad X_F \quad 1_F$$

$$0_H \quad X_H \quad 1_H$$
$$0_R \quad X_R \quad 1_R$$
$$0_F \quad X_F \quad 1_F$$
$$0_U \quad X_U \quad 1_U$$

Sollen zusätzlich auch noch die auf Seite 139f erläuterten Signalzustände R und F berücksichtigt werden, so gelangt man leicht zu einer 20-wertigen Logik.

Lassen wir den Sonderfall des Tri-State-Treibers wieder beiseite und beschränken uns außerdem auf die 3 Signalzustände 0, X und 1, dann erhält man beispielsweise (**ohne** Anspruch auf Vollständigkeit) folgende Tabelle für die bei einer Logiksimulation auftretenden Zustände:

NPN mit Kollektorwiderstand	0_F	X_U	1_R
NPN mit offenem Kollektor	0_F	X_U	1_H
TTL (NPN mit 2 Transistoren)	0_F	X_F	1_F
PNP mit Kollektorwiderstand oder ECL mit Emitterwiderstand	0_R	X_U	1_F
PNP mit offenem Kollektor	0_H	X_U	1_F
NMOS (N-Kanal FET Technologie)	0_F	X_U	1_R
PMOS (P-Kanal FET Technologie)	0_R	X_U	1_F
CMOS (P- und N-Kanal FET's)	0_F	X_F	1_F

Die Tabelle zeigt, daß die einzelnen Zustände einer mehrwertigen Logik sehr selten alle benötigt werden. Vielmehr sind die Signalstärken in hohem Maße von

der verwendeten Hardware-Technologie abhängig, wie bereits aus obigen Beispielen hervorgeht. Üblicherweise wird in der Praxis mit 4- bis 12-wertiger
Logik gearbeitet. Es gibt jedoch Simulatoren, die bis zu 127-wertige Logiken
verarbeiten können, was aber sinnlos erscheint, da man spätestens ab der Wertigkeit 20 besser auf die Ebene der Schaltkreissimulation übergeht. Für die Gatter
(oder auch für komplexere logische Blöcke) wählt man dann eine rein verhaltensmäßige Modellierung mit Hilfe von gesteuerten Quellen, Widerständen und
Kondensatoren, ähnlich wie auf Seite 112 mit *Bild 2.50* für einen Operationsverstärker gezeigt, bzw. wie im Detail auf den Seiten 284 bis 291 von [53] für
logische Blöcke nachzulesen ist.

2.4.2   Schaltungsbeschreibung

Sind die einzelnen Typen logischer Blöcke (= Elementarobjekte der Logiksimulation) entsprechend den Ausführungen des obigen Kapitels **2.4.1** definiert,
dann werden diese Blockdefinitionen festgeschrieben und in einem Speicher abgelegt. Unter seinem Typennamen (vgl. Seite 133) kann dann jeder Block beliebig oft aufgerufen und in einer logischen Schaltung eingesetzt werden. Die
Schaltungsbeschreibung kann sich folglich darauf beschränken, die topologische
Struktur zu beschreiben, indem man angibt, welche Blöcke über welche Verbindungsleitungen ("Netze") mit welchen anderen Blöcken verbunden sind.

Als Beispiel sei der folgende Schaltungsausschnitt *Bild 2.73* herangezogen:

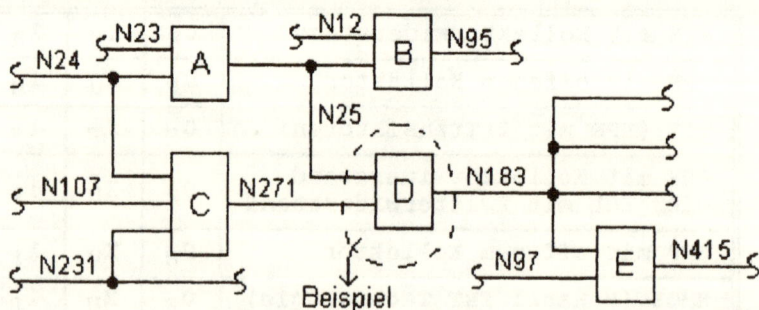

Bild 2.73   *Schaltungsausschnitt mit Block-Referenznamen und Netznamen*

Der im *Bild 2.73* gezeigte Schaltungsausschnitt besteht aus 5 Blöcken, die
alle verschiedenen Typs oder auch z.T. vom gleichen Typ sein können. Jedem
Block wird ein individueller singulärer Name, der sog. *Referenzname*, gegeben,

um ihn eindeutig von allen anderen Blöcken (eventuell desselben Typs) unterscheiden zu können. (Lediglich aus Gründen der Einfachheit wurden im *Bild 2.73* die nur aus einem einzigen Buchstaben bestehenden Referenznamen A bis E vergeben. In praxi können die Referenznamen selbstverständlich wenigstens 8 Zeichen lang sein.) Jedes Netz, das mit den Knoten der Schaltkreissimulation vergleichbar ist, trägt ebenfalls einen individuellen singulären Namen, der (auch nur der Einfachheit halber) im *Bild 2.73* N-Nummer heißt.

Zieht man als Beispiel den Block D des *Bildes 2.73* heran, dann ist durch das Sprachkonstrukt

$$(N183) \quad D \; , \; XYZ \quad := \quad (N25, \; N271) \qquad (1)$$

(OUT-Netz) Referenzname , Typenname := (In-Netze)

dieser Block typmäßig bestimmt, und seine Außenanschlüsse sind eindeutig an bestimmte Verbindungsnetze angeschlossen. Die in (1) gezeigte Syntax ist nur eine von vielen in der Praxis verwendeten Möglichkeiten der Schaltungsbeschreibung. Da leider jeder, der einen Logiksimulator entwickelt, sich seine eigene Eingabesprache "erfindet" (siehe Bemerkung zur Normung unten auf Seite 128), kann das Statement auch anders aussehen, z.B.

$$D \; , \; N25 \; , \; N271 \; , \; N183 \quad == XYZ; \qquad (2)$$

oder auch kompatibel mit der ASTAP- und AS/X-Modellbeschreibung

$$D \quad = \quad MODEL \; XYZ \; (N25 - N271 - N183) \qquad (3)$$

Durch (3) soll u.a. darauf aufmerksam gemacht werden, daß es erstrebenswert ist, eine sogenannte *"Breitbandsprache"* zu verwenden, d.h. eine Sprache, die für möglichst viele Simulationsebenen (s. S. 23ff) in gleicher Weise einsetzbar ist. Zukünftig wird VHDL in zunehmendem Maße als Standard-Eingabesprache für die Logiksimulation akzeptiert werden, was den Ausführungen der Seiten 32ff entspricht. Damit dürfte das Problem der vielen unterschiedlichen Syntax-Normen eliminiert oder mindestens stark gemildert werden.

Die hier gezeigten Sprachkonstrukte (1), (2) und (3) sind Ausschnitte aus einer deskriptiven oder strukturellen Beschreibung der zu simulierenden Logik. Selbstverständlich kann man die Logik statt dessen auch prozedural oder verhaltensmäßig beschreiben, wozu ebenfalls VHDL besonders geeignet ist. Darauf wird aber hier nicht weiter eingegangen, da die verhaltensmäßige Beschreibungsweise vor allem in den über die Logiksimulation hinausgehenden Simulationsebenen angewendet wird (vgl. S. 23ff).

Schließlich muß noch auf den zunehmenden Einsatz graphischer Eingabeprozessoren hingewiesen werden. Dabei wird eine Schaltung, wie sie z.B. mit
Bild 2.73 auf Seite 142 gezeigt wurde, am Bildschirm erstellt und die einzelnen
Blöcke und Netze mit Namen versehen. Zusätzlich (oder auch ausschließlich)
muß der Typ eines jeden Blocks bei der Eingabe angegeben werden.

Unabhängig von der Art der Eingabe ist dem Simulator selbstverständlich
noch mitzuteilen, welche Simulationsergebnisse gewünscht werden und gegebenenfalls, welche logischen Anfangsbedingungen, beispielsweise für die Flipflop-
Anfangszustände, gelten sollen.

2.4.3 Simulationstechniken und Algorithmen

Die auf Seite 54 im *Bild 2.26* gezeigte Unterteilung der Schaltkreissimulation
in 3 Hauptteile gilt grundsätzlich auch für ein Logik-Simulationsprogramm. Aus
der Schaltungsbeschreibung muß der Eingabeprozessor unter Verwendung der
in der Schaltung vorkommenden Blocktypen ein Gesamtmodell so zusammenstellen, daß der Simulatorteil die Logiksimulation durchführen kann. Dabei ist
im wesentlichen zwischen zwei grundsätzlich verschiedenen Simulatortypen zu
unterscheiden:

• Der sogenannte *"Compiled Code Simulator"* :
  Der Eingabeprozessor erstellt ein (mitunter sehr großes) System Boolescher
  Gleichungen, die ein mathematisches Modell der zu simulierenden Schaltung
  repräsentieren. D.h. die Schaltungsbeschreibung wird "compiliert", und das
  Boolesche Gleichungssystem ist das Ergebnis der Compilierung. Der Simulator löst dieses System schrittweise, d.h. er arbeitet die Booleschen Gleichungen je nach Schaltungsstruktur teils einmalig sequentiell, teils mehrmals
  in Schleifen ab.

• Der sogenannte *"Table Driven Simulator"* :
  Der Eingabeprozessor erstellt ein System, das lediglich die topologische
  Struktur der Schaltung repräsentiert und damit angibt, in welcher Folge (rein
  sequentiell einmalig und/oder mehrmals in Schleifen) der jeweilige logische
  Zustand der Blöcke festgestellt werden muß. Bei der Abarbeitung dieses Systems entnimmt der Simulator das logische Verhalten der Blöcke aus Wahrheitstabellen.

Da laut Seiten 137 und 138 das logische Verhalten eines jeden Blocktyps entweder durch Boolesche Gleichungen oder durch eine Wahrheitstabelle beschrieben werden kann, ist sicherlich die Boolesche Beschreibung für den Einsatz in Compiled Code Simulatoren und die tabellarische Beschreibung für den Einsatz in Table Driven Simulatoren vorzuziehen. Das ist aber nicht zwingend, denn eine Boolesche Beschreibung kann immer in eine tabellarische umgerechnet (bzw. umgeformt) werden, und umgekehrt.

2.4.3.1 Simulationsablauf

Grundsätzlich läßt sich der Ablauf der Logiksimulation durch das folgende *Bild 2.74* verdeutlichen:

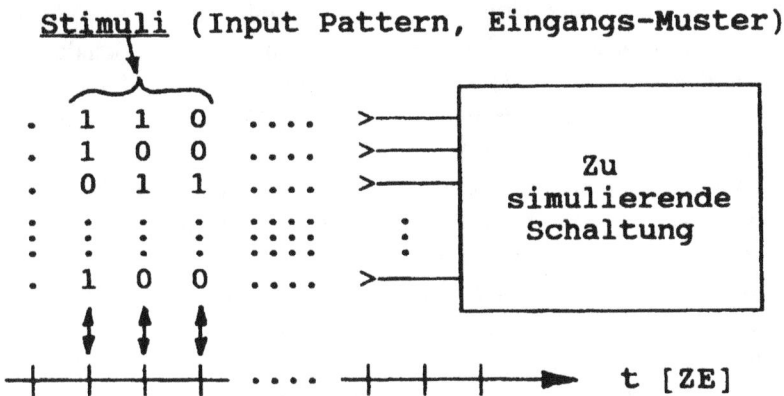

Bild 2.74   *Schema des Ablaufs einer Logiksimulation*

Die Bezeichnungsweisen *"Stimuli"*, *"Input Pattern"* oder *"Eingangsmuster"* im *Bild 2.74* sind verschiedene übliche Bezeichnungen für die an die Eingänge zu legenden logischen 0-1-Kombinationen.

Die Simulation läuft laut *Bild 2.74* im Prinzip so ab, daß zu *jeder* Taktzeit *1 Pattern* an die Schaltung angelegt wird. Der Simulator muß dann für dieses eine Input Pattern die Logik komplett durchrechnen, d.h. *alle* internen Netzzustände ermitteln. Das im *Bild 2.74* angedeutete Taktzeitraster ist so zu verstehen, daß der konstante Abstand zwischen zwei Taktzeiten ein ganzzahliges Vielfaches einer diskreten Grundzeiteinheit (= Basic Unit) ist. Diese Grundzeiteinheit wird man zweckmäßigerweise technologieabhängig festlegen, z.B. mit ca. 50 ps bis 200 ps für ECL-Schaltungen und mit ca. 400 ps bis 1 ns für

MOS-Schaltungen (vgl. z.B. S. 29 von [29]). Der Abstand zwischen zwei Taktzeiten muß selbstverständlich mindestens soviele Grundzeiteinheiten betragen, wie benötigt werden, um die gesamte Logik unter Berücksichtigung der für die verwendeten Blöcke definierten Verzögerungszeiten auf die jeweils neuen logischen Zustände einzustellen.

Mit einem konventionellen Simulator (d.h. einem heute als "konservativ" zu bezeichnenden Simulationsprogramm auf einem "normalen" Universalrechner) können ohne besondere geschwindigkeitssteigernde Techniken auf diese Weise etwa einige Hundert bis höchstens einige Tausend Gatter pro Sekunde evaluiert werden.

Um die Simulation zu beschleunigen, werden in modernen Programmen einige *spezielle Simulationstechniken* angewendet:

- *"Next Event List Processing"* und *"Time Mapping Event Scheduling"* :

  Es wird *nicht* zu jeder Taktzeit genau 1 Pattern an die Schaltung angelegt und damit die gesamte Logik durchgerechnet. Statt dessen wird die Rechnung vom "nächsten Ereignis" ("next event") abhängig gemacht. Wenn sich *nichts tut*, d.h. sich weder Eingangsstimuli ändern, noch interne Signale schalten, dann können diese Takte weggelassen werden, um dadurch unnötige Berechnungen einzusparen und die Simulation zu beschleunigen. Man spricht auch von *"Ereignisorientierter Simulation"*.

  Die sogenannte *"Laufzeitorientierte Simulation"* verwendet entweder, wie auf Seite 145 angegeben, ein festes Zeitraster, das an der kleinsten Zeiteinheit ausgerichtet ist (womit man den Vorteil hoher Genauigkeit der Ergebnisse erkauft). Oder man arbeitet mit variablem Δt (in Vielfachen einer kleinsten ZE), abhängig davon, wieviel beim Anlegen eines neuen Input Pattern gerade geschaltet werden muß. Dadurch muß der Abstand zwischen zwei Taktzeitpunkten nie länger gehalten werden als es eben nötig ist.

  Kombinationen von ereignisorientierten und laufzeitorientierten Methoden sind möglich, um die Vorteile beider Methoden zu nutzen.

- *"Selective Trace Processing"* :

  Es werden nur Gatter (bzw. logische Blöcke) evaluiert, die von einem sich ändernden Eingang überhaupt geschaltet werden. D.h. die Fortpflanzung auftretender Signaländerungen, z.B. die Fortpflanzung des 0-1- oder 1-0-Schaltens von Eingängen, wird entlang von Pfaden in der Schaltung verfolgt. Dies ist ebenfalls als *"ereignisorientiert"* zu bezeichnen, da nur die von den Signaländerungen (den Ereignissen) betroffenen Teile der Schaltung berechnet werden. Besonders bei umfangreichen Schaltungen (z.B. >10000 Gatter) sind häufig nur ganz wenige Prozente der Gesamtschaltung von einer Änderung der Stimuli betroffen, was eine außerordentliche Verkürzung der Simulationszeit ermöglicht, wenn man alle nicht betroffenen Blöcke außer Acht läßt.

Eine andere Art die Simulation zu beschleunigen und/oder komplexe, bereits in Hardware realisierte Schaltungsteile (z.B. Mikroprozessoren) zu modellieren, besteht darin, diese reale Hardware in die Simulation mit einzubeziehen, wie im folgenden *Bild 2.75* schematisch dargestellt:

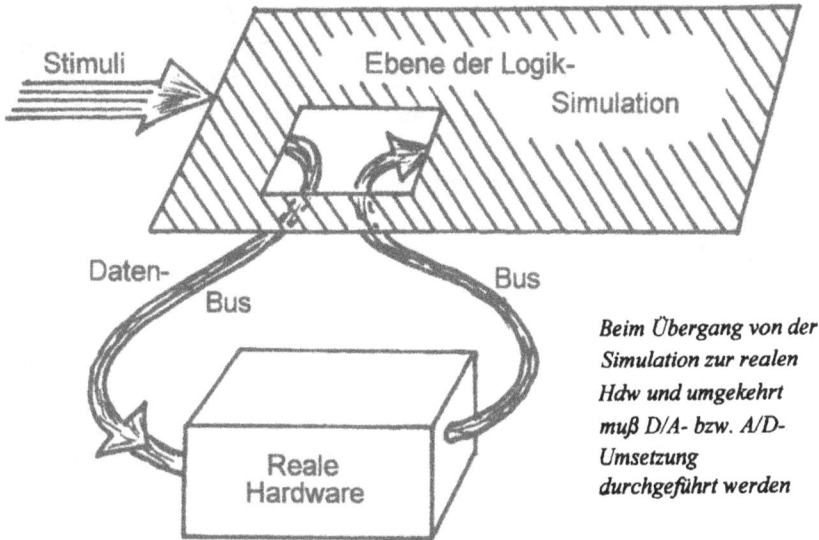

Bild 2.75 *Logiksimulation mit eingebundener Hardware ("Hardware in the Loop")*

Eine entsprechend *Bild 2.75* durchgeführte Simulation wird auch als **"Hardware-in-the-Loop Simulation"** bezeichnet. Die Hardware-Ein- und Ausgänge sind über einen speziellen Bus mit dem Logiksimulator verbunden, wobei zu beachten ist, daß an den Hardware-Simulator-Schnittstellen D/A- bzw. A/D-Umsetzungen durchzuführen sind. Während der Simulation wird das Hardware-Modul über den Bus mit den nötigen Eingangssignalen versorgt und gesteuert. Nach der Verarbeitung der Information in realer Hardware-Geschwindigkeit werden die Ausgangssignale über den Bus wieder dem Simulator zur Verfügung gestellt. Da die Informationsverarbeitung in der Hardware in Echtzeit meist ganz erheblich schneller abläuft als in einem Simulator, kann die Rechenzeit auf diese

Weise **wesentlich** verkürzt werden. Die Problematik ist vor allem in der zeitlichen Synchronisation zwischen der in Echtzeit arbeitenden Hardware und dem langsameren Simulator mit seiner Zeitskala in ZE zu sehen. Dies ist vergleichbar mit der auf den Seiten 30 und 31 mit den *Bildern 2.5* und *2.6* beschriebenen Problematik der Mixed-Mode-Simulation, bei der allerdings, im Gegensatz zur hier dargestelten Hardware-Akzeleration, die digitale Simulationsebene im allgemeinen die schnellere ist.

Eine weitere Möglichkeit die Logiksimulation *drastisch* zu beschleunigen, ist durch den Einsatz sogenannter *Hardware-Simulatoren* gegeben. Ein Hardware-Simulator hat nichts mit der Akzeleration durch einen bereits in Hardware vorhandenen Schaltungsteil laut *Bild 2.75* zu tun. Vielmehr ist der Hdw-Simulator ein "Spezial-Computer", der nicht beliebig programmierbar ist und lediglich eine einzige Applikation zuläßt, nämlich die der Logiksimulation, und zwar mit außerordentlicher Geschwindigkeit. D.h. das Logik-Simulationsprogramm ist in diesen Spezial-Computer hardware-mäßig "fest eingebaut" und setzt selbstverständlich zusätzlich alle auf Seite 146 erläuterten Möglichkeiten der ereignisorientierten und der laufzeitorientierten Beschleunigung ein.

Als Beispiel für einen der schnellsten Hardware-Simulatoren sei die sogenannte "YSE" (= **Y**orktown **S**imulation **E**ngine) angeführt, ein vom IBM Forschungslabor in Yorktown Heights, N.Y., USA bereits vor Jahren entwickelter Spezial-Computer, der etwa $2 \cdot 10^9$ Gatter pro Sekunde evaluieren kann. Stellt man die oben auf Seite 146 erwähnte (konservative) "Normalgeschwindigkeit" von nur einigen Hundert bis einigen Tausend Gattern pro Sekunde dagegen, dann zeigt folgendes einfache *Beispiel* eindrucksvoll die Überlegenheit der YSE:

Gegeben: Schaltung mit 10.000 Gattern, Simulation über 500 Takte.

1.)   Universalrechner mit konservativem Simulationsprogramm,
       Geschwindigkeit = 3.000 Gatter pro Sekunde

$$Rechenzeit \; = \; \frac{10000 \, Gatter \cdot 500}{3000 \, Gatter \, / \, s} \; / \; 60 \, \frac{s}{min} \; \approx \; 28 \, min$$

2.)   YSE oder anderer gleichschneller Hardware-Simulator,
       Geschwindigkeit = $2 \cdot 10^9$ Gatter pro Sekunde

$$Rechenzeit \; = \; \frac{10000 \, Gatter \cdot 500}{2 \cdot 10^9 \, Gatter \, / \, s} \; \cdot \; 1000 \, \frac{ms}{s} \; = \; 2,5 \, ms$$

Es ergibt sich folglich eine ≈ 670.000-fache Geschwindigkeitssteigerung.

Bei Fehlersimulationen im Zusammenhang mit der Erstellung der Testdaten (vgl. Kapitel **4**, Seiten 297 u. 298) muß eine Schaltung im allgemeinen n-mal simuliert werden, einmal mit fehlerfreier und (n-1)-mal mit unterschiedlich fehlerbehafteter Logik. Dies kann auf zweierlei Arten geschehen:

- *Seriell:* Es werden nacheinander n Simulationen mit der einfachen Schaltungsgröße durchgeführt.
- *Parallel:* n Kopien der Schaltung werden zeitlich parallel simuliert.

Es ist sicherlich sofort einsichtig, daß man bei serieller Fehlersimulation mit z.B. 10.000 Gattern und n = 2000 mit einem konservativen Simulator auf einem Universalrechner keinerlei Chance hat. Bei Einsatz aller Akzelerationsmöglichkeiten (Selective Trace Processing usw.) wird selbst auf heutigen sehr schnellen Rechnern noch eine ganz erhebliche Rechenzeit von mitunter vielen Stunden benötigt. Der Einsatz eines Hdw-Simulators, z.B. einer YSE, ist in solchen Fällen sehr erstrebenswert, scheitert aber meist an den hohen Kosten für den teuren Hdw-Simulator. Bei der parallelen Fehlersimulation kann man (sofern vorhanden) Multiprozessorsysteme einsetzen, am besten Parallelrechner oder Transputersysteme mit verteiltem Speicher, und hat damit eine reelle Chance die Fehlersimulation in "tragbarer" Rechenzeit ohne Einsatz eines *sehr teuren* Hdw-Simulators durchführen zu können.

Abschließend muß zum Simulationsablauf noch erwähnt werden, daß die Simulationssysteme selber

- entweder *"compiler-orientiert"* sind:

    Der vom Eingabeprozessor erstellte Code muß compiliert werden, unabhängig davon, ob es sich um einen "Compiled Code Simulator" oder einen "Table Driven Simulator" (s. S. 144) handelt.

    Vorteil: Der Simulator ist schnell, wie man dies auch von zu compilierenden Programmiersprachen (FORTRAN, PASCAL, C usw.) gewohnt ist. Hdw-Simulatoren sind selbstverständlich compiler-orientiert, denn nur damit ist die hohe Geschwindigkeit zu erreichen.

    Nachteil: Das Compilieren muß mit festgeschriebener Topologie und vorgegebenen Simulationszielen erfolgen. Jede Änderung erfordert ein neues Compilieren. Damit ist kein interaktiver Einsatz des Simulators möglich.

- oder *"interpretierend"* sind:

    Der vom Eingabeprozessor erstellte Code muß nicht compiliert werden, sondern wird Statement für Statement während des eigentlichen Simulationsablaufs interpretiert und ausgeführt, vergleichbar dem Programmablauf mit interpretierend zu verarbeitenden Programmiersprachen (BASIC, APL usw.).

Vorteil: Ein interaktiver Einsatz des Simulators ist möglich. Änderungen in der Schaltungstopologie oder den Simulationszielen können jederzeit eingegeben werden.

Nachteil: Der Simulator ist langsam und der vom Eingabeprozessor erstellte Code benötigt sehr viel Speicherplatz.

Die Entwicklung kleinerer in sich abgeschlossener Logikteile ist folglich vorteilhaft mit einem interpretierend arbeitenden Simulator durchzuführen, während die Simulation einer umfangreicheren Logik oder gar die Fehlersimulation auf alle Fälle den Einsatz eines schnellen compiler-orientierten Simulators erfordert. Gewisse Kombinationen compiler-orientierter und interpretierender Verfahren, um die beiderseitigen Vorteile (wenigstens teilweise) ausnutzen zu können, sind möglich.

2.4.3.2 Algorithmen

Von den vielen möglichen Algorithmen, nach denen ein Simulationsprogramm eine Logiksimulation durchführen kann, seien hier lediglich aus den Seiten 20 und 23f von [29] zwei Algorithmen als Beispiele zitiert:

1.)   Ein Algorithmus für *2-wertige Logik* (nur 0 und 1, kein X) :

```
FOR (jedes sich ändernde Stimulisignal) DO
  FOR (jedes aktivierte Gatter) DO
    FOR (jeden Gatterausgang) DO
      Berechne aus den anliegenden
      Eingangswerten den neuen Ausgangszustand
      IF (das Gatter bereits bearbeitet wurde) THEN
        FOR (jeden sich ändernden Eingang) DO
          IF (der Ausgang sich wieder ändert) THEN
            Ausgabe einer Hazard-Warnung
                        [Zur Definition bzw. der Frage der Entstehung
          ENDIF         eines "Hazard" siehe u.a. Kapitel 4.3]
        ENDFOR
      ENDIF
      IF (neuer Wert ungleich alter Wert) THEN
        neuen Ausgangswert abspeichern,
        alle angeschlossenen Gatter aktivieren
      ENDIF
    ENDFOR
  ENDFOR
ENDFOR
```

Dies ist ein Algorithmus, der *nicht* einfach bei jedem Takt die ganze Logik komplett durchrechnet. Es wird statt dessen nur entlang derjenigen Pfade

gerechnet, deren Eingangsstimuli sich ändern. D.h. entlang eines Pfades (oder
mehrerer Pfade) wird verfolgt, welche Gatter überhaupt betroffen sind, was auf
den Seiten 146 und 147 unter dem Stichwort *"Selective Trace Processing"* beschrieben wurde.

2.)   Ein Algorithmus für *3-wertige Logik* (0, X und 1) :

```
FOR (jedes sich ändernde Stimulisignal) DO
   Setze alle sich ändernden Stimulisignale auf X          1.
   REPEAT
      FOR (jeden Gatterausgang) DO                          P
         Berechne aus den anliegenden Eingangswerten den    h
         neuen Ausgangswert und speichere ihn zwischen      a
      ENDFOR                                                 s
      Zwischenwerte als neue Ausgangswerte abspeichern      e
   UNTIL (keine Ausgangswertänderungen)
   Setze alle sich ändernden Stimulisignale
   auf ihren endgültigen neuen Wert                         2.
   REPEAT
      FOR (jeden Gatterausgang) DO                          P
         Berechne aus den anliegenden Eingangswerten den    h
         neuen Ausgangswert und speichere ihn zwischen      a
      ENDFOR                                                 s
      Zwischenwerte als neue Ausgangswerte abspeichern      e
   UNTIL (keine Ausgangswertänderungen)
ENDFOR
```

Zur Erläuterung des hier gezeigten Algorithmus diene nun die auf der folgenden Seite 152 mit *Bild 2.76* gezeigte Schaltung des in der einfachen Form eines
NOR-Basis-Flipflops aufgebauten RS-Flipflops:

Im Flipflop sei eine 1 gespeichert, d.h. der Zustand des Flipflops (= sein
Ausgangssignal) sei $Z = 1$ und $\overline{Z} = 0$. Das Flipflop kann auf $Z = 0$ und $\overline{Z} = 1$
umgeschaltet werden (Reset), indem man eine 1 an den R-Eingang legt. Folgt
man dabei Schritt für Schritt dem hier angegebenen Algorithmus, so ergibt sich
ein Ablauf wie in der Tabelle des *Bildes 2.76* gezeigt:

Zunächst wird R auf X gesetzt. Wegen der internen Verzögerung des oberen
NOR-Gatters wird sich am Ausgang Z im Augenblick des Anlegens von X an
den R-Eingang noch nichts ändern. Eine gewisse Zeit später (mit so vielen ZE
Verzögerung wie eben für das NOR-Gatter spezifiziert ist) schaltet der Ausgang
Z auf X. Eine weitere Zeit später schaltet sodann $\overline{Z}$ auf X. Damit wurde das
Eingangssignal X entlang des sich ergebenden Pfades soweit "durchgeschleust"
wie es eben ging. In einem weiteren Schritt (von der 3. zur 4. Zeile der 1. Phase
in der Tabelle des *Bildes 2.76*) ändert sich nichts mehr, was als Zeichen dafür
gewertet wird, daß die Verfolgung des Eingangssignals und damit die 1. Phase

des obigen Algorithmus für 3-
wertige Logik beendet ist.

Mit Beginn der 2. Phase wird
R auf den endgültigen Wert 1
gesetzt. Diese Änderung wird in
derselben Weise so lange weiter-
verfolgt, bis sich auch in dieser
Phase nichts mehr ändert, womit
auch die 2. Phase beendet ist.

Danach könnte das nächste
Input Pattern angelegt werden,
das den R - Eingang wieder auf 0
zurücklegt, was aber im *Bild*
2.76 nicht mehr gezeigt ist. Die
beiden Phasen wären dabei nur
je 2 Zeilen lang, da sich von R
= 1 über R = X nach R = 0 der
Flipflop-Zustand nicht ändert.

Bild 2.76

Rücksetzen eines NOR-Basis-
Flipflops bei 3-wertiger Logik

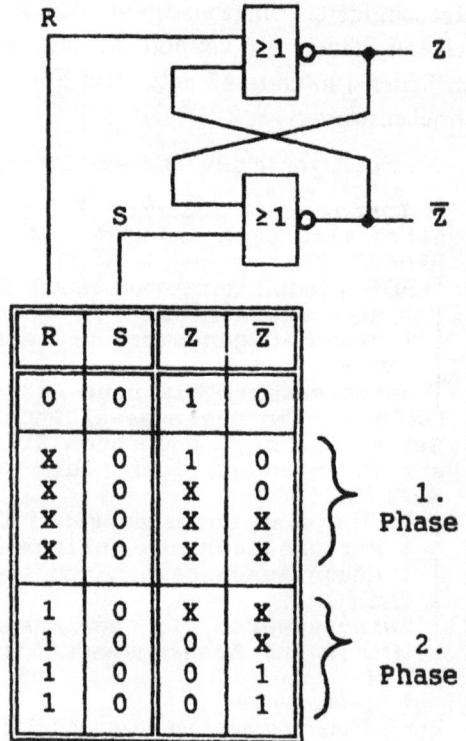

R	S	Z	$\overline{Z}$	
0	0	1	0	
X	0	1	0	⎫
X	0	X	0	⎬ 1.
X	0	X	X	⎬ Phase
X	0	X	X	⎭
1	0	X	X	⎫
1	0	0	X	⎬ 2.
1	0	0	1	⎬ Phase
1	0	0	1	⎭

2.4.4 Aufgabenteil A2
(Aufgaben zur Logiksimulation)

A2.1

Gegeben sei die im folgenden *Bild 2.77* gezeigte Logik.

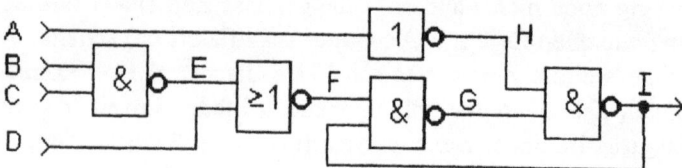

Bild 2.77 *Zu simulierende Logik für die Aufgabe A2.1*

Mit dieser Aufgabe A2.1 soll der Ablauf einer sehr einfachen Logiksimulation "von Hand" durchgeführt werden, um wenigstens ein einziges Mal
einen solchen Ablauf Schritt für Schritt nachverfolgt zu haben. Im folgenden
Bild 2.78 sind die an der Schaltung *Bild 2.77* anliegenden Eingangssignale A bis
D in ein Zeitdiagramm eingetragen:

Verfolgen Sie nachein-
ander Schritt für Schritt
den Verlauf der Signale E
bis I und tragen die Signalverläufe in das dafür vorbe-
reitete Raster des *Bildes
2.78* ein.

Für alle Gatter soll der
Einfachheit halber das *Unit
Delay* in dem auf den Sei-
ten 132 und 133 erklärten
Sinn gelten.

Bild 2.78

*Zeitdiagramm der an
die zu simulierende
Logik anzulegenden
Input Stimuli und
internen Signale*

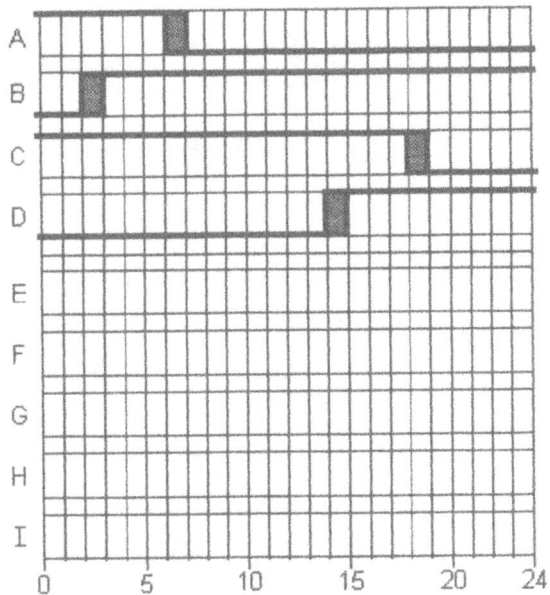

Das mit dieser Aufgabe manuell erstellte Zeitdiagramm entspricht durchaus
dem von einem Logik-Simulationsprogramm erstellten und von seinem Ausgabeprozessor am Bildschirm angezeigten und/oder ausgedruckten Diagramm.

A2.2

Gegeben sei ein einstelliger Volladdierer, der die
Summe S und den Übertrag U abgibt, wie in nebenstehendem *Bild 2.79* gezeigt.

a)   Zur Eingabe in einen Logiksi-
       mulator sei das logische Ver-
       halten dieses Blocks durch eine

Bild 2.79

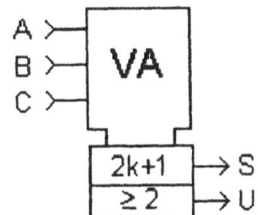

Wahrheitstabelle für *3-wertige Logik* beschrieben. Erstellen Sie diese Wahrheitstabelle für die Signale A, B, C, S und U.

b)   Beschreiben Sie das logische Verhalten des Blocks *Bild 2.79* durch zwei Boolesche Gleichungen S = ... und U = ...

A2.3

Gegeben sei ein Schaltungsausschnitt entsprechend dem nebenstehenden

Bild 2.80

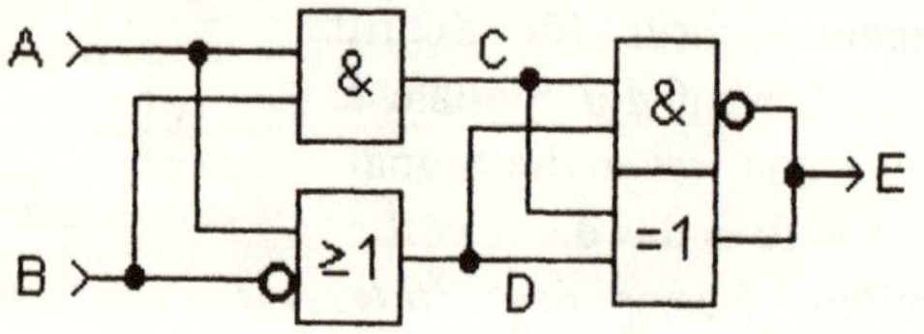

a)   Die Punktverknüpfung am Ausgang E stellt eine logische Verknüpfung dar, die ein weiteres Gatter ersetzt. Was für eines, falls für die Gatteraus-gänge **0-Dominanz** zutrifft ?

b)   Und was für eines, falls **1-Dominanz** zutrifft ?

c)   Die Schaltung ist in der im *Bild 2.80* gezeigten Form redundant, da von den 4 Gattern jeweils eines überflüssig ist. Welches bei **0-Dominanz** ?

d)   Welches bei **1-Dominanz** ?

e)   Bei einer Logiksimulation mit den Gatterausgängen 0_F und 1_R sei der Anfangszu-stand durch nebenstehende 1. Tabellenzeile (Eingang zwei Nullen) gegeben. Vervoll-ständigen Sie die Tabelle in *genau 8 weiteren Zeilen* für die Signale A bis E, indem Sie unter Anwendung eines Algorithmus für *3-wertige Logik* in die 8 zusätzlichen Zeilen die Schritte eintragen, die sequentiell einander fol-gen, wenn Sie A = 0 = const belassen, jedoch B von 0 auf 1 schalten.

A B	C D	E
0 0		

A2.4

Gegeben sei der nebenstehende Block laut *Bild 2.81*, der intern aus zwei Logik-Gattern (mit einem invertierten Eingang) aufgebaut ist.

Die Eingänge A und B werden mit 3-wertigen Logikpegeln (0, X, 1) beaufschlagt. Für den Ausgang des UND-Gatters sollen die Signalstärken 0_H, X_U, 1_F und für den Ausgang des ODER-Gatters die Signalstäken 0_F, X_U, 1_H gelten.

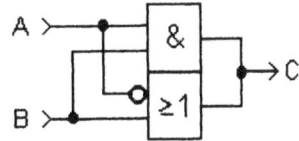

Bild 2.81

a) Erstellen Sie eine Wahrheitstabelle mit *3-wertiger* Logik an den beiden Eingängen A und B und für *4-wertige* Logik mit 0, X, 1 und H am Ausgang C.

b) Was stellt der logische Block des *Bildes 2.81* als Ganzes dar ?

c) Was muß man bei einer Betrachtungsweise mit zwei Einzelgattern (entsprechend *Bild 2.81*) bezüglich der Anstiegs- und Abfallverzögerungen der Gatter beachten, damit diese Schaltung problemlos funktioniert ?

d) Welche Auswirkungen hat das auf die Logiksimulation ?

A2.5

Gegeben sei die im nebenstehenden *Bild 2.82* gezeigte Schaltung.

Ferner sei ein Anfangszustand von D = 1, T = 0, Z = 0 an den 3 Außenan-

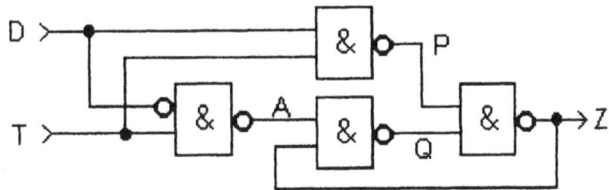

Bild 2.82

schlüssen gegeben. Erstellen Sie eine Tabelle für die Signale D, T, A, P, Q und Z von genau 17 Zeilen, indem Sie in die 1. Zeile den Anfangszustand eintragen und in die 16 weiteren Zeilen die Schritte, die sequentiell aufeinander folgen, wenn Sie bei *3-wertiger* Logik D = 1 = const belassen, jedoch T zunächst von 0 auf 1 schalten und danach, sobald der neue Zustand stabil ist, T wieder von 1 auf 0 zurückschalten. Geben Sie außerdem an, was die Schaltung nach der allgemein üblichen internationalen Bezeichnungsweise darstellt.

2.5   Register-Transfer-Simulation

Die *Register-Transfer-Simulation* (auch kurz *RT-Simulation* genannt) ist eine höhere Ebene der Logiksimulation und wird daher in der internationalen englischsprachigen Literatur machmal auch "*High Level Logic Simulation*" genannt (vgl. Seite 28). Bei der RT-Simulation werden nur in Ausnahmefällen einzelne Gatter betrachtet, i.a. jedoch "Funktionsblöcke", die intern aus vielen Gattern bestehen können. Die Signale sind dementsprechend meistenteils keine einzelnen Bits (obwohl auch das ohne weiteres möglich ist), sondern ganze Worte, die (im Prinzip) aus beliebig vielen Bits bestehen können.

Die in der Schaltung verwendeten Speicherelemente sind (beliebig breite) Register. Im zeitlichen Ablauf werden die Signale über Verknüpfungsglieder, d.h. Schaltnetze, transferiert und taktgesteuert wieder in Registern abgespeichert. Dadurch wird das der Register-Transfer-Idee zugrundeliegende Modell dem des synchronen Automaten gleich (vgl. S. 39f von [29]). Zitat aus Seite 40 von [29]:

> "*Das Vorhandensein der drei wesentlichen Modell-Elemente Verbindungen, Register, Verknüpfungsblöcke kann als Kriterium dafür genommen werden, ob eine Hardware-Entwurfssprache* **mindestens** *die Abstraktionen der RT-Ebene erfüllt.*"

Als *Beispiel* sei die im folgenden *Bild 2.83* gezeigte Schaltung, die lediglich aus 4 Funktionsblöcken besteht, herangezogen:

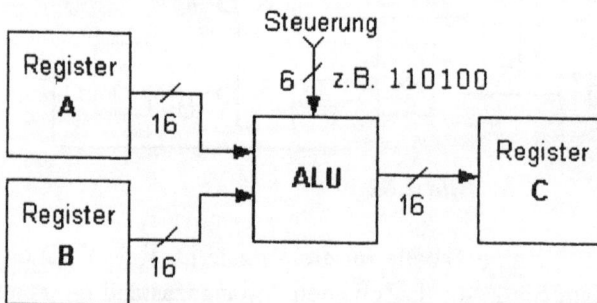

Bild 2.83

Beispielsschaltung zur Erkärung der RT-Simulation

Durch das Pattern 110100 am Steuerungseingang werde der ALU mitgeteilt, daß sie ADDieren soll. Die 16 Bits breite Dualzahl des Registers A werde zu der des Registers B addiert und das Ergebnis im ebenfalls 16 Bits breiten Register C abgelegt, also C = A + B . Die Simulation ist von der Gatterebene (einzelne Bits) auf die Ebene der Register verlegt und betrachtet daher ganze Worte. In wieweit im Beispiel des *Bildes 2.83* die ALU als eine Einheit angesehen werden kann, oder eventuell ihrerseits noch in einige wenige Blöcke zerlegt werden muß, hängt einerseits von der Mächtigkeit der verwendeten RT-Simulations-sprache ab, andererseits von der Frage, ob der Anwender (der Systementwickler) noch Einzelheiten innerhalb der ALU untersuchen oder sie nur als Ganzes betrachten will.

Die *Vorteile* der RT-Simulation kann man wie folgt auflisten:

• Große Unabhängigkeit von der Implementierung: Wie im Beispiel des obigen *Bildes 2.83* die Innereien der Register und der ALU beschaffen sind, d.h. aus welchen Gattern sie aufgebaut sind, ist für die RT-Simulation unerheblich.

• Konzentration des Designers auf die Erfüllung der Aufgabenstellung: Seine Aufgabe besteht darin, ein funktionsfähiges System zu entwerfen, während der Entwurf der Innereien der einzelnen dazu benötigten Funktionseinheiten anderen Entwicklungsgruppen obliegt.

• Kompakte Designs helfen beim Design-Management und auch beim Design-Daten-Management: Eine hierarchisch strukturierte Entwicklung (vgl. "Top-Down-Design" auf Seite 25) ermöglicht eine planbare und kontrollierbare Zusammenarbeit größerer Entwicklungs-Teams.

• Mit der Abstraktion auf der RT-Ebene gewinnt man ein allgemein akzeptiertes Kommunikationsmedium unter den Designern
  - während eines Designs,
  - von einem Design zum nächsten.
  Man vergleiche dazu die Bemerkungen zu VHDL auf den Seiten 32 und 34, bzw. bei eingehenderem Interesse u.a. auch [07] und/oder [27]. VHDL ist nicht nur eine für die RT-Ebene sehr geeignete Sprache, sondern kann auch, wie bereits auf Seite 34 gesagt, als sogenannter "software-neutraler Zwischencode" Verwendung finden und somit als Kommunikationsmedium sowohl zwischen den Designern als auch zwischen unterschiedlichen RT- Simulationsprogrammen dienen.

• Besserer Durchsatz bei der Simulation: Für Schaltungseingabe und Ergebnisausgabe werden wegen des Wegfalls vieler Details viel weniger Zeit verbraucht. Und der Simulator selber benötigt weniger Speicherplatz und Rechenzeit als bei einer Simulation auf Gatterebene.

Der Ablauf der RT-Simulation verläuft grundsätzlich sehr ähnlich wie bei der Logiksimulation, vgl. Seiten 145 - 149, d.h. er kann ereignisorientiert und/oder laufzeitorientiert sein. In beiden Fällen (und auch bei Kombinationen davon) geschieht das Einspeichern von Informationen in Register taktgesteuert. Die pro Takt ablaufenden Algorithmen brauchen hier nicht mehr erläutert zu werden, da sie mit den bei der Logiksimulation verwendeten vergleichbar sind. Da jedoch die zu verarbeitende Information i.a. aus ganzen Worten besteht, kann es keine mehrwertige Logik im Sinne von 0, 1, X usw. geben. Es muß aber unterschieden werden, ob ein Signal stabil ist, d.h. ein zeitlich konstant bleibendes Pattern aus 0- und 1-Bits aufweist, oder instabil im Sinne von "sich gerade ändernd" oder "unbekannt" ist.

Schließlich ist noch zu erwähnen, daß die RT-Simulationsprogramme (genau wie die Logiksimulationsprogramme, vgl. S. 149, 150) compiler-orientiert oder interpretierend sein können.

Bis heute hat sich noch keine der verschiedenen RT-Simulationssprachen als internationaler Standard endgültig durchgesetzt. Auch VHDL wird noch keinesfalls überall eingesetzt, u.a. deshalb, weil sie als sogenannte "Breitbandsprache" viel schwieriger zu verstehen und zu erlernen ist, als eine für die RT-Simulation dedizierte Sprache. Dies gilt gleichermaßen auch für DACAPO (vgl. Tabelle auf Seite 29), eine Sprache, auf die sehr ausgiebig in [43] verwiesen wird. Bereits in [44] wird auf verschiedene Sprachen hingewiesen. Und auf den Seiten 43ff von [29] sind Beispiele der RT-Sprachen ABL, CHARLES und BDL (= Boeblingen Design Language (IBM Entwicklungslabor Böblingen)) aufgeführt. Es ist leider hierzu anzumerken, daß, genau wie bei der Logiksimulation, offenbar jeder, der ein RT-Simulationsprogramm entwickelt, dazu seine eigene Eingabesprache "erfindet". Jede Großfirma hat ihre eigenen Simulatoren und Sprachen; kleinere Unternehmen übernehmen die von Großfirmen, Software-Häusern oder Hochschulen entwickelten Simulatoren und Sprachen.

Bei der Vielfalt der verwendeten RT-Sprachen erscheint es wenig sinnvoll, die knappe Vorlesungszeit mit einer Aufzählung aller Möglichkeiten, mit Vergleichen, der Herausarbeitung der Vor- und Nachteile der einzelnen Sprachen usw. zu verbringen und/oder die begrenzte Anzahl der Seiten dieses Buchs damit zu füllen. Für eine *Einführung in die Methodik* der RT-Simulation (entsprechend dem Untertitel dieses Buchs) ist es völlig ausreichend eine einzige RT-Sprache als Beispiel heranzuziehen, um mit Hilfe dieses Beispiels wenigstens das Prinzip der RT-Simulation den Hörern der Vorlesung und den Lesern dieses Buchs nahezubringen. Dazu wird **ERES** (**E**rlanger **R**echner-**E**ntwurfs-**S**prache) [15] gewählt, u.a. deshalb, weil ERES als dedizierte RT-Sprache rasch und einfach erlernbar ist und man mit Hilfe weniger klar verständlicher Sprachkonstrukte das Wesentliche der RT-Simulation viel einfacher dargelegen kann, als wenn man dies mit Hilfe der zwar erheblich moderneren, jedoch auch viel komplexeren Breitbandsprache VHDL versuchen wollte. Hinzu kommt, daß ERES den Hörern der Vorlesung auf den PC's der Hochschule ohne großen Aufwand für praktische Übungen zur Verfügung steht.

2.5.1 ERES - Erlanger Rechner-Entwurfs-Sprache als besonders einfaches Beispiel für die RT-Simulation

ERES wurde von der Universität Erlangen entwickelt. Es ist eine *"nichtprozedurale Sprache"*, womit zunächst ausgesagt ist, daß die Reihenfolge, in der die Sprachkonstrukte angegeben werden, bedeutungslos ist, weil die Konstrukte primär den Hardware-Entwurf beschreiben, nicht dagegen dem sequentiellen Ablauf der Simulation folgen. (Dies ist vergleichbar mit SPICE, ASTAP u.a. für die Schaltkreissimulation, die ebenfalls nichtprozedurale Sprachen sind.) Der Informationstranfer in die Register läuft taktgesteuert ab. Die ERES-Uhr (der Taktgeber) bleibt bei einem Taktimpuls "scheinbar" so lange stehen, bis alle durch diesen Impuls ausgelösten Instruktionen abgearbeitet sind. Die eigentlichen Transfers in die Register werden im Prinzip zeitlos durchgeführt, und zwar zu eben jenen Zeitpunkten, zu denen die zeitlich unendlich schmalen Taktimpulse auftreten.

Einzelheiten über ERES und eine detaillierte Anwenderbeschreibung finden sich in den Erlanger Originalarbeiten [15]. Die Anpassung an die Gegebenheiten der Hochschule und die Installation auf den Hochschul-PC's erfolgte im Rahmen der Diplomarbeit [5]. In [5] ist auch eine für die Hochschul-PC-Installation gültige Anwenderbeschreibung zu finden. Die Vorlesung und dieses Buch muß sich auf das Wesentliche und auf die Erläuterung der *wichtigsten* Sprachkonstrukte beschränken, zumal die ERES-Sprache hier nur als Mittel benutzt wird, um die Prinzipien und den Ablauf der RT-Simulation zu erläutern.

Grundsätzlich erfolgt die Eingabe eines Schaltwerk-Entwurfs in ERES in folgender Form:

```
'DESIGN' Entwurfsname = eine einzelne Überschriftszeile
Deklarationsteil     = Beschreibung der Schaltungs-Hardware
Instruktionsteil     = Beschreibung der Zustandsänderungen
'END'                = Ende des Schaltwerk-Entwurfs
```

Im *Deklarationsteil* wird die zu simulierende *Hardware*, die aus einzelnen (mitunter großen) Funktionsblöcken besteht, beschrieben. Man unterscheidet:
- Speicherelemente und deren Dimensionierung, Zugriffsarten, Adressierung und Verzögerungszeiten.
- Verknüpfungen in Schaltnetzen und Laufzeiten durch die Schaltnetze.
- Signale des Taktgebers, d.h. der Uhr.

Im *Instruktionsteil* werden die *Zustandsänderungen* des Schaltwerks und der Ein- und Ausgabe beschrieben:
- Zustandsänderungen werden immer durch Taktimpulse ausgelöst.
- Zustandsänderungen sind "Registertransfers". Es werden Ausgänge eines Schaltnetzes oder eines Speichers ausgegeben (write) und/oder in ein Speicherelement übertragen oder von außen eingeschrieben (read).

Der "Entwurfsname" in der Überschriftszeile kann auch ein ganzer erklärender Satz sein. Die beiden Schlüsselwörter DESIGN und END *müssen* in Hochkommas (Single Quotation Marks) eingeschlossen sein.

Der hier geschilderte Aufbau der ERES-Eingabe soll nachfolgend anhand zweier sehr einfacher Beispiele gezeigt werden:

1.)   Ein einfaches funktionsfähiges Schaltwerk:

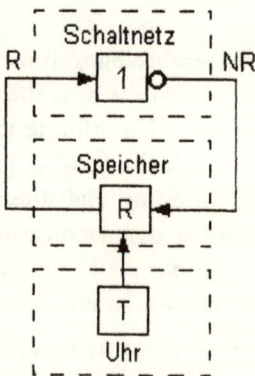

Bild 2.84

Einfaches Schaltwerk

Wie allgemein bekannt, läßt sich jedes Schaltwerk in *Schaltnetz*, *Speicher* und *Taktgeber (Uhr)* aufteilen. Im einfachsten Fall besteht die zu verarbeitende Information nur aus 1 Bit breiten Worten und das ganze Schaltnetz besteht nur aus einem einzigen Inverter, so daß sich z.B. eine Schaltung wie im nebenstehenden *Bild 2.84* ergibt.

Die Schaltungsbeschreibung in ERES kann dann folgendermaßen aussehen:

```
'DESIGN'    Toggle
'REGISTER'  :50: R;
'TERMINAL'  :10: NR = 'NOT' R;
'CLOCK'     :80: T;
/T/  R <- NR;
'END'
```

Der Speicher R hat eine Zugriffszeit von 50 ZE (Zeiteinheiten), d.h. das Signal R, das namensgleich mit dem Speicher selber ist, steht genau 50 ZE nachdem es in den Speicher eingeschrieben wurde, am Speicherausgang stabil zur Verfügung. Das Schaltnetz hat eine interne Signalverzögerung von 10 ZE. D.h. genau 10 ZE nachdem das Signal R am Eingang des Schaltnetzes stabil anliegt, steht NR am Ausgang stabil zur Verfügung. Die taktgebende Uhr gibt alle 80 ZE einen als zeitlos anzusehenden Nadelimpuls T ab. Die 3 Statements 'REGISTER', 'TERMINAL' und 'CLOCK' beschreiben die Hardware, stellen folglich den auf Seite 159 erwähnten *Deklarationsteil* dar. Der *Instruktionsteil* besteht bei dieser einfachen Schaltung nur aus dem einen /T/...-Statement, das angibt, daß immer zur Zeit des T-Impulses das Signal NR in den Speicher R eingeschrieben wird. (Merke: Der angedeutete Pfeil wird aus den zwei Zeichen < und - zusammengesetzt.)

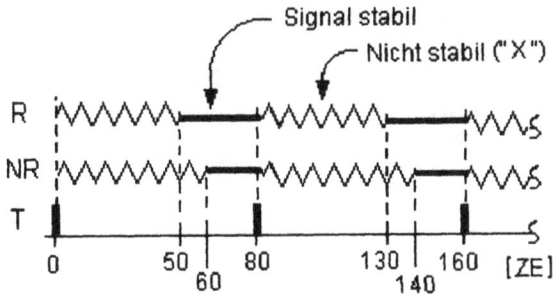

Bild 2.85

Zeitdiagramm des einfachen Schaltwerks

Der einfachen Schaltung des *Bildes 2.84* und der auf Seite 160 dazu angegebenen ERES-Beschreibung entspricht das mit *Bild 2.85* gezeigte Zeitdiagramm, bei dem gerade Striche stabile Signale und "Schlangenlinien" nicht (oder noch nicht) stabile Signale anzeigen sollen. Für die *Bilder 2.84* und *2.85* gilt: Wenn NR zu Zeit T abgespeichert wird, ist R erst nach T+50 stabil und das neue NR erst bei (T+50)+10 = T+60. Man sieht deutlich, daß dies der auf den Seiten 132, 133 angegebenen "Worst-Case-Betrachtungsweise" entspricht.

Alle ERES-Simulationen werden mit Worst-Case-Delays durchgeführt. Ab T+60 ZE könnte in obigem Beispiel neu eingespeichert werden, was allerdings aufgrund der gewählten Clock-Periode erst bei T+80 geschieht. Die Simulation läuft in der hier geschilderten Weise so lange weiter, bis sie vom Anwender gestoppt wird. Sie hat in praxi natürlich nur dann Sinn, wenn die Simulationsergebnisse ausgegeben werden (z.B. per 'WRITE'), worauf aber in diesem einführenden Beispiel verzichtet wurde.

2.)   Ein einfacher Addierer mit Ein/Ausgabe:

Als weiteres Beispiel wird ein einfacher 8-Bit-Addierer mit Zwischenspeicherung und Daten-Ein/Ausgabe gezeigt:

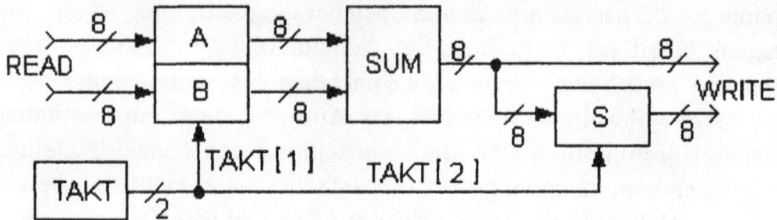

Bild 2.86   *Einfacher Addierer mit Ein/Ausgabe*

Der Addierer laut *Bild 2.86* könnte beispielsweise mit Hilfe folgender ERES-Sprachkonstrukte beschrieben werden:

```
'DESIGN'      Addierer mit Zwischenspeicherung und Daten-Ein/Ausgabe
'REGISTER'    :20:   A[7:0], B[7:0], S[7:0];
'TERMINAL'    :50:   SUM[7:0] = A 'ADD' B;
'CLOCK'       :80, 20:  TAKT[1:2];
/TAKT[1]/     'READ' (A, B);
/TAKT[2]/     S <- SUM, 'WRITE' (S, SUM);
'END'
```

Die Taktperiode ist $100\,\text{ZE}$ lang $(= 80 + 20)$. Zur Zeit TAKT[1] werden zwei 8 Bits breite Dualzahlen in die Register A und B eingelesen. Zur Zeit TAKT[1]+20 stehen A und B an den Register-Ausgängen und zur Zeit TAKT[1]+20+50 = TAKT[1]+70 steht die Summe SUM = A + B stabil zur Verfügung. Sie wird zur Zeit TAKT[1]+80 = TAKT[2] sowohl per 'WRITE' ausgegeben als auch in das Register S abgespeichert. Gleichzeitig wird auch noch der Inhalt des Registers S ausgegeben, so daß zur Zeit TAKT[2] immer die aktuelle Summe und die eine Periode vorher berechnete Summe für den Anwender lesbar zur Verfügung stehen.

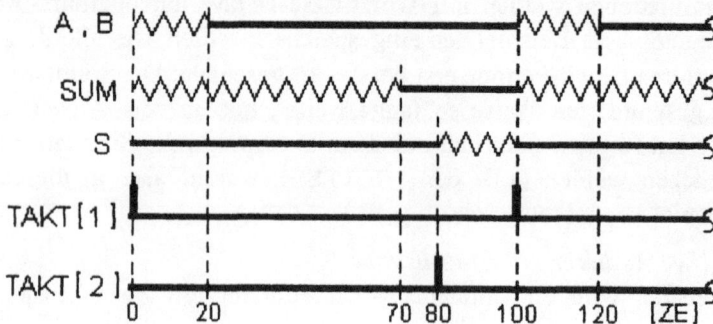

Bild 2.87

Zeitdiagramm des 8-Bit-Addierers

Der auf Seite 162 geschilderte zeitliche Ablauf der Simulation des im *Bild 2.86* gezeigten Addierers ist im Zeitdiagram *Bild 2.87* dargestellt.

Das hier gezeigte Addiererbeispiel ist ausgezeichnet als einfaches Einführungsbeispiel zum praktischen Arbeiten mit einem RT-Simulator (in unserem Fall mit ERES) geeignet. Aus den beiden Beispielen *Bild 2.84* (S. 160) und *Bild 2.86* (S. 162) und den dazu angegebenen Schaltungsbeschreibungen mit Deklarations- und Instruktionsteil läßt sich bereits im wesentlichen die Struktur der ERES-Eingabesprache erkennen. Eine Zusammenstellung der wichtigsten (meist gebrauchten) Sprachelemente, die ausreichend ist, um damit die allermeisten Hardware-Entwürfe simulieren zu können, wird (ohne Anspruch auf Vollständigkeit) im folgenden Kapitel gegeben.

2.5.2   Die wichtigsten ERES-Sprachelemente

Entsprechend den Ausführungen der Seiten 159 bis 162 lassen sich die ERES-Sprachelemente und die daraus gebildeten Konstrukte in 4 Gruppen einordnen, *"Speicher"*, *"Schaltnetze"*, *"Taktsignale"* und *"Transfers"*. Die in den einzelnen Statements verwendeten 'Schlüsselwörter' sind grundsätzlich in Hochkommas (Single Quots) einzuschließen. Die Eingabe ist formatfrei: Leerstellen können zum Zwecke besserer Lesbarkeit an beliebigen Stellen zwischen die Worte der ERES-Sprache eingeschoben werden. Ein Statement kann sich auch über mehrere Zeilen erstrecken. Es ist am Ende durch ein Semikolon (;) abzuschließen. Kommen mehrere gleichartige Begriffe im selben Statement nacheinander vor, so sind sie durch Kommas voneinander zu trennen.

2.5.2.1   Speicher

Zur Definition von Speichern kennt ERES die beiden Schlüsselwörter 'MEMORY' und 'REGISTER', die sich in ihren Möglichkeiten etwas unterscheiden. Für unsere Zwecke ist es jedoch ausreichend, sich auf 'REGISTER' zu beschränken. Das grundsätzliche Sprachkonstrukt zur Definition eines Speichers lautet:

        'REGISTER' :W/R-Verzögerung: Name[Breite] ;   (1)

Der "Registertransfer", d.h. das Einschreiben in einen Speicher (Register) geschieht im Prinzip zeitlos, jedoch immer zu einer Taktzeit. Es werden nur getaktete Speicher verwendet, was aber i.a. keine Einschränkung bedeutet, da in

modernen hochintegrierten Schaltungen (z.B. Chips mit einigen zigtausend
Gattern) aus Gründen der Testbarkeit solcher Schaltungen ohnehin nur getaktete
Speicher (Flipflops, vgl. Kapitel **4.4**) verwendet werden dürfen. In der realen
Hardware wird für das Einschreiben in einen Speicher (z.B. in ein Flipflop) eine
gewisse Zeit benötigt, die sog. Schreibverzögerung. Das Auslesen der Information benötigt ebenfalls Zeit, die sog. Leseverzögerung. Da aber bei der RT-
Simulation das Flipflop (bzw. ein aus mehreren Flipflops bestehendes Register)
immer als Ganzes betrachtet wird, ist es i.a. unwichtig zu wissen, wieviele ZE
für das reine Einschreiben und wieviele ZE für das reine Auslesen gebraucht
werden. Interessant ist nur die Summe aus Schreib- und Leseverzögerung. D.h.
der Schreib/Lesevorgang wird durch einen als unendlich kurz anzusehenden
Nadelimpuls gestartet. Ab dieser Zeit wird der Registerausgang (entsprechend
der Worst-Case-Betrachtungsweise) als undefiniert, d.h. nicht mehr stabil, angesehen. Nach einer definierten Gesamt-Schreib/Lese-Verzögerungszeit, in (1)
auf Seite 163 als "W/R-Verzögerung" bezeichnet, nimmt der Registerausgang wieder einen stabilen (neuen) Zustand ein und ist folglich erst ab dann dort
verfügbar.

Die am Registerausgang abgegebene Information trägt denselben Namen wie
der Speicher. Für die Breite eines Speichers in Bits werden in eckige Klammern
eingeschlossene Indizes verwendet. Für einen 1-Bit-Speicher ist keine Angabe
der Wortbreite erforderlich.

Drei *Beispiele* entsprechend der Syntax des Sprachkonstrukts (1) sollen die
Erläuterungen verdeutlichen:

```
                      ┌──► W/R-Verzögerung = 30 ZE
                      │  ┌──► Name des Speichers
                      │  │  ┌──► Breite = 16 Bits
'REGISTER' :30: HUGO[15:0];
'REGISTER' :50: XYZ[1:4], FRANZ, ABC[3:0];
'REGISTER' :120: MAX[31:0], :80: MORITZ[0:31];
```

Das höchstwertige Bit im Speicher HUGO heißt HUGO[15] und das nieder-
wertigste heißt HUGO[0]. Im zweiten Beispiel sind 3 Register definiert, die alle
die Schreib/Leseverzögerung von 50 ZE haben. XYZ[1] bzw. ABC[3] sind die
höchstwertigen und XYZ[4] bzw. ABC[0] sind die niederwertigsten Bits der
4 Bits breiten Register XYZ bzw. ABC. Das Register FRANZ hat eine Breite von
nur 1 Bit, folglich ist bei diesem Register keine Indexangabe erforderlich. Das
3. Beispiel zeigt, daß auch innerhalb eines Register-Statements unterschiedliche
W/R-Verzögerungen definiert werden können.

2.5.2.2 Schaltnetze

Ein Schalt*netz* ist, wie allgemein bekannt (und im Gegensatz zum Schalt*werk*),
eine rein kombinatorische Logik ohne speichernde Elemente. Folglich unterliegt
das Schaltnetz auch keinerlei Taktsteuerung. Jedoch hat es eine Signaldurchlauf-
zeit bzw. Verzögerungszeit. Das ist die Zeit, die *nach* Anlegen eines *stabilen*
Eingangssignals benötigt wird, bis das Ausgangssignal ebenfalls stabil ist, vgl.
Bilder 2.85 und *2.87*, S. 161f.

Das grundsätzliche Sprachkonstrukt zur Definition eines Schaltnetzes lautet:

'TERMINAL' :Verzögerung: Name[Breite] = xxx;   (2)

Die Bezeichnung xxx steht für logische
und/oder arithmetische Verknüpfungen bzw. Operationen.

Ein *Beispiel:*

'TERMINAL' :50: MASKADD[2:0] =
            (J[2:0] 'ADD' K[2:0]) 'AND' M[2:0];

Dieses Terminal-Statement (Vereinbarung, Sprachkonstrukt) beschreibt das
im folgenden *Bild 2.88* gezeigte Schaltnetz:

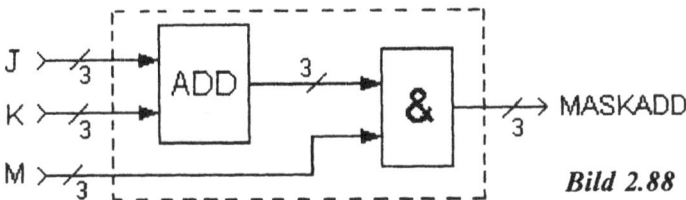

Bild 2.88 *Beispiels-Schaltnetz*

Die Signalverzögerung beträgt 50 ZE für das gesamte im *Bild 2.88* dargestellte Schaltnetz, d.h. 50 ZE nachdem alle 3 Eingangssignale J, K und M stabil
sind, ist auch das Ausgangssignal MASKADD stabil. Die Operationen, die intern
im Schaltnetz ausgeführt werden, sind folgende: J und K werden addiert. Das
Ergebnis J+ K wird bitweise mit M UND-verknüpft. Das Gesamt-Ausgangssi-
gnal ist damit MASKADD = (J + K) ∧ M mit Signalen von je 3 Bits Breite.
In diesem Beispiel wurden nur zwei mögliche Operatoren, nämlich 'ADD' und
'AND', benutzt.

Die wichtigsten logischen und arithmetischen Operatoren sind auf der folgenden Seite 166 zusammengestellt. Es wird nochmals, wie bereits auf Seite 159,
darauf hingewiesen, daß hier nur eine gekürzte, zur Erklärung der RT-Simulation

ausreichende Anzahl der ERES-Sprachkonstrukte zusammengestellt wird.

*Die **ERES-Basisoperatoren** sind:*

'AND'	oder	*	UND-Verknüpfung	
'OR'	oder	+	ODER-Verknüpfung	Logische Operatoren
'XOR'			Antivalenzverknüpfung	
'NOT'	oder	¬	Negation (Inversion)	
'ADD'			Addition	Arithmetische Operatoren
'COUNTUP'			Inkrementieren	
'IF'...'THEN'...'ELSE'...				Operationen abhängig von Bedingungen

Dazu einige erklärende Bemerkungen:

Beim Zusammenfügen von Schaltnetzen ist die Bedeutung der logischen Operatoren 'AND', 'OR' und 'XOR' von deren Stellung *vor einem* oder *zwischen zwei* Operanden abhängig, was durch die beiden Beispiele des *Bildes 2.89* anschaulich gemacht wird:

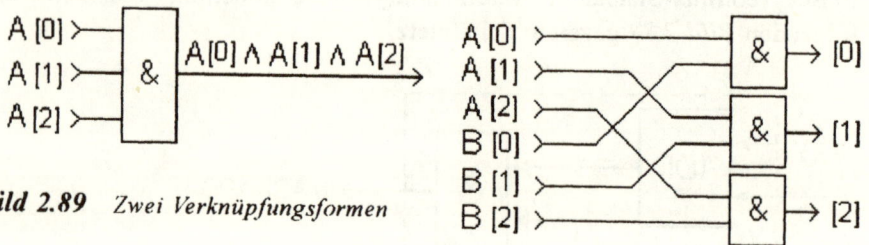

Bild 2.89 *Zwei Verknüpfungsformen*

Wird in einer Schaltnetzvereibarung die Syntax

$$\ldots\ldots = \text{'AND' } A[2:0];$$

verwendet, dann wird damit die UND-Verknüpfung zwischen den 3 A-Bits vereinbart, wie auf der linken Seite von *Bild 2.89* durch ein einzelnes UND-Gatter angedeutet ist, d.h. das Ausgangssignal ist nur 1 bit breit.

Wird dagegen die Schaltnetzvereinbarung

$$\ldots\ldots = A[2:0] \text{ 'AND' } B[2:0];$$

verwendet, dann wird damit festgelegt, daß bitweise UND-verknüpft werden soll, wie im *Bild 2.89* auf der rechten Seite mit Hilfe dreier UND-Gatter angedeutet ist. Dabei sind immer die Bits gleicher Wertigkeit miteinander zu verknüpfen. Das Ausgangssignal ist damit von gleicher Breite wie die beiden Eingangssignale, im Beispiel des *Bildes 2.89* je 3 bit.

Die mit *Bild 2.89* für die 'AND'-Verknüpfung dargelegten zwei unterschiedlichen Verknüpfungsformen gelten selbstverständich in gleicher Weise für die 'OR'- und die 'XOR'-Verknüpfung.

Der arithmetische Operator 'COUNTUP' veranlaßt das Weiterzählen um 1. Ist das Signal n Bits breit, dann wird Modulo 2^n gezählt, da kein höchstwertiger Übertrag abgespeichert werden kann (mangels eines $(n+1)$-ten Bits).

Die Operation

$$B[3:0] = 'COUNTUP' A[3:0]$$

mit 4 Bits breiten Signalen möge als *Beispiel* für eine COUNTUP-Vereinbarung dienen. Die folgende Tabelle zeigt die Modulo-2^4-Zählsequenz für dieses Beispiel.

A	A_3 A_2 A_1 A_0	B	B_3 B_2 B_1 B_0
0	0 0 0 0	1	0 0 0 1
1	0 0 0 1	2	0 0 1 0
2	0 0 1 0	3	0 0 1 1
3	0 0 1 1	4	0 1 0 0
⋮	⋮ ⋮ ⋮ ⋮	⋮	⋮ ⋮ ⋮ ⋮
13	1 1 0 1	14	1 1 1 0
14	1 1 1 0	15	1 1 1 1
15	1 1 1 1	0	0 0 0 0
0	0 0 0 0	1	0 0 0 1
1	0 0 0 1	2	0 0 1 0
⋮	⋮ ⋮ ⋮ ⋮	⋮	⋮ ⋮ ⋮ ⋮

Schließlich muß noch darauf hingewiesen werden, daß aus einem mehrere Bits breiten Signal einzelne Bits herausgelesen werden können. Neue Werte sind dem Signal aber nur als Ganzes zuzuordnen. Bei einem 6 Bits breiten Signal A[5:0] darf daher z.B. der Terminus ... = A[3] innerhalb eines Sprachkonstrukts auftauchen, wohingegen A[3] = ... (leider) nicht verwendet werden kann. Man kann jedoch mehrere verschiedene Signale zu einem einzigen breiteren Signal mit Hilfe eines *"Concatination Statement"* zuzammenketten. *Beispiel:* Mit Hilfe des Konstrukts

X[8] → A[5]
X[7] → A[4]
X[6] → A[3]
Y → A[2]
Z[1] → A[1]
Z[2] → A[0]

$$A[5:0] = X[8:6].Y.Z[1:2]$$

werden, wie nebenstehend gezeigt, Die Signale X, Y und Z (oder auch Teile davon) zu einem einzigen 6 Bits breiten Signal A zusammengekettet. Dabei werden die verschiedenen Einzelsignale durch Punkte miteinander verbunden. Man sieht, daß die Wertigkeit der Bits in der Reihenfolge A_5, A_4, ... A_0 durch die Folge der Kettung eindeutig bestimmt ist.

Ein *Beispiel* für die Anwendung einiger auf den Seiten 166 und 167 erläuterten Basisoperationen sei mit dem Schaltnetz *Bild 2.90* gegeben:

Bild 2.90

Multiplexer-Schaltnetz

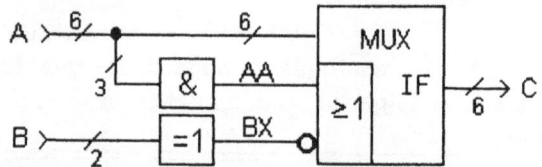

Von dem 6 Bits breiten Signal A werden 3 Bits abgespalten und miteinander UND-verknüpft, um das 1 Bit breite Signal AA zu bilden. Durch die Antivalenzverknüpfung der beiden B-Bits wird das Signal BX gebildet. Die Verknüpfung AA $\vee$ $\overline{\text{BX}}$ steuert den Multiplexer derart, daß bei Erfüllung der ODER-Bedingung die 6 Ausgangsbits auf 0 gesetzt werden und bei Nichterfüllung das Eingangssignal direkt auf den Ausgang durchgeschaltet wird, also C = A. Dieses Schaltnetz läßt sich durch folgende Deklarationen, z.B. durch lediglich ein einziges TERMINAL-Statement, wie folgt beschreiben:

```
'TERMINAL' :20: AA = A[5] 'AND' A[4] 'AND' A[3],
                BX = 'XOR' B[1:0],
           :50: C[5:0] = 'IF' AA 'OR' 'NOT' BX
                     'THEN' 0(6)     'ELSE' A[5:0];
```

Wie bei allen höheren Programmiersprachen und den meisten problemorientierten Anwendersprachen sind auch in ERES verschiedene Schreibweisen zur Beschreibung desselben Problems möglich. Da ERES eine nichtprozedurale Sprache ist (vgl. die Bemerkung in der Einleitung Seite 159), ist zudem die Reihenfolge der Schaltnetzverknüpfungen gleichgültig. Entsprechend den Angaben auf Seite 166 hätte man daher zur Beschreibung des obigen Beispiels (als eine weitere der vielen Möglichkeiten) auch folgende drei Sprachkonstrukte heranziehen können:

```
'TERMINAL' :50: C[5:0] = 'IF' AA + ¬ BX
                     'THEN' 0(6)     'ELSE' A[5:0];
'TERMINAL' :20: AA = * A[5:3];
'TERMINAL' :20: BX = B[0] 'XOR' B[1];
```

Im folgenden *Bild 2.91* ist ein Ausschnitt aus dem für dieses Beispiel zutref-

fenden Zeitdiagramm gezeigt. Die Zeiten von 20 bzw. 50 ZE stellen maximale
Signalverzögerungen im Sinne der Worst-Case-Betrachtungsweise dar. Folglich
sind die einzelnen Signale mit Sicherheit nach Ablauf dieser Zeiten stabil.

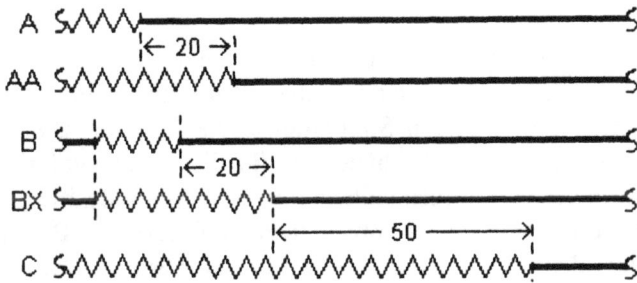

Bild 2.91

Ausschnitt
aus dem
Multiplexer-
Zeitdiagramm

Der im *Bild 2.90* gezeigte Multiplexer besteht aus lediglich 4 "Blöcken" und
die Beschreibung läßt sich, wie auf Seite 168 angegeben, in ganz wenigen
Zeilen codieren. Das folgende *Bild 2.92* zeigt eine mögliche Schaltung des
Multiplexers auf Gatterebene.

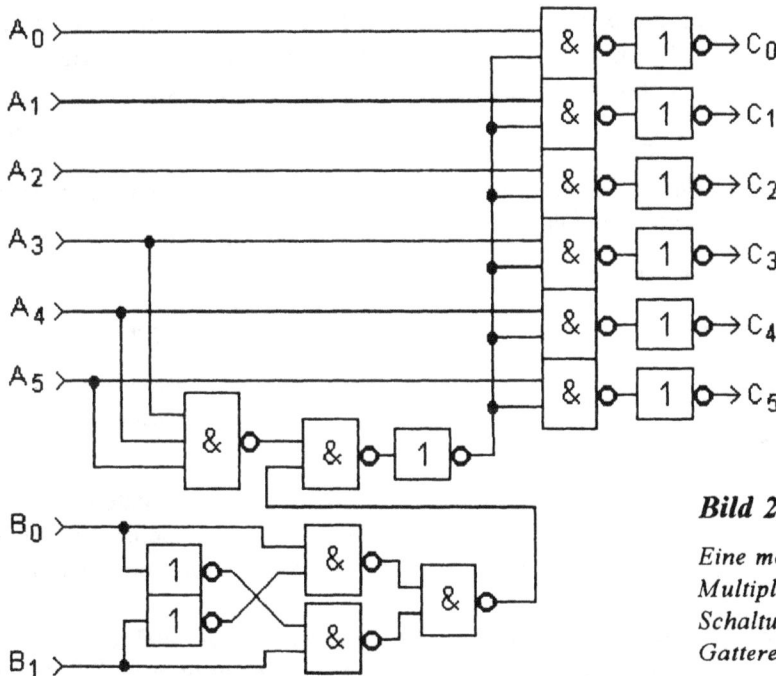

Bild 2.92

Eine mögliche
Multiplexer-
Schaltung auf
Gatterebene

Die Schaltung des *Bildes 2.92* wurde unter ausschließlicher Verwendung von
NAND-Gattern und Invertern erstellt. Da ein Inverter ein auf einen einzigen
Eingang degradiertes NAND sein kann, könnte die Schaltung *Bild 2.92* durchaus
eine mögliche Implementierung des Multiplexers in einem aus NANDs bestehenden Gate-Array sein.

Ein Vergleich der Multiplexer-Schaltung auf der Gatterebene *Bild 2.92* mit
den im *Bild 2.90* gezeigten 4 Blöcken auf der RT-Ebene hebt sehr deutlich die
unterschiedliche Granularität dieser beiden Simulationsebenen hervor. Da die
Schaltung *Bild 2.92* aus 20 Gattern besteht, hätte eine für die Logiksimulation
passende Beschreibung wenigstens 20 Statements in z.B. einer auf Seite 143 gezeigten Syntax erfordert, von der zusätzlich notwendigen Definition der Blocktypen (vgl. S. 133ff) ganz abgesehen. Die auf Seite 157 aufgelisteten Vorteile
der RT-Simulation gegenüber der Logiksimulation auf Gatterebene werden durch
dieses Beispiel besonders deutlich.

2.5.2.3 Taktsignale

Jeder ERES-Entwurf muß genau *eine* Clock-Vereinbarung enthalten. Jede
Simulation beginnt immer mit dem zur Zeit t = 0 auftretenden ersten Clock-
Impuls. Alle Clock-Impulse sind als zeitlose Nadelimpulse aufzufassen. Das
grundsätzliche Sprachkonstrukt zur Definition eines Taktgebers lautet

'CLOCK' :Zeitraster: Name[Breite];   (3)

Das folgende *Bild 2.93* zeigt als *Beispiel* die Impulse eines einfachen Taktgebers, der durch das Statement

'CLOCK' :200: CL;

beschrieben werden könnte.

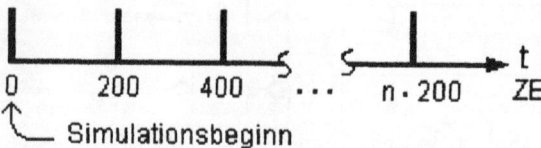

Bild 2.93

*Taktschema einer
einfachen Uhr*

Das obige zum Taktschema *Bild 2.93* gehörende Clock-Statement entspricht dem Sprachkonstrukt (3). Alle 200 ZE wird ein Nadelimpuls abge-
geben. Der Taktgeber läuft so lange weiter, bis die Simulation vom Anwender
gestoppt wird.

Es können aber auch sogenannte *"Mehrphasenuhren"*, die mehrere zeitlich
gegeneinander versetzte Clock-Impulse abgeben, vereinbart werden. Zusätzlich

können die Impulse unter Verwendung des Schlüsselworts 'TICK' miteinander ODER-verknüpft und/oder mit anderen Signalen UND-verknüpft werden, wie folgendes *Beispiel* zeigt:

```
'CLOCK'    :100, 150, 75:  CL[1:3];
'TERMINAL' R = ..... ;
'TICK' T1 = CL[1] 'OR'  CL[2];
'TICK' T2 = CL[1] 'AND' R;
```

Mit einer Zeitrasterangabe von :100,150,75: wird festgelegt, daß die 3 Clock-Impulse in Abständen von 100 ZE, 150 ZE und 75 ZE einander folgen und somit die gesamte Taktperiode 100 + 150 + 75 = 325 ZE lang ist, wie im folgenden *Bild 2.94* dargestellt. Da die Clock-Impulse unendlich schmal sind, ist nur die ODER-Verknüpfung sinnvoll (und daher zulässig), während mit anderen Signalen nur die UND-Verknüpfung sinnvoll ist. Sie kann, wie in diesem Beispiel mit T2 gezeigt, der Ausblendung von Clock-Impulsen dienen.

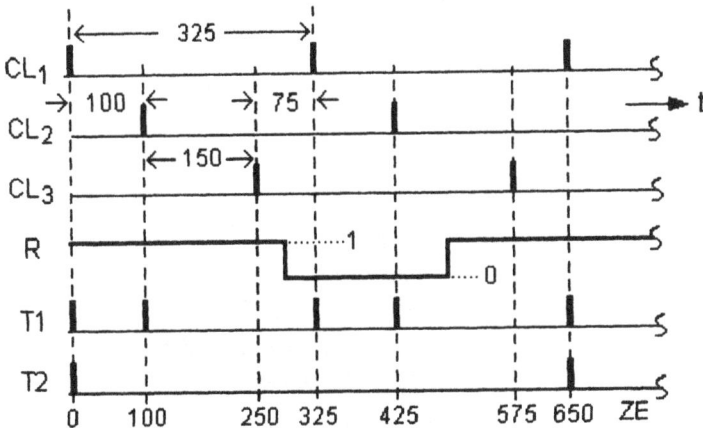

Bild 2.94

Taktschema einer Mehrphasenuhr

2.5.2.4 Transfers (Instruktionsteil)

Transfers finden *immer* zu einer Taktzeit statt, d.h. veranlaßt durch einen Clock-Impuls. Die grundsätzlichen Sprachkonstrukte zur Einleitung möglicher Transfers lauten:

```
/Clockimpuls/ Speicher <- Terminalsignal;
/Clockimpuls/ 'READ' (Speicher, Speicher, ... );
/Clockimpuls/ 'WRITE' (Signal, Signal, ... );      (4)
```

Einige *Beispiele* entsprechend (4) :

`/T1/  S  <-  F;` ⟶ Mit dem CLOCK-Impuls T1 wird der Wert des Signals F in den Speicher S übernommen. (Zeitloser Transfer bei t = T1).

`/CL[1]/  S  <-  F;`
`/CL[2]/  S  <-  G;` ⟶ Speicher S mit "Multiplexer" : Zur Zeit CL[1] wird F und zur Zeit CL[2] wird G in den Speicher S transferiert.

`/TKT  *  SIGN/  R  <-  X;` ⟶ UND-Verknüpfung eines Clock-Impulses TKT mit einem Signal SIGN. (Vgl. *Bild 2.94* und das TICK-Statement auf Seite 171.) Solche Verknüpfungen von Taktsignalen müssen demnach nicht unbedingt mit Hilfe eines TICK-Statements vereinbart werden, sondern können auch implizit in ein Transfer-Statement eingesetzt sein.

`/T/  'READ'  (A);` ⟶ Mit dem CLOCK-Impuls T wird Information eingelesen und in den Speicher A abgelegt.

`/TX/  'READ'  (A,  B,  C);` ⟶ Einlesen und Abspeichern von 3 Signalen.

`/CX4/  'WRITE'  (S,  Z);` ⟶ Mit dem CLOCK-Impuls CX4 werden die Signale S und Z, die zu dieser Zeit *stabil* sein *müssen*, im **HEX-Format** auf eine Datei, den Drucker und/oder den Bildschirm herausgeschrieben.

Wenn ERES während des Simulationslaufs auf eine READ-Anforderung in der oben gezeigten Form `/.../  'READ'  (...);` stößt, dann müssen die einzulesenden und zu speichernden Daten im Format

    Wert 'Basis' (Wortbreite in Bits),   (5)

dem Programm zur Verfügung gestellt werden. Die Basis kann `'2'`, `'4'`, `'8'` oder `'16'` sein. Außerdem können die Daten auch dezimal eingegeben werden. Die dafür normalerweise passende Basis `'10'` entfällt dabei jedoch, so daß man für dezimale Eingaben nur

    Wert (Wortbreite in Bits),   (6)

anzugeben braucht. Die Wortbreite muß mit der Breite des Speichers, in den das

Signal eingelesen wird, übereinstimmen. Sie muß für die Basen '2', '4', '8' bzw. '10' oder '16' mindestens 1, 2, 3 bzw. 4 Bits betragen. Die Wortbreite gesondert angeben zu müssen, obwohl doch die Speicherbreite bereits im REGISTER-Statement definiert wurde, erleichtert die Überprüfung auf eventuelle Eingabefehler. Stimmen die Breiten nicht überein, dann antwortet ERES mit einer Fehlermeldung.

Nachfolgend sind 5 *Beispiele* für die Eingabe des Zahlenwerts 47 auf 8 Bits gemäß den obigen Statements (5) und (6) aufgelistet:

```
2F '16' (8),      = hex
47 (8),           = dezimal
57 '8' (8),       = oktal
233 '4' (8),      = quadral
101111 '2' (8),   = dual
```

Damit wird in allen Fällen der 8 Bits breite String 00101111, der den dezimalen Zahlenwert 47 repräsentiert, eingelesen und abgespeichert.

Dies erklärt auch die Angabe 0(6) in den TERMINAL-Statements der Seite 168 und zeigt, daß dort eine (dezimale) Null auf alle 6 Bits gesetzt wurde.

Die durch eine WRITE-Anweisung initiierte Ergebnis*ausgabe* (vgl. Seiten 162 und 172) ist, zumindest in der Originalversion von ERES (s. [5], [15]), leider auf das HEX-Format beschränkt. Eine solche Ausgabeform ist für das Arbeiten im Rahmen einer professionellen Schaltungsentwicklung nicht ausreichend. Da es hier jedoch hauptsächlich darauf ankommt, ohne allzugroßen Aufwand mit dem Wesen der RT-Simulation vertraut zu machen, kann man sich, zumindest für Lehrzwecke, mit der ausschließlichen HEX-Ausgabe zufrieden geben.

2.5.3 Ablauf der Simulation mit ERES

Die ERES-Simulation kann, je nach Art der verwendeten Computer-Hardware und der auf ihr implementierten Software-Installation, rein im Stapelbetrieb ("batch-orientiert") oder auch teilweise interaktiv (im "foreground") ablaufen. Oder es läuft eine gewisse "Mischform" ab, da im wesentlichen batch-orientiert gearbeitet, der Simulationslauf aber bei jeder READ-Anforderung abgestoppt wird, damit der Anwender "quasi interaktiv" den einzulesenden aktuellen Wert eingeben kann. (Die einzugebenden Werte können aber auch alle vor der eigentlichen Simulation in einer Datei zusammengefaßt werden.) Die Simulationsergebnisse können in Dateien abgelegt, ausgedruckt und/oder auf dem Bildschirm angezeigt werden.

Der Gesamtablauf einer Simulation mit ERES kann gemäß dem folgenden Flußdiagramm *Bild 2.95* in 4 Phasen eingeteilt werden.

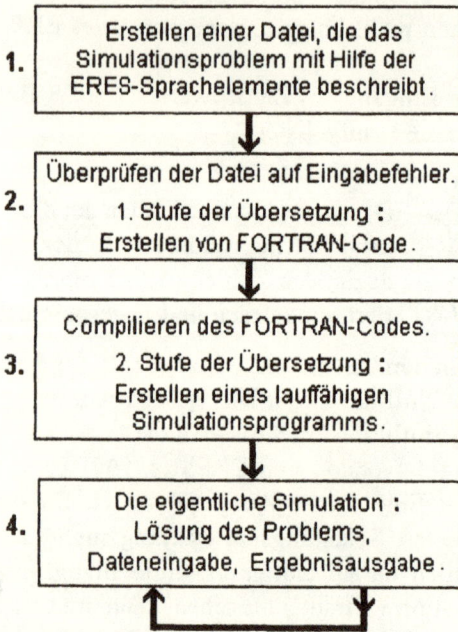

1.	Erstellen einer Datei, die das Simulationsproblem mit Hilfe der ERES-Sprachelemente beschreibt.
2.	Überprüfen der Datei auf Eingabefehler. 1. Stufe der Übersetzung: Erstellen von FORTRAN-Code.
3.	Compilieren des FORTRAN-Codes. 2. Stufe der Übersetzung: Erstellen eines lauffähigen Simulationsprogramms.
4.	Die eigentliche Simulation: Lösung des Problems, Dateneingabe, Ergebnisausgabe.

Bild 2.95   *Ablauf einer ERES-Simulation*

Zur Phase 1 :
Zum Erstellen der Eingabedatei kann, je nach Geschmack, jeder normale Editor benutzt werden.

Zur Phase 2 :
Wenn Eingabefehler festgestellt werden, bricht der Lauf ab und der Anwender muß erneut den Editor (Phase 1) aufrufen. Im fehlerfreien Normalfall erstellt der sogenannte *ERES-Compiler* aus der Eingabedatei problemabhängigen FORTRAN-Code. Vgl. hierzu *Bild 2.26* auf Seite 54, wo gezeigt wurde, daß bei ASTAP und AS/X ebenfalls eine zweistufige Compilierung vorgenommen wird, indem zunächst problemabhängiger FORTRAN-Code erstellt wird.

Zur Phase 3 :
Der in der Phase 2 erstellte FORTRAN-Code wird compiliert und mit den permanent vorhandenen Routinen (dem problemunabhängigen Code) zusammengebunden, um daraus ein lauffähiges Gesamtprogramm zu erstellen (= "Link & Load").

Zur Phase 4 :
Die eigentliche RT-Simulation läuft in der geschilderten, z.B. batch-interaktiven Mischform solange ab, bis sie vom Anweder gestoppt wird. Dies geschieht i.a. dadurch, daß bei einer READ-Anforderung anstatt neuer Daten ein spezieller "Stopp-Befehl" eingegeben wird. Der interne Programmablauf entspricht durchaus dem bereits für die Logiksimulation geschilderten. Entsprechend obigem *Bild 2.95* ist ERES ein Compiled-Code-Simulator, der ereignis- und laufzeitorientiert arbeitet (vgl. Logiksimulation Seiten 144 und 146). Außerdem wird das Prinzip des Selective-Trace-Processing eingesetzt (vgl. S. 146).

2.5.4 Aufgabenteil A3
(Aufgaben zur RT-Simulation)

Da ERES als einfaches (und einziges) Beispiel zur Erläuterung der RT-Simulation herangezogen wurde, sind auch die Aufgaben dieses Abschnitts **2.5.4** ausschließlich auf ERES abgestimmt.

A3.1

Gegeben sei folgender Ausschnitt aus einer ERES-Entwurfsdatei:

```
'REGISTER' :30: BLABLA[31:0];
  . . . .
'CLOCK' :10,60,20,10: TKT[1:4];
'TICK' TA = TKT[1] 'OR' TKT[3];
'TICK' TB = TKT[2] * TKT[4];
  . . . .
/TKT[1]/ 'READ' (BLABLA);
/TKT[2] + TKT[3]/ 'WRITE' (BLABLA);
```

a)   Eines der 6 Statements ist illegal, weil sinnlos. Welches und warum ? Ein weiteres der 6 Statements ist zwar von der Syntax her formal richtig, wird aber beim ERES-Lauf zu einem Stopp mit Fehlermeldung führen. Welches und warum ?

b)   Zeichnen Sie ein die 4 fehlerfreien Statements berücksichtigendes Zeitdiagramm.

A3.2

Gegeben sei (erneut) der einstellige Volladdierer der Aufgabe A2.2, *Bild 2.79* auf Seite 153. Schreiben Sie in 2 (oder auch 3) Zeilen unter Verwendung der ERES-Sprache 1 bis 3 'TERMINAL'-Statements zur Beschreibung der Funktionen $(S, U) = f(A, B, C)$ so hin, daß die Simulation mit Verzögerungszeiten von 60 ZE für $(A, B, C) \rightarrow S$ und von 40 ZE für $(A, B, C) \rightarrow U$ durchgeführt wird.

A3.3

Gegeben sei (erneut) der Schaltungsausschnitt der Aufgabe A2.3, *Bild 2.80* auf Seite 154. Jedes Gatter habe eine Verzögerungszeit von 30 ZE. Beschreiben

Sie den Schaltungsausschnitt "als Ganzes", d.h. als einen einzigen Block, mit
Hilfe eines einzigen Statements nach den Regeln der ERES-Sprache

a)   für 0-Dominanz der Gatterausgänge.

b)   für 1-Dominanz der Gatterausgänge.

A3.4

Gegeben sei folgende ERES-Entwurfsdatei:

```
'DESIGN' Bezeichnung der Schaltung laut Fragenkomplex b).
'REGISTER' :30: A[2:0], D[6:0];
'TERMINAL' :10: B[2:0] = 'NOT' A[2:0],
           :20: C0 = B[0],  C1 = 0,
                C2 = A[0] * B[1],
                C3 = B[0] * (A[1] 'XOR' A[2]),
                C4 = (A[1] * (A[0] 'XOR' A[2]))
                            + (B[0] * B[1] * A[2]),
                C5 = A[2] * (A[0] 'XOR' A[1]);
                C6 = 'AND' A[2:0],
           :10: C[6:0] = C6.C5.C4.C3.C2.C1.C0;
'CLOCK'    :80, 40: T[1:2];
/T[1]/     'READ' (A), 'WRITE' (D);
/T[2]/     D <- C;
'END'
```

a)   Diese Entwurfsdatei weist einen einzelnen Eingabefehler ("Tippfehler")
            auf. Wo ist der Fehler und warum ist diese Eingabe fehlerhaft ?
            Beseitigen Sie den Tippfehler und betrachten Sie danach für die weitere
            Bearbeitung dieser Aufgabe die Datei als fehlerfrei.

b)   Was für eine *algebraische* Funktion wird durch die dieser Entwurfsdatei
            entsprechende Schaltung implementiert ? Beantworten Sie die Frage, in-
            dem Sie
            - eine algebraische (nicht logische) Formel anschreiben. Geben Sie
              außerdem den Definitionsbereich für die Gültigkeit der Formel an.
            - obiger DESIGN-Zeile einen passenden Namen geben.

c)   Zeichnen Sie ein einfaches aus lediglich 4 Blöcken bestehendes Schalt-
            bild. Tragen Sie dabei sinnvolle die Funktion erklärende Bezeichnungen
            in die einzelnen Blöcke ein.

d)   Zeichnen Sie ein Diagramm zur Beschreibung des zeitlichen Ablaufs.

2.6 High-Level Simulation (Systemsimulation)

Die Systemsimulation geht noch über die RT-Ebene hinaus, wie bereits mit den *Bildern 2.2* und *2.3* auf den Seiten 23f dargelegt wurde. (Vgl. auch die Kurzbe- schreibung Seite 28.) Wie der Name sagt, soll das Verhalten ganzer Systeme simuliert werden. Die Elemente, aus denen sich die Gesamtschaltung, d.h. das ganze System, zusammensetzt, können eine ganze CPU, ein RAM, ein Kanal, eine E/A-Einheit usw. sein, wie mit dem folgenden *Bild 2.96* exemplarisch gezeigt ist. (Das *Bild 2.96* wurde aus [29] und dort wiederum aus einer IEEE- Veröffentlichung entnommen.)

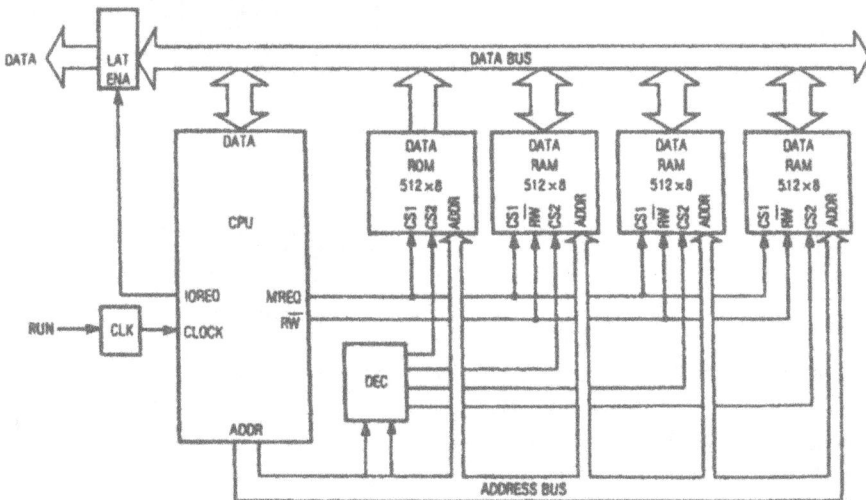

Bild 2.96 *Beispiel eines komplexen Hardware-Systems*

Auch für die Ebene der Systemsimulation ist grundsätzlich sowohl eine *deskriptive* oder *strukturelle* als auch eine *prozedurale* oder *verhaltensmäßige* Modellierung möglich (vgl. S. 23 und/oder z.B. S. 52f von [29]).

Zitat aus [29]: Beim deskriptiven Ansatz sind die Einzelkomponenten des Systems direkt im Modell auffindbar. Hier macht man sich meist das Prinzip der *hierarchischen Modellierungstechnik* zunutze. Auf der obersten Hierarchieebene, der eigentlichen Systemebene, wird dann lediglich angegeben, welche Kompo- nenten verwendet werden und wie diese miteinander verschaltet sind. Auf der

nächsten Ebene, dort wo die Funktion einer System-Komponente beschrieben
werden muß, bleibt dann wieder die Wahl zwischen deskriptiver Beschreibung
(d.h. weiterer struktureller Verfeinerung) oder einer verhaltensmäßigen Beschreibung. Man sieht, daß sich bei genügend tiefer deskriptiver Verfeinerung die
Systemebene von der Register-Transfer-Ebene nur noch in der Modellgröße unterscheidet. *(Zitat Ende)*.

Dies ist im folgenden *Bild 2.97* (ebenfalls entnommen aus [29], IBM 1987)
für zwei Hierarchieebenen angedeutet, wobei der rechte Teil des *Bildes 2.97*
lediglich einen Ausschnitt des linken Teils wiedergibt.

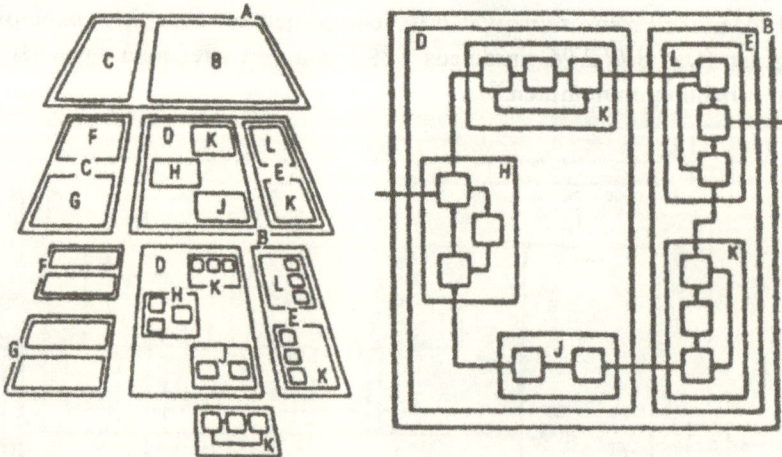

Bild 2.97 *Zwei Stufen einer hierarchischen Hardware-Beschreibung*

Die deskriptive Verfeinerung läßt sich schließlich bis herunter zur Logik-
Ebene (Gatter-Ebene) fortsetzen, was die Aussage der Seite 24 unterstreicht, wonach die Ebenen "fließend" ineinander übergehen, bzw. sich sogar gegenseitig
überlappen.

Benutzt man tatsächlich eine solche deskriptive Modellierung und damit
nichtprozedurale Beschreibungsweise, dann unterscheidet sich die Systemsimulation kaum von der im obigen Kapitel **2.5** mit Hilfe von ERES beschriebenen
RT-Simulation. Der grundsätzliche Ablauf der Simulation ist gleich. Lediglich
die Eingabesprache muß mächtig genug sein und die Bildung entsprechender
Konstrukte erlauben, um die zum Teil sehr umfangreichen Elementarobjekte der
Simulation (z.B. eine ganze CPU) hinreichend genau beschreiben zu können.

Zur *prozeduralen* Modellierung sei erneut aus [29] zitiert. *Zitat* aus Seite
53 von [29] : Beim prozeduralen Ansatz wird ein System nicht mehr in

seinem Aufbau aus Einzelkomponenten betrachtet, sondern verhaltensmäßig in seiner Funktion. Letztlich resultiert ja jedes Simulationsmodell in einem Programm, das das Verhalten eines Systems repräsentiert. Bei einem prozeduralen System-Modell wird aber schon bei der Modellierung ausschließlich das Verhalten und nicht die Struktur des Systems in den Vordergrund gestellt. *(Zitat Ende)*.

Meist wird eine solche prozedurale oder verhaltensmäßige Modellierung für die höchste Simulationsebene, die Systemsimulation, zunächst der deskriptiven Modellierung vorgezogen, da der Entwickler sich der strukturellen Zusammensetzung seines Systems im allgemeinen erst dann widmen kann, wenn er das Verhalten dieses (erst noch zu entwickelnden) Systems per Simulation verifiziert hat. Daher erfolgt die Eingabe zur Systemsimulation üblicherweise zuerst in Form funktioneller Beschreibungen, worauf bereits auf Seite 23 im *Bild 2.2* und im Text hingewiesen wurde. Zu einem späteren Zeitpunkt der Entwicklung, wenn die Struktur des Systems schon weitgehend festliegt, wird die Systemsimulation zum Zwecke der Überprüfung eventuell mit deskriptiver Modellierung wiederholt. Wird ein bereits vorhandenes System geändert oder erweitert, benutzt man häufig von Anfang an eine deskriptive Modellierung.

Die Konstrukte der Simulationssprachen zur verhaltensmäßigen Systemsimulation enthalten meist (u.a.) einige der 5 folgenden wesentlichen Bestandteile, die den Elementen höherer Programmiersprachen (FORTRAN, PASCAL, C usw.) sehr ähnlich sind:

1.)	Anlaß	:	WHEN	oder	FOR
2.)	Start Aktion	:	MAKE	oder	DO
3.)	Bedingung	:	IF .... THEN .... ELSE		
4.)	Einschränkung	:	WITHIN	oder	AFTER
5.)	Ausschließung	:	UNLESS		

Das folgende *Beispiel* ist unmittelbar leserlich und bedarf keiner weiteren Erläuterung:

```
FOR terminal 05 ready DO
   OPEN write_channel
   IF select
     THEN set rega(0:31) = F37A05C3 WITHIN 8 ns
     ELSE reset rega to 0 WITHIN 5 ns
   ENDDO
ENDFOR
```

Solche Sprachen werden in der internationalen Literatur meist *"Behavioral Languages"* genannt. Darunter fallen selbstverständlich auch die Sprachkonstrukte zur Verhaltensbeschreibung in VHDL. Vgl. dazu Seite 32, den Ast der Verhaltensbeschreibung im Y-Diagramm *Bild 2.7* auf Seite 33 bzw. der Verhaltenskonstrukte (Behavioral Statements) im VHDL-Sprachraum *Bild 2.8* auf Seite 34 dieses Buchs.

Darüber hinaus läßt sich eine verhaltensmäßige Systemsimulation auch mit Hilfe *allgemeiner* Simulationssprachen wie SIMULA, GASP oder GPSS durchführen. Und schließlich ist es auch möglich, "normale" höhere Programmiersprachen wie PASCAL oder C oder das für parallele Prozesse geeignete ADA zu verwenden, denn auf der Systemebene geht es ja hauptsächlich um die Simulation von parallel aktiven Einheiten und ihr Zusammenspiel.

Im Gegensatz zu den Behavioral Languages zur verhaltensmäßigen Beschreibung ist die *"Boeblingen Design Language"* BDL (vom IBM Entwicklungslabor Böblingen) ein Beispiel für eine auf der Systemebene verwendbare Sprache, die im wesentlichen eine deskriptive Systembeschreibung erlaubt. Mit dem Schlüsselwort "STRUCTURE" wird die syntaktische Beschreibung des zu simulierenden Systems eingeleitet. Durch Aufzählung der Bestandteile des Systems und ihrer Verschaltung untereinander wird so ein ganzes Hardware-System deskriptiv spezifiziert (vgl. [29]).

In der Praxis der kommerziellen Systementwicklung hat es sich als zweckmäßig erwiesen, eine Simulationssprache zu benutzen, die gleichermaßen die Systemebene und die RT-Ebene abdeckt, was verständlich wird, wenn man die hier zur Systemsimulation gemachten Ausführungen mit denen der Seiten 156 bis 158 sowie 24 bis 29 vergleicht. Kein Wunder, daß sich auch für die Systemsimulation VHDL mehr und mehr einbürgert.

Abschließend darf nicht unerwähnt bleiben, daß die Systemebene in den meisten Fällen schon recht weit von dem entfernt ist, was gemeinhin als *Mikroelektronik* bezeichnet wird. Ein "System" (im Sinne dieses Kapitels **2.6**) kann durchaus ein elektronisch-elektromechanisch gemischtes System sein und könnte dann z.B. mit dem Mixed-Mode-Simulator SIMPLORER [27], [07] simuliert werden. So besehen liegt die gesamte Systemsimulation etwas am Rande der Vorlesung und dieses Buchs, die ja beide den Titel *"CAD der Mikroelektronik"* tragen. Bedenkt man außerdem, daß der Ablauf der Systemsimulation bei deskriptiver Modellierung weitgehend dem der Logik- und RT-Simulation und bei verhaltensmäßiger Modellierung dem höherer Programmiersprachen entspricht, dann ist wohl verständlich, daß weitere Ausführungen über die Systemsimulation nicht mehr Gegenstand dieses Buchs sind.

3 Konstruktion, Layout

Die Entwicklung des Layouts einer (Mikro-)Elektronik wird auch als *"Physical Design"* bezeichnet (vgl. *Bild 1.20*, Seite 17), weil in diesem Teil des Entwicklungsprozesses die eigentliche Konstruktion der ("physikalisch realen") Hardware erfolgt, während vorher, bei der Simulation ja "nur" softwaremäßig mit einer Elektronik gearbeitet wurde, die es real noch gar nicht gibt. Mitunter wird dieser konstruktive Teil des Gesamt-Entwicklungsprozesses auch alleinig als CAD bezeichnet, während der Simulationsteil, davon getrennt, CAE (Computer Aided Engineering) genannt wird. Einer solchen Trennung können wir uns nicht anschließen. Vielmehr müssen wir CAE als essentielle(n) Teil(e) des umfassenderen CAD ansehen, worauf bereits im Vorwort dieses Buchs hingewiesen wurde, zumal die Konstruktion moderner hochintegrierter Elektronik ohne Simulation undenkbar ist. Vgl. auch *Bild 1.21*, Seite 19. Dazu sei wie folgt zitiert und kommentiert:

> *Zitat aus* [21] : Entwurfsebenen sind Darstellungsebenen unterschiedlichen Abstraktionsgrades. Ein Entwurfsschritt besteht im korrekten Umsetzen der Beschreibung einer höheren Ebene in eine Darstellung auf einer niedrigeren Ebene. *(Zitat Ende).*

Kommentar dazu : Als Entwurfsebenen im Sinne dieses Zitats werden nicht nur die Simulationsebenen (s. S. 23 bis 28) betrachtet, sondern auch die *"Ebene des Layouts"*. Die angegebene Definition eines Entwurfsschritts gilt streng nur für den reinen Top-Down-Entwurf. In praxi wird jedoch im allgemeinen gemischt "top-down" und "bottom-up" gearbeitet, vgl. S. 25f.

> *Zitat aus* [21] : Während der Logiksimulation ist die spätere Leitungsführung auf dem Chip noch nicht bekannt. Die Logik- bzw. Timing-Simulation wird deshalb mit Schätzwerten für die Leitungslaufzeiten durchgeführt. Sind die realen Laufzeiten aus dem vollständig konstruierten Layout des Schaltkreises, also nach der Plazierung und Verdrahtung, mit Hilfe eines Laufzeitanalyseprogramms ermittelt, kann eine Resimulation und, falls nötig, Korrektur erfolgen. *(Zitat Ende).*

Kommentar dazu : Dieses Zitat weist auf das unbedingt notwendige Zusammenspiel zwischen dem konstruktiven Teil des Entwurfs (dem Layout) und der Simulation hin. Vgl. dazu die "Physikalische Schleife" im Flußdiagramm *Bild 1.21* auf Seite 19.

In den Diagrammen *Bild 1.20*, Seite 17 und *Bild 1.21*, Seite 19 wurde bereits angedeutet, daß sich die Konstruktion aus 3 Hauptteilen zusammensetzt,

- der *Partitionierung* *(Partitioning)*,
- der *Plazierung* *(Placement)*
- und der *Verdrahtung* *(Wiring* oder *Routing)*,

worauf im Kapitel **3.4** eingegangen wird. Zuvor müssen jedoch in den Kapiteln **3.1** bis **3.3** einige Informationen über die allgemeinen Strukturen der zu konstruierenden Hardware, über spezielle Gegebenheiten auf der Siliziumscheibe usw. zusammengestellt und vorgetragen werden.

Die Konstruktion wird zum Teil manuell mit "CAD-Unterstützung", teils aber auch mit Hilfe automatisch ablaufender CAD-Programme durchgeführt. Mindestens die manuell konstruierten Teile müssen auf mögliche Konstruktionsfehler überprüft werden. Mit dieser sogenannten Entwurfskontrolle befaßt sich abschließend das Kapitel **3.5** dieses Buchs.

3.1   Struktur und Aufbau integrierter Schaltungen

Entsprechend der Überschrift "... *integrierter* Schaltungen" befaßt sich dieses Kapitel fast ausschließlich mit Chips. (Auf Besonderheiten des Modul- oder Platinen-Layouts wird erst im Kapitel **3.4** eingegangen.) Die auf Chips integrierten Schaltungen werden häufig abgekürzt **IS** genannt oder auch **IC** (= Integrated Circuit). Man kann die IC's nach verschiedenen Gesichtspunkten klassifizieren und einteilen, z.B. in

➤ Analoge IC's (HF-Verstärker, analoge Regler, usw.)

➤ Digitale IC's
- Mikroprozessoren (z.B. 8080, 80486, Pentium, Power-Chip usw.)
- Speicher (z.B. 1 MBit, ... 64 MBit usw.)
- Logik-IC's (Aus NAND's, NOR's, Flipflops usw.
  zusammengesetzte Logik, sogenannte Random-Logik)
  - Standard-IC's (Nach Katolog käufliche Schaltungen auf Chips)
  - Semi-Kunden-IC's (Siehe Abschnitt **3.1.1**)
    - o   Gate-Arrays
    - o   Standard-Zellen-IC's
    - o   Allgemein-Zellen-IC's

- Voll-Kunden-IC's (Für eine bestimmte Kunden-Applikation
speziell entwickelte Chips)
- Hybrid-IC's (Mischung von Speicher-Arrays und Random-Logik auf
demselben Chip, wie z.B. mit den *Bildern 1.14* und *1.15* auf der Seite 11 gezeigt. Das nebenstehende *Bild 3.1* zeigt einen Ausschnitt aus einer Silizium-scheibe [Wafer] mit dem rechten Chip der Seite 11 bevor die Scheibe in einzelne Chips zersägt wurde.)

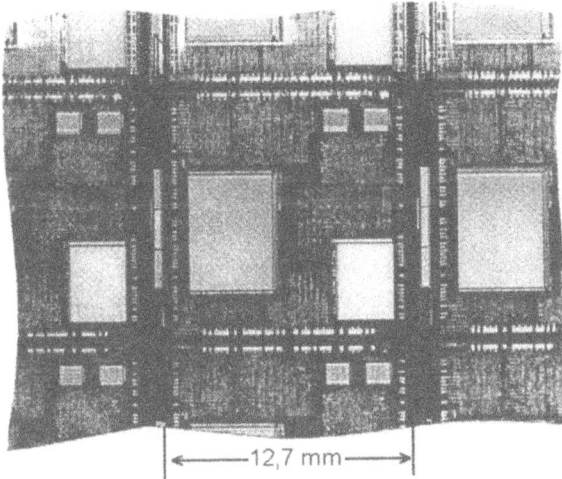

←———12,7 mm———→

Bild 3.1   *Ausschnitt aus einem Wafer*

Da in diesem Buch aus Platzgründen (und in der Vorlesung aus Zeitgründen) nicht alle der oben aufgelisteten Klassen von Chips im Detail behandelt werden können, konzentrieren sich Vorlesung und Buch im wesentlichen auf die Logik-Chips und dabei vorwiegend auf die Semi-Kunden-IC's.

Standard-IC's, Semi-Kunden-IC's und Voll-Kunden-IC's unterscheiden sich wie folgt voneinander:

Standard-IC's :

Auf einem einzelnen Chip sind mehrere beliebig verwendbare NAND's, Flipflops usw. oder auch ganze Register, Decoder, 8-Bit-Addierer usw. unterge-bracht. Auf einem genormten Chipträger (Modul), vielfach ein Dual-Inline-Package entsprechend *Bild 1.4* auf Seite 3, sitzt in aller Regel ein einzelnes Chip, seltener 2 oder gar 3 solcher Standard-Chips. Vielfach wird das gesamte Modul auch als IC bezeichnet, da der Logikentwickler die für sein zu entwerfen-des System benötigten Module aus einem Katalog (siehe z.B. TTL-Kataloge) aussuchen kann und keine Rücksicht darauf nehmen muß, ob die katalogmäßig spezifizierte Funktion Modul-intern durch ein einzelnes oder durch mehrere Chips realisiert wird.

Wird das Gesamtsystem (fast) nur aus solchen Standard-IC's (Standard-Chips bzw. Standard-Moduln) aufgebaut, dann entfällt nicht nur jegliche Schaltkreisentwicklung, sondern auch das Chip-Layout und meist auch das Modul-Layout. Das Layout kann auf die Platine(n) und die eventuell darüber hinausgehenden Packungsebenen beschränkt bleiben (vgl. z.B. *Bilder 1.1* u. *1.2*, S. 2). Dadurch kann ganz erheblich Entwicklungszeit eingespart werden, und die Entwicklungskosten werden in außerordentlich spürbarem Maße gesenkt. Jedoch kann auf Standard-IC's, die ja für nicht vorausplanbare Zwecke universell einsetzbar sind, zwangsläufig weit weniger Logik untergebracht werden als auf Voll-Kunden-IC's, die speziell für einen einzigen Zweck entwickelt wurden. Ein nur aus Standard-IC's aufgebautes Gesamtsystem wird sich daher aus wesentlich mehr IC's zusammensetzen, sowie mehr Platinenfläche, mehr interne Verkabelung usw. benötigen und im allgemeinen zu größeren äußeren Abmessungen führen. Deshalb liegen die Fertigungskosten pro System meist erheblich höher als bei einem funktionell gleichartigen, jedoch vollständig aus Voll-Kunden-IC's aufgebauten System.

Voll-Kunden-IC's :

Voll-Kunden-IC's werden für spezielle Applikationen komplett neu entwickelt. Dazu gehören die Schaltkreis- und die Logikentwicklung mit Hilfe der Simulation sowie das komplette Chip-Layout (und folglich meist auch das Modul-Layout), was erhebliche Entwicklungszeit beansprucht und Kosten verursacht. Die Fertigungskosten pro System liegen dagegen wesentlich niedriger als bei einem aus Standard-IC's aufgebauten System gleicher Funktionsweise. Denn mitunter kann die gesamte Systemfunktion mit einem einzigen Voll-Kunden-IC realisiert werden, während für dieselbe Gesamtfunktion viele verschiedene Standard-IC's notwendig wären. Man spart damit fast den gesamten Aufwand für das Packaging ein. Typisches Beispiel: Die gesamte Schaltung einer quarzgesteuerten Armbanduhr mit Datum und Kalender ist leicht auf einem einzigen Chip unterzubringen. Außerdem sind die Fertigungskosten pro Gatter bei hochintegrierten Chips mit sehr vielen Gattern wesentlich niedriger als bei Chips mit vergleichsweise nur wenigen Gattern.

Semi-Kunden-IC's :

Bei den Semi-Kunden-IC's sind die Schaltkreise bereits fertig entwickelt und die Bauelemente im Silizium festgelegt. Um ein funktionsfähiges Chip zu erhalten, müssen die Bauelemente "nur noch" untereinander verbunden werden. Es ist daher keine Schaltkreisentwicklung mehr notwendig, wohl aber das Chip-Layout. Die Zahl der möglichen Gatter pro Chip ist höher als bei Standard-IC's aber im allgemeinen niedriger als bei Voll-Kunden-IC's. Die Entwicklungskosten eines vorwiegend aus Semi-Kunden-IC's augebauten Systems sind daher höher als bei Verwendung von Standard-IC's aber i.a. niedriger als bei Verwendung von Voll-Kunden-IC's. Bei den Fertigungskosten ist es umgekehrt: Sie liegen pro zu fertigendem System niedriger als bei Verwendung von Standard-IC's aber höher als beim Einsatz von Voll-Kunden-IC's.

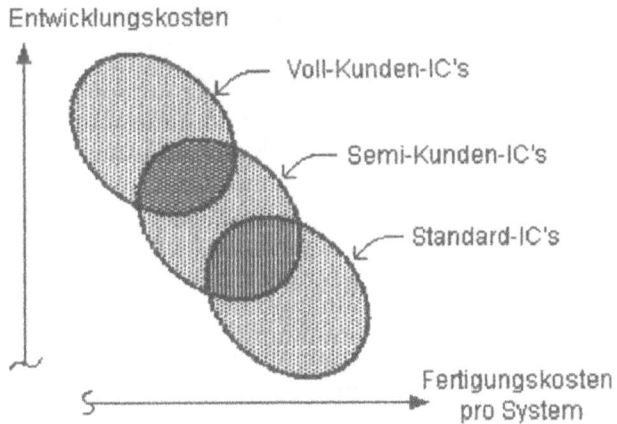

Bild 3.2

Entwicklungs- und Fertigungskosten-Tendenz

Die geschilderte Entwicklungs- und Fertigungskosten-Tendenz kann man qualitativ so darstellen, wie hier im *Bild 3.2* gezeigt: Will man nur wenige Systeme bauen, vielleicht nur ein einziges Prototyp-System, dann ist es aus Zeit- und Kostengründen günstiger, mit Standard-IC's zu arbeiten. Sollen jedoch höhere Stückzahlen gefertigt werden, dann sollte man, wenn möglich, Voll-Kunden-IC's verwenden, da die nur einmalig einzusetzenden Entwicklungskosten, auf die Gesamtstückzahl umgelegt, gegenüber den pro Stück anfallenden Fertigungskosten zu vernachlässigen sind. Die Semi-Kunden-IC's stellen normalerweise einen bestmöglichen Kompromiß für mittlere Stückzahlen dar.

Diese zeit- und kostenorientierten Überlegungen setzen natürlich voraus, daß alle 3 IC-Bauformen grundsätzlich möglich sind, was aus Gründen nicht vorhandenen Platzes und/oder der Forderung nach sehr kurzen Signallaufzeiten nicht immer der Fall ist. Daß z.B. eine aus Standard-IC's aufgebaute Uhrenschaltung nicht in das Gehäuse einer Armbanduhr paßt, versteht sich wohl von selbst. Bei einer Computer-Elektronik ist der Platzbedarf dagegen vielfach nur von sekundärer Bedeutung (wenn es sich nicht gerade um einen Laptop oder ein Notebook handelt). Wesentlich können dabei aber die verlängerten Signallaufzeiten sein, die sich bei Standard-IC's aufgrund der relativ langen Leitungen zwischen den vielen Chips ergeben. Wird die Schaltung dagegen kompakt auf ganz wenigen Chips (oder gar auf einem einzigen Chip) untergebracht, dann sind die Leitungen extrem kurz und die Schaltung wird entsprechend schneller. Bei einer Schaltung zur Steuerung eines Aufzugs hat man i.a. weder Platzprobleme, noch ist man auf Schaltgeschwindigkeiten im ns-Bereich angewiesen. Folglich kann man die zu wählende Bauform einer solchen Schaltung sehr wohl von rein ökonomischen Kriterien abhängig machen und die Entwicklung darauf ausrichten. Es kann (insbesondere im Rahmen einer Vorlesung vor Ingenieurstudenten) nicht oft genug betont werden, daß die beste ingenieurmäßige Lösung leider häufig einen Kompromiß zwischen dem reizvollen, technisch maximal Machbaren und dem technisch-wissenschaftlich viel weniger reizvollen, aber zeit- und kostenmäßig Bezahlbaren erfordert.

Diese Form des Kompromisses darf keinesfalls mit dem ganz andersartigen "Kompromiß" eines Semi-Kunden-IC verwechselt werden. Denn weil die Semi-Kunden-IC's die Extreme einerseits der Standard-IC's und andererseits der Voll-Kunden-IC's vermeiden, können sie geradezu als jene wichtigsten Logik-IC's angesehen werden, mit deren Hilfe die Fortschritte in der Schaltkreistechnik und der Fertigungstechnologie in die Praxis umgesetzt werden. Die moderne Serienfertigung beherrscht seit etwa 1992 den Bau von Semi-Kunden-IC's mit 80.000 bis 150.000 Gattern (bzw. sog. Gatteräquivalenten) pro Chip. Die Vorteile von mit Semi-Kunden-IC's aufgebauten Systemen gegenüber solchen mit Standard-IC's oder Voll-Kunden-IC's lassen sich wie folgt zusammenstellen:

- *Vorteile gegenüber Standard-IC's :*
  - Platzeinsparung
  - Weniger IC's pro System
  - Weniger interne Anschlüsse pro System
  - Geringere Verlustleistung und damit geringere Wärmeentwicklung
  - Höhere Geschwindigkeit

- *Vorteile gegenüber Voll-Kunden-IC's :*
  - Kürzere Entwicklungszeit
  - Wirtschaftlicher bei kleinen bis mittleren Mengen
  - Meist ausgereifte CAD-Unterstützung vorhanden

Deshalb befassen sich zunächst die beiden folgenden Abschnitte **3.1.1** und **3.1.2** ausschließlich mit Semi-Kunden-IC's.

3.1.1   Vergleich verschiedener Semi-Kunden-IC's

Ein Semi-Kunden-IC ist eine auf einem Chip integrierte Schaltung, die durch
kundenspezifische Verdrahtung aus einer vorgefertigten Siliziumscheibe (auch
"Master Slice" oder "Master Image" genannt) hergestellt wird und integrierte
Standard-Bauteile (Widerstände, Transistoren usw.) in einer modularen Struktur
enthält.

Die unten auf Seite 182 angegebenen drei verschiedenen Ausführungsformen
von Semi-Kunden-IC's sind im folgenden *Bild 3.3* in schematischer Form einander gegenübergestellt:

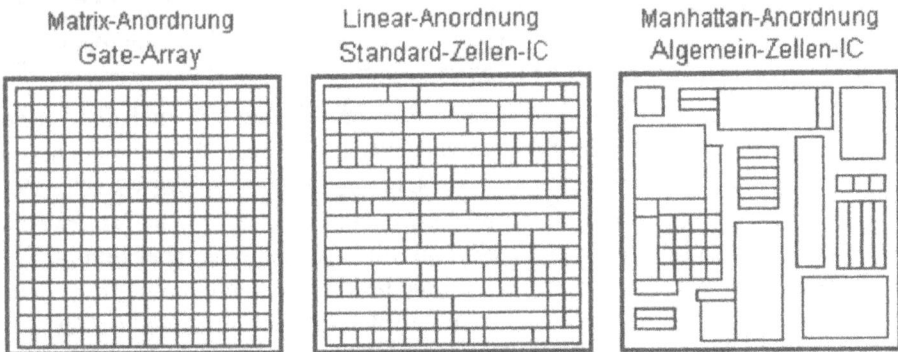

| Matrix-Anordnung | Linear-Anordnung | Manhattan-Anordnung |
| Gate-Array | Standard-Zellen-IC | Algemein-Zellen-IC |

Bild 3.3   *Die 3 Ausführungsformen von Semi-Kunden-IC's auf einem Chip*

Ein *Gate-Array* besteht aus einer regelmäßigen Anordnung von Gattern
(daher die Bezeichnung), die aus lauter gleichen (Bauelemente-)Zellen aufgebaut
sind. Die Zellen sind ihrerseits (mit oder ohne Zwischenräume für die Verdrahtung) matrixartig angeordnet, weshalb auch einfach von *Matrix-Anordnung*
gesprochen wird.

Beim *Standard-Zellen-IC* gibt es eine gewisse Anzahl verschiedener, jedoch
standardisierter Schaltungen, die je nach ihrem schaltungstechnischen Aufwand
aus kleineren oder größeren Zellen aufgebaut sind. Alle standardisierten Zellen
sind jedoch geometrisch gleich hoch und lediglich je nach Platzbedarf verschieden breit, weshalb auch von *Linear-Anordnung* gesprochen wird.

Schließlich können beim *Allgemein-Zellen-IC* sowohl die Höhe als auch die
Breite der (ebenfalls standardisierten) Zellen variabel sein. Größere in sich eine

Einheit bildende Schaltungsteile können zu sogenannten *Macros* zusammengefaßt sein. Ein solches Layout wird manchmal *Manhattan-Anordnung* genannt.

In der folgenden Tabelle ist angegeben, was bei diesen 3 verschiedenen Arten von Semi-Kunden-IC's üblicherweise in der Vergangenheit, und manchmal heute noch, fest vorgegeben ist und was in gewissen Grenzen verändert werden kann.

	Gate-Array	Standard-Zellen-IC	Algemein-Zellen-IC
Chipgröße	fest	variabel	variabel
Zellenzahl	fest	variabel	variabel
Zahl der Anschlüsse	fest	variabel	variabel
Zellenhöhe	fest	fest	variabel
Zellenbreite	fest	variabel	variabel
Lage der Verdrahtungskanäle	fest	variabel	variabel

Der Übergang zwischen Gate-Arrays, Standard-Zellen-IC's und den Allgemein-Zellen-IC's ist heute als fließend anzusehen, d.h. eigentlich nur noch eine Definitionsfrage. Vielfach haben sich die Unterschiede völlig verwischt, da einerseits die in einem solchen IC einsetzbaren standardisierten Schaltungen (und damit Zellen) sowohl in ihrer Höhe als auch in ihrer Breite variabel sein dürfen, andererseits aber z.B. die Chipgröße für eine bestimmte Technologie fest vorgegeben ist. (Vgl. z.B. die beiden völlig unterschiedlichen Chips der *Bilder 1.14* und *1.15* auf Seite 11, die, zusammen mit anderen Chips derselben "Familie", die gleiche Größe haben.)

Häufig weist ein solches Chip "innerlich" (im Silizium) eine regelmäßige Struktur von Transistoren, Widerständen usw. auf, ein sog. "Master Image", das für alle zu entwickelnden und am Ende zu fertigenden Chip-Teilnummern gleich ist. Aus diesem Master Image lassen sich sowohl Gate-Arrays in matrixartiger Anordnung als auch aus "allgemeinen" Zellen unterschiedlicher Höhe und Breite zusammengesetzte Schaltungen aufbauen. Die standardisierten Layouts aller verschiedenen in einem solchen Chip verwendbaren Schaltungen sind meist in einer sogenannten *"Zellenbibliothek"* abgespeichert (vgl. z.B. [21]). Das Chip wird dann üblicherweise als Standard-Zellen-IC bezeichnet, unabhängig davon, welcher der 3 gezeigten Ausführungsformen es letztendlich am nächsten kommt.

Wir haben bei diesen Überlegungen stillschweigend vorausgesetzt, daß es sich um reine Logik-Chips handelt. Eingebettete Speicher-Arrays, wie z.B. in den *Bildern 1.14* u. *1.15*, Seite 11, müssen gesondert behandelt werden.

3.1.2   Aufbau eines Gate- oder Zellen-Arrays

Eine regelmäßige (meist matrixartige) Anordnung von Zellen wird mitunter auch
als *Zellen-Array* bezeichnet. Baut man aus diesen Zellen lauter gleichartige
Gatter auf, dann erhält man ein *Gate-Array*. Das folgende *Bild 3.4* zeigt in grob
schematisierter Form ein Chip mit solch einer matrixartigen Zellenanordnung
(was durchaus der Matrix-Anordnung des *Bildes 3.3*, Seite 187, entspricht).

Bild 3.4

Chip mit einer
matrixartigen
Zellenanordnung
und Anschlüssen
am Rand des Chips

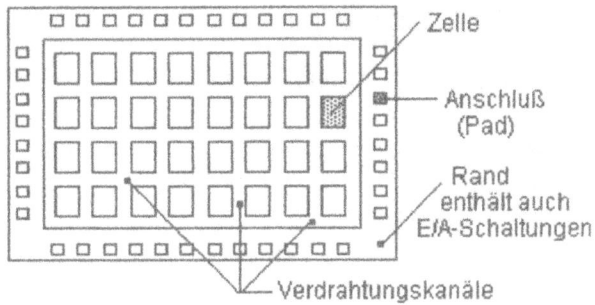

Zelle

Anschluß
(Pad)

Rand
enthält auch
E/A-Schaltungen

Verdrahtungskanäle

Das im *Bild 3.4* gezeigte Chip hat (um das Beispiel übersichtlich zu machen)
lediglich 32 Zellen. Jede dieser Zellen besteht aus 4 identischen Teilzellen, wie
im folgenden *Bild 3.5* auf Seite 190 gezeigt ist. Baut man beispielsweise aus
jeder Teilzelle ein NAND auf, etwa laut *Bild 3.6*, Seite 191, so erhält man ein
Gate-Array mit 128 NAND's plus einigen eventuell nötigen Eingangs- und
Treiberschaltungen, die am Rand des Chips untergebracht sind und nicht zum
eigentlichen Gate-Array gehören.
   Die zwischen den Zellen liegenden freien Kanäle dienen der Verdrahtung der
aus den Zellen gebildeten Gatter untereinander. Ob man solche Verdrahtungskanäle (wie man sie vor allem bei älteren Chips noch häufig findet) überhaupt
braucht, und wenn ja, ob dann in beide oder nur in einer Richtung, wird im
Kapitel **3.4** besprochen. (Vgl. z.B. *Bild 3.3*, S. 187, wo die Matrix- und die
Linear-Anordnung beide ohne Verdrahtungskanäle dargestellt sind.)
   Die Außenanschlüsse des Chips, die sogenannten Pads, sind am Rand des
Chips angeordnet, um mit Hilfe von kaltgeschweißten Golddrähtchen (bonded
wires) gemäß *Bild 1.13*, Seite 9, die Verbindungen zwischen Chip und Modul
herstellen zu können. Solche Chips sind vielfach in Dual-Inline-Moduln entspre-
chend *Bild 1.4*, Seite 3, untergebracht. Selbstverständlich kann ein Zellen-Array-
Chip anstatt mit Pads am Chip-Rand auch mit C4-Pads ausgerüstet sein, wie in
den *Bildern 1.11* und *1.13* bis *1.16* auf den Seiten 8 bis 12 gezeigt. Die Technik

der C4-Verbindungen bietet zwei Vorteile: Erstens kann das Chip mit erheblich mehr Pads versehen werden, womit man mit den Möglichkeiten der Signalverbindungen nach außen etwas weniger eingeschränkt ist. Zweitens können die Chips auf einem Träger (dem Modul) enger nebeneinander gesetzt werden, da um die Chips herum kein extra Platz für die anzuschweißenden Golddrähtchen vorgesehen werden muß. Ein Modul mit 116 Chips laut *Bild 1.8*, Seite 6, und sein Einbau in ein TCM entsprechend den *Bildern 1.9* bis *1.12*, Seiten 7 bis 9, wäre ohne C4-Technik nicht machbar. Der nicht zu übersehende Nachteil der C4-Technik besteht allerdings in den ganz erheblich höheren Kosten pro auf einen Träger gesetztes Chip, was sicherlich dazu beigetragen hat, daß die "konventionelle" Technik mit kaltgeschweißten Golddrähtchen die weltweit am häufigsten angewendete ist.

Das folgende *Bild 3.5* zeigt, wie jede Zelle des Beispiel-Arrays des *Bildes 3.4* in 4 identische Teilzellen unterteilt ist. (Es ist dabei reine Geschmacksache, ob man jedes Viertel als Zelle oder die ganze Vierer-Anordnung als Zelle und jedes Viertel als Teilzelle bezeichnet.)

Bild 3.5

Vier Teilzellen eines Beispiels-Gate-Arrays. (Zu den Formen der Widerstände vgl. auch Kapitel 3.5.2)

Die in der Draufsicht in jedem Viertel erkennbaren geometrischen Figuren sind die in das Silizium eindiffundierten Dioden, Transistoren und Widerstände. Es handelt sich hier ganz offenbar um Bauelemente zum Aufbau von Gattern in Bipolartechnik (und in diesem Fall um Schottky-Bipolartechnik), wie aus dem folgenden Schaltungsbeispiel *Bild 3.6*, Seite 191, hervorgeht.

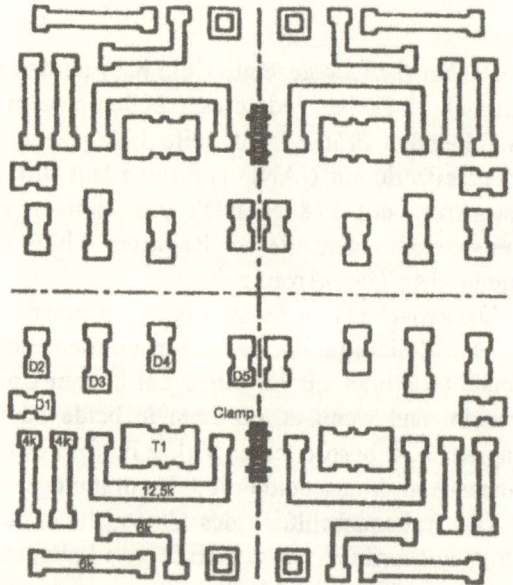

3.1.3 Schaltkreistechniken

Auf die Techniken, die eingesetzt wurden (und zum Teil noch werden), um Schaltungen mit einzelnen *diskreten* Komponenten aufzubauen, soll hier *nicht* eingegangen werden. Wir wollen uns statt dessen auf einige in Semi-Kunden-IC's verwendete Schaltkreistechniken beschränken, ohne dabei allzusehr in die Details einzusteigen. Als *Beispiel* für eine inzwischen sicher als älter zu bezeichnende Technik diene die im folgenden *Bild 3.6* gezeigte Schaltung eines 4-fach-NAND, die aus den Komponenten einer einzigen Teilzelle des obigen *Bildes 3.5* aufgebaut werden kann.

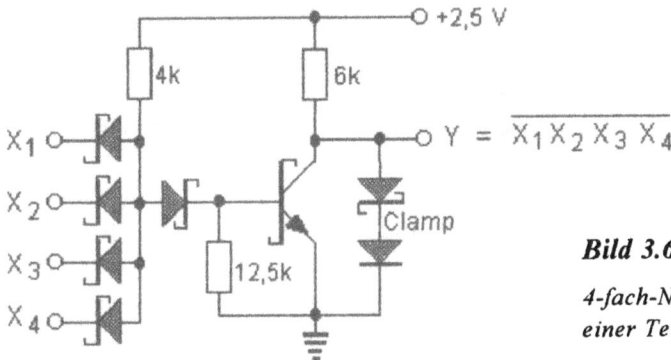

Bild 3.6

4-fach-NAND, aufgebaut aus einer Teilzelle des Bildes 3.5

Versucht man zusammenzustellen, welche Techniken in Semi-Kunden-IC's eingesetzt wurden und werden, dann gibt folgende Tabelle (ohne Anspruch auf Vollständigkeit) einen brauchbaren Überblick:

Einige Transistor-Technologien :		Delay [ns]	Gatter-äquivalente pro Chip
DTL SDTL	Diode-Transistor Logic Schottky-DTL		
ECL	Emitter Coupled Logic	0,05 ... 1	100 1000
TTL STTL SCTTL	Transistor-Transistor L. Schottky-TTL Schottky-Clamped-TTL	0,5 ... 10	100 2000
I²L MTL	Integrated Injection L. Merged Transistor Logic	2 ... 20	200 10000
NMOS CMOS	N-Channel MOS Logic Complementary MOS Logic	0,1 ... 10	500 ... 150000
BiCMOS	Bipolar-CMOS Logic		

Die Verzögerungszeiten (Delay) pro Gatter in obiger Tabelle können nur als grobe Richtwerte angesehen werden, zumal sie sich bei manchen Technologien in gewissen Grenzen ändern lassen, wie z.B. mit den *Bildern 3.10* und *3.11*, S. 195, erläutert wird. Auch die Zahl der Gatteräquivalente pro Chip ist nur als grober Richtwert zu verstehen und zeigt (**etwa**) die Grenzen, vor allem die oberen Grenzen, heutiger Chips auf. Daß auf der gleichen Chipfläche mit derselben Technologie z.B. mehr 2-fach-NAND's als 4-fach-NAND's unterzubringen sind, ist offensichtlich. Herstellerangaben über die Zahl der Gatter sind daher mit der Frage zu versehen, um welche Art von Gattern es sich handelt. Man gibt deshalb besser statt der Zahl der Gatter die Zahl der *"Gatteräquivalente"* an, d.h. die Zahl der Schaltungen, die in ihrem Aufwand (und damit Platzbedarf) einem 2-fach-NAND oder 2-fach-NOR äquivalent sind. Trotzdem kann sich die Zahl der möglichen Gatteräquivalente pro Chip noch um Größenordnungen unterscheiden, da sie (bei gleicher Technologie) etwa quadratisch mit der Chip-Kantenlänge ansteigt. Manche Hersteller geben an Stelle der Zahl der Gatter oder Gatteräquivalente die Zahl der Transistoren pro Chip an. Damit ist aber nichts gewonnen, denn ein NAND oder NOR mit 2 Eingängen kann je nach verwendeter Schaltkreistechnik aus 1 bis 9 Bipolar-Transistoren oder aus 3 bis 4 MOSFET's aufgebaut sein.

Zu den in der Tabelle Seite 191 aufgelisteten Schaltkreistechniken sollen nun noch einige Erläuterungen gegeben werden. Solche Schaltungen sollten zwar aus Grundlagen-Vorlesungen über Schaltkreistechnik bzw. aus der einschlägigen Literatur bekannt sein (siehe u.a. Grundlagen [01] und [57] oder auch neuere Veröffentlichungen, beispielsweise [47]), aber wegen ihrer Bedeutung für die Semi-Kunden-IC's scheint eine kurze Wiedergabe einiger wichtiger Basis-Schaltkreise durchaus angebracht.

DTL und SDTL (vgl. z.B. das NAND-Gatter *Bild 3.6*) sind ältere Techniken, die heute, zumindest in Semi-Kunden-IC's, nicht mehr eingesetzt werden. Aber in der Vorlesung und in diesem Buch ist besonders die DTL-Technik nach wie vor gut geeignet, um mit ihrer Hilfe spezielle Vorgänge auf einfache Weise erläutern zu können. (Siehe z.B. *Bild 2.68*, Seite 135, wo es leicht möglich war, mit Hilfe von zwei DTL-Ausgängen ohne Clamp die Dot-AND-Verknüpfung zu erklären.)

Im praktischen Einsatz ist auch heute noch gelengtlich die ECL-Technik, wenn es, ohne Rücksicht auf den Aufwand und die leider relativ hohe Verlustleistung pro Gatter, auf höchste Schaltgeschwindigkeit ankommt. Das folgende *Bild 3.7* zeigt als **Beispiel** die Schaltung eines 3-fach-OR/NOR-Gatters in ECL-Technik.

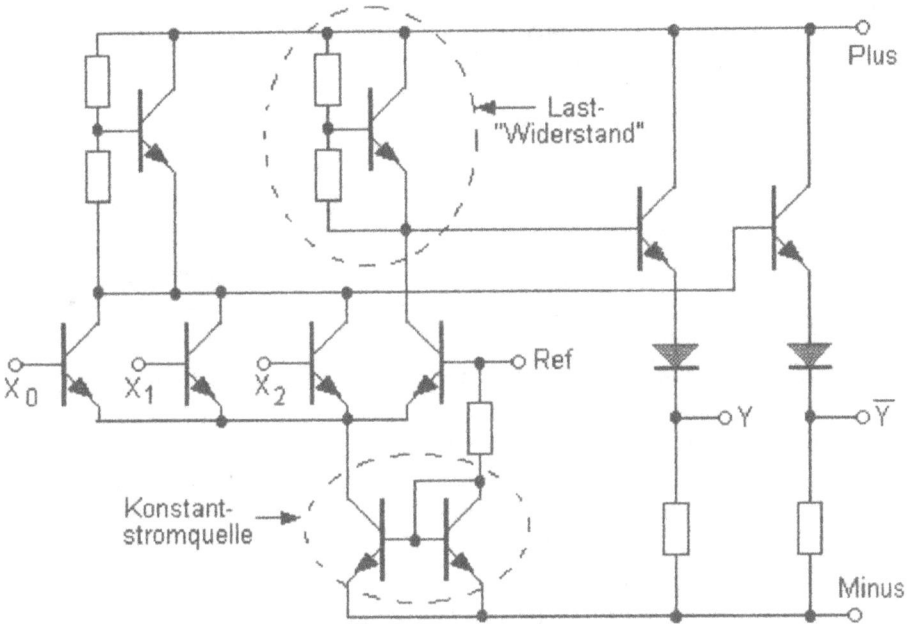

Bild 3.7 *Ein 3-fach OR/NOR-Gatter in ECL-Technik*

Das OR/NOR-Gatter *Bild 3.7* ist ein gutes Beispiel für eine **extrem schnelle**, aber auch **sehr aufwendige** Technik. Vor allem fällt die große Zahl der Transistoren auf. Man darf aber nicht vergessen, daß dies eben der Preis an Chipfläche ist, den man für die extrem hohe Schaltgeschwindigkeit bezahlen muß. Im übrigen beansprucht ein Transistor i.a. weniger Chipfläche als ein Widerstand und kann daher in integrierter Technik sogar billiger als ein Widerstand sein.

Mit diesem OR/NOR-Gatter werden die Schaltnetzfunktionen

$$y = x_0 \vee x_1 \vee x_2 \quad \text{und} \quad \overline{y} = \overline{x_0 \vee x_1 \vee x_2} = \overline{x_0} \wedge \overline{x_1} \wedge \overline{x_2} \tag{1}$$

implementiert.

Die Dioden an den Ausgängen dienen nur der Pegelanpassung. Sie können je nach Pegelverhältnissen u.U. auch entfallen.

Die Konstantstromquelle arbeitet in der hier gezeigten Form nur in integrierter Technik, da die beiden Transistoren gleiche V_{BE}-I_E-Kennlinien haben müssen, die einem gemeinsamen Toleranz- und Temperatur-Tracking unterworfen sind. (Vgl. dazu Bild 2.9, Seite 38 und den das Tracking erläuternden Text auf Seite 39.) Beim Aufbau mit diskreten Transistoren müßte eine hinreichende Kennlinienanpassung durch zusätzliche Emitterwiderstände erzwungen werden.

Zur Erläuterung der Funktionsweise der beiden nichtlinearen Kollektor-Last-
widerstände diene das folgende *Bild 3.8* :

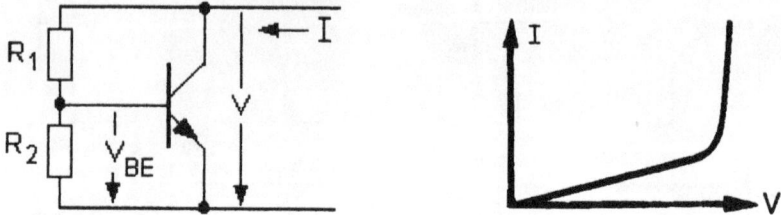

Bild 3.8   *Schaltung und Kennlinie eines nichtlinearen Lastwiderstands*

Solange V so klein ist, daß V_{BE} = V • R_2 / (R_1 + R_2) kleiner ist als ungefähr 0,6 V bis 0,7 V, ist der Transistor nicht leitend. Der Widerstand ist linear
und folglich der Strom I = V / (R_1 + R_2) . Sobald aber V_{BE} die für Si-Transi-
storen typischen 0,6 bis 0,7 V überschreiten will, wird der Transistor leitend,
so daß V_{BE} und damit V nur noch unwesentlich ansteigen kann. Der Kennlinien-
knick liegt bei V ≈ (0,6 bis 0,7) • (R_1 + R_2) / R_2 . Die Schaltung arbeitet
somit als "Clamp" und hält die Emitter-gekoppelten Transistoren aus der Sättigung heraus.

Weit verbreitet sind die
TTL-, die STTL- und auch die
SCTTL-Technik. Das nebenstehende *Bild 3.9* zeigt die Stan-
dard-TTL-Schaltung, wie sie in
Semi-Kunden-IC's (jedoch auch
in Standard-IC's) millionenfach
im Einsatz ist.

Bild 3.9

*Ein 3-fach-NAND in
Standard-TTL-Technik*

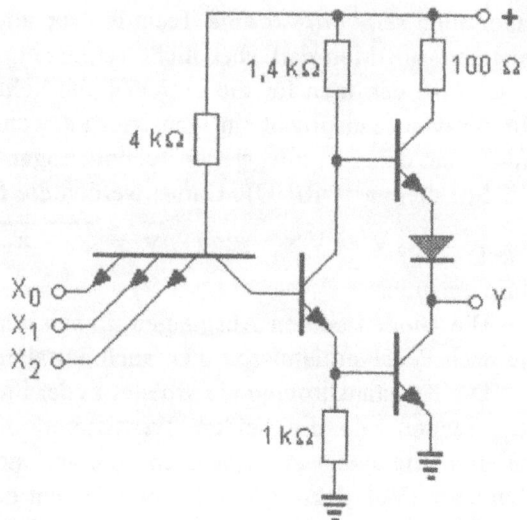

Da bei diesem TTL-Gatter
sowohl die logische 0 als auch
die logische 1 niederohmig auf
den Ausgang y geschaltet wird,

ist keinerlei Dot-Verknüpfung mit anderen Ausgängen zulässig, (vgl. Bilder und Text auf den Seiten 135 und 136). Von der Schaltung *Bild 3.9* gibt es viele Erweiterungen,Verbesserungen usw., teils mit, teils ohne Schottky-Clamps.

Im folgenden *Bild 3.10* ist die Schaltung eines jahrelang sehr erfolgreich in verschiedenen IBM Computern eingesetzten 3-fach-NAND als *Beispiel* einer SCTTL-Technik wiedergegeben:

Bild 3.10

*Ein 3-fach-NAND in
einer SCTTL-Technik.
Diese Schaltung wird
auch mit Masse an
der positiven Seite der
Versorgungsspannung
und -1,5 V am Emitter
eingesetzt.*

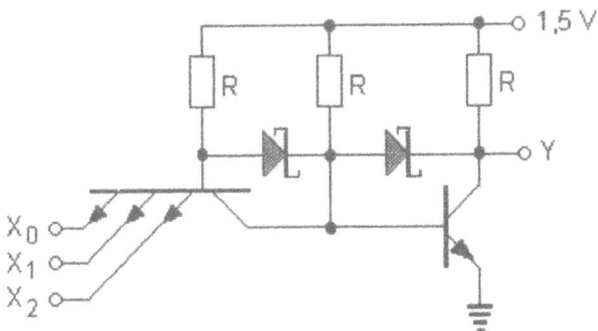

Man beachte, daß die Versorgungsspannung nur 1,5 V beträgt. Dadurch wird nicht nur die Verlustleistung verringert, sondern auch die Schaltgeschwindigkeit gesteigert, weil beim Schalten zwischen 0 und 1 nur ein kleiner Spannungshub zu durchlaufen ist. Die 2 Transistoren werden durch die beiden Schottky-Dioden aus der Sättigung herausgehalten, was ebenfalls maßgeblich zur Geschwindigkeitssteigerung beiträgt.

Mit der Schaltung *Bild 3.10* erreichte man bereits vor Jahren Schaltzeiten, die vorher nur mit der erheblich aufwendigeren ECL-Technik erreichbar waren (was nicht im Widerspruch dazu steht, daß ECL nach wie vor die schnellste Technik ist).

Mit dem folgenden *Bild 3.11* wird gezeigt, wie durch die Wahl der Widerstände R die Schaltzeit (Schaltverzögerung) t_s und die Verlustleistung P beeinflußt werden:

Bild 3.11

*Abhängigkeit von Verlustleistung
und Schaltzeit von den Werten
der Widerstände*

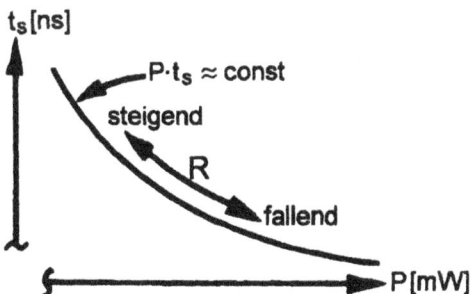

Wählt man R groß, dann wird die Schaltung hochohmig und P wird entsprechend klein. Wegen der dadurch zwangsläufig großen Zeitkonstanten $\tau = R \cdot C$ wird t_s entsprechend lang. Wählt man die Widerstandswerte R dagegen klein, dann ist die Verlustleistung zwar größer, aber die Schaltzeiten sind entsprechend kleiner. Man spricht vom sogenannten *"Power-Delay-Product"* $P \cdot t_s$ und kann angeben, daß dieses Produkt näherungsweise konstant ist:

$$P \cdot t_s \approx \text{const} \qquad\qquad\qquad\qquad (2)$$

Bereits vor etwa 20 Jahren hat man diese Tatsache ausgenutzt und die SCTTL-Schaltung *Bild 3.10* als Standard-Schaltkreis in einigen IBM Maschinen unterschiedlicher Größe eingesetzt:

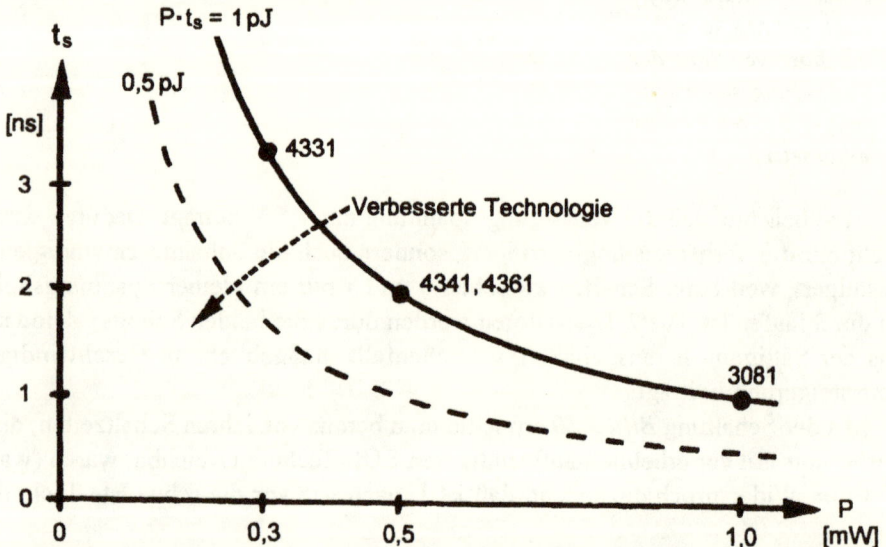

Bild 3.12   *Verlustleistungen und Schalttzeiten bei verschiedenen IBM Computern*

Bild 3.12 zeigt, daß damals ein $P \cdot t_s$-Produkt von etwa $1\,pJ$ erreicht wurde. Mit Hilfe passender R-Wahl wurde für die im unteren Leistungsbereich angesiedelte Maschinentype 4331 eine Verzögerungszeit von $\approx 3,3\,ns$ eingestellt, was für diese Computerklasse ausreichend war. Damit wurde pro Gatter nur eine Verlustleistung von $\approx 0,3$ mW umgesetzt. Für den erheblich leistungsfähigeren Computer 3081 wurde die Schaltung niederohmiger gehalten, um die Schaltverzögerung auf $\approx 1\,ns$ reduzieren zu können, womit allerdings der Leistungsbedarf auf $\approx 1\,mW$ anstieg. Für die Maschinen 4341 und 4361 bewegte man sich bei etwa 2 ns und 0,5 mW.

Man sieht an diesem Beispiel, daß die für die Schaltkreisentwicklung, die Logikentwicklung und das Layout zuständigen Arbeitsgruppen eng zusammenarbeiten müssen, wie dies bereits mit *Bild 1.20* auf Seite 17 gefordert wurde. Denn entsprechend der für die Gesamt-Logik benötigten Schaltgeschwindigkeit müssen die Widerstandswerte (z.B. mit Hilfe von SPICE, ASTAP u.a.) errechnet und festgelegt werden. Und im Layout sind die unterschiedlichen Widerstandswerte durch verschiedene geometrische Abmessungen zu realisieren, was u.a. im Kapitel **3.5** erläutert wird, bzw. was bereits aus den unterschiedlichen geometrischen Abmessungen der Widerstände im *Bild 3.5* auf Seite 190 hervorgeht. Schließlich müssen auch noch die Auslegung von Kühlung, Stromversorgung usw. auf die umzusetzende Verlustleistung angepaßt werden.

Für die mit der SCTTL-Schaltung *Bild 3.10* bestückten Chips wurde damals festgelegt:

- Chipfläche : $4,7 \times 4,7 \text{ mm}^2$
- Zahl der im *Bild 3.10* gezeigten Schaltungen pro Chip : 704
- Zahl der Anschlüsse (Pads) : 120 , davon 96 für Signale
- Metallisierung : 3 Lagen Metall
  (Das ist der Stand eingefahrener Fertigungstechnik seit etwa 1978)

Im *Bild 3.12* ist auch eingetragen, daß eine verbesserte (weiterentwickelte) Technologie bei ansonsten gleicher Schaltungsstruktur zu einem kleineren $P \cdot t_s$-Produkt führen muß. D.h. man versuchte, die Entwicklung in Richtung des im *Bild 3.12* eingezeichneten Pfeils voranzutreiben. Einen ganz wesentlichen Schritt in Richtung eines kleineren $P \cdot t_s$-Produkts hat man jedoch erst mit Verlassen der SCTTL- und Einführung der CMOS-Technik erreicht. Auf die inzwischen wohlbekannten CMOS-Schaltungen kommen wir weiter unten und im Kapitel **3.2** zurück. Ohne das schließlich mit CMOS erreichte extrem kleine $P \cdot t_s$-Produkt wäre das heutige VLSI-Packaging (Very Large Scale Integration) mit einigen 10 000 bis weit über 100 000 Gatteräquivalenten pro Chip und Chipflächen von bis zu $\approx 15 \times 15 \text{ mm}^2$ nicht möglich.

Zwischenzeitlich hat man versucht die I^2L- oder MTL-Technik für alle jene Anwendungen einzuführen, bei denen es nicht unbedingt auf höchste Schaltgeschwindigkeit, dafür aber auf eine möglichst geringe Verlustleistung ankommt. I^2L (oder ISL = I Square L) und MTL sind verschiedene Bezeichnungen für dieselbe *bipolare* Technik. Sie wurde unabhängig voneinander fast zeitgleich in den USA und in Deutschland erfunden und entwickelt und lediglich von ihren Erfindern mit unterschiedlichen Namen belegt. I^2L bzw. MTL stellten in ihren außerordentlich hochohmigen Ausführungen zunächst eine recht gute Alternative zur CMOS-Technologie dar, die bei Einführung von I^2L bzw. MTL noch nicht in ihrer heutigen Form fertigungstechnisch beherrscht wurde. Heute werden I^2L bzw. MTL kaum noch eingesetzt, da sie weitgehendst durch die CMOS-Technik verdrängt wurden. Wir werden uns daher mit der "evolutionären Sackgasse" der I^2L- oder MTL-Technik in diesem Buch nicht weiter beschäftigen.

Die ersten FET-Technologien, die hauptsächlich in Speicher-Chips, aber auch in Semi-Kunden-IC's zur Anwendung kamen, waren NMOS-Technologien. Das folgende *Bild 3.13* zeigt zwei Ausführungen von NMOS-Invertern:

Der eigentliche Schalttransistor ist bei beiden Invertern der untere MOSFET, der selbstsperrend ist (Anreicherungstyp oder Enhancement FET). Der obere Transistor, der dauernd leitend ist und damit als Lastwiderstand arbeitet, kann entweder ebenfalls selbstsperrend oder auch selbstleitend (ein Verarmungstyp oder Depletion Mode FET) sein. Für den Aufbau von NAND's oder NOR's muß man lediglich so viele Schalttransistoren in Serie

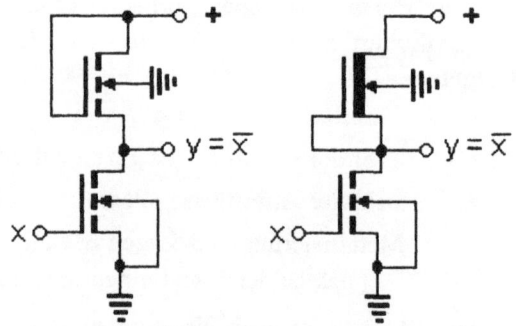

Bild 3.13   *NMOS-Inverter-Schaltungen*

oder parallel schalten, wie man NAND- oder NOR-Eingänge haben will. Der Hauptnachteil der NMOS-Technik besteht darin, daß ein Dauerstrom fließt und damit Verlustleistung umgesetzt wird, solange der Gatterausgang den logischen 0-Pegel abgibt. Der Vorteil der NMOS-Technik ist vor allem darin zu sehen, daß das Layout außerordentlich kompakt gestaltet werden kann und somit besonders wenig Chipfläche pro Gatter benötigt wird.

Der Hauptnachteil der NMOS-Technik wird durch die moderne CMOS-Technik beseitigt. Das folgende *Bild 3.14* zeigt einen Inverter, ein 2-fach-NAND und ein 2-fach-NOR in CMOS-Technik. Da grundsätzlich immer nur *entweder* die auf der negativen Seite liegenden N-Kanal-MOSFET's *oder* die auf der positiven Seite liegenden P-Kanal-MOSFET's leitend sein können (niemals beide Typen gleichzeitig), fließt nie ein Dauerstrom und die Verlustleistung ist näherungsweise Null. Lediglich während des 0-1- und des 1-0-Schaltens fließen die Ströme zum Laden bzw. Entladen der auf ein neues Potential zu bringenden Kapazitäten (Leitungskapazitäten, Gate-Kapazitäten der Transistoren usw.) Die durch diese Lade- und Entladevorgänge umgesetzte Verlustleistung ist zweifellos umso größer, je öfter geschaltet wird, d.h. sie wächst für eine gegebene CMOS-Schaltung mit steigender Taktfrequenz an, ist aber insgesamt erheblich kleiner als bei allen anderen Schaltkreis-Technologien. Die CMOS-Technik hat zum kleinsten nach heutigem Stande der Technik erreichbaren $P \cdot t_s$-Produkt geführt.

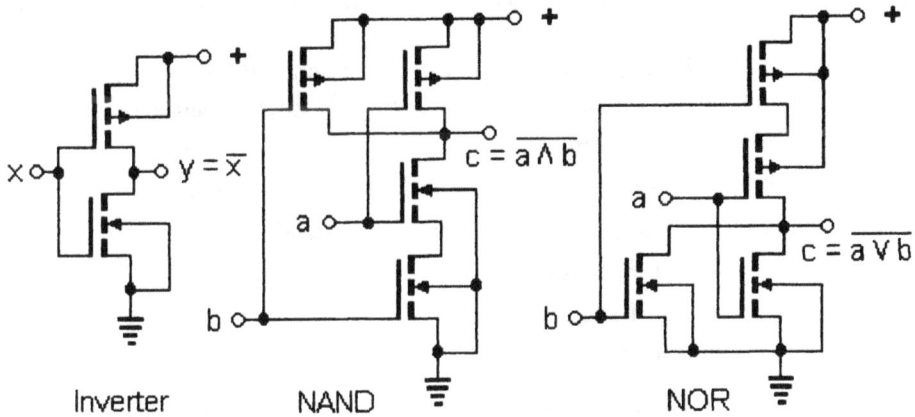

Bild 3.14 *Die drei Grundschaltungen der CMOS-Technik*

Für die Grundschaltungen der CMOS-Technik werden immer genau 2 FET's pro Gattereingang gebraucht. Das Layout ist etwas aufwendiger als bei der NMOS-Technik und pro Gatter wird bei gleichem technologischen Entwicklungsstand etwas mehr Chipfläche benötigt.

Abschließend soll mit nebenstehendem *Bild 3.15* noch auf die BiCMOS-Technik, die erst seit wenigen Jahren fertigungstechnisch beherrscht wird, hingewiesen werden. Die eigentlichen logischen Funktionen (Inversion, NAND, NOR usw.) sind bei BiCMOS genau wie bei CMOS realisiert. Jedoch erhält man mit Hilfe der bipolaren Transistoren erheblich niederohmigere Gatterausgänge. Da für diese Transistoren Chipfläche benötigt wird, setzt man BiCMOS-Gatter meist nur als Treiber an den Chipausgängen oder an Stellen ein, wo unbedingt ein niederohmiger Ausgang gebraucht wird.

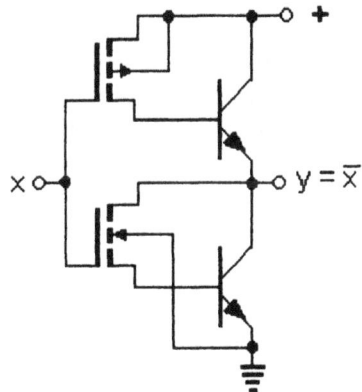

Bild 3.15 *BiCMOS-Inverter*

Die mit der CMOS-Technik erreichten hohen Packungsdichten und geringen Verlustleistungen pro Gatter ermöglichten Anwendungen, die ohne diese Technik nicht zu realisieren gewesen wären. *Beispiel:* Die gesamte Schaltung einer quarzgesteuerten Armbanduhr mit Datum und Kalender ist auf einem einzigen Chip untergebracht und kann mit einer sehr kleinen Batterie, in der zwangsläufig nur eine geringe Energie gespeichert werden kann, ca. 2 Jahre lang betrieben werden.

Die Probleme, die sich im Zusammenhang mit hohen Packungsdichten ergeben, lassen sich im wesentlichen stichwortartig wie folgt zusammenfassen:

● Verlustleistung, Kühlung,

● Anzahl der Anschlüsse (Chip-Pads und Module-Pins),

● Anzahl, Breite und Lage der Verdrahtungskanäle,

● Programme zur Plazierung und Verdrahtung,

● Programme zur Testdatenerstellung,

● Fertigungsausbeute (engl. Yield).

Mögliche, in der Praxis bewährte Lösungen für einige dieser Probleme sind bereits im einleitenden Kapitel **1.1**, Seiten 2 bis 13, gezeigt. Weiteres ergibt sich an geeigneten Stellen aus den folgenden Kapiteln **3.3** bis **4.6** .

3.2 Das Layout auf der Siliziumebene, interne Zellenkonstruktion

Aus nebenstehendem Bild 3.16, der schematischen Darstellung eines Schnitts durch einen N-Kanal-MOSFET mit Metall-Gate erkennt man, daß das Layout im wesentlichen aus geometrischen Figuren (in der Draufsicht meist Rechtecke) zusammengesetzt ist. Neben dem "konventionellen" Metall-Gate mit Überlappung über die Drain- und Source-Region hat sich heute weitgehend die Technologie mit selbstjustiertem (self aligned) Poly-Silizium-Gate durchgesetzt, auf die

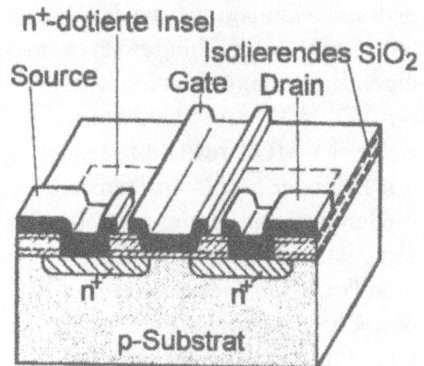

Bild 3.16   *N-Kanal-MOSFET*

nachfolgend kurz eingegangen wird. (Einzelheiten und eine detaillierte Erläuterung der Prozeßschritte bleiben jedoch einer Technologie-Vorlesung bzw. der einschlägigen Literatur vorbehalten.)

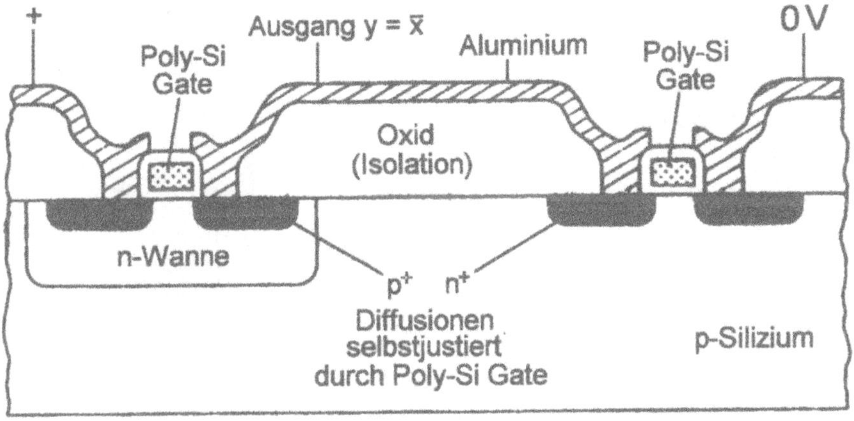

Bild 3.17   *Schnitt durch einen CMOS-Inverter*

Das *Bild 3.17* zeigt als Ausschnitt aus einem Chip den unter Vernachlässigung einiger Einzelheiten etwas vereinfacht dargestellten Schnitt durch den CMOS-Inverter des *Bildes 3.14*, Seite 199. Die bereits in [35] durchgehend verwendete *"n-Wannen-Technik" ("n-well-technique")* kann heute als *die* Standard-Technik angesehen werden. In [21] wird aber auch die *"p-Wannen-Technik"* beschrieben, die man heute nur noch selten findet.

Bleiben wir bei der n-Wannen-Technik und fassen (der Einfachheit halber) zunächst jeweils einige Fertigungsschritte zusammen, dann läßt sich die Folge der Prozeßschritte für einen CMOS-Inverter laut obigem Bild 3.17 mit Hilfe der auf der folgenden Seite 202 gezeigten Draufsicht *Bild 3.18* verfolgen:

1. Schritt: In das als Substrat dienende p-Silizium (siehe obiges *Bild 3.17* und die ohne jede Schraffur weiß gelassene Grundfläche im *Bild 3.18*) wird die n-Wanne eindiffundiert.

2. Schritt: Das die Transistor-Gates und die Verbindungen zwischen den beiden Gates bildende Poly-Silizium wird aufgebracht.

3. Schritt: Die Source- und Drain-Gebiete (beim n-Kanal-FET n-dotiert und beim p-Kanal-FET p-dotiert) werden eindiffundiert oder implantiert.

4. Schritt: Die Kontaktlöcher zur elektrischen Verbindung der Al-Leiterbahnen

mit dem jeweils direkt
darunter liegenden halb-
leitenden Gebiet werden
aus der isolierenden SiO$_2$-
Schicht herausgeätzt.

5.Schritt: Die Aluminium-
Leiterbahnen werden auf-
gebracht.

Bild 3.18

*Draufsicht auf die
einen CMOS-Inverter
bildenden
geometrischen Figuren*

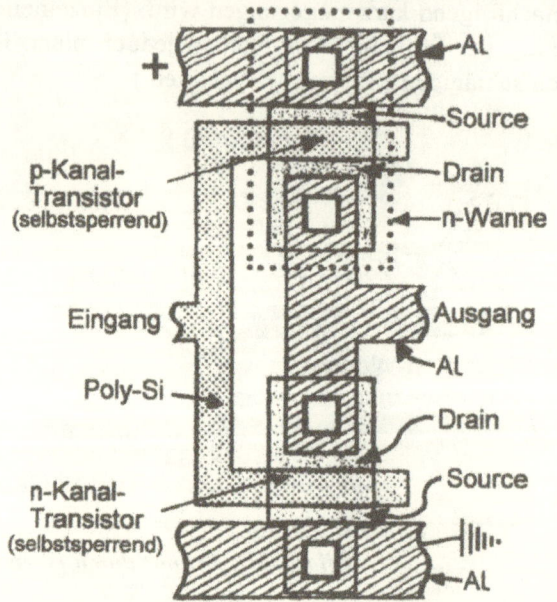

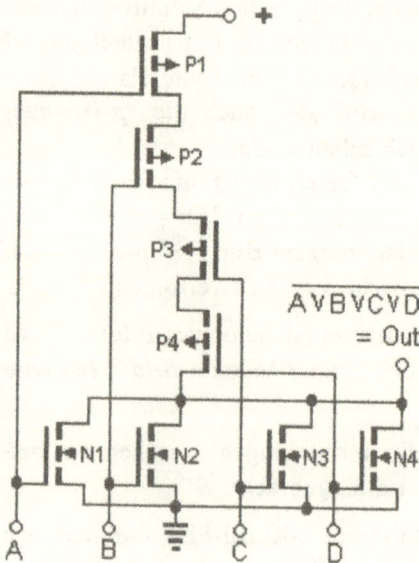

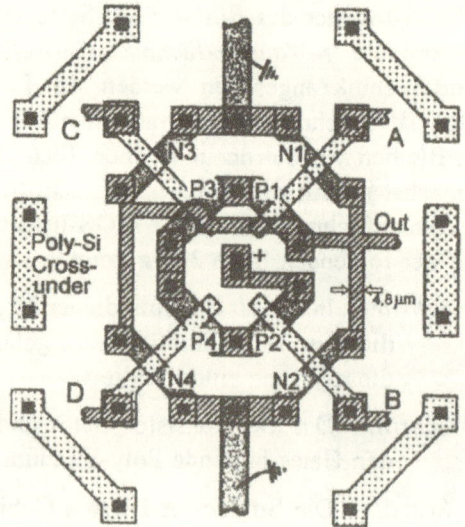

Bild 3.19   *Schaltbild und Layout-Draufsicht eines 4-fach-CMOS-NOR*

Im *Bild 3.19* sind als **Beispiel** die Schaltung und die Draufsicht des Zellen-Layouts eines 4-fach-CMOS-NOR dargestellt. Diese Zelle benötigt gemessen am heutigen Stand der Technik verhältnismäßig viel Platz. Das Layout zeigt aber, "was man so alles machen kann" (bzw. was tatsächlich gemacht wurde) und auch, wie man durch entsprechende Anordnung der Bauelemente, z.B. der FETs, mit möglichst wenigen äußeren Verbindungen auskommt.

Die am Rand der Zelle liegenden *"Poly-Si Cross Unders"* sind zum "unterkreuzen" der Metall-Leitungen geeignet, wenn die Zelle zusammen mit anderen Zellen verdrahtet wird. Da das Poly-Silizium wesentlich hochohmiger als das Aluminium ist, kann das Poly-Si *nicht* generell als zusätzliche Verdrahtungsebene eingesetzt werden. Auf sehr kurzen Stücken und/oder bei Leitungen, auf denen fast kein Strom fließt (z.B. den Gate-Zuführungen von FETs), kann das Poly-Si jedoch als mit Einschränkung verwendbare zuzätzliche Ebene der Verdrahtung außerordentlich hilfreich sein.

Meistens sind heute, im Gegensatz zum Layout *Bild 3.19*, die rechteckigen Figuren, welche die Bauelemente bilden, streng orthogonal ausgerichtet.

Bei der Entwicklung einer Zelle muß das Zellen-Layout wenigstens einmal *entweder ganz von Hand* am Computer-Bildschirm erstellt oder wenigstens *manuell* in Form eines sogenannten *"Stick-Diagramms"* *vorbereitet* werden. Das folgende *Bild 3.20* zeigt drei mögliche Stufen der Erstellung eines Zellen-Layouts:

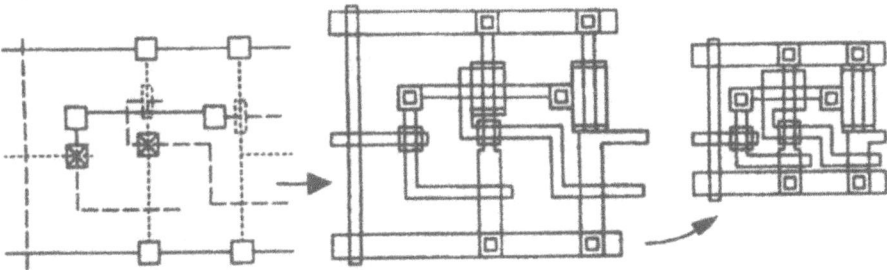

Bild 3.20   Vom Stick-Diagramm zum Zellen-Layout

Durch das links im *Bild 3.20* gezeigte Stick-Diagramm wird die geometrische Anordnung der Bauelemente festgelegt. Es wird in der Praxis entweder mehrfarbig gezeichnet; oder wie hier im *Bild 3.20* werden die verschiedenen Leiterzüge und Bauelemente durch unterschiedliche Strichelungen, Punktierungen usw. dargestellt. Aus dem Stick-Diagramm kann heute meist ein Computer-Programm unter strenger Einhaltung vorgegebener Regeln über Leiterbreiten usw. zunächst die geometrischen Figuren eines 1:1-Layouts generieren, wie in der Mitte des *Bildes 3.20* gezeigt. Das 1:1-Layout wird schließlich in einem weiteren Schritt "kompaktiert" (siehe *Bild 3.20* rechts), um zwecks Platzerparnis alle Leiterbahnen und Bauelemente bis auf ihre zulässigen Mindestabstände zusammenzuschieben. (Zu Fragen zulässiger Breiten, Mindestabstände usw. geometrischer Figuren im Layout siehe Kapitel **3.5.1**.)

Auch bei einem komplett manuell erstellten Zellen-Layout kann man sich des Stick-Diagramms bedienen, um zunächst die grundsätzliche Anordnung ohne Rücksicht auf die endgültigen geometrischen Abmessungen festzulegen.

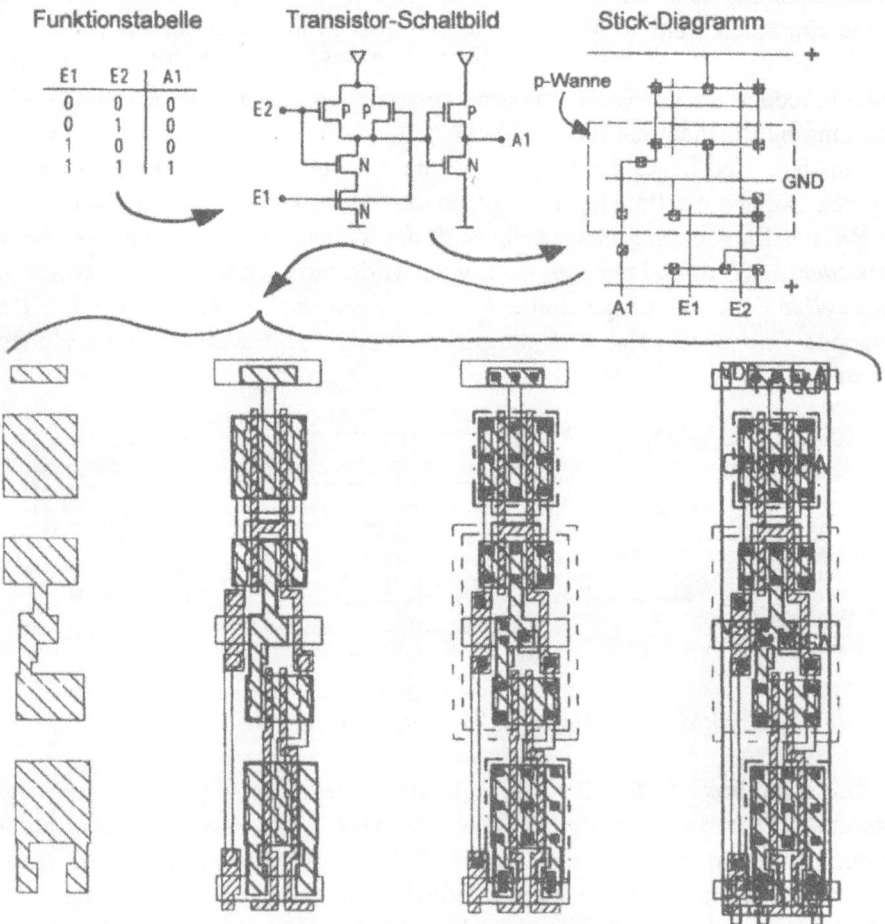

Bild 3.21   *Manuelle Erstellung einer 2-fach-CMOS-UND-Zelle*

Die u.a. in [21] gezeigte manuelle Erstellung eines Zellen-Layouts ist in obigem *Bild 3.21* für das **Beispiel** der Zelle eines 2-fach-CMOS-UND in einer p-Wannen-Technik wiedergegeben: Aus der Funktionstabelle ergibt sich für die einzusetzende CMOS-Technologie zunächst das Transistorschaltbild (wobei hier stillschweigend vorausgesetzt wird, daß die Dimensionierung auf der Transistor-Ebene mit Hilfe der Schaltkreissimulation, SPICE, AS/X usw., festgelegt wurde). Entsprechend dem Transistor-Schaltbild wird das Stick-Diagramm erstellt, um damit die grundsätzliche Anordnung der Elemente in der Zelle festzulegen. Diese Anordnung wird sodann Schritt für Schritt in geometrische Figuren auf den verschiedenen Layout-Ebenen umgesetzt, indem diese Figuren am Bildschirm mit Hilfe eines Lichtgriffels oder einer Maus gezeichnet werden. Aus *Bild 3.21* läßt sich noch hinreichend gut erkennen, daß die Lage der Bauelemente und Leitungen im Layout der Lage im Stick-Diagramm entspricht. Das Länge-zu-Breite-Verhältnis des Zellen-Layouts ist jedoch keineswegs dem des Stick-Diagramms gleich. Dieses Verhältnis richtet sich vielmehr nach der jeweils beherrschten Fertigungstechnologie und der angestrebten (bzw. bereits vorgegebenen) Anordnung der Zellen auf dem Chip.

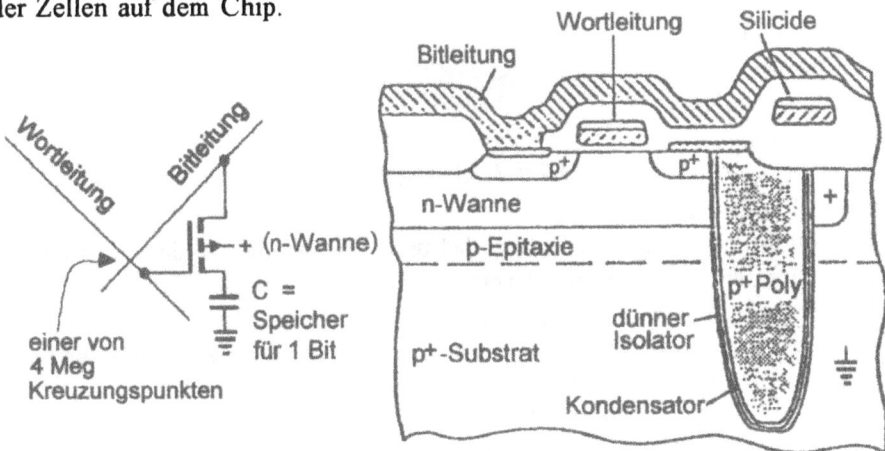

Bild 3.22 *Schaltbild und Schnitt durch das Layout einer einzelnen Speicherzelle*

Die Tatsache, jede Zellentype wenigstens einmal manuell (oder auch "halb-manuell") konstruieren zu müssen, gilt prinzipiell auch für die in Matrixform angeordneten Speicherzellen eines x-MBit-Chips. Im *Bild 3.22* sind als **Beispiel** die Schaltung und ein Schnitt durch das Layout einer einzelnen Speicherzelle (1 Bit) gezeigt. Diese *"One-Device-Cell" (1-Transistor-Zelle)* hat eine Grundfläche von 11 μm^2. Aus solchen Zellen wird u.a. beispielsweise ein 4-MBit-DRAM-Chip

(**D**ynamic **R**andom **A**ccess **M**emory) der IBM aufgebaut.

Das nebenstehende *Bild 3.23* zeigt einen Schnitt durch eine der Zellen eines von der Universität Dortmund und Siemens gemeinsam entwickelten und gebauten 4-MB-Speicherchips. Man sieht, daß auch bei diesem Chip die Speicherkondensatoren bis ins Substrat herunter reichen, d.h. quasi die 3. Dimension mit in das Chip-Layout einbezogen wird.

Bei neueren 256-MBit-Chips versucht man eine weitere Reduktion der pro Speicherzelle beanspruchten Chipfläche dadurch zu erreichen, daß man die Speicherkondensatoren nicht mehr nach unten bis ins Substrat vergräbt, sondern über die Transistoren nach oben ragen läßt, um an der Chipoberfläche den Kondensator wie den Hut eines Pilzes verbreitern zu können. Man erhält damit bei gleicher Kapazität der Speicherkondensatoren eine signifikante Verringerung der Chipfläche.

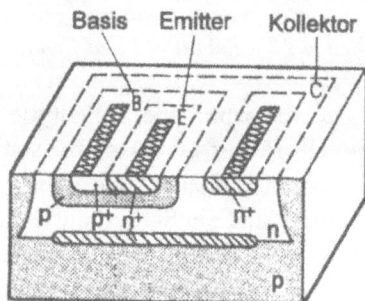

Bild 3.23   *Speicherzelle eines 4-MBit-DRAM-Chips*

Alles was in diesem Kapitel **3.2** zum Layout von FET-Schaltungen, bzw. FET-Zellen, gesagt wurde, gilt selbstverständlich in der gleichen Weise für bipolare Schaltungen bzw. den Zellen, aus denen diese Schaltungen aufgebaut sind.

Bild 3.24   *Ausschnitt aus einem NPN-Transistor (in schematisierter Form)*

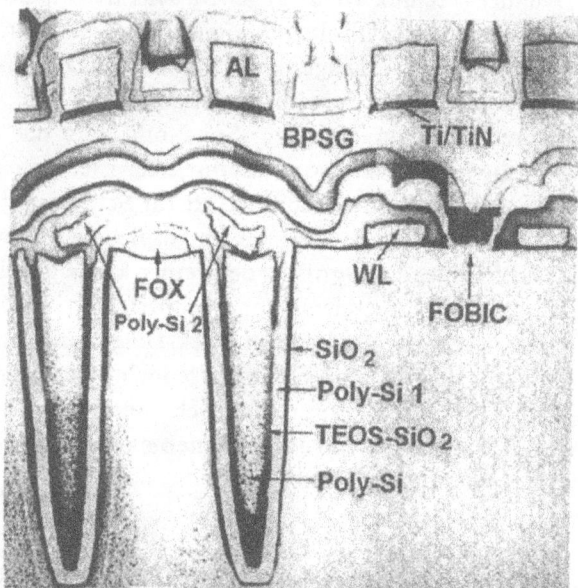

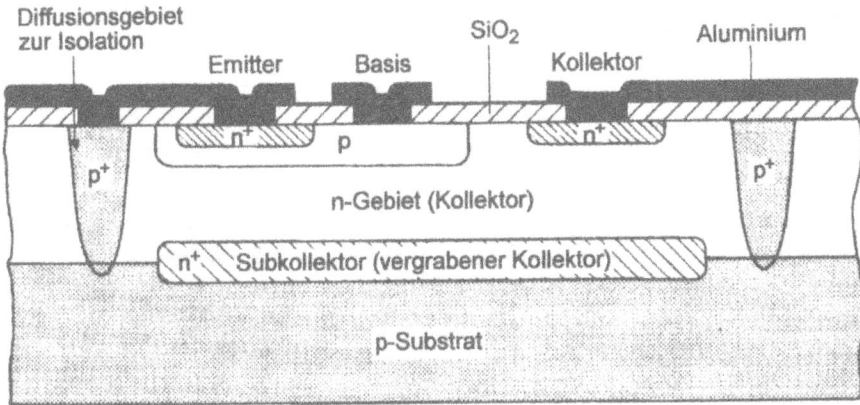

Bild 3.25   *Schnitt durch einen NPN-Transistor*

Bild 3.25 zeigt einen Schnitt durch einen NPN-Transistor, der offenbar mit seinem Emitter an Masse (bzw. an der negativsten in der Schaltung vorkommenden Spannung) angeschlossen ist. Denn die den Transistor ringförmig umschließende bis ins p-Substrat herunter reichende p-Diffusion kann nur dann den hier gezeigten Transistor von seinen Nachbarn isolieren, wenn ihre Spannung mit Sicherheit negativer als die Spannung (oder höchstens gleich der Spannung) der benachbarten n-Gebiete ist. Zwischen je zwei benachbarten n-Gebieten liegen dann immer zwei in Serie geschaltete gegeneinander gepolte gesperrte Dioden. Diese das n-Gebiet umschließende Isolationsdiffusion ist auch im *Bild 3.24* zu sehen. Sie bildet zusammen mit dem p-Substrat Wand und Boden der Kollektor-n-Wanne.

In den schematischen Darstellungen und Schnitten der *Bilder 3.16, 3.17, 3.22, 3.24* und *3.25* (S. 200ff) findet man nicht nur die Bezeichnungen n und p, sondern auch n^+ und p^+. Mitunter findet man in der Literatur auch noch n^- und p^-. Entsprechend internationalen Gepflogenheiten bedeutet dies:

n , p : Normale n- bzw. p-Dotierung,
d.h. Halbleitermaterial "mittleren" ohmschen Widerstands.

n^- , p^- : Schwache Dotierung, d.h. hochohmiger Halbleiter.

n^+ , p^+ : Starke Dotierung, d.h. niederohmiger Halbleiter.

Jedoch muß es einer Technologie-Vorlesung und der einschlägigen Literatur vorbehalten bleiben zu erklären, warum man an verschiedenen Stellen verschieden stark dotieren muß, um das gewünschte Verhalten eines Halbleiter-Bauelements zu erhalten. Hier soll lediglich noch darauf hingewiesen werden, daß z.B die n^+ - Dotierung am Kollektoranschluß und der vergrabene Kollektor (siehe *Bilder 3.24 und 3.25*) dazu dienen, den unerwünschten Bahnwiderstand zwischen dem eigentlichen aktiven (normal dotierten) Kollektor und dem Kollektoranschluß zu verringern.

Um die Erläuterung der Layout-Probleme zu vereinfachen, soll ab dem folgenden Kapitel **3.3** jedoch nur noch zwischen n- und p-Dotierung unterschieden und die zusätzliche Angabe unterschiedlicher Dotierungsstärken (n^+, p^+ oder auch n^-, p^-) soll weggelassen werden.

Schließlich muß noch darauf hingewiesen werden, daß bei der Entwicklung eines Zellen-Layouts darauf zu achten ist, möglichst keine *parasitäre Transistoren* zu erschaffen. Wenn dies unvermeidlich ist, sollte die Stromverstärkung der parasitären Transistoren mit Hilfe entsprechender Layout-Geometrie so klein gehalten werden, daß die Parasiten nicht stören. Und/oder durch eine geeignete Beschaltung sind die parasitären Transistoren dauern gesperrt zu halten. Der durch die unbedingt notwendige Isolationsdiffusion (s. z.B. Bild 3.25) zwischen zwei benachbarten Bipolar-Transistoren gebildete unvermeidliche parasitäre laterale NPN-Transistor stellt ein typisches Beispiel für einen durch äußere Beschaltung dauernd gesperrt gehaltenen Parasiten dar. Wesentlich mehr Aufmerksamkeit kann das Parasiten-Problem bei CMOS-Schaltungen erfordern, wie mit dem folgenden *Bild 3.26* gezeigt werden soll:

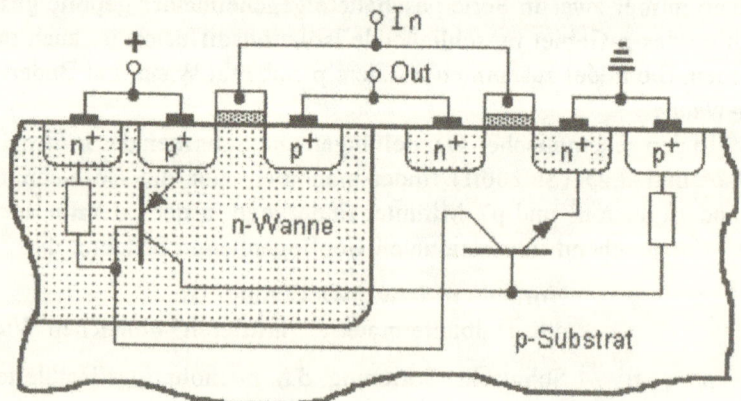

Bild 3.26

CMOS-Inverter mit Latch-Up-Konfiguration

Bild 3.26 zeigt nochmals in stark schematisierter Form den CMOS-Inverter *Bild 3.17* (Seite201). Gemäß der Inverter-Schaltung *Bild 3.14* (Seite 199) liegen die Substrat- bzw. Body-Anschlüsse der FETs an Masse und an Plus, um Wanne und Substrat entsprechend vorzuspannen, was hier im *Bild 3.26* gezeigt ist, aber im *Bild 3.17* der Einfachheit und Übersichtlichkeit halber weggelassen wurde.

Aus *Bild 3.26* geht hervor, daß die benachbarten komplementären FETs eine PNPN-Struktur bilden, die einen parasitären Thyristor darstellt (wie mit *Bild 3.27* erklärt wird). Im *Bild 3.26* bilden die p-Kanal-Source, die n-Wanne und das p-Substrat einen vertikalen PNP-Transistor, während die n-Kanal-Source, das p-Substrat und die n-Wanne einen lateralen NPN-Transistor bilden. Da aber die n-Wanne sowohl die Basis des PNP- als auch den Kollektor des NPN-Transistors und außerdem das p-Substrat die Basis des NPN- und den Kollektor des PNP-Transistors bilden, ergibt sich insgesamt die erwähnte PNPN-Struktur.

Bild 3.27

Schaltbild eines aus 2 Transistoren bestehenden Thyristors und ein schematisierter Schnitt durch eine zur Verwendung als Thyristor geeignete PNPN-Struktur

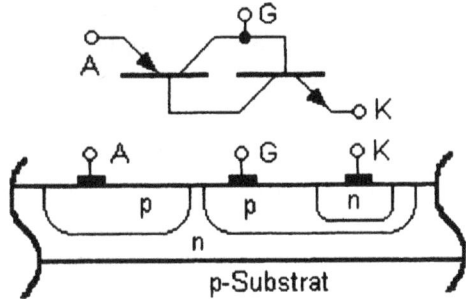

Wenn in der Schaltung *Bild 3.27* das Gate (G) offen oder mit einem Potential kleiner oder gleich dem Potential der Kathode (K) belegt ist, dann sind sowohl der PNP- als auch der NPN-Transistor (zunächst) gesperrt, da keiner der beiden Transistoren Basisstrom erhält. Sobald jedoch der NPN-Transistor durch einen positiven Gate-Impuls über seine Basis leitend gemacht wird, bildet sein Kollektorstrom den Basisstrom des PNP-Transistors, der damit ebenfalls leitend wird und nun seinerseits mit seinem Kollektorstrom den Basisstrom des NPN-Transistors bildet. Der Gate-Impuls kann jetzt wieder abgeschaltet werden, da sich die beiden Transistoren gegenseitig leitend halten und somit die Schaltung verriegeln (engl. *latch-up*).

Als Bedingung für die Verriegelung wird $\beta_{NPN} \cdot \beta_{PNP} > 1$ gefordert. Der vertikale NPN-Transistor hat normalerweise eine verhältnismäßig hohes β, während der laterale PNP-Transistor wegen seiner wesentlich breiteren Basis i.a. ein sehr kleines β mit häufig weit unter 1 aufweist. Die Latch-Up-Voraussetzung von $\beta_{NPN} \cdot \beta_{PNP} > 1$ kann aber, wenn man gezielt einen Thyristor bauen will, leicht eingehalten werden.

Selbstverständlich kann der Thyristor statt mit einem positiven Impuls an der Basis des NPN auch mit einem negativen Impuls an der Basis des PNP gezündet werden. Da jedoch meist $\beta_{PNP} < 1$ ist, benötigt man dazu einen ganz erheblich stärkeren Impuls, weshalb diese Art der Zündung i.a. nicht vorgesehen ist.

Betrachtet man nun den parasitären Thyristor im CMOS-Inverter *Bild 3.26*, so unterscheidet sich dieser vom "gewollten" Thyristor *Bild 3.27* nur dadurch, daß hier der PNP- eine vertikale und der NPN-Transistor eine laterale Struktur aufweist. Die Latch-Up-Voraussetzung von $\beta_{NPN} \cdot \beta_{PNP} > 1$ gilt jedoch in gleicher Weise. Da ein solches Zünden und Verriegeln des parasitären Thyristors den CMOS-Inverter mindestens außer Betrieb setzen, wenn nicht gar zerstören würde, ist das Erreichen der Latch-Up-Bedingung unter allen Umständen zu vermeiden, wozu u.a. zwei bei der Konstruktion des Zellen-Layouts zu beachtende Maßnahmen besonders beitragen können:

- Die Basen der parasitären Transistoren sind möglichst breit auszulegen, damit die Stromverstärkungen β sehr klein werden, was man durch eine tiefe n-Wanne und durch einen relativ großen Abstand der Source-Diffusion des n-Kanal-FET von der n-Wanne erreichen kann.

- Die zwischen den Body-Anschlüssen und den Basen der beiden parasitären Transistoren liegenden Bahnwiderstände sind so klein wie möglich zu halten, da durch sie das zum Verriegeln nötige $\beta_{NPN} \cdot \beta_{PNP}$ - Produkt weit über 1 hinausgeschoben wird.

3.3 Ablauf eines mit CAD-Unterstützung durchgeführten Designs

Mit den folgenden *Bildern 3.28* und und *3.29* sind zwei mögliche Zusammenstellungen einer mit CAD-Unterstützung durchgeführten Entwicklung gezeigt.

Das in Anlehnung an [21] erstellte Flußdiagramm *Bild 3.28* entspricht dem sequentiellen Ablauf der Entwicklung eines Logik-Chips bei einem reinen Top-Down-Design (vgl. Seite 25), wie er auch heute (rund 10 Jahre nach Veröffentlichung von [21]) noch voll gültig ist. Jedoch deuten die Rückkopplungspfeile an, daß diese im Prinzip durchaus wünschenswerte Richtung des Entwicklungsvorgangs nicht immer eingehalten werden kann. Vielfach erweist sich ein Entwicklungsschritt als undurchführbar, so daß bereits abgeschlossen erscheinende Entwicklungen korrigiert, d.h. darüberliegende Schritte nochmals bearbeitet werden müssen. Einen Teil der möglicherweise notwendigen Iterationen erspart man sich entweder ganz oder kann sie zumindest stark reduzieren, wenn man die

Sequentielle Folge der Entwicklungsschritte bei reinem Top-Down-Entwurf

1.)	Spezifikation

2.)	Architektur-Design

3.)	Architektur-Verifikation

4.)	Logik-Design

5.)	Logik-Verifikation

6.)	Testbarkeitsanalyse

7.)	Schaltkreis-Design

8.)	Schaltkreis-Verifikation

Schaltkreis ↕ Logik	elektrisch

9.)	Konstruktion, Layout

10.)	Layout-Verifikation

Layout ↕ Logik	Layout ↕ Schaltkreis	geometrisch

11.) Fertigungs-datenerstellung	12.) Test-datenerstellung

Bild 3.28

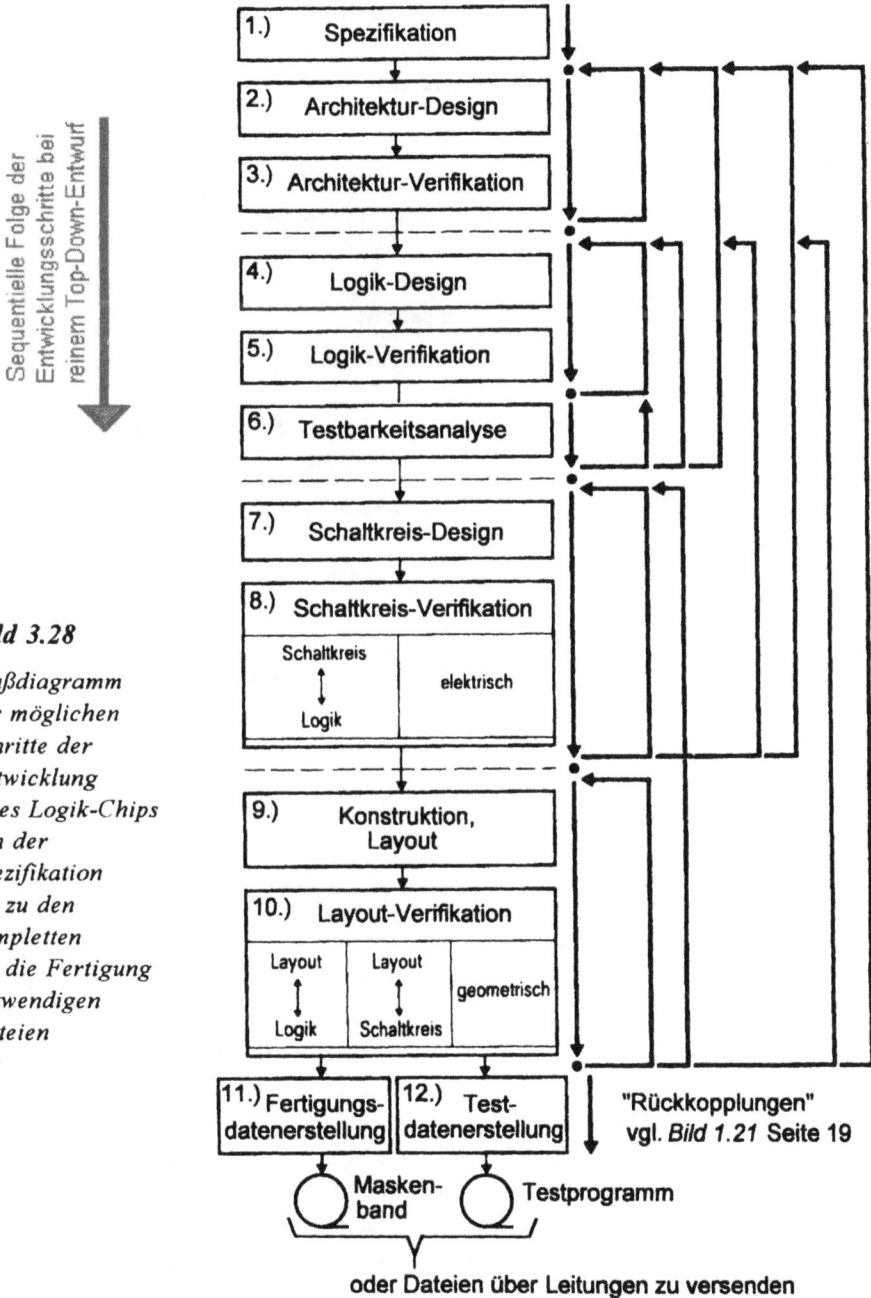

Flußdiagramm der möglichen Schritte der Entwicklung eines Logik-Chips von der Spezifikation bis zu den kompletten für die Fertigung notwendigen Dateien

Masken-band   Testprogramm

"Rückkopplungen" vgl. *Bild 1.21* Seite 19

oder Dateien über Leitungen zu versenden

Entwicklung gemischt top-down und bottom-up durchführt, wie bereits auf Seite 26 angegeben: Von der (im Bild 3.28 weggelassenen) Technologieentwicklung aus bottom-up, von der System-Spezifikation aus top-down.

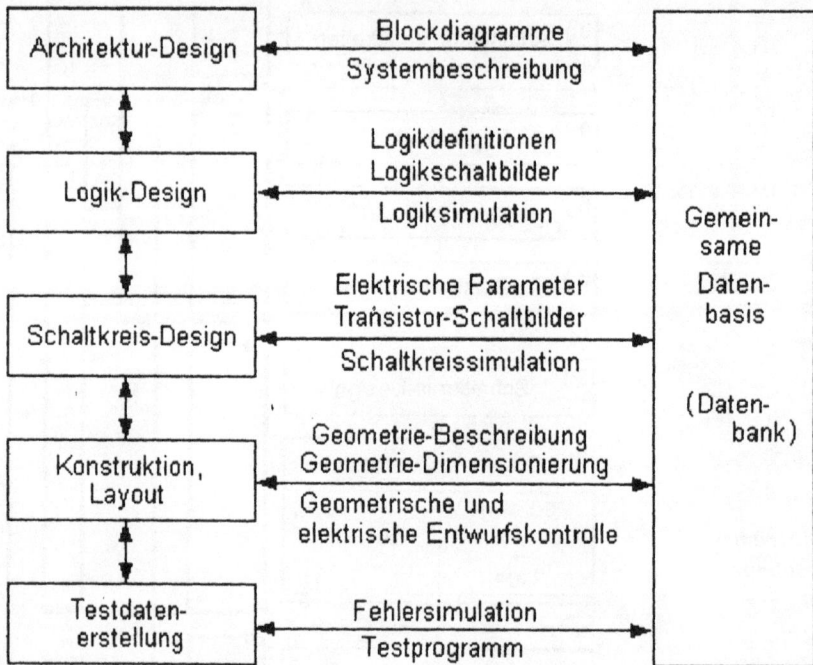

Bild 3.29 *Integration der Entwicklungsschritte mit gemeinsamer Datenbank*

Das *Bild 3.29* zeigt im Prinzip dieselben Entwicklungsschritte wie *Bild 3.28*, lediglich etwas weniger detailliert. Mit dieser Darstellung soll jedoch darauf hingewiesen werden, daß zweckmäßigerweise alle während des Entwicklungsvorgangs entstehenden und teilweise in unterschiedlichen Entwicklungsschritten mehrfach wieder benötigten Daten in einer *gemeinsamen Datenbank* abzulegen sind. Es wäre eine sinnlose Verschwendung von Zeit und Arbeitsaufwand, wenn man beispielsweise die logische Struktur der Schaltung einmal zum Zwecke der Logiksimulation und später noch ein zweites Mal zur Erstellung der Testdaten eingibt und abspeichert. Eine gemeinsame Datenbasis erspart diesen Doppelaufwand und vermeidet gleichzeitig, daß möglicherweise (u.U. fehlerhaft) mit zwei unterschiedlichen Datensätzen gearbeitet wird. Da die einzelnen Blöcke in den

Bildern 3.28 und *3.29* üblicherweise durch verschiedene Entwicklungsgruppen (oder zumindest durch verschiedene Entwickler) bearbeitet werden, müssen Zugriffsberechtigung, gegenseitige Verriegelung usw. genau festgelegt und softwaremäßig im Datenbanksystem implementiert sein.

Kann man das ganze zu entwickelnde System aus Semi-Kunden-IC's (oder auch "nur" ein zu entwickelndes Chip als Semi-Kunden-IC) aufbauen, dann entfallen im *Bild 3.28* die Entwicklungsschritte 7 und 8 und entsprechend im *Bild 3.29* der mit "Schaltkreis-Design" bezeichnete Block.

Wir schneiden nun als **Beispiel** aus der gesamten System- oder Chipentwicklung der *Bilder 3.28* und *3.29* einen Teil heraus, um einzelne Schritte des Ablaufs etwas detaillierter zu betrachten. Dazu werde der Entwurf einer aus nur 500 NAND's bestehenden Schaltung gewählt, die mit Hilfe eines Gate-Arrays auf einem einzigen Chip realisiert werden soll. Eine Schaltkreisentwicklung ist für das Gate-Array nicht mehr nötig (vgl. S. 187 - 191), so daß die Entwicklung mit der Erstellung eines Logik-Schaltplans beginnen kann. Die im folgenden *Bild 3.30* (Seite 214) wiedergegebenen beiden Ablaufdiagramme stellen zum Zwecke des Vergleichs den *reinen Handentwurf* einem *CAD-gestützten Entwurf* gegenüber:

Für Gate-Arrays mit höchstens wenigen hundert NAND's auf einem Chip mit *ausreichendem* Platz kann man als grobe Richtwerte für die komplette benötigte Zeit, für den Entwurf von der Schaltplanerstellung bis zum Prototyp-Test, etwa folgendes annehmen:

- Für den reinen Handentwurf : $\Sigma t \, > \approx \, 20$ Wochen
- Für den CAD-gestützten Entwurf : $\Sigma t \, \approx \, 8$ bis 11 Wochen

Diese Angaben treffen z.B. recht gut zu für eine Schaltung mit 500 NAND's laut *Bild 3.10*, Seite 195, die aus den 704 vorhandenen NAND's des auf Seite 197 beschriebenen Chips aufgebaut ist. Für größere Gate-Arrays oder gar Allgemein-Zellen-IC's steigt die benötigte Entwicklungszeit ganz erheblich an, und zwar für den Handentwurf mit **wesentlich** größerem Gradienten als für den CAD-Entwurf. Mit steigendem Integrationsgrad, d.h. immer mehr Gatter pro Chip, wird der zeitliche Unterschied zwischen dem Handentwurf und dem CAD-gestützten Entwurf schließlich so groß, daß ein reiner Handentwurf in praxi überhaupt nicht mehr möglich ist.

Den reinen Handentwurf kann man heute als historisch betrachten. Bereits bei mehr als 5000 Gattern pro Chip ist die Undurchführbarkeit reiner Handentwürfe nicht mehr nur eine Zeitfrage, sondern auch eine Frage der dafür nicht mehr überschaubaren Organisation. Entwürfe einer solchen Größe sind auf keinen Fall

noch rein manuell realisierbar, von Entwürfen für Chips mit 100000 Gatteräquivalenten ganz zu schweigen.

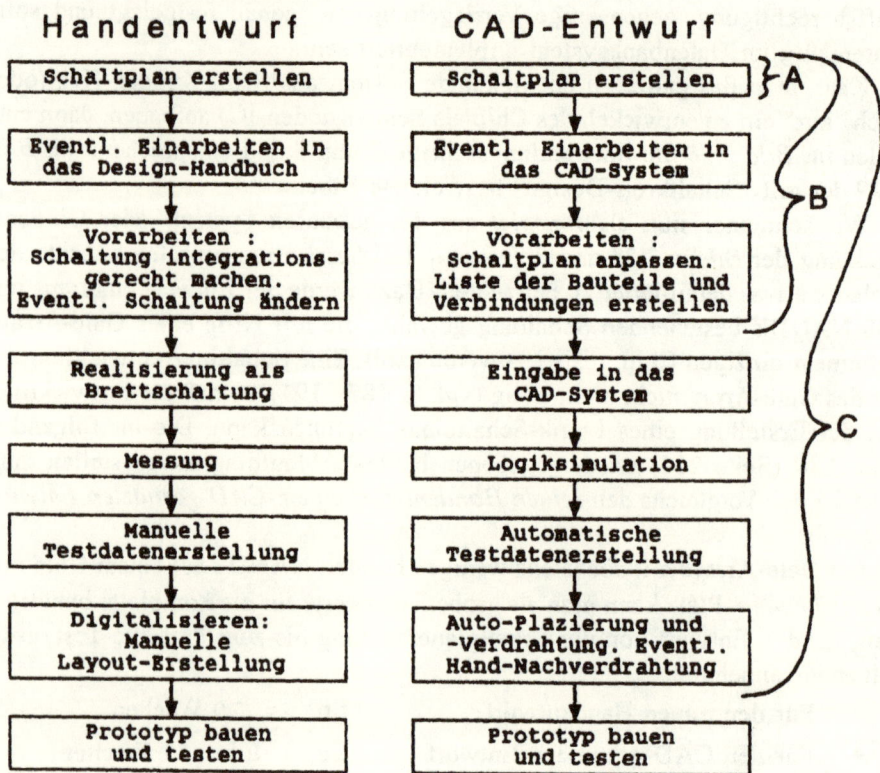

Handentwurf   CAD-Entwurf

Handentwurf	CAD-Entwurf
Schaltplan erstellen	Schaltplan erstellen
Eventl. Einarbeiten in das Design-Handbuch	Eventl. Einarbeiten in das CAD-System
Vorarbeiten : Schaltung integrations- gerecht machen. Eventl. Schaltung ändern	Vorarbeiten : Schaltplan anpassen. Liste der Bauteile und Verbindungen erstellen
Realisierung als Brettschaltung	Eingabe in das CAD-System
Messung	Logiksimulation
Manuelle Testdatenerstellung	Automatische Testdatenerstellung
Digitalisieren: Manuelle Layout-Erstellung	Auto-Plazierung und -Verdrahtung. Eventl. Hand-Nachverdrahtung
Prototyp bauen und testen	Prototyp bauen und testen

Bild 3.30   *Handentwurf und CAD-Entwurf bei der Gate-Array-Entwicklung*

In aller Regel ist der Kunde, der das fertige Chip in sein System einbauen
will, eine andere Firma (oder eine andere Abteitung derselben Firma) als der
Entwickler und/oder Hersteller des Chips. Mit den Klammern **A**, **B** und **C** am
obigen Ablaufdiagramm *Bild 3.30* wird die mögliche Mithilfe des Kunden beim
CAD-Entwurf angedeutet:

} A : Kunden ohne Gate-Array-Kenntnisse. Sie müssen auf jeden Fall bei der
Erstellung des Schaltplans mithelfen oder auch den Schaltplan allein
erstellen, da schließlich nur der Kunde weiß, welche Funktion die auf
dem Chip zu integrierende Logik haben soll. Dazu muß der Kunde aber
die Logiksimulation und gegebenenfalls die RT-Simulation beherrschen
oder bei den Simulationen maßgeblich mitarbeiten.

} **B** : Kunden mit Gate-Array-Kenntnissen. Sie können sich darüber hinaus kompetent an den Vorbereitungsarbeiten beteiligen.

} **C** : Kunden mit Gate-Array-CAD-System können sich am gesamten Entwicklungsvorgang durch enge Zusammenarbeit mit den Design-Experten beteiligen oder die Entwicklung sogar mit entsprechender Beratung durch die Experten selbst durchführen.

Der Entwurf eines Chipträgers für mehrere Chips, z.B. eines Moduls gemäß den *Bildern 1.8*, *1.16* und/oder *1.17* (S. 6, 12 u. 13), oder einer Platine verläuft grundsätzlich genauso, nur sind die zu plazierenden und untereinander zu verdrahtenden Objekte keine einzelnen im Silizium eingebetteten Gatter, sondern Chips oder andere Bauelemente.

3.4 Die drei Hauptteile des Layouts

Wie bereits auf den Seiten 17 und 19 in den *Bildern 1.20* und *1.21* angedeutet wurde (vgl. auch oben auf Seite 182), sind die drei Hauptteile des Layouts die der *Partitionierung*, der *Plazierung* und der *Verdrahtung*. Der normale Ablauf der Konstruktion kann durch das nebenstehende Flußdiagramm *Bild 3.31* dargestellt werden:

Die sequentielle Folge der Entwicklungsarbeit muß mitunter mehrfach, d.h. iterativ, durchlaufen werden. Die Rückkopplungsschleifen ergeben sich zwangsläufig, da kein Teilprozeß ohne direkte Auswirkung auf den Folgeprozeß durchgeführt werden kann.

Das Entwickeln einer Verdrahtung wird manchmal auch mit *"Entflechtung"* bezeichnet. In der Literatur findet man diesen Ausdruck gelegentlich auch für die Kombination von Plazierung und Verdrahtung. Aus

Partitionierung (Partitioning)

Plazierung (Placement)

Verdrahtung (Wiring or Routing)

Bild 3.31 *Die Hauptteile des Layouts*

prinzipiellen Gründen, und um diese beiden Teilaufgaben der Entwicklung eines Layouts einwandfrei auseinander zu halten, wird der Ausdruck "Entflechtung" in der Vorlesung und in diesem Buch nicht benutzt. Ferner ist darauf zu achten, auch die Aufgaben der Partitionierung und der Plazierung sauber voneinander zu trennen.

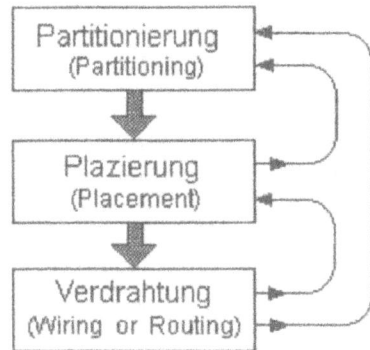

3.4.1 Partitionierung (Partitioning)

Unter *"Partitionierung"* versteht man die *zweckmäßige* Aufteilung des Gesamtsystems in mehrere Teilsysteme, z.B. auf einzelne Platinen und/oder innerhalb
einer Platine auf verschiedene Moduln (Chipträger) und/oder innerhalb eines
Moduls auf verschiedene Chips. (Man vergleiche dazu die Packaging-Konzepte
auf den Seiten 2 bis 12.) Die Aufteilung des Gesamtsystems hat sich dabei
hauptsächlich, neben verschiedenen (eventuell vorhandenen) weiteren Kriterien,
nach zwei Gesichtspunkten zu richten:

- Schaltungsteile, die aus elektrischen oder logischen Gründen zusammen
  gehören, sollten im selben "Cluster" (in derselben Partition) lokalisiert sein.
  Ganz besonders, wenn die Signallaufzeiten kurz sein müssen und deshalb
  lange Leitungen zu vermeiden sind, ist ein enges räumliches Nebeneinander
  der einzelnen Schaltungsteile notwendig.

- Mit umso mehr Signalleitungen einzelne Schaltungsteile untereinander
  verbunden sind, desto enger sind sie räumlich zusammen zu packen. D.h. die
  Zahl der direkten Signalverbindungen ist ein wichtiges Kriterium dafür, ob
  zwei Schaltungsteile auf demselben Chip untergebracht werden müssen oder
  auf verschiedenen Chips sitzen dürfen, die aber auf dasselbe Modul gesetzt
  werden müssen. Oder ob Schaltungsteile auf verschiedene Moduln, verschiedene Platinen oder schließlich sogar auf verschiedene Gestelle verteilt werden
  dürfen.

Je mehr Einzelschaltkreise, z.B. Gatter, in einem gemeinsamen sogenannten
"Cluster" unterzubringen sind, desto größer wird das Verhältnis

$$\frac{n_S}{n_A} = \frac{\text{Zahl der Schaltungen im Cluster}}{\text{Zahl der Außenanschlüsse}} \tag{1}$$

da die Zahl der Anschlüsse des Clusters bis zu etwa 10 000 Schaltungen nur mit
ungefähr der 0,61-ten Potenz der Zahl der Schaltkreise ansteigt,

$$n_A \approx 2,5 \cdot n_S^{0,61} \tag{2}$$

was im folgenden *Bild 3.32* gezeigt ist. Für Chips mit mehr als 10 000 Gatteräquivalenten flacht die Kurve sogar noch etwas mehr ab, was einem Exponenten
<0,61 entspricht. Das *Bild 3.32* zeigt recht eindrucksvoll, wie vorteilhaft es ist,
möglichst viele Schaltungen in einem Cluster zu vereinen. Denn die Haupt-
schwierigkeiten (und vielfach auch die Fehlerquellen) der Verbindungstechniken
liegen meist in den Kontakten, Lötstellen, langen Leitungen usw., die leider

zwangsläufig bei den Verbindungen zwischen verschiedenen Clustern vorhanden sind. Andererseits wird mit zunehmendem n_S/n_A-Verhältnis das Testen der in einem Cluster vereinten Schaltung immer schwieriger, weil immer weniger Zugriff auf die Einzelobjekte möglich ist.

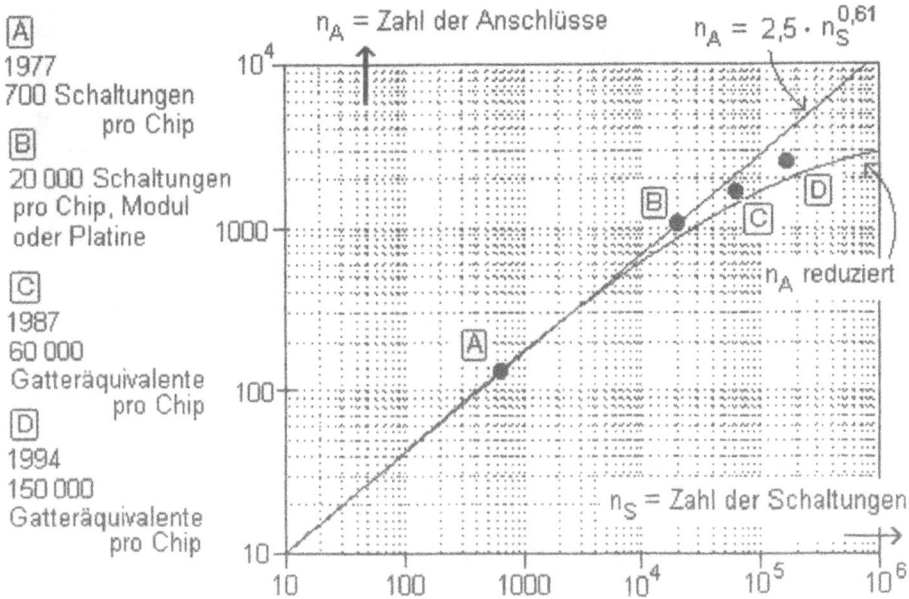

Bild 3.32 *Zahl der Anschlüsse als Funktion der Zahl der Schaltungen im Cluster*

Mitunter kann selbst innerhalb eines Chips eine Partitionierung angebracht oder sogar notwendig sein, und zwar aus unterschiedlichen Gründen:

Das folgende *Bild 3.33* zeigt das Layout eines Intel Pentium-Chips. Trotz der starken Vergrößerung sind wegen der außerordentlich engen Packung im *Bild 3.33* keine Einzelheiten zu erkennen. Jedoch sind, worauf es mit Abdruck dieses Bildes allein ankam, mit Hilfe weiß eingezeichneter Striche die einzelnen sauber voneinander getrennten Partitionen zu erkennen. (Zusätzlich sind noch die Funktionen der einzelnen Partitionen namentlich eingetragen.)

Dies ist ein typisches Beispiel für eine *funktionsbedingte* Auf-dem-Chip-Partitionierung, die sich als "selbstverständlich" anbietet, da es unsinnig wäre, die verschiedenen in sich abgeschlossenen Teile untereinander zu vermischen. Auch beim Layout anderer Mikroprozessoren, vom alten 8080 bis herauf zum Power-Chip, erfolgte eine funktionsbedingte Partitionierung.

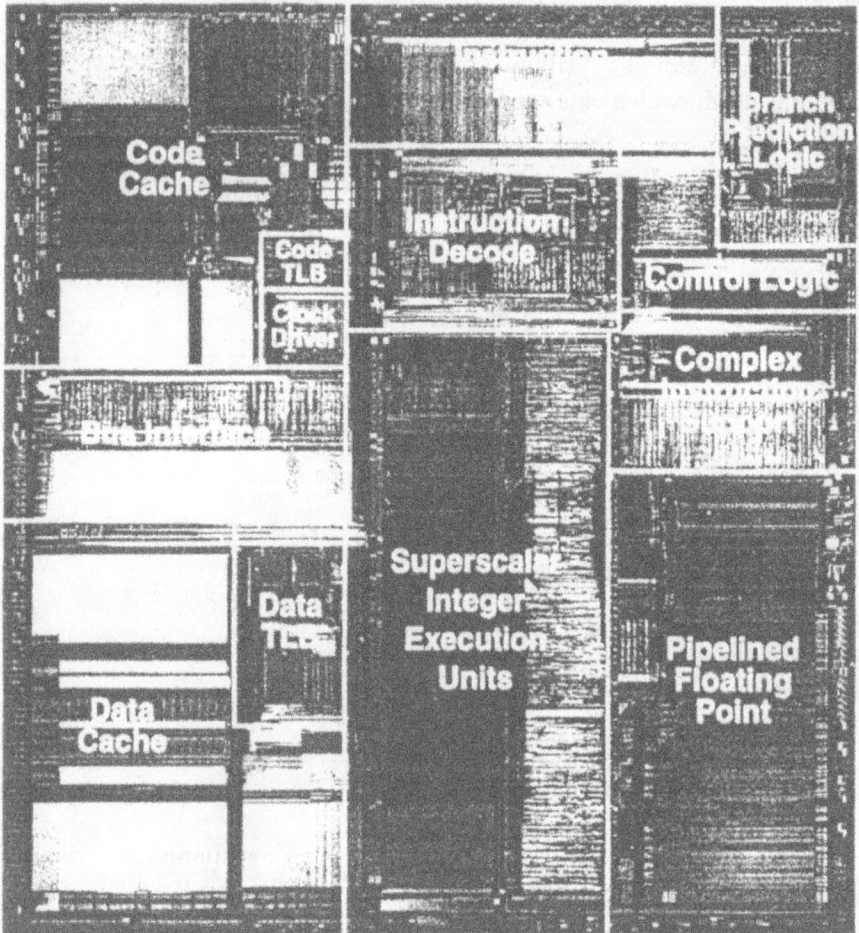

Bild 3.33   Ein Intel Pentium-Chip (Quelle: Intel GmbH (Deutschland))

Auch im folgenden *Bild 3.34*, das einen stark vergrößerten Ausschnitt aus mehreren übereinanderliegenden Lagen eines Chip-Layouts zeigt, sind sehr unterschiedliche Strukturen zu erkennen, die ganz offensichtlich verschiedenen Partitionen angehören.

Auf Seite 203 wurde erwähnt, daß die das Layout bildenden rechteckigen Figuren heute meist streng orthogonal ausgerichtet sind. Dies gilt offenbar im wesentlichen für die im Silizium eingebetteten Layout-Strukturen und für die

automatisch generierten Metall-Leiterbahnen, wie im *Bild 3.35* zu "sehen". Bei
den manuell generierten Strukturen weicht man besonders bei den der Stromversorgung und den E/A-Anschlüssen dienenden oberen Metall-Lagen mitunter
davon ab und läßt auch Leitungen unter einem Winkel von $45°$ zu, wie im
folgenden *Bild 3.34* und bereits auf Seite 11 im *Bild 1.15* zu erkennen ist.

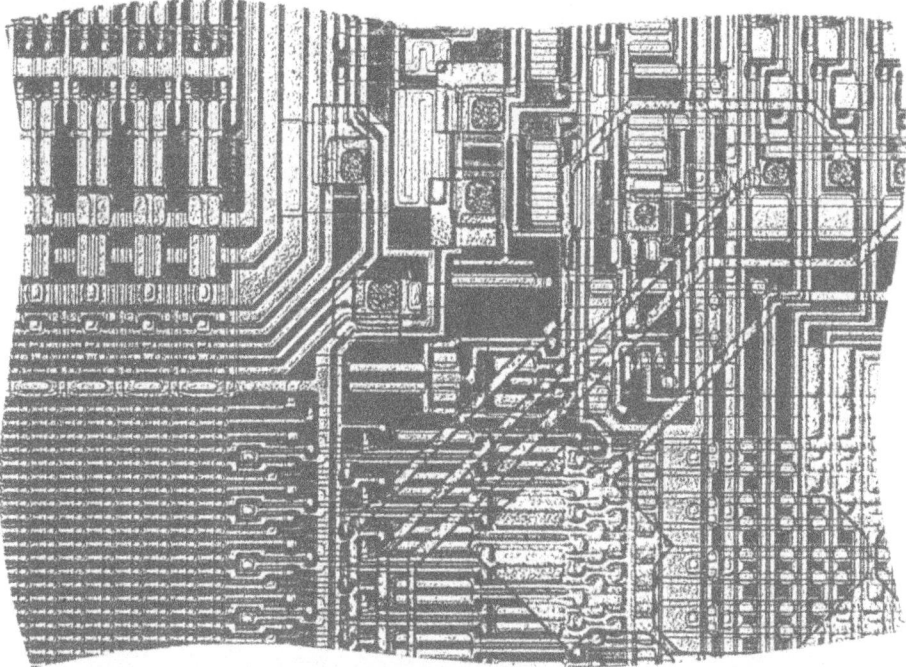

Bild 3.34   *Stark vergrößerter Ausschnitt aus einem Chip-Layout*

Manchmal ist aber die Partitionierung innerhalb eines Chips auch nur deshalb
nötig, weil eine gemeinsame Plazierung und Verdrahtung von z.B. 50 000 bis zu
> 100 000 Gatteräquivalenten innerhalb eines Clusters mit den zur Verfügung
stehenden CAD-Programmen nicht möglich ist. Ein anschauliches Beispiel wird
mit den im folgenden *Bild 3.35* abgebildeten 2 (von insgesamt 3) Verdrahtungsebenen eines bereits 1986 entwickelten Chips gegeben. Das *Bild 3.35* ist eine
Vergrößerung des auf Seite 11 im *Bild 1.14* links abgebildetet Chips. Die gesamte Länge der Leitungen auf den beiden Signal-Verdrahtungsebenen beträgt
ca. 35 m. (Die 3. hier nicht mitgezeichnete Verdrahtungsebene dient der Stromversorgung und der E/A-Verdrahtung.) Daher liegen die auf einer Verdrahtungsebene vorwiegend waagrecht und auf der anderen Ebene vorwiegend senkrecht

verlaufenden Verbindungen dermaßen eng beieinander, daß viele Teile im *Bild 3.35* durchgehend schwarz erscheinen, obwohl dieses Bild das Chip bereits stark vergrößert darstellt; (die Kantenlänge des Chips beträgt im Original 12,7 mm). Andererseits tritt gerade durch die Schwärzung der zusammengehörenden Teile die Partitionierung besonders deutlich zutage.

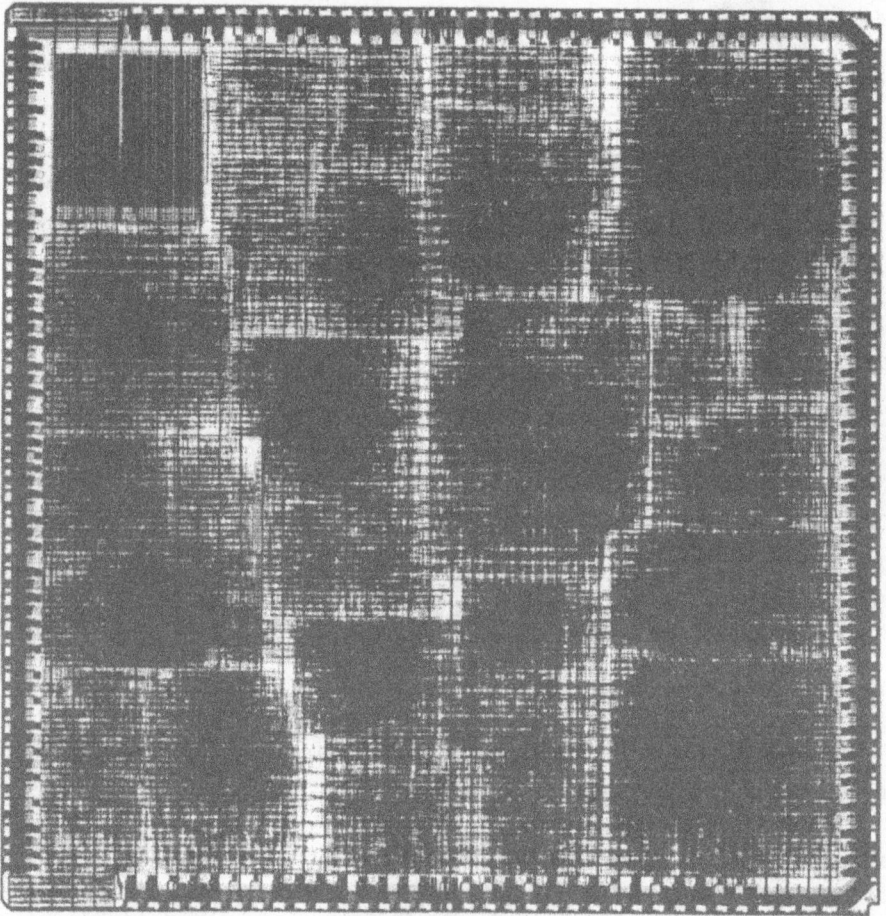

Bild 3.35 *Zwei Ebenen der Signalverdrahtung eines Chips in starker Vergrößerung*

Selbstverständlich wurde auch bei dem hier im *Bild 3.35* abgebildeten Chip, in dem etwa 200 000 Transistoren untereinander verschaltet sind, die Partitionierung nach logischen Gesichtspunkten vorgenommen, d.h. diejenigen Teile, die

aus funktionellen Gründen zusammen gehören, sind in derselben Partition untergebracht. Abgesehen von der Abtrennung der regelmäßigen Array-Struktur in
der linken oberen Ecke des Chips, war dies jedoch nicht der primäre Grund für
die Partitionierung. Der Hauptgrund war, wie auf Seite 219 bereits erwähnt, kleinere in sich abgeschlossenen Teile, die von den CAD-Programmen bearbeitet
werden können, für die Plazierung und Verdrahtung zu erhalten.

Damit ergibt sich nachfolgend eine zweistufige Plazierung. Denn die einzelnen Partitionen auf der vorhandenen Chipfläche unterzubringen, ist kein Problem
der Partitionierung mehr, sondern ein Problem der Plazierung. D.h. die einzelnen
Partitionen werden jeweils als Ganzes wie einzelne unteilbare Objekte behandelt,
die auf der vorhandenen Fläche zweckmäßig zu plazieren sind. Danach sind innerhalb jeder einzelnen Partition die Gatter zu plazieren.

Heute sind die CAD-Programme längst soweit verbessert, daß die Schaltungen eines Chips mit 10 bis 15 mm (z.B. mit 12,7 mm = 5 inches) Kantenlänge und etwa 100 000 Gatteräquivalenten (oder mehr) ohne Partitionierung als
Ganzes plaziert und verdrahtet werden können. Die zusammengehörenden Teile
nahe beieinander anzuordnen, ist dann eine Aufgabe, die der Plazierungsalgorithmus zu übernehmen hat. Damit ergibt sich ein Bild, das nur so aussieht, als hätte
man eine gezielte Partitionierung vorgenommen. Jedoch ist die dabei sich erge-
bende Aufteilung in "Quasi-Partitionen" meist nicht so klar wie bei dem Chip
Bild 3.35 erkennbar. Deshalb wurde für das Beispiel einer "Auf-dem-Chip-Partitionierung" das im *Bild 3.35* gezeigte Chip von 1986 und nicht ein neueres Chip
genommen, das in den Jahren 1993 bis 1996 entwickelt wurde. Aus dem im *Bild
3.34* auf Seite 219 gezeigten Ausschnitt geht z.B. nicht einwandfrei hervor, ob
auf dem Chip gezielt partitioniert wurde, oder ob sich im Zuge der Plazierung
ein "Quasi-Partitionierung" ergeben hat.

Auf Seite 215 wurde gefordert, Partitionierung und Plazierung sauber voneinander zu trennen, wenn auch die Rückkopplungsschleifen im *Bild 3.31* darauf
hinweisen, daß diese beiden Teilprozesse des Layout-Designs nicht unabhängig
voneinander sind. Solange es sich um die Modul-, Platinen- oder gar Gestell-
ebene handelt, ist die saubere Trennung von Partitionierung und Plazierung gut
überschaubar und relativ einfach durchzuführen. Auf der Chipebene werden die
gegenseitigen Abhängigkeiten jedoch häufig so stark, daß man schon fast von
einem "fließenden Übergang" zwischen Partitionierung und Plazierung sprechen
kann, da die mitunter sehr unterschiedliche Größe (und manchmal sogar die
Form) der Partitionen direkt von Art und Anzahl der in jeder Partition zu plazierenden Schaltungsblöcke abhängt. Die folgenden Beispiele sollen zeigen, wie die
Frage der Größe der möglichen oder gar notwendigen Partitionen auf dem Chip

auch von rein elektrischen Kriterien abhängig sein kann, z.B. aufgrund des in einer Logik geforderten Fan-Out:

Treibt der Ausgang eines in MOS-Technik aufgebauten Gatters f andere Eingänge von MOS-Gattern, wie bei-spielsweise in neben-stehendem *Bild 3.36* angedeutet, wobei

f = Fan-Out ,

dann kann man diese Anordnung vereinfacht näherungsweise durch eine innenwiderstands-behaftete Quelle mit kapazitiver Last erset-zen.

Bild 3.36

MOS-Gatter mit Fan-Out = 5 und Ersatzschaltung

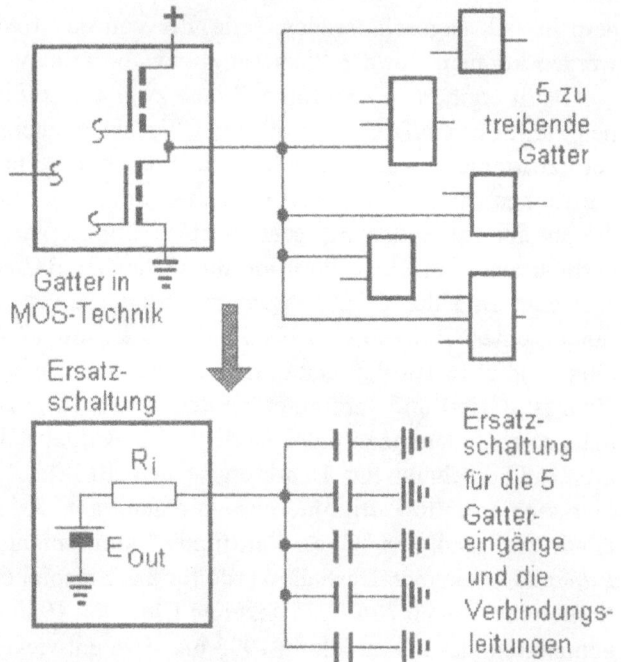

Definiert man zusätzlich zum Fan-Out f noch

τ = Delay des treibenden Gatters, wenn es am Ausgang nur mit einem einzigen Gattereingang belastet ist,

d = Delay des treibenden Gatters, wenn es am Ausgang mit f Gatter-eingängen belastet ist,

dann ergibt sich laut der vereinfachten Ersatzschaltung *Bild 3.36* ein Delay von

$$d \approx \tau \cdot f \tag{3}$$

Wird ein sehr großes Fan-Out benötigt, dann kann es mitunter hilfreich sein, mit einer Kaskadierung von Gattern zu arbeiten. Wir definieren dann:

f = Fan-Out eines einzelnen Gatters, F =   Gesamt-Fan-Out,

n = Kaskadenlänge, D =   Gesamt-Delay.

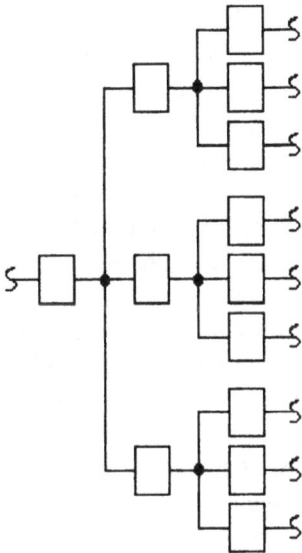

Als **Beispiel** werde ein Fan-Out von 9 benötigt. Dies kann durch $F = f = 9^1$ oder, wie in nebenstehendem *Bild 3.37* gezeigt, in 2 Stufen durch $F = f^2 = 3^2$ realisiert werden. Mit 2 Stufen ist (in diesem speziellen Beispiel) das Gesamt-Delay D zwar geringer, aber der Platzbedarf wegen drei zusätzlicher Gatter größer.

Mit (3) und den oben genannten Definitionen ergibt sich allgemein

$$F = f^n \tag{4}$$

und

$$D = n \cdot d \approx n \cdot \tau \cdot f \tag{5}$$

Bild 3.37

Zweistufige Kaskadierung

Für das Beispiel *Bild 3.37* mit $F = 9$ würde sich laut (5) ohne Kaskadierung $D = 1 \cdot \tau \cdot 9 = 9\tau$ ergeben, während man bei einer zweistufigen Kaskadierung $D = 2 \cdot \tau \cdot 3 = 6\tau$ erhält, was eindeutig zeigt, daß das Gesamt-Delay bei einer längeren Gatterkette sogar kleiner werden kann.

Laut (5) muß es für jedes geforderte Fan-Out F eine optimale Stufenzahl n geben, für die das Gesamt-Delay D minimal wird. Die Beziehung (5) läßt sich mit (4) umformen zu

$$D \approx n \cdot \tau \cdot \sqrt[n]{F} \qquad \text{bzw.} \qquad D/\tau \approx n \cdot F^{1/n}$$

und daraus

$$y = \ln \frac{D}{\tau} \approx \ln n + \frac{\ln F}{n} \tag{6}$$

Wenn D laut (5) für ein bestimmtes n minimal wird, dann wird auch y laut (6) für dasselbe n minimal. Folglich

$$\frac{\partial y}{\partial n} \approx \frac{1}{n} - \frac{\ln F}{n^2} = 0 \qquad \text{bzw.} \qquad \frac{1}{n} = \frac{\ln F}{n^2}$$

und daraus dann

$$n = \ln F \tag{7}$$

Da sowohl F als auch n nur ganze Zahlen sein können und außerdem die Einzel-Fan-Outs f der Kaskadenstufen eventuell unterschiedlich sind, ist das laut (7) theoretisch erzielbare Optimum (= Minimal-Delay) nur näherungsweise zu erreichen. Aber (7) kann dem Entwickler immerhin anzeigen, ob sich eine

Kaskadierung überhaupt lohnt und wenn ja, mit wievielen Stufen. Für das obige Beispiel *Bild 3.37* hätte sich mit $n = \ln 9 \approx 2,1972$ gezeigt, daß die Überlegung, zweistufig zu kaskadieren, richtig ist, wenn es auf möglichst kurze Verzögerungszeiten ankommt. Jedoch muß der Entwickler dies in der Praxis auf jeden Fall durch gezielte Logik- bzw. Timing-Simulation überprüfen.

Da man aber bei einer Kaskadierung zusätzliche Gatter braucht, vergrößert sich möglicherweise der für diese Partition benötigte Anteil an Chipfläche. Die Frage möglicher Kaskadierung(en) sollte daher bereits während des Logik-Designs beantwortet werden.

Hat man genügend Platz, dann ist die mögliche Kaskadierung nur von geringem Einfluß auf den Entwicklungsschritt der Partitionierung. Ein wesentlich stärkerer direkter Einfluß ist durch die elektrischen Auswirkungen aufgrund der *technologischen Weiterentwicklung* gegeben:

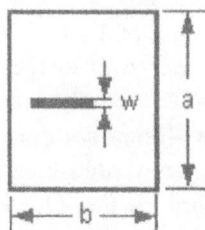

Bild 3.38

*Abmessungen
von Layout-
Figuren und
Außenmaßen
eines Chips*

Wir betrachten als **Beispiel** ein Chip mit den Kantenlängen a und b entsprechend nebenstehendem *Bild 3.38*. Die das Layout bildenden geometrischen Figuren müssen an allen Stellen und in jeder Richtung aus Gründen fertigungstechnischer Beherrschbarkeit mindestens die Breite w haben. Die Zahl n_{Trans} der auf dem Chip unterzubringenden Transistoren hängt nicht nur von der verwendeten Schaltungstechnik (ECL, TTL, . . . CMOS usw.) sondern auch davon ab, ob das Chip nur Logik oder auch (bzw. nur) Speicher-Arrays trägt. Geht man in die Nähe der Obergrenzen möglicher Packungsdichten, dann kann man näherungsweise mit einem

$$\text{Platzbedarf} \approx (50 \text{ bis } 100) \cdot w^2 \text{ pro Transistor} \qquad (8)$$

rechnen. Darin sind auch die durchschnittlich pro Transistor zusätzlich benötigten anderen Bauelemente und der pro Transistor anteilige Platzbedarf für die Verdrahtung enthalten. Die Gesamtzahl der Transistoren n_{Trans}, die auf einem Chip unterzubringen (und natürlich sinnvoll zu plazieren und zu verdrahten) sind, beträgt laut (8) folglich

$$n_{\text{Trans}} \approx \frac{a \cdot b}{(50 \text{ bis } 100) \cdot w^2} \qquad (9)$$

Betrachtet man die technologische Weiterentwicklung etwa der vergangenen ca. 30 Jahre, dann läßt sich entsprechend (9) folgende Tabelle zusammenstellen (in der a und b in mm und w in μm angegeben sind):

Jahr der Entwicklung	Kantenlänge $\sqrt{a \cdot b}$ [mm]	Chipfläche $a \cdot b$ [mm²]	Min Breite w [μm]	Max Anzahl n_{Trans}
1960	1	1	30	20
1970	2,5	6,25	10	1000
1980	5	25	2,5	$5 \cdot 10^4$
1990	15	225	0,4	$2 \cdot 10^7$

Vgl. auch *Bild 5.1* auf Seite 370.

Die Chips werden immer größer, die Leiterbreiten, Abstände, Transistoren usw. dagegen immer kleiner. Am Beispiel der im folgenden *Bild 3.39* gezeigten 1-Device-Speicherzelle (identisch mit *Bild 3.22*, Seite 205) wird die mit der technologischen Weiterentwicklung laut obiger Liste einhergehende Problematik besonders deutlich:

Bild 3.39

Die Kapazität der Bitleitung reduziert das von der Speicherzelle abgegebene Auslese-Signal

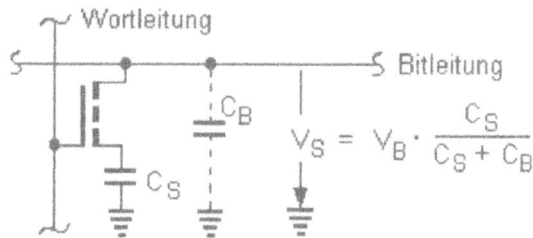

$$V_S = V_B \cdot \frac{C_S}{C_S + C_B}$$

Durch Vergrößerung der Chipfläche werden die Bitleitungen immer länger, wodurch die störende Kapazität C_B einer Bitleitung immer größer wird. Verkleinert man gleichzeitig die Zellengröße, dann wird dadurch im allgemeinen die Speicherkapazität C_S ebenfalls verkleinert. Damit sinkt die Auslese- oder Sense-Spannung V_S nicht nur näherungsweise quadratisch ab, sondern zusätzlich steigt die Störanfälligkeit stark an. (Mit kleineren Lesesignalen aber näherungsweise gleichbleibenden Störungen sinkt das Nutz-Stör-Verhältnis.) Bei Speicherkapazitäten von $C_S \approx 0,03$ pF bis 0,2 pF erhält man heute nur noch Lesespannungen (Spannungsdifferenzen zwischen dem Auslesen einer logischen 0 und einer 1) von einigen 10 mV bis höchstens 100 mV, selbst wenn C_S zunächst auf einige Volt aufgeladen wird.

Lange Leitungen führen aber nicht nur bei Speicherchips sondern auch bei Logikchips zunehmend zu Problemen: Mit immer schneller werdenden Schaltkreisen wird die Geschwindigkeit einer Logik schließlich kaum mehr von der Geschwindigkeit der Einzelschaltkreise sondern fast nur noch von den Verzögerungen auf den Verbindungsleitungen bestimmt. Man muß demnach bei der Entwicklung danach trachten, alle kritischen Leitungen möglist kurz zu halten und die weniger kritischen Leitungen, bei denen größere Kapazitäten, längere Laufzeiten usw. nicht allzu störend sind, lieber auf die Verbindungen zwischen den Partitionen zu verlegen.

Bei Speicherchips teilt man z.B. das insgesamt 1 MBit bis zu (heute) 64 MBit große Speicher-Array in 2, 4, 8 (oder auch noch mehr) Partitionen auf, wie in nebenstehendem *Bild 3.40* in einer stark vereinfachter Form dargestellt. Die Leitungen zu den Leseverstärkern werden dadurch kürzer, was die Lesespannung erhöht oder zumindest nicht weiter gegenüber den Auslesespannungen der kleineren Vorläufer-Chips absinken läßt. Auch die logisch vor den Schreibtreibern und hinter den Leseverstärkern nötige Adressen-Codierung und Decodierung kann zwischen den Array-Partitionen angeordnet werden.

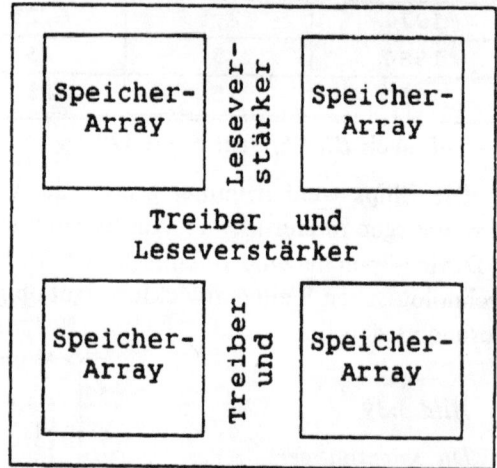

Speicher-Array	Lese-ver-stärker	Speicher-Array

Treiber und Leseverstärker

Speicher-Array	Treiber und	Speicher-Array

Bild 3.40 *Partitionierung eines Speicherchips*

Nach den obigen Ausführungen dieses Abschnitts **3.4.1** (Seite 216 bis hier) ist sicher verständlich, daß die Frage, wie die Aufteilung einer Gesamtschaltung am zweckmäßigsten vorzunehmen ist, mangels allgemeingültiger Kriterien bis heute nicht eindeutig in einem Algorithmus formulierbar und damit durch ein Computer-Programm "automatisch" beantwortbar ist.

Bis heute ist kein Algorithmus bekannt, der ein gegebenes System in einen optimalen Satz von Subsystemen aufteilen kann. Es gibt keine eindeutige Meßgröße für die Effektivität (bezüglich Plazierung, Verdrahtung, Signallaufzeiten usw.) der Partitionierung eines komplexen Systems.

Deshalb kann die Partitionierung, unter Berücksichtigung der für das gerade zu entwerfende System zutreffenden Gegebenheiten, allenfalls so "teiloptimiert" werden, daß man nach bestem technischen Urteilsvermögen (in Fachkreisen auch engl. *"Engineering Judgement"* genannt) eine **brauchbare** Partitionierung erreicht, die notwendig ist, um schließlich die Verdrahtbarkeit zu ermöglichen. D.h. es muß weitgehend ohne Computerhilfe partitioniert werden.

3.4.2   Plazierung (Placement)

Unter *"Plazierung"* versteht man ganz allgemein das überlappungsfreie Anordnen ("Unterbringen") gegebener Objekte auf einer gegebenen Fläche. Dabei steht
sehr häufig nicht die Gesamtfläche frei zur Verfügung, weil die Objekte nur im
Rahmen eines vorgegebenen Rasters plaziert werden können. Und/oder es müssen bestimmte Verdrahtungskanäle zwischen den Objekten frei bleiben (vgl. z.B.
Bild 3.4, S. 189) usw., so daß das Plazierungsproblem vielfach auch wie folgt
formuliert werden kann:

Es sind n Objekte auf k vorgegebenen Plätzen (mit $n \le k$) unter Beachtung
einschränkender Nebenbedingungen zu plazieren.

Zu plazieren sind

1.)   *Zellen* oder *Books* auf einem Chip oder auch auf einer einzelnen Partition eines Chips wie beispielsweise laut *Bild 3.35* auf Seite 220. (Zum
Begriff des Books siehe nachfolgende Erläuterung.) Heute wird diese Plazierung meist automatisch mit Hilfe eines geeigneten Plazierungsprogramms
vorgenommen, zumindest bei allen Semi-Kunden-IC's. Bei Speicherchips und
Voll-Kunden-IC's wird vielfach teilweise (am Bildschirm) manuell plaziert
oder die automatische Plazierung manuell "unterstützt" und/oder ergänzt.

2.)   *Chips* auf einem Modul (Chipträger), *Moduln* und andere Bauelemente
(z.B. diskrete Widerstände, Kondensatoren, Transistoren etc.) auf einer Karte
oder Platine und schließlich *Platinen* auf einer größeren Platine ("Card on
Board", vgl. z.B. *Bilder 1.1* und *1.2*, Seite 2). Diese Plazierung wird vielfach
manuell, jedoch CAD-unterstützt am Bildschirm vorgenommen.

Zum Begriff des Books : Ein *Book* ist eine *Standardschaltung* (z.B. ein 3-fach-
NAND, ein Flipflop usw.), die aus einer einzelnen Zelle (oder Teilzelle im Sinne
des *Bildes 3.5*, Seite 190) oder auch aus mehreren Zellen oder Teilzellen bestehen kann. Unterscheidet man zwischen *Zelle* und *Book*, dann kann ein Chip sehr
wohl aus lauter identischen Zellen bestehen, aus denen man aber standardmäßig
eine Anzahl verschiedener genormter (vordefinierter) Books bilden kann. Man
sollte dann von einem sogenannten *"Zellen-Array"* *("Cell-Array")* sprechen, aus
dem zwar, wenn lauter gleiche interne Zellenverdrahtungen vorgenommen werden, ein Gate-Array entsteht, aus dem aber genau so gut ein Standard-Zellen-IC
oder ein Allgemein-Zellen-IC entstehen kann. Beispielsweise wäre in diesem
Sinne der durch interne Verdrahtung einer Teilzelle des *Bildes 3.5* (S. 190) gebildete 4-fach-NAND *Bild 3.6* (S. 191) ein für eine bestimmte Chip-Familie
genormtes Book. Oder der 4-fach-NOR *Bild 3.19* (S. 202) wäre als ein Book

einer CMOS-Chip-Familie anzusehen. Welche Books überhaupt aus einem gegebenen Zellen-Array gebildet und damit als "Elemente" der Logikentwicklung verwendet werden können, und was die Eigenschaften dieser Books sind, ist gewöhnlich in einer technologiespezifischen Bibliothek abgespeichert.

Übrigens wird das (vom Autor keinesfalls geschätzte) englische Wort "Book"
auch in der deutschsprachigen Literatur nicht übersetzt, um eventuelle Assozia-
tionen mit einem "Buch" von vornherein zu vermeiden.

Viele Firmen benutzen den Begriff des Books nicht. in diesem Fall wird dann
der gesamte genormt vordefinierte Schaltkreis als *Zelle* bezeichnet. Konsequenterweise kann es dann auch keine sogenannten "Book-Bibliotheken" sondern nur
"Zellen-Bibliotheken" geben, so beispielsweise in [21]. In diesem Sinne wird
auch der Ausdruck "Standard-Zellen-IC" verständlich, denn es ist ein Semi-Kunden-IC, das sich ausschließlich aus den in einer Bibliothek abgespeicherten
Zellen zusammensetzt. Sie bilden die Grundbausteine (= kleinste Einheiten) zum
Aufbau digitaler Schaltungen auf einem Chip. Eine Unterscheidung zwischen
lauter gleichen Strukturen im Silizium und den verschiedenen aus diesen Strukturen zusammengestellten genormt vordefinierten Schaltkreisen ist dann jedoch
nicht mehr möglich.

3.4.2.1   Plazierungsprobleme

Das *Problem Nr. 1* ist die Erfüllung der an sich selbstverständlichen, aber wich-
tigsten Voraussetzung, daß die zu plazierenden Objekte überhaupt auf der zur
Verfügung stehenden Fläche überlappungsfrei unterzubringen sind. Die *weiteren
Probleme* sind in der folgenden Tabelle zusammengestellt:

Pro- blem ⇓	Plazierung von ⟹	Books oder Zellen	Chips, Moduln, Platinen
Verdrahtbarkeit		**X**	**X**
Verzögerungszeiten auf Leitungen		**(X)**	**X**
Spannungsabfälle auf Leitungen		**(X)**	**(X)**
Temperatur			**(X)**

In dieser Tabelle soll bedeuten :

X = unbedingt zu beachtendes Kriterium.

(X) = nur bedingt wichtiges Kriterium.

Die in dieser Tabelle gelisteten Probleme ergeben sich gemäß den Forderungen und auch

den Einschränkungen, die sich zum Teil sogar widersprechen können.

Die Plazierung ist in jedem Fall so vorzunehmen, daß anschließend auch verdrahtet werden kann. Dies gilt in gleicher Weise von den Books bis herauf zu den Platinen. Dazu sollten Objekte, die mit vielen Signalleitungen untereinander verbunden sind, eng beieinander plaziert werden, während solche, zwischen denen nur wenige (oder gar keine) Verbindungen nötig sind, sehr viel weiter auseinander angeordnet sein können.

Mitunter darf aber die Laufzeit auf einer einzigen Verbindungsleitung zwischen zwei Objekten aus funktionellen Gründen nur sehr klein sein, weshalb diese beiden Objekte eng beieinander zu plazieren sind. Von der Verdrahtbarkeit her gesehen, dürften sie aber, falls sie nur durch eine einzige Leitung verbunden sind, weit auseinander plaziert werden. Hier kann ein deutlicher Widerspruch zwischen der Forderung nach Verdrahtbarkeit und der Forderung nach kurzen Leitungslaufzeiten zutage treten. Dies gilt jedoch im wesentlichen bei der Plazierung von Chips auf Moduln und allen darüberliegenden höheren Packungsebenen, nicht so sehr dagegen bei der Plazierung von Books (Zellen) auf einem Chip. Denn ein Chip ist so klein, daß die Signal-Verbindungsleitungen "von vornherein" so kurz sind, daß der Unterschied der Laufzeiten auf kurzen und längeren Leitungen kaum ins Gewicht fällt. Deshalb sind die Verzögerungszeiten auf den Leitungen in obiger Tabelle für die Book-Plazierung nur als "bedingt wichtig", bei den höheren Packungsebenen dagegen als "zu beachtendes Kriterium" angegeben.

Signifikante Spannungsabfälle aufgrund entsprechend hoher Ströme treten im allgemeinen (von einigen speziellen Ausnahmen abgesehen) nur auf den Leitungen für Spannungsversorgungen und Masse auf und sind daher für die Plazierung als minder wichtiges Kriterium eingestuft. Dies setzt jedoch voraus, daß die Versorgungsleitungen ausreichenden Querschnitt aufweisen und/oder daß die Einspeisung parallel auf mehrere Anschlüsse verteilt wird. (Vgl. die Angaben Seite 197: Von 120 Chip-Anschlüssen sind nur 96 für die Signale vorgesehen. Die restlichen 24 Pads dienen ausschließlich dazu, Masse und die einzige Versorgungsspannung von 1,5 V je über mehrere Pads parallel zuzuführen.) Da die breiteren Leitungen und zusätzlichen Anschlüsse Chipfläche beanspruchen, ist ein gewisser Einfluß auf die Plazierung nicht auszuschließen.

Um lokale Überhitzungen zu vermeiden, sollten Bauteile mit größerer Verlustleistung möglichst nicht zu eng beieinander plaziert werden, was u.U. der Forderung nach bestmöglicher Verdrahtbarkeit widersprechen kann. Da man aber näherungsweise davon ausgehen darf, daß es innerhalb eines Chips (wegen der Kleinheit des Chips) keine signifikanten Temperaturunterschiede gibt, d.h. sich das Chip während seines Betriebs auf eine annähernd einheitliche Temperatur einstellt, spielt das Temperaturkriterium bei der Plazierung von Books (Zellen) auf einem Chip im allgemeinen keine Rolle. Von den nur in Ausnahmefällen zu berücksichtigenden sogenannten "Hot Spots" wollen wir hier absehen. Bei allen über das Chip hinausgehenden höheren Packungsebenen ist das Temperaturverhalten jedoch wenigstens als "bedingt wichtiges Kriterium" in die Plazierungsüberlegungen mit einzubeziehen.

Wegen der sich zum Teil widersprechenden Kriterien bleibt dem Entwickler im allgemeinen nichts anderes übrig, als zunächst eine Plazierung anzustreben, die sich ausschließlich an einer möglichst guten Verdrahtbarkeit orientiert. Wenn man nämlich die Objekte wegen schlechter Plazierung nicht untereinander verdrahten kann, dann ist die Frage nach Erfüllung aller anderen Forderungen ohnehin sinnlos. Das Einhalten anderer Forderungen ist eventuell hinterher, nachdem fertig plaziert und verdrahtet wurde, per Simulation oder vielleicht auch nur per "Engineering Judgement" zu überprüfen.

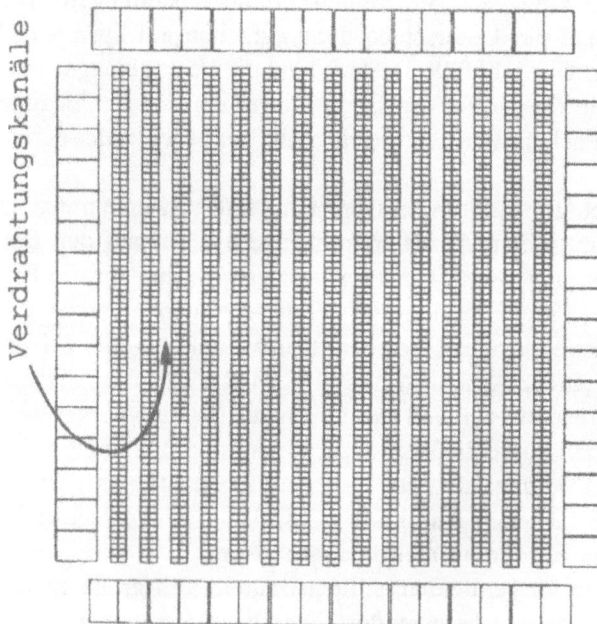

In nebenstehendem *Bild 3.41* ist ein Zellen-Array mit (nach heutigen Möglichkeiten *"nur"*) 2400 Zellen gezeigt. Das Problem der Plazierung besteht darin, die aus maximal 2400 Zellen zusammengesetzten Books so auf den 2400 vorgegebenen Plätzen zu plazieren, daß danach mit Sicherheit auch verdrahtet werden kann.

Bild 3.41

Zellen-Array mit 2400 identischen Zellen

Will man, ganz allgemein ausgedrückt, n Objekte (z.B. n gleichgroße Books) auf n vorgegebenen Plätzen plazieren, so gibt es nach den Regeln der Kombinatorik dafür

$$m \quad = \quad n! \tag{10}$$

Plazierungsmöglichkeiten. Man beachte den in (10) durch die Fakultät bedingten überexponentiellen Anstieg der Möglichkeiten. Zur Erinnerung (sowie als
Schock) einige Fakultäten:

$$5! \; = \quad 120 \qquad 20! \; \approx \; 2,4 \cdot 10^{18} \qquad 100! \; \approx \; 10^{158}$$

$$10! \; = \; 3\,628\,800 \qquad 50! \; \approx \; 3,0 \cdot 10^{64} \qquad 2400! \; \approx \; 2 \cdot 10^{7072}$$

Man kann folglich, selbst wenn man "nur" 10 Objekte auf 10 Plätze zu setzen
hätte, unmöglich alle Plazierungen "durchspielen", um danach zu entscheiden,
welche der $10! = 3\,628\,800$ theoretisch möglichen Plazierungen bezüglich der
Verdrahtbarkeit "mit größter Wahrscheinlichkeit" die beste sei, von der kompletten Durchrechenbarkeit bei 100 oder 2400 oder gar 100 000 zu plazierenden
Objekten ganz zu schweigen. Nehmen wir als Beispiel an, wir hätten lediglich
15 Objekte zu plazieren und ein extrem schneller Computer würde pro einzelne
Plazierung (und Überprüfung wie gut sie ist) nur 10 μs benötigen, dann müßte
dieser Computer im Dauerbetrieb

$$\frac{15! \; \cdot \; 10\,\mu s}{10^6 \, \frac{\mu s}{s} \cdot 60 \, \frac{s}{m} \cdot 60 \, \frac{m}{h} \cdot 24 \, \frac{h}{d}} \quad \approx \quad 151 \, \text{Tage}$$

rechnen, um dieses vergleichsweise außerordentlich einfache Plazierungsproblem
zu lösen.

Da nur ein sehr kleiner Bruchteil aller möglichen Plazierungen ausprobiert
werden kann, wird in praxi einfach solange plaziert, wie es die bezahlbare
Rechenzeit zuläßt. Selbstverständlich werden dabei keine zufälligen Plazierungen
durchgespielt, sondern es wird von vornherein versucht, die Objekte so zu
plazieren, daß die Wahrscheinlichkeit später auch verdrahten zu können, möglichst groß ist. Der generelle Ablauf läßt sich durch das auf Seite 232 gezeigte
Flußdiagramm *Bild 3.42* darstellen.

Die im Flußdiagramm *Bild 3.42* angegebene *Anfangsplazierung* und die
sogenannte *lokale Optimierung* werden mit Hilfe von Algorithmen durchgeführt,
für die im nachfolgenden Abschnitt **3.4.2.2** Beispiele angegeben sind.

Als ein Ergebnis (unter vielen anderen) der Logikentwicklung erhält man eine
Verdrahtungsliste, die angibt, welche Objekte mit welchen anderen wie und mit
wievielen Verbindungen zu verdrahten sind. Sind die Objekte in einem regelmäßigen Raster angeordnet (was man auf allen Packungsebenen als den Normalfall ansehen darf), dann kann man nach der Plazierung der Objekte angeben,
wieviele Rastermaße die Verbindungen zwischen je 2 Objekten näherungsweise

lang sind, bzw. wie lang die Gesamtverdrahtung in Einheiten des Rastermaßes ist. Für diese Abschätzung der Verdrahtungslänge wird angenommen, daß die Verbindungen jeweils in einem Rasterpunkt, der auch die Mitte des in diesem Punkt plazierten Objekts darstellt, enden bzw. anfangen. Diese Näherung an die tatsächliche Länge der Verdrahtung ist meist für die Beurteilung der Qualität einer Plazierung gut genug. Bei Chips, die Gatter als zu plazierende Objekte tragen, wird auch von Verdrahtungslängen und Abständen in sogenannten *"Gate Pitches"* statt in Rastermaßen gesprochen.

Im *Bild 3.43* sind sog. "Tendenzkurven" gezeigt, die angeben, wie die durchschnittliche Länge der Verdrahtung (zur Verbindung zweier Objekte), gemessen in Gate Pitches, für ein Gesamt-Chip abnimmt, wenn man laut *Bild 3.42* mehr und mehr Rechenzeit aufwendet, um aus immer wieder neuen Plazierungen

Wähle ein Anfangsobjekt aus

Wähle ein anderes Anfangsobjekt aus

Generiere eine Anfangsplazierung indem mit dem Anfangsobjekt beginnend nacheinander Objekt nach Objekt so plaziert wird, daß die Verbindungsleitungen möglichst kurz werden

Verbessere die Plazierung durch lokale Optimierung

NEIN — Kann noch weitere Rechenzeit verbraucht werden ? — JA

Wähle die "beste" aus allen bisher generierten Plazierungen

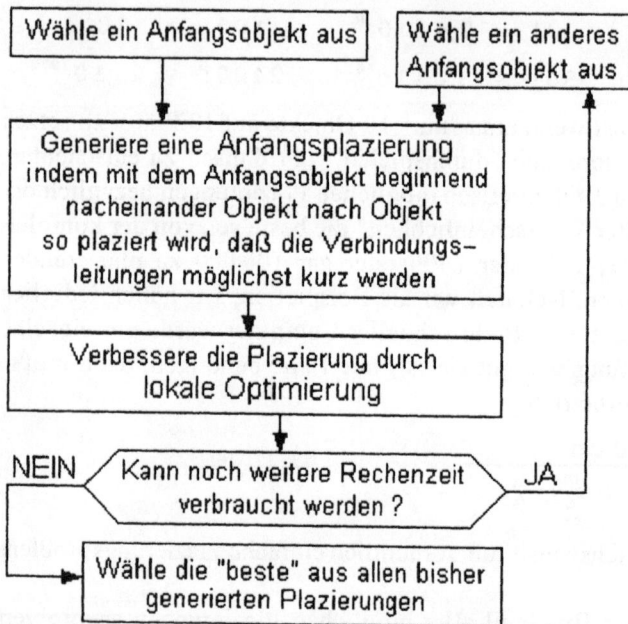

Bild 3.42   *Genereller Ablauf der Plazierung, begrenzt durch die Rechenzeit*

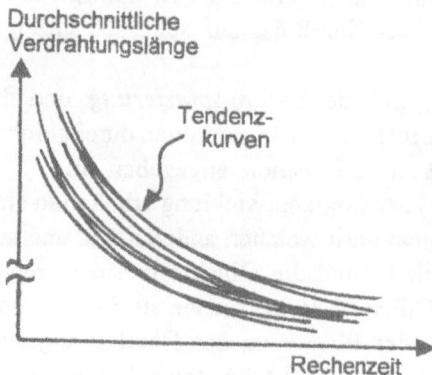

Durchschnittliche Verdrahtungslänge

Tendenzkurven

Rechenzeit

Bild 3.43

Verdrahtungslänge als Funktion der aufgewendeten Rechenzeit

eine "vermutlich beste" heraussuchen zu können. Eine Plazierung wird dabei als
umso besser angesehen, desto kürzer die Gesamt-Verdrahtungslänge ist, die sich
aufgrund dieser Plazierung in Rastermaßen oder Gate Pitches abschätzen läßt.
Die nach Arbeiten von *Donath & Mikhail* (IBM 1981) sich ergebenden hyper-
belartigen Kurvenformen im *Bild 3.43* zeigen sehr deutlich, daß es sehr sinnvoll
ist, einige wenige Plazierungen durchzurechnen, daß aber die möglichen Verbesserungen mit immer mehr neuen Plazierungen immer kleiner werden. Dies bestä-
tigt, daß durchaus die zur Verfügung stehende (d.h. bezahlbare) Rechenzeit als
sinnvolles Abbruchkriterium in der Schleife des Flußdiagramms *Bild 3.42* verwendet werden kann.

3.4.2.2 Plazierungsalgorithmen

Das folgende *Bild 3.44* zeigt einen einfachen möglichen Algorithmus für eine
laut *Bild 3.42* geforderte *Anfangsplazierung* :

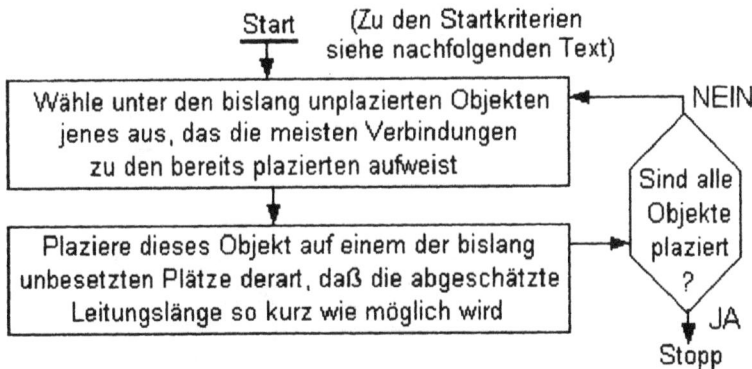

Bild 3.44 *Ein einfacher Plazierungsalgorithmus*

Der Start des Plazierungsalgorithmus kann dadurch gegeben sein, daß die
Verbindungen zur Außenwelt (d.h. Chip-Pads, Module-Pins usw.) als vorgegebene, vorplazierte Objekte angesehen werden können. Oder es können einige
andere Objekte aus elektrischen, mechanischen oder sogar aus thermischen
Gründen bereits manuell plaziert sein und dürfen nicht mehr verschoben werden.
Von diesen Objekten geht der Plazierungsalgorithmus dann aus. Anderenfalls,
d.h. wenn nichts vorplaziert ist, wählt der Algorithmus dasjenige Objekt aus, das
die meisten Verbindungen zu irgendwelchen anderen Objekten hat und plaziert
es an einer geeigneten Stelle, z.B. in der Mitte der zur Verfügung stehenden

Fläche. Bei mehreren Objekten dieser Art kann eine Zufallsauswahl erfolgen. Durch Zufallsauswahl des Anfangsobjekts und/oder der Plazierungsreihenfolge und/oder durch Zufallsauswahl zwischen eventuell gleichwertigen Plätzen (auf die das zu plazierende Objekt zu setzen ist) können, entsprechend der Schleife im *Bild 3.42*, unterschiedliche Anfangsplazierungen gewonnen werden.

Außerdem sollte noch ein Eingriff des Entwicklers derart möglich sein, daß er aus der Liste der zu plazierenden Objekte ein Anfangsobjekt frei wählen kann, so daß der Algorithmus bei mehreren hintereinander ablaufenden Plazierungen (gemäß der *Bilder 3.42* und *3.43*) jedesmal *gezielt* mit einem anderen Objekt beginnt.

Abweichend von dem im *Bild 3.44* dargestellten einfachen Algorithmus ist der sogenannte *Mincut-Algorithmus* :

Der Mincut-Algorithmus ist einer der wichtigsten Plazierungsalgorithmen und ist dementsprechend weit verbreitet. Er bekam seinen Namen davon, daß der Algorithmus versucht, die Objekte so zu plazieren, daß jeweils nur ein *Min*imum von Verbindungsleitungen von einer sogenannten *Cut*line (Schnittlinie) durchschnitten wird. Das folgende *Bild 3.45* soll dies erklären:

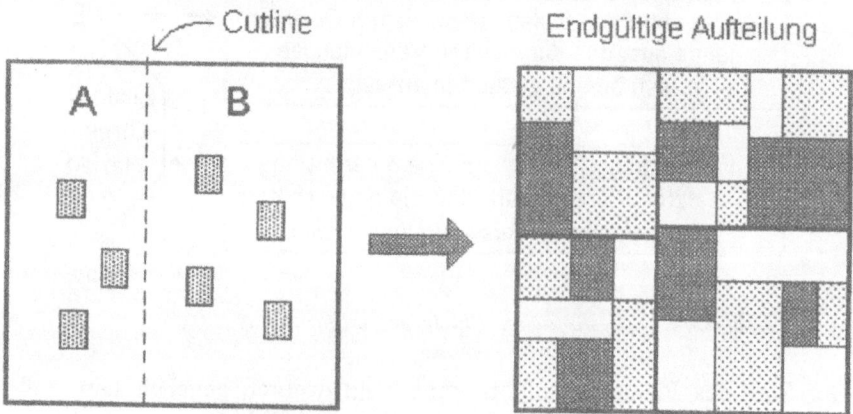

Bild 3.45 *Darstellung zur Erläuterung des Mincut-Algorithmus*

Die Fläche, auf der die Objekte zu plazieren sind (z.B. eine Chipfläche), wird zunächst durch eine Cutline in zwei Teile A und B aufgeteilt, wie im *Bild 3.45* auf der linken Seite angedeutet. Es wird außerdem definiert:

n_A , n_B = Zahl der auf der Teilfläche A bzw. B zu plazierenden Objekte, falls alle Objekte gleich groß sind. Oder Zahl der durch die Objekte in A bzw. B belegten Flächeneinheiten.

n_C = Anzahl der Verbindungsleitungen (nur Signalleitungen), welche die A-B-Cutline überschreiten.

Mit diesen Definitionen wird gefordert:

$$|n_A - n_B| \leq \Delta_{min} \qquad (11)$$

$$n_C = \text{Minimum} \qquad (12)$$

Der Mincut-Algorithmus arbeitet nun wie folgt: Man ordnet das erste zu plazierende Objekt (das Anfangsobjekt) der Teilfläche A zu, ohne es jedoch an einer bestimmten Stelle von A zu plazieren. Bestehen zwischen dem nächsten Objekt (d.h. dem zweiten Objekt) und dem gerade eben zugeordneten ersten Objekt laut der Netzliste "sehr viele" Verbindungen, dann wird das zweite Objekt ebenfalls A zugeordnet. Bestehen nur "wenige" (oder am besten gar keine) Verbindungen, so wird es B zugeordnet. Das 3. und alle weiteren Objekte werden ebenfalls A oder B zugeordnet, abhängig von der Zahl ihrer Verbindungen zu den bereits vorher zugeordneten Objekten. Auf diese Weise wird die Gesamtzahl der Objekte, bzw. der von den Objekten belegten Flächeneinheiten, in zwei zahlenmäßig etwa gleichgroße Cluster derart aufgeteilt, daß möglichst wenige Leitungen die A-B-Cutline überschreiten müssen. D.h. die Zahl der Objekte bzw. der zu belegenden Flächeneinheiten sollte laut (11) ein vorgegebenes Minimum Δ_{min} (am besten natürlich Null) nicht überschreiten. Dazu ist es mitunter erforderlich, Daß die Cutline nicht genau in der Mitte angeordnet wird, wie z.B. im *Bild 3.45* für eine ungleiche Zahl gleichgroßer Objekte angedeutet.

Hat ein zuzuordnendes Objekt gleichviele Verbindungen zu Objekten die bereits A zugeordnet und zu solchen, die bereits B zugeordnet wurden, dann wird die A-B-Entscheidung in Richtung auf eine möglichst gute Minimierung gemäß (11) getroffen. Außerdem muß selbstverständlich mit Hilfe der Netzliste festgelegt werden, wieviele Verbindungsleitungen als *"viele"* und als *"wenige"* gelten sollen, um ein Kriterium für das Überschreiten der Cutline zur Verfügung zu haben.

Es ist nochmals zu betonen, daß die Objekte weder in A noch in B endgültig (oder auch nur vorläufig) plaziert werden. Die A-B-Zuordnung teilt lediglich die Menge der Objekte gemäß (11) und (12) in 2 Teilmengen auf.

Nachdem die erste Aufteilung in A und B beendet ist, wird jeder Teil für sich allein wiederum aufgeteilt. Wenn also laut *Bild 3.45* die Fläche zunächst durch eine senkrechte Cutline geteilt wurde, dann werden als nächstes A und B je für sich und unabhängig voneinander durch waagrechte Cutlines in z.B. Aa und Ab bzw. Ba und Bb aufgeteilt. Die neue Zuordnung der ursprünglichen A-Objekte in Aa und Ab (bzw. der B-Objekte in Ba und Bb) folgt demselben oben erläuterten, nach den Forderungen (11) und (12) ausgerichteten Algorithmus. Man teilt, jedes Gebiet unabhängig von allen anderen, solange durch abwechselndes Einziehen von senkrechten und waagrechten Cutlines weiter, bis eine Unterteilung nicht mehr sinnvoll ist.

Das Beenden der Aufteilung kann von unterschiedlichen Abbruchkriterien abhängig sein: Es ist sicherlich sinnlos, eine Cutline irgendwo zwischen die 32 Flipflops eines 32 Bits breiten Registers ziehen zu wollen, was ein Beispiel für ein von der Logik bestimmtes Abbruchkriterium ist. Wenn es bei den einem Teilgebiet zugeordneten Objekten keine signifikanten Unterschiede mehr zwischen "vielen" und "wenigen" Verbindungsleitungen gibt, ist auch dies ein Abbruchkriterium, weil ein weiteres Unterteilen entsprechend (11) und (12) sinnlos geworden ist. Wenn schließlich einem Teilgebiet nur noch etwa 2 bis 3 Objekte zugeordnet sind, dann macht es ebenfalls keinen Sinn mehr, noch weiter zu unterteilen.

Aufgrund dieser unterschiedlichen Abbruchkriterien und/oder unterschiedlich großer Objekte, kann am Ende des vielfachen Unterteilungsprozesses durchaus eine Aufteilung der Fläche in verschieden große Gebiete entstehen, wie sie auf der rechten Seite im *Bild 3.45* angedeutet ist.

Am Ende des Unterteilungsprozesses sind jeder Teilfläche nur wenige Objekte zugeordnet, die nur auf den wenigen Plätzen dieser Teilfläche sitzen können. Folglich sind die Objekte einer Teilfläche damit im allgemeinen nicht nur zugeordnet, sondern letztlich auf dieser Teilfläche auch plaziert. Die Plazierung innerhalb der Teilfläche kann (muß aber nicht) zufällig sein. Gegebenenfalls kann sie dann durch lokale Optimierung endgültig festgelegt werden.

Unabhängig davon, ob die Anfangsplazierung nach dem einfachen Algorithmus *Bild 3.44* oder mit Hilfe des mit *Bild 3.45* erläuterten Mincut-Algorithmus vorgenommen wurde, sollte die Plazierung entsprechend dem auf Seite 232 gezeigten Flußdiagramm *Bild 3.42* abschließend noch durch lokale Optimierung an allen den Stellen verbessert werden, an denen dies sinnvoll erscheint.

Ein einfacher Algorithmus zur *lokalen Optimierung* sei mit Hilfe der folgenden Darstellung *Bild 3.46* erläutert:

Wähle jenes Objekt*paar* aus, das die meisten Verbindungen untereinander hat und vertausche versuchsweise die beiden Objekte miteinander, um zu sehen, ob dadurch die voraussichtliche Leitungslänge verkürzt wird.

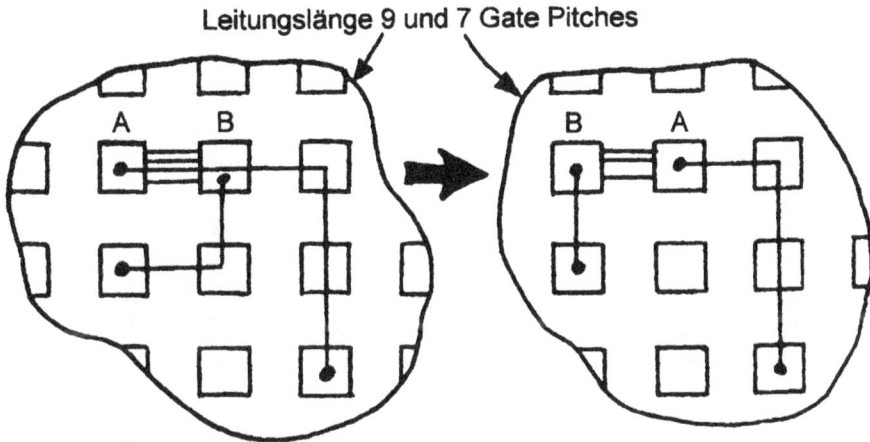

Bild 3.46 *Versuch lokaler Optimierung durch Vertauschen von Objekten*

Im *Bild 3.46* ist ein einfaches **Beispiel** gezeigt, wie durch Vertauschen von zwei Objekten die Plazierung verbessert werden kann, weil sich die *voraussichtliche* Leitungslänge durch diesen Vertauschungsvorgang verkürzt:

Die auf der linken Seite des *Bildes 3.46* eingezeichneten Leitungen sind 9 Gate Pitches lang, wobei man so tut, als ob die Objekte punktförmig seien, d.h. eine Rastereinheit (Gate Pitch) geht immer von Objektmitte zu Objektmitte. Und dementsprechend stellt man sich auch eine "durchschnittliche" Verbindungsleitung als von Objektmitte zu Objektmitte gehend vor, unabhängig davon, wie die spätere reale Verdrahtung wirklich verläuft. Vertauscht man nun die Objekte A und B miteinander, so geht die Länge der in diesem Beispiel eingezeichneten Leitungen auf 7 Gate Pitches zurück, wie die rechte Seite von *Bild 3.46* zeigt. D.h. es wurde aller Voraussicht nach eine Verbesserung bezüglich der Verdrahtbarkeit erreicht. In praxi können auch 3 oder 4 Objekte (zyklisch) vertauscht werden, was sich mitunter als noch wirkungsvoller erweist.

Abschließend muß noch einmal auf die Bemerkung auf Seite 221 hingewiesen werden, wonach auch die einzelnen Partitionen eines Chips auf der Gesamt-Chipfläche sinnvoll plaziert werden müssen. Betrachtet man z.B. das Chip *Bild 3.35* auf Seite 220, dann erkennt man mehrere Partitionen mit zum Teil etwas unterschiedlicher Größe. Jede dieser Partitionen ist bezüglich der Plazierung genau wie ein einzelnes Objekt zu behandeln. Bei nur wenigen Partitionen wird man die Plazierung zweckmäßig manuell am Bildschirm vornehmen. Man kann aber, ausreichend viele Partitionen vorausgesetzt, durchaus auch automatisch plazieren, beispielsweise mit dem Mincut-Algorithmus, mit oder auch ohne lokale

Optimierung. (Der Ausdruck "Gate Pitches" kann sinngemäß beibehalten werden, auch wenn es sich hierbei nicht um Gatter (= Gates) sondern um ganze Partitionen handelt.)

Nach Beendigung einer kompletten Plazierung (einschließlich der lokalen Optimierung(en)) läßt sich die gesamte voraussichtliche Verdrahtungslänge in Gate Pitches feststellen, indem einfach die Längen aller jeweils von Objektmitte zu Objektmitte gedachten Leitungen zusammengezählt werden. Dividiert man die so abgezählte Gesamtlänge durch die Anzahl der Verbindungen, dann erhält man näherungsweise die *durchschnittliche Leitungslänge* in Gate Pitches. Sie ist ein Maß für die Güte der Plazierung. Je kleiner diese durchschnittliche Leitungslänge ausfällt, desto besser ist die Plazierung im Sinne des auf Seite 232 gezeigten Flußdiagramms *Bild 3.42.*

Donath und *Mikhail* (IBM) haben bereits 1981 untersucht, was bei Gate-Arrays etwa erreichbar ist und haben als Ergebnis dieser Untersuchungen eine empirische Formel zur Abschätzung der erreichbaren durchschnittlichen Leitungslänge von Gate-Arrays entwickelt. Die *empirische Donath-Mikhail-Formel* lautet

$$R \approx \frac{4}{3} \cdot \left(\frac{M^{P-0,5} - 1}{4^{P-0,5} - 1} - \frac{1 - M^{P-1,5}}{1 - 4^{P-1,5}} \right) \tag{13}$$

Darin ist

R = Durchschnittliche Leitungslänge in Gate Pitches.

M = Gesamtzahl der Gatter im Array.

P = 0,3 bis 0,7 je nach Layout-Anordnung. D.h. je nachdem, ob das Chip quadratisch oder rechteckig ist, und/oder je nach Größe des Chips wird P per Versuch ermittelt und dann für diese Chip-Technologie "festgeschrieben".

Donath und Mikhail haben damals u.a. zur Verifikation ihrer Formel (13) Vergleiche zwischen den mit der Formel errechneten R-Werten und tatsächlich in praxi nach der Verdrahtung erreichten echten Werten veröffentlicht. Einige Ergebnisse solcher Vergleiche sind für Gate-Arrays mit ca. 680 Gattern in der folgenden auf Seite 239 gezeigten Tabelle zusammengestellt. Die in der Tabelle angegebenen durchschnittlichen Verdrahtungslängen wurden in der Praxis mit einer "quasi-optimalen", mindestens aber einer "gut brauchbaren" Plazierung erreicht.

Bei der Verifikation von (13) und der Erstellung der Tabelle hatte man Gate-Arrays mit NANDs laut *Bild 3.10* (Seite 195) auf Chips mit maximal 704 Gattern (siehe Seite 197) im Sinn. Auch heute gibt es noch vielfach Gate-Arrays mit weniger als 1000 Gattern. Andererseits sind Gate-Arrays mit mehreren zehntausend Gattern durchaus Stand heutiger Technik.

Zahl der Gatter im Array	aufgeteilt in		Durchschnittliche Leitungslänge R	
	Zeilen	Spalten	theoretisch laut Formel	tatsächlich in praxi erreicht
680	10	68	4,00	4,39
686	14	49	3,41	3,67
684	18	38	3,16	3,37
676	26	26	2,87	3,07
684	38	18	3,16	3,19
686	49	14	3,41	3,44
680	68	10	4,00	3,99

Um ein Gefühl für die Abhängigkeit der durchschnittlichen Verdrahtungslänge R von der Gatteranzahl M und dem Parameter P zu bekommen, wurde (13) neuerlich vom Verfasser mit verschiedenen M und P nachgerechnet, wie in der nebenstehenden Tabelle gezeigt. Aus ihr geht u.a. hervor, daß P bei den Berechnungen von Donath und Mikhail laut obiger Tabelle für $M \approx 680$ offenbar zwischen 0,4 und 0,5 gelegen haben muß. Die gemäß (13) errechnete Länge R der

P	R für		
	$M = 68$	$M = 680$	$M = 6800$
0,3	1,504	2,368	2,919
0,4	1,858	3,232	4,334
0,5	2,307	4,498	6,710
0,6	2,878	6,384	10,93
0,7	3,609	9,228	18,21

Verbindungsleitungen kann nur eine grobe Abschätzung sein, um an ihr durch Vergleich die Güte einer Plazierung der Gatter eines Gate-Arrays zu beurteilen. Bei der späteren aktuellen Verdrahtung wird sich R mit Sicherheit etwas ändern (wie auch aus der obigen Vergleichstabelle zu sehen), da dann die Verdrahtungskanäle und die Frage der individuellen Lokationen der Anschlüsse mit ins Spiel kommen.

Mit wachsender Zahl der Gatter in den Gate-Arrays muß zwangsläufig die durchschnittliche Länge der Verbindungsleitungen (gemessen in Gate Pitches)

zunehmen, was nicht nur obige Nachrechnung zeigt, sondern auch die auf Seite 225 unten und auf Seite 226 geschilderten Probleme. unterstreicht, die man mit länger werdenden Leitungen berücksichtigen muß. Vorsichtige Extrapolationen zeigen, daß man bei Gate-Arrays mit 50 000 bis 100 000 Gattern mit durchschnittlichen Verdrahtungslängen von etwa 7 Gate Pitches rechnen muß.

Eine wesentlich bessere Abschätzung der voraussichtlichen Verdrahtungslänge (und damit der Güte der Plazierung) erhält man für Gate-Arrays und für Standard-Zellen-IC's, wenn man die Verbindungsleitungen von vornherein an den *echten* Anschlüssen der Zellen (bzw. Books) und nicht in deren Mitte enden läßt. Dies ist bei Gate-Arrays und Standard-Zellen-IC's durchaus möglich, da sich die Gesamtschaltung ausschließlich aus wohldefinierten Books zusammensetzt. Häufig kann in solchen Fällen die Verdrahtungslänge auch noch durch Verbesserungen in Zusammenhang mit lokaler Optimierung weiter verkürzt werden, wie das folgende *Bild 3.47* zeigt:

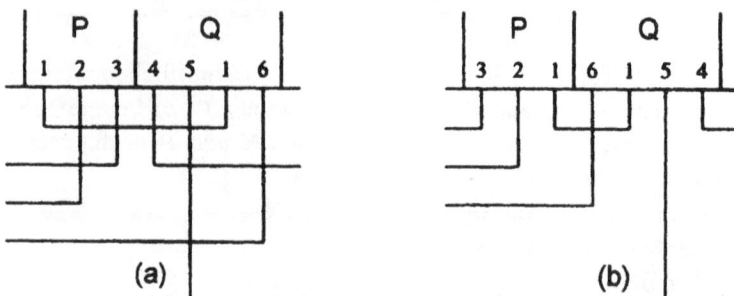

Bild 3.47   *Verbessern der Plazierung durch Spiegeln zweier Books*

Gegeben seien 2 Books P und Q, deren Anschlüsse alle auf einer Seite liegen und mit 1 bis 6 durchnumeriert sind. (Anschlüsse mit gleichen Nummern sind miteinander zu verbinden, im *Bild 3.47* die Nummern 1.) Die mit (a) bezeichnete linke Seite von *Bild 3.47* zeige die Original-Plazierung. Die Leitungen werden eindeutig gekürzt, wenn man beide Books spiegelt, wie mit (b) gezeigt ist, d.h. die gespiegelt plazierten Books stellen eine Verbesserung dar.

Im speziellen Beispiel des *Bildes 3.47* kommt hinzu, daß (a) 8 Leitungskreuzungen aufweist, während in (b) nur eine einzige Leitungskreuzung zu sehen ist. Meist können Aussagen über die Zahl der Leitungskreuzungen erst während der Erstellung der Verdrahtung gemacht werden und nicht schon bei der Plazierung. Wenn dies jedoch in Einzelfällen dennoch bereits während der Plazierung möglich ist, dann kann die Zahl der Leitungskreuzungen als weiteres Maß für die Güte einer Plazierung hinzugenommen werden.

Selbstverständlich ist ein Spiegeln der Books entsprechend *Bild 3.47* nur möglich, wenn die ins Silizium eingebetten vorgefertigten Zellen, die aus Transistoren, Widerständen usw. bestehen, dies zulassen. Eine Alternative besteht häufig darin, in eine Book-Bibliothek jedes standardisierte Book in 2 oder sogar 4 verschiedenen Ausrichtungen (d.h. horizontal und/oder vertikal gespiegelt) aufzunehmen, was freilich den Umfang der Bibliothek verdoppelt oder vervierfacht. Die einzelnen Ausrichtungen desselben Books benutzen im allgemeinen dieselben ins Silizium eingebetteten Bauelemente derselben Zelle(n). Lediglich die interne Book- bzw. Zellenverdrahtung ist unterschiedlich, damit die Anschlüsse zur Verdrahtung mit anderen Books gespiegelt erscheinen.

3.4.3   Verdrahtung (Wiring, Routing)

Die *Verdrahtung* der Objekte untereinander, engl. *Wiring* oder *Routing*, wird in der deutschsprachigen Literatur manchmal auch *Entflechtung* genannt. Wie jedoch bereits auf Seite 215 ausgeführt wurde, soll der Ausdruck "Entflechtung" hier nicht weiter benutzt werden. Die Problematik wird z.B. durch das folgende *Bild 3.48* deutlich: In **(a)** sind 19 sich vielfach kreuzende Verbindungen gezeichnet. Wenn es gelingt, sie kreuzungsfrei auf 2 Ebenen zu verteilen, wie in **(b)** und **(c)** gezeigt, dann sind die Verbindungen zwar *"entflochten"*, aber die zu verbindenden Punkte sind noch keineswegs brauchbar miteinander *"verdrahtet"*.

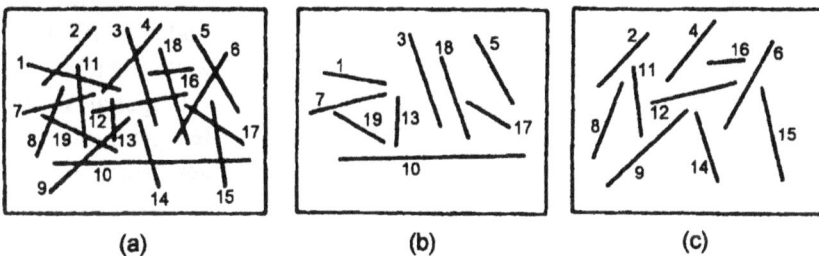

(a)   **(b)**   **(c)**

Bild 3.48   *Entflechtung auf 2 Ebenen ohne brauchbare Verdrahtung*

Normalerweise dürfen auf Chips die Signalleitungen nur orthogonal zueinander unter Einhaltung gewisser Mindestabstände geführt werden. Sofern die Leitungen für die Stromversorgung, für Masse und für die E/A-Anschlüsse auf einer weiteren Verdrahtungsebene des Chips untergebracht sind, dürfen diese Leitungen auch unter 45°-Winkeln verlegt werden. Gleiches gilt meist auch für

alle höheren Packungsebenen, insbesondere auch für Platinen mit >2 Verdrahtungsebenen. Lediglich auf Platinen mit nur einer oder zwei Verdrahtungsebenen
(nur Vorder- und/oder Rückseite, keine inneren Ebenen) findet man auch Signalleitungen unter den verschiedensten Winkeln.

3.4.3.1 Verdrahtungsprobleme

Zusätzlich zur Forderung einer ausschließlich orthogonal zueinander ausgerichteten Leitungsführung unterliegt die Verdrahtung häufig der Beschränkung, nur
auf fest vorgegebenen Verdrahtungskanälen verlegt werden zu können. Die nebenstehende schematische Darstellung des
Ausschnitts aus einem Chip, *Bild 3.49*,
zeigt Verdrahtungskanäle, die lediglich 3
Leitungen pro Kanal
zulassen. Jedoch sind
Kanäle in beide Richtungen vorgesehen.

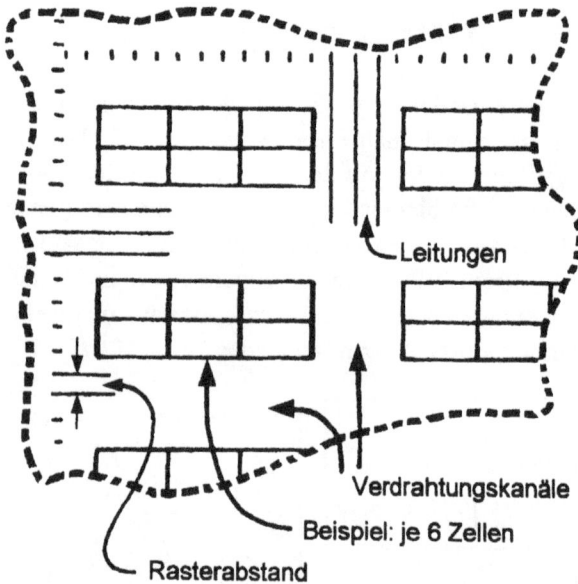

Bild 3.49 *Chipausschnitt mit Zellen und Kanälen*

(Zur Leitungsführung in Kanälen vgl.
auch die *Bilder 3.4*
und *3.41* (S. 189 und
230).) Außer diesen
orthogonal in Kanälen geführten Leitungen sind, wie oben
bereits erwähnt, auf
Chips ab der 3. Metallebene sowie auf

Moduln und Platinen unter gewissen (mitunter einschränkenden) Bedingungen
auch Leitungen unter 45°-Winkeln zulässig.

Auf Chips ist die Verdrahtung auf 3 Metallebenen seit etwa 1984 technologisch beherrschbarer Stand der Massenfertigung. Auch die in den *Bildern 1.14,
1.15* und *3.35* (S. 11 u. 220) gezeigten Chips sind in 3 Metallebenen verdrahtet,
wovon 2 Ebenen für die Signalverdrahtung und eine für Stromversorgung, Masse
und E/A-Anschlüsse verwendet sind. Seit 1991 wird die Chipverdrahtung auch

in 4 Metallebenen beherrscht und hat etwa 1992 Eingang in die Massenfertigung gefunden. Unabhängig davon, ob die Chipverdrahtung in 2, 3 oder 4 Metallebenen ausgeführt werden kann, kommt bei modernen MOS-Schaltungen noch die Ebene des Poly-Siliziums dazu. Das Poly-Si ist zwar wegen seiner Hochohmigkeit nur beschränkt für die Verdrahtung einsetzbar, kann aber immerhin auf der (fast stromlosen) Gate-Seite der MOSFET'S ausgezeichnet zum "Unterkreuzen" der Metall-Leitungen der untersten Ebene verwendet werden. Man kann, Poly-Si einbezogen, daher auch von 2½, 3½ oder sogar 4½ Verdrahtungsebenen sprechen. Für die weiteren Betrachtungen wollen wir uns aber auf die Verdrahtung der Metallebenen (Metall-Lagen) beschränken. (Bei Chips, die mit dem System VENUS [21] entworfen wurden, war übrigens die Verdrahtung nur in 2 Metallebenen möglich, was für heutige Chips mit einigen 10 000 bis > 100 000 Gatteräquivalenten absolut unzureichend ist.) Bei Keramik-Moduln und Platinen sind erheblich mehr Verdrahtungslagen fertigungstechnisch beherrschbar, wie bereits aus den *Bildern 1.16* und *1.17* und dem Text auf den Seiten 12 und 13 hervorgeht.

Nach heutigem Stand der Technik beträgt die Zahl der möglichen Verdrahtungslagen bei

- Chips . . . . 3 bis höchstens 4,
- keramischen Chipträgern (Moduln) . . . . 25 bis höchstens 40,
- Platinen (Cards und Boards) . . . . bis ca. 30.

Auf Chips dienen die einzelnen Aluminium-Verdrahtungslagen im allgemeinen folgenden Zwecken:

1. Lage: (= Unterste Metallebene direkt über dem Silizium). Sie dient zunächst der internen Book- bzw. Zellenverdrahtung, da die einzelnen im Silizium eingebetteten Bauelemente untereinander so verdrahtet werden müssen, daß aus ihnen die vordefinierten standardisierten Schaltungen (= Books) gebildet werden, vgl. dazu z.B. die *Bilder 3.5* und *3.6* (S. 190 u. 191) sowie *Bild 3.19* auf Seite 202.

Des weiteren wird in der 1. Lage ein Teil der Chip-Signalverdrahtung untergebracht, d.h. der Verbindungsleitungen der Books untereinander, jedoch ausschließlich in den Verdrahtungskanälen zwischen den Zellen, da die Zellenplätze ja bereits belegt sind. Die Verdrahtungskanäle werden dazu bei heutigen Chips im allgemeinen nur in einer Richtung benötigt (vgl. z.B. *Bild 3.41*, S. 230), was im Text ab Seite 244, auf diese Zusammenstellung folgend, erläutert wird.

2. Lage: Meist ausschließlich Chip-Signalverdrahtung, d.h. Signalverbindungen der Books untereinander. Die Vorzugsrichtung dieser Leitungen ist üblicherweise senkrecht zur Vorzugsrichtung der in den Kanälen geführten Leitungen der 1. Lage.

3. Lage bei insgesamt 4 Lagen: Im wesentlichen Signalverdrahtung wie bei der 2. Lage. Die Vorzugsrichtung entspricht vorwiegend der der 1. Lage.

3. Lage bei insgesamt nur 3 Lagen: (= Oberste Metallebene). Sie dient i.a. ausschließlich der Verteilung der Versorgungsspannung(en) und der Masse sowie den Zuleitungen zu den E/A-Anschlüssen (I/O-Pads). Diese Leitungen sind meist etwas breiter, einerseits zwangsläufig aus fertigungstechnischen Gründen, andererseits durchaus gewollt, um die Spannungsabfälle auf den Leitungen möglichst gering zu halten. In dieser obersten Lage werden die Leitungen vielfach auch unter Winkeln von $45°$ (bezogen auf die Chipkanten) gezogen, um sie möglichst kurz zu halten.

4. Lage: (Immer oberste Metallebene). Sie dient der Stromversorgungs- und E/A-Verdrahtung, wie dies für eine oberste 3. Lage angegeben wurde.

In den *Bildern 3.4* und *3.49* (S. 189 u. 242) sind Verdrahtungskanäle in beide Richtungen eingezeichnet, was normalerweise (i.a. sogar unbedingt) notwendig ist, wenn nur 2 Verdrahtungslagen zur Verfügung stehen. Ab der 2. Lage kann aber *"über die Zellen hinweg verdrahtet"* werden, so daß man, wenn man insgesamt 3 oder sogar 4 Lagen zur Verfügung hat, soviel zusätzlichen Platz für die Verdrahtung gewinnt, daß man senkrecht zur Vorzugsrichtung der 1. Lage keine extra Kanäle freihalten muß. Deshalb ist es dann ausreichend, Verdrahtungskanäle nur in einer Richtung vorzusehen, wie beispielsweise für das 2400-Zellen-Chip *Bild 3.41* auf Seite 230 gezeigt.

Mitunter, ganz besonders wenn aus dem Chip Standard-Zellen-IC's oder sogar Allgemein-Zellen-IC's aufgebaut werden sollen, wird auch das ganze Chip durchgehend mit Zellen belegt und keinerlei Platz für Verdrahtungskanäle freigelassen. Die Verdrahtungskanäle müssen sich dann individuell so ergeben, wie sie an den einzelnen Stellen für die Verdrahtung gerade gebraucht werden, und zwar kürzer oder länger, schmäler oder breiter, mal in die eine, mal in die andere Richtung. D.h. in praxi, daß ein Chip z.B. 200 000 Zellen trägt, von denen man aber im Durchschnitt nur etwa 120 000 zu benutzbaren Books (Schaltungen) verdrahten kann, weil die Bauelemente der übrigen ca. 80 000 restlichen Zellen nicht angeschlossen werden können, da Verdrahtungskanäle der 1. Lage über sie hinweg laufen.

Fertigungstechnisch und kostenmäßig macht es keinen Unterschied, ob man in einer gegebenen Siliziumfläche 120 000 Zellen mit fest vorgegebenen Verdrahtungskanälen (selbstverständlich in nur einer Richtung) oder 200 000 Zellen ganz ohne Verdrahtungskanäle unterbringt. Das "Master Image" (= fertiges Zellen-Array ohne Verdrahtung) mit 200 000 Zellen läßt aber bei der gesamten Entwicklung eines Semi-Kunden IC's mehr Flexibilität zu als ein Master Image mit "nur" 120 000 Zellen und fest vorgegebenen Verdrahtungskanälen. Kompromisse derart, daß einige Kanäle fest vorgegeben sind, und sich die restlichen Kanäle erst während der Entwicklung des Layouts individuell ergeben, sind ebenfalls möglich.

Die Breiten der Verdrahtungskanäle, gleichgültig ob vorgegeben oder während des Layouts individuell angelegt, stellen einen Kompromiß dar

- zwischen der Ökonomie, d.h. der Ausnutzung des Siliziums durch möglichst viele zu Books verdrahtbare Zellen

- und dem unbedingt notwendigen Platz, um mit hoher Wahrscheinlichkeit erfolgreich verdrahten zu können.

Das Problem der Breite der Verdrahtungskanäle werde durch das folgende auf Seite 246 gezeigte *Bild 3.50*, dessen linke Seite in Anlehnung an [44] gezeichnet wurde, veranschaulicht:

Im *Bild 3.50* seien als **Beispiel** die Anschlüsse von zwei untereinander zu verdrahtenden Books (oder sonstigen auf irgendeiner Fläche sitzenden Objekten) gezeigt. Die Anschlüsse sind von 0 bis 9 so numeriert, daß Anschlüsse mit gleichen Nummern miteinander zu verbinden sind. Zusätzlich sind die Leitungen mit den Nummern 1, 2, 4, 7 und 8 im Kanal in der angezeigten Richtung weiterzuführen, da sie offenbar Verbindungen zu anderen im *Bild 3.50* nicht gezeigten Books realisieren.

Wenn nur Leitungen der 1. Lage an die Books angeschlossen werden können, dann ist eine Kanalbreite von 7 Leitungen erforderlich, wie die linke Seite von *Bild 3.50* zeigt. Dabei können die Anschlüsse 0 nicht miteinander verbunden werden. Da in diesem Beispiel die Anschlüsse 5 und 9 vertauscht über bzw. unter der 0 liegen, sind zu ihrer Verbindung mindestens drei Leitungsstücke in Kanalrichtung notwendig, sofern Leitungen der 1. und der 2. Lage nicht direkt übereinander geführt werden dürfen. Die 0 mag für nicht benötigte Anschlüsse der Objekte stehen. Muß man jedoch auch die Anschlüsse 0 noch miteinander verbinden, so reicht unter den hier genannten einschränkenden Bedingungen die Kanalbreite 7 nicht mehr aus. Der Kanal muß dann mindestens die für 8 Leitungen nötige Breite haben. Die linke Seite von Bild 3.50 zeigt ferner, daß 18

sogenannte *"Layer Connections"*, das sind Durchverbindungen zwischen den Verdrahtungslagen, benötigt werden. Die Layer Connections können nur auf Raster-
punkten sitzen, da zwischen ihnen, genau wie zwischen den Leitungen, ein
vorgegebener Mindestabstand eingehalten werden muß, um Kurzschlüsse zu vermeiden (vgl. Kapitel **3.5.1**).

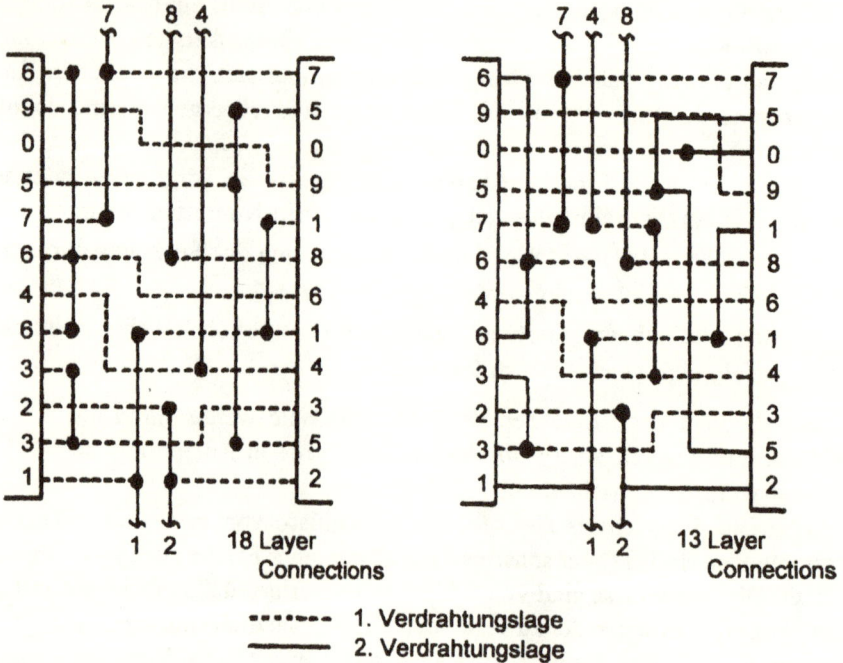

Bild 3.50   *Mögliche Verdrahtung von 2 Objekten bei vorgegebener Kanalbreite*

Kann man aus elektrischen, programmtechnischen oder fertigungstechnischen
Gründen einen Teil der Restriktionen lockern, dann ist es durchaus möglich,
auch bei einem nur 7 Leitungen breiten Kanal die beiden Anschlüsse 0 miteinander zu verbinden, wie die rechte Seite von *Bild 3.50* zeigt. Hierfür muß es aber
möglich sein, die Book-Anschlüsse auch mit Leitungen der 2. Lage zu verbinden, sowie Leitungen der 1. und der 2. Lage übereinander zu legen, wie rechts
oben im *Bild 3.50* zwischen den Anschlüssen 5 und 9 gezeigt. Als positiver Nebeneffekt der Restriktionslockerung ergibt sich ferner, daß die Zahl der Layer
Connections in diesem Beispiel von 18 auf 13 reduziert wird.

Zum Vergleich: Bei den beiden auf Seite 11 in den *Bildern 1.14* und *1.15* gezeigten Chips weist die Verdrahtung insgesamt ca. 283 000 bzw. etwa 500 000

Layer Connections auf. Zwei Lagen der Verdrahtung des Chips mit den 283 000 Layer Connections wurden vergrößert auch im *Bild 3.35* auf Seite 220 gezeigt. Bei diesem Chip sind keinerlei Verdrahtungskanäle fest vorgegeben, wie im nebenstehenden *Bild 3.51* zu sehen ist. Dementsprechend ist die gesamte Chipfläche (außer der mit einem kleinen Speicher-Array besetzten linken oberen Ecke) gleichmäßig mit Zellen belegt. Überträgt man das recht einfache Beispiel der Frage der Kanalbreite 7 oder 8 des *Bildes 3.50* auf Chips dieser Komplexität, dann wird durchaus verständlich, daß es offenbar viel günstiger ist, die Verdrahtungskanäle erst während des Layouts individuell zu belegen und nicht von vornherein starr vorzugeben.

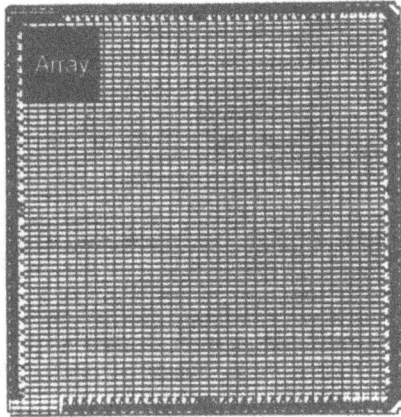

Bild 3.51   *Durchgehend mit Zellen belegtes Chip*

Es ist allerdings zu bedenken, daß die durch individuelle Verdrahtungskanäle gewonnene Flexibilität die Plazierung beeinflußt, denn die Plazierung kann u.U. die Plätze zunächst nur "ungefähr" festlegen. Während der Verdrahtung werden die Objekte dann, ohne sie untereinander zu vertauschen, so hin und her geschoben, daß Verdrahtungskanäle der jeweils gerade benötigten Breite entstehen. Dabei ist leider häufig ein iteratives Durchlaufen der Plazierungs-Verdrahtungs-Schleife des Flußdiagramms *Bild 3.31* (Seite 215) erforderlich. So etwa 2 bis 4 Iterationen sind durchaus normal und bei der Planung der Entwicklungszeit und der nötigen Computer-Ressourcen zu berücksichtigen.

Das folgende auf Seite 248 aus einer neueren Chipentwicklung stammende *Bild 3.52* verdeutlicht, daß neben einigen relativ schmalen, regelmäßig angeordneten horizontalen Verdrahtungskanälen sich beim Layout mehrere vertikale Verdrahtungskanäle mit individuell unterschiedlicher Länge und Breite ergeben haben. In wieweit die Längen und Breiten dieser Kanäle aus Gründen der Verdrahtbarkeit notwendig waren oder sich zufällig ergaben, weil einfach nicht mehr (an sich noch anschließbare) Zellen benötigt wurden, läßt sich aus der Verdrahtung *Bild 3.53* nur zum Teil ablesen. *Bild 3.53* zeigt 3 von insgesamt 4 Verdrahtungslagen dieses Chip-Ausschnitts. Da ab der 2. Lage "über die Zellen hinwegverdrahtet" werden kann (vgl. Seite 244), sind im *Bild 3.53* sehr viele

Leitungen an Stellen zu sehen, an denen man im *Bild 3.52* (zumindest bei dieser Vergrößerung) keine Verdrahtungskanäle findet.

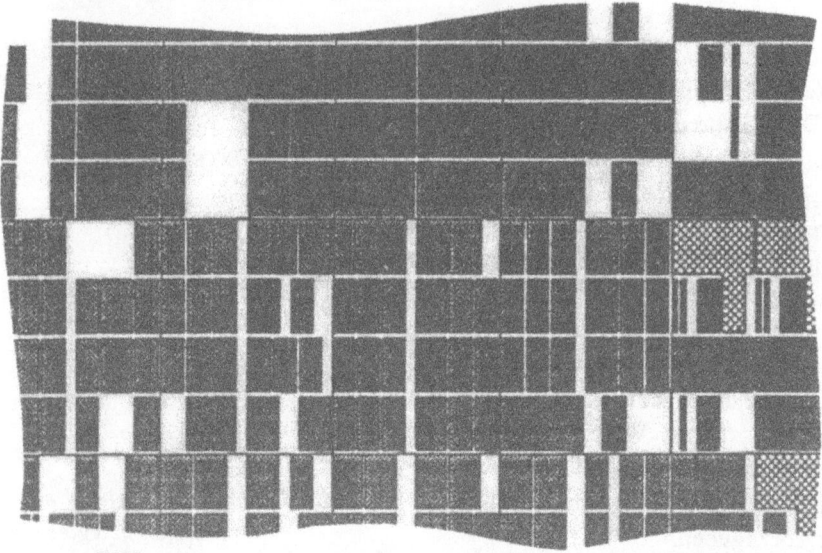

Bild 3.52   *Ausschnitt aus einer Plazierung auf einem Chip*

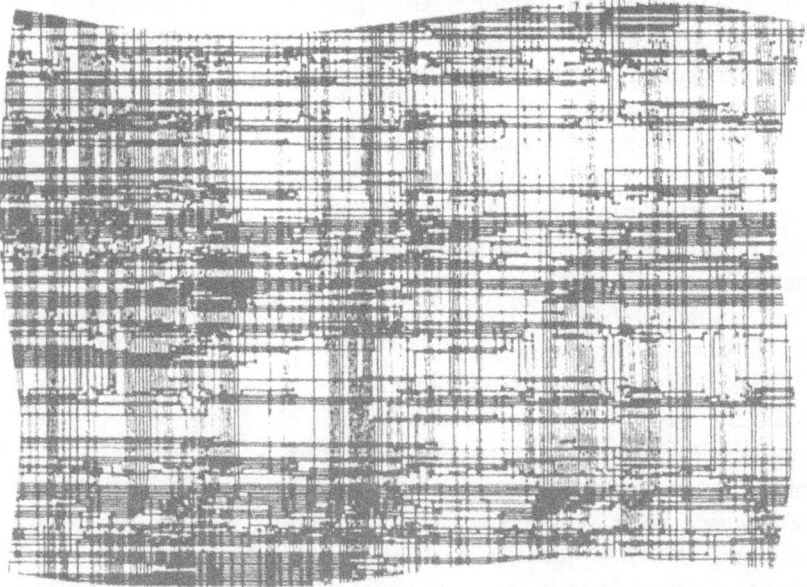

Bild 3.53   *Verdrahtung des im Bild 3.52 gezeigten Chip-Ausschnitts*

Auf Seite 240 wurde mit dem Beispiel *Bild 3.47* gezeigt, daß die Verdrahtbarkeit mitunter bereits während der Plazierung durch Spiegelung eines oder
mehrerer Books verbessert werden kann. Das folgende *Bild 3.54* verdeutlicht jedoch, daß sich eine Verbesserung durch Spiegeln eines Books manchmal erst
während der Verdrahtung und nicht schon bei der Plazierung ergibt.

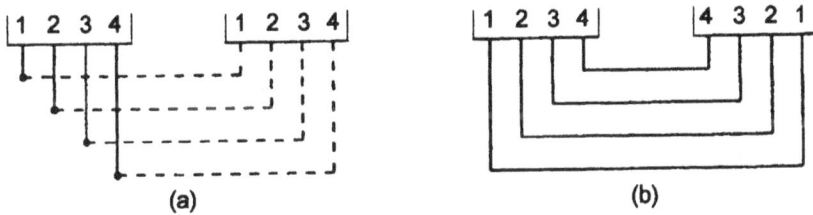

Bild 3.54 *Verbessern der Verdrahtung durch Spiegeln eines Books*

Im *Bild 3.54* sind die Gesamt-Leitungslängen in (a) und (b) exakt gleich,
weshalb die Möglichkeit der Verbesserung schwerlich während der Plazierung
bemerkt werden kann. Da man aber bei (b) keine Leitungskreuzungen hat,
folglich die Verdrahtungsebene nicht wechseln muß und die 2. Ebene frei hält,
stellt (b) eine wesentliche Verbesserung gegenüber (a) dar. Jedoch ist man
gezwungen, von der Verdrahtungsprozedur nochmals zur Plazierungsprozedur
zurückzukehren, um die notwendige Spiegelung vorzunehmen.

Abschließend muß noch darauf hingewiesen werden, daß häufig in 2 Stufen
verdrahtet werden muß:

1. **Globale Verdrahtung** *(Global Wiring)*
   Dies kann die Verdrahtung der einzelnen Partitionen untereinander sein, wie
   sie beispielsweise beim Chip *Bild 3.35* (S. 220) unbedingt notwendig ist. Es
   kann aber auch innerhalb größerer Partitionen (oder wenn innerhalb eines
   Chips nicht partitioniert wurde, d.h. das gesamte Chip ein einziges Cluster
   bildet) eine globale Verdrahtung nötig sein, um zunächst, ohne Festlegung
   von Details, die weiter auseinanderliegenden Punkte miteinander zu verbinden. Auch kann in vielen Fällen durch den Versuch einer Globalverdrahtung
   ermittelt werden, wie breit einzelne Verdrahtungskanäle *mindestens* sein
   müssen und/oder ob die Plazierung verbessert werden muß.

2. **Lokale Verdrahtung** *(Local Wiring)*
   Die lokale Verdrahtung legt in einem (eventuell kleineren) abgeschlossenen
   Gebiet die endgültige Lage der Leitungen und der Anschlüsse an die Books

fest. Auch dabei können sich noch lokal notwendige Verbreiterungen einiger Kanäle und/oder zu empfehlende Spiegelungen einzelner Books ergeben, was leider eine (erneute) Korrektur der Plazierung erfordert.

3.4.3.2   Verdrahtungsalgorithmen

Die Verdrahtungsalgorithmen basieren im wesentlichen auf 2 Grundtypen,
- den Algorithmen auf Rasterbasis, auch als *"Maze Running Algorithms"* (engl. *Maze* = Irrgarten, Labyrinth) oder Lee-Algorithmen bekannt, nach *Lee* 1961,
- den kanalorientierten Algorithmen, auch *"Channel Router"* genannt, nach verschiedenen Autoren, z.B. nach *Aramaki et.al.* 1971, *Hashimoto & Stevens* 1971, *Chan* 1983 und anderen.

Von den beiden Grundtypen gibt es unzählige Varianten, etwa nach *Rubin* 1974 oder der Algorithmus nach *Hightower* 1969, sowie viele neuere Verbesserungen, z.B. nach *Korte et.al.* 1988, ... 1994. Auch Kombinationen sind bekannt, die z.B. abhängig davon wie weit die zu verbindenden Punkte auseinander liegen, vorwiegend rasterorientiert oder vorwiegend kanalorientiert arbeiten. Es hat daher keinen Sinn, in der Vorlesung oder in diesem Buch auf Einzelheiten oder verschiedene Varianten einzugehen oder gar Details bestimmter Programme zu erläutern. Wir beschränken uns deshalb auf die Grundlagen der Algorithmentypen, von denen im wesentlichen alle praktisch einsetzbaren Algorithmen abgeleitet sind. Für tiefergehende Studien muß auf die weiterführende Literatur verwiesen werden, z.B. auf [44] oder [48].

Die Grundtype des *Lee-Algorithmus* kann am einfachsten am *Beispiel* des folgenden *Bildes 3.55* erläutert werden: Die Fläche wird in der Umgebung von zwei miteinander zu verbindenden Punkten (und im gesamten Raum zwischen diesen Punkten) mit einem Raster überzogen, wobei das Rastermaß so ausgerichtet ist, daß die Leitungen einerseits die notwendige Mindestbreite aufweisen und andererseits zwei in diesem Raster direkt nebeneinander laufende Leitungen den nötigen Abstand voneinander haben. Die zwei zu verbindenden Punkte werden mit S (Source = Quellenpunkt) und T (Target = Zielpunkt) bezeichnet. Von S ausgehend wird das Raster rings um S (unter Umgehung bereits belegter und damit blockierter Punkte) solange mit Nummern in aufsteigender Folge belegt, bis T erreicht ist. Hierbei ist jedoch zu beachten, daß die Nummern einander nur in waagrechter und senkrechter Richtung folgen und nie diagonal, damit auch die spätere Verdrahtung keine schräg verlaufende Leitungen aufweist. Anschließend zieht man die Leitung von T ausgehend rückwärts von Rasterpunkt zu Rasterpunkt immer der niedrigst möglichen Nummer folgend, bis S erreicht ist. In nebenstehendem Beispiel Bild 3.55 kann die S-T-Verbindung auf dem direkten Weg in lediglich 12 Rasterschritten ausgeführt werden. Mitunter sind jedoch Umwege nötig, um blockierte Rasterpunkte zu umgehen. Blockierte Punkte oder ganze Bereiche sind solche, die bereits durch andere Leitungen oder anderweitig, z.B. durch Book-Anschlüsse, belegt sind und damit nicht mehr für die aktuell von S nach T zu ziehende Leitung zur Verfügung stehen. Alle von der gerade neu eingezogenen Leitung überdeckten Rasterpunkte werden markiert, so daß sie für die weitere Verdrahtung blockiert sind.

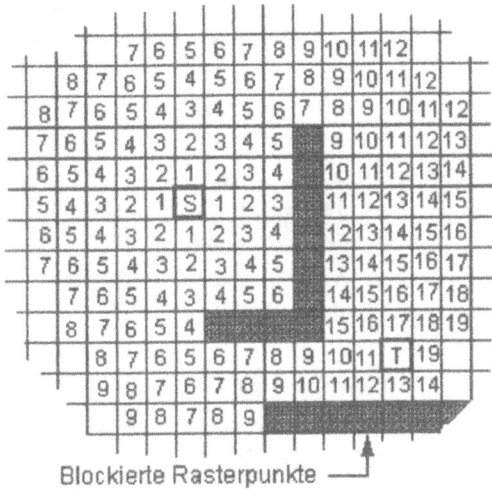

Blockierte Rasterpunkte

Bild 3.55 *Beispiel für den Lee-Algorithmus*

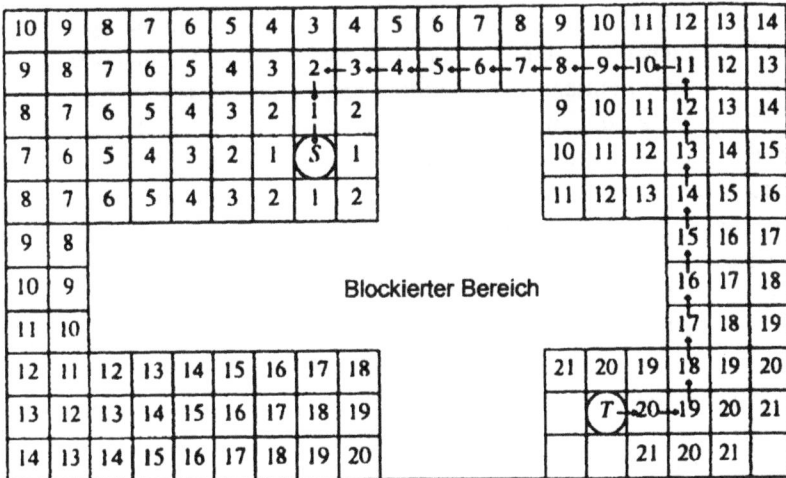

10	9	8	7	6	5	4	3	4	5	6	7	8	9	10	11	12	13	14
9	8	7	6	5	4	3	2	3	4	5	6	7	8	9	10	11	12	13
8	7	6	5	4	3	2	1	2					9	10	11	12	13	14
7	6	5	4	3	2	1	(S)	1					10	11	12	13	14	15
8	7	6	5	4	3	2	1	2					11	12	13	14	15	16
9	8															15	16	17
10	9				Blockierter Bereich											16	17	18
11	10															17	18	19
12	11	12	13	14	15	16	17	18				21	20	19	18	19	20	
13	12	13	14	15	16	17	18	19				(T)	20	19	20	21		
14	13	14	15	16	17	18	19	20					21	20	21			

Bild 3.56 *Ein weiteres Beispiel einer Leitungsführung nach dem Lee-Algorithmus*

In dem aus [48] stammenden Beispiel *Bild 3.56* ist zu sehen, wie der Lee-Algorithmus die Verdrahtung um einen größeren blockierten Bereich herumführt. Mit diesem Beispiel wird der Unterschied des Lee-Algorithmus zum *wesentlich schnelleren* **Hightower-Algorithmus** besonders deutlich. Die Lage der Endpunkte S und T, sowie die Lage, Anordnung und Form des blockierten Bereichs im nebenstehenden *Bild 3.57* sind identisch mit denen des obigen *Bildes 3.56*, was einen brauchbaren Vergleich der beiden Algorithmen ermöglicht.

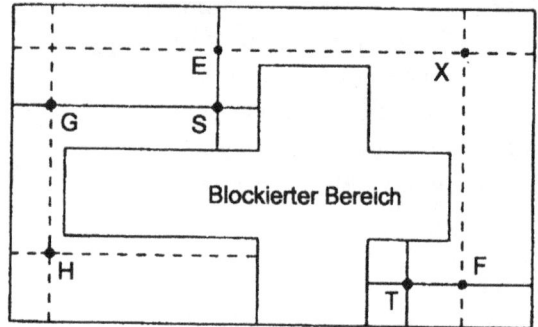

Bild 3.57   *Beispiel einer Verdrahtung nach dem Hightower-Algorithmus*

Der **Hightower-Algorithmus** arbeitet wie folgt:

Vom Punkt S ausgehend werden, wie im *Bild 3.57* gezeigt, sowohl waagrechte als auch senkrechte Linien gezogen, die je in beide Richtungen bis zu einer Blockierung oder bis zum Ende der zur Verfügung stehenden Fläche reichen. Dasselbe geschieht von Punkt T aus. Falls sich die von den Punkten S und T ausgehenden Linien irgendwo treffen, ist (über diesen Treffpunkt) die kürzeste S-T-Verbindung bereits festgelegt. Falls sich die Linien jedoch *nicht* treffen, wie beispielsweise im *Bild 3.57*, dann werden entlang dieser Linien sogenannte *"Escape-Punkte"* gesucht (engl. *escape* = entlaufen, entrinnen, entkommen). Das sind jene Punkte, an denen *frühestens* die Richtung der ursprünglichen Linien so gewechselt werden kann, daß man dadurch an einer Blockierung vorbeikommt. Z.B. stieß die von S ausgehende waagrechte Linie auf eine Blockierung. Ab dem Escape-Punkt E kommt eine neue waagrechte Linie jedoch an dieser Blockierung vorbei. In gleicher Weise ist F ein Escape-Punkt für eine von T ausgehende Linie. Auch der Punkt G ist ein Escape-Punkt, an dem ein Richtungswechsel vorgenommen wird, da der Algorithmus zu diesem Zeitpunkt des Verdrahtungsprozesses noch nicht "wissen" kann, daß auf dem Weg über G keine S-T-Verbindung zustande kommen kann.

Von den Escape-Punkten (E, F und G) ausgehend werden erneut Linien gezogen, sogenannte *"Escape-Linien"*, die entweder zu weiteren Escape-Punkten führen (z.B. zu H) oder zu einem endgültigen Kreuzungspunkt X. Der Punkt X ist jener Punkt, an dem am Ende die von S und von T ausgehenden Linien (einschließlich ihrer Escape-Linien) einander kreuzen und damit den kürzest möglichen Weg von S nach T schließen. Im einfachen Beispiel *Bild 3.57* ist dies der Pfad S-E-X-F-T.

Es läßt sich (fruchtlos) darüber diskutieren, ob der Hightower-Algorithmus rasterorientiert oder kanalorientiert ist. Einerseits können die Linien natürlich nur über Rasterpunkte geführt werden, um Leiterbreiten und Mindestabstände zu garantieren. (Auch zeigen die *Bilder 3.56* u. *3.57* exakt dieselbe Leitungsführung.) Andererseits kann man den Hightowerschen Algorithmus als eine Variante der klassischen kanalorientierten Algorithmen ansehen.

Das Grundprinzip der klassischen *kanalorientierten Algorithmen* sei nachfolgend mit Hilfe von *Bild 3.58* erläutert:

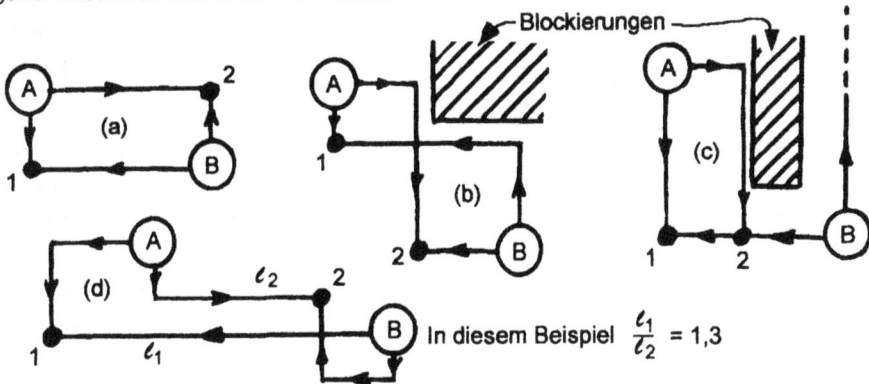

Bild 3.58 *Beispiele zur Erläuterung der klassischen kanalorientierten Algorithmen*

Von zwei zu verbindenden Punkten A und B ausgehend, werden den *freien* Kanälen folgend je in senkrechter und waagrechter Richtung *"Suchstrahlen"* abgeschickt, und zwar von A aus in B-Richtung und von B aus in A-Richtung. (In diesem Sinne "freie Kanäle" sind entweder die vordefinierten Kanäle oder solche, die sich notwendigerweise während des Verdrahtungsprozesses individuell ergeben. Und/oder man faßt die in der 2. Lage über die Books hinwegführenden Leitungen als in Kanälen verlegt auf.) Günstigstenfalls treffen sich die Suchstrahlen ohne dazwischenliegende Richtungsänderung in den beiden Punkten 1 und 2, wie im *Bild 3.58* in (a) gezeigt.

Trifft ein Suchstrahl auf einen blockierten Bereich (z.B. einen Bereich der bereits anderweitig besetzt ist) bevor sich die Strahlen treffen konnten, dann wird der entsprechende Strahl um 90° in Suchrichtung gedreht. Die Darstellung (b) im *Bild 3.58* zeigt, daß auch damit u.U. zwei Treffpunkte 1 und 2 der Strahlen möglich sind. Schließlich zeigt (c) eine Situation, bei der einer der beiden von B ausgehenden Strahlen wegen eines blockierten Bereichs über die senkrechte A-Koordinate hinausschießt und damit nicht benutzt werden kann. Dennoch werden auch im Beispiel (c) zwei Treffpunkte festgestellt, so daß sich zwei Verdrahtungsalternativen ergeben.

Ist eine Suchrichtung bereits zu Beginn bei A und/oder B blockiert, dann läuft der Strahl in Gegenrichtung los, wird aber um 90° in die Suchrichtung gedreht, sobald dafür ein Kanalstück frei ist, wie im Beispiel (d) des *Bildes 3.58* angedeutet ist.

Treffen sich die Suchstrahlen in wenigstens einem Punkt, dann ist die A-B-Leitungsführung damit festgelegt. Bei zwei Treffpunkten bleibt die Möglichkeit einer Wahl. Sind dabei die beiden alternativ zu ziehenden Leitungen unterschiedlich lang (im Beispiel (d) beträgt das Längenverhältnis $\ell_1/\ell_2 = 1,3$), dann wird i.a. die kürzere Verbindung gewählt.

Das mit den *Bildern 3.55* und *3.56* (S. 251) gezeigte Schema berücksichtigt nur die Verdrahtung auf einer Ebene. Es kann aber leicht durch ein mehrdimensionales Nummernsystem auf mehrere Verdrahtungslagen erweitert werden. Ein Rasterpunkt, auf dem eine Layer Connection zur Verbindung beispielsweise der 1. und der 2. Lage liegt, muß selbstverständlich für alle folgenden Verbindungen sowohl auf der 1. als auch auf der 2. Lage blockiert werden. Verbindet eine Layer Connection die 1. mit der 3. Lage, dann ist zusätzlich zur 1. und 3. Lage auch noch die dazwischenliegende 2. Lage an diesem Punkt zu blockieren. Sinngemäß gilt dies natürlich auch für keramische Moduln mit z.B. 30 Verdrahtungslagen oder für Platinen, die mit einem regelmäßigen Raster überzogen sind. Gleiches gilt ebenfalls für den mit *Bild 3.57* (S. 252) erläuterten Hightowerschen Algorithmus und die mit *Bild 3.58* (S. 253) erläuterten klassischen kanalorientierten Algorithmen.

Bild 3.59   *Richtungsänderung von Leitungen und Leitungskreuzung*

Alle Verdrahtungsalgorithmen, gleichgültig ob raster- oder kanalorientiert, berücksichtigen gewöhnlich unterschiedliche Vorzugsrichtungen (waagrecht oder senkrecht) für die verschiedenen Verdrahtungslagen. Darauf wurde bereits auf den Seiten 13 und 244 hingewiesen, bzw. deutlich sichtbar gemacht mit *Bild 3.50* auf Seite 246. Das heißt jedoch keineswegs, daß bei einem Richtungswechsel auch unbedingt ein Lagenwechsel stattfinden *muß*. Im Fall (a) des obigen *Bildes 3.59* wird man zweckmäßig in derselben Lage bleiben, wogegen im Fall (b) im allgemeinen mindestens ein einmaliger, wenn nicht gar ein zweimaliger Lagenwechsel unumgänglich erscheint.

Die meisten Algorithmen zur lokalen Verdrahtung innerhalb eines Kanals basieren auf dem sogenannten *Left-Edge-Algorithmus* (engl. *"left edge"* = linke Kante). Der *Left-Edge-Algorithmus* läßt sich recht einfach mit Hilfe des *Beispiels Bild 3.60* erläutern:

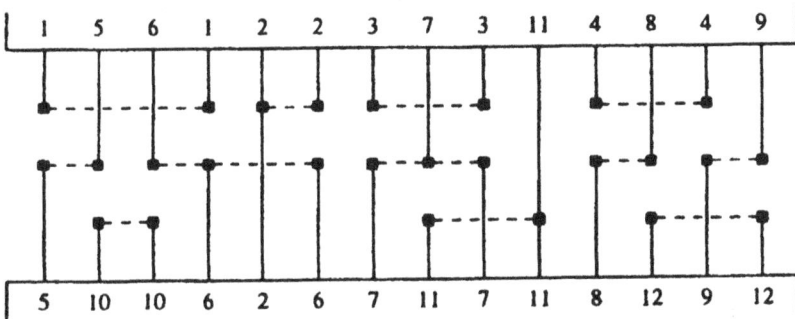

Bild 3.60 *Beispiel zur Erläuterung des Left-Edge-Algorithmus*

Die Verdrahtung beginnt mit dem obersten Anschluß, der sich am weitesten links befindet (d.h. mit 1 numeriert am linken Rand, bzw. der "linken Kante", daher der Name des Algorithmus). Das in Kanalrichtung liegende (horizontale) Stück dieses 1. Verdrahtungsnetzes wird mit dem geringstmöglichen Abstand zu den Anschlüssen in den Kanal gelegt, folglich in eine "1. Spur" dieses Kanals. Der nächste zu verdrahtende Anschluß (mit 2 numeriert) ist der erste Anschluß rechts neben jenem Anschluß, an dem das erste Netz endet, vorausgesetzt, daß in diesem 2. Netz ebenfalls ein in Kanalrichtung liegendes Leitungsstück nötig ist. Diese Prozedur wird solange fortgesetzt, bis die erste (oberste) Spur des Kanals voll belegt ist, im Beispiel des *Bildes 3.60* bis die Verdrahtung der mit 4 numerierten Anschlüsse vollendet ist.

Danach wird erneut an der linken Kante begonnen und nach demselben Verfahren die 2. Spur des Kanals belegt. Im obigen Beispiel *Bild 3.60* werden so die Anschlüsse 5 bis 9 miteinander verdrahtet. Anschließend folgt, immer wieder in gleicher Weise links beginnend, die Belegung der Spuren 3, 4, ... usw., solange bis die Verdrahtung in diesem Kanal komplett ist.

Im *Bild 3.60* werden, dem Original des Left-Edge-Algorithmus entsprechend, die senkrechten und die waagrechten Leitungen grundsätzlich in zwei verschiedenen Verdrahtungsebenen verlegt, was zu der unnötig hohen Zahl von 26 Layer Connections führt. Zwar gelten für die einzelnen Verdrahtungslagen *Vorzugsrichtungen* der Leitungsführung (vgl. S. 243, 244), das bedeutet aber nicht, daß die Leitungen ausschließlich in diese Richtungen verlegt werden dürfen. Unterläßt man im Beispiel des obigen *Bildes 3.60* alle unnötigen Lagenwechsel, dann reduziert sich, bei ansonsten identischer Verdrahtung, die Zahl der Layer Connections von 26 auf 12, wie das folgende *Bild 3.61* zeigt. Außerdem kann man zusätzlich in der 2. Lage noch über die Leitungen der 1. Lage und über die Books hinwegverdrahten, wie es ebenfalls im *Bild 3.61* angedeutet ist: Die über die Anschlüsse 2, 7, 10 und 11 hinweglaufenden Leitungen werden außerdem (in diesem Beispiel) noch nach rechts und links in Kanalrichtung weitergeführt, haben also nichts mit der hier gezeigten Left-Edge-Verdrahtung zu tun.

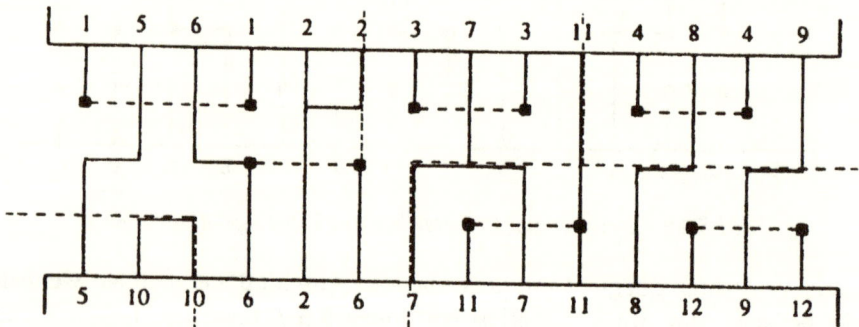

Bild 3.61   *Verbesserung der Verdrahtung nach dem Left-Edge-Algorithmus*

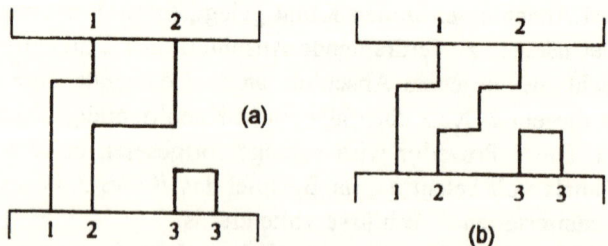

Bild 3.62

Verringerung der
Kanalbreite durch
Verbesserung
der Verdrahtung

Schließlich zeigt Bild 3.62 noch, wie manchmal eine mit Hilfe des Left-Edge-Algorithmus durchgeführte Verdrahtung so verändert werden kann, daß sich die notwendige Kanalbreite verringert, im Beispiel *Bild 3.62* von 3 bei (a) auf 2 bei (b).

Sind in einem Verdrahtungsnetz, gleichgültig durch welchen Algorithmus auch immer erzeugt, mehr als zwei Punkte miteinander zu verbinden, dann gibt es dafür meist mehrere Möglichkeiten, wie das folgende *Bild 3.63* zeigt, in dem die 4 wichtigsten Möglichkeiten dargestellt sind.

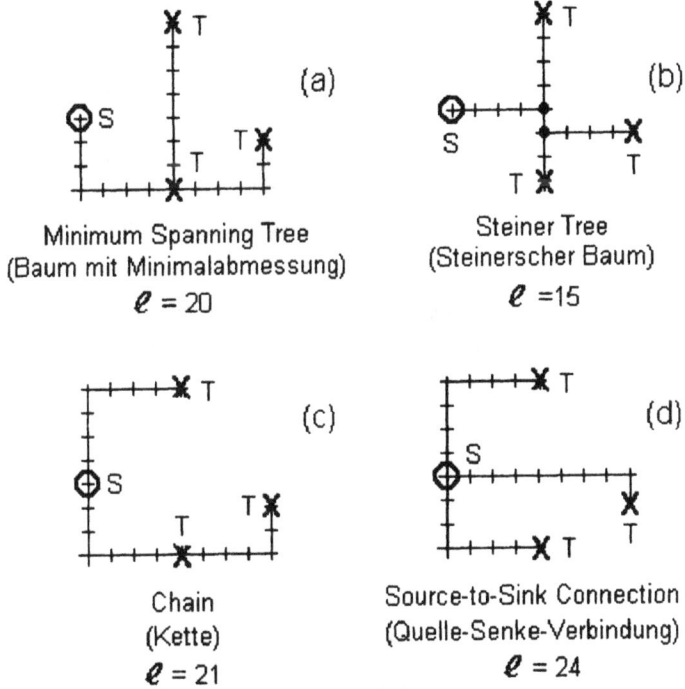

(a)

Minimum Spanning Tree
(Baum mit Minimalabmessung)
$\ell = 20$

(b)

Steiner Tree
(Steinerscher Baum)
$\ell = 15$

Bild 3.63

Verschiedene mögliche Verdrahtungen, um einen Source-Punkt mit drei Target-Punkten zu verbinden. Der S- und die T-Punkte liegen bei allen 4 Möglichkeiten auf denselben Koordinaten der Fläche.

(c)

Chain
(Kette)
$\ell = 21$

(d)

Source-to-Sink Connection
(Quelle-Senke-Verbindung)
$\ell = 24$

Die gesamte Länge des Verdrahtungsnetzes im *Bild 3.63* schwankt zwischen minimal $\ell = 15$ und maximal $\ell = 24$ Rastermaßen. (Die Querstriche in den Leitungen deuten dieRasterung an und ermöglichen die Abzählbarkeit der jeweiligen Leitungslänge.) Dabei muß keineswegs die Leitung zwischen S und einem bestimmten T-Punkt dann am kürzesten sein, wenn auch das Gesamtnetz am kürzesten ist. Z.B. ist die Leitung zum rechts in der Mitte liegenden T-Punkt bei der Anordnung (c) 13 Rastermaße lang, bei einer gesamten Netzlänge von 21 Rastermaßen. Bei (d) ist dieselbe Leitung nur 9 Rastermaße lang, obwohl das Gesamtnetz mit 24 Rastermaßen sogar länger ist.

Automatische Verdrahtungsprogramme sind häufig unveränderlich auf eine (oder höchstens zwei) dieser Möglichkeiten festgelegt. Beispielsweise kann aus unterschiedlichen Gründen gefordert sein, daß Verzweigungen nur an Anschlußpunkten vorgenommen werden dürfen, was man seltener bei Programmen für die

Chipverdrahtung, jedoch mitunter bei Verdrahtungsprogrammen für Platinen mit mehreren Verdrahtungsebenen findet. In diesem Fall verbietet sich leider der außerordentlich günstig erscheinende sog. Steiner-Tree (b), und die Anordnung (a) im *Bild 3.63* weist dann tatsächlich (ihrem Namen entsprechend) das kürzeste Verdrahtungsnetz auf. Die Verdrahtungsbeispiele der *Bilder 3.50, 3.60* und *3.61* (S. 246, 255 u. 256) zeigen jedoch alle die Verwendung des Steiner-Tree, ohne den diese kanalorientierten Verdrahtungen in der angegebenen Weise gar nicht möglich gewesen wären.

Lassen Verdrahtungsprogramme und Fertigungstechnik mehrere der im *Bild 3.63* gezeigten Möglichkeiten zu, dann muß sich die jeweils zu treffende Wahl im wesentlichen nach zwei Gesichtspunkten richten:

- Wie sehen die Platzverhältnisse aus, d.h. welche Verdrahtungsform paßt am besten unter Berücksichtigung anderer Netze in den vorhandenen Platz und behindert die übrige Verdrahtung am wenigsten?

- Ist es aus elektrischen Gründen wichtiger das Gesamtnetz möglichst kurz zu halten oder ist es, möglicherweise auf Kosten der Gesamtnetzlänge, wichtiger einzelne Source-Target-Verbindungen so kurz wie irgend möglich zu halten? Wenn im Einzelfall notwendig, kann diese Entscheidung (zumindest bis heute) nur vom Entwickler getroffen und nicht einem Programm überlassen werden. Folglich muß die Entscheidung mit Hilfe geeigneter Steuerkommandos oder durch "Attribute" in der Netzliste dem Verdrahtungsprogramm mitgeteilt werden.

Bei der großen Komplexität und dem gewaltigen Umfang heutiger Verdrahtungen, besonders bei Chipverdrahtungen mit Gesamtlängen von einigen Metern bis über 40 m auf höchstens 2 cm² Chipfläche, ist es durchaus normal, daß selbst modernste Verdrahtungsprogramme manchmal keine 100% automatische Verdrahtung durchzuführen im Stande sind. Früher sehr häufig, heute "manchmal", beendet ein Programm die Auto-Verdrahtung mit der Meldung, daß es neben zehntausenden ordnungsgemäß gelegter Leitungen einige wenige bis einige zehn Leitungen (mangels Platz und/oder wegen zu vieler Blockierungen) nicht hat legen können. Diese sogenannten *"Overflows"* müssen dann nachträglich manuell am Bildschirm verdrahtet werden, je nach vorhandener Ausrüstung mit Hilfe von Lichtgriffel oder Maus. Dazu müssen zum Teil einige der automatisch per Programm verlegten Leitungen umverlegt werden, um Platz für die noch fehlenden Verbindungen zu schaffen. Diese mühsame Arbeit kann nur von erfahrenen Spezialisten durchgeführt werden und ist als eine "Kunst" anzusehen, die mehr der Intuition als erlernbarer Regeln bedarf.

Wenn die Zahl der Overflows zu groß ist, dann sind im allgemeinen auch die besten Spezialisten überfordert. Dann hilft meist nur ein neuer Auto-Verdrahtungslauf mit anderer Reihenfolge der zu verlegenden Verbindungen. Wenn auch das zu keinem akzeptablen Ergebnis führt, muß eine neue (andere) Plazierung vorgenommen werden, bevor ein neuer Verdrahtungsversuch gestartet werden kann, vgl. die Plazierungs-Verdrahtungs-Schleife im Flußdiagramm *Bild 3.31* auf Seite 215. In seltenen Fällen muß sogar die Partitionierung geändert werden, was dann leider eine Wiederholung der Plazierung und Verdrahtung in bereits vorher fertiggestellten Partitionen erfordert.

3.5 Entwurfskontrolle

Die das Layout bildenden geometrischen Figuren erscheinen in der Draufsicht gewöhnlich als aus Rechtecken zusammengesetzt, allerdings i.a. in mehreren Ebenen. Auch die Verbindungsleitungen, die ja einen ganz wesentlichen Anteil des Layouts ausmachen, sind letzlich aus Rechtecken zusammengesetzt. Wie klein diese Rechtecke sein können, entzieht sich üblicherweise der Vorstellungskraft, selbst wenn man, ohne sich solche Maße konkret vorzustellen, wie selbstverständlich in μm-Größenordnungen rechnet. Das nebenstehende *Bild 3.64*, das die Strukturen auf einem Chip mit einem menschlichen Haar vergleicht, soll daran erinnern, wie klein die Abmessungen im μm-Bereich in der Tat sind. Winzige Staubteilchen, "Dreckstellen" und/oder die ganz normalen nie zu vermeidenden Toleranzen bei der Fertigung können bei diesen kleinen Strukturen leicht zu Leitungsunterbrechungen oder zu Kurzschlüssen führen. Das Haar im *Bild 3.64* wirkt im Vergleich zur Layout-Struktur wie ein umgestürzter Baumstamm.

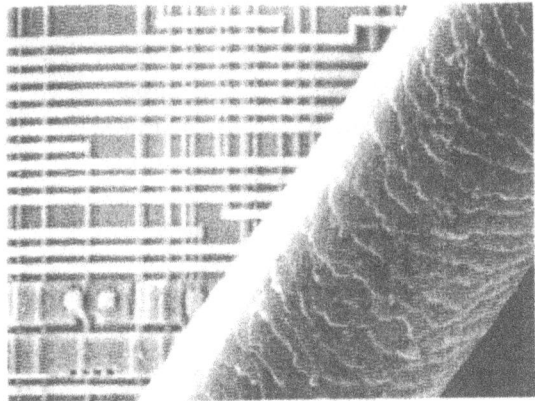

Bild 3.64 *Vergleich einer Layout-Struktur mit einem menschlichen Haar*

Die beiden nebenstehen-
den *Bilder 3.65* und *3.66* zeigen Mikroskopaufnahmen
von Strukturen auf der Oberfläche moderner Chips. Man
beachte, daß der Abstand
zwischen den Pfeilen im
Bild 3.65 nur $0,8\,\mu m$ beträgt
und daß dieses Maß noch-
mals unterteilt ist, so daß
Teile in der Größe von etwa
$0,1\,\mu m$ bis $0,2\,\mu m$ noch eindeutig voneinander getrennt
sind. Man sieht jedoch auch,
daß die in Layouts auf dem
Bildschirm oder auf Plots so
schön geraden Kanten und
scharfen 90°-Ecken der geometrischen Figuren in der
Realität "ausgefranst", abge-
rundet und dergl. sind, was
bei der Kleinheit kein Wunder ist.
Besonders wenn man bedenkt, daß
die Strukturen fertigungstechnisch
durch Wegätzen, Aufdampfen, Ein-
diffundieren usw. hergestellt werden,
dann ist es durchaus bemerkenswert,
daß die Kanten und Ecken doch
noch so sauber ausfallen.

Bild 3.65 *(oben)*

Bild 3.66 *(unten)*

Mikroskopaufnahmen
metallischer Strukturen auf
der Oberfläche von Chips

Das *Bild 3.65* ist eine Aufnahme der IBM aus dem Jahre 1991, die
Strukturen auf heutigen Chips sind daher eher noch kleiner. Da zu den immer

vorhandenen "Ausfransungen", abgerundeten Ecken usw. noch die unvermeid-
lichen Fertigungstoleranzen hinzukommen, müssen alle Figuren eine gewisse
Mindestbreite haben, sowie zu den Nachbarfiguren einen gewissen Mindestabstand aufweisen. Solche Mindestmaße müssen entweder während der Layout-
Prozedur (oder auch im Anschluß daran) kontrolliert werden und/oder sie
müssen den Layout-Programmen eingegeben werden, damit diese "automatisch"
die Mindestmaße beachten.

Wird ein Layout (oder werden Teile eines Layouts) manuell erstellt, z.B. am
Bildschirm, dann ist eine anschließende Entwurfskontrolle aus den gerade
genannten Gründen unbedingt erforderlich, zumindest soweit, wie das Graphik-
programm nicht von sich aus bereits unzulässige Abmessungen in der am Bildschirm zu erstellenden Layout-Zeichnung erkennt und in solchen Fällen das
Zeichnen verhindert. Bei automatischer Layout-Erstellung ist im allgemeinen
nur eine eingeschränkte Kontrolle notwendig, da die Algorithmen der Auto-
Layout-Programme den Entwurfsregeln unbedingt folgen *müssen*. Sie können
gar nicht anders, da diese Regeln einprogrammiert sind. Man spricht auch von
einem sogenannten *"Rules driven System"*, d.h. von einem durch Regeln getriebenen (von Regeln abhängigen) System. Voraussetzung ist natürlich, daß die
Regeln vollständig und widerspruchsfrei in einer für eine bestimmte Fertigungstechnologie festgelegten *"Rules-Bibliothek"* abgespeichert sind. Ferner müssen
selbstverständlich alle für das Layout relevanten Eingabedaten (wie Netzlisten,
Typen der verwendeten Books usw.) fehlerfrei sein. Sind diese Vorbedingungen
erfüllt, so sind eigentlich nur noch die Signallaufzeiten auf den Leitungen zu
kontrollieren, um sicherzustellen, daß die auf dem Chip (oder dem Modul oder
der Platine) realisierte Schaltung mit hinreichender Genauigkeit mit der durch
die Logik- und/oder RT-Simulation verifizierten übereinstimmt. Bei ungenügen-
der Übereinstimmung muß das Layout geändert oder in besonders krassen Fällen
sogar die Simulation wiederholt werden (vgl. *Bild 1.21*, S. 19).

Bei manueller Layout-Erstellung müssen dagegen alle Entwurfsregeln so vollständig wie irgend möglich kontrolliert werden, da Fehler normalerweise nicht
automatisch verhindert werden können. Beim Entwickeln von Semi-Kunden-IC's
müssen zwar "nur" die Books plaziert und untereinander verdrahtet werden, was,
schwierig genug, meist durch die Auto-Layout-Programme vorgenommen wird.
Aber "irgendwann vorher" war es schließlich notwendig, auch die Zellen selber
und alle daraus zusammensetzbaren Books zu entwickeln und deren Layout zu
erstellen (vgl. z.B. Seiten 189, 190 und 200 bis 209). Diese Zellen- bzw. Book-
Layouts werden fast ausschließlich am Bildschirm (d.h. manuell) erstellt und
sind folglich entsprechend zu kontrollieren.

Bei der Layout-Überprüfung unterscheidet man:

1.)   *Kontrolle der geometrischen Abmessungen:*
Die Geometrie des Layouts setzt sich, worauf bereits mehrfach hingewiesen wurde, aus einer Vielzahl von Rechtecken auf verschiedenen Ebenen (z.B. Diffusion, Poly-Si, Oxid, 1., 2. Metallebene usw.) zusammen. Aufgrund fertigungstechnischer Unzulänglichkeiten (vgl. z.B. *Bilder 3.65* und *3.66*, S. 260), unexakter Justage der Masken usw., müssen alle Figuren gewisse Mindestbreiten, gewisse Mindestabstände zu Nachbarfiguren, an einigen Stellen auch gewisse Mindestüberlappungen zu Anschlußfiguren u.a. mehr besitzen. Diese erforderlichen Mindestmaße werden meist in Vielfachen eines kleinsten Rasterabstands λ ausgedrückt und sind selbstverständlich technologieabhängig.

Besonders bekannt ist das zur Kontrolle der geometrischen Abmessungen geschaffene Regelwerk von C.A. Mead und L.A. Conway [36], das heute als Basis zahlreicher daraus entwickelter Varianten angesehen werden kann.

Die Kontrolle der geometrischen Abmessungen wird auch *"Topographische Layout-Kontrolle"*, *"Design Rules Checking"* oder *"Shapes Checking"* genannt (engl. *"shape"* = Gestalt, Form).

2.)   *Kontrolle der logischen und elektrischen Eigenschaften:*
Es ist zu überprüfen, ob die durch das erstellte Layout realisierte Schaltung die logischen und elektrischen Eigenschaften besitzt, die laut Schaltbild, Spezifikation und/oder Pflichtenheft gefordert sind. Diese Kontrolle wird auch *"Physical to Logical Checking"* oder *"Physical to Electrical Checking"* genannt, weil untersucht wird, ob die physikalische Realisation (das Layout) mit den geforderten logischen bzw. elektrischen Eigenschaften konsistent ist. Man teilt die Untersuchungen gewöhnlich in 3 Gruppen ein:

- *"Connectivity Checking"* = Überprüfen ob die Verdrahtung mit den laut Schaltplan und/oder Netzliste geforderten Verbindungen übereinstimmt.

- *"Device and Function Recognition"* = Erkennen von Bauelementen (z.B. Transistoren, Widerstände usw.) aus den Figuren des Layouts.

- *"Electrical Parameter Extraction"* = Herleiten elektrischer Parameter (z.B. Widerstands- und Kapazitätswerte) aus den Abmessungen der Layout-Figuren und aus verschiedenen Prozeßdaten.

Die das Layout bildenden geometrischen Figuren werden normalerweise durch Koordinatenangaben, die abgespeichert sind, repräsentiert. Dabei muß u.a. auch festgelegt werden, um welche geometrische Form es sich bei jeder einzelnen Figur handelt. Das im folgenden *Bild 3.67* gezeigte Rechteck kann z.B. durch die Angabe

(R, x_1, y_1, x_2, y_2)

festgehalten werden. Darin ist R ein Code, der angibt, daß die Figur ein Rechteck ist. Und x_1 bis y_2 sind Koordinaten zweier sich diagonal gegenüberliegender Ecken. Polygone lassen sich entweder durch mehrere (mindestens 2) sich überlappende Rechtecke darstellen, wie z.B. in (a) im folgenden *Bild 3.68* gezeigt. Oder das Polygon wird als Ganzes codiert, beispielsweise durch

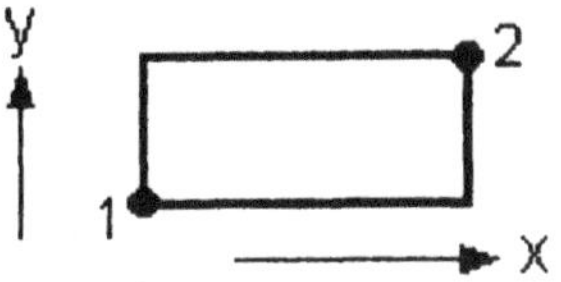

Bild 3.67
Rechteck mit Punkten zur Festlegung der Koordinaten

(P, n, x_1, y_1, x_2, y_2, ... x_n, y_n)

wobei "P , n ," angibt, daß es sich um ein Polygon mit n Ecken handelt (unabhängig davon, ob es konvexe oder konkave Ecken sind), während mit x_1 bis y_n die Koordinaten der n Ecken festgelegt sind. Ein Teil eines solchen Polygons ist als unterste Figur in (a) im *Bild 3.68* gezeigt.

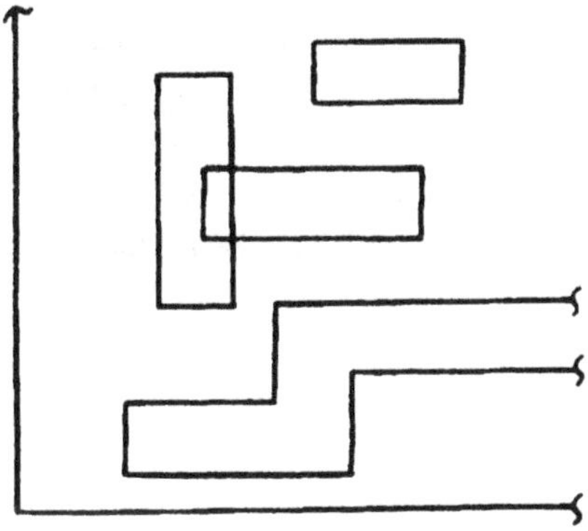

(a)

0	0	0	0	0	0	0	0	0	0	0	0	0	0	0
0	0	0	0	0	0	0	0	1	1	1	1	0	0	
0	0	0	1	1	1	0	0	1	1	1	1	0	0	
0	0	0	1	1	1	0	0	0	0	0	0	0	0	
0	0	0	1	1	1	0	0	0	0	0	0	0	0	
0	0	0	1	1	1	1	1	1	1	1	0	0	0	
0	0	0	1	1	1	1	1	1	1	1	0	0	0	
0	0	0	1	1	1	0	0	0	0	0	0	0	0	0
0	0	0	1	1	1	0	0	0	0	0	0	0	0	0
0	0	0	0	0	0	0	1	1	1	1	1	1	1	1
0	0	0	0	0	0	0	1	1	1	1	1	1	1	1
0	0	0	0	0	0	0	1	1	0	0	0	0	0	0
0	0	0	1	1	1	1	1	1	0	0	0	0	0	0
0	0	0	1	1	1	1	1	1	0	0	0	0	0	0
0	0	0	0	0	0	0	0	0	0	0	0	0	0	0

(b)

Bild 3.68 *Darstellung geometrischer Figuren, gespeichert mit Hilfe von* (a) *Koordinatenangaben* , (b) *Bitraster-Repräsentation*

Geometrische Figuren können nicht nur durch Koordinatenangaben repräsentiert werden, wie oben angegeben und im *Bild 3.67* sowie in (a) im *Bild 3.68* gezeigt, sondern auch durch Bitraster, wie dies in (b) im *Bild 3.68* dargestellt ist. Die hier gezeigten Figuren in (a) und in (b) sind identisch. Bei der Bitraster-Repräsentation bedeutet

```
1  =  Figur vorhanden ,  0  =  keine Figur
```

Das Rastermaß muß sich nach den technologieabhängigen (fertigungstechnisch beherrschbaren) Mindestmaßen richten, da alle Breiten und Abstände der
Figuren nur in ganzzahligen Vielfachen dieses Rastermaßes ausgedrückt werden
können.

Die Bitraster-Repräsentation ist zwar außerordentlich übersichtlich, weil sie
Abmessungen $< 1\lambda$ von vornherein gar nicht zuläßt und, auf den Bildschirm gegeben, die entsprechende Layout-Ebene unmittelbar "graphisch" abbildet. Aber
sie ist nur für sehr kleine Layouts geeignet. Denn obwohl für jede 0 oder 1 nur
ein einziges Bit benötigt wird, beansprucht diese Form der Speicherung graphischer Information insgesamt außerordentlich viel Speicherplatz. Meist muß man
in x- und in y-Richtung sogar mindestens 2 Bits pro kleinstem zulässigen Maß
λ abspeichern. Denn zur Kontrolle der geometrischen Abmessungen müssen die
Figuren rein rechnerisch mitunter um halbe Mindestbreiten oder Mindestabstände
geändert werden, wie im folgenden Abschnitt **3.5.1** erläutert wird. Daher findet man heute die Layouts nur noch äußerst selten in Bitraster-Repräsentation
abgespeichert.

Zur Speicherung der Layout-Geometrie mit Hilfe von Koordinatenangaben
sind, wie nicht anders zu erwarten, die verschiedensten Konstrukte gebräuchlich,
da sich auch hierfür bis heute leider keine einheitliche Norm durchgesetzt hat.
Es ist zu hoffen, daß sich VHDL auch hier als allgemein akzeptierter Standard
durchsetzen wird. Die beiden auf Seite 263 angegebenen Konstrukte "(R, . . .)"
und "(P, n, . . .)" sind lediglich einfache Beispiele möglicher Beschreibungen
von Figuren.

3.5.1 Kontrolle der
geometrischen Abmessungen

Das von C.A. Mead und L.A. Conway erstellte Regelwerk [36] ist als Grundlage anzusehen, auf der mit zahlreichen Variationen und technologiespezifischen
Abwandlungen aufbauend, seit Jahren (und auch heute) die Kontrolle der geometrischen Abmessungen vorgenommen wird (s. u.a. auch [40]). Im folgenden
Bild 3.69 sind einige der klassischen Mead-Conway-Design-Regeln zusammengestellt. Das *Bild 3.69* gibt nur einen Bruchteil der beim Layout einzuhaltenden
Regeln wieder. Für die Vorlesung und für dieses Buch ist es jedoch völlig
ausreichend, sich auf diese wenigen klassischen Regeln zu beschränken, da mit
ihnen das Prinzip ausreichend dargestellt ist.

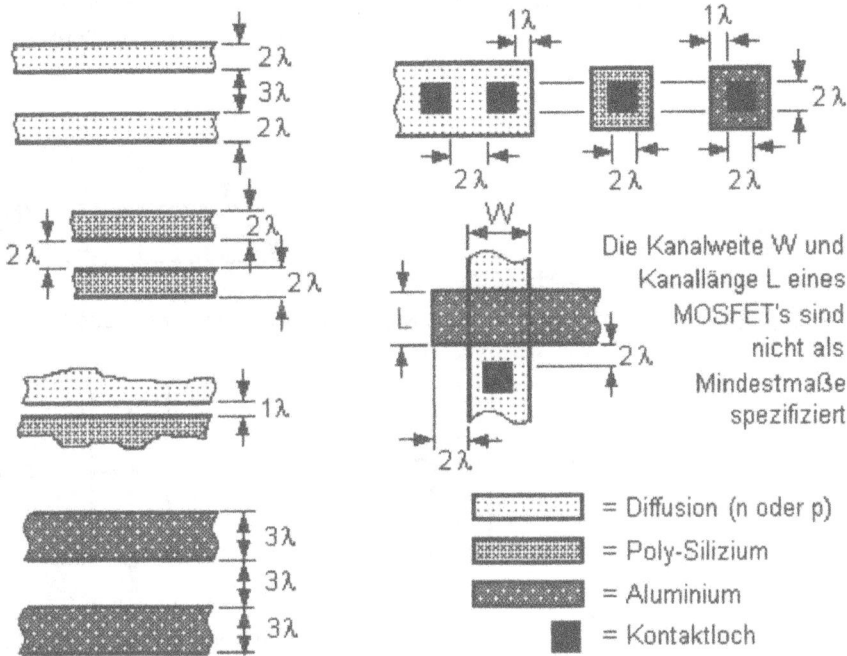

Bild 3.69   *Einige der klassischen Mead-Conway-Design-Regeln*

Die Größe λ = *Rastermaß* ist die kleinstmögliche Abmessung, d.h. alle Figuren, Abstände usw. können nur in ganzzahligen Vielfachen von λ ausgedrückt werden. Mit fortschreitender technologischer Weiterentwicklung wurde λ absolut immer kleiner. Vor einigen Jahren mußte noch mit $\lambda \approx$ (1 bis 2) μm gerechnet werden, während man heute (1996) durchaus mit $\lambda \approx$ (0,04 bis 0,2) μm rechnen kann. Vgl. die Tabelle auf Seite 225, wo für Chipentwicklungen des Jahres 1990 eine minimale Breite von w $\approx$ 0,4 μm $\approx$ (2 bis 10)-mal dem heutigen λ angegeben wurde. Die Mikroskopaufnahme *Bild 3.65* auf Seite 260 zeigt sogar noch engere Strukturen.

Der Vorteil, Abmessungen nicht in μm sondern in Vielfachen von λ anzugeben liegt darin, daß bei Einführung einer weiterentwickelten (verbesserten) Technologie nicht immer alle Regeln neu festgelegt werden müssen. Häufig genügt es, ein neues λ anzugeben, und damit sämtliche Abmessungen um denselben Faktor zu reduzieren.

Man kann nun das Einhalten der geometrischen Mindestabmessungen gemäß

den vorgegebenen Design-Regeln durch *Schrumpfung* und *Expansion* der Figuren kontrollieren, wie mit Hilfe der folgenden Zeichnungen *Bild 3.70* erläutert
wird.

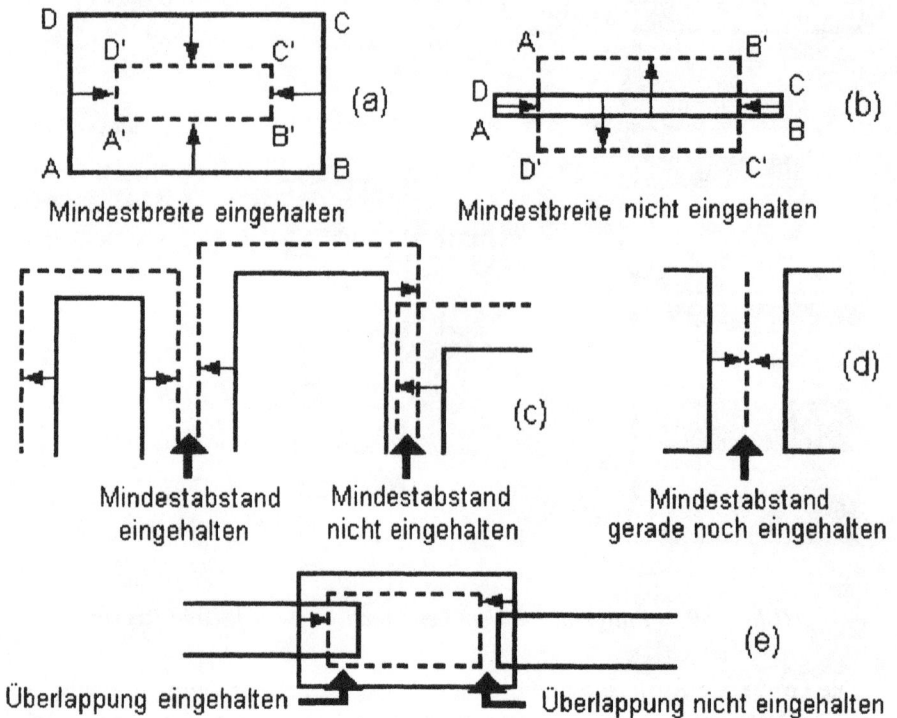

Bild 3.70   *Überprüfung der Abmessungen durch Schrumpfung und Expansion*

Schrumpft man eine Figur allseitig (d.h. an jeder Kante je nach Lage in der
x- bzw. y-Richtung) rein rechnerisch um die halbe Mindestbreite, dann muß
nach der Schrumpfung noch eine *"positive Figur"* übrig bleiben. Ein Strich, bzw.
bei einer quadratischen Figur ein Punkt, wird noch als "positive Figur" gewertet,
da die Originalfigur dann gerade noch das Mindestmaß an Ausdehnung besitzt.
Entsteht dagegen eine "negative Figur" (die es selbstverständlich nur rein rechnerisch geben kann), dann zeigt dies an, daß die geforderte Mindestbreite der
Originalfigur unterschritten wurde.

Die Beispielsfigur **(a)** im *Bild 3.70* ist sowohl in x- als auch in y-Richtung
etwas breiter als gefordert. Die Figur **(b)** erfüllt dagegen die Forderungen nur

in x-Richtung und verletzt sie in y-Richtung. Für (b) in y-Richtung würde sich z.B. ergeben

$$y_D - y_A \quad = \quad \texttt{Breite in y-Richtung}$$

$$y_D' \ = \ y_D - w/2 \quad \text{und} \quad y_A' \ = \ y_A + w/2$$

wenn $\quad$ w = Mindestbreite $\quad$ = $\quad$ n·λ $\quad$ laut Design-Regeln.

Mit $\qquad y_D' - y_A' \ < \ 0$

ist angezeigt, daß die Figur negativ ist, d.h. die geforderte Mindestbreite von der Originalfigur unterschritten wurde.

Auf entsprechende Weise lassen sich Mindestabstände überprüfen: *Expandiert* man die Figuren an den entsprechenden Kanten um je den halben Mindestabstand, dann muß, wie in (c) und (d) der Zeichnung *Bild 3.70* angedeutet, noch ein positiver Abstand übrig bleiben, wobei auch hierbei im Grenzfall ein Strich noch als positiver Abstand gewertet wird.

Schließlich kann gemäß (e) im *Bild 3.70* durch Schrumpfung einer Figur um das geforderte Überlappungsmaß festgestellt werden, ob die im allgemeinen notwendige Überlappung bei zusammengesetzten Figuren eingehalten worden ist. Solche Mindestüberlappungen sind nötig, damit trotz eventueller Toleranzen bei den Masken und/oder in der Fertigung keine Unterbrechungen zwischen den Teilfiguren auftreten. (Vgl. dazu auch *Bild 3.68* auf Seite 263, wo bei (a) eine solche Überlappung zu sehen ist. In der Bitraster-Repräsentation (b) kann die Überlappung nicht dargestellt werden.)

Mit dem nebenstehenden *Bild 3.71* soll gezeigt werden, daß die mit Hilfe der Expansion kontrollierten Mindestabstände in x- und in y-Richtung durchaus eingehalten werden können (sie sind im *Bild 3.71* sogar durchweg etwas größer als gefordert). Trotzdem kann in diagonaler Richtung, von Ecke zu Ecke, eventuell eine Regelverletzung auftreten, was aber *nicht* unbedingt durch eine Überschneidung der expandierten Figuren (wie z.B. im *Bild 3.71*) angezeigt werden muß. Es muß vielmehr gelten

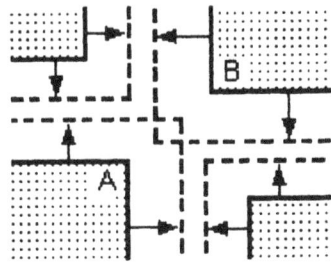

Bild 3.71 *Überprüfung des Eckenabstands*

$$\sqrt{(x_B - x_A)^2 + (y_B - y_A)^2} \ \geq \ \texttt{Minimalabstand}$$

wobei der diagonal zu messende Minimalabstand zwischen 2 Ecken nicht iden-

tisch mit den in x- und in y-Richtung gefordeten Minimalabständen sein *muß*
(jedoch eventuell sein *kann*). D.h. diese Diagonal-Minimalabstände müssen
gegebenenfalls extra spezifiziert werden.

3.5.2   Kontrolle der logischen und elektrischen Eigenschaften

Im nachfolgenden *Bild 3.72* sind als *Beispiel* vereinfacht das Schnittbild und die
Draufsicht eines im Chip integrierten Widerstands gezeigt. Es handelt sich in
diesem Beispiel übrigens um einen sog. *"Basis-diffundierten Widerstand"*, da
dieselbe p-Diffusion, mit der die Basen der NPN-Transistoren gebildet werden,
zur Erzeugung dieser Widerstandsbahn herangezogen wird.

Bild 3.72

*Schnittbild und
Draufsicht eines
integrierten
Widerstands,
der durch eine in
ein n-Gebiet
eingebettete
p-Diffusion
gebildet wird*

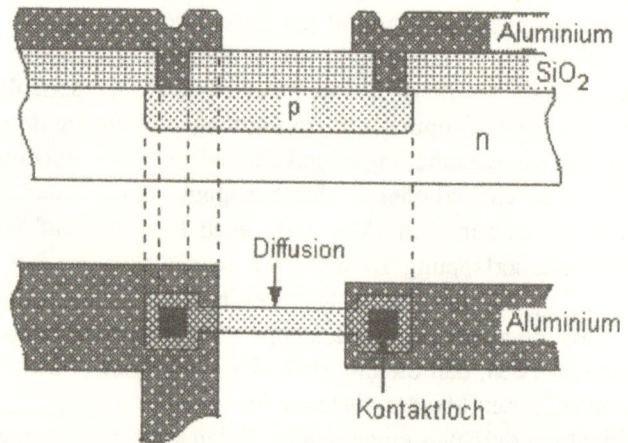

Man sieht im *Bild 3.72*, daß die beiden Metall-Leitungen über Kontaktlöcher mit
der "halbleitenden" und daher entsprechend widerstandsbehafteten Strecke verbunden sind. Es läßt sich folglich aus der Anordnung der geometrischen Figuren
(in der Draufsicht) einwandfrei erkennen, daß zwischen den beiden Aluminium-
Leitungen ein Widerstand liegt. D.h. dies ist ein einfaches Beispiel für eine aus
dem Layout ableitbare *Bauelemente-Erkennung* (engl. *"Device Recognition"* genannt, vgl. Seite 262).

Man kann aber nicht nur den Widerstand an sich erkennen, sondern auch
dessen Widerstandswert in Ω aus den Prozeßdaten und der Layout-Geometrie ableiten (*"Electrical Parameter Extraction"*, vgl. S. 262):

Der Ohmsche Widerstand längs eines elektrisch leitenden Materialstücks (z.B. eines Drahtstücks) ist bekanntlich

$$R = \rho \cdot \frac{l}{q}$$

wobei ρ der spezifische Widerstand, l die Länge und q der Querschnitt des Materialstücks sind. Ist der Querschnitt rechteckig mit der Breite (Weite) w und der Dicke d, wie im folgenden *Bild 3.73* in (a) gezeigt, dann ergibt sich

$$R = \frac{\rho}{d} \cdot \frac{l}{w}$$

Handelt es sich um Diffusionen, Ionen-Implantationen, Poly-Silizium oder Al-Bahnen auf einem Chip (oder auch um Cu-Bahnen auf einer Platine), dann ist die Dicke d durch die verwendete Fertigungstechnologie vorgegeben und für alle in dieser Technologie auszuführenden Entwicklungen "festgeschrieben". Z.B. entspricht die Dicke beim Widerstand des obigen *Bildes 3.72* der Tiefe der in der n-Schicht liegenden p-Diffusion.

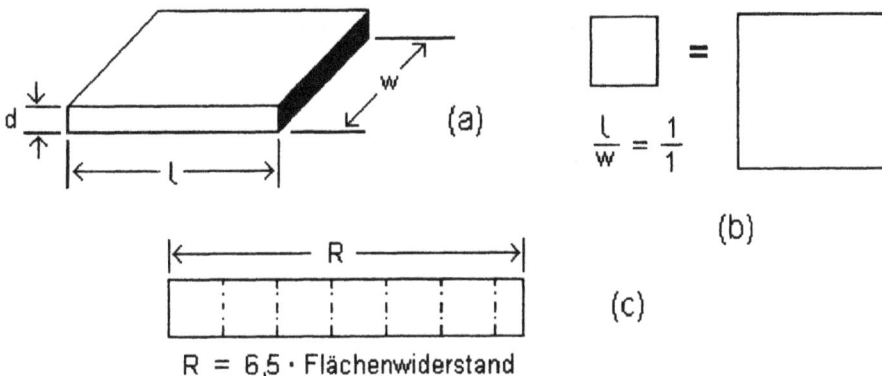

$$\frac{l}{w} = \frac{1}{1}$$

(a)

(b)

$$R = 6{,}5 \cdot \text{Flächenwiderstand}$$

(c)

Bild 3.73 (a) *und* (b): *Zur Definition des Flächenwiderstandes*
(c): *Zum Widerstandswert bei bekanntem Flächenwiderstand*

Der spezifische Widerstand ρ ist eine Materialkonstante, die entweder von vornherein festliegt, wie beispielsweise bei Al- oder Cu-Bahnen, oder jeweils technologiespezifisch festgelegt wird: Z.B. hängt ρ bei einer Diffusion von der Dotierungsstärke ab, bei der Ionen-Implantation von der Konzentration der ins Silizium eingebrachten Ionen usw. Auf alle Fälle ist ρ für eine gegebene Fertigungstechnologie festgeschrieben, so daß damit auch der Quotient ρ/d eine für diese Technologie festgeschriebene Konstante k ist. Folglich kann man für alle leitenden Materialstücke mit rechteckigem $w \cdot d$ - Querschnitt

$$R \ = \ k \cdot \frac{1}{w} \quad , \qquad k \ = \ \text{const}$$

angeben. Für ein quadratisches Materialstück gilt, unabhängig von der Größe des Quadrats, immer $1/w = 1$, wie im obigen *Bild 3.73* mit (b) demonstriert ist. Daher ist der Widerstand eines quadratischen Stücks eines gegebenen Materials in einer gegebenen (festgeschriebenen) Fertigungstechnologie konstant. Er wird

Flächenwiderstand

(engl. *"Sheet Resistivity"*) genannt und in $\Omega/\square$ ("Ohm pro Quadrat") angegeben.

Das mit (c) bezeichnete rechteckige Materialstück im obigen *Bild 3.73*, das in 6,5 Quadrate unterteilt werden kann, besitzt folglich einen ohmschen Widerstand von

$$R \ = \ 6,5 \cdot \text{Flächenwiderstand}$$

Sind die von den technologiespezifischen Prozeßdaten abhängigen Flächenwiderstände bekannt, so lassen sich die Widerstände aller rechteckigen Figuren direkt aus den abgespeicherten Layout-Daten ableiten.

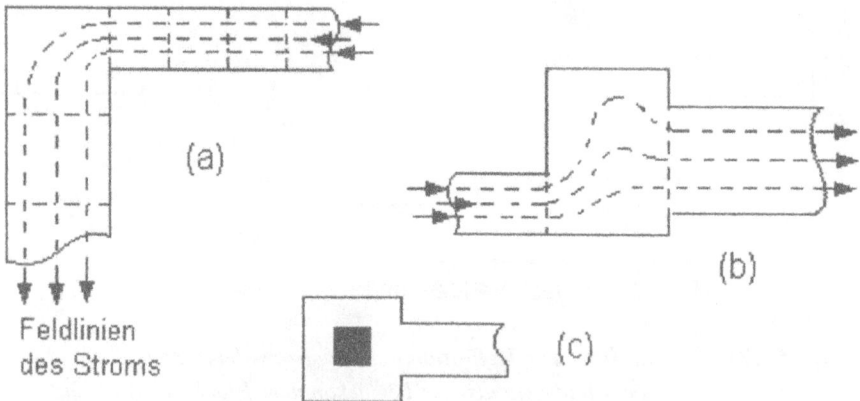

Bild 3.74 *Zur Korrektur des Flächenwiderstands bei nichtquadratischen Stücken*

An Ecken oder bei Leitungen, die aus verschieden breiten Stücken zusammengesetzt sind, wird zur Berechnung des Widerstandswerts der Flächenwiderstand an den in Frage kommenden Stücken mit genäherten Korrekturfaktoren multipliziert. Diese Korrekturfaktoren werden aus Analysen mit Hilfe Finiter Elemente oder Finiter Boxen gewonnen (vgl. *Bilder 2.51* u. *2.53*, S. 118f). In obigem *Bild 3.74* ist mit **(a)** und **(b)** angedeutet, wie sich die Feldlinien des Stroms je nach der Geometrie der Widerstandsbahn verengen, ausweiten, ausbeulen usw. Entsprechend fallen die als Ergebnisse der Finite-Element-Analysen errechneten Korrekturfaktoren aus. Auch für die im *Bild 3.74* in **(c)** gezeigten "Augen" rings um ein Kontaktloch (vgl. auch *Bild 3.72*, S. 268) werden geometrieabhängig Korrekturfaktoren errechnet.

Die Korrekturfaktoren für alle in den verschiedenen Layouts einer gegebenen Technologie verwendeten "Sonderformen" werden i.a. zusammen mit den für diese Technologie zutreffenden Flächenwiderständen als Mitglieder einer *"Technologie-Datenbank"* abgespeichert. Daher können Widerstände aller Art und aller zulässigen Formen aus dem Layout heraus nicht nur erkannt, sondern es kann auch ihr jeweiliger Widerstandswert in Ω mit hinreichender Genauigkeit ermittelt und mit dem in der Simulation verwendeten verglichen werden. Das gilt selbstverständlich in gleicher Weise für die i.a. unerwünschten Ohmschen Widerstände vom Signalverbindungs- und Stromversorgungsleitungen auf Chips, Moduln und Platinen.

In der Praxis muß man mit Flächenwiderständen im Bereich von $\approx 0,01\ \Omega/\square$ bis $\approx 4\ k\Omega/\square$ rechnen. Als **sehr grobe** Richtwerte für Chip-Layouts kann man sich merken, bzw. für erste Abschätzungen damit rechnen, wenn einem keine echten (genaueren) Werte zur Verfügung stehen:

```
Metall (Al-Leitungen)   :   Flächenwiderstand ≈ 0,03 Ω/□

n- oder p-Diffusionen   :   Flächenwiderstand ≈ 10  Ω/□

Poly-Silizium           :   Flächenwiderstand ≈ 40  Ω/□
```

Bei der *Ionen-Implantation* sind sehr unterschiedliche Flächenwiderstände erreichbar. Damit sind auch sehr große Widerstandswerte fertigungstechnisch beherrschbar, nämlich durchaus

$$\text{von} \approx \text{einigen}\ 10\ \Omega/\square \quad \text{bis} \approx 4\ k\Omega/\square$$

je nachdem, wieviele Ionen pro Flächeneinheit in das Halbleitermaterial "hineingeschossen" und dadurch "eingepflanzt", "implantiert" werden.

Kapazitäten kann man nicht *"pro Quadrat"* sondern muß sie *"pro Fläche"* (z.B. pro μm^2) angeben. Aber ansonsten gelten, sofern die beiden die Kapazität bildenden leitenden Flächen durch eine Isolationsschicht getrennt sind, ähnliche Überlegungen, da die Isolationsdicken, beispielsweise das SiO_2, zwischen dem Aluminium und einer Diffusion, für eine gegebene Technologie "festgeschrieben" sind. Man kann mit $C \approx (0,02\ \text{bis}\ 0,15)\ fF/\mu m^2$ rechnen, $(1\ fF = 10^{-15}\ F)$.

Wird dagegen die Kapazität durch einen gesperrten PN-Übergang gebildet, dann ist die flächenabhängige Kapazität C_0 zusätzlich noch von der am PN-Übergang anliegenden Sperrspannung abhängig:

$$C = \frac{C_0}{\sqrt[k]{1 + V_{sperr}}} \quad , \quad 2 \leq k \leq 3$$

Der Widerstand im *Bild 3.72* auf Seite 268 hat folglich gegenüber der n-Schicht, in die er eingebettet (eindiffundiert) ist, eine aus der Geometrie des Layouts ableitbare Kapazität C_0, die aber entsprechend der aus der Schaltkreissimulation errechneten NP-Spannung zu korrigieren ist.

Im nebenstehenden *Bild 3.75* sind in vereinfachter Darstellung Schnittbild und Draufsicht eines N-Kanal-MOSFET in konventioneller Langkanal-Technik mit Metall-Gate gezeigt.

Für einen solchen FET gilt: Liegt über zwei Diffusionen mit leichter Überlappung sehr dünnes Oxid (im *Bild 3.75* punktiert gezeichnet), und ist dieses dünne Oxid von Metall (Aluminium) überdeckt, so stellt eine solche Struktur einen MOSFET mit Metall-Gate dar. Die (möglichst geringe) Überlappung ist übrigens aus Toleranzgründen nötig, da zwischen dem Gate und den

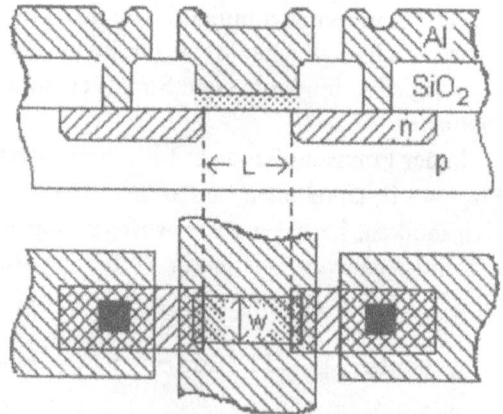

Bild 3.75   *Schnittbild und Draufsicht eines N-Kanal-MOSFET mit Metall-Gate*

Drain- bzw. Source-Gebieten auf keinen Fall eine Lücke vorhanden sein darf.

Das folgende *Bild 3.76* zeigt (ebenfalls in leicht vereinfachter Darstellung) einen modernen N-Kanal-MOSFET mit selbstjustiertem Poly-Silizium-Gate. Für einen solchen FET gilt: Liegt Poly-Si überlappungsfrei zwischen zwei Diffusionen oder Implantationen (natürlich mit dünnem Oxid dazwischen), dann stellt diese Struktur einen MOSFET mit Poly-Si-Gate dar. Da das Poly-Si als Abdeckung (Maskierung) des Kanals dienen kann, braucht man keine getrennte Maskierung für das Source- und das Drain-Gebiet, sondern behandelt sie zusammen wie ein gemeinsames (d.h. größeres) Gebiet. Dadurch erhält man eine "automatische" Justage, d.h. die Kanten der durch Diffusion oder Ionen-Implantation entstehenden Source- und Drain-Gebiete liegen überlappungs- und lückenfrei unter den Kanten des Poly-Si-Gates. Der MOSFET wird dadurch (bei sonst gleichen geometrischen Abmessungen) viel schneller, weil ohne die Gate-Source- und die Gate-Drain-Überlappung die Kapazitäten C_{GS} und C_{GD} wesentlich verkleinert werden, was folglich die Zeitkonstanten in entsprechendem Maße reduziert.

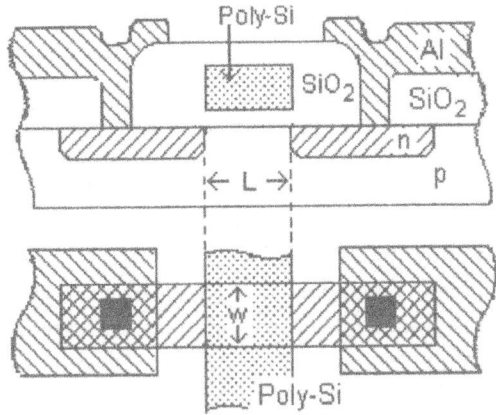

Bild 3.76 *Schnittbild und Draufsicht eines N-Kanal-MOSFET mit Poly-Silizium-Gate*

Die n-dotierten Source- und Drain-Gebiete weisen gegenüber dem p-dotierten Substrat (auch *"Body"* genannt) je eine Sperrschichtkapazität auf, für die das auf Seite 271 unten und auf Seite 272 oben gesagte gilt.

Man sieht aus den *Bildern 3.75* und *3.76*, daß beide FET-Typen direkt aus der Layout-Draufsicht zu erkennen sind ("Device Recognition", vgl. Seite 262).

Für alle MOSFETS errechnet sich der Drain-Source-Strom zu

$$I_{DS} = \frac{W}{L} \cdot f\,(\,V_{GS},\ V_{DS},\ V_{SB},\ \text{Technologiekonstanten}\,)$$

Die für eine gegebene Technologie meist festgeschriebene Kanallänge L läßt sich direkt aus dem Layout ablesen, wie aus den *Bildern 3.75* und *3.76* hervorgeht. Bei sogenannten Langkanal-FET's ist diese *"geometrische Kanallänge"* mit der in der obigen I_{DS}-Formel zu verwendenden *"effektiven elektrischen Kanallänge"* L identisch. Bei sogenannten Kurzkanal-FET's muß die geometrische Kanallänge mit Korrekturfaktoren versehen werden, um aus ihr die effektive elektrische Kanallänge zu erhalten. Jedoch kann sie ebenfalls für eine gegebene Technologie als festgeschrieben gelten.

Man kann folglich immer $I_{DS} \sim W$ angeben. Die Kanalbreite W, die somit maßgeblich festlegt, ob ein MOSFET niederohmig oder hochohmig ist, ist bei einer festgeschriebenen Technologie im allgemeinen die einzige durch den Schaltkreisentwickler in weiten Grenzen frei wählbare Größe. Sie kann laut den *Bildern 3.75* und *3.76* aus dem Layout abgelesen und zur Kontrolle des Layouts gegenüber den bei der Simulation eingesetzten Werten verwendet werden ("Parameter Extraction", vgl. Seite 262).

Die *Bilder 3.75* und *3.76* und die dazu passenden Ausführungen bezogen sich zwar alle auf N-Kanal-FET's, gelten jedoch gleichermaßen für P-Kanal-FET's, wenn man lediglich n und p vertauscht, d.h. p-dotierte Source- und Drain-Gebiete in n-Silizium (bzw. in eine n-Wanne) eindiffundiert oder implantiert, vgl. z.B. *Bilder 3.17* u. *3.18*, S. 201f. Schließlich gilt das oben gesagte im Prinzip auch für *selbstleitende FET's (Depletion Mode FET's)*, die sich bekanntlich von den hier behandelten *selbstsperrenden FET's (Enhancement Mode FET's)* nur durch einen zusätzlich eingebetteten sogenannten *"Depletion Layer"* unterscheiden, der die Schwellspannung (Threshold Voltage) weit genug verschiebt.

Durch die folgenden Angaben soll noch auf den heute fertigungstechnisch in der Massenproduktion beherrschbaren Stand hingewiesen werden:

Effektive Kanallänge von MOSFET's $\approx$ 0,3 μm

Dicke des Gate-Oxids $\approx$ 20 nm   =   0,02 μm

Außerdem wird die sogenannte BIFET- oder BiCMOS-Technologie beherrscht, vgl. Seite 199, bei der CMOS, vertikal orientierte NPN- und manchmal auch noch laterale PNP-Transistoren gemeinsam in einem Chip integriert sein können. Bei der Erstellung des Layouts bzw. der Fertigung eines solchen BIFET- oder BiCMOS-Chips muß mit

$> \approx$ 20 Masken-Levels   gerechnet werden.

Dioden erkennt man dadurch, daß ein p-dotiertes Gebiet in ein n-dotiertes (oder umgekehrt) eingebettet ist und beide Gebiete elektrisch angeschlossen sind, z.B. über Kontaktlöcher.

NPN-Transistoren erkennt man laut den *Bildern 3.24* und *3.25*, S. 206 u. 207, an der Folge ineinander eingebetteter Gebiete mit n-, p- und nochmals n-Dotierung, wobei i.a. alle 3 Gebiete nach außen angeschlossen sind. Bei lateralen PNP-Transistoren liegen die Gebiete jedoch nebeneinander, wie z.B. bei der Thyristor-Darstellung *Bild 3.27* auf Seite 209 zu sehen ist.

Die für ihre Charakteristiken relevanten Parameter (wie beispielsweise das W/L-Verhältnis bei FET's oder der Ω-Wert von Widerständen) lassen sich allerdings bei Dioden und bipolaren Transistoren aus der Layout-Geometrie nicht ableiten. Dazu bedarf es einer Device-Simulation, vgl. Seiten 115 bis 123. Jedoch ist es üblich, für bipolare Schaltungen je Technologie einige wenige für die unterschiedlichen Anwendungen geeigneten Transistoren und Dioden zu entwickeln und die Layouts dieser Halbleiter in einer Datenbank abzuspeichern. Die

Schaltungsentwickler verwenden dann ausschließlich diese Dioden- und Transistor-Typen, so daß bei der Entwurfskontrolle nur noch per "Device Recognition" festgestellt werden muß, ob an den richtigen Stellen des Layouts die richtigen zulässigen Typen der Dioden bzw. bipolaren Transistoren sitzen.

Mit den in diesem Abschnitt **2.5.2** von Seite 268 bis hier gemachten Ausführungen wird einsichtig, daß "Connectivity Checking", "Device and Function Recognition" und "Electrical Parameter Extraction" *zum Teil* automatisiert per Programm durchgeführt werden können, daß aber ein *komplettes* "Physical to Electrical Checking" immer noch zusätzlich erheblicher manueller Überprüfungen bedarf.

3.5.3   Zusammenfassung der Entwurfskontrolle

Das folgende *Bild 3.77* faßt die Entwurfskontrolle in Form eines Diagramms zusammen :

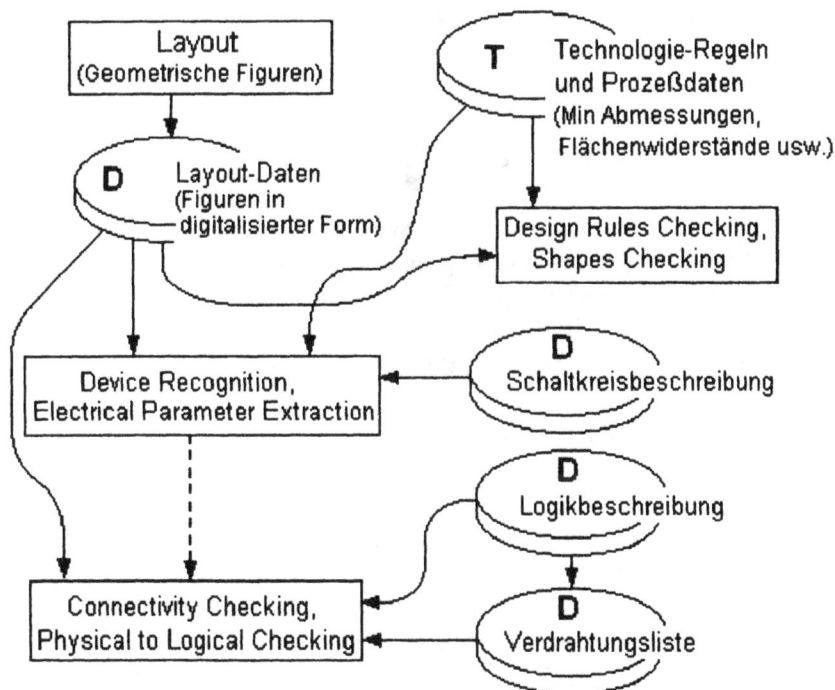

Bild 3.77 *Zusammenfassende Gesamtübersicht der Entwurfskontrolle*

Die in obigem *Bild 3.77* gezeigten Platten sollen, je nachdem mit was für einem Rechner oder Rechner-System gearbeitet wird, die auf einem externen Plattenspeicher oder auf einer großen Festplatte abgelegten Dateien symbolisieren.

Die mit **T** gekennzeichnete Platte beinhaltet die für eine ganz bestimmte Technologie erstellte Technologie-Datenbank. In ihr werden alle für diese Technologie festgeschriebenen Daten gespeichert, wie z.B. Chip-Abmessungen, geometrische Minimalmaße (Mindestabstände, Mindestbreiten, Überlappungen usw., vgl. *Bilder 369, 370* u.*371*, S. 265 - 267), sowie Flächenwiderstände, Layouts zulässiger Dioden und bipolarer Transistortypen, Grenzen zulässiger FET-Kanalbreiten u.a.m. Die Technologie-Datenbank ist einheitlich für *alle* in derselben Technologie durchzuführenden Entwicklungen zu verwenden. Folglich müssen alle Entwickler von Schaltkreisen, Chips etc., die mit dieser Technologie arbeiten, **Lese**zugriff auf die Dateien der T-Platte haben. Der **Schreib**zugriff muß jedoch unbedingt auf einige Technologie-Entwickler beschränkt bleiben.

Die mit **D** bezeichneten Platten sind Mitglieder der **D**esign-Datenbank (vgl. die "Gemeinsame Datenbasis" im *Bild 3.29* auf Seite 212). In dieser Datenbank sind die für ein *bestimmtes* Design (z.B. für eine bestimmte Chip-Entwicklung) erstellten Daten abgespeichert. Dabei können die Figuren des Layouts entweder in Form von Koordinatenangaben oder in einer Bitraster-Repräsentation gespeichert sein, wie bereits auf den Seiten 263 und 264 erklärt. Die Schaltkreisbeschreibung ist in ASTAP- oder SPICE- oder in einer diesen Sprachen ähnlichen Form gespeichert. Neuerdings kann der Schaltkreis auch in VHDL-A beschrieben sein. Die Logikbeschreibung kann in Form von Sprachkonstrukten gespeichert sein, wie sie beispielsweise auf Seite 143 angedeutet wurden. Oder man verwendet auch dafür VHDL-Konstrukte. Die Verdrahtungsliste, die aus der Logikbeschreibung entstanden ist, gibt alle Verbindungen *"von - nach"*, bzw. ganze Netze *"von - nach1, nach2, ... nach n"* zwischen den Gattern bzw. den logischen Blöcken wieder ..... usw.

Die Ausführungen der Seiten 262 bis 274 sowie das obige *Bild 3.77* zeigen deutlich die gegenseitige Beeinflussung (und damit auch Abhängigkeit) von Simulation und Layout und weisen somit erneut auf die möglicherweise iterativ zu durchlaufenden Schleifen des bereits auf Seite 19 gezeigten Flußdiagramms *Bild 1.21* hin: Bei der Layout-Erstellung oder aufgrund der Entwurfskontrolle notwendig gewordene Änderungen führen zwangsläufig zur Wiederholung eines oder mehrerer Simulationsläufe. In die gegenseitige Abhängigkeit muß auch noch die im folgenden Kapitel **4** behandelte Testdatenerstellung mit einbezogen werden.

3.6 Aufgabenteil A4
(Aufgaben zum Layout)

A4.1

Die im folgenden *Bild 3.78* wiedergegebene Anordnung zeigt die relativen
geometrischen Abmessungen der Books, mit denen man einen Zähler einschließlich seiner I/O's und der Clock realisieren kann. Mit Hilfe des unterlegten
Rasters läßt sich der Flächenbedarf eines jeden Books in Form der Anzahl der
belegten Quadrate feststellen. Den Books sind zum Zwecke der individuellen
Kennzeichnung die Referenznamen A bis M zugeordnet. Außerdem ist die Verdrahtung in schematisierten Form angedeutet.

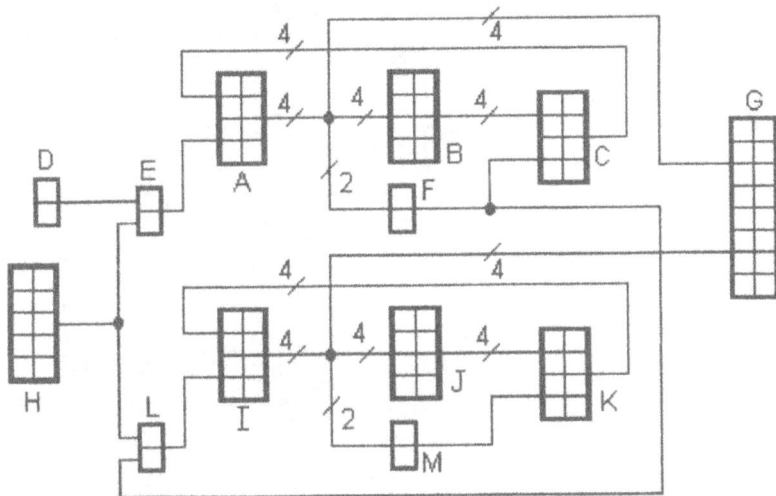

Bild 3.78

Die hier im *Bild 3.78* gezeigten Books sind nun auf einer vorgegebenen Fläche
zu plazieren. Dabei sei die Fläche zunächst durch eine Cutline in **2 *gleichgroße***
Teilflächen P und Q zu unterteilen.

a)   Geben Sie an, welche Books (d.h. welche Referenznamen) Sie der Teil-
      fläche P und welche Sie der Teilfläche Q zuordnen würden, sofern Sie
      folgende Vorgaben einhalten müssen: Die Summe der Flächen aller P
      zugeordneten Books soll gleich der Summe der Flächen aller Q zuge-
      ordneten Books sein. Die Cutline soll durch möglichst wenige Leitungen
      durchschnitten werden.

Hinweis: Bei diesen wenigen Books kann die Aufgabe am einfachsten durch "überlegtes Probieren" gelöst werden, während man bei größeren Schaltungen dafür doch lieber den programmiert ablaufenden Mincut-Algorithmus einsetzen würde (bzw. sollte).

b)   Wieviele Leitungen durchschneiden die Cutline ?

A4.2

Im nebenstehenden *Bild 3.79* ist die vollständige Draufsicht eines (vereinfachten) Layouts gezeigt.

Das p - Substrat sowie die darin eingebettete n - Wanne sind in der Zeichnung dieses Layouts weiß belassen ohne irgend eine Schraffur oder Punktierung. Alle weiteren Schichten sind durch Schraffuren / / / oder \ \ \ oder Punktierung gekennzeichnet. Die Kontaktlöcher ■ stellen die Verbindungen zwischen dem Aluminium und dem jeweils direkt darunter liegenden halbleitenden Gebiet her.

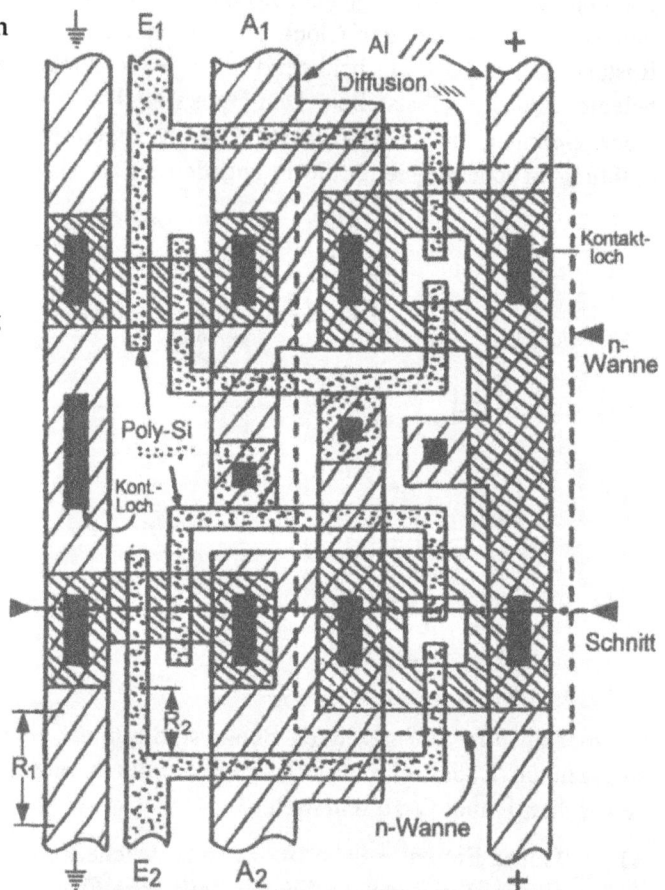

Bild 3.79

a)   Zeichnen Sie einen Schnitt durch den im Layout durch ▶- - -◀ markierten Teil des Chips. Übertragen Sie dazu den dafür relevanten Teil der Layout-Draufsicht auf ein extra Blatt und setzen die Schnittzeichnung im passenden Maßstab darunter.

b) Zeichnen Sie ein aus **Gattern** bestehendes **logisches Schaltbild** (kein elektrisches) des im *Bild 3.79* gezeigten Layout-Ausschnitts.

c) Was stellt der Layout-Ausschnitt *Bild 3.79* logisch dar ?

d) Wieviele Transistoren welchen Typs erkennen Sie in diesem Layout ? Und welche Aussagen können Sie über die Eigenschaften dieser Transistoren machen ?

e) Wieviel Ohm haben die beiden im *Bild 3.79* markierten Widerstandsstücke *etwa* (nach grober Schätzung) ?

f) Im Layout-Ausschnitt *Bild 3.79* findet man eine einzelne (im Vergleich zu den übrigen C's der Schaltung) relativ große Kapazität. Wodurch wird sie gebildet und zwischen welchen Knoten der Schaltung liegt sie ?

A4.3

Das auf Seite 280 folgende *Bild 3.80* zeigt die vollständige Draufsicht eines etwas vereinfachten Layout-Ausschnitts. Die Darstellung ist wie folgt zu verstehen :

Auf einem p-Substrat befindet sich durchgehend n-Silizium, das in der Layout-Draufsicht weiß belassen ist ohne jede Schraffur oder Punktierung. In das n-Silizium sind einige p-Dotierungen (/ / /) eindiffundiert; und in diese p-Dotierungen sind an 5 Stellen nochmals n-Dotierungen eindiffundiert, die durch Punktierungen gekennzeichnet sind. Darüber liegt (mit einer SiO_2-Schicht dazwischen) Aluminium (\ \ \). Die Verbindungen des Al mit dem jeweils unmittelbar darunter liegenden halbleitenden Gebiet sind durch Kontaktlöcher (■) realisiert.

a) Zeichnen Sie einen **Schnitt** durch den im Layout durch ▶ - - - ◀ markierten Teil des Chips, in derselben Weise, wie dies bereits für die Aufgabe A4.2(a) gefordert war.

b) Zeichnen Sie ein **elektrisches** (kein logisches) Schaltbild des im *Bild 3.80* gezeigten Layout-Ausschnitts.

c) Was stellt der Layout-Ausschnitt *Bild 3.80* logisch dar ?

d) Wie groß ist das Verhältnis der mit R_1, R_2, R_3 und R_4 gekennzeichneten Widerstandsbahnen *ungefähr* laut grober Schätzung ? (Korrekturfaktoren an Ecken und Augen können unberücksichtigt bleiben.)

e)   Im Layout-Ausschnitt des *Bildes 3.80* sieht man eine mehrfach ver-
zweigte, rahmenförmige p-Diffusion, die nur einseitig an die Mas-
seleitung angeschlossen ist. Wozu ist sie notwendig ?

f)   Warum ist ein größeres n-Gebiet an Plus angeschlossen ?

g)   Kommentieren Sie *kurz* einige typische Eigenschaften der in diesem
Layout-Ausschnitt dargestellten Schaltung.

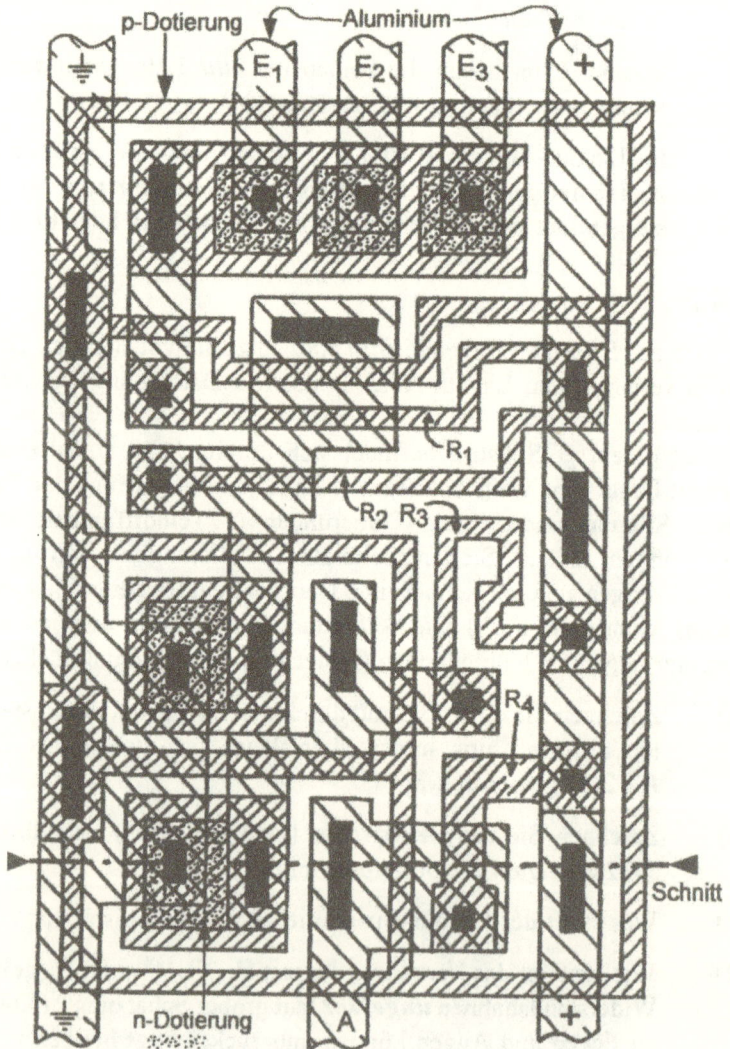

Bild 3.80

A4.4

Jede der nachfolgenden 26 das Layout betreffenden Aussagen ist entweder
wahr oder *falsch*. Markieren Sie jede Aussage entsprechend mit **W** oder **F**.

Die Chipverdrahtung
a) - in 4 Metall-Lagen ist heutiger Stand der Serienfertigung.
b) - erfordert Verdrahtungskanäle in beiden Richtungen.

Die empirische Donath-Mikhail-Formel kann man verwenden, um
c) - eine optimale Plazierung zu erreichen.
d) - die Wirksamkeit lokaler Plazierungsoptimierungen zu überprüfen.
e) - die durchschnittliche Leitungslänge
  bei einer Gate-Array-Verdrahtung abzuschätzen.

Die interne Zellen- bzw. Book-Verdrahtung
- wird im allgemeinen einmalig pro standardisiertem Book
f) • manuell am Bildschirm erstellt.
g) • automatisch mit einem Verdrahtungsprogramm erstellt.
h) - liegt üblicherweise in der untersten Metallebene.

Mit Hilfe lokaler Optimierung kann die
i) - Partitionierung verbessert werden.
j) - Plazierung verbessert werden.

Die Partitionierung einer Schaltung.
- wird im allgemeinen.
k) • mit Hilfe des Mincut-Algorithmus vorgenommen.
l) • manuell vorgenommen.
- ist deshalb notwendig, weil beispielsweise
m) • Die CAD-Programme nur eine
  begrenzte Anzahl Objekte handhaben können.
n) • die Gesamtzahl der Objekte nicht
  auf eine einzelne vorgegebene Fläche paßt.

Der Lee-Algorithmus
o) - ist eine Alternative zum Mincut-Algorithmus.
p) - dient einer möglichst guten Plazierung.
q) - garantiert eine 99%-ige Verdrahtbarkeit.
r) - ist ein "Maze-Runner".
s) - arbeitet auf Rasterbasis.

t)   - ist nur für die interne Zellenverdrahtung brauchbar.

Der Hightower-Algorithmus
u)   - ist i.a. schneller als der Lee-Algorithmus.
v)   - ist eine Alternative zum Left-Edge-Algorithmus.
w)   - sucht die kürzest mögliche
             Verbindung auf einer Ebene zwischen 2 Punkten.

Der Wert des Flächenwiderstands ist
x)   - bei eindiffundierten Figuren nur für eine
             gegebene (festgeschriebene) Technologie eine Konstante.
y)   - von der absoluten Größe der Widerstandsquadrate abhängig.
z)   - im allgemeinen für Poly-Silizium höher als für n - oder p - Diffusionen.

A4.5

Das folgende *Bild 3.81* zeigt mit Buchstaben von A bis K bezeichnete Anschlüsse von Books oder Zellen oberhalb und unterhalb eines Verdrahtungskanals. Die Darstellung ist als Ausschnitt aus einem Chip-Layout vor der Verdrahtung der Books untereinander zu verstehen.

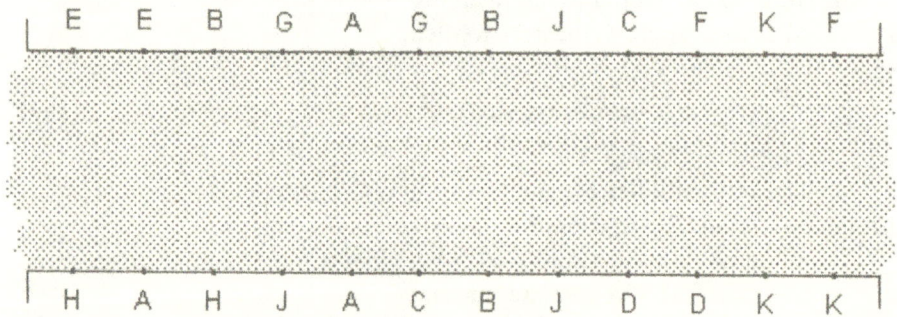

Bild 3.81   *Einige Book- oder Zellenanschlüsse ober- und unterhalb eines Kanals*

Erstellen Sie eine Verdrahtung des hier gezeigten Layout-Ausschnitts mit Hilfe des **Left-Edge-Algorithmus**. Dabei sind jeweils die mit gleichen Buchstaben gekennzeichneten Anschlüsse miteinander zu verbinden. Es dürfen 2 Metall-Lagen verwendet werden. Die Leitungen beider Lagen sollen (gegebenenfalls in beide Richtungen) so geführt werden, daß die Zahl der Layer Connections möglichst klein wird. Jedoch dürfen die Book- oder Zellenanschlüsse nur mit Leitungen der 1. Lage verbunden werden.

A4.6

Das nebenstehend gezeigte *Bild 3.82* stellt einen Ausschnitt aus einer Diffusion in Bitraster-Repräsentation dar.

a) Wieviel Ω haben die beiden im Bild mit R_1 und R_2 bezeichneten Widerstandsstücke laut einer groben Abschätzung ungefähr ?

b) Und wieviel Ω hätten die beiden Widerstände etwa, wenn *Bild 3.82* nicht ein Ausschnitt aus einer Diffusion, sondern aus einer Al-Lage wäre ?

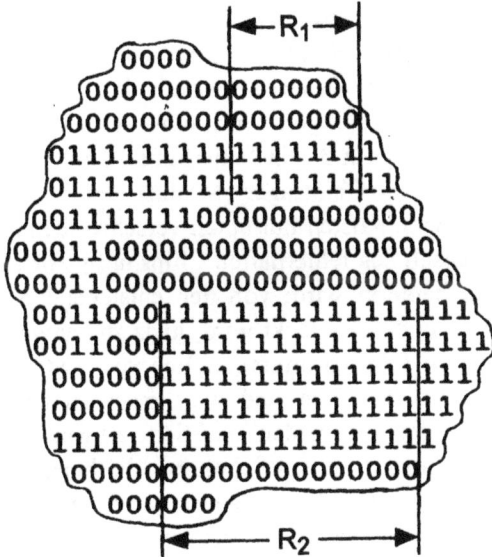

Bild 3.82

c) Welcher Begriff macht die Beantwortung der Fragen **a** und **b** überhaupt erst möglich ?

d) Jedes Bit im gezeigten Raster repräsentiere die Breite 1λ (wobei nun wieder angenommen werden soll, daß das *Bild 3.82* einen Ausschnitt aus einer *Diffusion* wiedergibt). Überprüfen Sie nach den klassischen Regeln von Mead-Conway ob die Mindestbreiten und die Mindestabstände der Figuren überall eingehalten sind. Markieren Sie alle Stellen durch Abstandspfeile, an denen Sie Verletzungen der Design-Regeln feststellen.

e) Wodurch (d.h. mit welcher Maßnahme) kann man rein rechnerisch feststellen, ob die Mindestbreite einer Figur eingehalten wurde ?

f) Und wodurch kann man rein rechnerisch feststellen, ob der Mindestabstand zwischen 2 Figuren eingehalten wurde ?

g) Worauf muß man achten, wenn die Figuren nicht durch Bitraster-Repräsentation sondern mit Hilfe von Koordinatenangaben abgespeichert und komplexe Figuren aus Rechtecken zusammengesetzt sind ?

4   Testdatenerstellung

Ein elektronisches Bauteil fertigen zu wollen ist sinnlos, wenn man das Bauteil nicht auf Fehlerfreiheit überprüfen kann.

Einen irgendwann im Laufe der Entwicklung und Fertigung auftretenden Fehler zu beseitigen wird umso teurer, je später diese Beseitigung erfolgt. Scheidet man z.B. ein fehlerhaftes Chip aus der Weiterverarbeitung aus, *bevor* es auf einen Chipträger (Modul) montiert wird, so betragen die dafür aufzuwendenden Kosten nur einen verschwindenden Bruchteil jener Kosten, die zum Austausch des fehlerhaften Chips nötig wären, wenn der Fehler erst im fertigen Gerät bemerkt wird; von den entstehenden Kosten, wenn der Fehler gar erst beim Kunden entdeckt wird, ganz zu schweigen.

Es ist folglich unumgänglich notwendig, die einzelnen Bauteile der Mikroelektronik zu testen, und zwar jeweils bevor sie in die nächsthöhere Packungsebene integriert werden. Auf Seite 20 wurde bereits darauf hingewiesen, daß das Testen einer digitalen Schaltung, die beispielsweise auf einem VLSI-Chip integriert ist, viel zu lange dauern würde, wenn man bei n Eingängen alle 2^n möglichen $0-1$-Testmuster nacheinander an die Schaltung anlegt. Daher müssen Testmethoden herangezogen werden, mit deren Hilfe man die Fehler oder die Fehlerfreiheit in sehr kurzer Zeit erkennen kann.

Aus dem Flußdiagramm *Bild 1.21* auf Seite 19 geht hervor, daß das Layout, d.h. die Konstruktion eines Chips, von vornherein so auszuführen ist, daß sinnvolle Testdaten erstellt werden können und damit das Chip überhaupt testbar ist. Zur Generierung und Überprüfung der Testdaten wird die Simulation mit herangezogen. Stellt man im Verlauf der Entwicklung fest, daß die für einen schnellen und hinreichend aussagekräftigen Test notwendigen Daten nicht erstellt werden können, dann muß die Schaltung geändert werden, was erneute Simulation(en) und im allgemeinen eine Änderung des Layouts zur Folge hat, wie auch aus der entsprechenden Schleife im *Bild 1.21* auf Seite 19 abzulesen ist.

Hierzu wird u.a. auch auf Kapitel 8 von [29] *"Die Problematik des Testens"* verwiesen.

Die Testdatenerstellung obliegt gewöhnlich einer eigenen darauf spezialisierten Abteilung oder Arbeitsgruppe. Sie muß aber wegen der Verflechtung und gegenseitigen Abhängigkeit von Simulation, Layout und Testdatenerstellung bereits in einem frühen Stadium der Entwicklung sehr eng mit den anderen Entwicklungsgruppen zusammenarbeiten, wie dies schon im *Bild 1.20* auf Seite 17 angedeutet ist.

4.1 Probleme der Prüftechnik

Das Testen hochintegrierter Schaltungen wird aus verschiedenen Gründen immer problematischer. Einige dieser Gründe sind nachfolgend aufgelistet:

- **Wachsende Schaltungskomplexität:**
  Die gemeinsam zu testenden Teile einer Gesamtschaltung werden immer größer. Man vergleiche dazu die Tabelle auf Seite 225, die zeigt, daß z.B. die Zahl der in einem Chip integrierten Transistoren laufend wächst, was immer umfangreichere Schaltungen auf einem einzelnen Chip zu konzentrieren ermöglicht (siehe u.a. x-Mbit-RAM's, μ-Prozessoren usw.).

- **Steigende Schaltgeschwindigkeiten:**
  Die Schaltzeiten digitaler Schaltkreise liegen heute im ns- und Sub-ns-Bereich. Deshalb wird es immer schwerer, Fehlertests in Echtzeit durchzuführen. Die Logik muß daher so konzipiert sein, daß Fehler auch mit Hilfe langsamer ablaufender Tests erkannt werden können.

- **Zugänglichkeit:**
  Mit zunehmendem Grad der Integration wächst das Verhältnis der Zahl der Schaltungen in einem Cluster (z.B. auf einem Chip) zur Zahl der Außenanschlüsse (Signal-Ein- und Ausgänge) immer mehr an, wie mit dem Text auf Seite 216 und dem *Bild 3.32* auf Seite 217 gezeigt wurde. Da man aber auf die "Innereien" eines Chips normalerweise nicht direkt zugreifen kann, muß der Test allein über die Außenanschlüsse erfolgen. Ein Zugriff auf einzelne Gatter oder sogar auf ganze Schaltungsteile wie Addierer, Register usw. ist deshalb im allgemeinen nicht möglich.

- **Steigender Termindruck:**
  Die Entwicklungs- und Fertigungszyklen werden trotz steigender Integrationsdichte aus Konkurrenz- und Kostengründen immer kürzer. Folglich muß auch das Testen fertiger Bauteile mit einem im Verhältnis zur Schaltungsgröße immer geringeren zeitlichen Aufwand möglich sein.

- **Gesamt-Fertigungskosten:**
  Die reinen Fertigungskosten (*ohne* Tests) pro Gatter oder pro Speicherbit nehmen wegen des laufend steigenden Integrationsgrads immer mehr ab. Die reinen Testkosten haben jedoch aus den oben genannten Gründen steigender Komplexität, geringerer Zugänglichkeit usw. die Tendenz überproportional anzusteigen. Falls man dieser Tendenz nicht durch verbesserte Testmethoden entgegenwirken kann, steigen die aus den reinen Fertigungskosten und den

Testkosten sich zusammensetzenden Gesamtkosten an, was die Konkurrenzfähigkeit eines Unternehmens negativ beeinflußt.

Die Tests sind in unterschiedlicher Weise durchzuführen, je nachdem welche *Testziele* zu verfolgen sind. Einige Testziele sind nachfolgend aufgelistet:

- **Technologie-Erprobung:**
  Hierbei sind im allgemeinen noch keine fertigen Chips zu testen. Vielmehr handelt es sich meist um sogenannte *"parametrische Tests"*, d.h. Messungen der Parameter einzelner Bauelemente (Dioden, Transistoren, Widerstände u.a.), die in Musterchips integriert wurden, um Prozeßverbesserungen austesten zu können und/oder um durch Vergleich von Meß- und Simulationsergebnissen die Simulationsmodelle entsprechend dem Flußdiagramm *Bild 2.59*, Seite 123, verbessern zu können.

- **Prototyp-Prüfung:**
  Hierbei wird getestet, ob eine erstmals gebaute Hardware, z.B. ein ganzes Chip, mit der durch CAD-Programme simulierten Hardware hinreichend übereinstimmt. Im Falle fehlender Übereinstimmung muß die Fehlerursache gesucht werden, um die Entwicklung entsprechend korrigieren zu können.

- **Fertigungsprüfung:**
  Hierbei muß man, insbesondere bei der Massenfertigung, klar unterscheiden zwischen

  - **Tests ohne Fehlerdiagnose:** Da es häufig gar nicht möglich ist, fehlerhafte Teile zu reparieren (fehlerhafte Chips kann man nur wegwerfen), ist es mit dem geringsten Zeitaufwand verbunden und deshalb auch am kostengünstigsten, den Test lediglich darauf auszurichten, zu erkennen, ob das Teil fehlerfrei oder fehlerbehaftet ist. Solche Tests werden vielfach *"Go-Nogo-Tests"* genannt oder im deutschsprachigen Laborjargon mitunter auch als *"Aschenputtel-Tests"* bezeichnet ("Die guten ins Töpfchen. . . . .").

  - **Tests mit Fehlerdiagnose:** Häufen sich bestimmte Fehler, so ist eine gewisse Systematik bei der Fehlerursache zu vermuten. Die Fehlerursache kann i.a. nur beseitigt werden, wenn man sie diagnostizieren kann. Dazu ist ein reiner Go-Nogo-Test keinesfalls ausreichend. Man muß zudem noch unterscheiden, ob nur systematische Fertigungsfehler oder auch Design-Fehler (Fehler der Entwicklung) erkannt und diagnostziert werden müssen. (Design-Fehler wirken sich in der Fertigung immer als systematische Fehler aus und sollten eigentlich bereits beim Prototyp-Test erkannt werden.)

●   *Wareneingangsprüfung:*

Sie ist im allgemeinen ein reiner Go-Nogo-Test, d.h. meist mit der Fertigungsprüfung ohne Fehlerdiagnose identisch. Manchmal erfordert die Wareneingangsprüfung auch parametrische Tests, vgl. Seite 288.

Der Testaufwand kann entsprechend den oben angegebenen Testzielen sehr unterschiedlich sein. Dementsprechend ist auch der zur Erstellung der Testdaten notwendige CAD-Aufwand sehr unterschiedlich. Die für den Test integrierter Schaltungen auf Chips im Zusammenhang mit der Testdatenerstellung benötigten Computer-Ressourcen übersteigen häufig die für die Schaltkreis- oder Logikentwicklung und für die Konstruktion (das Layout) benötigten beträchtlich.

Der eigentliche *Testvorgang* läßt sich in seinem grundsätzlichen Ablauf in Form des folgenden *Bildes 4.1* darstellen:

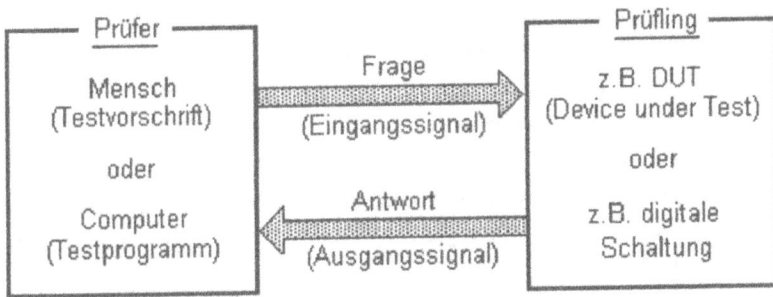

Bild 4.1   *Schematische Darstellung des Testvorgangs*

Der Prüfer stellt dem Prüfling eine "Frage", indem er ihm ein Eingangssignal (in Form von Spannungen, Strömen oder im Falle einer digitalen Schaltung in Form eines 0-1-Testmusters) anbietet. Darauf reagiert der Prüfling mit einem Ausgangssignal (Spannungen, Ströme oder 0-1-Muster) als "Antwort". Wenn der Prüfer eine richtige Antwort erhält, was der Prüfer feststellen muß, dann ist der Prüfling, bezogen auf die gestellte Frage, fehlerfrei. Eine falsche Antwort zeigt einen Fehler an.

Dieses trivial anmutende Schema scheint zunächst völlig selbstverständlich zu sein. Jedoch weist es eindringlich auf die folgende für die Testdatenerstellung äußerst wichtige Tatsache hin : Ein *Fehler* ist *nur dann erkennbar*, wenn er

●   *aktiviert* (sehr frei übersetzt *"controlled"*) und

●   *beobachtet* (*"observed"*) werden kann,

was häufig auch dadurch ausgedrückt wird, daß die Testdaten und der Testablauf die *"controllability"* und die *"observability"* gewährleisten müssen.

Folglich sind unter allen an den Prüfling zu stellenden möglichen "Fragen" nur solche sinnvoll, die so abgefaßt sind, daß der Prüfling derart angeregt (d.h. aktiviert) wird, daß er "Antworten" abgibt, die eine eindeutige Unterscheidung zwischen Fehlerfreiheit und Fehlerhaftigkeit zulassen.

Das mit Text und *Bild 4.1* auf Seite 287 angesprochene Schema gilt grundsätzlich für alle Arten von Tests. Die zu erstellenden Testdaten sind jedoch je nach Testart sehr unterschiedlich. Einige *Testarten* sind nachfolgend aufgelistet:

- **Parametrische Tests:**

  Mit ihnen werden i.a. elektrische Parameter überprüft. Die parametrischen Tests werden meist im Zuge der Technologie-Erprobung (vgl. Seite 286) und mitunter auch bei der Wareneingangsprüfung eingesetzt. (Die Fehlerfreiheit beim Eingang diskreter Widerstände überprüft man z.B. einfach durch Messung des ohmschen Widerstandswerts auf einem Automaten.) Die Erstellung der für parametrische Tests nötigen Testdaten ist aber nicht Gegenstand der Vorlesung und dieses Buchs.

- **Funktionstests:**

  Hierbei werden keine elektrischen Parameter gemessen, sondern die Funktion eines Bauelements oder einer ganzen Schaltung wird getestet. Dabei unterscheidet man:

  - **Dynamische Tests:**

    Das sind Tests unter echten Betriebsbedingungen im Frequenzbereich (z.B. Frequenzgang, Phasenlage usw. analoger Schaltungen) oder im Zeitbereich (z.B. Laufzeiten, Verzögerungen usw. digitaler Schaltungen). Auch hochintegrierte Speicher (z.B. x-Mbit-Chips) werden gewöhnlich dynamisch mit Hilfe sogenannter Schachbrett- Diagonal- und/oder Pingpong-Muster getestet. Auch die Erstellung der für diese Tests nötigen Testdaten ist nicht Gegenstand der Vorlesung und dieses Buchs.

  - **Statische Tests:**

    Das sind Gleichstrom- oder Quasi-Gleichstromtests (DC oder Quasi-DC). Bei einem Quasi-DC-Test wird zwar ein Gleichsignal, beispielsweise ein 0-1-Muster, an den Prüfling angelegt, aber nur so lange, bis sich der Prüfling auf den neuen stationären DC-Zustand eingestellt und sein(e) Ausgangssignal(e) an den Prüfer zurückgegeben hat. Danach wird das nächste Gleichsignal (z.B. ein anderes 0-1-Muster) an den Prüfling angelegt. Der Wechsel von einem zum nächsten Eingangssignal kann durchaus mit einer hohen Taktfrequenz erfolgen, z.B. in Abständen von < 1 μs oder gar < 100 ns. Dennoch erfolgt innerhalb jeder einzelnen Taktperiode ein DC-Test. Man kann solche statischen Tests je nach ihrem Zweck unterteilen. Die beiden wichtigsten sind der

▶ **Short-Open-Test:**
Hiermit wird vor allem die Verdrahtung von Moduln, Platinen u.a. auf Unterbrechungen und Kurzschlüsse getestet, bevor sie mit Bauelementen bestückt werden. Auch dies ist kein Gegenstand der Vorlesung und dieses Buchs.

▶ **Stuck-Fault-Test:**
Er wird auch *Ständigfehler-* oder **Haftfehlertest** genannt. Unter allen möglichen Testarten spielt der Stuck-Fault-Test für die Prüfung digitaler Logikschaltungen die größte Rolle. Er wird daher im folgenden Kapitel **4.2** eingehend erläutert.

Wie im Kapitel **4.4** gezeigt wird, müssen hochintegrierte Logikschaltungen von vornherein so entworfen werden, daß Fehler aufgrund von Laufzeitproblemen im wesentlichen ausgeschlossen sind. Deshalb sind für solche Schaltungen i.a. keine dynamischen Tests erforderlich; und die statischen Tests können alle auf Abwandlungen und Weiterentwicklungen des klassischen Stuck-Fault-Tests zurückgeführt werden.

Es wurde bereits im Vorwort auf Seite XII darauf hingewiesen, daß wegen des enormen Umfangs des Fachgebiets "CAD der Mikroelektronik" Abstriche im Stoff gemacht werden müssen, daß sich die Vorlesung und dieses Buch an vielen Stellen auf einige exemplarische Beispiele beschränken muß. Wir können daher nicht auf die Erstellung der Testdaten für alle auf Seite 288 und hier aufgelisteten Testarten eingehen.

Da der Stuck-Fault-Test, wie oben erwähnt, die für Logikschaltungen wichtigste Testart ist, befaßt sich die Vorlesung und auch nachfolgend dieses Buch ausschließlich mit dem Stuck-Fault-Test und einigen seiner daraus abgeleiteten Erweiterungen wie dem LSSD, der Signaturanalyse und dem sogenannten Selbsttest. Alle anderen Testarten sowie die Besprechung des für das Testen notwendigen Geräteaufwands bleibt speziellen Vorlesungen über Prüftechnik bzw. der entsprechenden Literatur vorbehalten. Konsequenterweise befassen sich die Vorlesung und dieses Buch auch nicht so sehr mit dem Testen selber (was ja nicht zu CAD sondern zu CAM oder CIM gehört) sondern mit den zum Testen nötigen Voraussetzungen.

4.2 Der Stuck-Fault-Test (Haftfehlertest)

Der Stuck-Fault-Test ist ein Quasi-DC-Test mit dessen Hilfe unter gewissen einschränkenden Bedingungen die Fehlerfreiheit von Schaltwerken überprüft werden kann.

4.2.1 Definitionen

Bei einem *Stuck-Fault* (= Ständigfehler oder Haftfehler) ist
- eine Verbindungsleitung
- ein Gattereingang   entweder
- ein Gatterausgang   *dauernd* (ständig) **auf 0**
- .... usw.   **"stuck-at-0"**, abgekürzt **s-a-0**

                                 oder
                                     dauernd (ständig) **auf 1**
                                     "stuck-at-1", abgekürzt **s-a-1**

unabhängig vom Eingangssignal. Der Zustand eines Schaltungspunkts (Leitung, Gattereingang, Gatterausgang usw.) ist durch ein von außen angelegtes Eingangssignal nicht mehr beeinflußbar und bleibt ständig auf 0 oder 1 "stecken" oder "haften".

Die Problematik sei mit Hilfe des nebenstehenden äußerst simplen Beispiels *Bild 4.2* erläutert:

Der innere Schaltungspunkt Z ist nicht direkt von außen zugänglich, da die beiden Gatter auf einem Chip integriert seien und die Verbindungsleitung Z beispielsweise in der untersten Metallebene liege. Der Test kann nur über die 3 äußeren Eingänge (X)

Bild 4.2 *Einfacher Prüfling*

und den äußeren Ausgang Y ausgeführt werden. Wir nehmen jetzt (als *Beispiel*) folgenden Fehler an: Durch einen Kurzschluß der Verbindungsleitung Z nach Masse sei dauernd Z = 0 vorhanden, oder in abgekürzter Schreibweise Z(s-a-0). Oder die Verbindungsleitung liege durch einen Kurzschluß mit der positiven Versorgungsspannung dauernd auf Z = 1, d.h. Z(s-a-1). In beiden Fällen liegt

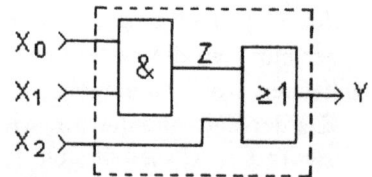

ein Haftfehler am internen Schaltungspunkt Z vor.

Würde man jetzt den obersten Eingang zwischen 0 und 1 hin-und-her-schalten, wie in **(a)** im folgenden *Bild 4.3* angedeutet, die beiden anderen Ein-gänge jedoch fest auf 0 bzw. 1 legen, dann hätte man den Fehler *nicht aktiviert*, da die interne Verbindungsleitung Z einen Dauerzustand einnimmt, unabhängig davon, ob die Schaltung fehlerfrei ist oder ob der angenommene Haftfehler von entweder Z(s-a-0) oder Z(s-a-1) vorliegt. Folglich kann man den Fehler auch vom Ausgang her *nicht beobachten*. Das Testmusterpaar (0 0 1), (1 0 1) ist demnach ungeeignet, um den möglicherweise vorliegenden Haftfehler an der in-ternen Verbindungsleitung mit Sicherheit zu erkennen.

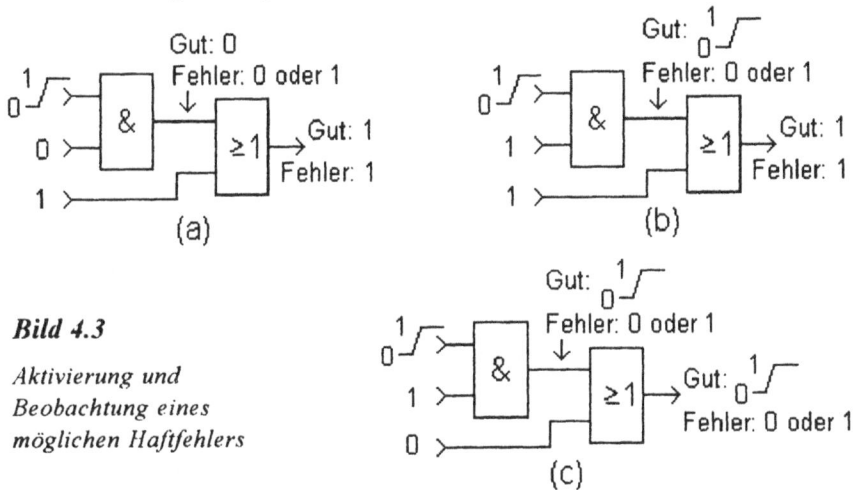

Bild 4.3

Aktivierung und Beobachtung eines möglichen Haftfehlers

Legt man dagegen an den mittleren Eingang eine 1, wie in **(b)** von *Bild 4.3* gezeigt, dann wird dadurch der mögliche Fehler *aktiviert*. Denn bei fehlerfreier Logik schaltet auch die interne Leitung hin und her, während sie bei Z(s-a-0) oder Z(s-a-1) selbstverständlich ständig auf 0 oder 1 verharrt. Dennoch kann der Fehler, sofern vorhanden, *nicht beobachtet* werden, da am Ausgang immer eine 1 erscheint, unabhängig davon, ob der Fehler auf der inneren Leitung Z vor-handen oder nicht vorhanden ist.

Erst wenn man an den untersten Eingang eine 0 legt, d.h. mit dem Test-musterpaar (0 1 0), (1 1 0) arbeitet, wie in **(c)** von *Bild 4.3* gezeigt, wird der Fehler *aktiviert und* ist auch am Ausgang *beobachtbar*. Denn nur bei fehlerfreier Logik schaltet der Ausgang zwischen 0 und 1 hin und her, während er bei einem Stuck-Fault der internen Verbindungsleitung Z entweder andauernd auf 0 oder andauernd auf 1 "haften" bleibt.

Würde man *nur* den eventuellen Fehler Z(s-a-0) erkennen wollen, dann wäre am Eingang *kein* Testmuster*paar*, sondern nur das einfache Testmuster (1 1 0) erforderlich. Alle anderen 7 Eingangsmuster sind als Testmuster zur Erkennung des Fehlers Z(s-a-0) ungeeignet. Würde man andererseits nur den eventuell auftretenden Fehler Z(s-a-1) erkennen wollen, dann wäre dazu entweder das Eingangsmuster (0 1 0) oder (1 0 0) oder (0 0 0) geeignet. Die anderen 5 möglichen Eingangsmuster sind als Testmuster zur Erkennung diese Einzelfehlers Z(s-a-1) ungeeignet. Kommt es darauf an, wie im obigen Beispiel der *Bilder 4.2* und *4.3* gezeigt wurde, sowohl einen Fehler (s-a-0) als auch (s-a-1) an einem bestimmten Punkt der Schaltung zu erkennen, dann ist dazu im allgemeinen ein Testmuster*paar* notwendig.

Dieses sehr einfache Beispiel zeigt, daß unter den bei n Eingängen maximal möglichen 2^n Eingangsmustern einige zur Erkennung eines bestimmten Fehlers geeignet und andere ungeeignet sind. Geeignet sind nur jene Muster, die einen Fehler *zu aktivieren und zu beobachten* gestatten (vgl. den letzten Absatz auf Seite 287).

Wie auf Seite 290 angegeben, beschränken sich die möglichen Stuck-Faults keinesfalls nur (in praxi sogar nur zum kleineren Teil) auf Verbindungsleitungen, die auf 0 oder 1 haften. Wenigstens genau so häufig tritt ein Haftfehler an einem Gattereingang oder Gatterausgang auf. Mit dem folgenden *Bild 4.4* wird am einfachen Beispiel eines 2-fach-NAND in gesättigter DTL-Technik exemplarisch gezeigt, wie Fehler im Innern eines Gatters sich nach außen als Haftfehler an den Gatter-Außenanschlüssen darstellen können:

In (a) von *Bild 4.4* ist als Beispiel angenommen, daß der Transistor "durchgeschlagen", d.h. die Kollektor-Emitter-Strecke kurzgeschlossen sei. Dann liegt der Gatterausgang dauernd auf 0, also Y(s-a-0).

In (b) von *Bild 4.4* ist als Beispiel angenommen, daß die am Gattereingang X_1 liegende Diode unterbrochen sei. Dies äußert sich so, als ob dieser Eingang ständig mit 1 beaufschlagt würde, d.h. er "haftet" auf 1, also X_1 (s-a-1). Die an diesem Eingang liegende Leitung muß aber deshalb keineswegs ebenfalls auf 1 haften, denn sie ist ja (durch die unterbrochene Diode) vom Gatter abgetrennt.

In (c) von *Bild 4.4* ist als Beispiel angenommen, daß entweder der an der Basis liegende Ableitwiderstand kurzgeschlossen oder die Basis-Emitter-Strecke des Transistors "durchgeschlagen" ist. Die C-E-Strecke des Transistors kann dann niemals leitend werden, weshalb der Gatterausgang ständig auf Plus liegt, also Y(s-a-1). Derselbe Effekt, also Y(s-a-1), würde übrigens auch eintreten, d.h. der Transistor bliebe dauernd gesperrt, wenn die zwischen den Eingangsdioden und der Basis liegende Pegelverschiebungs-Diode unterbrochen wäre. Man sieht daran, daß ein nach außen in Erscheinung tretender Haftfehler durch verschiedene Ursachen im Innern des Gatters hervorgerufen werden kann. Daß die Ursachen außerdem technologieabhängig sehr unterschiedlich sein können, ist wohl verständlich. Jedoch interessiert für den Stuck-Fault-Test lediglich die Frage, ob ein Haftfehler an einem bestimmten Ein- oder Ausgang vorliegt. Wenn ja, ist es für den Ablauf des Tests uninteressant, wodurch der Fehler hervorgerufen wurde.

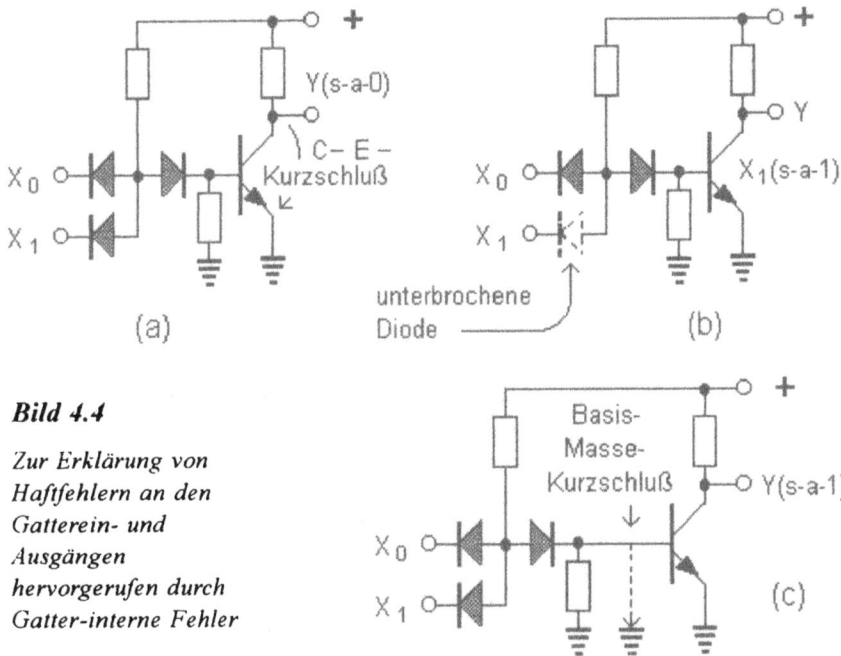

Bild 4.4

Zur Erklärung von Haftfehlern an den Gatterein- und Ausgängen hervorgerufen durch Gatter-interne Fehler

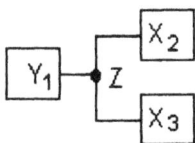

Bild 4.5

Unterscheidung verschiedener Fehler

Im nebenstehenden *Bild 4.5* sei angedeutet, daß der Ausgang Y des Gatters Nr. 1 über das Leitungsnetz Z sowohl einen Eingang X des Gatters Nr. 2 als auch des Gatters Nr. 3 treibt. Ein Haftfehler der Form $Y_1(s-a-0)$ oder $Y_1(s-a-1)$ äußert sich in genau gleicher Weise wie ein Fehler $Z(s-a-0)$ oder $Z(s-a-1)$, d.h. $Y_1(s-a-...) = Z(s-a-...)$, da von außen her nicht zu unterscheiden ist, ob der Fehler im Gatter liegt oder z.B. durch einen Leitungskurzschluß hervorgerufen wurde. Ein Fehler $X_2(s-a-...)$ ist dagegen sehr wohl von $Y_1(s-a-...) = Z(s-a-...)$ zu unterscheiden,

weil das von der Leitung Z aus getriebene Gatter 2 dann nicht mehr hin-und-
her-schalten kann, obwohl Z weiter hin-und-her-schaltet und damit auch den
Eingang X_3 durchaus korrekt bedient. Dieser Unterschied zwischen den Fehlern
Y_1 (s-a-...) = Z (s-a-...) und X_2 (s-a-...) bzw. X_3 (s-a-...) erklärt sich sofort mit dem
im *Bild 4.4* (b) gezeigten Beispiel der unterbrochenen Eingangsdiode, die zwar
das Schalten des Gatters, nicht aber das der treibenden Leitung verhindert.

Entsprechend würde beispielsweise bei einer Dot-AND-Verknüpfung laut *Bild
2.68*, Seite 135, zwischen A (s-a-1) und B (s-a-1) und C (s-a-1) zu unterscheiden
sein, weil die 1 "weich" über Widerstände eingespeist wird, während man mit
A (s-a-0) = B (s-a-0) rechnen müßte. Ob zwischen A (s-a-0) = B (s-a-0) einerseits
und C (s-a-0) andererseits zu unterscheiden wäre, oder ob man mit A (s-a-0) =
B (s-a-0) = C (s-a-0) rechnen darf (oder muß), hängt von der am Eingang C des
Gatters 3 verwendeten Technik ab.

Merke: Die von Seite 291 bis hier gemachten Aussagen gelten für *einen
einzelnen* Haftfehler in der zu testenden Schaltung. Mehrfachfehler werden zunächst ausgeschlossen, d.h. die Schaltung, unabhängig davon wie umfangreich
sie sein mag, ist entweder fehlerfrei oder weist einen einzigen Haftfehler auf.
Die Auswirkungen von Mehrfachfehlern auf die Testergebnisse werden erst später besprochen. Vorlesung und Buch befassen sich außerdem bis einschließlich
Kapitel **4.3** *ausschließlich* mit Schalt*netzen*, d.h. rein kombinatorischer Logik.
Die Problematik des Testens von Schalt*werken*, d.h. Logiken mit speichernden
Elementen (i.a. Flipflops), wird erst ab Kapitel **4.4** behandelt.

Bild 4.6

*Zu den grundsätzlichen
Bedingungen für den
Stuck-Fault-Test*

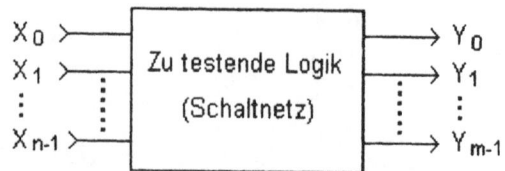

Die Bedingungen für den Stuck-Fault-Test lassen sich mit den hier angegebenen Einschränkungen laut *Bild 4.6* für beliebig umfangreiche Schaltnetze verall-
gemeinern: Das zu testende Schaltnetz hat n Eingänge X_0 bis X_{n-1} und meist
m Ausgänge Y_0 bis Y_{m-1}, wenigstens jedoch einen einzelnen Ausgang Y. Die
n Bits breite Boolesche Eingangsvariable (= Eingangsmuster oder Testmuster)
ist

$$(X) \quad = \quad (X_0, X_1, \dots X_{n-1})$$

(1)

mit X_i = (0 oder 1) und i = 0, 1, ... n-1 .
Die Ausgangsvariablen sind

$$Y_j = F_j ((X)) = (0 \lor 1) , \quad j = 0, 1, ... m-1 \qquad (2)$$

Eine Testbedingung existiert, wenn für den j-ten Ausgang

$$\left| \frac{\partial Y_j}{\partial X_i} \right| = 1 \qquad (3)$$

oder anders ausgedrückt

$$F_j(X_0, ...0, ...X_{n-1}) \not\Leftrightarrow F_j(X_0, ...1, ...X_{n-1}) = 1 \qquad (4)$$

festgestellt werden kann, d.h. wenn beim Hin-und-her-schalten des i-ten Eingangs (alle anderen Eingänge werden auf 0 oder 1 festgehalten) auch der Ausgang Y_j hin-und-her-schaltet. Im Falle eines Haftfehlers schaltet der Ausgang nicht. d.h.

$$\left| \frac{\partial Y_j}{\partial X_i} \right| = 0$$

wobei durch diese allgemeine Aussage lediglich das Vorhandensein eines Haftfehlers konstatiert wird, ohne jedoch den Ort des Fehlers entlang des Weges von X_i nach Y_j festzustellen.

4.2.2   Ablauf der Datenerstellungsprozedur

Eine theoretische Möglichkeit einen eventuell vorhandenen Haftfehler auf alle Fälle festzustellen und unter gewissen Einschränkungen auch noch den Fehlerort zu lokalisieren, besteht darin, alle 2^n möglichen Eingangsmuster nacheinander als Testmuster an die n Eingänge anzulegen und den Ausgang Y (bzw. die Ausgänge Y_0, Y_1, ... Y_{m-1}) zu messen. Das einfache Beispiel auf Seite 291 mit *Bild 4.3* und dem zugehörigen Text zeigte jedoch, daß man damit den Test mit erheblichen Redundanzen belastet, da von den 2^n möglichen Mustern nur einige (häufig sehr wenige) die oben mit (3) bzw. (4) angegebene Testbedingung erfüllen und deshalb zum Testen geeignet sind. Alle nicht geeigneten Muster sind überflüssig. Ohne Beweisführung können wir davon ausgehen, das dies i.a. für beliebig umfangreiche Schaltungen genauso zutrifft. Die Möglichkeit alle 2^n Muster an die Schaltung anzulegen, verbietet sich in der Praxis allein schon aus zeitlichen Gründen, sobald der Schaltungsumfang einige wenige Gatter übersteigt und/oder mehr als wenige zig Eingänge vorhanden sind, wie nachfolgende *Beispiele* drastisch zeigen:

Gegeben sei ein "superschnellcr" Tester, der im Stande sei, alle $10\,ns$ ein neues 0-1-Muster an die Eingänge des Prüflings anzulegen und die an den Tester zurückgegebenen Ausgangsmuster abzuspeichern und/oder auf Fehlerfreiheit zu überprüfen. Auch die zu testende Logik sei schnell genug, um sich jeweils in weniger als $10\,ns$ stabil (quasi-DC-mäßig) auf den neuen Zustand einzustellen, was für einen solchen Testablauf unabdingbar vorausgesetzt werden muß. Der Test durchlaufe im $10\,ns$-Takt ohne Unterbrechung alle 2^n Zustände. Für 3 Beispielsschaltungen ergibt sich dann folgende Tabelle:

Zahl der Eingänge n =	40	60	100
Benötigte Testzeit ≈	3 Stunden	365 Jahre	$4 \cdot 10^{14}$ Jahre

Drei Stunden ist bereits eine für jeden Test *unakzeptabel* lange Zeit, von mehreren Tagen oder gar 365 Jahren ganz zu schweigen. Die Zeit von $\approx 4 \cdot 10^{14}$ Jahren übersteigt jede menschliche Vorstellungskraft. Von Astrophysikern und Astronomen wird das gegenwärtige Alter des Universums auf mindestens 10^{10} bis höchstens $2 \cdot 10^{10}$ Jahre geschätzt. Nehmen wir den Mittelwert von $1{,}5 \cdot 10^{10}$ Jahren, dann würde der superschnelle Tester bei "nur" 100 Eingängen des Prüflings die Zeit von $\approx 27\,000 \cdot$ Universumsalter benötigen. Diese Angabe sieht auf den ersten Blick dermaßen unwahrscheinlich aus, daß eine Nachrechnung gerechtfertigt erscheint. Es ergibt sich aber tatsächlich

$$\frac{2^{100}\ \text{Muster}\ \cdot\ 10\ \dfrac{ns}{\text{Muster}}}{10^9\ \dfrac{ns}{s}\ \cdot\ 60\ \dfrac{s}{min}\ \cdot\ 60\ \dfrac{min}{h}\ \cdot\ 24\ \dfrac{h}{d}\ \cdot\ 365{,}25\ \dfrac{d}{a}} = 4{,}01694 \cdot 10^{14}\ a$$

Moderne Chips mit C4-Pads können durchaus ≥ 200 Eingänge haben. Jedoch zeigt obige Beispielstabelle, daß selbst 40 Eingänge schon zuviel sind, da Testzeiten von Stunden pro Prüfling in der Massenfertigung unbezahlbar sind.

Gegenbeispiel: Der Tester benötige pro Muster $1\,\mu s$, was erheblich realistischer als die oben angenommenen $10\,ns$ ist. Aber die zu testende Logik habe nur 20 Eingänge. Die benötigte Testzeit beträgt dann lediglich ≈ 1 Sekunde.

Konsequenz: Das Anlegen aller theoretisch möglichen 2^n Testmuster ist nur bei kleinen Schaltungen mit sehr wenigen Eingängen ein in praxi einsetzbares Verfahren.

Praktische Möglichkeit für größere Schaltungen mit vielen Eingängen: Es werden nicht alle 2^n Testmuster angelegt, sondern nur diejenigen, die zur

Fehlererkennung im Sinne der *Controllability* und *Observability* geeignet sind. Die Erstellung dieser Testmuster wird im allgemeinen durch CAD-Programme vorgenommen. Dabei können häufig auch Daten zur Fehlerdiagnose mit erstellt werden. Mitunter kann man nichteinmal alle geeigneten bzw. zur Fehlererkennung unbedingt notwendigen Testmuster an die Eingänge anlegen. Man spricht dann von einem *"Fehlererfassungsgrad"* oder auch von einer *"Testabdeckung"* von < 100% (vgl. Abschnitt **4.2.5**), da in einem solchen Fall u.U. einige eventuell auftretende Fehler unentdeckt bleiben können.

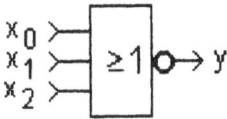

Die Zahl der an den Prüfling anzulegenden geeigneten Testmuster wird zweifellos umso geringer sein, desto weniger meßtechnisch voneinander unterscheidbare Fehler in der zu testenden Schaltung überhaupt vorkommen können. *Beispiel:* Bei nebenstehendem NOR-Gatter *Bild 4.7* gibt es 8 verschiedene mögliche Haftfehler x_0 (s-a-0), x_0 (s-a-1), x_1 (s-a-0), ... y(s-a-1).

Bild 4.7

Da es jedoch keinen von außen meßbaren Unterschied zwischen irgend einem Eingang x_i (s-a-1) und dem Ausgang y(s-a-0) gibt, werden die 3 möglichen Eingangsfehler s-a-1 nicht gesondert berücksichtigt, d.h. sie sind in y(s-a-0) mit enthalten. Die Zahl der möglichen Haftfehler wird dadurch von 8 auf 5 reduziert, d.h. auf x_0 (s-a-0), x_1 (s-a-0), x_2 (s-a-0), y(s-a-0), y(s-a-1).

Der grundsätzliche Ablauf der Datenerstellungsprozedur geht aus folgendem Flußdiagramm *Bild 4.8* hervor:

1. Was für Fehler können überhaupt auftreten? Im Fall des Stuck-Fault-Test sind dies zunächst alle möglichen Haftfehler der Form s-a-0 und s-a-1.

2. Modellieren der möglichen Fehler an den einzelnen entsprechend der Book-Bibliothek vorhandenen Gattertypen. Es werden nur solche Fehler als "möglich" in das Modell aufgenommen, die

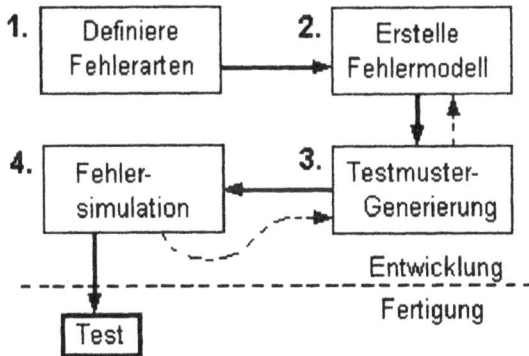

Bild 4.8 *Die Datenerstellungsprozedur*

meßtechnisch eindeutig voneinander unterscheidbar sind, vgl. obiges Beispiel des NOR *Bild 4.7*, für das nur 5 Fehler modelliert werden.

3. Erstellen der geeigneten Testmuster, d.h. jener Muster, welche die modellierten Fehler zu aktivieren und auch zu beobachten gestatten. Siehe dazu Abschnitt **4.2.5**.

4. Verifizieren der generierten Testmuster mit Hilfe der Logiksimulation derart, daß die Schaltung nacheinander mit je einem der modellierten Fehler simuliert wird, um festzustellen, ob der Fehler im Vergleich mit der fehlerfreien Logik tatsächlich einwandfrei beobachtet werden kann. Mit Hilfe der Fehlersimulation wird auch der Testabdeckungsgrad (vgl. Abschnitt **4.2.5**) festgestellt. Zusätzlich können, wenn gewünscht, auch noch Diagnostikdaten ermittelt werden.

4.2.3 Fehlermatrizen

Bei sehr kleinen Schaltungen mit nur wenigen Eingängen kann man den Test ohne weiteres mit allen 2^n möglichen Eingangsmustern ablaufen lassen, wie das auf Seite 296 angegebene "Gegenbeispiel" zeigte. Setzt man dies als (zumindest theoretische) Möglichkeit zunächst einmal voraus, dann läßt sich damit zeigen, wie man die Anzahl der notwendigen Testmuster Schritt für Schritt reduzieren kann. Wir bedienen uns dazu des folgenden sehr einfachen Beispiels (das übrigens mit dem bereits mit *Bild 4.2* auf Seite 290 verwendeten identisch ist):

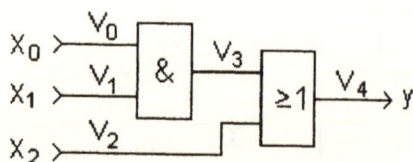

Bild 4.9   *Einfacher Prüfling*

Da es in nebenstehender Schaltung *Bild 4.9* keine Leitungsverzweigungen gibt, braucht nicht zwischen Haftfehlern von Verbindungsleitungen und solchen an Gattereingängen oder Gatterausgängen unterschieden zu werden. Ein Haftfehler am Ausgang des UND-Gatters oder auf der Leitung zwischen UND- und ODER-Gatter oder am oberen Eingang des ODER-Gatters sind von außen nicht zu unterscheiden und werden daher zu einem einzelnen Fehler zusammengefaßt. Folglich können wir uns auf die Verbindungsleitungen beschränken und diese zum Zwecke der Identifikation von V_0 bis V_4 durchnumerieren. (Der Einfachheit halber wollen wir dabei auch die Eingangsleitungen V_0 bis V_2 mit einbeziehen und stillschweigend voraussetzen, daß Fehler an V_0 bis V_2 eigentlich als Fehler der entsprechenden Gattereingänge zu werten sind, da sie nicht auf den die 0-1-Muster erzeugenden Generator zurückwirken sollen.)

Ist die Schaltung fehlerfrei, dann wird die Ausgangsfunktion y genannt, wie auch in obigem *Bild 4.9* angegeben. Im Falle eines Fehlers wird der Ausgangsfunktion der Name y_{is} gegeben, wobei der Index i gleich dem des Fehlerorts V_i ist. Der Index s kann nur 0 oder 1 sein, je nachdem ob es sich um s-a-0 oder um s-a-1 handelt.

Fehler-ort	Art des Haft-fehlers	Name der Ausgangs-funktion
V_0	s-a-0	y_{00}
	s-a-1	y_{01}
V_1	s-a-0	y_{10}
	s-a-1	y_{11}
V_2	s-a-0	y_{20}
	s-a-1	y_{21}
V_3	s-a-0	y_{30}
	s-a-1	y_{31}
V_4	s-a-0	y_{40}
	s-a-1	y_{41}

Die nebenstehende sogenannte *Fehlerliste* gibt eine vollständige Zusammenstellung der in diesem sehr einfachen Beispiel möglichen Haftfehler an. Es muß nochmals betont werden, daß wir zunächst nur Einfachfehler untersuchen. Alle Mehrfachfehler sind vorerst grundsätzlich von den Untersuchungen ausgeschlossen.

Die nebenstehende Fehlerliste definiert und benennt zwar alle eventuell auftretenden Haftfehler (vgl. *"Definiere Fehlerarten"* im Flußdiagramm *Bild 4.8*, S. 297), welche Testmuster jedoch zur Erkennung dieser 10 möglichen Haftfehler geeignet sind, geht aus der Fehlerliste nicht hervor.

Da die hier untersuchte sehr einfache Beispielsschaltung *Bild 4.9* genau 3 Eingänge hat, können $2^3 = 8$ verschiedene 0-1-Muster an diese Eingänge angelegt werden. Unter Verwendung der in der hier gezeigten Fehlerliste definierten Namen für die fehlerhaften Ausgangsfunktionen läßt sich die folgende auf Seite 300 gezeigte *Ausfallmatrix* erstellen.

Durch Vergleich der Fehlerausgänge y_{00} bis y_{41} mit dem fehlerfreien Ausgang y wird in der Ausfallmatrix eindeutig angezeigt, mit jeweils welchen der 8 Eingangsmuster (x) welche(r) Haftfehler aktiviert und auch beobachtet werden kann:

(x)	x_2	x_1	x_0	y	y_{00}	y_{01}	y_{10}	y_{11}	y_{20}	y_{21}	y_{30}	y_{31}	y_{40}	y_{41}
0	0	0	0	0	0	0	0	0	0	1	0	1	0	1
1	0	0	1	0	0	0	0	1	0	1	0	1	0	1
2	0	1	0	0	0	1	0	0	0	1	0	1	0	1
3	0	1	1	1	0	1	0	1	1	1	0	1	0	1
4	1	0	0	1	1	1	1	1	0	1	1	1	0	1
5	1	0	1	1	1	1	1	1	0	1	1	1	0	1
6	1	1	0	1	1	1	1	1	0	1	1	1	0	1
7	1	1	1	1	1	1	1	1	1	1	1	1	0	1
Fehlerklassen					f_1	f_2	f_1	f_3	f_4	f_5	f_1	f_5	f_6	f_5

Ausfallmatrix

Verschiedene Fehlerursachen, d.h. verschiedene an sich unterschiedliche Haft-fehler, lassen sich laut der hier abgebildeten Ausfallmatrix am Ausgang nicht unterscheiden. Deshalb führt man zweckmäßig sogenannte *Fehlerklassen* ein: Wird am Ausgang ein Fehler der Klasse f_k festgestellt (in unserem Beispiel ist $k = 1, 2, \ldots 6$), dann weist die Schaltung irgend einen der unter dieser Klasse nicht unterscheidbaren Haftfehler auf. Für unser Beispiel gilt:

$f_1 \rightarrow$ Haftfehler y_{00} oder y_{10} oder y_{30}

$f_2 \rightarrow$ nur Haftfehler y_{01}

$f_3 \rightarrow$ nur Haftfehler y_{11}

$f_4 \rightarrow$ nur Haftfehler y_{20}

$f_5 \rightarrow$ Haftfehler y_{21} oder y_{31} oder y_{41}

$f_6 \rightarrow$ nur Haftfehler y_{40}

Wegen der Redundanzen (da man ohnehin nicht alle Haftfehler meßtechnisch voneinander unterscheiden kann) läßt sich die in unserem Beispiel aus 10 Fehlerspalten bestehende obige Ausfallmatrix in die aus lediglich 6 Fehlerspalten bestehende, nachfolgend gezeigte *Fehlermatrix* komprimieren. Man bezeichnet dabei die Fehlerausgänge nicht mehr mit y_{00} bis y_{41}, sondern benutzt die dafür zweckmäßigeren Bezeichnungen y_1^* bis y_6^*: Falls nun die Schaltung einen Fehler der Klasse f_k aufweist, so erhält man die Testantwort (den Aus-gangswert) y_k^*. Für unser Beispiel ergibt sich folgende *Fehlermatrix*, bei der die von der sogenannten "Gut-Antwort" abweichenden "Fehlerantworten" dick umrandet hervorgehoben sind :   ***Fehlermatrix***

(x)	x_2	x_1	x_0	y	$y_1{}^*$	$y_2{}^*$	$y_3{}^*$	$y_4{}^*$	$y_5{}^*$	$y_6{}^*$
0	0	0	0	0	0	0	0	0	1	0
1	0	0	1	0	0	0	1	0	1	0
2	0	1	0	0	0	1	0	0	1	0
3	0	1	1	1	0	1	1	1	1	0
4	1	0	0	1	1	1	1	0	1	0
5	1	0	1	1	1	1	1	0	1	0
6	1	1	0	1	1	1	1	0	1	0
7	1	1	1	1	1	1	1	1	1	0

Aus dieser Fehlermatrix ergibt sich beispielsweise folgendes:
Falls die Schaltung einen Fehler der Klasse f_4 oder f_6 aufweist, so wird man die Testantwort $y_4{}^*$ bzw. $y_6{}^*$ erhalten, gleichgültig ob man das Eingangsmuster 4, 5 oder 6 anlegt. Folglich ist es völlig ausreichend, nur *eines* dieser 3 Muster an die Eingänge anzulegen. Mit den Eingangsmustern 0 und 7 werden die möglichen Fehler der Klassen f_5 bzw. f_6 abgefragt. Da jedoch die Abfrage der Fehlerklasse f_5 auch mit den Mustern 1 und/oder 2 und die der Klasse f_6 auch mit den Mustern 3, 4, 5 und/oder 6 erfolgt, ist das Anlegen der Muster 0 und 7 überflüssig. Läßt man alle überflüssigen Eingangsmuster weg, so gelangt man von obiger Fehlermatrix zur folgenden *Verkürzten Fehlermatrix* :

(x)	x_2	x_1	x_0	y	$y_1{}^*$	$y_2{}^*$	$y_3{}^*$	$y_4{}^*$	$y_5{}^*$	$y_6{}^*$
1	0	0	1	0	0	0	1	0	1	0
2	0	1	0	0	0	1	0	0	1	0
3	0	1	1	1	0	1	1	1	1	0
4	1	0	0	1	1	1	1	0	1	0

Laut dieser Verkürzten Fehlermatrix sind nur 4 verschiedene Testmuster an die Eingänge anzulegen. (Statt des Eingangsmusters (x) = 4 hätte man jedoch auch das Muster 5 oder 6 nehmen können.) Diese 4 von insgesamt 8 möglichen Mustern reichen aus, um zu erkennen, ob die Schaltung fehlerfrei oder mit einem Fehler behaftet ist. Wenn der Schaltungsausgang 1 statt 0 beim Anlegen des Musters $(x) = (1$ oder $2)$ oder 0 statt 1 bei $(x) = (3$ oder $4)$ abgibt, dann ist offenbar ein Haftfehler vorhanden. Laut Verkürzter Fehlermatrix kann man mit

$$(x) = 1 \quad \text{die Fehler} \quad y_3^* \quad \text{oder} \quad y_5^*$$
$$(x) = 2 \quad \text{die Fehler} \quad y_2^* \quad \text{oder} \quad y_5^*$$
$$(x) = 3 \quad \text{die Fehler} \quad y_1^* \quad \text{oder} \quad y_6^*$$
$$(x) = 4 \quad \text{die Fehler} \quad y_4^* \quad \text{oder} \quad y_6^*$$

erkennen. Legt man nacheinander in beliebiger Reihenfolge alle 4 Eingangsmuster an, dann lassen sich die zu den einzelnen Klassen gehörenden Fehler sogar einwandfrei voneinander trennen. Beispiel: Erhält man bei $(x) = 1$ eine Fehlerantwort, bei $(x) = 2$ dagegen eine Gut-Antwort, dann liegt offensichtlich ein Fehler der Klasse f_3 vor. Würde man jedoch sowohl bei $(x) = 1$ als auch bei $(x) = 2$ eine Fehlerantwort erhalten, dann kann nur ein Fehler der Klasse f_5 vorliegen, da ja, wie bereits mehrfach betont, ausschließlich mit Einzelfehlern gerechnet wird und Doppel- oder Mehrfachfehler bei dieser Betrachtung ausgeschlossen sind. Entsprechendes gilt für die Klassen f_1, f_4 und f_6, die mit Hilfe der Eingangsmuster $(x) = 3$ und $(x) = 4$ erkannt und voneinander unterschieden werden können.

Laut der oben auf Seite 301 gezeigten Fehlermatrix hätte man, wie bereits erwähnt, an Stelle von $(x) = 4$ genau so gut auch $(x) = 5$ oder $(x) = 6$ in die Verkürzte Fehlermatrix aufnehmen können.

Das hier durchgearbeitete sehr einfache Beispiel zeigte, daß von den $2^3 = 8$ möglichen Eingangsmustern nur 4 benötigt werden, um *alle* definierten und in einer Fehlerliste gespeicherten Fehler (vgl. *Bild 4.8*, Seite 297) im Falle ihres Auftretens einwandfrei zu erkennen.

Eine Testmustergenerierung auf dem Wege

Ausfallmatrix ➝ *Fehlermatrix* ➝ *Verkürzte Fehlermatrix*

ist jedoch nur für sehr kleine Schaltungen geeignet, da die zur Erstellung der Ausfallmatrix notwendige Fehlersimulation einen Rechenzeitaufwand erfordert, der selbst dann in der Größenordnung des auf Seite 296 angegebenen Zeitaufwands liegt, wenn zur Fehlersimulation ein Hardware-Simulator (z.B. eine YSE, siehe Seite 148) herangezogen wird. Man muß daher bei größeren Schaltungen andere, weit weniger zeitaufwendige Verfahren heranziehen, wie sie beispielsweise in den folgenden Abschnitten **4.2.4** und **4.2.5** beschrieben werden.

4.2.4   Pfadsensibilisierung und D-Algorithmus

Bei umfangreichen Schaltungen versucht man *möglichst viele* eventuell auftretende *Fehler* mit *möglichst wenigen Testmustern* erfassen, d.h. aktivieren und beobachten zu können.
    Ein dafür häufig benutztes Verfahren ist das der *Pfadsensibilisierung*.

4.2.4.1   Die Pfadsensibilisierung

Ein *sensibler Pfad* führt von einem Eingang der Schaltung über einen Fehlerort zu einem Ausgang der Schaltung.
    Für einen Fehlerort gibt es häufig mehrere (im Prinzip) mögliche sensible Pfade, da die Schaltung im allgemeinen nicht nur mehrere Eingänge sondern auch mehrere Ausgänge besitzt. Im folgenden *Beispiel Bild 4.10* sollen die "Kästchen" Gatter darstellen, deren Typenbezeichnungen (&, ≥ 1 usw.) jedoch bewußt weggelassen wurden, um allein auf die möglichen Pfade aufmerksam zu machen.

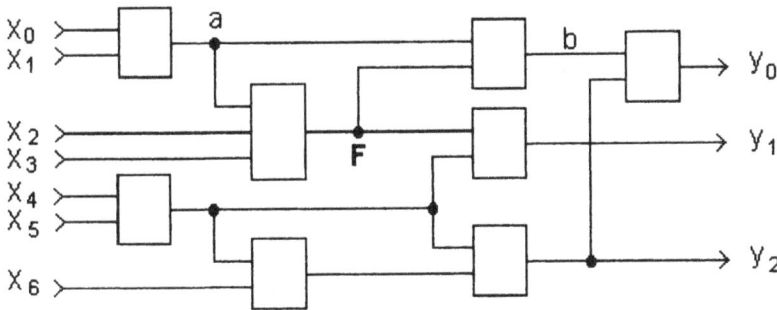

Bild 4.10   *Beispielsschaltung zur Erläuterung der Pfadsensibilisierung*

Über den mit F bezeichneten Fehlerort, d.h. über das Leitungsnetz, das einen Gatterausgang mit 2 Gattereingängen verbindet, führen im *Bild 4.10* genau 8 mögliche Pfade, nämlich

$$x_0 \Rightarrow a \Rightarrow F \Rightarrow b \Rightarrow y_0 \quad , \qquad x_0 \Rightarrow a \Rightarrow F \Rightarrow y_1 \quad ,$$

$$x_1 \Rightarrow a \Rightarrow F \Rightarrow b \Rightarrow y_0 \quad , \qquad x_1 \Rightarrow a \Rightarrow F \Rightarrow y_1 \quad ,$$

$$x_2 \Rightarrow F \Rightarrow b \Rightarrow y_0 \qquad , \qquad x_2 \Rightarrow F \Rightarrow y_1 \qquad\qquad ,$$

$$x_3 \Rightarrow F \Rightarrow b \Rightarrow y_0 \qquad , \qquad x_3 \Rightarrow F \Rightarrow y_1 \qquad\qquad ,$$

(die bei x_4 , x_5 und x_6 beginnenden Pfade führen nicht über F).

Ob diese 8 Pfade tatsächlich alle sensibilisiert werden **können**, bzw. welche davon überhaupt sensibilisiert werden **müssen**, hängt in praxi davon ab, um welche Gattertypen es sich im einzelnen handelt. Man merke sich: Nicht alle möglich erscheinenden Pfade können in jedem Fall sensibilisiert werden.

Ein **Beispiel** für die Sensibilisierung eines vom Eingang x_4 zum Ausgang y führenden Pfades einer sehr einfachen, aus lauter NANDs bestehenden Schaltung ist im folgenden *Bild 4.11* gezeigt.

Bild 4.11

*Sensibilisierung
eines Pfades
in einer
Beispielsschaltung*

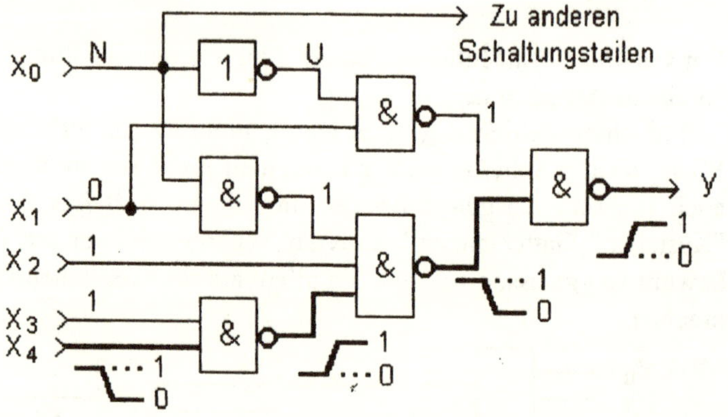

Beginnt man bei der Schaltung *Bild 4.11* mit dem Ausgang y und schreibt z.B. vor, daß er von 0 auf 1 schalten soll, dann ist dies bei fehlerfreier Logik und dem gewünschten Pfad von x_4 nach y nur dann möglich, wenn der untere Eingang des letzten NAND-Gatters von 1 nach 0 schaltet und der obere Eingang konstant auf 1 liegt. In gleicher Weise läßt sich der Pfad nach vorne weiterverfolgen, bis man beim Eingang x_4 angelangt ist. Man sieht, daß die nicht schaltenden Eingänge der längs des Pfades liegenden NANDs alle konstant auf der logischen 1 gehalten werden müssen. Um aber sowohl den Ausgang des an x_0 und x_1 liegenden NAND als auch den Ausgang des an x_1 und an der mit U bezeichneten Leitung liegenden NAND auf 1 zu halten, muß unbedingt $x_1 = 0$ sein. Folglich darf x_0 beliebig $x_0 = 0$ oder $x_0 = 1$ sein, da ja die beiden NANDs durch $x_1 = 0$ bereits hinreichend abgesperrt sind. Dies wird durch N = "*Nicht definiert*" (oder "*Not to be defined*") kenntlich gemacht. Wenn aber $x_0 = N$ ist, dann ist der Ausgangpegel des hinter x_0 liegenden Inverters unbekannt, was man durch ein U = "*Unbekannt*" (oder "*Unknown*") kennzeichnen kann. Das Testmuster**paar** zum Hin-und-her-schalten des sensiblen Pfades ist daher

$$(x) = (x_4 \quad x_3 \quad x_2 \quad x_1 \quad x_0) = \begin{matrix} (1 & 1 & 1 & 0 & N) \\ (0 & 1 & 1 & 0 & N) \end{matrix}$$

Daß dabei der Pegel eines Eingangs, im Beispiel des Eingangs x_0 , nicht festgelegt sein muß ($x_0 = N$), ist durchaus vorteilhaft. Wenn nämlich in praxi die Logik erheblich umfangreicher ist und an diesem Eingang noch weitere Schaltungsteile liegen, wie im *Bild 4.11* angedeutet, dann könnte man über diesen Eingang u.U. mit demselben Testmusterpaar parallel zum x_4-y-Pfad noch einen weiteren Pfad sensibilisieren, indem man das Testmusterpaar

$$(x) = \begin{matrix} (1 & 1 & 1 & 0 & 0) \\ (0 & 1 & 1 & 0 & 1) \end{matrix} \quad \text{oder} \quad \begin{matrix} (1 & 1 & 1 & 0 & 1) \\ (0 & 1 & 1 & 0 & 0) \end{matrix}$$

anlegt. Man kommt damit der auf Seite 303 erhobenen Forderung entgegen, mit möglichst wenigen Testmustern (bzw. Testmusterpaaren) möglichst viele der modellierten Fehler, falls sie auftreten, zu erfassen.

Konzentrieren wir uns jedoch auf unseren Beispielspfad x_4-y , dann läßt sich dazu folgendes aussagen :

Legt man das zur Sensibilisierung des Pfades notwendige Testmusterpaar an die Eingänge an, so lassen sich damit 8 mögliche Haftfehler abprüfen, nämlich 4-mal s-a-0 und 4-mal s-a-1. Unterscheidet man auch noch zwischen einem Haftfehler an der Eingangsleitung x_4 und einem am entsprechenden (im Beispiel untersten) Gattereingang, sofern diese Fehler meßtechnisch unterscheidbar sind, so lassen sich mit dem genannten Testmusterpaar sogar 10 Haftfehler abprüfen (5-mal s-a-0 und 5-mal s-a-1). Dabei gilt :

Wenn x_4 von 1 auf 0 (bzw. von 0 auf 1) geschaltet wird, dann *muß* y von 0 auf 1 (bzw. von 1 auf 0) schalten. *Wenn einer der* **8** (oder auch 10) *Haftfehler längs des sensibilisierten Pfades vorliegt, dann schaltet* y *nicht*. Merke: Dieser letzte Satz ist *nicht umkehrbar*. Denn wenn y nicht schaltet, dann muß nicht unbedingt ein Haftfehler längs des sensibilisierten Pfades vorliegen. Der Fehler kann auch in einem anderen Pfad liegen, z.B. derart, daß einer der nicht geschalteten Eingänge der entlang des sensibilisierten Pfades liegenden NANDs nicht konstant auf 1 sondern auf 0 liegt, was durchaus in einem dafür geeigneten Haftfehler begründet sein kann, der in dem zum nicht geschalteten Eingang führenden Pfad liegt.

Um mit den Methoden der Pfadsensibilisierung *alle* möglicherweise auftretenden Haftfehler *sowohl* der Form **s-a-0** *als auch* der Form **s-a-1** zu erfassen, muß jeder mögliche Fehlerort (der Ort eines modellierten Fehlers) in mindestens einem zu sensibilisierenden Pfad liegen. Folglich muß man wenigstens so viele

Pfade sensibilisieren, wie es Eingänge oder Ausgänge gibt, aber nicht notwendigerweise soviele, wie es interne Verbindungen gibt: .

$$n_{\text{sensibilisierte Pfade}} \geq \max(n_{\text{Eingänge}}, n_{\text{Ausgänge}})$$

4.2.4.2   Der D-Algorithmus

Die Pfadsensibilisierung läßt sich etwas formalisieren, wenn man sich des sogenannten *D-Algorithmus* (*"Defect Algorithm"*) von *Roth* (1966) bedient.

Dafür wird definiert: $D = \begin{smallmatrix}1 \cdots \\ 0\end{smallmatrix}\!\!\underline{}\!\!/\quad , \quad \overline{D} = \begin{smallmatrix}1\\ 0 \cdots\end{smallmatrix}\!\!\overline{}\!\!\backslash\!\!\underline{}$

D.h. mit D wird ein Schalten von 0 nach 1 und entsprechend mit $\overline{D}$ ein Schalten von 1 nach 0 bezeichnet, was zunächst nur eine formale Erleichterung bei der Pfadsensibilisierung bringt, da nicht andauernd zwischen "Schalten" und "konstanten Werten" bzw. zwischen "Mustern" und "Musterpaaren" unterschieden werden muß. Für unser Beispiel *Bild 4.11* (mit Erklärung Seiten 304f) bedeutet dies: Wenn an die Eingänge $(x) = (\overline{D}\ 1\ 1\ 0\ N)$ gelegt wird, dann muß bei fehlerfreier Logik am Ausgang $y = D$ zu messen sein.

Die Basis für den D-Algorithmus sind Funktionstabellen für alle Gattertypen und, falls in der Schaltung verwendet, von komplizierteren, aus mehreren Gattern zusammengesetzten Books. Die komplette Funktionstabelle für ein bestimmtes Gatter (oder Book) setzt sich aus der wohlbekannten Wahrheitstabelle und aus der Tabelle der sogenannten *D-Implikanten* zusammen, wie nebenstehende Tabelle für das Beispiel eines 2-fach-NAND zeigt:

(x)	x_1	x_0	y
0	0	0	1
1	0	1	1
2	1	0	1
3	1	1	0
$1 \Leftrightarrow 3$	D	1	$\overline{D}$
$2 \Leftrightarrow 3$	1	D	$\overline{D}$
$3 \Rightarrow 1$	$\overline{D}$	1	D
$3 \Rightarrow 2$	1	$\overline{D}$	D

$$\begin{matrix} X_0 \succ \\ X_1 \succ \end{matrix}\!\!\!\boxed{\ \&\ }\!\!\!o\!\!\rightarrow y$$

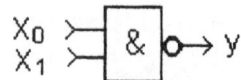

Mit $1 \Rightarrow 3$ soll die "Intersektion" der Zeile $(x) = 1$ mit der Zeile $(x) = 3$ gemeint sein. In diesem unteren Teil der Tabelle sind die D-Implikanten aufgeführt, das sind *alle* Zeilen*paare*, deren Ausgänge zueinander unterschiedlich sind *und* deren Eingangsworte sich *nur um 1 Bit* unterscheiden. D.h. ein Eingang wird auf D oder $\overline{D}$ gesetzt und alle anderen Eingänge werden so auf 0 oder 1 festgehalten, daß bei fehlerfreiem Gatter D oder $\overline{D}$ am Ausgang erscheint. Abspeichern muß man selbstverständlich ausschließlich den unteren Teil der Tabelle, wie nebenstehend gezeigt. ===>

x_1	x_0	y
D	1	$\overline{D}$
1	D	$\overline{D}$
$\overline{D}$	1	D
1	$\overline{D}$	D

(x)	x_2	x_1	x_0	y
0	0	0	0	0
1	0	0	1	1
2	0	1	0	1
3	0	1	1	1
4	1	0	0	1
5	1	0	1	1
6	1	1	0	1
7	1	1	1	1
0 ⇨ 1	0	0	D	D
0 ⇨ 2	0	D	0	D
0 ⇨ 4	D	0	0	D
1 ⇨ 0	0	0	$\overline{D}$	$\overline{D}$
2 ⇨ 0	0	$\overline{D}$	0	$\overline{D}$
4 ⇨ 0	$\overline{D}$	0	0	$\overline{D}$

Als weiters *Beispiel* sei die komplette Funktionstabelle (bestehend aus der Wahrheitstabelle und den D-Implikanten) für ein 3-fach-ODER nebenstehend gezeigt.

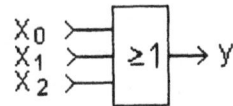

$$X_0 \quad X_1 \quad X_2 \;\rightarrow\; \geq 1 \;\rightarrow\; y$$

Beim Schalten des Eingangs von 0 nach 3, 5, 6 oder 7 wird zwar auch der Ausgang geschaltet, aber an den Eingängen ändern sich dabei 2 oder sogar alle 3 Bits. Folglich erscheinen 0 ⇨ 3 usw. nicht in der Liste der D-Implikanten.

Die Tabellen, wie auf Seite 306 für einen 2-fach-NAND und hier für ein 3-fach-ODER gezeigt, lassen sich in gleicher Weise auch für kompliziertere Books aufstellen. Aus ihnen geht dann sofort hervor, mit was die nicht geschalteten Eingänge zu belegen sind, ohne daß man die Logik eines solchen Books jedesmal im Einzelfall evaluieren muß, vorausgesetzt, man hat wenigstens einmal die für das Book zutreffende Tabelle der D-Implikanten erstellt und abgespeichert. Dies ist wohl einer der Hauptvorteile mit D und $\overline{D}$ statt mit den einfachen 0 und 1 zu arbeiten.

4.2.4.3   Suche eines sensiblen Pfads mit Hilfe von D-Ketten

Die Suche eines sensiblen Pfades mit Hilfe von sogenannten **D-Ketten** kann man am einfachsten an einem **Beispiel** erläutern. Gegeben sei dazu die folgende einfache Schaltung *Bild 4.12*:

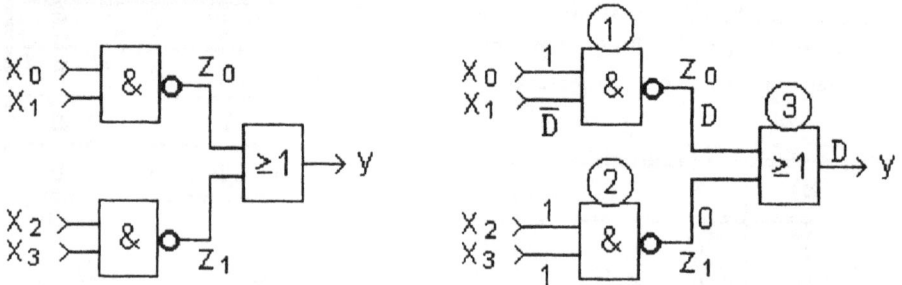

Bild 4.12 *Beispielsschaltung zur Pfadsensibilisierung mit D-Ketten*

Gesucht sei in der Schaltung *links* im *Bild 4.12* das Eingangsmusterpaar zur Sensibilisierung des Pfades $x_1 \Rightarrow z_0 \Rightarrow y$.

Zur manuellen Lösung einer solchen Aufgabe numeriere man zweckmäßig die Gatter durch, wie z.B. *rechts* im *Bild 4.12* gezeigt, um sie auch bei gleichen Typen eindeutig unterscheidbar zu machen. Danach beginne man am Ausgang, z.B. mit D, und verfolge den zu sensibilisierenden Pfad entsprechend den abgespeicherten Tabellen der D-Implikanten rückwärts bis zu seinem Eingang. Danach verfolgt man noch die Pfade der nicht geschalteten Gatter entsprechend den für diese Gatter gespeicherten Wahrheitstabellen. Die so erhaltenen Pegelwerte trägt man entweder in das Schaltbild ein, wie *rechts* im *Bild 4.12* gezeigt, und/oder man erstellt die D-Kette (das ist das Verfolgen des Schaltens entlang dem sensiblen Pfad) mit Hilfe einer Tabelle, wie für das einfache Beispiel *Bild 4.12* mit folgender Tabelle gezeigt.

	x_3	x_2	x_1	x_0	z_1	z_0	y
(3)					0	D	D
(1)			$\overline{D}$	1		D	
(2)	1	1			0		
Test-muster	1	1	$\overline{D}$	1			D

Die rechts im *Bild 4.12* bzw. in obiger Tabelle angegebene Lösung ist eine von zwei möglichen, denn statt $(x) = (1\ 1\ \overline{D}\ 1)$ wäre selbstverständlich auch $(x) = (1\ 1\ D\ 1)$ möglich gewesen, was am Ausgang zu $y = \overline{D}$ geführt hätte.

Mit dieser auf Seite 308 gefundenen D-Kette können die Fehler x_1 (s-a-0), x_1 (s-a-1), z_0 (s-a-0), z_0 (s-a-1), y (s-a-0) und y (s-a-1) auf Vorhandensein überprüft werden.

Merke: Bei umfangreichen Schaltungen stehen oft mehrere D-Ketten (d.h. mehrere mögliche Testmusterpaare) zur Auswahl, von denen u.U. einige "besser geeignet" ("günstiger") und andere "etwas weniger gut geeignet" sein können. Am geeignetsten sind i.a. jene Testmusterpaare, bei denen mindestens ein Eingang mit "N" belegt werden kann, weil dann mitunter mit einem einzigen Testmusterpaar mehrere Pfade parallel sensibilisiert werden können, wie bereits mit *Bild 4.11* und dem Text S. 304f erläutert wurde.

4.2.5   Testmuster-Generierung

Um in einer Schaltung *alle modellierten* Fehlermöglichkeiten überprüfen zu können, müssen diese je in *mindestens einer D-Kette* mit D oder D belegt werden. Dieser Satz ist nur eine andere verbale Formulierung der bereits ganz unten auf Seite 305 gemachten Aussage.

Zum Begriff des *"Modellierens"* eines Fehlers (vgl. Flußdiagramm *Bild 4.8*, S. 297) ist folgendes zu bemerken:

Man muß eine Liste anlegen (bzw. aufgrund der Beschreibungen der in der Schaltung enthaltenen Bauelemente [= Book-Typen] durch ein entsprechendes Programm anlegen lassen), in der alle zu erfassenden Fehlermöglichkeiten für die einzelnen Typen aufgeführt sind. Diese Liste stellt das *Fehlermodell* dar. Nur die laut Liste *modellierten* Fehler können erfaßt werden.

Ferner muß noch laut nebenstehendem *Bild 4.13* folgendes beachtet werden: Die Eingänge und Ausgänge der zu testenden Gesamtschaltung werden, im Gegensatz zu den Ein- und Ausgängen der intern

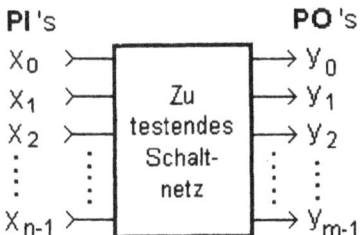

Bild 4.13

Zur Definition der PI's und PO's

verwendeten Gatter oder Books **PI**'s (= Primary Inputs, Primäreingänge) und
PO's (= Primary Outputs, Primärausgänge) genannt.

In komplexen Schaltungen wird i.a. durch ein ***Testmuster-Generierungspro-
gramm*** jeweils ein "geeigneter Pfad" von einem PI über einen Fehlerort zu
einem PO gesucht. Ziel einer automatischen Testmuster-Generierung ist es, wie
bereits einleitend auf Seite 303 erwähnt, ***möglichst viele Fehlermöglichkeiten
durch möglichst wenige Testmuster*** abdecken zu können. Da man mit einem
einzigen sensibilisierten Pfad mehrere mögliche Fehler erfassen kann, läßt sich
der Algorithmus einer automatischen Testmuster-Generierung durch das folgende
Flußdiagramm *Bild 4.14* darstellen:

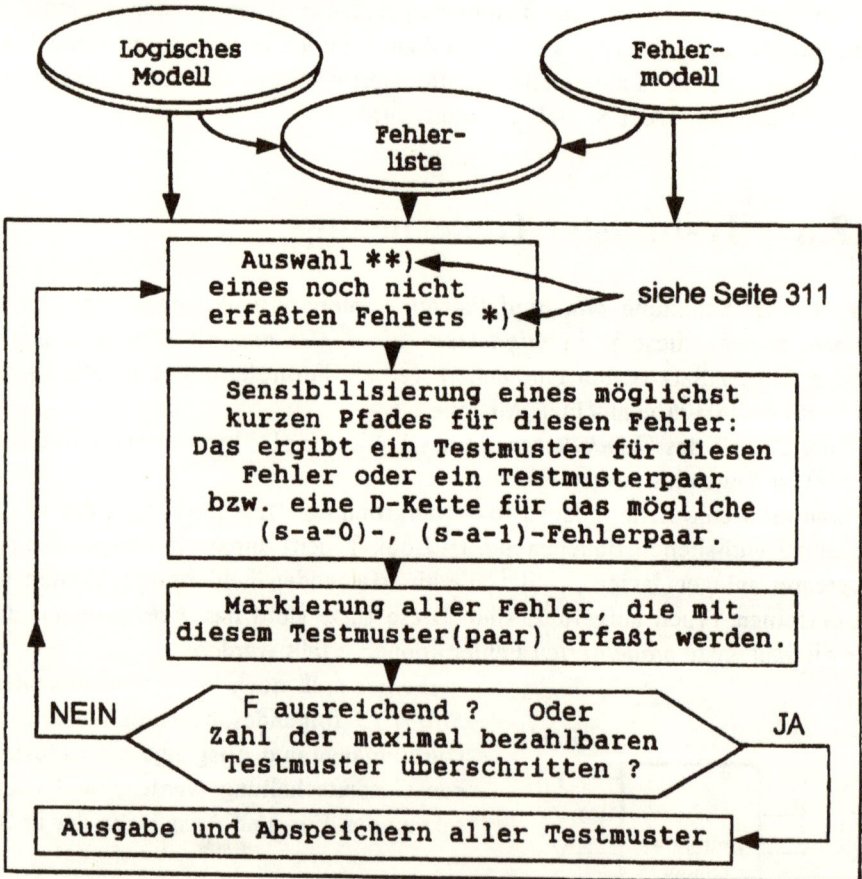

Bild 4.14   *Ein Flußdiagramm zur automatischen Testmuster-Generierung*

Bei Verfolgung des Ablaufs der Testmuster-Generierung laut *Bild 4.14* ist noch zu beachten:

*) Aufgrund des logischen Modells der Schaltung und des Fehlermodells kann man eine Liste zusammenstellen (bzw. durch das Programm zusammenstellen lassen), in der alle möglicherweise auftretenden Fehler enthalten sind, die günstigenfalls in der zu testenden Schaltung "erfaßt" werden können.

**) Die Auswahl eines noch nicht erfaßten Fehlers ist auf verschiedene Weise möglich:

- Man beginnt mit dem ersten möglichen Fehler in der Liste und arbeitet mit jedem neuen Schleifendurchgang die Fehlerliste einfach der Reihe nach ab mit immer dem nächsten bis dahin noch nicht erfaßten Fehler.
- Man trift je Schleifendurchgang eine Zufallsauswahl aus den noch nicht erfaßten Fehlern.
- Wenn die Ergebnisse einer Prüfbarkeitsanalyse (z.B. laut Abschnitt **4.2.6**) vorliegen, dann lassen sich die Fehler in der Liste nach dem Grad des "relativen Prüfaufwands" sortieren. Man beginnt die Auswahl dann mit den "leicht zu überprüfenden" Fehlern und geht schrittweise zu den "schwerer erfaßbaren" über.

Der *Fehlererfassungsgrad F* (siehe Flußdiagramm *Bild 4.14*), vielfach auch *Testabdeckung* oder *Test Coverage* genannt, ist

$$F \ = \ \frac{\text{Zahl der } \textit{erfaßten} \text{ Fehler}}{\text{Zahl der } \textit{möglichen} \text{ Fehler}} \qquad (1)$$

"Erfaßte Fehler" sind solche, die laut Flußdiagramm *Bild 4.14* markiert wurden, d.h. die entlang eines sensibilisierten Pfades liegen. *"Mögliche Fehler"* sind **alle** in der Fehlerliste eingetragenen Fehler.

Die oben auf Seite 312 gezeigte (nicht maßstabsgerechte) Kurve *Bild 4.15* gibt die generelle Tendenz der Abhängigkeit des Fehlererfassungsgrads *F* von der Anzahl der Testmuster wieder:

Zu Beginn der Testmuster-Generierung wird man mit jeder neuen D-Kette einen ganzen Pfad (oder bei umfangreichen Schaltungen eventuell sogar mehrere Pfade parallel) komplett neu sensibilisieren. Damit wird man viele Fehler, und zwar alle entlang der gerade neu sensibilisierten Pfade, erfassen und in der Fehlerliste markieren können. Die Kurve *F*(Anzahl der Testmuster) verläuft daher verhältnismäßig steil. Mit zunehmender Anzahl der Testmuster bzw. D-Ketten ist es unvermeidlich, daß neu zu sensibilisierende Pfade über Fehlerorte

führen, die bereits markiert sind, da auch schon vorher sensibilisierte Pfade über
sie hinweg führen. (Vgl. die Beispielsschaltung *Bild 4.10*, Seite 303 : Es ist unvermeidlich, daß die x_0 und die x_1 enthaltenden Pfade beide über den möglichen
Fehlerort a laufen. Der Punkt a wird folglich in *mindestens* 2 sensiblen Pfaden
enthalten sein.) Mit zunehmender Zahl der Testmuster(paare) wird daher die
Zahl der pro zusätzlicher D-Kette neu erfaßten Fehler immer kleiner und die
Kurve F (Anzahl der Testmuster) immer flacher werden.

Bild 4.15

*Abhängigkeit des
Fehlererfassungsgrads
von der Anzahl
der Testmuster*

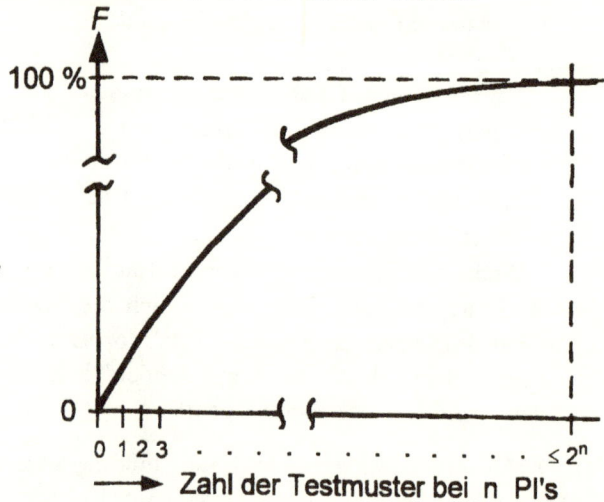

Um auch die letzten in der Liste aufgeführten Fehler noch zu erfassen, d.h.
um den Fehlererfassungsgrad F gegen 100% zu treiben, muß deshalb häufig mit
einem unbezahlbar starken Anstieg der Zahl der dafür notwendigen Testmuster
gerechnet werden. Bei großen Schaltungen muß man aus diesem Grund u.U. mit
eingeschränkten Fehlererfassungsgraden von etwa $F = 99\%$ bis $F = 99{,}7\%$ rechnen. Bei sehr großen und/oder stark vermaschten Schaltungen muß man sich
manchmal auch schon mit $F \approx 97\%$ zufrieden geben. Dies heißt jedoch nicht
notwendigerweise, daß von allen tatsächlich auftretenden Fehlern im statistischen
Durchschnitt nur $\approx 97\%$ entdeckt werden. Vgl. z.B. die Schaltung *Bild 4.11* auf
Seite 304 : Die 8 möglichen Fehler entlang des sensibilisierten Pfades von x_4
nach y würden in die Berechnung von F eingehen. Jedoch wäre $F < 100\%$,
wenn beispielsweise der Pfad von x_2 nach y nicht sensibilisiert würde, da dann
x_2(s-a-0) und x_2(s-a-1) laut (1) nicht erfaßt wären. Dennoch würde wenigstens
einer der beiden Fehler, nämlich x_2(s-a-0), zu einem Fehler am Ausgang y führen, sobald der "erfaßte" Pfad von x_4 nach y überprüft wird. Außerdem wäre die
Differenz $(100 - F)\%$ noch mit der Wahrscheinlichkeit, daß ein nicht erfaßter

Fehler überhaupt auftritt, zu multiplizieren, um die Wahrscheinlichkeit zu erhalten, daß ein *tatsächlich* auftretender Fehler unentdeckt bleibt. Damit wird mit Sicherheit

$$F \leq Grad\ der\ tatsächlich\ erkannten\ Fehler \leq 100\% \qquad (2)$$

sein. Mit diesen Ausführungen wird wohl verständlich, warum die Testmuster-Generierung laut Flußdiagramm *Bild 4.14*, Seite 310, mitunter bereits mit einem $F < 100\%$ abgebrochen werden muß und dennoch dieser Abbruch bei "hinreichend großem" F toleriert werden kann.

4.2.6 Prüfbarkeitsanalyse

Die *Prüfbarkeitsanalyse* kann dem Entwickler Hinweise geben, welche Fehlerorte, z.B. Knoten einer Schaltung, besonders kritisch sind bezüglich

* *Einstellbarkeit* (Aktivierung, Controllability)
* *Beobachtbarkeit* (Observability)

eines möglicherweise an diesem Ort auftretenden Haftfehlers.

Es gibt verschiedene Definitionen für die Prüfbarkeit. Eine einfache (und daher gerne in automatischen Prüfbarkeits-Analyseprogrammen verwendete) Möglichkeit besteht darin, den *"Prüfaufwand"* oder *"Testaufwand"* in einer relativen Gewichtung auszudrücken, die von der Zahl der PI's abhängig ist, die gezielt auf 0 oder 1 gesetzt werden *müssen*, um einen bestimmten Haftfehler zu aktivieren (einzustellen) und zu beobachten. Man gibt an:

$$P_i = E0_i + E1_i + 2 \cdot B_i \qquad (3)$$

Darin ist

P_i = Prüfaufwand für den i-ten Fehlerort, z.B. Schaltungsknoten K_i.

$E0_i$ = erforderliche Anzahl der PI's, die zur Einstellung auf $K_i = 0$ unbedingt gezielt auf 0 oder 1 gesetzt werden müssen, d.h. nicht N sein dürfen.

$E1_i$ = erforderliche Anzahl der PI's, die zur Einstellung auf $K_i = 1$ unbedingt gezielt auf 0 oder 1 gesetzt werden müssen, d.h. nicht N sein dürfen.

B_i = erforderliche Anzahl der PI's, die unbedingt gezielt auf 0 oder 1 gesetzt werden müssen, um den Zustand von K_i an einem PO beobachten zu können. In (3) tritt B_i zweimal auf, da über ein und denselben PO sowohl der Zustand $K_i = 0$ als auch $K_i = 1$ beobachtbar sein muß.

Ist P_i (= Prüfaufwand für den i-ten Fehlerort) gering, so bedeutet dies, daß nur wenige PI's gezielt auf 0 oder 1 gesetzt werden müssen. Über alle anderen PI's kann folglich noch beliebig frei verfügt werden, so daß eventuell mit einem einzigen Testmusterpaar mehrere Pfade überprüft werden können.

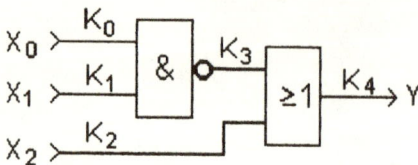

Zur Erläuterung diene die nebenstehende sehr einfache *Beispiels*schaltung *Bild 4.16*: Der Einfachheit halber betrachten wir als mögliche Fehlerorte nur die 5 Verbindungsleitungen (Schaltungsknoten) K_0 bis K_4. Ein Haftfehler am Knoten K_3 kann sowieso nicht von einem Fehler am Ausgang des NAND oder am Eingang des ODER-Gatters unterschieden werden. Daher sind diese 3 an sich unterschiedlichen Fehlerorte

Bild 4.16   *Beispielsschaltung*
zur Erläuterung der
Prüfbarkeitsanalyse

in der Fehlerliste ohnehin nur als ein einziger möglicher Fehlerort aufgeführt. Entsprechendes gilt für K_4 und den Ausgang des ODER-Gatters. Für die Eingangsleitungen K_0, K_1 und K_2 trifft dies zwar nur bedingt zu, für unser Beispiel wollen wir es aber ebenfalls dabei belassen. Wir erhalten dann:

Einstellbarkeiten:

$EO_0 = 1$ ⎫
$E1_0 = 1$ ⎪
$EO_1 = 1$ ⎬ weil die Knoten K_0 bis K_2 über die einzelnen
$E1_1 = 1$ ⎪ Eingänge x_0 bis x_2 direkt einstellbar sind.
$EO_2 = 1$ ⎪
$E1_2 = 1$ ⎭

$EO_3 = 2$ weil $(x_0 = 1) \wedge (x_1 = 1)$ für $K_3 = 0$
$E1_3 = 1$ weil $(x_0 = 0) \vee (x_1 = 0)$ für $K_3 = 1$
$EO_4 = 3$ weil $(x_0 = 1) \wedge (x_1 = 1) \wedge (x_2 = 0)$ für $K_4 = 0$
$E1_4 = 1$ weil $(x_0 = 0) \vee (x_1 = 0) \vee (x_2 = 1)$ für $K_4 = 1$

Beobachtbarkeiten:

$B_0 = 2$ weil K_0 nur beobachtbar, wenn $(x_1 = 1) \wedge (x_2 = 0)$
$B_1 = 2$ weil K_1 nur beobachtbar, wenn $(x_0 = 1) \wedge (x_2 = 0)$

B_2 = 2   weil K_2 nur beobachtbar, wenn $(x_0 = 1) \wedge (x_1 = 1)$

B_3 = 1   weil K_3 nur beobachtbar, wenn $x_2 = 0$

B_4 = 0   weil K_4 direkt beobachtbar, unabhängig von den Eingängen

Folglich *Prüfaufwand:*

$$P_i \quad = \quad E0_i + E1_i + 2 \cdot B_i \qquad (\text{im Beispiel } i = 0, 1, \ldots 4)$$

$$\begin{aligned}
P_0 &= 1 + 1 + 4 = 6 \\
P_1 &= 1 + 1 + 4 = 6 \\
P_2 &= 1 + 1 + 4 = 6 \\
P_3 &= 2 + 1 + 2 = 5 \\
P_4 &= 3 + 1 + 0 = 4
\end{aligned}$$

Es muß betont werden, daß der Prüfaufwand P nur eine *relative* Angabe darstellt. Für unser Beispiel bedeutet dies lediglich, daß z.B. der Knoten K_4 aller Voraussicht nach im Verhältnis 4 : 6 "leichter" auf mögliche Haftfehler zu überprüfen ist als die Knoten K_0 bis K_2.

Die Ergebnisse der Prüfbarkeitsanalyse schreibt man im allgemeinen nicht (wie hier zur Erläuterung des Beispiels gezeigt) "in epischer Breite" an. Sie lassen sich einfach tabellarisch in einer sogenannten *"Prüfbarkeitsmatrix"* ausdrücken, wie sie mit der nebenstehenden Tabelle wiedergegeben ist.

Wenn man schon bei umfangreichen Schaltungen nicht sämtliche möglichen Fehler erfassen kann (d.h. $F < 100\%$, vgl. Seiten 311 bis 313), dann kann eine Prüfbarkeitsanalyse mitunter helfen jene Fehler auszusuchen, die mit geringem Aufwand erfaßt werden können (P_i = klein), in der Hoffnung, bei der Erstellung der

i	0	1	2	3	4
E0	1	1	1	2	3
E1	1	1	1	1	1
B	2	2	2	1	0
P	6	6	6	5	4

dafür notwendigen Testmuster(paare) noch möglichst viele weitere Fehler durch parallel zu sensibilisierende Pfade mit erfassen zu können.

Das bei größeren Schaltungen zur Berechnung aller P (E0, E1, B) verwendete Prüfbarkeits-Analyseprogramm erhält als Eingangsinformation das Logikmodell und die aus dem Logikmodell und dem Fehlermodell abgeleitete Fehlerliste, wie auch auf Seite 310 mit *Bild 4.14* für die Testmuster-Generierung gezeigt. Jedoch ist die Zahl der einer Prüfbarkeitsanalyse zu unterziehenden Schaltungsknoten K mitunter kleiner als die Zahl der laut Fehlerliste möglichen Haftfehler. Als *Beispiel* betrachte man dazu den folgenden Schaltungsausschnitt *Bild 4.17*: Es ist zwar eindeutig zwischen den Haftfehlern im Verbindungsnetz

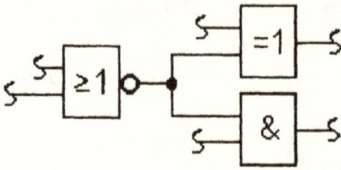

Bild 4.17 *Schaltungsausschnitt
zur Erläuterung der
Prüfbarkeitsanalyse*

(bzw. am Ausgang des NOR), am unteren
Eingang des XOR und am oberen Eingang
des UND-Gatters zu unterscheiden, aber bei
den Einstellbarkeiten E0 und E1 kann nicht
zwischen diesen 3 Fehlermöglichkeiten unterschieden werden. Sie sind nur gemeinsam
einstellbar. Bei der Beobachtbarkeit kann
man jedoch zwischen wenigstens 2 Möglichkeiten unterscheiden.

4.3 Hinweis auf
weitere Fehlermöglichkeiten

Betrachtet man ein Chip-Layout unter dem Mikroskop, so stellt man fest, daß
die Ränder der einzelnen Figuren nicht glatt, sondern "eingekerbt", "ausgefranst"
usw. sind, wie deutlich in den *Bildern 3.65* und *3.66* auf Seite 260 zu sehen ist.
Durch das folgende *Bild 4.18* soll ein aufgrund solcher "Ausfransungen" hervorgerufener Kurzschluß zwischen zwei parallel liegenden Leitungen angedeutet
werden.

Bild 4.18

*Zur Erläuterung der
Fehlermöglichkeiten
durch Kurzschlüsse
auf Leitungen*

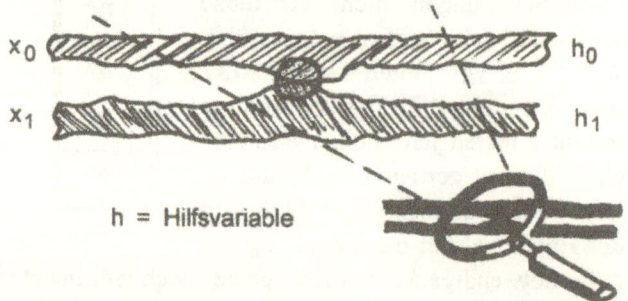

Man kann nun auch solche mit *Bild 4.18* gezeigte Fehler in die Liste der
möglichen Haftfehler mit aufnehmen, wenn man, wie hier angegeben, einige zusätzliche *Hilfsvariable* h definiert: Sind x_0 und x_1 die von den Ausgängen ir-
gendwelcher Gatter abgegebenen Variablen, so folgen die an den Leitungsenden
meßbaren Hilfsvariablen h_0 und h_1, die u.U. an den Eingängen nachgeschalteter
Gatter liegen, den auf der folgenden Seite 317 aufgelisteten Wahrheitstabellen:
    Im Kurzschlußfall ist entweder $h_0 = h_1 = x_0 \vee x_1$, sofern die logische 1 auf
diesem Leitungspaar dominant ist, oder $h_0 = h_1 = x_0 \wedge x_1$, sofern die logische
0 dominant ist.

Kein Kurzschluß:

Es ist $(h) = (x)$

(x)	x_1 x_0	h_1 h_0	(h)
0	0 0	0 0	0
1	0 1	0 1	1
2	1 0	1 0	2
3	1 1	1 1	3

Kurzschluß:

(x)	x_1 x_0	1-Dominanz h_1 h_0	(h)	0-Dominanz h_1 h_0	(h)
0	0 0	0 0	0	0 0	0
1	0 1	1 1	3	0 0	0
2	1 0	1 1	3	0 0	0
3	1 1	1 1	3	1 1	3

Man kann im Kurzschlußfall offenbar nicht von (s-a-...) an x_0 oder x_1 ausgehen, wohl aber von (s-a-...) an den Eingängen jener Gatter, die an den mit h_0 oder h_1 bezeichneten Leitungsenden liegen. Insofern können mögliche Kurz- schlußfehler durch Erweiterung der Modelle (bzw. der Fehlerliste) mit in den Stuck-Fault-Test aufgenommen werden. Auf diese Problematik wird aber hier nicht weiter eingegangen. Mit *Bild 4.18* und obigen Wahrheitstabellen soll lediglich gezeigt werden, daß die Stuck-Fault-Testmethode über das Erfassen von Eingängen, Ausgängen und *einzelnen* Verbindungs-Leitungsnetzen hinausgehen kann.

Eine die Funktionalität einer Schaltung meist negativ beeinflussende und daher sehr "ärgerliche" Eigenschaft vieler (vor allem älterer) Schaltungen ist das Auftreten von Störimpulsen, sogenannten *"Spikes"*, aufgrund von Signalwettläufen, sogenannten *"Hazards"*. Der Stuck-Fault-Test ist, wie bereits einleitend auf den Seiten 288, 289 betont wurde, ein *statischer* Test (Quasi-DC-Test). Folglich können dynamische Fehler aufgrund von Spikes mit Hilfe des Stuck-Fault-Tests nicht erfaßt werden.

Wie solche Spikes aufgrund von Hazards überhaupt entstehen können und warum man sie durch den Stuck-Fault-Test nicht erkennen kann, sei mit Hilfe der folgenden simplen *Beispiels*schaltung *Bild 4.19* erläutert:

Bild 4.19

Beispielsschaltung
zur Erläuterung der
Entstehung von Spikes

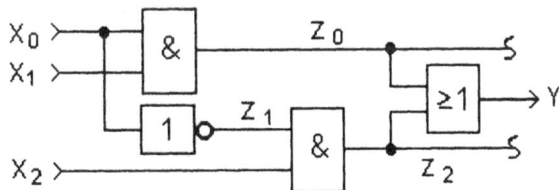

Wir nehmen an, im Schaltungsausschnitt *Bild 4.19* werde das Eingangssignal x_0 von 1 auf 0 geschaltet, während die Signale x_1 und x_2 konstant auf 1 gehalten werden. Wegen der Schaltverzögerung der einzelnen Gatter ergibt sich ein zeit-

licher Ablauf wie in nebenstehendem
Diagramm *Bild 4.20* dargestellt. Es
lassen sich deutlich 3 zeitliche Phasen,
hier **a**, **b** und **c** genannt, unterscheiden,
die man auch tabellarisch auflisten
kann, wie mit der unterhalb des
Diagramms wiedergegebenen Tabelle
gezeigt ist.

Bild 4.20

*Ein Spike entsteht aufgrund
eines Signalwettlaufs beim
Schalten eines Eingangssignals
von 1 auf 0*

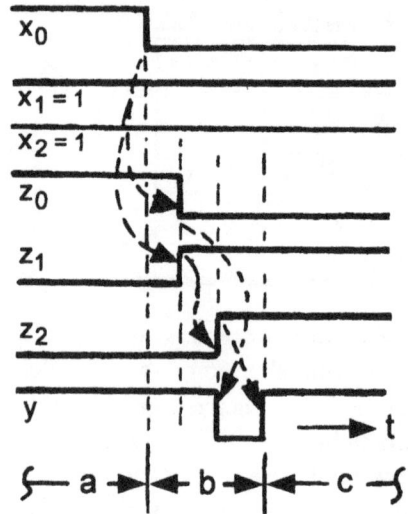

Da der Pfad $x_0 \Rightarrow z_0 \Rightarrow y$ nur über
2 Gatter führt, während jedoch der
Pfad $x_0 \Rightarrow z_1 \Rightarrow z_2 \Rightarrow y$ über 3 Gatter führt, sind die Signallaufzeiten
(bei näherungsweise lauter gleichen
Gatter-Verzögerungszeiten) im Verhältnis 2 : 3 unterschiedlich. Deshalb
entsteht während des zeitlichen Zustands **b** ein negativer Spike an **y**,

Zustand	x_2 x_1 x_0	y
a	1 1 1	1
b	1 1 0	1 und 0
c	1 1 0	1

obwohl, statisch betrachtet, der Ausgang $y = x_0\, x_1 \lor \overline{x_0}\, x_2$ beim Schalten des
Eingangs x_0 von 1 auf 0 konstant auf 1 hätte bleiben müssen.

Grundsätzlich können Spikes immer dann auftreten, wenn 2 oder mehr Pfade
mit unterschiedlich vielen Gattern (bzw. prinzipiell unterschiedlichen Signallaufzeiten) parallel verlaufen, d.h. wenn ein sich verzweigendes Signal am Ende
unterschiedlich langer logischer Ketten wieder zusammengeführt wird.

Da beim Stuck-Fault-Test das jeweils nächste Testmuster immer erst dann an
die PI's angelegt werden darf, wenn sich die zu testende Logik **komplett** auf den
dem gerade angelegten Testmuster entsprechenden Zustand eingestellt hat, **und**
dieser Zustand an den PO's gemessen und abgespeichert wurde, kann ein Spike
nicht bemerkt werden. In obigem Beispiel darf (und kann) das nächste Testmuster frühestens mit Erreichen des Zustands **c** angelegt werden. Daß der Schaltungsentwurf *"vollständig hazard-frei"* ausgeführt wird, weil Spikes entweder gar
nicht auftreten können oder die Weiterverarbeitung logischer Informationen erst

ab dem "zeitlichen Zustand c" erfolgen kann, muß mit Hilfe der Logiksimulation
überprüft werden und kann nicht der Überprüfung durch Tests überlassen bleiben. Folglich muß bereits die Logikentwicklung auf die spätere Testbarkeit der
Schaltung in dem Sinne ausgerichtet sein, daß alle nicht testbaren Effekte die
Funktion der Schaltung überhaupt nicht beeinflussen können.

4.4   Test von Schaltwerken

Der Stuck-Fault-Test ist in der im Kapitel **4.2** beschriebenen Form ausschließlich bei *reinen Schaltnetzen* einsetzbar. In fast allen Logikschaltungen sind
jedoch einzelne Flipflops oder auch ganze Register enthalten ("eingebettet"), besonders wenn die aus tausenden Gatteräquivalenten bestehende Schaltung in
einem Chip integriert ist. Die Schaltung ist deshalb kein reines Schaltnetz mehr,
sondern entsprechend der genormten Bezeichnungsweise ein *Schaltwerk*.
   Bei Schaltwerken ist bekanntlich die über die PO's ausgegebene Information
nicht nur von der Eingangsbelegung an den PI's sondern auch vom intern gespeicherten Zustand abhängig. Folglich muß man die Stuck-Fault-Testmethode entsprechend ändern, bzw. erweitern. Auf die in diesem Zusammenhang auftretende
Problematik weist der folgende Abschnitt **4.4.1** hin.

4.4.1   Algemeine Problematik

Wir gehen davon aus, daß n Flipflops (abgekürzt FF's) beliebig innerhalb der
ansonsten rein kombinatorischen Logik verteilt sind. Zu den FF-Eingängen und
FF-Ausgängen gibt es im allgemeinen keinen direkten Zugriff von außen. Da in
jedem FF eine 0 oder eine 1 gespeichert sein kann, sind 2^n verschiedene 0-1-
Kombinationen in den n FF's möglich. Folglich muß man maximal bis zu 2^n
Eingangsmuster (im statistischen Durchschnitt die Hälfte, d.h. 2^{n-1} Muster) an
die PI's anlegen, um die Logik gezielt auf einen einzigen für den Stuck-Fault-
Test (z.B. für eine Pfadsensibilisierung) notwendigen Zustand einzustellen. Wenn
man jedoch alle FF's zu einer Schieberegister-Kette zusammenschaltet, dann sind
nur noch n Eingangsmuster an den PI's erforderlich, um einen gewünschten
Zustand einzustellen. Separiert man "gedanklich" die zum Schieberegister zu-
sammengeschalteten FF's von der verbleibenden Logik (vom Schaltnetz), dann
läßt sich das Schaltwerk vereinfacht wie im folgenden *Bild 4.21* darstellen:

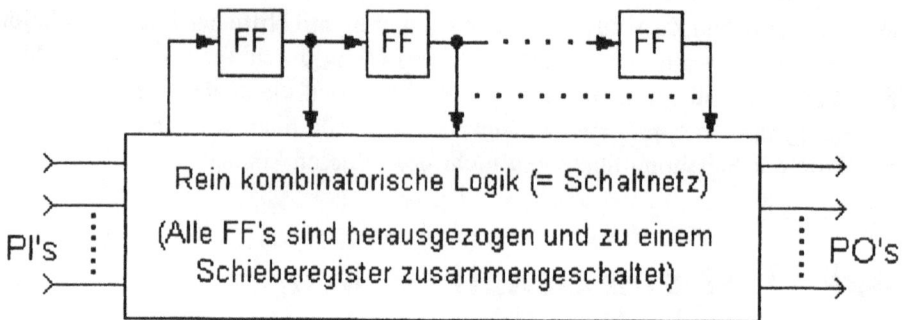

Bild 4.21   *Schaltwerk mit herausgezogenen FF's als Schieberegister*

Beispiel: Im Schaltwerk seien nur 16 Bits gespeichert, wozu 16 FF's nötig sind. Wenn diese 16 FF's beliebig in die Logik eingebettet sind, dann werden bis zu maximal $2^{16} = 65536$ Muster an den PI's für jede einzelne Einstellung des Schaltwerk-Zustands gebraucht. Sind die 16 FF's dagegen zu einer Schieberegisterkette zusammengeschaltet, dann werden pro Einstellung eines bestimmten Schaltwerk-Zustands lediglich maximal 16 Muster an den PI's gebraucht.

Da man entsprechend Kapitel **4.2** meist sehr viele verschiedene Zustände einstellen muß und häufig sehr viele FF's (weit mehr als 16) in die Logik eingebettet sind, muß man leider i.a. folgende Tatsache akzeptieren:

*Ein Schaltwerk mit beliebig in die Logik eingebetteten FF's, ohne Zugriff von außen auf diese FF's, läßt sich mit bezahlbarem Aufwand, d.h. akzeptabler Rechenzeit, **nicht** testen.*

Ein genereller Zugriff von außen auf alle FF's kann aber ausgeschlossen werden, da die Zahl der Anschlüsse (z.B. der Chip-Pads) im allgemeinen ohnehin schon äußerst knapp bemessen ist. Man vergleiche dazu die Seiten 216 und 217 sowie das *Bild 3.32*, wo

$$\text{Anzahl}_{\text{Außenanschlüsse}} \sim \text{Anzahl}_{\text{Schaltkreise}}^{0,61}$$

angegeben war. So vorteilhaft die unterproportionale Zunahme der Anschlüsse mit steigender Schaltkreiszahl für die Schaltgeschwindigkeit, die Störanfälligkeit und das Layout ist, so nachteilig ist dies für das Testen. Zusätzliche Anschlüsse würden nämlich die Möglichkeit eröffnen, zu Testzwecken auf einige innen in der Schaltung liegende Gatter oder FF's direkt zuzugreifen. Da man nun aber mit steigendem Integrationsgrad (heute ≥ 100000 Gatteräquivalente pro Chip) immer mehr Schaltkreise, aber relativ pro Schaltkreis immer weniger Anschlüsse zur

Verfügung hat, bietet es sich an, die zum Testen wünschenswerten (eventuell zusätzlichen) Außenanschlüsse durch erhöhten Schaltungsaufwand zu ersetzen. Mit Hilfe von folgendem *Bild 4.22* sei dieses Prinzip erläutert:

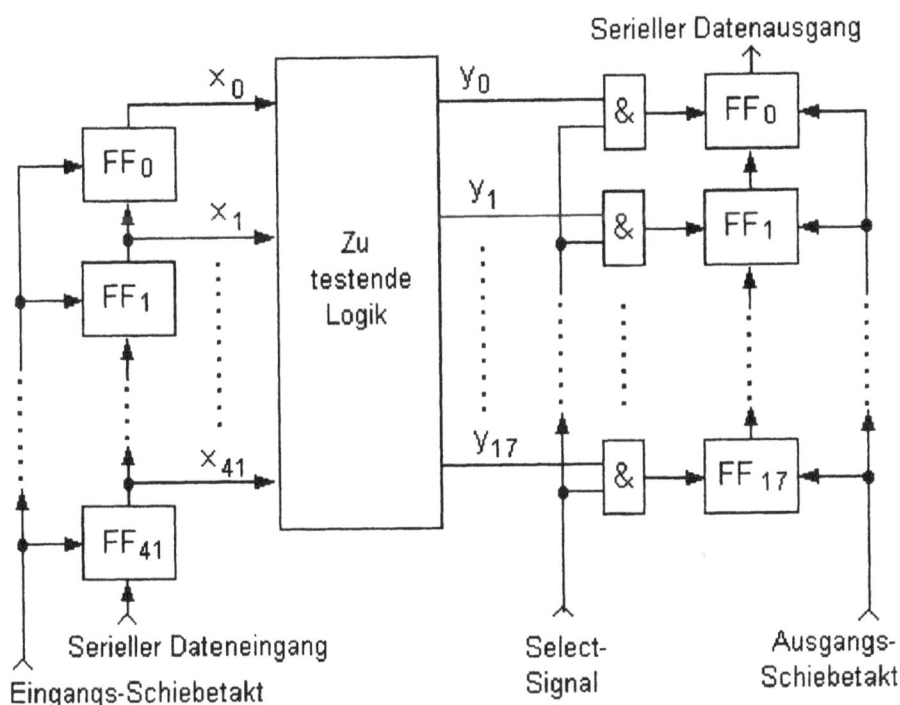

Bild 4.22 *Außenanschlüsse werden durch zusätzlichen Schaltungsaufwand ersetzt*

Wenn es zum Testen zweckmäßig wäre, beispielsweise 42 zusätzliche Eingänge x_0 bis x_{41} und 18 zusätzliche Ausgänge y_0 bis y_{17} für direkten Zugriff auf einige "Innereien" der Schaltung zur Verfügung zu haben, dann müßten dafür $42 + 18 = 60$ zusätzliche Anschlüsse vorgesehen werden. Man kommt aber, wie unser Beispiel *Bild 4.22* zeigt, mit 5 zusätzlichen Anschlüssen aus, wenn man vor die Eingänge und hinter die Ausgänge zu Schieberegistern zusammengeschaltete FF-Ketten setzt: Die Eingangsinformation wird mit 42 Schiebetakten seriell in das x-Eingangsregister eingegeben und liegt danach parallel an den 42 Eingängen. Die 18 Ausgangsbits werden über die UND-Gatter parallel in die Ausgangs-FF's übernommen. Nach Abschalten des Select-Signals sind die Ausgangs-FF's von der Schaltung abgetrennt. Die y-Information kann nun mit Hilfe von 18 Schiebetakten seriell ausgegeben werden.

Es sieht übrigens nur in diesem das Prinzip erläuternden Beispiel so aus, als ob man $42 + 18 = 60$ zusätzliche FF's und 18 zusätzliche UND-Gatter braucht. In praxi setzt man dafür genau jene FF's ein, die zu Speicherzwecken in der Logik ohnehin benötigt werden, was allerdings nur möglich ist, wenn man FF's verwendet, die zwischen dem Normaleinsatz irgendwo in der Logik und dem Einsatz als Mitglied eines Schieberegisters umschaltbar sind.

Zusammenfassend kann gesagt werden.: Die Problematik besteht
- im mangelnden Zugriff auf die in der Logik engebetteten FF's,
- in der zum Testen unzureichenden Anzahl der Außenanschlüsse.

Beide Probleme lassen sich durch den Einsatz von Schieberegistern lösen oder zumindest auf ein akzeptables Maß mindern.

4.4.2   Strukturierter Entwurf (wegen "Design for Testability")

Um die in obigem Abschnitt **4.4.1** aufgezeigten Probleme zu lösen, ist ein sogenannter *"Strukturierter Entwurf"* unumgänglich notwendig. D.h. bereits der Logikentwurf muß so ausgeführt sein, daß die in einem nur über die Außenanschlüsse zugänglichen Cluster (z.B. in einem Chip) zusammengefaßte Schaltung überhaupt testbar ist. Der dafür international verwendete Fachausdruck

Design for Testability

wurde vielfach mit *"Prüffreundlicher Entwurf"* übersetzt. Den Entwurf lediglich mit "prüf*freundlich*" zu bezeichnen und ihn dann auch so auszuführen, mag für SSI- und MSI-Chips verständlich und meist ausreichend sein. Moderne LSI- und VLSI-Chips müssen dagegen so entworfen werden, daß die Testbarkeit mit einem hohen Fehlererfassungsgrad (vgl. S. 311ff) garantiert ist. *"Entwurf mit garantierter Prüfbarkeit"* wäre somit die für heutige Chips zutreffende Übersetzung des Fachausdrucks *"Design for Testability"*.

Trägt man die Herstellungskosten für Chips über dem Integrationsgrad (z.B. der Zahl der Gatteräquivalente pro Chip) auf, so erhält man die im folgenden *Bild 4.23* gezeigten Tendenzkurven:

Die durch das kompliziertere (umfangreichere) Layout bedingten *reinen* Fertigungskosten, d.h. *ohne* Testkosten, wachsen pro Chip nur in verhältnismäßig geringem Maße an, wodurch die Fertigungskosten pro Gatteräquivalent sogar eine sehr deutlich fallende Tendenz aufweisen. Die Gesamt-Herstellungskosten eines Chips setzen sich jedoch (selbstverständlich) aus den reinen Fertigungskosten *und* den Testkosten zusammen. Mit den Ausführungen des Kapitels **4.2** und des Abschnitts **4.4.1** ist sicher verständlich, daß die Testkosten mit wachsender Zahl der pro Chip integrierten Gatteräquivalente so stark ansteigen, daß die Gesamt-Herstellungskosten den hier im *Bild 4.23* gezeigten Tendenzkurven folgen.

Bild 4.23

*Tendenzkurven
zum qualitativen,
nicht zum
quantitativen
Vergleich von
unstrukturiertem
und strukturiertem
Entwurf*

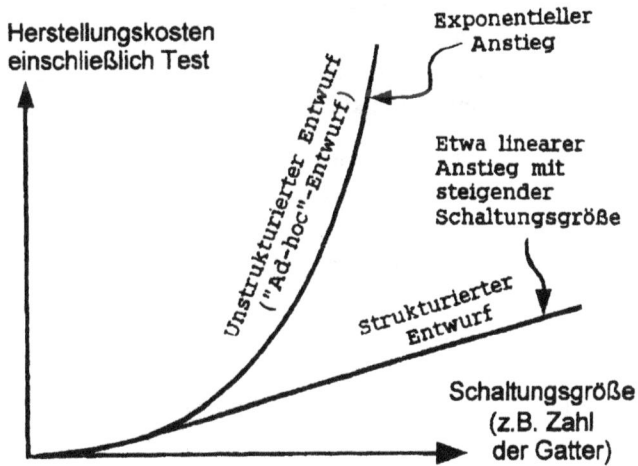

Herstellungskosten
einschließlich Test

Exponentieller
Anstieg

Unstrukturierter Entwurf
("Ad-hoc"-Entwurf)

Etwa linearer
Anstieg mit
steigender
Schaltungsgröße

strukturierter
Entwurf

Schaltungsgröße
(z.B. Zahl
der Gatter)

Man unterscheidet :

● *Ad-hoc-Entwurf:*
(Laut Duden: *"Ad-hoc"* = *"aus dem Augenblick heraus"*, was auch etwas freier als *"nicht vorgeschrieben"* oder *"der augenblicklichen Situation entsprechend"* interpretiert werden kann.)

- Dem Logikentwickler werden keinerlei das Testen betreffende Entwurfsregeln vorgegeben.
- Es bleibt dem Entwickler überlassen, was er für die Testbarkeit seiner Schaltung unternimmt. Er sieht z.B. zusätzliche PI's und/oder PO's vor, gemeinsame Reset-Leitung(en) für alle FF's, ... usw.

Der Ad-hoc-Entwurf kann nur für sehr kleine Schaltungen zugelassen werden. Bei größeren Schaltungen ist wegen der im Abschnitt **4.4.1** geschilderten Problematik bei tragbarer (d.h. bezahlbarer) Rechen- und Testzeit kein ausreichender Fehlererfassungsgrad zu erreichen. Will man ihn mit Hilfe eines überproportional ansteigenden Testaufwands dennoch erreichen, so wachsen die dafür aufzuwendenden Kosten exponentiell in unakzeptable Höhen an, wie in obigem *Bild 4.23* angedeutet.

● *Strukturierter Entwurf:*

Die heute allgemein übliche Entwurfsmethodik ("Design for Testability").

- Dem Logikentwickler werden wohldefinierte Entwurfsregeln vorgegeben.
- Bei strenger Einhaltung der Regeln ist die Testbarkeit mit einem ausreichend hohen Fehlererfassungsgrad gewährleistet.

Die Gesamt-Herstellungskosten steigen nach einer kurzen "Anlaufphase" nur etwa linear mit einem akzeptablen Gradienten mit der Zahl der Gatteräquivalente pro Chip an, wie im obigen *Bild 4.23* angedeutet. Folglich werden im weiteren Verlauf dieses Buchs (und auch der Vorlesung) nur noch Tests behandelt, die einen strukturierten Entwurf voraussetzen.

Merke: Der Ingenieur muß bei seinen Entwicklungen immer den *Gesamt*aufwand beachten. Eine *Teil*optimierung, z.B. derart, daß bei einer Schaltungsentwicklung nur die Zahl der benötigten Gatter(äquivalente) minimiert wird, kann sogar schädlich sein, wenn sich damit der notwendige Testaufwand dermaßen erhöht, daß die Gesamtkosten ansteigen. Ein gewisser Mehraufwand an Schaltelementen kann folglich, gemäß den strengen Regeln des strukturierten Entwurfs richtig eingesetzt, die Gesamtkosten nicht nur nicht erhöhen, sondern sogar signifikant erniedrigen. Dies unterstreicht die enge gegenseitige Abhängigkeit und das notwendige Zusammenspiel von Logikentwicklung, Layout-Entwicklung und Testdatenerstellung laut dem Diagramm *Bild 1.20* auf Seite 17. Und auf Seite 21 wurde, hervorgehoben durch *Bild 1.23*, bereits darauf hingewiesen, daß der in der Entwicklung tätige Spezialist die Fähigkeit haben muß, über sein spezielles Arbeitsgebiet "hinauszudenken" und ständig das Gesamtsystem zu überschauen.

4.4.3   LSSD (Level Sensitive Scan Design)

Von allen Methoden des strukturierten Entwurfs ist die für VLSI-Chips weit verbreitete, weil wohl am besten geeignete Methode, die des *LSSD* (= Level Sensitive Scan Design oder auch Level Sensitive path Scan Design), die nachfolgend behandelt wird.

Das LSSD-Prinzip wurde ursprünglich von IBM entwickelt [13], kann aber heute als die wichtigste strukturierte Entwurfsmethode angesehen werden, die weltweit von allen namhaften Firmen empfohlen und bei der Entwicklung von VLSI-Logikchips meistens auch angewendet wird. Siehe dazu u.a. die "Nicht-IBM"-Bücher [04], [19], [21] und [44].

4.4.3.1 Das LSSD-Grundprinzip

Jedes beliebige Schaltwerk läßt sich rein gedanklich immer in mindestens zwei Teile zerlegen, und zwar in die rein kombinatorische Logik (das Schaltnetz) und in alle FF's, wie im nebenstehenden *Bild 4.24* dargestellt. Daß die FF's in der Realität an ganz unterschiedlichen Stellen ohne äußere Zugriffsmöglichkeiten irgendwo in die kombinatorische Logik eingebettet sind, spielt dabei keine Rolle. Denn alle Eingangs- und Ausgangsleitungen der FF's kann man sich auch verlängert vorstellen, so daß dann jedes einzelne FF zwar mit seinen elektrischen Verbindungen und seiner logischen Aufgabe unverändert bleibt, jedoch scheinbar (vorstellungsmäßig) aus dem Schaltnetz "herausgezogen" erscheint.

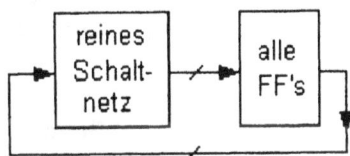

Bild 4.24   Zerlegung eines Schaltwerks

Man stelle sich nun weiterhin vor, daß überall zwischen dem verbleibenden reinen Schaltnetz und den FF-Eingängen Kippschalter liegen, wie im *Bild 4.25* auf der folgenden Seite 326 gezeigt. Alle Schalter seien über eine gemeinsame Steuerleitung, *"Scan Select"* genannt, zusammen nach oben oder nach unten zu klappen. Als FF's werden *ausschließlich getaktete Master-Slave-FF's* eingesetzt, die man bekanntlich zu Schieberegistern zusammenschalten kann.

In der im *Bild 4.25* gezeichneten Schalterstellung sind alle FF's zu einer Schieberegisterkette durchverbunden. Werden die Schalter jedoch in "Normalstellung" nach oben geklappt, dann ist jedes FF von seinen Kettennachbarn abgetrennt und individuell mit den Gattern des Schaltnetzes verbunden, so daß das Gesamt-Schaltwerk "ganz normal" so betrieben werden kann, wie es vom Entwurf her vorgesehen ist.

Der von dem mit *"Scan Data IN"* bezeichneten Eingang über die Schieberegisterkette bis zu dem mit *"Scan Data OUT"* bezeichneten Ausgang laufende Pfad (im *Bild 4.25* etwa dicker gezeichnet) wird *"Scan Path"*, *"Abtastpfad"* oder *"Prüfbus"* genannt.

Der *Testvorgang* läuft folgendermaßen ab:

Sind die Schalter nach unten geklappt, dann können die n FF's mit n Schiebetakten über den Prüfbus gezielt auf ein gewünschtes n Bits breites 0-1-Muster gesetzt werden. Am Schaltnetz liegen damit sowohl die n FF-Zustände z_0 bis z_{n-1} als auch das über die PI's direkt eingegebene 0-1-Muster an. Das Schaltnetz stellt sich, wie im Kapitel **4.2** für den Stuck-Fault-Test beschrieben, damit auf

den neuen Zustand ein. Dieser Zustand kann zum Teil über die PO's direkt ausgegeben (und somit beobachtet) werden. Zum weiteren Teil wird er aber parallel
in die FF's eingespeichert, sobald die Schalter nach oben in die Normalstellung
geklappt werden. Werden die Schalter danach wieder nach unten geklappt, so
kann mit n Schiebetakten ein neues 0-1-Muster "eingeschoben" werden, während
gleichzeitig das parallel in den FF's abgelegte Ausgangsmuster seriell über den
Prüfbus-Ausgang (Scan Data OUT) "herausgeschoben" wird und damit ebenfalls
zur Beobachtung zur Verfügung steht.

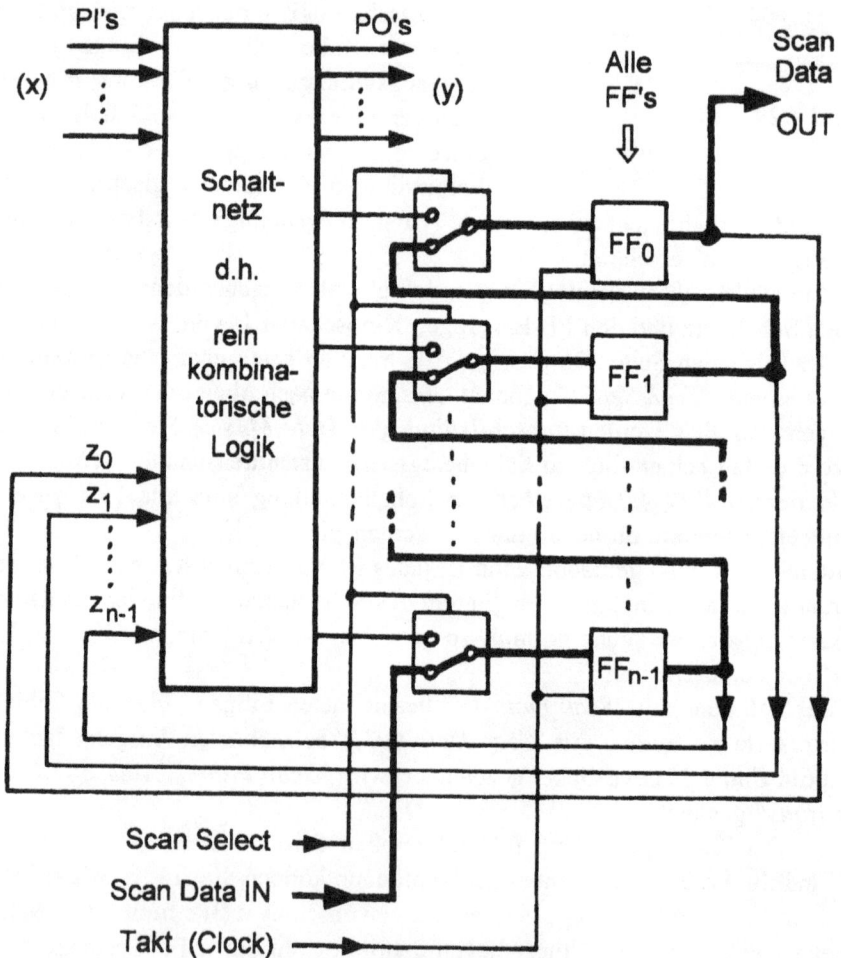

Bild 4.25   *Zerlegung eines Schaltwerks zur Erläuterung des LSSD-Grundprinzips*

Der Test kann folglich ganz normal als Stuck-Fault-Test ablaufen, lediglich, daß zwischen je 2 neu anzulegenden 0-1-Testmustern das ganze Schieberegister zu entladen und gleichzeitig neu zu laden ist. Dabei werden die FF's "automatisch" mit getestet, da im Falle eines fehlerhaften FF's kein Durchschieben der 0-1-Information möglich ist. Selbstverständlich sind die Schalter in der Realität (mit Hilfe von Gattern) als elektronische Schalter ausgeführt. Im *Bild 4.25* wurden nur deshalb Kippschalter eingesetzt, um das LSSD-Grundprinzip auf möglichst einfache Weise erläutern zu können.

Dem Entwickler wird heute, zumindest sobald etwas umfangreichere Logiken zu entwickeln sind, *streng verboten*, eine *"Nicht-LSSD-Logik"* zu entwerfen. Nur bei strenger Einhaltung der LSSD-Design-Regeln ist die Testbarkeit mit tragbarem Aufwand (gemäß *Bild 4.23*, S. 323) gewährleistet. Dem Autor ist bekannt, daß z.B. als Diplomarbeiten einige hervorragende Schaltungsentwürfe ausgeführt und die dazu passenden Chip-Layouts entwickelt wurden. Jedoch wurden diese Entwürfe ohne LSSD durchgeführt. Aber trotz eines ansonsten guten Entwurfs mußte die abschließende Fertigung von mindestens einem Chip unterbleiben, da das Chip nicht testbar war. Der erreichbare (bezahlbare) Fehlererfassungsgrad lag unter 50%, was absolut inakzeptabel ist. Mit Hilfe von LSSD, was aber in dem für diese Schaltungsentwürfe verwendeten CAD-System leider nicht vorgesehen war, hätte der Fehlererfassungsgrad leicht über 97% angehoben werden können.

Die Namensgebung "Level Sensitive Scan Design" erklärt sich wie folgt:

"Level Sensitive" bedeutet, daß alle Teile der Schaltung, insbesondere die speichernden Elemente, d.h. die FF's, nur auf *Pegel* (engl. *Level*) ansprechen (d.h. *sensitiv* sein) dürfen, nicht dagegen auf Flanken. Das Prinzip des Prüfbus oder Scan Path kann zwar grundsätzlich auch mit flankengesteuerten FF's realisiert werden, ist aber wegen der größeren Störanfälligkeit flankengesteuerter FF's mit diesen nicht zu empfehlen. Entgegen dieser Empfehlung werden in manchen CAD-gesteuerten Entwurfssystemen (z.B. im inzwischen veralteten [21]) leider doch flankengesteuerte FF's verwendet, wodurch die Entwürfe möglicherweise, unter gewissen vom Entwurfssystem zugelassenen Voraussetzungen, zwar "Scan Designs", aber keine "Level Sensitive Designs" sind.

"Scan Design" bedeutet, daß der gesamte Entwurf so strukturiert sein muß, daß es *kein* in die Logik eingebettetes speicherndes Element gibt, das nicht über einen *"Scan Path"* (Abtastpfad oder Prüfbus) ansprechbar, d.h. setzbar und auslesbar, ist. (Dies gilt selbstverständlich nicht für ganze Speicher-Arrays, beispielsweise die Elemente eines x-MB-Chips.)

Alle LSSD-Designs müssen mindestens den folgenden **4 *wichtigsten LSSD-Regeln*** entsprechen:

- Jedes speichernde Element (d.h. FF) muß über einen Scan Path erreichbar sein, siehe die obige Erklärung des Namensteils "Scan Design".

- Alle FF's werden als "hazard-freie" PH-Elemente (**P**olarity-**H**old-Elemente) implementiert, vgl. den folgenden Abschnitt **4.4.3.2**. Die in diesen FF's abgespeicherten Daten können bei inaktivem Takt nicht geändert werden.

- Die FF's werden durch mindestens 2 sich nicht überlappende Taktimpulse kontrolliert, d.h. es dürfen nur doppeltakt-pegelgesteuerte MS-FF's verwendet werden.

- Taktsignale dürfen nicht mit zu FF-Dateneingängen führenden Signalen verknüpft werden, weder direkt noch über kombinatorische Logik.

LSSD trägt nicht nur maßgeblich zur Prüfbarkeit von Logikchips bei, sondern verbessert auch ganz wesentlich die Sicherheit einer Schaltung, da bestimmte dynamische Fehler gar nicht erst auftreten können, sofern die LSSD-Design-Regeln genau eingehalten werden.

Beispiel: Bei Verwendung ausschließlich getakteter hazard-freier FF's sind eventuelle Signalwettläufe in den Schaltnetzen sowie die dadurch hervorgerufenen Spikes ohne jede Bedeutung, vorausgesetzt natürlich, daß die Taktfrequenz an die Durchlaufzeit der längsten im Schaltnetz vorkommenden Gatterkette angepaßt ist. Das Einspeichern von Information in die FF's und damit das Weiterverarbeiten der Information kann immer erst dann geschehen, wenn eventuelle Spikes bereits abgeklungen sind, d.h erst ab Beginn der im *Bild 4.20* (Seite 318) mit c bezeichneten Zeit. Deshalb kann auf dynamische Tests zum Aufspüren eventueller durch Hazards hervorgerufener Spikes komplett verzichtet werden.

Auch die Sicherheit gegenüber zufällig von außen eingestreuten Störimpulsen wird ganz wesentlich erhöht, was ganz wichtig ist, da die Schaltungen "an sich" leider immer störanfälliger werden (vgl. u.a. S. 225).

Der "Preis", der für die Prüfbarkeit und die zusätzliche Sicherheit zu zahlen ist, besteht in ca. 4% bis über 20% zusätzlichem Schaltungsaufwand, wofür bei Chips etwa 4% bis über 20% der verfügbaren Chipfläche aufzuwenden sind. Bei den heute beherrschbaren $\geq 100\,000$ Gatteräquivalenten pro Chip stellt das aber meist kein besonderes Problem mehr dar, wenn dem Entwickler von vornherein vorgeschrieben wird, daß er für sein eigentliches Schaltungsproblem z.B. höchstens $\leq 80\,000$ Gatteräquivalente benutzen darf, damit genügend viele für den

LSSD-bedingten Mehraufwand übrig bleiben. So kann es durchaus möglich sein, daß ein Chip (ähnlich *Bild 3.51* und dem Text auf Seite 247) ohne Verdrahtungskanäle durchgehend mit 130 000 Zellen belegt ist, daß davon jedoch nur etwa 100 000 zu Books verdrahtet werden können, wovon wiederum nur etwa 80 000 für die Implementierung der eigentlich benötigten Logik verwendet werden dürfen.

4.4.3.2 LSSD-geeignete FF's (sogenannte SRL's) und Schieberegister mit SRL's

Wie bereits aus den auf Seite 328 wiedergegebenen LSSD-Regeln hervorgeht, sind von den vielen bekannten FF's nur einige wenige für den Einsatz in LSSD-Schaltungen geeignet. Daher werden in diesem Abschnitt einige Hinweis zum internen Aufbau von Flipflops und den damit aufzubauenden Schieberegistern gegeben.

In nebenstehendem *Bild 4.26* ist die interne Schaltung eines einfachen getakteten D-FF's gezeigt. Da es die gespeicherte Polarität 0 oder 1 beibehält und auch nicht auf Flanken anspricht, wird eine solche FF-Anordnung auch *"Polarity-Hold-Latch"* (PH-Latch) genannt. (Engl. *Latch* = Klinke oder

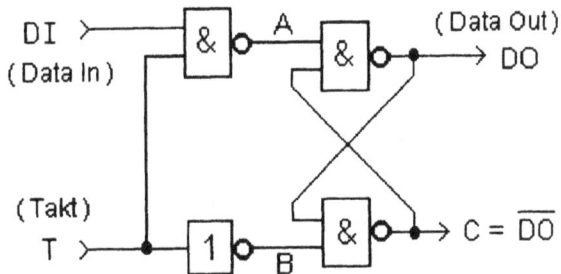

Bild 4.26   *Ein D-Flipflop laut* [04]

Riegel.) Gemeint ist eine Verriegelungsschaltung, d.h. ein Flipflop. "Latch" ist somit nur eine andere Bezeichnung für ein i.a. pegelgesteuertes FF. Das Latch *Bild 4.26* wird in dem ausgezeichneten Buch [04] fast durchgehend verwendet. Es funktioniert jedoch nur dann einwandfrei, d.h. es ist nur dann als *"hazardfrei"* zu bezeichnen, wenn die Schaltverzögerung des am DI-Eingang liegenden NANDs mit Sicherheit länger als die des Inverters ist. Anderenfalls ist beim Speichern einer logischen 1 ein einwandfreies "Verlatchen" (gegenseitiges Verriegeln im 1-Zustand) nicht gewährleistet, wie das Zeitdiagramm *Bild 4.27* (auf der folgenden Seite 330) zeigt:

Da während der Taktzeit der Knoten C *noch* auf 1, der Datenausgang DO aber ebenfalls *schon* auf 1 liegt, kann das FF beliebig auf 0 oder 1 kippen, sobald der Takt auf 0 zurückgeschaltet wird und damit beide Knoten A und B auf 1 schalten. Nur wenn B mit genügender Sicherheit, einschließlich eventueller Toleranzen, früher auf 1 zurückschaltet als A, dann schaltet C sicher zuerst auf 0 und sorgt damit dafür, daß DO nicht ebenfalls auf 0 zurückschalten kann.

Bild 4.27

Zeitdiagramm für das Speichern einer 1 im D-FF laut Bild 4.26

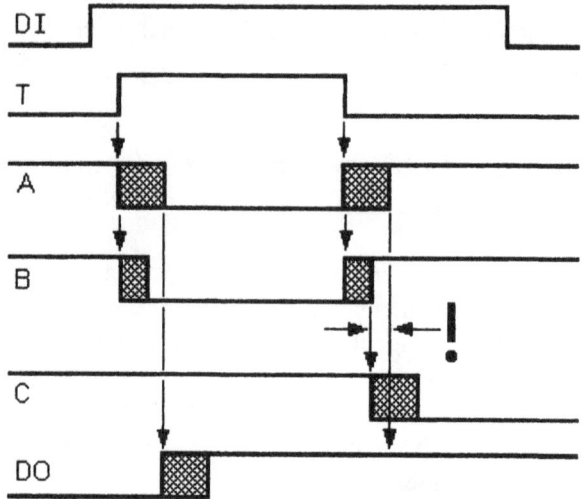

Selbstverständlich läßt sich durch die verschiedensten Maßnahmen schaltungstechnischer Art, z.B. durch zusätzliche kleine Kapazitäten an A und/oder den Aufbau des Eingangs-NAND und des Inverters mit unterschiedlichen Zeitkonstanten (unterschiedliche Widerstandwerte bei Bipolarschaltung, bzw. unterschiedliche W/L-Verhältnisse bei FETs) eine gezielt unterschiedliche Verzögerung der beiden Gatter erreichen (vgl. z.B. S. 195f). Der Einsatz dieses FF's kann dennoch heute nicht mehr empfohlen werden, da man von einem *"echten hazard-freien"* FF verlangen sollte, daß seine Funktionalität unabhängig von eventuellen Delay-Unterschieden und/oder Delay-Toleranzen gewährleistet ist. Auf jeden Fall ist das mit *Bild 4.26* gezeigte FF ein gutes Beispiel dafür, wie vorsichtig man bei der Schaltungsentwicklung vorgehen muß. Und eine Überprüfung eines solchen FF's auf Gatterebene mit Hilfe der Logiksimulation darf keinesfalls mit Unit Delay (vgl. S. 131f) durchgeführt werden, da dies zu völlig falschen Ergebnissen führen kann.

Erweitert man die Schaltung *Bild 4.26* jedoch um ein weiters NAND, wie im folgenden *Bild 4.28* gezeigt, dann erhält man ein ***echtes hazard-freies Latch***, das eine einwandfreie Speicherung sowohl der 0 als auch der 1 unabhängig von den individuellen Verzögerungszeiten der einzelnen Gatter gewährleistet. Statt als D-FF läßt sich das Latch selbstverständlich auch als ganz normales getaktetes RS-

FF ausführen, wenn man einfach den Inverter wegläßt, wie im *Bild 4.28* ebenfalls gezeigt ist. Ferner läßt sich das RS-FF auf die übliche Weise mit Hilfe der wohlbekannten Rückkopplungen zum T-FF oder auch zum JK-FF erweitern.

Bild 4.28

*Echtes hazard-freies pegelgesteuertes getaktetes Einzel-Flipflop (bzw. Latch) in der Ausführung als D-FF (obere Schaltung) und als RS-FF (untere Schaltung). Der Datenausgang wird vielfach auch mit **Q** oder mit **Z** (= Zustand) bezeichnet.*

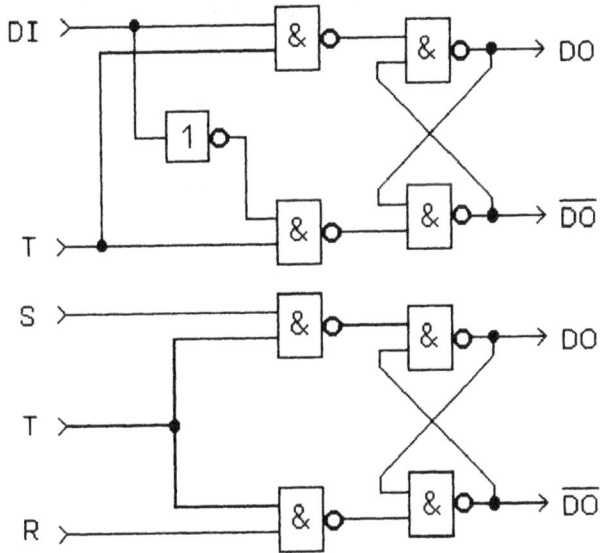

Man muß aber ein getaktetes hazard-freies Latch in Form eines D-FF's nicht unbedingt aus 4 NANDs und einem Inverter aufbauen. Man kann dieses Latch statt dessen auch mit Hilfe von 3 UND, 1 ODER und 1 Inverter implementieren, wie das folgende *Bild 4.29* zeigt:

Bild 4.29

Eine weitere Ausführung eines hazard-freien D-FF's

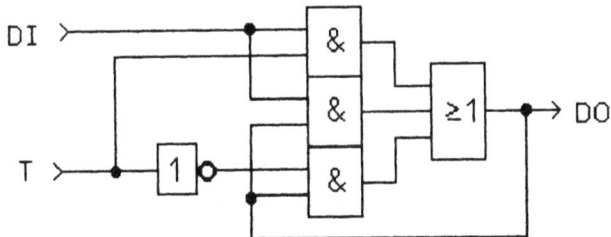

Die beiden in den *Bildern 4.28* und *4.29* gezeigten D-FF's bestehen, auf Gatterebene zerlegt, aus je 5 Gattern. Welches der beiden Latches in der Praxis mit geringerem Aufwand realisierbar ist, hängt nur von der im Einzelfall verwendeten Technik ab, denn die Latches werden im allgemeinen nicht aus mehreren

Einzelgattern zusammengesetzt, auch wenn die latch-interne Logik sich mit Hilfe
dieser Zerlegung besonders einfach darstellen läßt. Im folgenden *Bild 4.30* ist
gezeigt, daß man auch mit erheblich geringerem Aufwand ein "Latch-Book" entwickeln kann: Mit 3 der im *Bild 3.5* auf Seite 190 abgebildeten Teilzellen läßt
sich beispielsweise leicht das im *Bild 4.29* dargestellte Latch in einer (alten)
gesättigten DTL-Technik
realisieren:

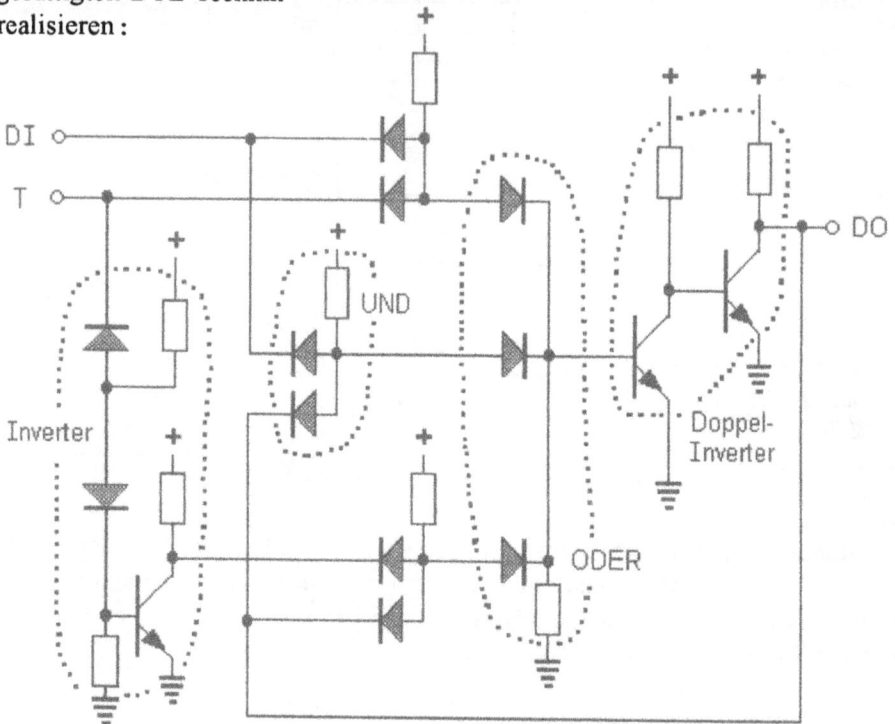

Bild 4.30   *Realisation des D-FF des Bildes 4.29 in gesättigter DTL-Technik*

Selbstverständlich wird man ein solches FF heute nicht mehr in DTL-Technik
aufbauen (und erst recht nicht in einer DTL mit *gesättigten* Transistoren). Aber
solche Überlegungen zur Minimierung des schaltungstechnischen Aufwands
gelten in ähnlicher Weise auch für moderne CMOS-Technologien. Würde man
beispielsweise das D-FF *Bild 4.29* aus einzelnen CMOS-Gattern zusammensetzen, so wären dafür 28 Transistoren (14 N-Kanal- und 14 P-Kanal-FETs) erforderlich. Das folgende *Bild 4.31* zeigt jedoch, daß man das D-FF des *Bildes 4.29*
auch mit 16 Transistoren (8 N-Kanal- und 8 P-Kanal-FETs) realisieren kann und

dabei auch noch ohne zusätzlichen Aufwand den häufig gebrauchten invertierten Datenausgang mit erhält:

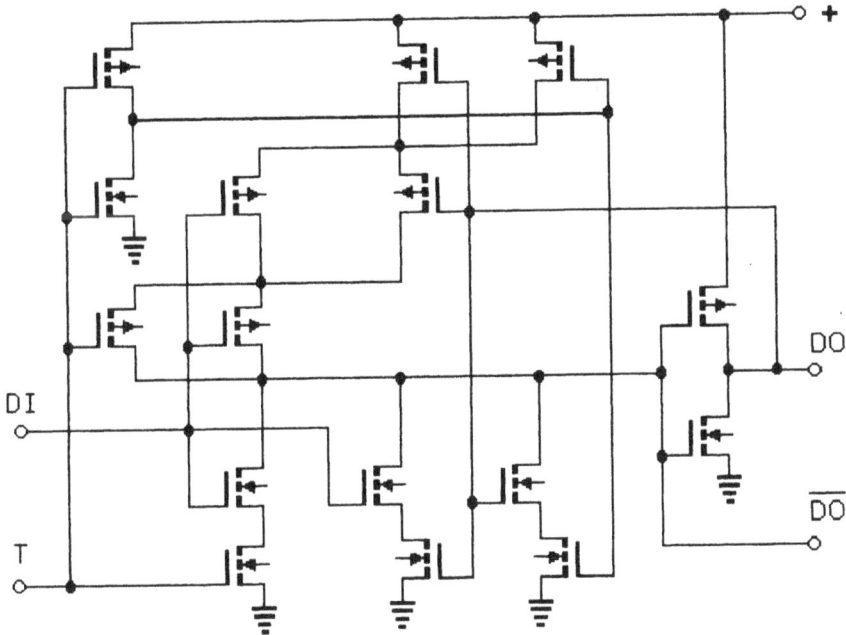

Bild 4.31 *Realisation des D-FF des Bildes 4.29 in CMOS-Technik*

Das auf Seite 331 mit *Bild 4.28* abgebildete Latch hat gegenüber dem mit den *Bildern 4.29* bis *4.31* gezeigten den Vorteil, daß es ohne Mehraufwand auch in Form eines RS-FF eingesetzt werden kann, was für den Aufbau von T-FF's und JK-FF's sowie für alle Typen der wichtigen Master-Slave-FF's günstig ist. Wir werden daher, der Einfachheit halber, nur noch mit FF's arbeiten, die in ihrem inneren Aufbau der Schaltung *Bild 4.28* entsprechen. Selbstverständlich gelten auch für diese FF's die mit den *Bildern 4.30* und *4.31* gezeigten Minimierungen des Aufwands, wenn man die FF's auf der Transistorebene zu kompakten Books integriert und sie nicht aus Einzelgattern zusammensetzt, was wir hier aber nicht nochmals wiederholen wollen.

Bevor wir uns den für LSSD-gerechte Schaltungen erforderlichen MS-FF's (Master-Slave-Flipflops) zuwenden, muß noch auf die im *Bild 4.32* gezeigte, inzwischen längst veraltete Schaltung eines T-FF aufmerksam gemacht werden: Es ist ein in gesättigter DTL-Technik realisiertes flankengesteuertes (flankensensitives) T-FF, wie man es auch heute noch mitunter in älteren Schaltungen und/oder in solchen, die aus diskreten Elementen aufgebaut oder hybrid-integriert sind, findet. In modernen integrierten Schaltungen ist die *Verwendung* solcher FF's *verboten* (!), da mit ihnen kein strukturierter Entwurf durchzuführen ist. (Außerdem widerspricht die Flankensteuerung den LSSD-Regeln.) Bedenkt man, daß Kondensatoren meist mehr Chipfläche beanspruchen als Transistoren, dann kann dieses von der Schaltungstechnik her so einfach aussehende FF in praxi mitunter schwieriger (und teurer) zu realisieren sein, als die komplizierter aussehenden FF's der *Bilder 4.28* bis *4.31*. Aus dieser Sicht verbietet sich der Einsatz eines FF's entsprechend *Bild 4.32* in integrierten Schaltungen schon ganz von alleine.

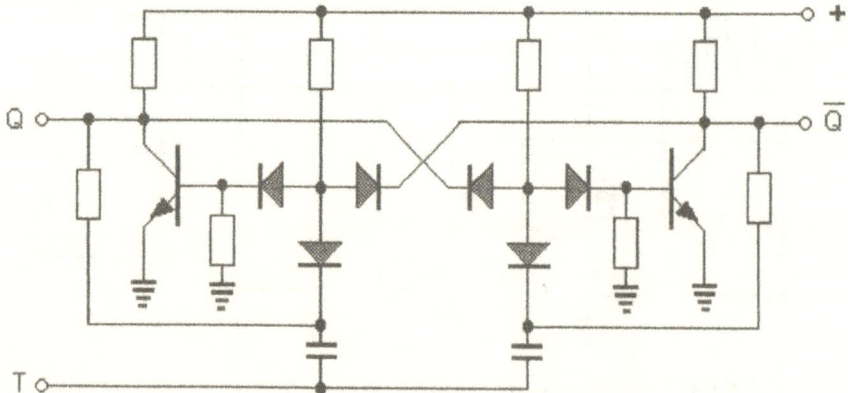

Bild 4.32   *Altes flankengesteuertes T-FF in gesättigter DTL-Technik*

Kehren wir zu unserer "Basisschaltung" *Bild 4.28* (S. 331) zurück, dann läßt sich die dort gezeigte Anordnung leicht zu einem in allen LSSD-Entwürfen anwendbaren Master-Slave-FF mit umschaltbaren Eingängen ausbauen, wie im folgenden *Bild 4.33* gezeigt ist. Dabei bedeuten:

DI	=	Data In	DO	=	Data Out
SRI	=	Shift Register In	TS	=	Systemtakt
TA	=	Schiebetakt A	TB	=	Schiebetakt B

Die Eingangsschaltung des Master-FF ist doppelt ausgeführt. Liegen die Takteingänge TS und TA beide auf 0, Dann sind die beiden Dateneingänge DI und SRI zum FF komplett abgesperrt. Wird aber TS auf 1 gesetzt, dann wird der Dateneingang DI geöffnet. Über DI wird das FF für seinen "Normalbetrieb" mit der übrigen Logik verbunden. Ein Öffnen des Eingangs DI über den Systemtakt-Eingang TS entspricht folglich dem Arbeiten "mit hochgeklappten Schaltern" im *Bild 4.25* auf Seite 326. Wird dagegen TA auf 1 gesetzt (und TS bleibt unter-dessen auf 0), dann wird der Schieberegister-Eingang SRI geöffnet, was dem Arbeiten "mit heruntergeklappten Schaltern" im *Bild 4.25* entspricht. Über ihre SRI-Eingänge können folglich alle FF's zu einer Schieberegister-Kette (oder auch zu mehreren Ketten) zusammengeschaltet werden. Die doppelt ausgeführte Eingangsschaltung ersetzt demnach die in der LSSD-Prinzipschaltung *Bild 4.25* eingezeichneten Kippschalter.

Wegen seiner Umschaltbarkeit und damit ermöglichten Zusammenschaltbar-keit zu Schieberegistern wird das hier im *Bild 4.33* gezeigte MS-FF auch *SRL* (= Shift Register Latch) genannt.

Das hinter dem Master-FF liegende Slave-FF wird mit Hilfe des Schiebetakts TB geöffnet. Durch die Trennung des Master- und des Slave-Takts trägt man der auf Seite 328 aufgelisteten LSSD-Regel Rechnung, wonach jedes FF durch 2 sich nicht überlappende Takte zu kontrollieren ist.

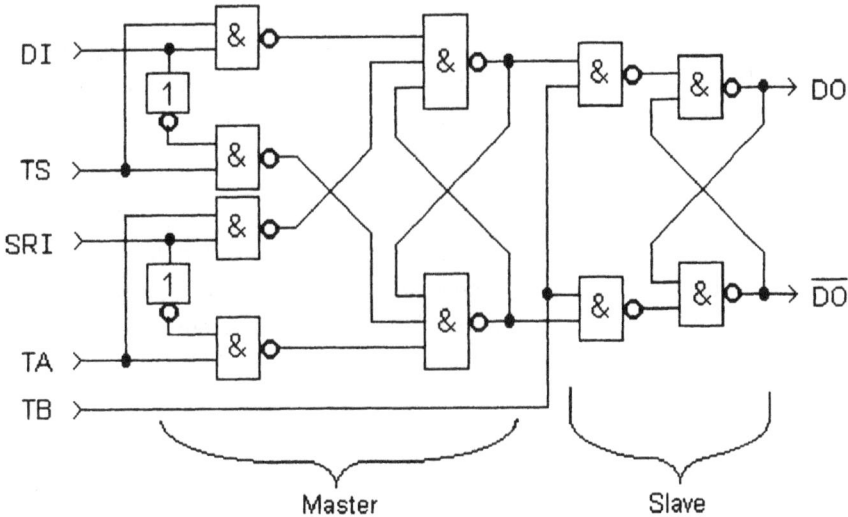

Bild 4.33   *Ein Master-Slave-D-FF in der Form eines LSSD-geeigneten SRL*

Unabhängig von der internen Form der Implementation des SRL's oder gar der Realisation mit Hilfe einer bestimmten Transistor-Technologie kann man das SRL als ein einzelnes Book betrachten wie im folgenden *Bild 4.34* angedeutet:

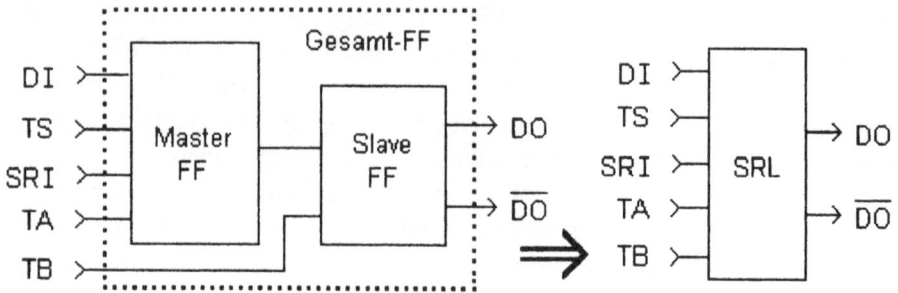

Bild 4.34 *Das SRL setzt sich intern aus Master-FF und Slave-FF zusammen*

Das mit den *Bildern 4.33* und *4.34* gezeigte SRL ist sowohl bezüglich seines Dateneingangs DI als auch seines Schieberegistereingangs SRI als D-FF ausgeführt. Selbstverständlich ist es leicht möglich einen der beiden oder auch beide Eingänge in der für ein RS-FF geeigneten Form auszuführen, wozu man nur einen oder auch beide Eingangsinverter weglassen muß. Insbesondere den SRI-Eingang wird man immer dann in RS-Form ausführen, wenn mehrere SRL's räumlich nahe beieinander sitzen, weil dann SRI und $\overline{SRI}$ eines jeden FF's direkt mit DO und $\overline{DO}$ des Schieberegister-Vorgängers verbunden werden können, ohne die Eingangsinverter zu benötigen. Sitzen jedoch zwei miteinander zu verbindende SRL's räumlich weit auseinander, so ist es vom Layout her mitunter günstiger, eine Verbindungsleitung einzusparen und dafür dann lieber einen Inverter vorzusehen.

Dies zeigt erneut die gegenseitige Abhängigkeit von Logik-Design, Layout und Testdatenerstellung. Schließlich ist noch zu erwähnen, daß der Dateneingang durch entsprechende Rückkopplungen auch in der für ein JK-FF geeigneten Form ausgeführt werden kann. Für den Schieberegistereingang ist eine JK-Form überflüssig, da sie für das Zusammenschalten von FF's zu Schieberegistern nutzlos ist.

Die SRL's sind, wie bereits mehrfach erwähnt, doppeltakt-pegelgesteuerte MS-FF's. Das Taktschema ist im folgenden *Bild 4.35* dargestellt:

Der mit t_{sch} bezeichnete Zeitabschnitt sei die zum Schalten des Master-FF oder des Slave-FF notwendige Zeit. Die an TS (oder TA) und TB anliegenden Taktimpulse müssen mit den Längen t_1 und t_3 nur um ein gewisses Maß zum sicheren Auffangen aller üblicherweise auftretenden Toleranzen länger sein. Damit sind weder das Master- noch das Slave-FF je länger geöffnet, als zum Einspeichern eines neuen Zustands zeitlich (+ Toleranzen) notwendig ist. Zwischen t_1 und t_3 liegt das kleine Intervall $t_2 > 0$, das mit Sicherheit, ebenfalls unter Einberechnung aller möglichen Toleranzen, eine Überlappung der beiden Taktimpulse verhindert. Da die FF-Eingänge immer nur während der relativ kurzen Taktimpulse geöffnet sind, darf der Abstand zwischen einem Doppeltakt-Impulspaar und dem nächsten beliebig lang sein, ohne daß man dadurch eine Einbuße an Sicherheit gegenüber Störimpulsen in Kauf nehmen muß.

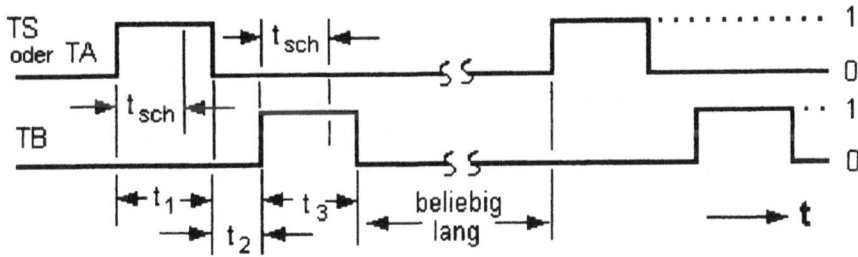

Bild 4.35 *Taktschema zur Steuerung von SRL's*

Wir können nun unsere SRL's benutzen, um mit ihnen Schieberegister, die man auch SRL-Ketten nennt, zusammenzusetzen, wie im folgenden *Bild 4.36* gezeigt:

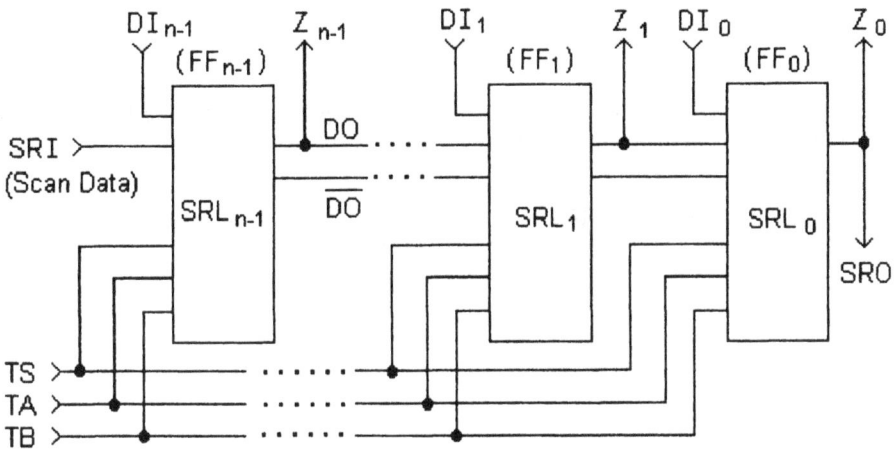

Bild 4.36 *LSSD-geeignete SRL-Kette*

DI_i ist der i-te Dateneingang (eines n Bits breiten Registers), der natürlich auch im Sinne eines RS-FF oder JK-FF aus 2 Eingangsleitungen bestehen kann. An $Z_i = DO_i$ ist der gespeicherte Zustand des i-ten FF abzunehmen. Auch hier

kann selbstverständlich über eine 2. Ausgangsleitung zusätzlich noch der Nicht-
Zustand abgenommen werden. Geht man davon aus, daß nur die in den *Bildern*
4.33 und *4.34* gezeigten SRL's als FF's verwendet werden, daß daher **immer** alle
FF's an 3 Taktleitungen angeschlossen sind, dann können die Taktleitungen in
der zeichnerischen Darstellung auch weggelassen werden, um sich ausschließlich
auf die Signalleitungen zu konzentrieren. Unterläßt man ferner (wenigstens in
Prinzipdarstellungen oder Blockschaltbildern) die Unterscheidung zwischen möglichen D-, RS- oder gar JK-Eingängen sowie den Z-Ausgängen und den invertierten Ausgängen, dann kann man vereinfachend eine einzige Datenleitung
zeichnen und gelangt damit zu folgender im *Bild 4.37* gezeigten Darstellung von
n FF's, die sowohl einzeln einsetzbar als auch zu einer SRL-Kette zusammen-
schaltbar sind:

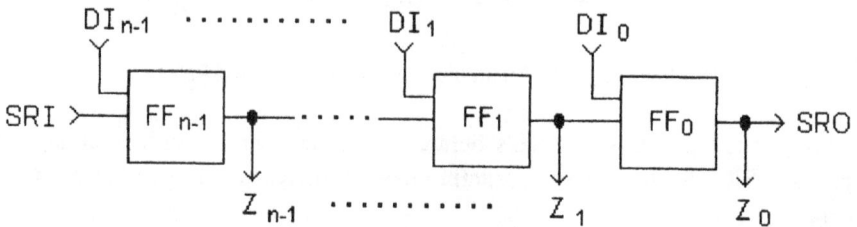

Bild 4.37 *Vereinfachte Darstellung von n FF's in einer SRL-Kette*

Entsprechend dem mit *Bild 4.35* (S. 337) gezeigten Taktschema läßt sich für
den Schieberegister-Betrieb angeben:

Während t_1 :

Shift	SRI-Info	$\Rightarrow$	FF_{n-1} (Master)
Shift	FF_{n-1} (Slave)	$\Rightarrow$	FF_{n-2} (Master)
:	:		:
Shift	FF_1 (Slave)	$\Rightarrow$	FF_0 (Master)
Shift	FF_0 (Slave)	$\Rightarrow$	SRO (Shift Reg. Out)

Während t_3 :

Shift	FF_{n-1} (Master)	$\Rightarrow$	FF_{n-1} (Slave)
Shift	FF_{n-2} (Master)	$\Rightarrow$	FF_{n-2} (Slave)
:	:		:
Shift	FF_1 (Master)	$\Rightarrow$	FF_1 (Slave)
Shift	FF_0 (Master)	$\Rightarrow$	FF_0 (Slave)

4.4.3.3   LSSD mit SRL's und der Test mit LSSD

Mit Hilfe der im vorigen Abschnitt **4.4.3.2** gezeigten SRL's läßt sich jetzt ein
den LSSD-Regeln entsprechendes Schaltwerk entwickeln, wie es im folgenden
Bild 4.38 dargestellt ist.

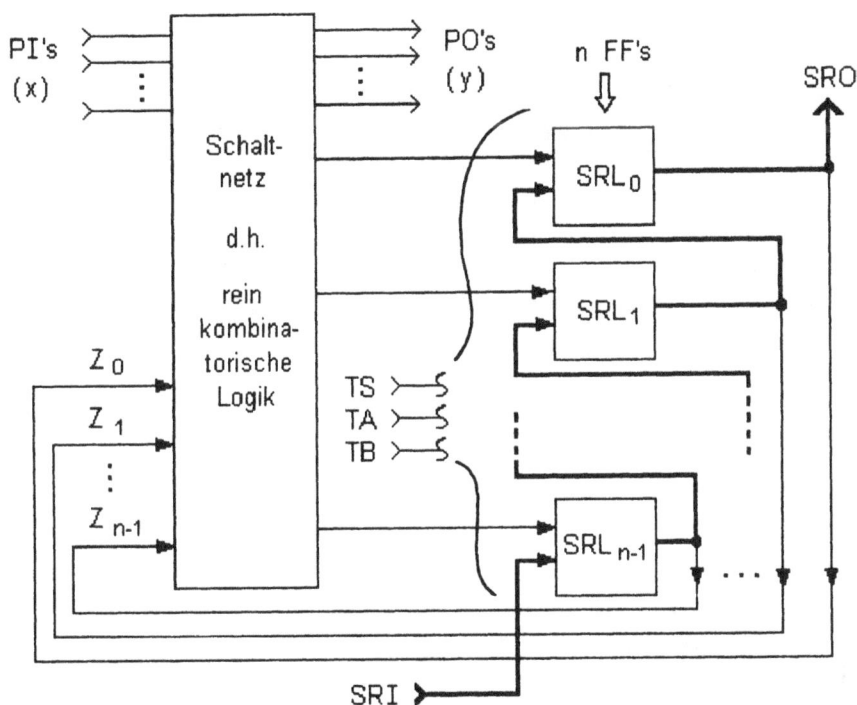

Bild 4.38   *LSSD-gerechtes Schaltwerk, bestehend aus Schaltnetz und SRL-Kette*

Der einzige Unterschied zwischen diesem Schaltwerk *Bild 4.38* und der Prin-
zipschaltung *Bild 4.25* (S. 326) besteht darin, daß die dort getrennt gezeichneten
Kippschalter und FF's hier zu SRL's zusammengefaßt sind. Die Selektion, im
Bild 4.25 als "Scan Select" bezeichnet, erfolgt hier (entsprechend den *Bildern
4.33* bis *4.38*) dadurch, daß **entweder** TS **oder** TA getaktet wird. TB wird in
beiden Fällen benötigt.
    Man muß übrigens keineswegs alle in einem Schaltwerk (z.B. zusammen in
einem Chip) benötigten FF's zu einer einzigen SRL-Kette zusammenschalten. Es
ist sehr wohl gestattet, und in praxi auch durchaus üblich, mehrere SRL-Ketten

einzusetzen. Die Ketten werden dann kürzer, sodaß weniger Taktimpulse zum Laden und Entladen benötigt werden und der Test deshalb schneller wird. Dafür muß man jedoch, quasi als Preis für die kürzere Testzeit, zusätzliche Ein- und Ausgänge (Chip-Pads, Module-Pins usw.) vorsehen, da wenigstens pro weiterer SRL-Kette je ein weiterer SRI- und SRO-Anschluß und manchmal auch noch zusätzliche TA- und/oder TB-Anschlüsse erforderlich sind.

Häufig verlangt auch die dem Schaltungsentwurf zugrundeliegende Aufgabenstellung, daß die im Schaltwerk benötigten FF's zu verschiedenen Zeiten getaktet werden. Man braucht dann mehrere separate, zeitlich gegeneinander verschobene Systemtakte TS und die dazu passenden Schiebetakte TB. Zu Testzwecken kann man die getrennten TB-Anschlüsse zusammenfassen, um alle FF's zu einer einzigen SRL-Kette (mit einem einzigen TA-Anschluß) zu vereinigen. Oder man sieht mindestens soviele getrennte SRL-Ketten vor, wie unterschiedliche Systemtakte gebraucht werden.

In die Partitionierung in mehrere SRL-Ketten (und in die Frage in wie viele) gehen folglich die durch die Schaltung zu erfüllende Aufgabe und selbstverständlich die Gegebenheiten des Layouts ein. Letztendlich ist im Sinne der Minimierung der Gesamtkosten ein Kompromiß zwischen den Möglichkeiten des Layouts und der Forderung nach kurzen Testzeiten zu finden.

Die Vorgehensweise beim Test einer nach den LSSD-Regeln entworfenen Schaltung ist wie folgt:

1.)   *Flush-and-Scan-Test:*
        Mit Hilfe des "Durchschiebens" spezieller 0-1-Muster werden alle FF's und alle SRI-Eingänge aller SRL-Ketten getestet. Wenn dieser Test zeigt, daß mindestens eine der SRL-Ketten fehlerbehaftet ist, braucht der folgende eigentliche Logik-Test gar nicht erst angefangen zu werden.

2.)   *Logik-Test:*
        Der "normale" Stuck-Fault-Test der rein kombinatorischen Logik wird durchgeführt. An der kombinatorischen Logik liegen laut *Bild 4.38* (S. 339) die Eingangsvektoren (x) und (z) an, wobei (z) durch die SRL-Ausgänge gebildet wird. Die Testergenbisse sind teils in (y) enthalten, teils werden sie in den SRL's abgespeichert, wodurch auch die DI-Eingänge der SRL's mitgetestet werden. Zwischen je zwei Logik-Testschritten müssen die aus n SRL's bestehenden Ketten mit Hilfe von n Doppeltaktimpulsen über SRO entladen und gleichzeitig über SRI neu geladen werden.

Abschließend sind die LSSD-Vor- und Nachteile wie folgt zusammengefaßt:

Vorteile:

- Auch Schaltungen mit Speicherelementen (Schalt*werke*) sind prüfbar.
- Reduktion auf Testmuster für eine rein kombinatorische Logik (Schalt-*netze*). Die Algorithmen dafür sind bekannt, vgl. Abschnitte **4.2.4** und **4.2.5**, Seiten 303 bis 312.
- Keine Beeinflussung durch interne Gatterlaufzeiten, allerdings unter der Voraussetzung, daß die Taktfrequenz sowohl beim Normalbetrieb als auch beim Testen den Gatterverzögerungen so angepaßt ist, daß die Zeit zwischen 2 aufeinanderfolgenden Doppeltaktimpulsen mindestens so lang wie die Signallaufzeit durch die längste in der Schaltung vorkommende Gatterkette ist.
- Einfache Schnittstelle zum Testautomaten.
- Die Schaltung ist verhältnismäßig störunempfindlich.

Nachteile:

- Zusätzliche Anschlüsse erforderlich, z.B für SRI's, SRO's und TA's.
- Zusätzliche Gatter und zusätzliche Verdrahtung sind für die Scan-Pfade und die TA-Takte erforderlich. Dafür werden etwa 4% bis 20% zusätzliche Chipfläche belegt, was aber bei $\geq 100\,000$ Gatteräquivalenten pro Chip kaum stört.
- Kein Test bei voller Arbeitsgeschwindigkeit des Schaltwerks möglich, wegen des zwischen jedem Testschritt erforderlichen Ladens/Entladens der SRL-Kette(n).

Man bedenke jedoch, daß in praxi die Frage "LSSD oder Nicht-LSSD ?" ab einem gewissen Integrationsgrad keine Frage der Abwägung der Vor- und Nachteile mehr ist. Vielmehr ist LSSD trotz mancher Nachteile schlicht notwendig, da anderenfalls das Chip nicht getestet werden kann und deshalb für unbrauchbar zu erklären ist.

4.5 Signaturanalyse

Bei umfangreichen Schaltungen ist die Menge der über die PO's parallel und über die SRL-Kette(n) seriell ausgegebenen 0-1-Testergebnisse enorm groß und damit nur noch mit fast unbezahlbarem Aufwand handhabbar bzw. auf eventuelle Fehler überprüfbar.

Einen Ausweg bietet die *Signaturanalyse*, bei der die anfallende Datenmenge auf ein einziges verhältnismäßig kurzes Datenwort, die sogenannte *Signatur* komprimiert wird. Die Analyse dieser Signatur ist ausreichend, um anzuzeigen, ob die getestete Schaltung fehlerfrei oder fehlerbehaftet ist.

Ferner stellt die Signaturanalyse einen ersten Schritt in Richtung auf den sog. Selbsttest (siehe Kapitel **4. 6**) dar, bei dem nicht nur die Datenkompression vorgenommen, sondern auch das von der zu testenden Schaltung benötigte Testprogramm selbst erstellt wird.

4.5.1   Linear rückgekoppelte Schieberegister (LFSR's)

Das sogenannte *"Linear rückgekoppelte Schieberegister"*, auch aus dem Fach-Englisch *LFSR* (Linear **F**eedback **S**hift **R**egister) genannt, wird

- sowohl zur *Datenkompression*
- als auch zur *Erzeugung von 0-1-Testmustern*

eingesetzt. Der folgende Abschnitt **4.5.1.1** befaßt sich daher zunächst mit dem LFSR und zeigt, wie damit Folgen von Pseudo-Zufallszahlen erzeugt werden können.

4.5.1.1   Das LFSR zur Erzeugung von Pseudo-Zufallszahlen

Mit Hilfe eines LFSR lassen sich sogenannte **PN**-Folgen (**P**seudo **N**oise Folgen, Pseudo Zufallsfolgen) erzeugen. Das sind unechte Zufallsfolgen, also Folgen von Quasi-Zufallszahlen mit Periodizitäten von $\leq 2^n - 1$, wenn das die in Wahrheit determinierte Folge erzeugende LFSR aus n FF's (n SRL's) besteht.

Pseudo-Zufallszahlenfolgen lassen sich auch auf andere Weise erzeugen, z.B. durch fortlaufende Multiplikation oder andere mathematische Manipulationen. Ein *Beispiel* stellt der folgende vom Autor entwickelte und in Professional FORTRAN programmierte Zufallszahlengenerator dar, der auf der Basis fortlaufender Multiplikation arbeitet:

```
c    Random Number Generator   by Hans Spiro,   Sept.3,1992
c    ===========================
c    It generates uniformly distributed Random Numbers
c    in the range of  0 ≤ rn ≤ 1
c    Usage:   CALL RANDI  =  Initialize the Generator.
c    ───────  CALL RANDN  =  Draw a Random Number.
c                    rn =  Random Number to be returned.
```

```
c    Note:        At the calling routine there must be a
c    ------       COMMON /rand/  rn, dummy(≥2)
c    Some specifications of this generator :
c         Periodicity  >  2 000 000
c         Minimal interval width at least 0.005
c         i.e. distribution in up to at least
c         200 classes possible.
c***********************************************************
      SUBROUTINE RANDN
c    ========================
      COMMON /rand/  rn, rd
      REAL*8   rd, rtemp
  10  rd = 6.553909d1 * rd
      rd = DMOD(rd, 1.019d0) - 4.9117d-4
      IF (rd)  20, 30, 40
  20  rd = -rd
      GO TO 40
  30  rd = 4.91170013407d-4
  40  rtemp = 1.d4 * rd
      itemp = rtemp
      rn = rtemp - itemp
      IF (rn .LT. .00001)  rn = 0.
      IF (rn .GT. .99999)  rn = 1.
      RETURN
c    ========================
      ENTRY RANDI
      rd = .3456306206501755d-2
      GO TO 10
      END
```

Alle auf deterministischen Verfahren beruhenden algorithmischen Zufallszahlengeneratoren erzeugen grundsätzlich nur *unechte* Zufallszahlenfolgen (Pseudo-
Zufallszahlenfolgen), die sich jedoch in ihrer praktischen Brauchbarkeit nicht
von *echten* Zufallsfolgen unterscheiden, wenn bestimmte Bedingungen erfüllt
sind: Die Periodizität und die Anzahl der möglichen verschiedenen Zufalls-
zahlen müssen beide genügend groß sein, die Quasi-Zufallszahlen müssen hinreichend gut gleichverteilt sein usw. Für nähere Einzelheiten zu den geforderten
Eigenschaften solcher Quasi-Zufallszahlengeneratoren muß auf die einschlägige
Literatur verwiesen werden, z.B. auf [45].

Einige dieser besonderen Eigenschaften bzw. Bedingungen sind jedoch für
die Testdatenerstellung bedeutungslos. Mitunter ist die Determiniertheit einer
Zahlenfolge, die damit nur scheinbar zufällig aussieht, geradezu erwünscht.

Als *Beispiel* wird mit dem folgenden *Bild 4.39* ein LFSR gezeigt, das aus
lediglich 4 SRL's besteht, folglich nur 4 Bits breite Zahlen in einer *scheinbar*
zufälligen Folge mit einer Periode von $2^4 - 1 = 15$ abgeben kann:

SRI	z_3	z_2	z_1	z_0	Dezimal Z
1	0	0	0	1	1
1	1	0	0	0	8
1	1	1	0	0	12
1	1	1	1	0	14
0	1	1	1	1	15
1	0	1	1	1	7
0	1	0	1	1	11
1	0	1	0	1	5
1	1	0	1	0	10
0	1	1	0	1	13
0	0	1	1	0	6
1	0	0	1	1	3
0	1	0	0	1	9
0	0	1	0	0	4
0	0	0	1	0	2
1	0	0	0	1	1
:	u s w. Periode wie oben				:

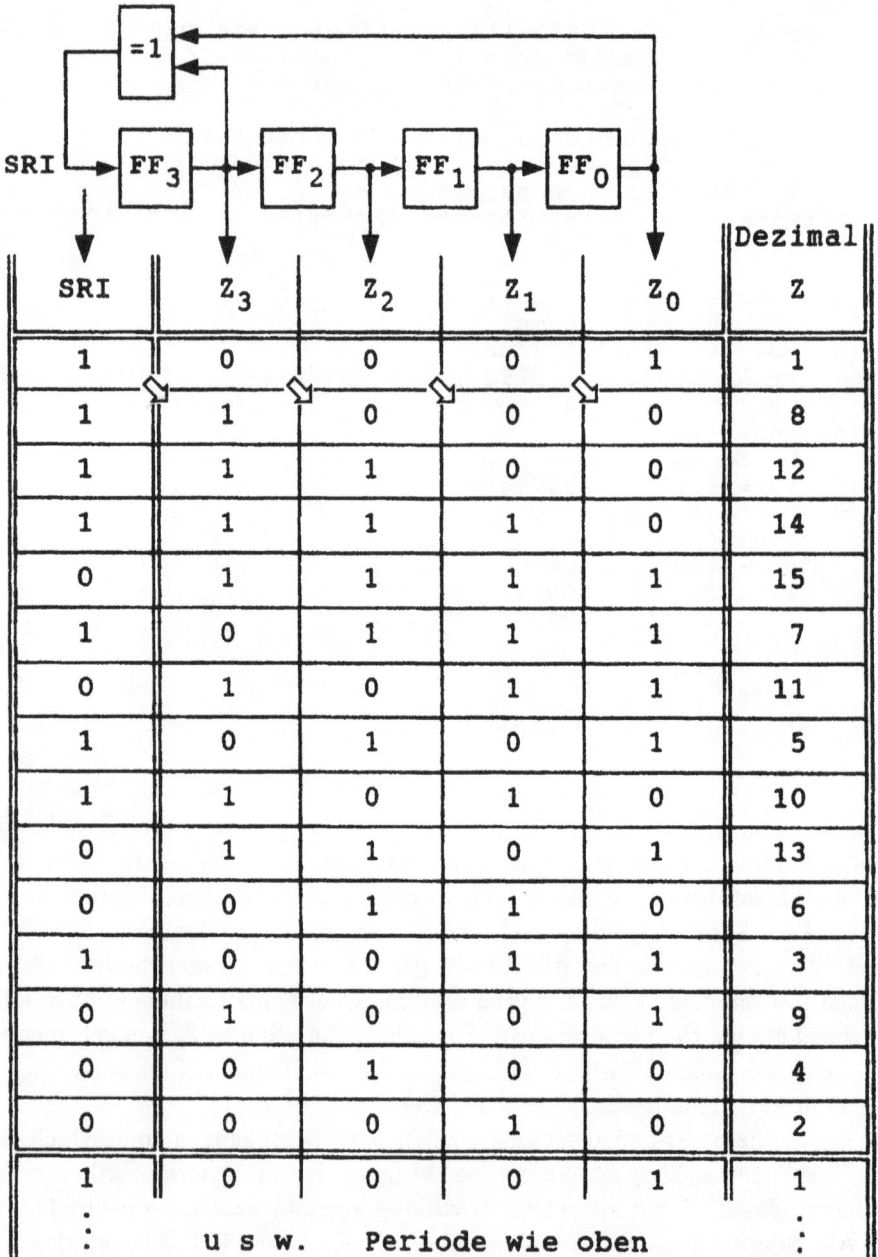

Bild 4.39 *Zufallszahlengenerator mit scheinbar zufälliger Zahlenfolge*

Das aus 4 FF's bestehende Schieberegister in obigem *Bild 4.39* entspricht der in den *Bildern 4.36* bzw. *4.37* (S. 337 u. 338) gezeigten SRL-Kette, wobei aber die DI-Eingangsschaltungen eingespart werden können, sofern die FF's ausschließlich zur Erzeugung der Quasi-Zufallszahlen gebraucht und nicht außerdem in die sonstige Logik eingebettet werden.

Das im Rückkopplungspfad liegende XOR-Gatter sorgt dafür, daß am Schieberegister-Eingang immer die Information SRI = $Z_3 \not\equiv Z_0$ anliegt. Mit jedem Takt wird die Information um eine duale Stelle weiter nach rechts geschoben, wie durch die schrägen Pfeile zwischen den beiden oberstem Zeilen im *Bild 4.39* angedeutet ist. Dadurch ergibt sich die scheinbar zufällige (in Wahrheit jedoch determinierte) Zahlenfolge des Registerzustands Z. Man sieht, daß alle mit 4 Bits möglichen Zahlen > 0 je einmal vertreten sind. Der Zustand Z = 0 darf nicht vorkommen, also auch nicht von außen eingespeist werden oder als Anfangszustand gegeben sein, da sonst die 0 ständig über SRI neu eingeschoben wird und damit das LFSR dauernd im Zustand 0 verbleibt. Da die Folge determiniert periodisch ist, kann jede Zahl > 0 als Anfangszustand gewählt werden.

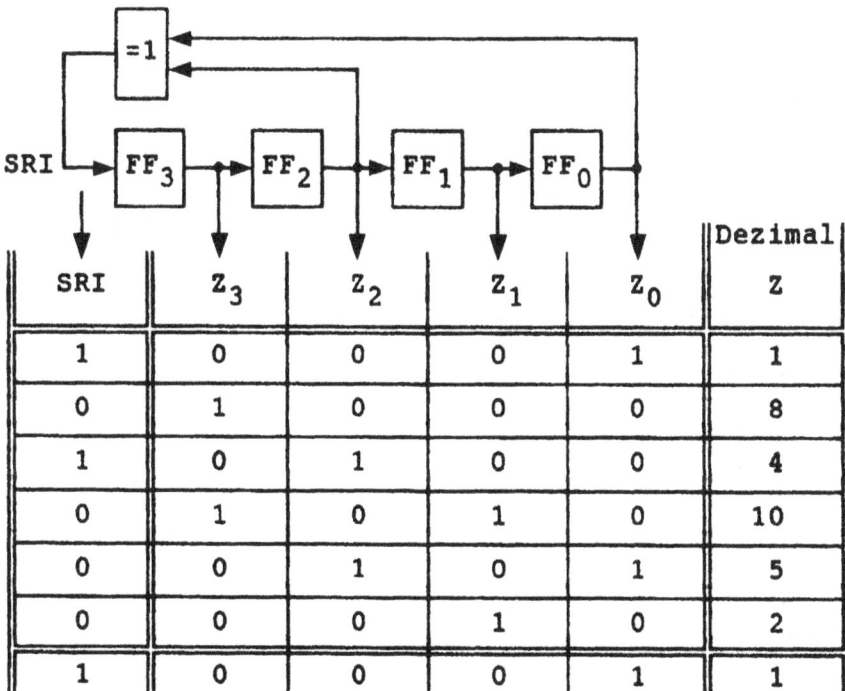

SRI	Z_3	Z_2	Z_1	Z_0	Dezimal Z
1	0	0	0	1	1
0	1	0	0	0	8
1	0	1	0	0	4
0	1	0	1	0	10
0	0	1	0	1	5
0	0	0	1	0	2
1	0	0	0	1	1

Bild 4.40 *Das LFSR als Quasi-Zufallszahlengenerator mit verkürzter Periode*

Es ist zu betonen, daß bei LFSR's mit n FF's ein Folge von 2^n - 1 Zahlen
die *maximal mögliche* Periodenlänge darstellt. Durch an anderen Z-Bits abge-
nommene Rückkopplungen und/oder durch den Einbau von mehr als einem
Antivalenz- und/oder Äquivalenzgatter lassen sich gezielt (oder wenn man nicht
aufpaßt auch ungewollt) PN-Folgen mit einer Periodizität < 2^n - 1 erzeugen.
Wird z.B. die Rückkopplung nicht 'wie im Beispiel *Bild 4.39* von Z_3 und Z_0
gespeist, sondern von Z_2 und Z_0 , so ergibt sich bei gleichem Startwert 1 eine
Periode von lediglich 6 Zahlen, wie das obige *Bild 4.40* zeigt.

  In der Quasi-Zufallsfolge des *Bildes 4.40* waren die Zahlen 1, 2, 4, 5, 8 und
10 enthalten. Hätte man mit einer der hierbei fehlenden Zahlen begonnen, so
wären in einer scheinbar zufälligen Folge in einem 6-er Zyklus die Zahlen 3, 7,
9, 12, 14 und 15 oder in einem 3-er Zyklus die Zahlen 6, 11 und 13 ausgegeben
worden. Der gesamte Bereich von 1 bis 15 (oder allgemein von 1 bis 2^n - 1)
kann folglich je nach Art der Rückkopplung(en) in einer Gesamtperiode oder in
mehreren voneinander unabhängigen Subperioden durchlaufen werden.

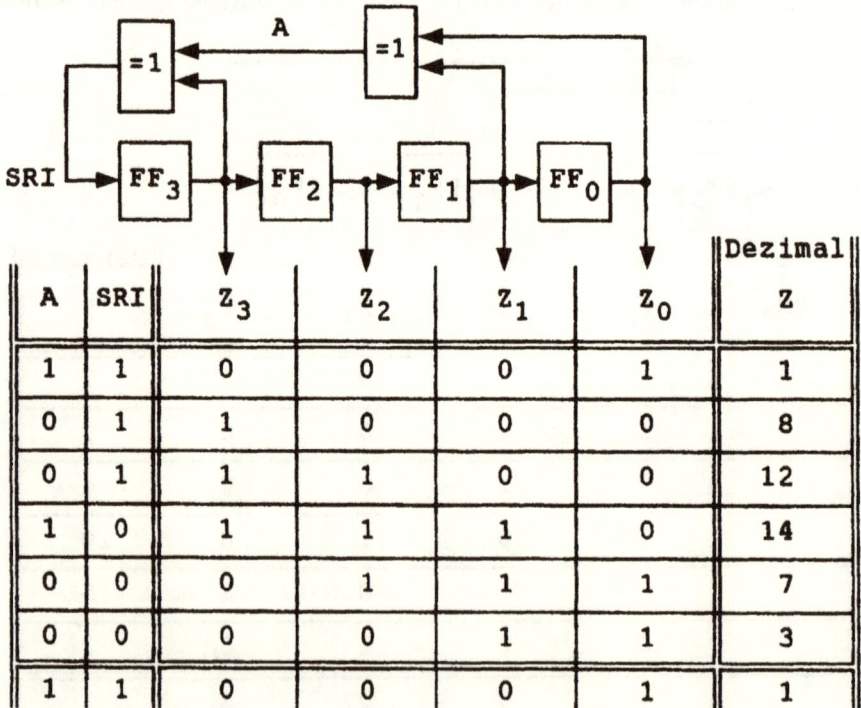

A	SRI	Z_3	Z_2	Z_1	Z_0	Dezimal Z
1	1	0	0	0	1	1
0	1	1	0	0	0	8
0	1	1	1	0	0	12
1	0	1	1	1	0	14
0	0	0	1	1	1	7
0	0	0	0	1	1	3
1	1	0	0	0	1	1

Bild 4.41   *Quasi-Zufallszahlengenerator mit 2 XOR's im Rückkopplungszweig*

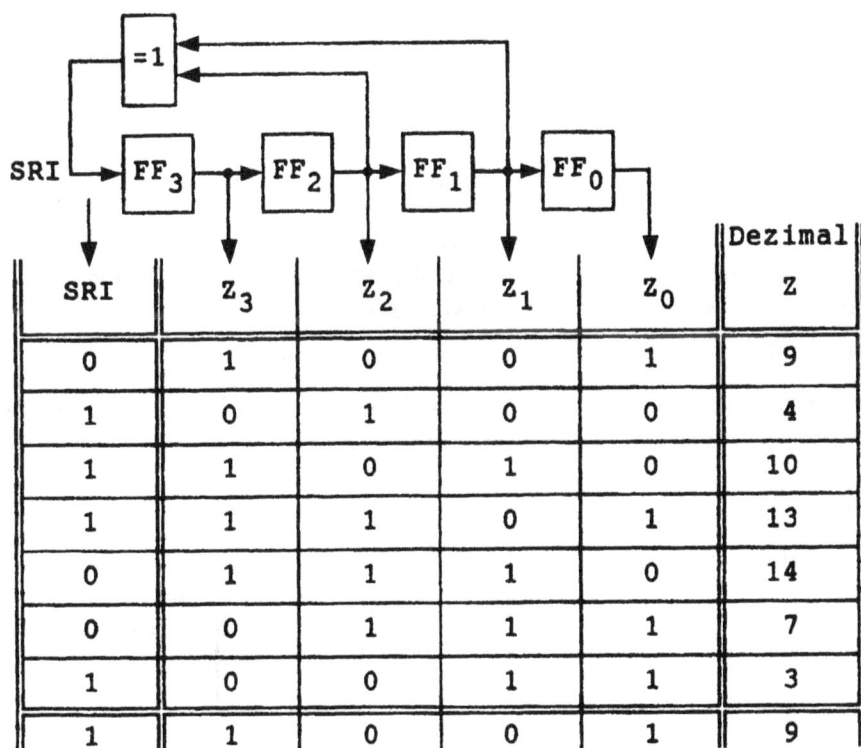

Bild 4.42 *Quasi-Zufallszahlengenerator mit einer maximalen Periodizität von 7*

Ein weiterer, jedoch anderer 6-er Zyklus ergibt sich laut *Bild 4.41*, wenn man 2 XOR's an Stelle nur eines einzigen im Rückkopplungszweig benutzt. Und schließlich wird mit obigem *Bild 4.42* noch ein 7-er Zyklus mit 4 FF's gezeigt. Man beachte aber, daß bei dieser Anordnung nur 3 FF's in die Rückkopplung eingeschlossen sind, daß das "eigentliche" LFSR folglich niemals eine Periode $> 2^3 - 1$ durchlaufen kann, da das 4. FF "einfach hinten angehängt" ist.

Statt mit einem Antivalenzgatter (XOR), oder auch mehreren XOR's, kann die Rückkopplung des LFSR auch mit einem (oder mehreren) Äquivalenzgatter(n), vielfach NXOR, manchmal auch XNOR oder $\overline{XOR}$ genannt, ausgerüstet sein. Das Wirkungsprinzip ist grundsätzlich gleich, lediglich, daß beim Einsatz von ausschließlich NXOR's das Bitmuster (1 1 ... 1), statt (0 0 ... 0) bei ausschließlich XOR's, nicht vorkommen darf. Man kann auch beim Einsatz mehrerer Gatter im Rückkopplungszweig gemischt mit XOR's und NXOR's arbeiten.

Durch das Anbinden der Rückkopplungszweige an verschiedenen Ausgängen der FF's und/oder durch Verwendung eines oder auch mehrerer XOR's und/oder NXOR's lassen sich gezielt die verschiedensten scheinbar zufälligen (in Wahrheit determinierten) Zahlenfolgen mit jeder gewünschten Anzahl der Bits erzeugen.

4.5.1.2   Einige mögliche XOR-NXOR-Realisationen

Beim Aufbau von LFSR's sind die XOR- und/oder NXOR-Gatter wichtige Bausteine, die keineswegs aus einzelnen Grundfunktionen UND, ODER und NICHT zusammengesetzt werden müssen, obwohl bekanntlich

$$A \not\rightarrow B \;=\; A\,\overline{B} \;\vee\; \overline{A}\,B \quad \text{und} \quad A \rightarrow B \;=\; A\,B \;\vee\; \overline{A}\,\overline{B}$$

gilt. Daher wird hier kurz auf einige einfache Möglichkeiten der schaltungstechnischen Realisation des XOR bzw. NXOR hingewiesen.

Bild 4.43

*Einfaches Beispiel
eines XOR in
gesättigter
bipolarer Technik*

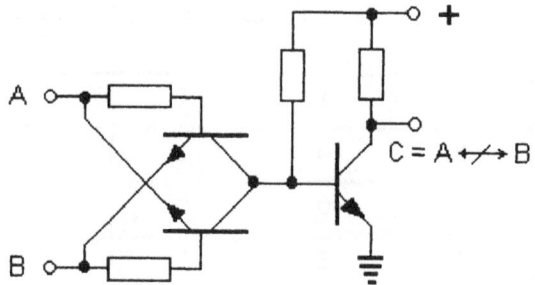

Das XOR-Gatter im *Bild 4.43* arbeitet wie folgt: Sind die Pegel an A und B gleich (entweder beide 0 oder beide 1), dann sind beide Eingangstransistoren gesperrt und deshalb der Ausgangstransistor leitend, folglich der Ausgangspegel C = 0. Sind die Pegel an A und B jedoch ungleich, dann ist immer einer der beiden Eingangstransistoren leitend, wodurch der Ausgangstransistor gesperrt wird und der Ausgangspegel sich auf C = 1 einstellt.

Auf der linken Seite des folgenden *Bildes 4.44* ist dieselbe Anordnung von Bauelementen in NMOS-Technik dargestellt. Sie funktioniert in gleicher Weise, nur daß die in der Bipolartechnik verwendeten Lastwiderstände durch selbstleitende FET's (Verarmungs-FET's, Depletion-Mode FET's) ersetzt sind.

Als Lastwiderstände werden in der NMOS-Technik bekanntlich auch selbstsperrende FET's (Anreicherungs-FET's, Enhancement Mode FET's) eingesetzt. Man könnte also die beiden selbstleitenden FET's im *Bild 4.44* auch durch zwei selbstsperrende ersetzen. Und wenn man den Inverter wegläßt, dann erhält man ein ganz besonders einfaches NXOR-Gatter, wie die rechte Seite von *Bild 4.44* zeigt.

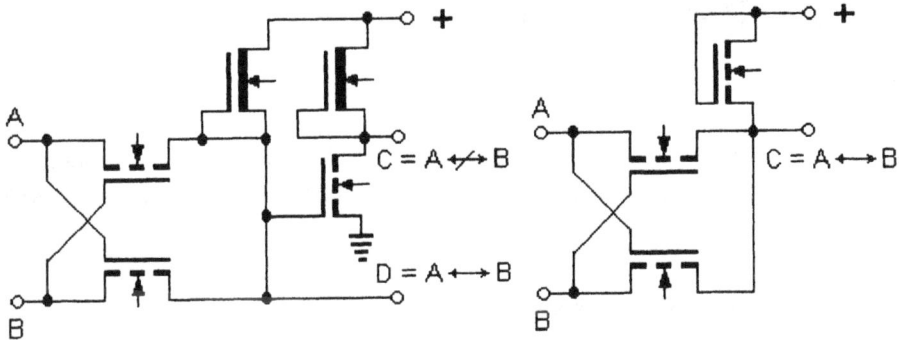

Bild 4.44   *Beispiele für XOR- und/oder NXOR-Gatter in NMOS-Technik*

In der NMOS-Technik ist der schaltungstechnische Aufwand für ein NXOR exakt gleich dem für ein 2-fach-NOR oder 2-fach-NAND, weshalb für alle diese Gatter in der NMOS-Technik dieselbe Chipfläche belegt wird, d.h. ein einziges sog. Gatteräquivalent. Für UND, ODER und XOR wird zusätzlich 1 Inverter benötigt

Bild 4.45

Beispiel eines XOR in CMOS-Technik

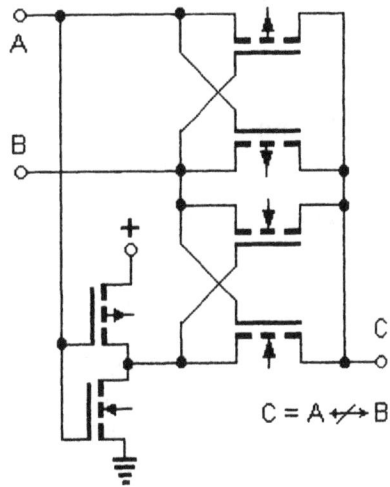

Im nebenstehenden *Bild 4.45* ist ein XOR in moderner CMOS-Technik abgebildet. Die Eingangsschaltung mit 2 über Kreuz gekoppelten Transfer-Transistoren ist doppelt ausgeführt, d.h. einmal mit 2 N-Kanal- und zusätzlich mit 2 P-Kanal-FET's. Daher wird auch beim Ausgangspegel $C = 0$ kein Querstrom durch die Schaltung fließen (im Gegensatz zur Ausführung in NMOS-Technik) und folglich, wie für alle CMOS-Schaltungen üblich, Verlustleistung nur während der Schaltvorgänge verbraucht werden.

Wenn man den (leider notwendigen) Eingangsinverter nicht vor einen Eingang der N-Kanal-, sondern vor einen Eingang der P-Kanal-Transfer-Transistoren legt, so erhält man ein NXOR-Gatter.

4.5.2   Das LFSR als Signaturregister

Wie bereits unten auf Seite 341 angegeben, fallen beim "normalen" Test große
Datenmengen an. Diese Daten müssen alle ausgewertet oder zumindest auf
"RICHTIG oder *FALSCH"* überprüft werden. Durch **Datenkompression** kann die
Auswertung und damit die Beantwortung der "Richtig-Falsch-Frage" ganz ***erheb-
lich vereinfacht*** werden.

4.5.2.1   Datenkompression

Erweitert man ein LFSR beliebiger Länge um wenigstens ein zusätzliches XOR-
Gatter (oder auch NXOR-Gatter) im Rückkopplungsweg, dann ist dieses LFSR
kein Quasi-Zufallszahlengenerator mehr, sondern es arbeitet als ***Signaturregister***,
was mit dem folgenden *Bild 4.46* erläutert werden soll:

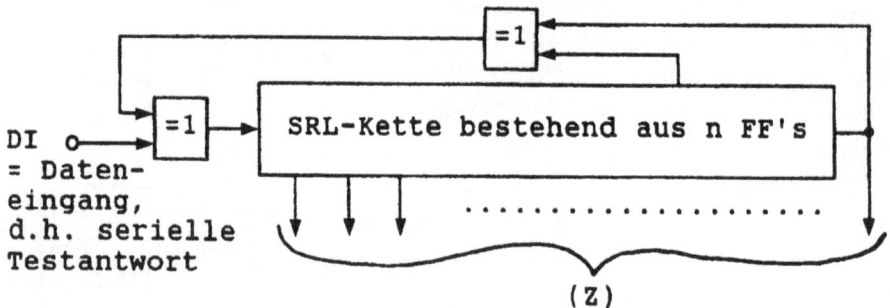

Bild 4.46   *Das LFSR als Signaturregister*

Die vom LFSR abgegebene Zahlenfolge wird jetzt nicht mehr allein durch
die Rückkopplung bestimmt, sondern gleichermaßen durch die über den Dateneingang eingespeiste 0-1-Folge. Der Anfangszustand der FF's zusammen mit
einer festliegenden Abfolge der Eingangsbits, d.h. dem am Eingang anliegenden
Datenstrom, determinieren daher die (scheinbar zufällig erscheinende) Folge der
Ausgangszustände Z. Da für ein XOR

$$A \not\!\!\!\smile 0 = A \qquad \text{und} \qquad A \not\!\!\!\smile 1 = \overline{A}$$

gilt, wird jedes im LFSR rückgekoppelte Bit entweder im Original oder inver-
tiert in den Eingang der SRL-Kette übernommen, abhängig davon, ob zu dieser
Taktzeit eine 0 oder eine 1 in den Dateneingang eingespeist wird. Jedes im Ein-
gangs-Datenstrom auftretende fehlerhafte Bit (d.h. eine 0 statt 1 oder 1 statt 0)

wird deshalb immer eine Inversion gegenüber dem fehlerfreien Bit am Eingang der SRL-Kette hervorrufen. Folglich werden alle nachfolgenden Zustände des LFSR um mindestens 1 Bit geändert sein, da das "falsche Bit" über den Rückkopplungsweg immer wieder, d.h. beliebig oft, in die das LFSR bildende SRL-Kette eingespeist wird.

Das Signaturregister verdichtet demnach einen beliebig langen Datenstrom in *ein einziges kurzes Codewort*, die sogenannte *Signatur*.

Da per Simulation festgestellt werden kann, welche Folge von Nullen und Einsen der als Ergebnis eines fehlerfreien Tests auftretende Datenstrom aufweist, liegt damit auch der Zustand Z des Signaturregisters nach Aufnahme des gesamten 0-1-Datenstroms fest. Es ist daher lediglich am Ende eines beliebig langen Tests zu überprüfen, ob die n Bits breite Signatur, d.h. der Zustand Z, diesen durch die Simulation errechneten Wert hat. Wenn ja, ist die getestete Schaltung (entsprechend den Regeln des Stuck-Fault-Test einschließlich LSSD) fehlerfrei, wenn nein, weist die Schaltung *mindestens einen* Haftfehler auf.

Eine solche "GO-NOGO-Signaturanalyse" bietet sich ganz besonders für die Fertigungsprüfung oder Wareneingangsprüfung (vgl. S. 286 u. 287) an, bei der nach der "Aschenputtel-Methode" lediglich die guten von den schlechten Chips getrennt werden sollen.

Als *Beispiel* betrachte man die Fehlermatrix auf Seite 301, bei der sich für die fehlerfreie Logik bzw. für einen Fehler der Klasse f_1

$$Y_{(gut)} = (. . . \quad 0 \quad 1 \quad 1 \quad 1 \quad 1 \quad 1 \quad)$$
$$Y_1^* = (. . . \quad 0 \quad \mathbf{0} \quad 1 \quad 1 \quad 1 \quad 1 \quad)$$

ergab. Diese Datenströme werden nun seriell in das im folgenden *Bild 4.47* gezeigte, aus lediglich 4 FF's bestehende Signaturregister eingespeist.

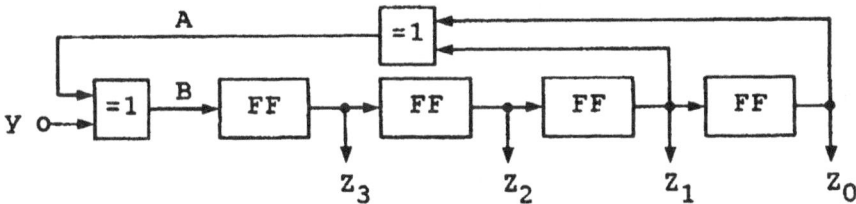

Bild 4.47 *Signaturregister zur Erläuterung des einfachen Beispiels*

Mit einem Anfangszustand von $Z = 9$, der für dieses Beispiel willkürlich gewählt wurde, ergeben sich für die beiden y-Datenströme die in der folgenden Tabelle aufgelisteten Sequenzen der Signatur:

Y	A B	z_3	z_2	z_1	z_0	z
0	1 1	1	0	0	1	9
1	0 1	1	1	0	0	12
1	1 0	1	1	1	0	14
1	0 1	0	1	1	1	7
1	0 1	1	0	1	1	11
1	1 0	1	1	0	1	13
		0	1	1	0	6

Richtig

Y_1^*	A B	z_3	z_2	z_1	z_0	z
0	1 1	1	0	0	1	9
0	0 0	1	1	0	0	12
1	1 0	0	1	1	0	6
1	0 1	0	0	1	1	3
1	1 0	1	0	0	1	9
1	0 1	0	1	0	0	4
		1	0	1	0	10

Falsch

Dies ist nur ein außerordentlich simples Beispiel. Selbstverständlich wäre es in der Praxis reine Verschwendung, sich wegen eines dermaßen kurzen Datenstroms den Aufwand eines Signaturregisters zu leisten. Aber das einfache Beispiel erläutert recht gut das Prinzip. In praxi sind die Datenströme durchaus einige tausend bis > 100 000 Bits lang.

Die beiden Beispielstabellen zeigen, daß sich die "Fehler-Signatur" ab der Einspeisung des fehlerhaften Bits in der SRL-Kette ständig um mindestens 1 Bit von der "Gut-Signatur" unterscheidet. Dies trifft bei Vorhandensein eines Einzelfehlers für Signaturregister beliebiger Breite und für beliebig lange Datenströme zu. Außerdem kann man am Beispiel der rechten Tabelle sehen, daß die bei Quasi-Zufallszahlengeneratoren auftretende (u.U. störende) Periodizität beim Einsatz eines LFSR als Signaturregister nicht auftritt: Die Tabelle beginnt mit Z = 9, gefolgt von Z = 12. In der 5. Zeile trat erneut Z = 9 auf, dieses Mal allerdings gefolgt von Z = 4, was verständlich ist, da die Folge ja nicht allein durch die Rückkopplung bestimmt wird, sondern gleichermaßen durch den eingespeisten Datenstrom.

Aus der Information wann (d.h. ab welchem einem bestimmten Testmuster entsprechenden Bit im Datenstrom) eine Ist-Soll-Abweichung der Signatur erfolgte und/oder aus der abschließenden Signatur am Ende des Tests können gewisse Diagnostik-Rückschlüsse gezogen werden, so daß man auch mit der Signaturanalyse über den reinen GO-NOGO-Test hinausgehen kann.

Die Möglichkeit, daß sich, besonders bei sehr langen Datenströmen, *Mehrfachfehler* im Datenstrom gegenseitig aufheben und dadurch unentdeckt bleiben, besteht durchaus. Jedoch ist die Wahrscheinlichkeit einer solchen unerwünschten Fehlerkompensation sehr gering. Die Wahrscheinlichkeit W_F einen Fehler zu entdecken, bzw. daß Mehrfachfehler sich kompensieren (W_{komp}) und daher nicht entdeckt werden, hängt nur von der Registerbreite n (= Zahl der FF's) ab und beträgt

$$W_F = 1 - 2^{-n} \qquad \text{bzw.} \qquad W_{komp} = 2^{-n}$$

Einzelfehler können selbstverständlich nie kompensiert werden, weshalb sie unabhängig von der Registerbreite immer zu 100% entdekt werden.

Um gezielt bestimmte Signaturen zu erreichen, können im Rückkopplungs-weg auch mehrere XOR's und/oder NXOR's angeordnet werden. Als *Beispiel* zeigt das folgende *Bild 4.48* ein 16 Bits breites Signaturregister nach Angaben von *Hewlett-Packard* mit einer augenblicklich auf dem Wert 3A74 stehenden Hexadezimal-Anzeige.

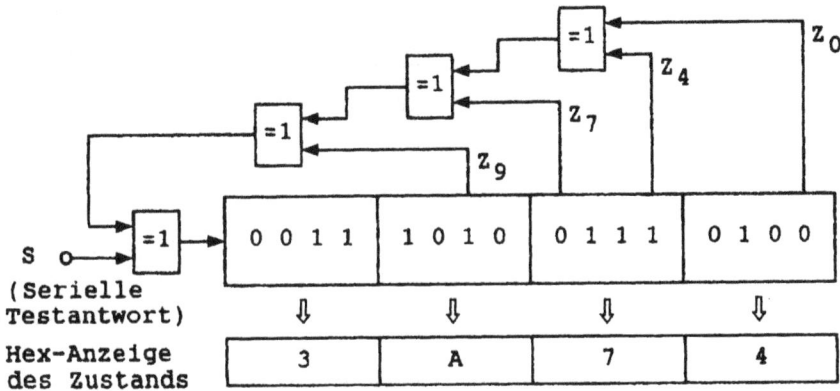

Bild 4.48   *Ein aus 16 FF's und 4 XOR's bestehendes Signaturregister*

Die Wahrscheinlichkeit der Erkennung von Mehrfachfehlern bzw. der Kompensation einer Fehlersignatur ist bei einem Signaturregister laut *Bild 4.48*

$$W_F = 1 - 2^{-16} = 1 - \frac{1}{65536} \approx 0,999985 = 99,9985\,\%$$

bzw.
$$W_{komp} \approx 0,0015\,\%$$

Folglich liegt W_F wesentlich höher als der bei umfangreichen Schaltungen im allgemeinen erreichbare Fehlererfassungsgrad von F < 100% (vgl. Seiten 311 bis 313). Die sehr geringe Wahrscheinlichkeit W_{komp} kann deshalb bei Signatur-registern ab etwa n ≥ 10 vernachlässigt werden.

Solche Signaturregister, wie beispielsweise das im *Bild 4.48* dargestellte, kann man, um den externen Testeraufwand zu verringern, mit auf das Chip integrieren, wenn genügend viele Zellen und Verdrahtungsplatz dafür frei sind.

4.5.2.2 Testanordnungen und schaltungstechnische Varianten

Für die Signaturanalyse ergibt sich entsprechend den Ausführungen der vorstehenden Abschnitte die im folgenden *Bild 4.49* gezeigte ***Testanordnung***:

Bild 4.49

Grundsätzliche Anordnung für einen Test mit Hilfe der Signaturanalyse

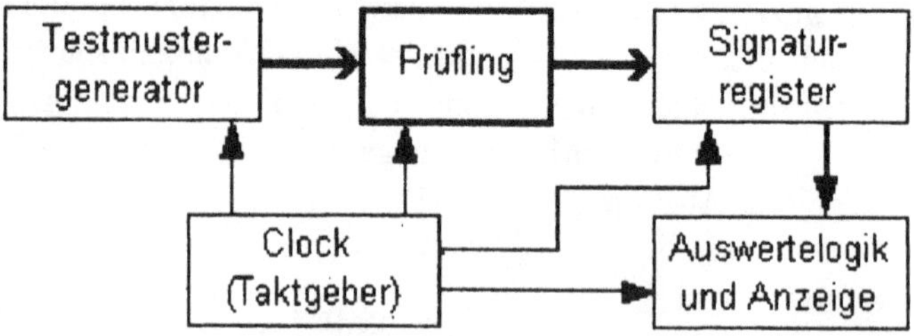

Man vergleiche die Anordnung in diesem *Bild 4.49* mit *Bild 4.1* auf Seite 287, wo eine klare Trennung zwischen *"Prüfer"* und *"Prüfling"* vorgenommen wurde. Es können jedoch je nach Grad der Integration Teile des Prüfers in den Prüfling integriert sein. Ist der Prüfling ein Chip, kann beispielsweise das Signaturregister mit auf diesem Chip sitzen. Und/oder der Testmustergenerator ist in Form eines Quasi-Zufallszahlengenerators ausgebildet und mit auf dem Chip untergebracht. Und/oder die Auswertelogik (oder wenigstens ein Teil von ihr) sitzt mit auf dem Chip.

Der Testablauf kann beschleunigt werden, wenn der anfallende Datenstrom laut *Bild 4.50* parallel in das Signaturregister aufgenommen wird:

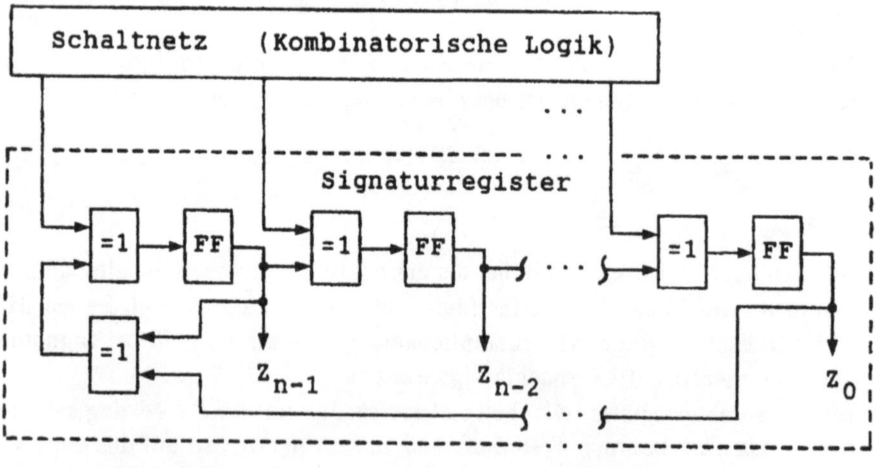

Bild 4.50 *Signaturregister für parallele Aufnahme der Signatur*

Für die Signaturaufnahme entsprechend obigem *Bild 4.50* benötigt man jedoch pro parallel einzuspeisendem Datenstrom ein XOR oder NXOR. Dies ist ein erneutes Beispiel dafür, wie mit Hilfe von zusätzlichem Hardware-Aufwand Testzeit und damit Testkosten eingespart werden können.

Die parallele Signaturaufnahme besitzt die gleiche Fehlererkennungs-Wahrscheinlichkeit W_F (und damit auch die gleiche geringe Wahrscheinlichkeit W_{komp} der Kompensation der Anzeige von Mehrfachfehlern) wie die Datenkompression mit einem Signaturregister, das nur einen einzigen Serien-Dateneingang hat. In jeden der Paralleleingänge können beliebig lange Datenströme seriell eingespeist werden, so daß jede denkbare Kombination serieller und paralleler Dateneinspeisung realisierbar ist.

Durch das nebenstehende *Bild 4.51* wird zwar kein (im Sinne der Mathematik) strenger Beweis für gleiches W_F bei serieller und paralleler Einspeisung geliefert, aber *Bild 4.51* dient doch zumindest einer einleuchtenden Erklärung:

Bild 4.51

Darstellung eines Signaturregisters als Ring mit zwei Einspeisungen

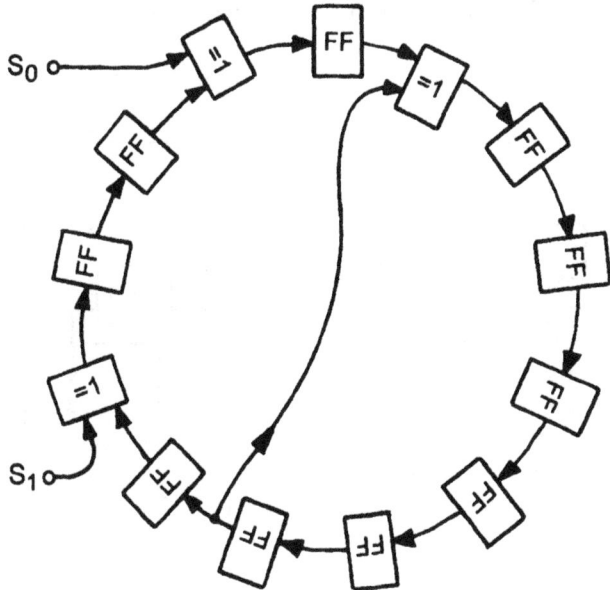

Die lediglich der Einfachheit halber auf allen vorangegangenen Seiten gewählte zeichnerisch linearen Darstellungen der Signaturregister täuschen leicht über die Tatsache hinweg, daß ein Signaturregister wegen seines Rückkopplungswegs *immer* eine zyklische Anordnung ist. An welcher Stelle Datenströme in den Ring eingespeist werden, ist daher für die grundsätzliche Funktion des Signaturregisters ohne Bedeutung. Folglich kann ein Datenstrom seriell in den Eingang S_0 (z.B. in obigem *Bild 4.51*) und parallel dazu ein weiterer Datenstrom in S_1 eingespeist werden. Jedes einmal eingespeiste "falsche Bit", gleich-

gültig wo und wann die Einspeisung erfolgte, läuft danach ständig im Ring um
und sorgt dadurch für eine bleibende Veränderung der Signatur.

In ihrem Aufbau aus SRL's unterscheiden sich die für LSSD notwendigen
SRL-Ketten (laut *Bilder 4.36* u. *4.37*, S. 337 u. 338), die Quasi-Zufallszahlengeneratoren (laut Seiten 344 bis 347) und die Signaturregister (laut Seiten 350 bis
355) überhaupt nicht. Die unterschiedlichen Wirkungsweisen und die Einsatz-
möglichkeiten werden ausschließlich dadurch bestimmt, ob Rückkopplungen vorhanden sind oder nicht, wie diese ausgebildet sind und in welcher Weise die
Datenströme eingespeist werden. Es bietet sich daher an, mit etwas zusätzlichem
Aufwand z.B. Register zu entwickeln, die mit Hilfe von Steuerbits auf verschiedene Betriebsweisen umgeschaltet werden können. Das folgende *Bild 4.52* zeigt
ein **Beispiel** für ein solches *"Mehrzweckregister"*:

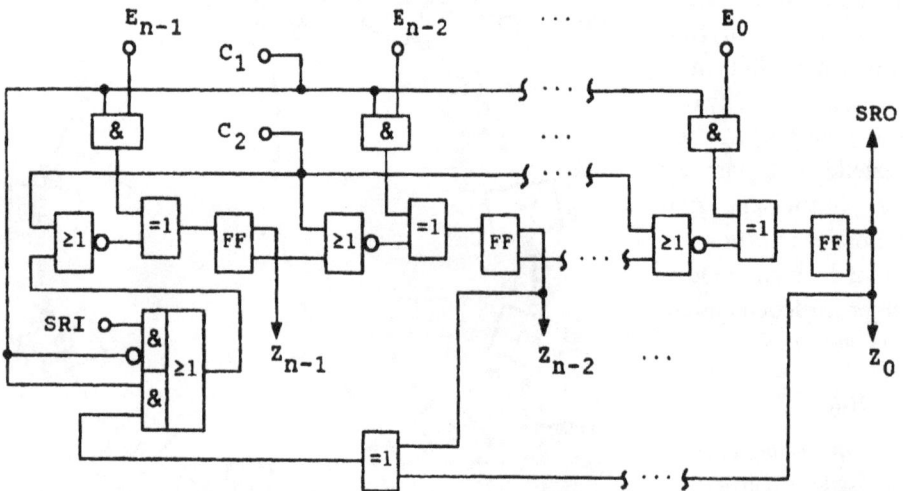

Bild 4.52 *Auf 4 verschiedene Betriebsweisen umschaltbares Mehrzweckregister*

Es muß noch darauf hingewiesen werden, daß man für das Mehrzweckregister *Bild 4.52* keine SRL's mit doppelt ausgebildeter Eingangsschaltung laut *Bild
4.33* (S. 335) benötigt. Da die Umschaltung zwischen Normalbetrieb und Testbetrieb nicht über die TS-TA-Umschaltung sondern über die Steuerbits C_1 und
C_2 erfolgt, reicht eine einfache Eingangsschaltung für jedes doppeltakt-pegelgesteuerte MS-FF (= SRL) aus.

In der folgenden Tabelle sind die durch die beiden Steuerbits C_1 und C_2 ermöglichten 4 Betriebsweisen aufgelistet:

C_2	C_1	B e t r i e b s w e i s e
0	0	SRL-Kette ohne Rückkopplung mit seriellem Eingang SRI und seriellem Ausgang SRO
0	1	LFSR als Signaturregister mit parallelen Eingängen E_i , i = 0, 1, ... n-1
1	0	Reset aller FF's auf 0
1	1	Normalbetrieb: Jedes FF ist von allen seinen Nachbarn abgetrennt

Die Ausgangsinformation eines Schaltnetzes, die in die zur Erfüllung der LSSD-Regeln vorhandene(n) SRL-Kette(n) parallel eingespeist wurde, muß nicht unbedingt seriell über den SRO-Anschluß ausgegeben werden. Die Information kann auch parallel ausgegeben werden, womit sich mehrere mögliche Kompromisse zwischen der möglichen Zahl der Verbindungsleitungen und der erreichbaren Geschwindigkeit des Testens ergeben. Besonders wenn das Signaturregister mit auf das Chip integriert ist (oder gar bei mehreren Signaturregistern auf dem Chip), kann durch bestmögliche Zusammenarbeit der für die Logikentwicklung, für das Layout und für die Testdatenerstellung zuständigen Arbeitsgruppen ein Kompromiß gefunden werden, um Hardware-Aufwand, Testzeit-Aufwand usw. dem konkreten Einzelfall optimal anzupassen.

Nachfolgend sind mit den *Bildern 4.53, 4.54* und *4.55* drei verschiedene *Beispiele* möglicher Schaltungsanordnungen mit LSSD und Signaturregister(n) als Blockschaltbilder dargestellt:

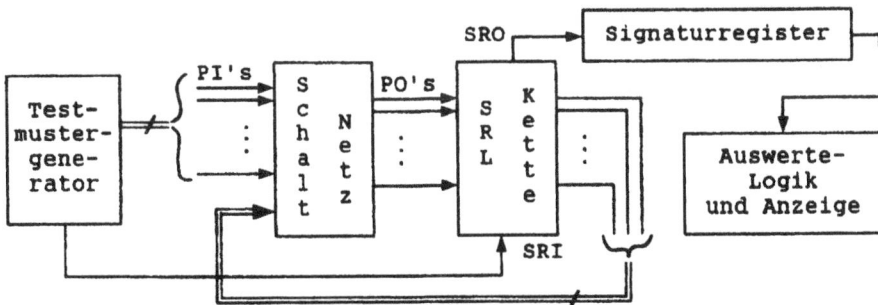

Bild 4.53 *Schaltungsanordnung mit 1 Signaturregister mit serieller Einspeisung*

Wenn sich der Testmustergenerator und die Auswertelogik in einem Tester außerhalb des zu testenden Clusters (z.B. eines zu testenden Chips) befinden, dann ist es mangels Anschlüssen (Pads und/oder Pins) mitunter wichtig, die Zahl der Verbindungsleitungen zwischen Tester und Prüfling so gering wie möglich zu halten. Die Schaltungsanordnung im obigen *Bild 4.53* kommt mit der geringsten Zahl an Außenanschlüssen aus.

Das Schaltnetz und die SRL-Kette des *Bildes 4.53* sind mit dem im *Bild 4.38* (Seite 339) gezeigten LSSD-Prinzipschaltwerk identisch. Dementsprechend gibt der Testmustergenerator seine 0-1-Muster teils parallel an die PI's ab, teils speist er sie seriell in die SRL-Kette ein. Die SRL-Kette kann so lang ausgelegt werden, daß alle normalerweise direkt herausgeführten PO's auch noch mit in die SRL-Kette einbezogen werden. Die in der SRL-Kette abgelegte Information wird seriell in das Signaturregister eingespeist. Die am Ende des Tests vorhandene Signatur muß zum Zwecke der Richtig-Falsch-Auswertung nicht unbedingt parallel an die Auswertelogik übergeben werden. Eine wie im *Bild 4.53* angedeutete serielle Übergabe ist gleichermaßen möglich, wodurch u.U. viele Außenanschlüsse eingespart werden.

Daß die ganze Anordnung getaktet werden muß, ist selbstverständlich. Aus Gründen der Übersichtlichkeit wurden jedoch im *Bild 4.53* und in den folgenden *Bildern 4.54* und *4.55* Taktgeber und Taktleitungen weggelassen.

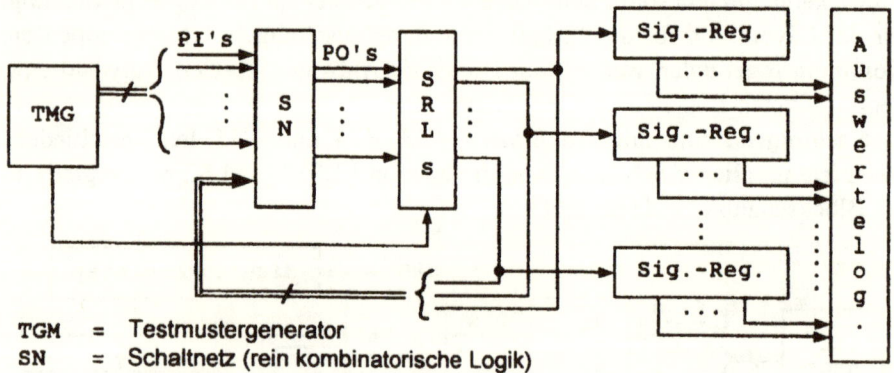

TGM = Testmustergenerator
SN   = Schaltnetz (rein kombinatorische Logik)

Bild 4.54 *Schaltungsanordnung mit mehreren Signaturregistern*

Sitzt die Auswertelogik mit auf dem Chip, dann entfällt das Argument, durch serielles Ablesen der Signatur Chip-Pads einzusparen. Die Schaltungsvariante *Bild 4.54* und die im folgenden *Bild 4.55* dargestellte geben die Signatur grundsätzlich parallel an die Auswertelogik ab. Die Schaltung im *Bild 4.54* arbeitet jedoch mit mehreren Signaturregistern, in die seriell eingespeist wird, wogegen die Schaltung *Bild 4.55* wieder nur ein einziges Signaturregister besitzt, aber mit paralleler Einspeisung.

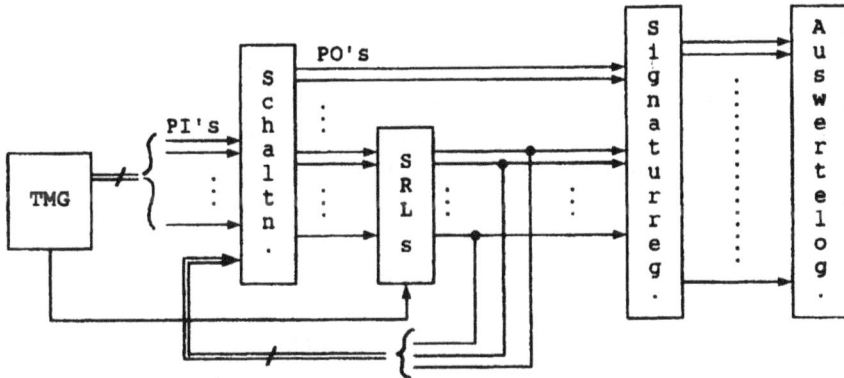

Bild 4.55   *Schaltung mit paralleler Einspeisung in das Signaturregister*

Das Signaturregister kann auch breiter sein (mehr FF's aufweisen) als es der Zahl der parallel aus der SRL-Kette aufzunehmenden Bits entspricht, wie hier im *Bild 4.55* angedeutet. Die von den PO's abgegebenen 0-1-Muster können dann ebenfalls mit in das Signaturregister aufgenommen werden.

Viele weitere über die drei Beispiele der *Bilder 4.53, 4.54* und *4.55* hinausgehende Kombinationen mit serieller, paralleler oder gemischter Einspeisung und Datenausgabe in je eine oder auch mehrere SRL-Kette(n) und/oder Signaturregister sind möglich.

4.6 Selbsttest und BILBO

(**B**uilt-**In L**ogic **B**lock **O**bservation)

Das Testproblem für Bauteile mit *großen* integrierten Schaltungen (z.B. Chips mit $\geq 100\,000$ Gatteräquivalenten) ist nicht mehr durch bloße Verbesserung der automatischen Testmustergeneratoren, Geschwindigkeitssteigerung der verwendeten Tester und dergl. zu lösen !

Wegen der steigenden Zahl der notwendigen Außenanschlüsse (s. z.B. *Bild 3.32*, S. 217), dem im Verhältnis zu den reinen Gatterverzögerungen wachsenden Problem der Leitungslaufzeiten u.a.m., wird die Frage der Schnittstelle zwischen

Tester und Prüfling immer problematischer. Und die Tester werden immer umfangreicher und komplexer. Große Logiktester, die mit einer akzeptablen Geschwindigkeit nach LSSD-Regeln entwickelte Chips mit einigen zigtausend
Gatteräquivalenten zu testen im Stande sind, sind inzwischen millionenschwere
teure Geräte (= Einzelstücke "ausgewachsener Spezialcomputer").

Man versucht daher seit Jahren (durchaus mit Erfolg) den Testeraufwand
soweit wie möglich zu reduzieren, indem man Teile, die eigentlich zum Tester
und nicht direkt zu der zu testenden Schaltung gehören, mit in die zu testende
Schaltung (z.B. mit in das Chip) integriert. Wird ein Test als Signaturanalyse
durchgeführt und hat man das (die) dafür nötige(n) Signaturregister und/oder die
Auswertelogik mit in das zu testende Chip integriert, dann ist damit bereits ein
erster Schritt in Richtung *"Selbsttest"* getan.

Baut man den Testmustergenerator der *Bilder 4.53* bis *4.55* in Form eines
Quasi-Zufallszahlengenerators auf, dann läßt er sich eventuell ebenfalls mit ins
Chip integrieren. Man benötigt dann *"nur noch"* die geeigneten Clock-Impulse
zur Steuerung und eine Anzeige, damit sich das Chip selbst testen kann. Es
ergibt sich damit die im folgenden *Bild 4.56* dargestellte Anordnung, die die
Struktur eines *"Mealy-Automaten"* aufweist:

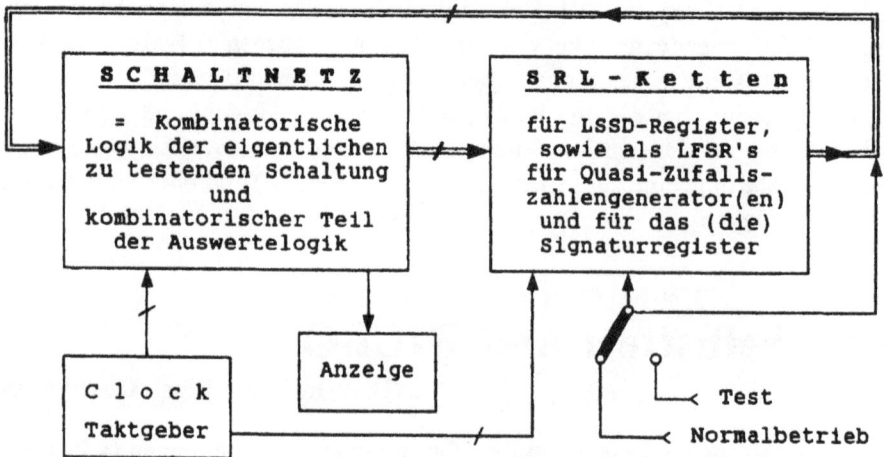

Bild 4.56   *Selbsttest-Anordnung in Form eines Mealy-Automaten*

Mit Hilfe eines einzelnen auf 0 oder 1 zu schaltenden Steuerbits läßt sich das
Chip auf den "Normalbetrieb" oder in den "Test-Modus" umschalten, was hier
im *Bild 4.56* durch einen Kippschalter angedeutet ist.

Der als Testmustergenerator arbeitende Quasi-Zufallszahlengenerator ist (falls machbar) so aufgebaut, daß er in einer scheinbar zufälligen Folge genau jene Testmuster abgibt, die benötigt werden, um die Logik mit einem ausreichend hohen Fehlererfassungsgrad zu testen.

Bei sehr umfangreichen Schaltungen ist es mitunter schwierig, bzw. überhaupt nur mit weiterem zusätzlichen Logikaufwand durchführbar, genau und ausschließlich die benötigten Testmuster zu erzeugen. Man arbeitet dann lieber mit quasi-zufälligen Testmustern. Z.B. gibt ein aus 20 FF's bestehender Generator eine quasi-zufällige Folge von $2^{20}- 1 = 1\,048\,575$ Mustern ab, sofern eine nicht zu Subperioden führende Rückkopplung gewählt wurde, was durch Computer-Nachrechnung leicht überprüfbar ist. Per Simulation kann festgestellt werden, ob mit dieser nur scheinbar zufälligen, in Wahrheit jedoch determinierten Testmusterfolge ein hinreichend hoher Fehlererfassungsgrad erreicht wird. Wenn nicht, muß eventuell die Zahl der FF's im Testmustergenerator erhöht werden, was bekanntlich pro zusätzlichem FF die Zahl der Testmuster (und damit allerdings auch ungefähr die Testzeit) verdoppelt.

Mit dieser Methode wird man zweifellos auch viele Testmuster an den eigentlichen Prüfling anlegen, die überflüssig sind, da sie zur *"Controllability"* und *"Observability"* (vgl. S. 287, 288 u. 291) nichts beitragen. Kann man jedoch mit einer Testerfrequenz von ca. 1 MHz (d.h. Abstand zwischen je 2 anzulegenden Testmustern ca. 1 μs) rechnen, so wird der Test bei insgesamt einigen 10^6 Testmustern nur einige Sekunden dauern. Der Vorteil einer solchen Quasi-Zufalls-Musterauswahl besteht darin, daß die ganze Testmustererstellung mit Hilfe von Prüfbarkeitsanalyse(n), D-Algorithmus, Pfadsensibilisierung usw. entfällt, was die Entwicklungskosten u.U. signifikant senken kann. Der Nachteil ist in den meist etwas längeren Testzeiten (wegen der überflüssigen Muster) zu sehen. Je nach der zu fertigenden Stückzahl wird man daher den Design entweder auf möglichst geringe Entwicklungskosten oder auf möglichst kurze Testzeiten auslegen, hat also, wie hier dargelegt, eine weitere Möglichkeit zur Minimierung der Gesamtkosten in Händen.

Diese Ausführungen zeigen sehr deutlich, daß die Entwicklung einer für einen derartigen Selbsttest vorgesehenen Schaltung nur möglich ist, wenn das wichtige Prinzip *"Design for Testability"* von Anfang an berücksichtigt wird: Bereits während des Logikentwurfs muß ein ausreichend guter Testmustergenerator entworfen werden, vgl. *Bild 1.21*, Seite 19. Und während des Layouts ist der Testmustergenerator als integraler Bestandteil der zu plazierenden und zu verdrahtenden Gesamtschaltung zu betrachten.

Die im obigen *Bild 4.56* eingezeichnete Anzeige kann eine einfache Lampenanzeige, ein Bildschirm, ein Drucker usw. sein. Wenn nur ein GO-NOGO-Test vorgesehen ist, reicht die Ausgabe eines einzelnen Bits aus, um mit 0 oder 1 eine Gut-Schlecht-Unterscheidung zu erhalten, mit der man beispielsweise einen Handhabungsautomaten steuert, der die guten Chips der Weiterverarbeitung und die schlechten dem Abfall zuführt.

Die Anzeige kann jedoch auch wesentlich komplizierter sein. Man kann z.B. in einem (i.a. externen) Speicher die gesamte Folge der Schritt für Schritt bei einer fehlerfreien Schaltung auftretenden Signaturen ablegen, vgl. beispielsweise die Signaturenfolge in der Tabelle auf Seite 352. Sobald nun während des Tests die Signatur von der gespeicherten abweicht, zeigt dies einen Fehler an. Man kann dann den Test abbrechen, was somit die Testzeit für alle fehlerhaften Chips im statistischen Mittel halbiert. Durch einen sofortigen Abbruch nach dem ersten Fehler entgeht man außerdem der (wenn auch sehr unwahrscheinlichen) Möglichkeit der Korrektur der Fehlersignatur bei Mehrfachfehlern.

Außerdem weiß man, wann, d.h. bei welchem Eingangsmuster, der Fehler auftrat, was man wiederum abspeichern kann. Bricht man den Test im Fehlerfall nicht ab, sondern testet bis zum Ende weiter, so läßt sich nach Ende des Tests aufgrund der gespeicherten Numerierung des zum Fehler führenden Testmusters (bzw. mehrerer zu Fehlern führender Testmuster) die Fehlerklasse feststellen. Dazu ist es erforderlich, nach jedem Auftreten eines Fehlers die Signatur wieder auf den "Gut-Wert" zurückzustellen, damit auch die nachfolgenden Fehler je einzeln einwandfrei erkannt werden.

Wie bereits auf den Seiten 300 bis 302 dargelegt wurde, ist das Feststellen der Fehlerklasse gleichbedeutend mit dem Erkennen oder zumindest Einkreisen des Fehlerorts, d.h. eines fehlerhaften "Blocks" in der Schaltung. Deshalb wird diese Art der ins Chip eingebauten ("built-in") Möglichkeiten einen fehlerhaften Logikblock zu beobachten und zu erkennen (zu "observieren") auch kurz als BILBO (**B**uilt-**I**n **L**ogic **B**lock **O**bservation) bezeichnet. Der Selbsttest mit Signaturanalyse kann folglich, wenn gewünscht und durch den entsprechenden Hardware-Einsatz unterstützt, weit über den bloßen GO-NOGO-Test hinausgehen.

Weniger Speicherplatz wird gebraucht, wenn der Signaturvergleich nicht nach jedem neuen Muster sondern nur nach jedem 5., 20. oder gar 100. Muster durchgeführt wird, was zeigt, daß erneut die verschiedensten Kompromisse möglich sind, in diesem Fall zwischen der Testzeit, der Treffsicherhei der "Block-Observation" und dem Hardware-Aufwand.

VLSI-Chips sind vielfach nicht als reine Logik-Chips sondern als Hybrid-IC's aufgebaut und enthalten dann auch eingebettete ("embedded") Speicher-Arrays, wie beispielsweise im rechten der beiden auf Seite 11 mit den Bildern 1.14 und 1.15 gezeigten Chips und auf Seite 183 mit Bild 3.1 zu sehen ist. Bei solchen

Chips ist es u.U. möglich, die für die BILBO nötige Speicherung der Numerierung eventuell auftretender Fehlermuster vom externen Speicher auf das eingebettete Array des zu testenden Chips zu verlagern, was selbstverständlich zusätzliche Hardware für das Umschalten des Speicher-Arrays von der normalen
Anwendung in den Test-Modus erfordert.

Mitunter muß eine Schaltung, die auf mehrere Chips verteilt ist, die jedoch
auf einem gemeinsamen Chipträger (Modul), z.B. auf einem MLC (siehe Seiten
2 bis 13) oder auf einem modernen Si-Multi-Chip (s. S. 374), sitzen, als Ganzes
getestet werden. Und/oder die Gesamtschaltung einer Platine ist als Ganzes zu
testen. In solchen Fällen kann es manchmal zweckmäßig und ökonomisch
vertretbar sein, für den für Selbsttest und BILBO notwendigen Schaltungsaufwand einige zusätzliche Chips vorzusehen. Werden z.B. von den laut *Bild 1.16*,
Seite 12, auf einem MLC zur Verfügung stehenden 9 Chipplätzen nur 7 oder 8
für die eigentliche Schaltung mit Chips besetzt, dann kann es durchaus sinnvoll
sein, ein weiteres Chip ausschließlich zu Testzwecken mit auf dieses MLC zu
setzen. Da in sehr großen Stückzahlen gefertigte Chips "Pfennigsartikel" sind,
kann selbst bei tausenden zu fertigender Moduln ein zusätzliches Chip pro
Modul kostengünstiger als die Anschaffung sehr teurer Tester sein.

Für den Normalbetrieb und den Test werden im allgemeinen unterschiedliche
von der Clock abzugebende Taktimpulse gebraucht, zumal nur beim Testbetrieb
ein serielles Einlesen von Daten in Schiebe-
register (und/oder entsprechendes Auslesen) erforderlich ist. Man muß deshalb entweder für
den Test einen anderen Taktgeber als für den
Normalbetrieb benutzen oder die Clockimpulse
durch zusätzliche Logik, eventuell noch ergänzt
durch einige T-FF's und/oder D-FF's, für den
Test und den Normalbetrieb unterschiedlich
"aufbereiten". Diese Zusatzlogik kann ebenfalls
mit auf dem zu testenden Chip untergebracht
sein.

Im Extremfall läßt sich die Integration von
Tester und Prüfling soweit treiben, daß sogar
noch die für das Testen nötige Clock mit ins
Chip integriert ist, wie hier im *Bild 4.57* angedeutet ist. Da gewöhnlich die Taktgeber quarz-
gesteuert sind, ist extern lediglich noch der
passende Schwingquarz anzuschließen.

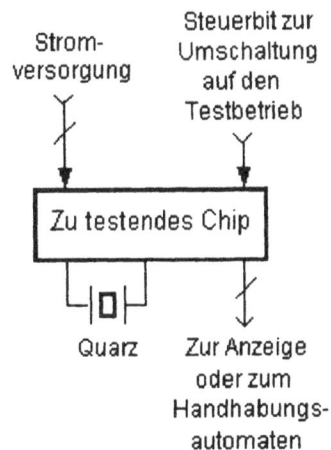

Bild 4.57 *Anordnung für*
einen extremen
Selbsttest

Der für einen solch extremen Selbsttest notwendige zusätzliche Schaltungsaufwand ist bei Chips mit lediglich einigen tausend Gatteräquivalenten sicher
viel zu hoch, stellt jedoch bei 100 000 Gatteräquivalenten pro Chip nur noch ein
Problem "mittlerer Größe" dar. Und man kann mit hoher Wahrscheinlichkeit
voraussagen, daß dies bei mehr als 250 000 Gatteräquivalenten pro Chip, wenn
diese Integrationsdichte auf Logikchips einmal erreicht sein wird, überhaupt kein
Problem mehr darstellen sollte, da bei einem dermaßen hohen Integrationsgrad
immer noch genügend Gatteräquivalente für die eigentliche logische Aufgabe,
für die das Chip entwickelt wurde, zur Verfügung stehen.

Mit den heutigen Chips sind wir von dem in obigem *Bild 4.57* angedeuteten
extremen Selbsttest noch weit entfernt. Aber einhergehend mit dem ständig
wachsenden Integrationsgrad ist die Tendenz, zu immer ausgeprägterem Selbsttest zu gelangen, nicht zu übersehen. Damit wächst die Testdatengenerierung
immer enger mit der Logik- und der Layout-Entwicklung zusammen.

4.7 Aufgabenteil A5
(Aufgaben zur Testdatenerstellung)

A5.1

Erstellen Sie vollständige Tabellen, je bestehend aus Wahrheitstabelle und der
Liste der D-Implikanten, für die Gatter NICHT (Inverter), 2-fach-UND, 2-fach-
NOR, XOR (Antivalenz) und NXOR (Äquivalenz).

A5.2

Gegeben sei die hier mit *Bild 4.58* gezeigte einfache Schaltung. Für diese
Schaltung ist der Pfad $x_3 \Rightarrow a \Rightarrow z_1 \Rightarrow y$ zu sensibilisieren.

a) Gesucht sind alle 6 zur
    Sensibilisierung dieses
    Pfades möglichen D-
    Ketten, die sich übrigens
    in 2 Tabellen darstellen
    lassen, sofern man die
    Tabellen an den notwen-

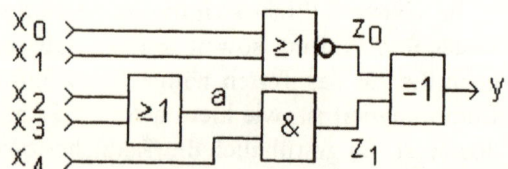

Bild 4.58

digen Stellen mehrwertig aufbaut. D.h. man schreibe, immer wenn es mehrere Möglichkeiten gibt, diese in derselben Tabellenzeile bzw. -spalte untereinander.

b) Welche der D-Ketten erscheinen "günstiger" bzw. "ungünstiger" als die anderen und warum ? Numerieren Sie dazu die 6 möglichen D-Ketten von 1 bis 6 durch, damit Sie unter Angabe der Nummer auf die günstigeren bzw. ungünstigeren hinweisen können.

A5.3

Gegeben sei die nebenstehende kleine Schaltung

Bild 4.59

Gesucht seien alle Einstellbarkeiten $E0_i$ und $E1_i$, alle Beobachtbarkeiten B_i sowie der Prüfaufwand (alle "Prüfbarkeiten") P_i für die 9 Knoten K_i mit $i = 0, 1, ... 8$.

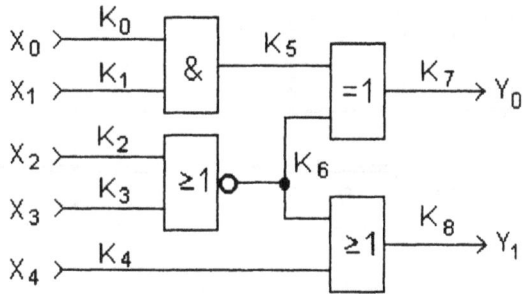

Auch hier werden, wie beim Beispiel auf Seite 314, nur die Verbindungsleitungen und nicht die Ein- und Ausgänge der Gatter berücksichtigt, um den Aufgabenumfang zu beschränken.

Stellen Sie die Ergebnisse dieser Prüfbarkeitsanalyse tabellarisch in einer Prüfbarkeitsmatrix zusammen.

A5.4

Gegeben sei der im folgenden *Bild 4.60* gezeigte Schaltungsausschnitt.

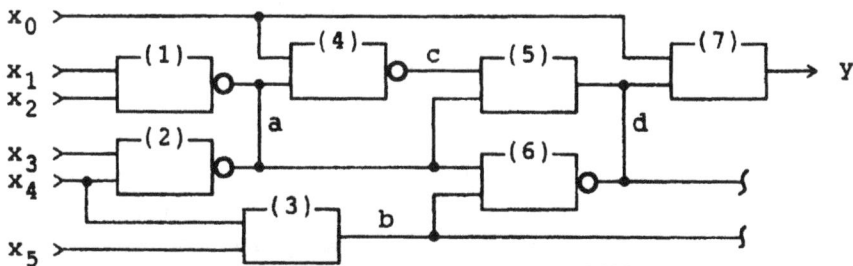

Bild 4.60

Einer der Pfade des mit obigem *Bild 4.60* gezeigten Schaltungsausschnitts werde mit einer D-Kette entsprechend der nachfolgend aufgelisteten Tabelle überprüft.

x_5 x_4 x_3 x_2 x_1 x_0	a	b	c	d	y
(7) 1				D	D
(6)	D	0		1	
(5)	D		0	D	
(4) 1	D		0		
(3) 0 1			0		
(2) 1 1		1			
(1) $\overline{D}$ 0		D			
Kette 0 1 1 $\overline{D}$ 0 1	D	0	0	D	D

a)   Tragen Sie die Symbole & , ≥1 oder =1 in die Gatter so ein, daß die hier aufgelistete D-Kette für diesen Schaltungsauszug zutreffend ist.

b)   Die in der Schaltung *Bild 4.60* eingesetzten Punktverknüpfungen an den Gatterausgängen bei a und d arbeiten nur dann in der laut Tabelle angegebenen Weise, wenn für sie entweder 0_F, 1_F oder 0_F, 1_R oder 0_R, 1_F oder 0_R, 1_R gilt. Welche der 4 Möglichkeiten ist zutreffend ?

c)   Die Punktverknüpfungen stellen außerdem logische Verknüpfungen dar, d.h. sie ersetzen je ein Gatter. Was für eines ?

d)   Für die beiden inneren Knoten a und b sei eine Prüfbarkeitsanalyse (bezogen auf die PI's (x) und den PO y) durchzuführen. Geben Sie E0, E1, B und P für die beiden Knoten a und b an.

A5.5

Auf Seite 344 wurde mit *Bild 4.39* gezeigt, daß ein LFSR mit 4 FF's eine scheinbare Zufallszahlenfolge mit der maximal möglichen Periodenlänge von 15 abgibt, wenn die Rückkopplung von Z_3 und Z_0 gespeist wird. Erfolgt die Einspeisung der Rückkopplung dagegen von Z_2 und Z_0, dann ergeben sich laut *Bild 4.40* (S. 345) und Seite 346 drei mögliche Kurzperioden mit Längen von lediglich 6, 6 und 3. Speist man jedoch die Rückkoplung von Z_1 und Z_0, wie im folgenden *Bild 4.61* gezeigt, dann ergibt sich erneut die maximale Periodenlänge von 15.

Bild 4.61

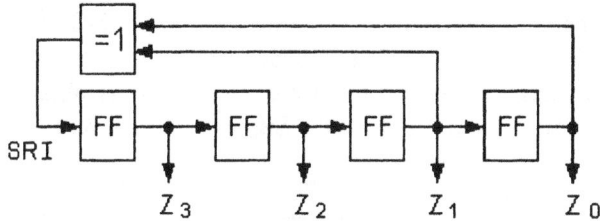

Erstellen Sie eine Tabelle (aussehend wie die auf Seite 344) zur Darstellung des sich ergebenden 15-er Zyklus, bei dem aber die scheinbar zufällige Folge der Zahlen anders als die der Seite 344 ist. Beginnen Sie die Tabelle mit einem Anfangswert $Z = 1$.

A5.6

Mit nebenstehendem im *Bild 4.62* gezeigten Macro (= aus mehreren Books zusammengesetzte Schaltung) wird ein aus 2 parallelen Bits T_0 und T_1 bestehender Testantworten-Datenstrom beliebiger Länge auf eine Signatur (Z) von 1 Byte Länge komprimiert, solange das Steuersignal $S = 1$ ist.

Wird das Steuersignal dagegen auf $S = 0$ gesetzt, dann ist der Eingang (T) gesperrt und der Ausgang (Z) gibt eine Quasi-Zufallszahlenfolge ab, d.h. das Macro arbeitet als Quasi-Zufallszahlengenerator.

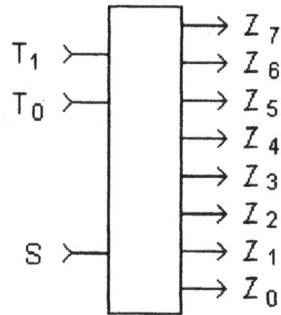

Bild 4.62

a) Zeichnen Sie ein mögliches Schaltbild (eines von mehreren möglichen auf Gatterebene) dieses Macros auf. Hinweis: Außer den FF's werden noch genau 5 Gatter mit je 2 Eingängen gebraucht.

b) Wie groß ist für dieses Macro, wenn es als Signaturregister geschaltet ist, die Fehlererkennungswahrscheinlichkeit bei beliebig langen Datenströmen?

c) Wie groß ist für dieses Macro, wenn es als Quasi-Zufallszahlengenerator geschaltet ist, die maximal mögliche Periode der Zufallszahlenfolge?

A5.7

Gegeben sei die im folgenden *Bild 4.63* gezeigte Anordnung. In der Praxis ist es natürlich "Unfug" ein einzelnes NAND-Gatter mit Hilfe eines derartigen Aufwands testen zu wollen. Aber als Übungsbeispiel ist diese Anordnung durchaus geeignet, da ein 3 bit breiter Quasi-Zufallszahlengenerator als Testmustergenerator und ein 5 bit breites Signaturregister verwendet werden.

Bild 4.63

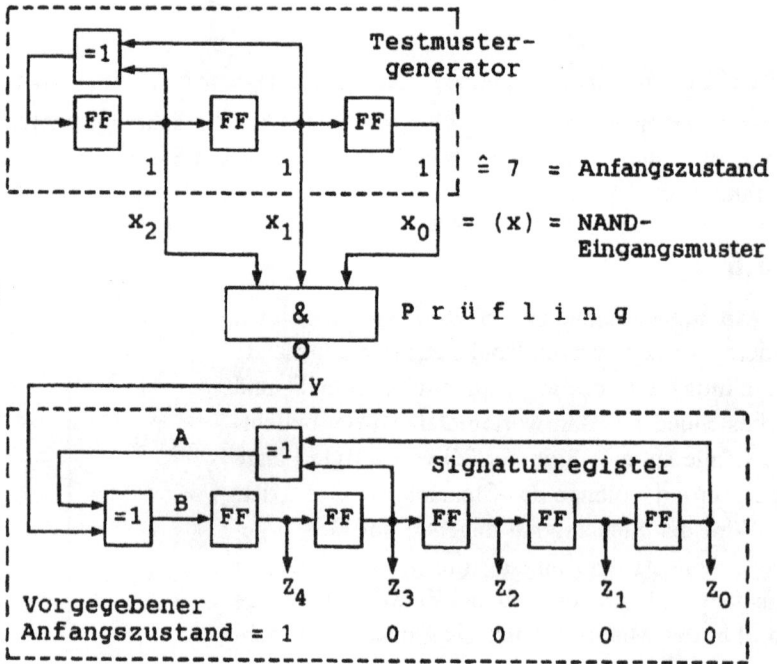

Gesucht sei die Signatur nach 4 Prüfschritten

- **a)** wenn der Prüfling fehlerfrei ist,
- **b)** wenn am Prüfling der Haftfehler x_1(s-a-1) auftritt.

Merke: x_1(s-a-1) bedeutet *nicht*, daß etwa die Leitung auf 1 haften bleibt und daher der Testmustergenerator nicht weiterschalten kann, vgl. auf Seite 293 as Beispiel mit der unterbrochenen Eingangsdiode im *Bild 4.4*. Der Testmustergenerator läuft folglich auch für den angegebenen Fehlerfall "normal" durch.

Hinweis: Die Lösung läßt sich übrigens am einfachsten und auch am übersichtlichsten mit Hilfe von drei Tabellen darstellen.

5 Schlußbemerkungen

In den vorstehenden 4 Kapiteln dieses Buchs wurde versucht, einen einigermaßen abgerundeten Einblick in das außerordentlich umfangreiche Fachgebiet *"CAD der Mikroelektronik"* zu vermitteln. Dabei mußten, wie bereits im Vorwort gesagt, *leider erhebliche Einschränkungen* in Kauf genommen werden. Denn weder ein umfassender Überblick über dieses Fachgebiet, noch ein tieferes Eingehen auf die theoretischen Grundlagen, auf spezielle Algorithmen und/oder auf programmspezifische Einzelheiten wären in der lediglich 1 Semester langen 4-Stunden-Vorlesung und bei einem vernüftigen Umfang dieses Buchs möglich gewesen. Ergänzend wird aus [46] zitiert:

> *"Wissenschaftliche Ergebnisse müssen mit Hilfe von Sprache beschrieben werden. .... Die wissenschaftliche Sprache muß den folgenden Anforderungen genügen:*
>
> - *Einfachheit*
> - *Klarheit*
> - *Eindeutigkeit*
> - *Präzision*
> - *Abbildungsgenauigkeit*
>
> *Eine gute Theorie zeichnet sich dadurch aus, daß sie die oben aufgeführten Bedingungen erfüllt."* (Zitat Ende)

Diesem Zitat entsprechend wurde, soweit möglich, der mathematische Formalismus eingeschränkt oder ganz auf ihn verzichtet. Statt dessen wurde versucht, durch verbale Beschreibung, Bilder und einfache Beispiele das Wesentliche der drei Teilgebiete *Simulation*, *Layout* und *Testdatenerstellung* nicht nur darzulegen, sondern einsichtig werden zu lassen, daß diese drei Teilgebiete keineswegs unabhängig voneinander bearbeitet werden können, da sie sich gegenseitig beeinflussen.

Es ist zu hoffen, daß mit diesem Vorlesungs- und Buchkonzept eine gute Grundlage geschaffen ist, von der die Hörer der Vorlesung bzw. die Leser dieses Buchs ausgehen können, um sich je nach Bedarf verbreiternd oder vertiefend zu spezialisieren.

In der Praxis ist ein gehöriges Maß an Spezialisierung immer dann notwendig (jedoch ohne dabei die "Schnittstellen" zu den Nachbargebieten aus den Augen zu verlieren), wenn man die fachspezifischen Verfahren und Programme nicht nur anwenden, sondern sich darüber hinaus kompetent an der Weiterentwicklung eines Fachgebiets beteiligen will.

Auf der folgenden Seite 370 sind die in diesem Buch behandelten Teile des Fachgebiets *"CAD der Mikroelektronik"* nochmals zusammengestellt:

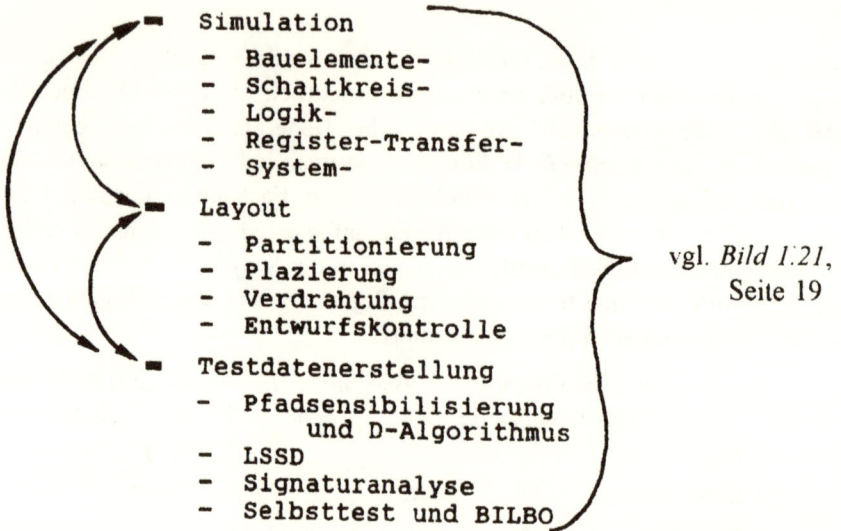

Simulation
- Bauelemente-
- Schaltkreis-
- Logik-
- Register-Transfer-
- System-

Layout
- Partitionierung
- Plazierung
- Verdrahtung
- Entwurfskontrolle

Testdatenerstellung
- Pfadsensibilisierung
      und D-Algorithmus
- LSSD
- Signaturanalyse
- Selbsttest und BILBO

vgl. *Bild 1.21,*
Seite 19

Bild 5.1

*Tatsächlich
erreichte und
voraussichtlich
zu erreichende
Anzahl der
Komponenten,
z.B. Transistoren,
pro Chip*

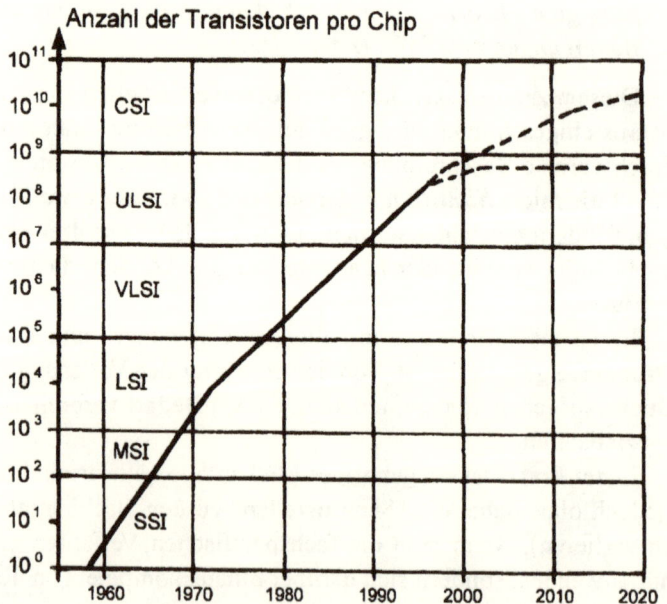

Das *Bild 5.1* zeigt die über einige Jahre der Weiterentwicklung tatsächlich erreichte und die laut einer Prognose von *Korte* bis zum Jahr 2020 voraussichtliche Zahl der auf einem einzelnen Chip zu integrierenden Transistoren (vgl.

auch die Tabelle auf Seite 225).

Im Gebiet *"CAD der (Mikro-)Elektronik"*, z.B. entsprechend obiger Zusammenstellung, konzentrieren sich die Bemühungen um Weiterentwicklung und Verbesserungen (ohne Anspruch auf Vollständigkeit dieser Auflistung) u.a. auf folgende Problemkreise:

• **Macro-Simulation und Waveform Relaxation**

Die Schaltkreissimulationen werden (z.B. laut *Bild 5.1*) immer umfangreicher, selbst wenn sie fast immer nur Teile des Chips umfassen, so daß die in SPICE, ASTAP, AS/X usw. eingebauten Standardverfahren selbst bei Verwendung moderner sehr schneller Computer an ihre Grenzen stoßen. Abhilfe, insbesondere in Richtung auf Rechenzeit-Reduzierung, verspricht man sich durch die Verfahren der Macro-Simulation und der Waveform Relaxation.

Bemerkungen dazu siehe Seiten 84 bis 86. Die Prinzipien und Grundlagen der Algorithmen sind u.a. in [22] und [53] nachzulesen.

• **Schaltkreisoptimierung**

Das folgende *Bild 5.2* zeigt als **Beispiel** eine einfache Inverterkette, bestehend aus 3 CMOS-Invertern mit einer vorgegebenen Lastkapazität.

Bild 5.2

Inverterkette als Beispiel für die Schaltkreis-optimierung

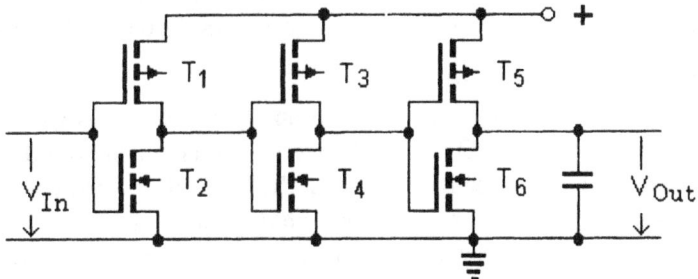

Die einzigen Parameter, die der Entwickler bei einer festgeschriebenen Fertigungstechnologie verändern kann, sind die Kanalbreiten W_1 bis W_6 (jedoch nur im Bereich $W_{min} \leq W_i \leq W_{max}$, $i = 1 \ldots 6$) der Transistoren T_1 bis T_6, vgl. Seite 273. Werden die Ein- und Ausschaltverzögerung mit $t_{d\,on}$ und $t_{d\,off}$ und die Schaltfrequenz mit f_S bezeichnet, so könnte die Optimierungsaufgabe beispielsweise lauten:

Gesucht sind W_1, $W_2 \ldots W_6$ so, daß

$$t_{d\,on} + t_{d\,off} \rightarrow min \quad \textbf{und} \quad t_{d\,on} \approx t_{d\,off}$$

und Verlustleistung $\leq$ gefordertes Limit

bei f_S = gegeben.

Die "klassische" Methode einer solchen Optimierung läuft manuell gesteuert ab, indem *viele* SPICE-, ASTAP- oder AS/X-Simulationen nacheinander durchgeführt werden. Zwischen je 2 Simulationsläufen muß der Schaltkreisentwickler die zu optimierenden Parameter nach bestem ingenieurmäßigen Fachwissen so verändern, daß der nächste Simulationslauf möglichst eine Verbesserung in Richtung auf das angestrebte Optimum anzeigt.

Die automatische Schaltkreisoptimierung läuft grundsätzlich genauso ab. Jedoch sind die einzelnen Simulationen direkt aneinander gekettet und das Verändern der Parameter übernimmt ein ins Programm eingebauter Algorithmus. Diese Algorithmen, die teils mit und teils ohne Empfindlichkeitsanalyse arbeiten, sind noch *stark verbesserungs-* und *weiterentwicklungswürdig*. Bekannt sind z.B. die klassischen Algorithmen nach *Fletcher-Powell* oder nach *Fibonaci* oder neuere Verfahren nach *Nickel* (1985). Schließlich sind die auf statistischer Basis arbeitenden Optimierungsalgorithmen nach *Lüder, Eckstein, et.al.* (1985 - 1990), die mit SPICE oder nach *Spiro, Keinert, et.al.* mit ASTAP zusammenarbeiten, zu erwähnen, vgl. Seite 36.

Zu den Grundlagen der Empfindlichkeitsanalyse und der Schaltkreisoptimierung siehe [08], [29] und [53]. Ein kleiner Beitrag zur Weiterentwicklung *(Spiro.H.: Ein Beitrag zum Problem der statistischen Optimierung mit mehrdimensionalen Gaußverteilungen)* ist u.a. in [56] veröffentlicht.

● **Logiksynthese**

Die Logiksynthese geht davon aus, daß die zu entwickelnde Logik formal beschrieben wird, z.B. durch *Boole*sche Gleichungen, Wahrheitstabellen, Blockdiagramme und/oder RT-Sprachen. Zunächst wird versucht, möglichst einfache Ausdrücke für die *Boole*schen Funktionen zu finden. Die dafür geeigneten klassischen Verfahren vom *Quine-McCluskey* (50-er Jahre) wurden vielfach verbessert und/oder durch neuere Verfahren, z.B. von *Brayton, et.al.* (1982 - 1987), eingesetzt u.a. im Programm ESPRESSO, ersetzt. Letztendlich muß das Logiksyntheseprogramm die (möglichst minimierte) Beschreibung in eine konkrete Schaltung umsetzen, die den Anforderungen der in der Fertigung einzusetzenden Technologie genügt.

Zur Logiksynthese, die noch stark weiterentwicklungswürdig ist, siehe u.a. die Kapitel 4 *(Kick,B.: Logiksynthese - eine Übersicht)* und 5 *(Tatje,J.: Synthese logischer Schaltungen mit LOG/iC)* des Buchs [29].

● **Simulationsmaschinen**

Simulationsmaschinen sind Spezialcomputer zur extrem schnellen Logiksimulation, vgl. dazu die Bemerkungen zur YSE auf Seite 148. Ob aber weitere

Verbesserungen vorhandener Simulationsmaschinen oder gar eine Neuentwicklung lohnt, ist außerordentlich fraglich. Die gemeinsam zu simulierenden (weil in einem Cluster vereinigten) Schaltungsteile werden zwar immer größer, vgl. z.B. *Bild 5.1*, Seite 370, jedoch hat sich das Preis-Leistungs-Verhältnis der Computer in noch stärkerem Maße verbessert und wird es nach allen vernüftigen Prognosen weiterhin tun. Heutige Workstations mit weit über 150 MHz Taktfrequenz, 128 MByte (oder noch mehr) Hauptspeicher und Festplatten mit mehreren GByte übertreffen mit ihrer Rechenleistung die wesentlich teureren Großcomputer vergangener Jahre bereits um ein Mehrfaches, von künftigen Entwicklungen Massiv Paralleler Multicomputersysteme, an denen u.a. auch am IPVR (Institut für Parallele und Verteilte Höchstleistungsrechner) der Universität Stuttgart gearbeitet wird (*Baitinger, et.al.*), ganz zu schweigen. In einer Weiterentwicklung der Simulationsmaschinen ist deshalb nach derzeitigem Wissensstand kein Sinn mehr zu sehen.

- **Iterative Layout-Algorithmen**
  Das folgende *Bild 5.3* zeigt ein mögliches Flußdiagramm für ein iteratives Layout:

Bild 5.3

Flußdiagramm für eine mögliche Form des iterativen Layouts

Auf Seite 249 wurde bereits auf den Unterschied zwischen globaler und lokaler Verdrahtung hingewiesen. Das im *Bild 5.3* gezeigte Schema geht jedoch darüber hinaus:

Nachdem der Algorithmus, oder meist der Ent-

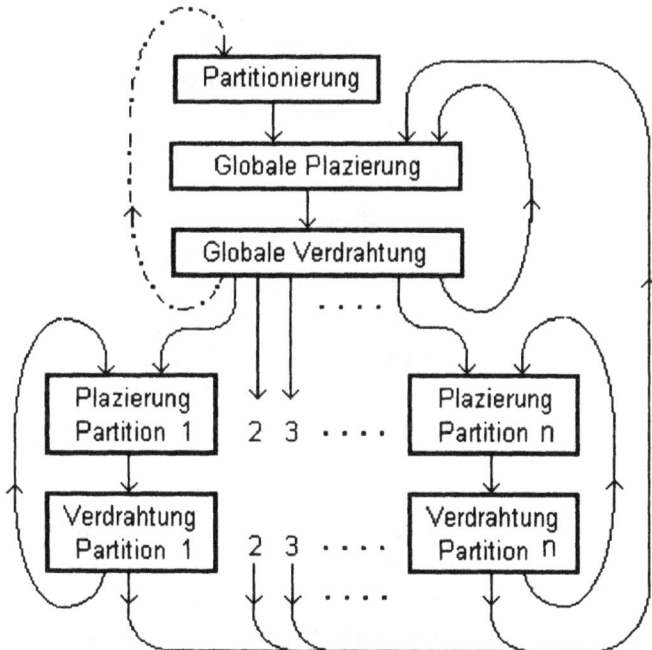

wickler manuell, partitioniert hat (vgl. die Bemerkungen zur Partitionierung auf
Seite 226), wird zunächst eine grobe (schätzungsweise passende) globale Plazierung und globale Verdrahtung vorgenommen. Danach werden nacheinander
innerhalb der einzelnen Partitionen Plazierung und Verdrahtung durchgeführt,
wobei für jede Partition getrennt (u.U. iterativ) vorgegangen werden muß, wie
bereits auf Seite 215 erwähnt. Danach, nachdem nun die Lokationen der Außenanschlüsse der Partitionen festgelegt sind, kann die globale Plazierung und Verdrahtung verbessert werden, was eventuell in den nächsten Schritten ein erneutes
Eingreifen in die einzelnen Partitionen erfordert usw.

- **Dreidimensionales Layout**

Mit den *Bildern 3.22* und *3.23* (S. 205 u. 206) wurde gezeigt, daß man schon
heute mit den Speicherkondensatoren in die Tiefe des Chips geht, um bei Kapazitäten brauchbarer Größe die belegte Chipfläche zu verkleinern. Auf Seite 206
wurde auch erwähnt, daß bei neu entwickelten 256-MBit-Chips die Kondensatoren nach oben über die Transistoren herausragen, um sie an der Chipoberfläche
wie den Hut eines Pilzes verbreitern zu können. Beide Kondensator-Layout-
Methoden kann man als Anfang in Richtung auf ein dreidimensionales Layout
betrachten. Jedoch gibt es auch bereits Versuche, Transistoren in mehr als einer
Ebene (zunächst in 2 Ebenen) übereinander anzuordnen, um den Integrationsgrad
ohne Vergrößerung der Chipfläche noch weiter steigern zu können.

Eine andere Entwicklungsrichtung, die man mit einer gewissen Berechtigung
unter die Überschrift "Dreidimensionales Layout" einordnen kann, ist eine *"Flip-
Chip-Technik"*, bei der die Silizium-Chips auf einen Silizium-Träger aufgesetzt
werden (worauf bereits auf Seite 10 hingewiesen wurde). Auf diese Weise kann
jede bisherige Chip-Partition ein einzelnes Chip werden, das auf dem Silizium-
Träger, sozusagen dem "großen Chip", aufsitzt. Zusätzlich zu den 4 Aluminium-
Verdrahtungsebenen auf den "normalen Chips" (vgl. S. 243f) erhält man dann
4 weitere Lagen auf dem "großen Chip", so daß man wenigstens bezüglich der
Chipverdrahtung von einer 3. Dimension sprechen kann. "Echt" wird diese 3.
Dimension dann, wenn es gelingt, auch in das "große Chip" noch Transistoren
zu integrieren.

Dieses *Silizium-auf-Silizium-Layout* ist jedoch noch im Entwicklungsstadium.
Besonders die gegenüber Keramik-Trägern längeren Leitungslaufzeiten auf dem
Silizium-Träger bereiten derzeit noch Schwierigkeiten. Vorarbeiten zu einem
Silizium-auf-Silizium-Layout wurden schon vor einigen Jahren von *Najmann,
et.al.* im IBM Entwicklungslabor Böblingen gemacht. Heute wird vor allem in
Japan auf diesem Gebiet gearbeitet.

Zu erwähnen ist noch, daß es inzwischen auch schon erste Muster-Chips gibt, die 5 Aluminium-Verdrahtungslagen aufweisen.

● *Silicon Compiler*

Als Silicon Compiler wird ein Programm bezeichnet, das nach Eingabe einer Logikbeschreibung daraus selbständig ein Chip-Layout für eine vorgegebene Technologie erstellt. Bis solche Silicon Compiler im Stande sind, auch für VLSI-Chips (oder gar ULSI-Chips, vgl. *Bild 5.1*, S. 370) die kompletten Layout-Daten zu erzeugen, ist noch sehr viel Entwicklungsarbeit nötig.

● *Testdatengenerierung*

Hier konzentrieren sich die Entwicklungsarbeiten auf verbesserte Selbsttests und BILBO-Techniken, vgl. Seiten 359 bis 364. Dies kann nur Hand in Hand mit steigender Integrationsdichte (Anzahl der Transistoren bzw. der Zellen auf einem Chip) geschehen, worauf bereits oben auf Seite 364 hingewiesen wurde.

● *Datenbanktechniken*

Die Verbesserung der Datenbanktechniken ist zwar kein CAD-spezifisches Problem, aber mit besseren Datenbanken auf leistungsstarken Zentralrechnern und Workstations wird es in zunehmendem Maße möglich sein, auch extrem umfangreiche CAD-gestützte Entwicklungen auf Workstations am Arbeitsplatz zu verlegen und die von vielen Entwicklern gemeinsam benutzte CAD-Datenbank im Zentralrechner abzulegen.

● *Erhöhte Benutzerfreundlichkeit*

Verfolgt man die Entwicklungen der letzten Jahre, so kann man stetige Verbesserungen der Benutzeroberflächen feststellen, die vor allem den Bedürfnissen der Benutzer besser angepaßt sind. Höhere Design-Sprachen (z.B. VHDL), funktionelle Sprachen und *ganz wesentlich* verbesserte graphische Ein- und Ausgabemöglichkeiten haben die Benutzerfreundlichkeit erheblich erhöht und damit viele sehr komplexe CAD-Arbeiten überhaupt erst möglich gemacht.

Diese Entwicklung wird sich mit Sicherheit auch in Zukunft fortsetzen, ist aber zwangsläufig an die Entwicklung immer leistungsfähigerer Computer und verbesserter Algorithmen gekoppelt.

● *Expertensysteme für CAD*

Eine Entwicklung in Richtung KI (Künstliche Intelligenz) ist für CAD der Mikroelektronik bis heute nur "sehr am Rande" festzustellen, was vielleicht damit zusammenhängt, daß bis jetzt niemand im Stande war, schlüssig zu definieren, was KI eigentlich ist und leisten soll und was nicht. Dazu als Abschluß dieser Zusammenstellung ein bösartig klingendes, aber aus heutiger Sicht verständliches Zitat (Autor = ?):

"Alle sprechen von künstlicher Intelligenz, aber leider werden wir noch lange mit der natürlichen Dummheit leben müssen."

Über den aktuellen Stand all dieser (hier aufgeführten und anderen CAD-spezifischen) Weiterentwicklungen findet man immer noch wenig in Büchern veröffentlicht. Dazu ein Zitat aus [19]:

"Die Mikroelektronik ist ein sehr junges Gebiet, dementsprechend dokumentiert sich die Entwicklung heute überwiegend in Konferenzberichten und Fachzeitschriften, z.B.

- *ITG-Fachtagung: Großintegration*
- *IEEE - International Solid-State Circuit Conference*
- *European Solid-State Conference"*   (Zitat Ende)

Ist die Mikroelektronik immer noch als "junges Fachgebiet" anzusehen, dann ist es selbstverständlich "CAD der Mikroelektronik" erst recht. Zu den Fachtagungen, deren Konferenzberichte Hinweise auf neuere Entwicklungen geben, seien noch hinzugefügt:

- ASIM Symposium Simulationstechnik (immer 2-mal in je 3 Jahren), siehe z.B. [56] und [27].
- EUROSIM Simulation Congress (alle 3 Jahre) siehe z.B. [07].

Programmieren wurde lange Zeit, besonders bevor die Informatik als eigenständige Fachrichtung in die Hochschulen einzog, mehr als eine Kunst, denn als Wissenschaft angesehen. Das hat sich inzwischen mit der Entwicklung besserer Hochsprachen, prozeduraler und nicht-prozeduraler Design-Sprachen usw. stark geändert. Auch das Layout, insbesondere das Chip-Layout, war lange Zeit weit mehr "Kunst" als Wissenschaft, was durchaus verständlich ist, wenn man die beiden *Bilder 5.4* und *5.5* auf Seite 377 miteinander vergleicht. Auch war das auf Seite 258 erwähnte manuelle Nachverdrahten eines Chips wegen des Auftretens sogenannter Overflows durchaus als Kunst (im weitesten Sinne) einzustufen. Inzwischen sind jedoch die Plazierungs- und Verdrahtungsprogramme soweit verbessert, daß Overflows nur noch in Ausnahmefällen auftreten.

Jedoch soll mit den *Bildern 5.4* und *5.5* abschließend durchaus an die Hörer der Vorlesung und die Leser dieses Buchs appelliert werden, trotz aller notwendigen Spezialisierung den Blick nicht zu eng auf ein einziges Fachgebiet zu richten und wenn möglich, über die Technik hinaus noch andere Interessen und Fähigkeiten zu entwickeln.

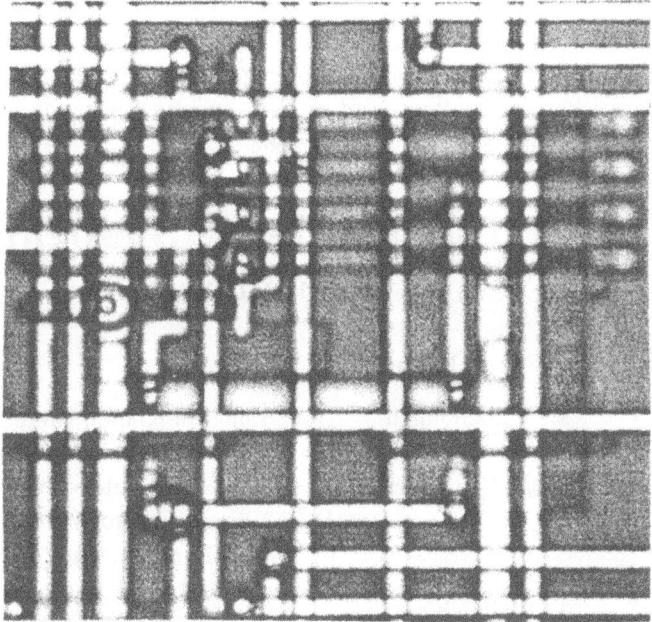

Bild 5.4

Ausschnitt aus
dem Layout
des schon
mehrere Jahre
alten Chips
"ZORA"
der IBM.
Aufnahme
unter dem
Polarisations-
mikroskop mit
7500-facher
Vergrößerung.

Bild 5.5

Piet Mondrian
(1872 - 1944)
"Broadway
Boogie Woogie",
1942,
(Ausschnitt).
Museum of
Modern Art,
New York

6 Lösungen der Aufgaben

Erläuterungen zu den Lösungen werden angegeben, wenn dies zum Verständnis des Lösungswegs (bzw. der Lösung selbst) beiträgt. Meist, d.h an allen dafür ausreichenden Stellen, wird einfach auf die Buchseite hingewiesen, aus deren Text und/oder Bild sich die Lösung ergibt.

6.1 Lösungen des Aufgabenteils A1
(Schaltkreissimulation)

A1.1   (Seiten 110 bis 112)

a)   51 Gleichungen

(siehe.Seite 70)

$\left\{ \begin{array}{l} \end{array} \right.$ 18 interne Knoten (in den Transistormodellen)
  (3 pro Transistor, 6 Transistoren)
12 externe Knoten (in der Schaltung selbst)
 3 Spannungsquellen
18 Nichlinearitäten (6 • 3)

b)   146 Gleichungen

(siehe Seite 70)   ---

60 interne Schaltelemente (6 • 10)
13 externe Schaltelemente
73 • 2 = 146

c) $n_{PDQ} = 24$ 4 PDQ's pro NPN, 6 NPN's

d) $n_{GDG} = 27$ (2 + 6 • 4 = 26 C's) + 1 L

e) $n_{voll} = 171\,696$ = 146 • 147 • 8

f) $n_{Sparse} = 11\,680$ = 146 • 6 • 12 + 146 • 8

g) $n_{4\ Sparse} \approx 88\,768$ = 146 • 6 • 12 • $4^{1,5}$ + 146 • 8 • 4

A1.2   (Seite 112)

a) $n_{PDQ} = 4$

b) $\partial E_F / \partial V_{CSlew} = 5$, $\partial E_{Out} / \partial V_{CF} = 1$

c) $n_{kn\ intern} = 6$ (In+ , In- und Out sind externe Knoten
  und Masse wird nicht gezählt)

A1.3   (Seite 113)

a)   Weil einige Hauptdiago-
nalplätze unbesetzt sind,
d.h. es liegt ein singuläres
Systen vor.
(siehe Seite 74 oben)

b)⎱ ⎰ Siehe diese Matrix ⇒
c)⎰ ⎱ (siehe Seite 81)

A1.4   (Seiten 113 und 114)

	1	2	3	4	5	6	7	8	9
1	X		X				X		
2		X				X			
3			Z	X					
4				Z			X		X
5	X			F	X		F	F	F
6		X	X		F	X	F	F	F
7	X	X		F		F	X	F	F
8				X			F	Z	F
9						X	F	F	X

a F, **b** W (s.S. 108f), **c** F, **d** F,
e W (s.S. 97), **f** F, **g** W (s.S.
108f), **h** W (s.S. 98), **i** W, **j** F, **k** F, **l** F (s.S. 97f), **m** F (s.S. 97f), **n** W
(s.S. 89 und 93), **o** W (s.S. 81), **p** F, **q** W, **r** W (s.S. 92f), **s** F (s.S. 93),
t W (s.S. 93), **u** W (s.S. 87), **v** F, **w** W (s.S. 97f), **x** W (s.S. 97f), **y** W
(s.S. 106), **z** F.

6.2 Lösungen des Aufgabenteils A2
(Logiksimulation)

A2.1   (Seiten 152 und 153)

Siehe nebenstehendes Diagramm
        Bild 6.1   ⇒

A2.2   (Seiten 153 und 154)

a)   Siehe Wahrheitstabelle
auf Seite 380.

b)

$S = A \not\!\!\perp B \not\!\!\perp C$

$U = A B \lor A C \lor B C$

Oder: $D = A \not\!\!\perp B$

$S = C \not\!\!\perp D, \quad U = A B \lor C D$

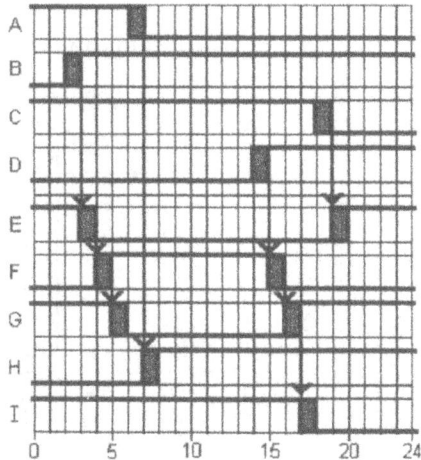

A2.3   (Seite 154)

a) UND   (siehe Seiten 135 und 136)

b) ODER   (siehe Seite 136)

c) NAND   (Feststellbar, indem man

d) XOR   sich eine Wahrheitstabelle
                  in 2-wertiger Logik anlegt
und dabei einmal eine "E-Spalte" für
0-Dominanz und einmal für 1-Dominanz vorsieht.)

e) (siehe Seiten 151 und 152)

A	B	C	D	E
0	0	0	1	1
0	X	0	1	1
0	X	0	X	1
0	X	0	X	X
0	X	0	X	X
0	1	0	X	X
0	1	0	0	X
0	1	0	0	0
0	1	0	0	0

A2.4   (Seite 155)

a) (siehe Seiten 139 bis 141)

A	B	& ≥1 $(C_1)(C_2)$	C
0	0	0_H 1_H	H
0	X	0_H 1_H	H
0	1	0_H 1_H	H
X	0	0_H X_U	X_U
X	X	X_U X_U	X_U
X	1	X_U 1_H	X_U
1	0	0_H 0_F	0_F
1	X	X_U X_U	X_U
1	1	1_F 1_H	1_F

Wahrheitstabelle der Aufgabe A2.2

A	B	C	S	U
0	0	0	0	0
0	0	X	X	0
0	0	1	1	0
0	X	0	X	0
0	X	X	X	X
0	X	1	X	X
0	1	0	1	0
0	1	X	X	X
0	1	1	0	1
X	0	0	X	0
X	0	X	X	X
X	0	1	X	X
X	X	0	X	X
X	X	X	X	X
X	X	1	X	X
X	1	0	X	X
X	1	X	X	X
X	1	1	X	1
1	0	0	1	0
1	0	X	X	X
1	0	1	0	1
1	X	0	X	X
1	X	X	X	X
1	X	1	X	1
1	1	0	0	1
1	1	X	X	1
1	1	1	1	1

Denkt man sich zunächst die
DOT-Verknüpfung aufgeschnitten,
dann kann man die Gatterausgänge
einzeln betrachten und wie hier gezeigt mit C_1 und C_2 bezeichnen.

b) Tri-State-Driver (siehe Seiten 140 und 141)

c) Für das UND-Gatter: Anstiegsverzögerung > Abfallverzögerung
Für das ODER-Gatter: Anstiegsverzögerung < Abfallverzögerung
Grund: Es muß verhindert werden, daß 1_F des UND-Gatters und 0_F des ODER-Gatters beim Umschalten gemeinsam auftreten können.

d) Es kann nicht mit Unit-Delay (siehe Seite 132) gearbeitet werden.

A2.5 (Seite 155)

Geforderte Tabelle ⇒
(Dazu siehe Seiten 151 und 152)

Die Schaltung stellt ein taktpegelgesteuertes D-Flipflop dar. (Einfach, kein MS-FF)

(Durch den Takt wird das Umschalten des FF's von 0 auf 1 veranlaßt. Wenn das Taktsignal wieder abgeschaltet wird, bleibt im FF die 1 gespeichert und es erfolgt kein Zurückschalten. Deshalb muß die Simulation beim Einschalten des Takts in 5 Schritten pro Phase ablaufen, wohingegen beim Abschalten des Takts nur 3 Schritte pro Phase benötigt werden.)

D	T	A	P	Q	Z	
1	0	1	1	1	0	— Anfangszustand
1	X	1	1	1	0	
1	X	1	X	1	0	
1	X	1	X	1	X	1. Phase
1	X	1	X	X	X	
1	X	1	X	X	X	
1	1	1	X	X	X	
1	1	1	0	X	X	
1	1	1	0	X	1	2. Phase
1	1	1	0	0	1	
1	1	1	0	0	1	
1	X	1	0	0	1	
1	X	1	X	0	1	1. Phase
1	X	1	X	0	1	
1	0	1	X	0	1	
1	0	1	1	0	1	2. Phase
1	0	1	1	0	1	

6.3 Lösungen des Aufgabenteils A3
(RT-Simulation)

A3.1 (Seite 175)

a) 'TICK' TB = TKT[2] * TKT[4];
Sinnlos, weil die UND-Verknüpfung von 2 zeitlich verzetzten Nadelimpulsen zu keinerlei Impuls führen kann, (siehe Seite 171).

```
/TKT[2] + TKT[3]/ 'WRITE' (BLABLA);
```

Das Register BLABLA zu Zeit 0 eingelesen, gibt erst ab der Zeit 30 ein stabiles Ausgangssignal ab (siehe Seite 164). Deshalb kann zur Zeit 10 kein 'WRITE' (BLABLA) erfolgen.

b)

Zeitdiagramm
Bild 6.2   ⇨

(siehe Seiten 169 und 171)

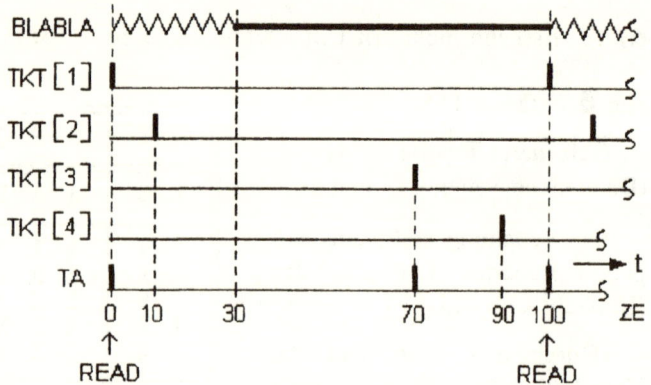

A3.2   (Seite 175)

Entweder   'TERMINAL'   :60: S = (A 'XOR' B) 'XOR' C,
                             :40: U = (A * B) + (A * C) + (B * C);

oder alternativ   'TERMINAL'   D = A 'XOR' B,
                             :60: S = C 'XOR' D,
                             :40: U = (A 'AND' B) 'OR' (C 'AND' D);

(Siehe Lösung zur Aufgabe A2.2 auf Seite 379. Ob die UND- bzw. ODER-Verknüpfungen durch die Operanden * bzw. + oder durch 'AND' bzw. 'OR' in die Sprachkonstrukte aufgenommen werden, ist gleichgültig, siehe Seite 166).

A3.3   (Seiten 175 und 176)

a)   'TERMINAL':60: E = (A 'AND' B) 'XOR' (A 'OR' 'NOT' B);

Hierzu siehe Lösung zur Aufgabe A2.3 auf Seite 380: Bei 0-Dominanz ist das NAND überflüssig, folglich laut *Bild 2.80* auf Seite 154:

$$E = C \not\rightarrow D = A B \not\rightarrow (A \vee \overline{B})$$

b)   'TERMINAL':60: E = 'NOT' (A 'AND' B);

Bei 1-Dominanz ist das XOR überflüssig, folglich:

$$E = \overline{C D} = \overline{A B (A \vee \overline{B})} = \overline{A B A \vee A B \overline{B}} = \overline{A B}$$

A3.4   (Seite 176)

a)   Hinter C5 = A[2] * (A[0] 'XOR' A[1]); steht ein Semicolon, obwohl das Statement noch nicht zu Ende ist. Die einzelnen Teile (z.B.) innerhalb eines 'TERMINAL'-Statements sind durch Kommas voneinander zu trennen. Das Semicolon schließt das Statement komplett ab.

b)   Am einfachsten läßt sich diese Aufgabe lösen bzw. die Frage beantworten, wenn man den Sprachkonstrukten folgend eine Tabelle erstellt:

Wert	4	2	1				64	32	16	8	4	2	1	Wert
A	A_2	A_1	A_0	B_2	B_1	B_0	C_6	C_5	C_4	C_3	C_2	C_1	C_0	C
0	0	0	0	1	1	1	0	0	0	0	0	0	1	1
1	0	0	1	1	1	0	0	0	0	0	1	0	0	4
2	0	1	0	1	0	1	0	0	0	1	0	0	1	9
3	0	1	1	1	0	0	0	0	1	0	0	0	0	16
4	1	0	0	0	1	1	0	0	1	1	0	0	1	25
5	1	0	1	0	1	0	0	1	0	0	1	0	0	36
6	1	1	0	0	0	1	0	1	1	0	0	0	1	49
7	1	1	1	0	0	0	1	0	0	0	0	0	0	64

Aus den dezimal angegebenen Werten der Signale A und C dieser Tabelle (zusammen mit dem Statement /T[2]/ D <- C; auf Seite 176) ergibt sich

$$D = C = (A + 1)^2 \quad \text{für} \quad 0 \le A \le 7$$

Namensgebung: 'DESIGN' Quadrierer
oder auch: 'DESIGN' A+1 im Quadrat   (oder dergl.)
(Siehe Seiten 159 und 160)

c)

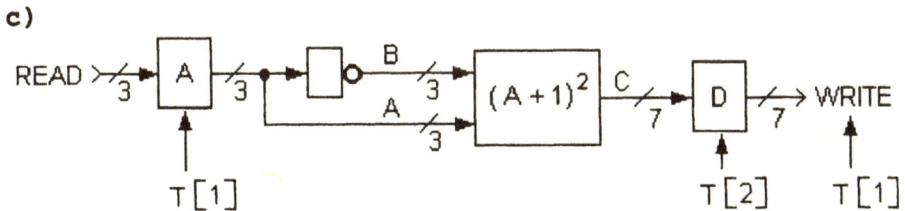

Bild 6.3

Der Block $(A + 1)^2$ stellt den eigentlichen Quadrierer dar. In den Inverterblock muß man nichts eintragen, die Funktion ist eindeutig.

d)

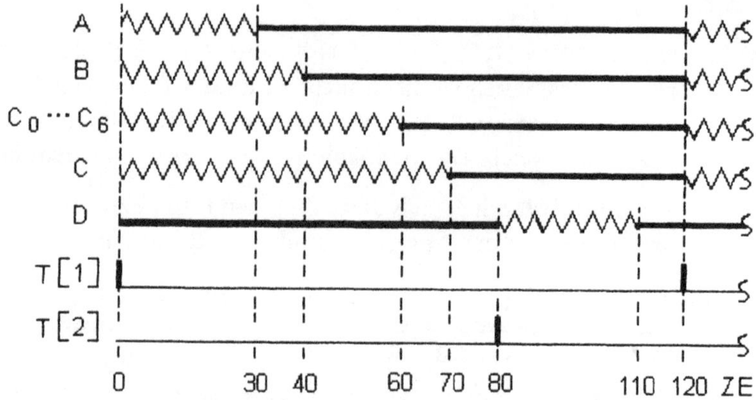

Bild 6.4

(siehe
Seiten
162, 163
und/oder
382)

6.4 Lösungen des Aufgabenteils A4
(Layout)

A4.1   (Seiten 277 und 278)

a)   Books in P: A, B, C, D, E, F, H, L   (42 ☐)
           Books in Q: G, I, J, K, M   (42 ☐)

b)   5 Leitungen

A4.2   (Seiten 278 und 279)

a)

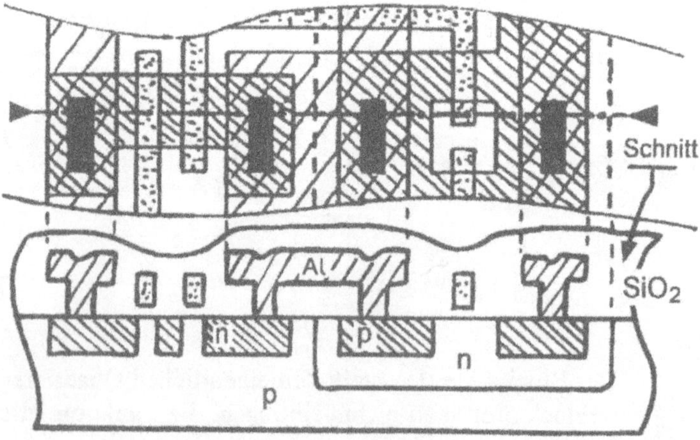

Bild 6.5

(siehe
Seiten
201, 202
und/oder
273)

b)   (Siehe Schaltung eines CMOS-
NAND auf Seite 199 sowie eines
Flipflops auf Seite 331)

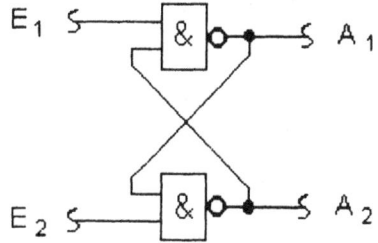

Bild 6.6

c)   NAND-Basis-Flipflop

d)   4 NMOS mit $W/L \approx 3$ und
4 PMOS mit $W/L \approx 2$

e) $R_1 \approx 0,05\ \Omega$ $((15\,mm\,/\,9\,mm) \cdot 0,03\ \Omega/\square$,   s. S. 269 u. 271)
$R_2 \approx 120\ \Omega$ $((9\,mm\,/\,3\,mm) \cdot 40\ \Omega/\square$,   s. S. 269 u. 271)

f)   Sperrschichtkapazität der n-Wanne gegen das p-Substrat. Sie liegt zwischen Plus und Masse.

A4.3   (Seiten 279 und 280)

a)

Bild 6.7 ⇨

(siehe Seiten
206 und 207.
Der n⁺-dotierte
Kollektoranschluß,
der Subkollektor
und Einzelheiten
der SiO₂-Isolation
sind der
Einfachheit halber
weggelassen.)

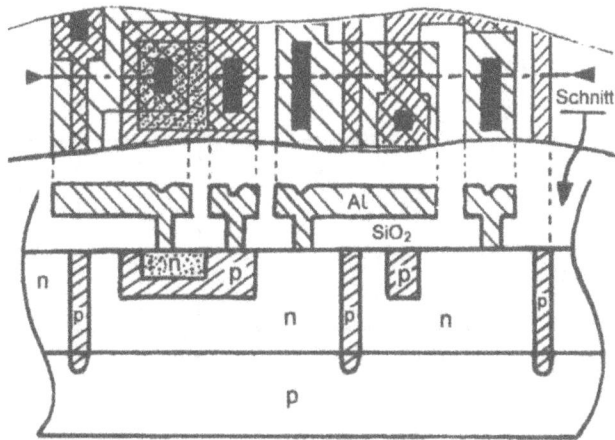

b)

Bild 6.8 ⇨

(siehe Seite 195)

c)   UND-Gatter

d) $R_1 : R_2 : R_3 : R_4$
$\approx 5 : 5 : 4,5 : 1$
(s. S. 268 - 270)

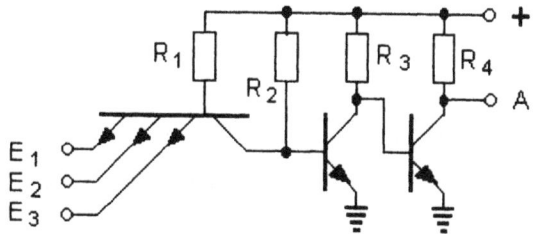

e)   Isolationsdiffusion (siehe Seite 207)

f)   Die durch die Widerstände und das n-Gebiet gebildeten Dioden müssen alle in Sperrichtung vorgespannt werden, um die Widerstände gegeneinander zu isolieren.

g)   NAND, vergleichbar dem im *Bild 3.10* auf Seite 195, mit nachgeschaltetem Inverter, jedoch nicht in SCTTL-Technik, sondern in gesättigter TTL-Technik, daher relativ langsam und mit einem (nach heutigem Stand der Technik) schlechten Power-Delay-Product.

A4.4   (Seiten 281 und 282)

a W (s.S. 243f), **b** F (s.S. 230 und 244), **c** F, **d** F, **e** W (s.S. 238f), **f** W (s.S. 261), **g** F, **h** W (s.S. 243), **i** F, **j** W (s.S. 237), **k** F, **l** W (s.S. 226), **m** W (s.S. 219), **n** W, **o** F, **p** F, **q** F, **r** W (s.S. 250), **s** W (s.S. 250f), **t** F, **u** W (s.S. 252), **v** F, **w** W (s.S. 252f), **x** W (s.S. 269), **y** F (s.S. 269), **z** W (s.S. 271).

A4.5   (Seite 282)

Bild 6.9 ⇒

(siehe Seiten
255 und 256)

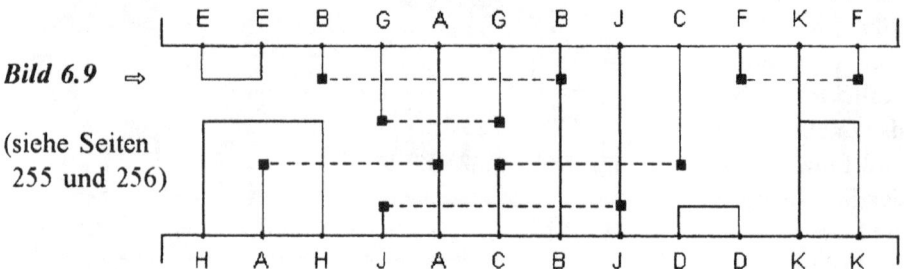

A4.6   (Seite 283)

a) $R_1 \approx 35\ \Omega$ ((7 / 2) Rastermaße · 10 $\Omega/\square$,   s.S. 269 u. 271)
           $R_2 \approx 28\ \Omega$ ((14 / 5) Rastermaße · 10 $\Omega/\square$,   s.S. 269 u. 271)

b) $R_1 \approx 0{,}105\ \Omega$ ((7 / 2) Rastermaße · 0,03 $\Omega/\square$, s.S. 269 u. 271)
           $R_2 \approx 0{,}084\ \Omega$ ((14 / 5) Rastermaße · 0,03 $\Omega/\square$, s.S. 269 u. 271)

c)   Der Begriff des Flächenwiderstands (siehe Seiten 269 bis 271)

d)   Siehe das folgende *Bild 6.10* auf Seite 387 (siehe Seite 265)

e)   Durch Schrumpfung (siehe Seiten 266 und 267)

Bild 6.10   ⇨

(Lösung von A4.6 **d**)

f)   Durch Expansion
(siehe Seiten 266 und 267)

g)   Die einzelnen Rechtecke
müssen sich um ein gewis-
ses Mindestmaß überlap-
pen, damit trotz möglicher
Toleranzen auf keinen Fall
Lücken zwischen den Teil-
figuren auftreten.
(siehe Seiten 263 und 267)

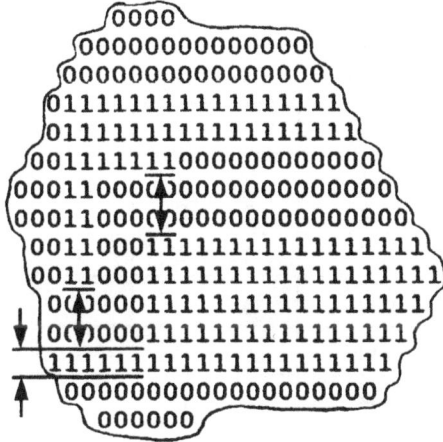

```
         0000
     00000000000000
    0000000000000000
   011111111111111111
   011111111111111111
  001111111000000000000
 000110000̅00000000000000
 00011000 000000000000000
 0011000111111111111111111
 0011000111111111111111111
 0 0000111111111111111111
 0 0000111111111111111111
 1111111111111111111111
  0000000000000000000000
      000000
```

6.5 Lösungen des Aufgabenteils A5
(Testdatenerstellung)

A5.1   (Seite 364)

NICHT

x	y
0	1
1	0
D	$\overline{D}$
$\overline{D}$	D

UND

(x)	x_1 x_0	y
0	0 0	0
1	0 1	0
2	1 0	0
3	1 1	1
1 ⇨ 3	D 1	D
2 ⇨ 3	1 D	D
3 ⇨ 1	$\overline{D}$ 1	$\overline{D}$
3 ⇨ 2	1 $\overline{D}$	$\overline{D}$

NOR

(x)	x_1 x_0	y
0	0 0	1
1	0 1	0
2	1 0	0
3	1 1	0
0 ⇨ 1	0 D	$\overline{D}$
0 ⇨ 2	D 0	$\overline{D}$
1 ⇨ 0	0 $\overline{D}$	D
2 ⇨ 0	$\overline{D}$ 0	D

(siehe Seiten 306 und 307)

XOR

(x)	x_1 x_0	y
0	0 0	0
1	0 1	1
2	1 0	1
3	1 1	0
0 ⇒ 1	0 D	D
0 ⇒ 2	D 0	D
1 ⇒ 0	0 $\overline{D}$	$\overline{D}$
2 ⇒ 0	$\overline{D}$ 0	$\overline{D}$
3 ⇒ 1	$\overline{D}$ 1	D
3 ⇒ 2	1 $\overline{D}$	D
1 ⇒ 3	D 1	$\overline{D}$
2 ⇒ 3	1 D	$\overline{D}$

NXOR

(x)	x_1 x_0	y
0	0 0	1
1	0 1	0
2	1 0	0
3	1 1	1
0 ⇒ 1	0 D	$\overline{D}$
0 ⇒ 2	D 0	$\overline{D}$
1 ⇒ 0	0 $\overline{D}$	D
2 ⇒ 0	$\overline{D}$ 0	D
3 ⇒ 1	$\overline{D}$ 1	$\overline{D}$
3 ⇒ 2	1 $\overline{D}$	$\overline{D}$
1 ⇒ 3	D 1	D
2 ⇒ 3	1 D	D

A5.2   Seiten 364 und 365)

a)   Wegen 4 verschiedener Gattertypen, kann man sich die (auf Seite 308 empfohlene) Numerierung sparen und den Typ als Kennzeichnung verwenden.

	x_4	x_3	x_2	x_1	x_0	a	z_1	z_0	y
XOR							D	0	D
								1	$\overline{D}$
UND	1					D	D		
ODER			D	0		D			
NOR				1	N	1		0	
				N	1	N			
				0	0	0		1	
Testmuster 1.)	1	D	0	1	N				D
2.)	1	D	0	N	1				D
3.)	1	D	0	0	0				$\overline{D}$

	x_4	x_3	x_2	x_1	x_0	a	z_1	z_0	y
XOR							$\overline{D}$	0	$\overline{D}$
								1	D
UND	1					$\overline{D}$	$\overline{D}$		
ODER		$\overline{D}$	0			$\overline{D}$			
NOR				1	N			0	
				N	1				
				0	0			1	
Test-muster 4.)	1	$\overline{D}$	0	1	N				$\overline{D}$
5.)	1	$\overline{D}$	0	N	1				$\overline{D}$
6.)	1	$\overline{D}$	0	0	0				D

Ein XOR wirkt als Inverter, wenn ein Eingang konstant auf 1 liegt, jedoch als logische "Durchverbindung", wenn der Eingang auf 0 liegt. Damit ergeben sich bereits 2 mögliche D-Ketten. Ein NOR-Ausgang ist 0, wenn an einem einzigen Eingang eine 1 liegt. Dadurch ergeben sich 3 unterschiedliche D-Ketten. Die beiden obigen Tabellen unterscheiden sich nur durch die Inversion aller D's, wodurch sich letztendlich 6 verschiedene Ketten ergeben.

b) Günstiger sind die Ketten Nr. 1, 2, 4 und 5, weil nur jeweils 3 Eingänge, außer dem zu schaltenden, fest zu belegen sind. Über den beliebig zu belegenden 4. Eingang (N) kann bei einer umfangreicheren Schaltung eventuell ein weiterer Pfad parallel sensibilisiert werden (siehe Seite 304). Entsprechend "ungünstiger" sind die D-Ketten Nr. 3 und 6.

A5.3 (Seite 365)

(siehe Seiten 314 und 315)

i	0	1	2	3	4	5	6	7	8
E0	1	1	1	1	1	1	1	2	2
E1	1	1	1	1	1	2	2	3	1
B	2	2	2	2	1	1	1	0	0
P	6	6	6	6	4	5	5	5	3

A5.4   (Seiten 365 und 366)

a)   (Tabellenwerte 0, 1 und D sind in den Schaltungsausschnitt eingetragen:)

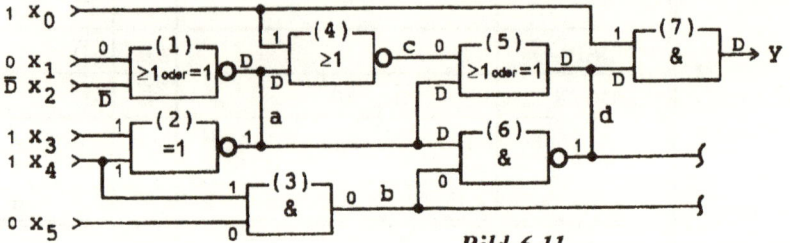

Bild 6.11

b) 0_F, 1_R (siehe Seite 135, folglich ist D dominant gegenüber 1)

c)   UND   siehe Seite 135)

d)   (siehe Seiten 314 und 315)

$EO_a = 1$, $E1_a = 4$, $B_a = 2$, $P_a = 9$ (für ≥ 1 im Gatter 1)
$EO_a = 2$, $E1_a = 4$, $B_a = 2$, $P_a = 10$ (für $=1$ im Gatter 1)
$EO_b = 1$, $E1_b = 2$, $B_b = 5$, $P_b = 13$

A5.5

(Seiten 366 und 367)

Lösung ⇨
(siehe auch Seite 344)

A5.6

(Seite 367)

a) Schaltbild
siehe Seite 391

b) 99,61 %
($= 1 - 2^{-8}$
siehe Seite 353)

c) 255
($= 2^8 - 1$
siehe Seite 346)

SRI	z_3	z_2	z_1	z_0	z
1	0	0	0	1	1
0	1	0	0	0	8
0	0	1	0	0	4
1	0	0	1	0	2
1	1	0	0	1	9
0	1	1	0	0	12
1	0	1	1	0	6
0	1	0	1	1	11
1	0	1	0	1	5
1	1	0	1	0	10
1	1	1	0	1	13
1	1	1	1	0	14
0	1	1	1	1	15
0	0	1	1	1	7
0	0	0	1	1	3
1					1

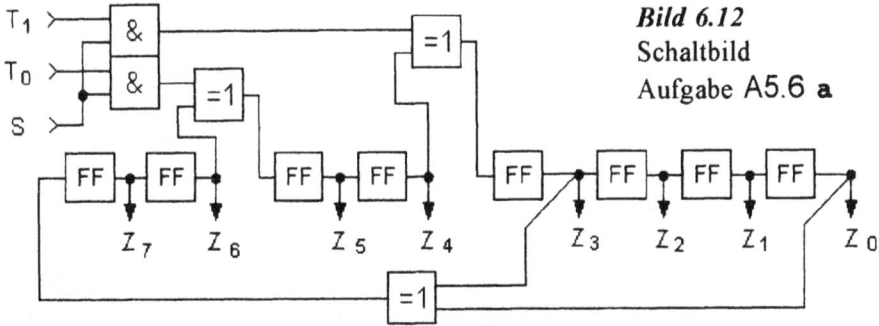

Bild 6.12
Schaltbild
Aufgabe A5.6 **a**

Vor welchen FF's die Testdatenströme eingespeist werden, ist gleichgültig, siehe Seite 355. Für S = 0 ist das Eingangstor gesperrt und die beiden XOR's arbeiten als Durchverbindung. Ob die Rückkopplung von Z_3 oder besser von einem anderen FF-Ausgang zu speisen ist, war bei der Aufgabe A5.6 **a** nicht gefragt. *Bild 6.12* stellt folglich sowohl für S = 0 als auch für S = 1 eine einzige von vielen möglichen Schaltungsvarianten dar.

A5.7 (Seite 368)

Die 1. Tabelle zeigt den Ausgang des Testmustergenerators und des Prüflings. Die Muster 3, 5, 6 und 7 (in beliebiger Reihenfolge) sind zur kompletten Prüfung ausreichend, siehe z.B. die Seiten 297 und 301.

Die 2. bzw. 3. Tabelle gibt die Signaturen für

a) einen guten Prüfling,

b) den fehlerhaften Prüfling wieder.

SRI	x_2	x_1	x_0	x	y_{gut}	y_{fehl}
0	1	1	1	7	0	0
1	0	1	1	3	1	1
1	1	0	1	5	1	0
1	1	0		6	1	1

y_{gut}	A	B	z_4	z_3	z_2	z_1	z_0	z_{gut}
0	0	0	1	0	0	0	0	16
1	1	0	0	1	0	0	0	8
1	0	1	0	0	1	0	0	4
1	0	1	1	0	0	1	0	18
			1	1	0	0	1	25

y_{fehl}	A	B	z_4	z_3	z_2	z_1	z_0	z_{fehl}
0	0	0	1	0	0	0	0	16
1	1	0	0	1	0	0	0	8
0	0	0	0	0	1	0	0	4
1	0	1	0	0	0	1	0	2
			1	0	0	0	1	17

Literaturverzeichnis

Das nachfolgende nach Autoren (bzw. Hrsg.) alphabetisch geordnete Verzeichnis ist auf wenige Titel beschränkt und gibt daher nur einen äußerst kleinen Ausschnitt aus der Fülle der vorhandenen Literatur wieder. Die hier aufgeführten Titel dienen jedoch als Referenzen für den in der Vorlesung vermittelten und in diesem Buch zusammengestellten Stoff. Fast alle Titel enthalten auch ihrerseits (z.T. sehr umfangreiche) Literaturverzeichnisse.

Dieses Buch dient der *Einführung* in die Methoden und Verfahren, die den verschiedenen Elektronik-CAD-Programmen für *Simulation*, *Layout* und *Testdatenerstellung* zugrunde liegen, worauf bereits im Untertitel des Buchs, im Vorwort auf Seite XII und im ersten Absatz der Seite 1 hingewiesen wurde. Die (theoretischen) Grundlagen der Methoden, Algorithmen und Verfahren sind oft in der neueren Literatur keineswegs besser und verständlicher dargestellt als in älteren, inzwischen schon als "klassisch" zu bezeichnenden Veröffentlichungen. Daher erscheint es durchaus gerechtfertigt, in dieses knapp gehaltene Literaturverzeichnis neben neuerer Literatur auch Jahre bis Jahrzehnte alte Titel aufzunehmen, sofern ihnen (nach Meinung des Verfassers dieses Buchs) eine gewisse grundlegende Bedeutung zukommt.

[01] *Baitinger,U.G.:* Schaltkreistechnologien für digitale Rechenanlagen.
Walter de Gruyter & Co., Berlin, 1973

[02] *Baitinger,U.G.:* Grundlagen der Digitaltechnik.
Vorlesungs-Scriptum des Instituts für Technik der Informationsverarbeitung (ITIV), Universität Karlsruhe, Wintersemester 1988/89

[03] *Bausch-Gall,I.:* Simulationsprogramme.
ASIM, Arbeitsgemeinschaft Simulation in der Gesellschaft für Informatik, Mitteilungen aus den Arbeitskreisen, Heft 47, S. 63 - 76, Feb. 1995

[04] *Bennetts,R.G.:* Design of Testable Logic Circuits.
Addison-Wesley Publishing Company, London, 1984

[05] *Beutelschieß,E.:* Die Rechnerentwurfssprache ERES.
Diplomarbeit an der FHT Esslingen, 1986

[06] *Blodgett,Jr.,A.J.:* Microelectronic Packaging.
Scientific American, W.H.Freeman & Co, New York, 7/1983

[07] *Breitenecker,F.; Husinsky,I. (Editors):* Eurosim'95 Simulation Congress.
Proceedings of the 1995 EUROSIM Conference, Vienna, pp 469 - 505, Elsevier Science Publishers, Amsterdam, 9/1995   Und Proceedings-Ergänzungsband: ARGESIM Report No.2, pp 139 - 142, 9/1995

[08] *Calahan,D.A.:* Computer Aided Network Design.
McGraw-Hill, New York, 1972
Bzw. deutsche Übersetzung: Rechnergestützter Schaltungsentwurf.
R.Oldenbourg Verlag, München, 1973

[09] *Chua,L.O.; Lin,P-M.:* Computer Aided Analysis of Electronic Circuits.
Prentice-Hall Inc., Englewood Cliffs, N.J., 1975

[10] *Dietl,E.:* Parameterextraktion an Halbleiterbauelementen mit ICCAP
bei der Ausbildung von Nachrichtentechnik-Ingenieuren an der FHTE.
125 Jahre FHT Esslingen, Band 2, S. 409 - 414, 1993

[11] *Eckstein,T.:* Statistische Optimierung von Systemen mit einer großen
Zahl von Parametern. Dissertation am Institut für Netzerk- und Systemtheorie der Universität Stuttgart, 1990

[12] *Ehret,P.:* Semiconductor and Packaging Technologies Aspects of
Development and Manufacturing.
Proc. VLSI and Computers, First International Conference on Computer
Technology, Systems and Application, pp. 578 - 584, Hamburg, 5/1987

[13] *Eichelberger,E.B.; Williams,T.W.:* A Logic Structure for LSI Testability.
Proc. IEEE LSI Design Automation Conference, New Orleans, 6/1977

[14] *Fasching,F.; Halana,S.; Selberherr,S. (Editors):*
Technology CAD Systems. Springer Verlag, Wien, New York, 1993

[15] *Gardill,R.; Händler,W.; Hessling,R.; Klar,R.; Spieß,P.P.:*
ERES - Eine nichtprozedurale Rechnerentwurfssprache mit präziser Zeit-
beschreibung. Arbeitsberichte des Instituts für Mathematische Maschinen
und Datenverarbeitung.
Unversität Erlangen-Nürnberg, Band 10, Nr. 15, 1977
Und außerdem: ERES2 (Ebd.), Band 15, Nr. 12, 1982

[16] *Gear,C.W.:* The Automatic Integration of Stiff Ordinary Differential
Equations. Proc. of IFIPS Congress, pp A81- A85, Edinburgh, 1968

[17] *Gear,C.W.:* Numerical Initial Value Problems in Ordinary Differential
Equations. Prentice-Hall Inc., Englewood Cliffs, N.J., 1971

[18] *Gustavson,F.G.; Liniger,W.; Willoughby,R.A.:*
Symbolic Generation of an Optimal Crout Algorithm for Sparse Systems
of Equations. J.ACM, Vol 17, pp87 - 109, 1970

[19] *Herter,E.; Lörcher,W.:* Nachrichtentechnik, 7. Auflage.
Carl Hanser Verlag, München, Wien, 1994

[20] *Hoefer,E.E.E.; Nielinger,H.:*
SPICE - Analyseprogramm für elektronische Schaltungen, Benutzerhand-
buch mit Beispielen. Springer-Verlag, Berlin, Heidelberg, 1985

[21] *Hörbst,E.; Nett,M.; Schwärtzel,H.:* VENUS - Entwurf von VLSI-
Schaltungen. Springer-Verlag, Berlin, Heidelberg, New York, 1986

[22] *Horneber,E.-H.:* Simulation elektrischer Schaltungen auf dem Rechner.
Springer-Verlag, Berlin, Heidelberg, New York, 1985

[23] *IBM Journal of Research and Development:* (Mehrere Beiträge zum
Chip- und Platinen-Layout). Volume 28, Number 5, 9/1984

[24] *IBM Journal of Research and Development:* (Mehrere Beiträge zur
Prozeß- und Device-Simulation). Volume 29, Number 3, 5/1985

[25] *Kameda,R.; Pilarski,S.; Ivanov,A.:* Notes on multiple input signature
analysis. IEEE Trans. Comput. Vol . 42, pp 228 - 234, 2/1993

[26] *Kampe,G.:* Modelle als Hilfsmittel des Ingenieurs; Beispiele aus dem
Fachbereich Technische Informatik.   125 Jahre Fachhochschule für
Technik Esslingen, Band 2. S. 462 - 466, Esslingen, 1993

[27] *Kampe,G.; Zeitz,M. (Hrsg.):* Fortschritte in der Simulationstechnik.
Band 9, S. 23 - 28 und S. 275 - 324, ASIM Simulationstechnik,
9. Symposium in Stuttgart, Vieweg Verlag, 10/1994

[28] *Keinert,J.; Spiro,H.; Wilczynski,J.:*
The Projection Method, An Algorithm to Improve Convergence of the
Newton-Raphson Iteration and its Application on Circuit Simulation.
Technical Report TR 05.421, IBM Laboratory Boeblingen, 11/1987

[29] *Khakzar,H.; Dittus,B.; Kick,B.; Roesner,W.; Spiro,H.; Tatje,J.;*
Tavangarian,D.: Simulation und Synthese logischer Schaltungen.
Band 320, "Kontakt und Studium", Technische Akademie Esslingen,
Expert Verlag, Ehningen, 1991

[30] *Khakzar,H.; Mayer,A.; Oetinger,R.:* Entwurf und Simulation von
Halbleiterschaltungen mit SPICE. Expert Verlag, Ehningen, 1992

[31] *Klar,H.:* Integrierte Digitale Schaltungen MOS/BiCMOS.
Springer Verlag, Berlin, 1993

[32] *Kötzle,G.:* VLSI Logic Chip Development.
Proc. VLSI and Computers, First International Conference on Computer
Technology, Systems and Application, pp. 604 - 609, Hamburg, 5/1987

[33] *Luther,K.:* Entwicklungskonzepte für einen 3,3 V-Halbleiterspeicherbaustein. Diplomarbeit am Lehrstuhl für Bauelemente der Elektrotechnik der Universität Dortmund, 1994

[34] *Mansour,M.; Altmann,A.:* Modellbildung dynamischer Systeme - eine Übersicht. Informatik Fachberichte Nr. 109, Simulationstechnik, S. 37 - 49, Springer Verlag, Berlin, Heidelberg, 9/1985

[35] *Mavor,J.; Jack,M.A.; Denyer,P.B.:* Introduction to MOS LSI Design. Addison-Wesley Publishing Company, London, 1983

[36] *Mead,C.; Conway,L.:* Introduction to VLSI Design. Addison-Wesley, Reading, Mass., 1980

[37] *Mellert,F.-T.:* Rechnergestützter Entwurf elektrischer Schaltungen. R.Oldenbourg Verlag, München, 1981

[38] *Möller,D.:* Modellbildung, Simulation und Identifikation dynamischer Systeme. Springer Verlag, Berlin, Heidelberg, 1992

[39] *Nagel,L.W.:* SPICE2 - A Computer Program to Simulate Semiconductor Circuits. University of California, Berkeley, Report ERL-M520, 5/1975

[40] *Nebel,W.:* CAD-Entwurfskontrolle in der Mikroelektronik. B.G.Teubner Verlag, Stuttgart, 1985

[41] *Newton,A.R.; Pederson,D.O.; Sangiovanni-Vincentelli,A.:* SPICE 3F5 User's Manual. Department of Electrical Engineering and Computer Sciences, University of California, Berkeley, 1994

[42] *Osterwinter,H.:* Mikroelektronik an der FHTE-Außenstelle Göppingen. Dickschicht-Hybridtechnik und Surface Mounting Technology (SMT). FHTE-Spektrum, Heft 4, S. 7 - 8, Esslingen 1991

[43] *Rammig,F.J.:* Systematischer Entwurf digitaler Systeme. B.G.Teubner Verlag, Stuttgart, 1989

[44] *Russel,G.; Kinniment,D.J.; Chester,E.G.; McLauchlan,M.R.:* CAD for VLSI. Van Nostrand Reinhold (UK), Workingham, Engl., 1985

[45] *Scherer,R.G.; Mertsch,M.K.:* Eigenschaften von algorithmischen Zufallszahlengeneratoren und Absicherung der Güte von Simulationsergebnissen. Fortschritte in der Simulationstechnik. Band 4, S. 11 - 19, ASIM Simulationstechnik, 7. Symposium in Hagen, Vieweg Verlag, 9/1991

[46] *Schmidt,B.:* Formalismus, gut und schön? Die Sprache der
      Wissenschaft. Simulation in Passau. Lehrstuhl für Operations Research
      und Systemtheorie, Universität Passau, Heft 2, 1995

[47] *Schmidt,F.:* Digitaltechnik II, Scriptum zur Vorlesung. Berufsakademie
      Stuttgart, IBM Deutschland Entwicklung u. Forschung, Böblingen, 1993

[48] *Schwarz,A.F.:* Handbook of VLSI Chip Design and Expert Systems.
      Academic Press Limited, London, San Diego, 1993

[49] *Selberherr,S.:* Analysis and Simulation of Semiconductor Devices.
      Springer Verlag, Wien, New York, 1984

[50] *Selberherr,S.; Pötzl,H.:* Numerische Simulation von Halbleiterbauele-
      menten. Informatik Fachberichte Nr. 85, Simulationstechnik,
      S. 154 - 158,   Springer Verlag, Berlin, Heidelberg, 9/1984

[51] *Spiro,H.:* The Gliding Order Trapezoidal Rule.
      Technical Report TR 05.415, IBM Laboratory Boeblingen, 7/1987

[52] *Spiro,H.:* A Lumped Equivalent Circuit Model for MOS Devices.
      Technical Report TR 05.422, IBM Laboratory Boeblingen, 11/1987

[53] *Spiro,H.:* Simulation integrierter Schaltungen. (2. erweiterte Auflage).
      R.Oldenbourg Verlag, München, 1990

[54] *Weißel,R.; Schubert,F.:* Digitale Schalungstechnik. (2. Auflage).
      Springer Verlag, Berlin, Heidelberg, 1995

[55] *Wolff,Sr.,P.K.; Worisek,J.; Spiro,H. (Editors):* IBM Advanced Statistical
      Analysis Program. Combined ASTAP and ARCAID User Guide. Revised
      Edition.   IBM Corporation, East Fishkill, Rochester, Böblingen, 1987

[56] *Tavangarian,D. (Hrsg):* Fortschritte in der Simulationstechnik. Band 4,
      ASIM Simulationstechnik, 7. Symposium in Hagen, Abschnitt "Simu-
      lation mikroelektronischer Systeme" S. 217 -247, Vieweg Verlag, 9/1991

[57] *Zimmer,G.:* CMOS-Technologie.
      R.Oldenbourg Verlag, München , Wien, 1982

Wissen ist, wenn man weiß, wo das steht, was man nicht weiß

Namensregister

Die Zahlen in eckigen Klammern [ ] hinter einem Namen beziehen sich in der üblichen Weise auf das Literaturverzeichnis. Jedoch wird ohne Klammern auf die Seitennummer dieses Buchs verwiesen, wenn ein Name im laufenden Text oder einer Bildunterschrift genannt wird.

Auf Seitenzahlen in den Aufgabenteilen A1 bis A5 (Abschnitte 2.2.7, 2.4.4, 2.5.4, 3.6 und 4.7) und in den Lösungen (Kapitel 6) wird in diesem Register nicht hingewiesen.

*Die Informatik ist
die Werkzeugwissenschaft des Geistes*

Karl Ganzhorn

Sachwortregister

Auf Begriffe im Literaturverzeichnis sowie in den Aufgabenteilen A1 bis A5 (Abschnitte 2.2.7, 2.4.4, 2.5.4, 3.6 und 4.7) und in den Lösungen (Kapitel 6) wird in diesem Register nicht hingewiesen.

CAD ist das Haus,
unter dessen Dach
alle sich gegenseitig
beeinflussenden
Programme
und Aktivitäten
der Mikroelektronik
vereint sind.

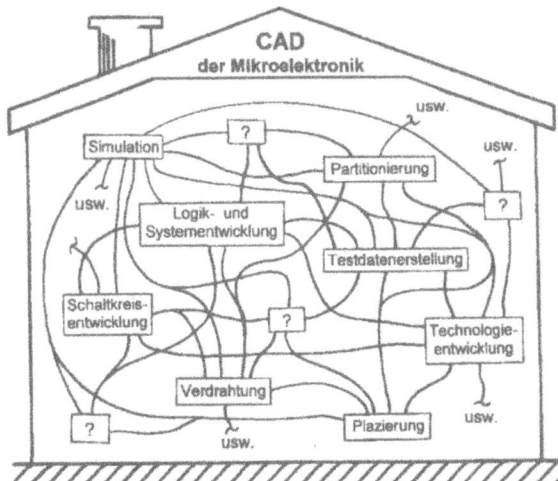

www.ingramcontent.com/pod-product-compliance
Lightning Source LLC
Chambersburg PA
CBHW031430180326
41458CB00002B/508